단기간 마무리 학습을 위한

7개년 과년도
공조냉동기계산업기사

Industrial Engineer Air-Conditioning and Refrigerating Machinery 필기

최승일 지음

" 이 책을 선택한 당신, 당신은 이미 위너입니다! "

독자 여러분께 알려드립니다

공조냉동기계산업기사 [필기]시험을 본 후 그 문제 가운데 10여 문제를 재구성해서 성안당 출판사로 보내주시면, 채택된 문제에 대해서 성안당 도서 중 "7개년 과년도 공조냉동기계기사 [필기]" 1부를 증정해 드립니다. 독자 여러분이 보내주시는 기출문제는 더 나은 책을 만드는 데 큰 도움이 됩니다. 감사합니다.

 e-mail coh@cyber.co.kr (최옥현)

★ 메일을 보내주실 때 성명, 연락처, 주소를 기재해 주시기 바랍니다.
★ 보내주신 기출문제는 집필자가 검토한 후에 도서를 증정해 드립니다.

■ 도서 A/S 안내

성안당에서 발행하는 모든 도서는 저자와 출판사, 그리고 독자가 함께 만들어 나갑니다.

좋은 책을 펴내기 위해 많은 노력을 기울이고 있습니다. 혹시라도 내용상의 오류나 오탈자 등이 발견되면 "좋은 책은 나라의 보배"로서 우리 모두가 함께 만들어 간다는 마음으로 연락주시기 바랍니다. 수정 보완하여 더 나은 책이 되도록 최선을 다하겠습니다.

성안당은 늘 독자 여러분들의 소중한 의견을 기다리고 있습니다. 좋은 의견을 보내주시는 분께는 성안당 쇼핑몰의 포인트(3,000포인트)를 적립해 드립니다.

잘못 만들어진 책이나 부록 등이 파손된 경우에는 교환해 드립니다.

저자 문의 e-mail : choisi@kopo.ac.kr(최승일)
본서 기획자 e-mail : coh@cyber.co.kr(최옥현)
홈페이지 : http://www.cyber.co.kr   전화 : 031) 950-6300

3회독 플래너

SMART 스스로 마스터하는 트렌디한 수험서

7개년 과년도 공조냉동기계산업기사

항목	세부 항목	1회독	2회독	3회독
핵심 요점노트	제1편 공기조화설비	1~3일	1~2일	1일
	제2편 냉동냉장설비			
	제3편 공조냉동 설치·운영			
2017년 과년도 출제문제	제1회 기출문제	4~5일	3일	2일
	제2회 기출문제			
	제3회 기출문제			
2018년 과년도 출제문제	제1회 기출문제	6~7일	4일	
	제2회 기출문제			
	제3회 기출문제			
2019년 과년도 출제문제	제1회 기출문제	8~9일	5일	3일
	제2회 기출문제			
	제3회 기출문제			
2020년 과년도 출제문제	제1·2회 통합 기출문제	10~11일	6일	
	제3회 기출문제			
2023년 과년도 기출복원문제	제1회 복원문제	12~13일	7일	4일
	제2회 복원문제			
	제3회 복원문제			
2024년 과년도 기출복원문제	제1회 복원문제	14~15일	8일	
	제2회 복원문제			
	제3회 복원문제			
2025년 과년도 기출복원문제	제1회 복원문제	16~17일	9일	5일
	제2회 복원문제			
	제3회 복원문제			
부록 CBT 대비 실전 모의고사	제1회 모의고사	18~20일	10일	
	제2회 모의고사			

" 성안당이 수험생 여러분을 응원합니다! "

20일 완성! / 10일 완성! / 5일 완성!

스스로 체크하는 3회독 플래너

SMART — 스스로 마스터하는 트렌디한 수험서
7개년 과년도 공조냉동기계산업기사

항목	세부 항목	1회독	2회독	3회독
핵심 요점노트	제1편 공기조화설비			
	제2편 냉동냉장설비			
	제3편 공조냉동 설치·운영			
2017년 과년도 출제문제	제1회 기출문제			
	제2회 기출문제			
	제3회 기출문제			
2018년 과년도 출제문제	제1회 기출문제			
	제2회 기출문제			
	제3회 기출문제			
2019년 과년도 출제문제	제1회 기출문제			
	제2회 기출문제			
	제3회 기출문제			
2020년 과년도 출제문제	제1·2회 통합 기출문제			
	제3회 기출문제			
2023년 과년도 기출복원문제	제1회 복원문제			
	제2회 복원문제			
	제3회 복원문제			
2024년 과년도 기출복원문제	제1회 복원문제			
	제2회 복원문제			
	제3회 복원문제			
2025년 과년도 기출복원문제	제1회 복원문제			
	제2회 복원문제			
	제3회 복원문제			
부록 CBT 대비 실전 모의고사	제1회 모의고사			
	제2회 모의고사			

" 성안당이 수험생 여러분을 응원합니다! "

머리말

냉동공조산업은 일반적으로 "냉동기, 냉동냉장 응용제품류 및 공기조화기류를 제조, 생산하는 분야로서 인간을 대상으로 하는 생활공간의 생성 및 유지를 목적으로 사용되고 있으며, 기계, 전자, 전기, 화학, 섬유, 건축설비, 식품, 제약 등 전 산업분야의 응용기기로서 생산공정에 필수적으로 활용되는 산업용의 목적에 사용되는 기기와 관련된 산업"이라 정의할 수 있다.

즉, 공조냉동기계산업기사는 주로 각종 공사(주택, 토지개발, 도로, 가스안전, 가스), 냉동고압가스업체, 냉난방 및 냉동장치제조업체, 공조냉동설비관련 업체, 저온유통업체, 식품냉동업체 등으로 진출할 수 있다. 일부는 건설업체, 감리전문업체, 엔지니어링업체, 정부기관 등으로 진출하고 있고, 「에너지이용합리화법」에 의한 에너지절약전문기업의 기술인력, 「고압가스안전관리법」에 의해 냉동제조시설, 냉동기제조시설의 안전관리책임자, 「건설기술관리법」에 의한 감리전문회사의 감리원 등으로 고용될 수도 있다.

공조냉동기술은 주로 제빙, 식품저장 및 가공분야 외에 경공업, 중화학공업분야, 의학, 축산업, 원자력공업 및 대형건물의 냉난방시설에 이르기까지 광범위한 분야에 응용되고 있다. 또한 생활수준의 향상으로 냉난방설비수요가 증가하고 있는데, 이에 따라 공조냉동기계를 설계하거나 기능인력을 지도, 감독해야 할 기술인력에 대한 수요가 증가할 전망이다. 공조냉동분야에 대한 높은 관심은 자격응시인원의 증가로 이어지고 있다.

냉동관련 산업분야의 우수한 기술자가 되기 위한 냉동공학을 ㈜KTENG 김철수 사장님의 배려로 이론적 배경에 역점을 두었고, 공기조화, 냉동공학, 배관일반, 전기제어공학은 검정기준에 최대한 적합하도록 구성하였다.

여기에 필자는 산업설비분야 등 다수 자격증을 보유한 노하우와 30여 년간 교육 및 냉동분야 연구의 경험을 바탕으로 이 책을 출간하게 되었다.

이 책의 특징
① 20일, 10일, 5일, 계획에 따라 실천하면 3회독으로 마스터가 가능한 "합격 플래너"를 수록하였다.
② 시험 직전 최종 마무리하는 데 활용할 수 있도록 중요공식들을 모아 정리한 "핵심 요점노트"를 수록하였다.
③ 과년도 출제문제를 상세한 해설과 함께 수록하여 실전에 대비할 수 있도록 하였다.
④ 중요한 내용을 한번에 빠르게 이해·암기할 수 있도록 "암기법"을 제시하였다.
⑤ CBT 대비 모의고사를 수록하였다.

오탈자 또는 미흡한 부분에 대해서는 아낌없는 격려와 질책을 바라며, 앞으로 시행되는 출제문제와 함께 자세한 해설을 계속 수정 및 보완할 것이다. 끝으로 수험생 여러분의 필독서가 되어 많은 도움이 되기를 바라며 무궁한 발전을 기원한다.

이 책이 출간되도록 물심양면으로 도와주신 성안당출판사 이종춘 회장님과 관계자 분들께 진심으로 깊은 감사를 드린다.

저자 최승일

NCS 안내

1 국가직무능력표준(NCS)이란?

국가직무능력표준(NCS, National Competency Standards)은 산업현장에서 직무를 수행하기 위해 요구되는 지식·기술·태도 등의 내용을 국가가 산업부문별, 수준별로 체계화한 것이다.

(1) 국가직무능력표준(NCS) 개념도

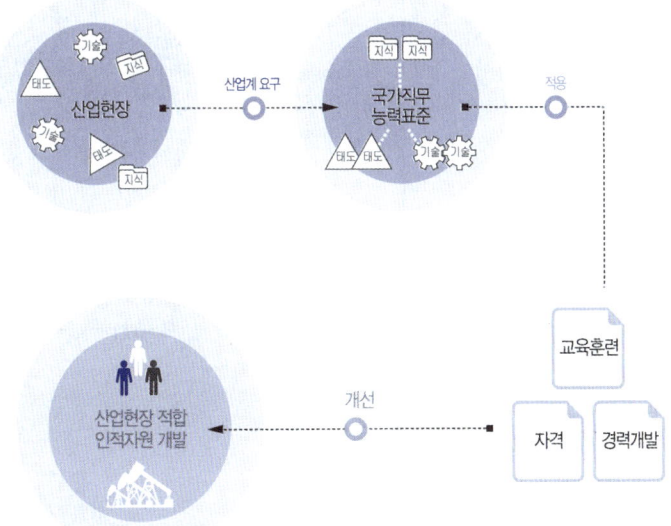

직무능력 : 일을 할 수 있는 On-spec인 능력
① 직업인으로서 기본적으로 갖추어야 할 공통 능력 → 직업기초능력
② 해당 직무를 수행하는 데 필요한 역량(지식, 기술, 태도) → 직무수행능력

보다 효율적이고 현실적인 대안 마련
① 실무 중심의 교육·훈련 과정 개편
② 국가자격의 종목 신설 및 재설계
③ 산업현장 직무에 맞게 자격시험 전면 개편
④ NCS 채용을 통한 기업의 능력 중심 인사관리 및 근로자의 평생경력 개발 관리 지원

(2) 국가직무능력표준(NCS) 학습모듈

국가직무능력표준(NCS)이 현장의 '직무요구서'라고 한다면, NCS 학습모듈은 NCS 능력단위를 교육훈련에서 학습할 수 있도록 구성한 '교수·학습자료'이다. NCS 학습모듈은 구체적 직무를 학습할 수 있도록 이론 및 실습과 관련된 내용을 상세하게 제시하고 있다.

2 국가직무능력표준(NCS)이 왜 필요한가?

능력 있는 인재를 개발해 핵심 인프라를 구축하고, 나아가 국가경쟁력을 향상시키기 위해 국가직무능력표준이 필요하다.

(1) 국가직무능력표준(NCS) 적용 전/후

지금은
- 직업 교육·훈련 및 자격제도가 산업현장과 불일치
- 인적자원의 비효율적 관리 운용

→ 국가직무능력표준 →

이렇게 바뀝니다.
- 각각 따로 운영되었던 교육·훈련, 국가직무능력표준 중심 시스템으로 전환 (일-교육·훈련-자격 연계)
- 산업현장 직무 중심의 인적자원 개발
- 능력중심사회 구현을 위한 핵심 인프라 구축
- 고용과 평생직업능력개발 연계를 통한 국가경쟁력 향상

(2) 국가직무능력표준(NCS) 활용범위

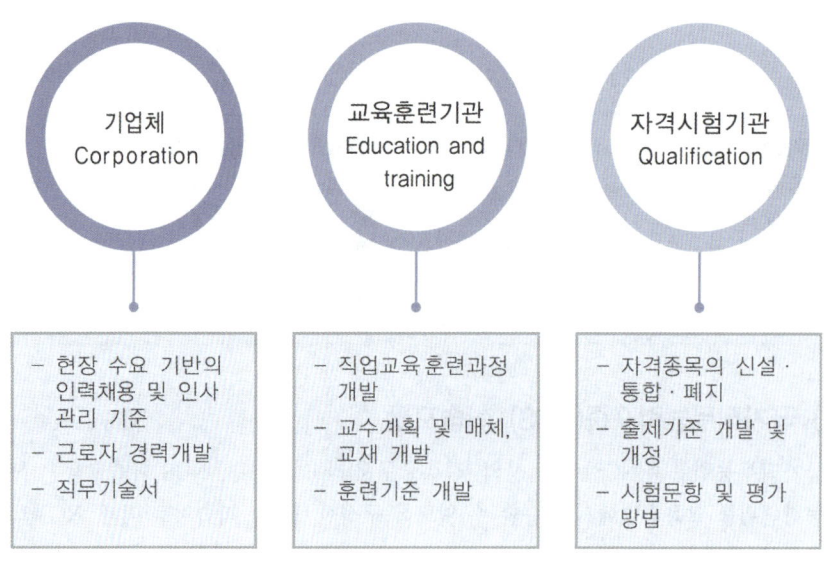

기업체 Corporation
- 현장 수요 기반의 인력채용 및 인사관리 기준
- 근로자 경력개발
- 직무기술서

교육훈련기관 Education and training
- 직업교육훈련과정 개발
- 교수계획 및 매체, 교재 개발
- 훈련기준 개발

자격시험기관 Qualification
- 자격종목의 신설·통합·폐지
- 출제기준 개발 및 개정
- 시험문항 및 평가방법

3 과정평가형 자격취득

(1) 개념

과정평가형 자격은 국가직무능력표준(NCS)으로 설계된 교육·훈련과정을 체계적으로 이수하고 내·외부평가를 거쳐 취득하는 국가기술자격이다.

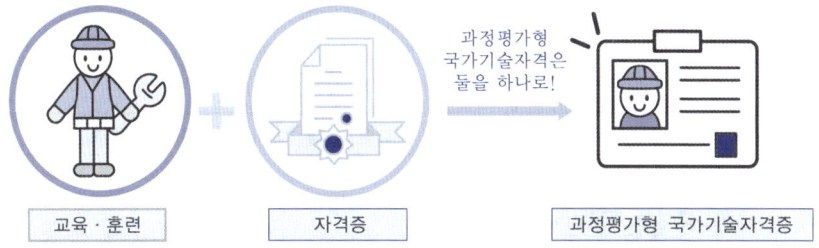

(2) 기존 자격제도와 차이점

구분	검정형	과정형
응시자격	학력, 경력요건 등 응시요건을 충족한 자	해당 과정을 이수한 누구나
평가방법	지필평가, 실무평가	내부평가, 외부평가
합격기준	• 필기 : 평균 60점 이상 • 실기 : 60점 이상	내부평가와 외부평가의 결과를 1:1로 반영하여 평균 80점 이상
자격증 기재내용	자격종목, 인적사항	자격종목, 인적사항, 교육·훈련기관명, 교육·훈련기간 및 이수시간, NCS 능력단위명

(3) 취득방법

① 산업계의 의견수렴절차를 거쳐 한국산업인력공단은 다음연도의 과정평가형 국가기술자격 시행종목을 선정한다.
② 한국산업인력공단은 종목별 편성기준(시설·장비, 교육·훈련기관, NCS 능력단위 등)을 공고하고, 엄격한 심사를 거쳐 과정평가형 국가기술자격을 운영할 교육·훈련기관을 선정한다.
③ 교육·훈련생은 각 교육·훈련기관에서 600시간 이상의 교육·훈련을 받고 능력단위별 내부평가에 참여한다.
④ 이수기준(출석률 75%, 모든 내부평가 응시)을 충족한 교육·훈련생은 외부평가에 참여한다.

⑤ 교육·훈련생은 80점 이상(내부평가 50+외부평가 50)의 점수를 받으면 해당 자격을 취득하게 된다.

(4) 교육·훈련생의 평가방법

① 내부평가(지정 교육·훈련기관)
　㉠ 과정평가형 자격 지정 교육·훈련기관에서 능력단위별 75% 이상 출석 시 내부평가 시행
　㉡ 내부평가

시행시기	NCS 능력단위별 교육·훈련 종료 후 실시(교육·훈련시간에 포함됨)
출제·평가	지필평가, 실무평가
성적관리	능력단위별 100점 만점으로 환산
이수자 결정	능력단위별 출석률 75% 이상, 모든 내부평가에 참여
출석관리	교육·훈련기관 자체 규정 적용(다만, 훈련기관의 경우 근로자직업능력개발법 적용)

　㉢ 모니터링

시행시기	내부평가 시
확인사항	과정 지정 시 인정받은 필수기준 및 세부평가기준 충족 여부, 내부평가의 적정성, 출석관리 및 시설장비의 보유 및 활용사항 등
시행횟수	분기별 1회 이상(교육·훈련기관의 부적절한 운영상황에 대한 문제제기 등 필요 시 수시확인)
시행방법	종목별 외부전문가의 서류 또는 현장조사
위반사항 적발	주무부처 장관에게 통보, 국가기술자격법에 따라 위반내용 및 횟수에 따라 시정명령, 지정취소 등 행정처분(국가기술자격법 제24조의5)

② 외부평가(한국산업인력공단)
　내부평가 이수자에 대한 외부평가 실시

시행시기	해당 교육·훈련과정 종료 후 외부평가 실시
출제·평가	과정 지정 시 인정받은 필수기준 및 세부평가기준 충족 여부, 내부평가의 적정성, 출석관리 및 시설장비의 보유 및 활용사항 등 ※ 외부평가 응시 시 발생되는 응시수수료 한시적으로 면제

★ NCS에 대한 자세한 사항은 국가직무능력표준 홈페이지(www.ncs.go.kr)에서 확인해주시기 바랍니다. ★

★ 과정평가형 자격에 대한 자세한 사항은 CQ-Net 홈페이지(c.q-net.or.kr)에서 확인해주시기 바랍니다. ★

출제기준

직무 분야	기계	중직무 분야	기계장비설비·설치	적용 기간	2025.1.1.~2029.12.31.
직무내용 : 산업현장, 건축물의 실내환경을 최적으로 조성하고, 냉동냉장설비 및 기타 공작물을 주어진 조건으로 유지하기 위해 기술기초이론 지식과 숙련기능을 바탕으로 공조냉동, 유틸리티 등 필요한 설비를 설계, 시공 및 유지관리하는 직무이다.						
필기검정방법	객관식	문제수	60	시험시간	1시간 30분

과목명	문제수	주요 항목	세부항목	세세항목
공기 조화설비	20	1. 공기조화의 이론	(1) 공기조화의 기초	① 공기조화의 개요 ② 보건공조 및 산업공조 ③ 환경 및 설계조건
			(2) 공기의 성질	① 공기의 성질 ② 습공기선도 및 상태변화
		2. 공기조화계획	(1) 공기조화방식	① 공기조화방식의 개요 ② 공기조화방식 ③ 열원방식
			(2) 공기조화부하	① 부하의 개요 ② 난방부하 ③ 냉방부하
			(3) 클린룸	① 클린룸방식 ② 클린룸구성 ③ 클린룸장치
		3. 공기조화설비	(1) 공조기기	① 공기조화기장치 ② 송풍기 및 공기정화장치 ③ 공기냉각 및 가열코일 ④ 가습·감습장치 ⑤ 열교환기
			(2) 열원기기	① 온열원기기 ② 냉열원기기
			(3) 덕트 및 부속설비	① 덕트 ② 급·환기설비
		4. 공조프로세스분석	(1) 부하 적정성분석	① 공조기 및 냉동기 선정

과목명	문제수	주요 항목	세부항목	세세항목
공기 조화설비	20	5. 공조설비 운영관리	(1) 전열교환기 점검	① 전열교환기 종류별 특징 및 점검
			(2) 공조기관리	① 공조기 구성요소별 관리방법
			(3) 펌프관리	① 펌프 종류별 특징 및 점검 ② 펌프 특성 ③ 고장원인과 대책 수립 ④ 펌프 운전 시 유의사항
			(4) 공조기 필터점검	① 필터 종류별 특성 ② 실내공기질 기초
		6. 보일러설비 운영	(1) 보일러관리	① 보일러 종류 및 특성
			(2) 부속장치 점검	① 부속장치 종류와 기능
			(3) 보일러 점검	① 보일러 점검항목 확인
			(4) 보일러 고장 시 조치	① 보일러 고장원인 파악 및 조치
냉동 냉장설비	20	1. 냉동이론	(1) 냉동의 기초 및 원리	① 단위 및 용어 ② 냉동의 원리 ③ 냉매 ④ 신냉매 및 천연냉매 ⑤ 브라인 및 냉동유
			(2) 냉매선도와 냉동사이클	① 모리엘선도와 상변화 ② 냉동사이클
			(3) 기초열역학	① 기체상태변화 ② 열역학법칙 ③ 열역학의 일반관계식
		2. 냉동장치의 구조	(1) 냉동장치 구성기기	① 압축기 ② 응축기 ③ 증발기 ④ 팽창밸브 ⑤ 장치 부속기기 ⑥ 제어기기
		3. 냉동장치의 응용과 안전관리	(1) 냉동장치의 응용	① 제빙 및 동결장치 ② 열펌프 및 축열장치 ③ 흡수식 냉동장치 ④ 기타 냉동의 응용

과목명	문제수	주요 항목	세부항목	세세항목
냉동 냉장설비	20	4. 냉동·냉장부하	(1) 냉동·냉장부하계산	① 냉동부하 계산 ② 냉장부하 계산
		5. 냉동설비 설치	(1) 냉동설비 설치	① 냉동·냉각설비의 개요
			(2) 냉방설비 설치	① 냉방설비 방식 및 설치
		6. 냉동설비 운영	(1) 냉동기관리	① 냉동기 유지보수
			(2) 냉동기 부속장치 점검	① 냉동기 부속장치 유지보수
			(3) 냉각탑 점검	① 냉각탑 종류 및 특성 ② 수질관리
공조냉동 설치·운영	20	1. 배관재료 및 공작	(1) 배관재료	① 관의 종류와 용도 ② 관이음 부속 및 재료 등 ③ 관지지장치 ④ 보온·보냉재료 및 기타 배관용 재료
			(2) 배관공작	① 배관용 공구 및 시공 ② 관이음방법
		2. 배관 관련 설비	(1) 급수설비	① 급수설비의 개요 ② 급수설비배관
			(2) 급탕설비	① 급탕설비의 개요 ② 급탕설비배관
			(3) 배수통기설비	① 배수통기설비의 개요 ② 배수통기설비배관
			(4) 난방설비	① 난방설비의 개요 ② 난방설비배관
			(5) 공기조화설비	① 공기조화설비의 개요 ② 공기조화설비배관
			(6) 가스설비	① 가스설비의 개요 ② 가스설비배관
			(7) 냉동 및 냉각설비	① 냉동설비의 배관 및 개요 ② 냉각설비의 배관 및 개요
			(8) 압축공기설비	① 압축공기설비 및 유틸리티 개요

과목명	문제수	주요 항목	세부항목	세세항목
공조냉동 설치·운영	20	3. 설비 적산	(1) 냉동설비 적산	① 냉동설비 자재 및 노무비 산출
			(2) 공조냉난방설비 적산	① 공조냉난방설비 자재 및 노무비 산출
			(3) 급수·급탕·오배수설비 적산	① 급수·급탕·오배수설비 자재 및 노무비 산출
			(4) 기타 설비 적산	① 기타 설비 자재 및 노무비 산출
		4. 공조·급배수설비 설계도면 작성	(1) 공조·냉난방·급배수설비 설계도면 작성	① 공조·급배수설비 설계도면 작성
		5. 공조설비 점검관리	(1) 방음/방진 점검	① 방음/방진 종류별 점검
		6. 유지보수공사 안전관리	(1) 관련 법규 파악	① 고압가스안전관리법(냉동) ② 기계설비법
			(2) 안전작업	① 산업안전보건법
		7. 교류회로	(1) 교류회로의 기초	① 정현파 교류 ② 주기와 주파수 ③ 위상과 위상차 ④ 실효치와 평균치
			(2) 3상 교류회로	① 3상 교류의 성질 및 접속 ② 3상 교류전력(유효전력, 무효전력, 피상전력) 및 역률
		8. 전기기기	(1) 직류기	① 직류전동기의 종류 ② 직류전동기의 출력, 토크, 속도 ③ 직류전동기의 속도제어법
			(2) 변압기	① 변압기의 구조와 원리 ② 변압기의 특성 및 변압기의 접속 ③ 변압기의 보수와 취급
			(3) 유도기	① 유도전동기의 종류 및 용도 ② 유도전동기의 특성 및 속도제어 ③ 유도전동기의 역운전 ④ 유도전동기의 설치와 보수

과목명	문제수	주요 항목	세부항목	세세항목
공조냉동 설치·운영	20	8. 전기기기	(4) 동기기	① 구조와 원리 ② 특성 및 용도 ③ 손실, 효율, 정격 등 ④ 동기전동기의 설치와 보수
			(5) 정류기	① 정류기의 종류 ② 정류회로의 구성 및 파형
		9. 전기계측	(1) 전류, 전압, 저항의 측정	① 전류계, 전압계, 절연저항계, 멀티메타 사용법 및 전류, 전압, 저항측정
			(2) 전력 및 전력량의 측정	① 전력계 사용법 및 전력측정
			(3) 절연저항측정	① 절연저항의 정의 및 절연저항계 사용법 ② 전기회로 및 전기기기의 절연저항측정
		10. 시퀀스제어	(1) 제어요소의 작동과 표현	① 시퀀스제어계의 기본구성 ② 시퀀스제어의 제어요소 및 특징
			(2) 논리회로	① 불대수 ② 논리회로
			(3) 유접점회로 및 무접점회로	① 유접점회로 및 무접점회로의 개념 ② 자기유지회로 ③ 선형우선회로 ④ 순차작동회로 ⑤ 정역제어회로 ⑥ 한시회로 등
		11. 제어기기 및 회로	(1) 제어의 개념	① 제어의 정의 및 필요성 ② 자동제어의 분류
			(2) 조절기용 기기	① 조절기용 기기의 종류 및 특징
			(3) 조작용 기기	① 조작용 기기의 종류 및 특징
			(4) 검출용 기기	① 검출용 기기의 종류 및 특성

차 례

핵심 요점노트

PART 1. 공기조화설비 / 3
PART 2. 냉동냉장설비 / 14
PART 3. 공조냉동 설치·운영 / 23

2017 과년도 출제문제

제1회 공조냉동기계산업기사 / 17-3
제2회 공조냉동기계산업기사 / 17-15
제3회 공조냉동기계산업기사 / 17-27

2018 과년도 출제문제

제1회 공조냉동기계산업기사 / 18-3
제2회 공조냉동기계산업기사 / 18-15
제3회 공조냉동기계산업기사 / 18-27

2019 과년도 출제문제

제1회 공조냉동기계산업기사 / 19-3
제2회 공조냉동기계산업기사 / 19-15
제3회 공조냉동기계산업기사 / 19-26

2020 과년도 출제문제

제1·2회 통합 공조냉동기계산업기사 / 20-3
제3회 공조냉동기계산업기사 / 20-15

2023 과년도 기출복원문제

제1회 공조냉동기계산업기사 / 23-3
제2회 공조냉동기계산업기사 / 23-16
제3회 공조냉동기계산업기사 / 23-27

2024 과년도 기출복원문제

제1회 공조냉동기계산업기사 / 24-3
제2회 공조냉동기계산업기사 / 24-16
제3회 공조냉동기계산업기사 / 24-28

2025 과년도 기출복원문제

제1회 공조냉동기계산업기사 / 25-3
제2회 공조냉동기계산업기사 / 25-15
제3회 공조냉동기계산업기사 / 25-28

부록 CBT 대비 실전 모의고사

제1회 모의고사 / 부-3
제1회 정답 및 해설 / 부-10

제2회 모의고사 / 부-17
제2회 정답 및 해설 / 부-24

핵심 요점노트

Industrial Engineer Air-Conditioning and Refrigerating Machinery

PART 1. 공기조화설비
PART 2. 냉동냉장설비
PART 3. 공조냉동 설치·운영

Industrial Engineer
Air-Conditioning and Refrigerating Machinery

시험 전 꼭 암기해야 할 핵심 요점노트

01 PART 공기조화설비

01 | 불쾌지수

불쾌지수(UI) = 0.72(건구온도+습구온도) + 40.6
= $0.72(DB+WB) + 40.6$

02 | 수정유효온도

$CET = 9.56 + 0.6t_w - (23.9-t)(0.4+0.127v^{0.5})$ [℃]

여기서, t_w : 등가온도
v : 풍속(m/min)

03 | 작용(효과)온도

$OT = \dfrac{MRT+t_r}{2} = \dfrac{평균복사온도+실내온도}{2}$ [℃]

04 | 평균복사온도

$MRT = \dfrac{t_s \sum A_i}{\sum A_i}$
$= \dfrac{각\ 내표면온도 \times 각\ 내면의\ 면적}{각\ 내면의\ 면적}$ [℃]

05 | 유해가스 허용기준(사무실기준)

항목	허용기준	비고
이산화탄소 (CO_2)	1,000ppm 이하	환기상태지표, 고농도 시 졸림, 두통
포름알데히드 (HCHO)	100$\mu g/m^3$ 이하	새 가구, 건축자재에서 발생(발암의심물질)
총휘발성 유기화합물 (TVOCs)	400$\mu g/m^3$ 이하	접착제, 페인트, 프린터 등에서 발생
일산화탄소 (CO)	10ppm 이하	불완전연소, 저산소 유도 가능
이산화질소 (NO_2)	0.05ppm 이하	연소기기, 눈과 호흡기 자극
라돈 (Rn)	148Bq/m^3 이하	자연 방사성 기체, 장기 노출 시 폐암 위험
미세먼지 (PM10)	100$\mu g/m^3$ 이하	실내 먼지, 외부 유입
초미세먼지 (PM2.5)	35$\mu g/m^3$ 이하	더욱 작은 입자, 건강 위해도 높음
오존 (O_3)	0.06ppm 이하	복사기, 정전기방지장치 등에서 발생 가능

06 | 일반가스정수

① SI단위 : $\overline{R} = MR = \dfrac{PV}{T} = \dfrac{101,325 \times 22.4}{273}$
$\fallingdotseq 8,314 J/kmol \cdot K = 8.31 kJ/kmol \cdot K$

② 공학단위 : $\overline{R} = MR = \dfrac{PV}{T}$
$= \dfrac{1.0332 \times 10^4 \times 22.4}{273} \fallingdotseq 848 kgf \cdot m/kmol \cdot K$

07 | 기체정수(가스정수)

① 공기의 기체정수
$R_a = \dfrac{\overline{R}}{M_a} = \dfrac{8,314}{28.965} \fallingdotseq 287.1 J/kg \cdot K$

② 수증기의 기체정수
$R_v = \dfrac{\overline{R}}{M_v} = \dfrac{8,314}{18.051} \fallingdotseq 462 J/kg \cdot K$

08 | 돌턴의 법칙

$P = P_{N_2} + P_{O_2} + P_{CO_2} + P_{Ar} + P_v = P_a + P_v$
(전압력=건공기의 분압+수증기의 분압)

09 | 상대습도(ϕ, RH[%])

① $\phi = \dfrac{\rho_v}{\rho_s} \times 100 = \dfrac{P_v(\text{수증기분압})}{P_s(\text{포화증기의 분압})} \times 100[\%]$

② $RH = \dfrac{\text{공기 1kg 중의 수증기중량}(P_v)}{\text{공기 1kg 중의 포화수중량}(P_s)} \times 100[\%]$

③ $\rho_v = \phi \rho_s$, $\dfrac{\rho_v}{\rho_s} = \dfrac{P_v}{P_s} \rightarrow \rho_s = \rho_v \dfrac{P_s}{P_v} = \dfrac{P_s}{R_v T}$

④ $\phi = \dfrac{V_v}{V_s} \times 100$

$= \dfrac{\text{수증기비중량}(V_v)}{\text{포화상태의 증기비중량}(V_s)} \times 100[\%]$

⑤ 상대습도

$= \dfrac{\text{초기상대습도} \times \text{초기포화수증기압}}{\text{변화포화수증기압}} [\%]$

⑥ 상대습도(RH)

$= \dfrac{\text{절대습도}(g/kg)}{\text{포화수분함량}(g/kg)} \times 100[\%]$

$R_w = 0.4619 \text{kJ/kg} \cdot \text{K}$
$R_w = 47.05 \text{kgf} \cdot \text{m/kgf} \cdot \text{K}$
$R_a = 0.287 \text{kJ/kg} \cdot \text{K}$
$R_a = 29.27 \text{kgf} \cdot \text{m/kgf} \cdot \text{K}$(공기의 기체정수)

⑦ 상대습도(ϕ) $= \dfrac{xP}{P_s(0.622+x)}[\%]$

10 | 절대습도(비습도, $W = x$, AH[g/m³])

$x = \dfrac{G_v(\text{수증기중량})}{G_a(\text{건공기중량})} = 0.622 \dfrac{P_v}{P_a}$

$= 0.622 \times \dfrac{\text{수증기분압}(P_v)}{\text{대기압}(P) - \text{수증기분압}(P_v)} [\text{kg/kg}']$

대기압 = 건공기분압 + 수증기분압

11 | 공기의 포화도(비교습도)

$\mu = \dfrac{W(\text{포화공기의 절대습도})}{W_s(\text{포화습공기의 절대습도})} = \dfrac{x}{x_s}$

$= \phi \left(\dfrac{P - P_s}{P - \varphi P_s} \right)$

12 | 습공기의 엔탈피

① SI단위 : $h = h_a + \xi_v = C_{pa}t + x(h_g + C_{pv}t)$
$= 1.0t + x(2501.3 + 1.86t)[\text{kJ/kg}]$

② 공학단위 : $h = h_a + \xi_v = C_{pa}t + x(h_g + C_{pv}t)$
$= 0.24t + x(597 + 0.444t)[\text{kcal/kg}]$

13 | 현열비

$SHF = \dfrac{q_s}{q} = \dfrac{\text{현열}}{\text{총열량}} = \dfrac{\text{현열}(q_s)}{\text{현열}(q_s) + \text{잠열}(q_L)}$

$= \dfrac{\Delta h - \text{잠열변화}}{\Delta h}$

14 | 열수분비

$u = \dfrac{h_2 - h_1}{x_2 - x_1} = \dfrac{\Delta h}{\Delta x} = \dfrac{\text{전열량의 변화량}}{\text{절대습도의 변화량}}$

$= \dfrac{q_s + q_L}{L} = \dfrac{q_s}{L} + h_L [\text{kJ/kg}]$

15 | 비체적(용적)선

$v = (29.27 + 47.06x)\dfrac{T}{P}[\text{m}^3/\text{kg}]$

16 | 가열·냉각열량(q_s)

① G : 공기량(kg/h)은 시간당 중량으로 적용

$q_s = C_p G \Delta t = 0.24 G \Delta t [\text{kcal/h}] = 0.28 G \Delta t [\text{W}]$

여기서, C_p : 공기의 정압비열(0.24kcal/kg · ℃
$= 1.01$kJ/kg · ℃)

Δt : 온도차(℃)

② Q_A : 공기량(m³/h)은 시간당 체적으로 적용

$q_s = C_p G \Delta t = C_p \gamma Q_A \Delta t = 0.24 \times 1.2 Q_A \Delta t$
$= 0.29 Q_A \Delta t [\text{kcal/h}] = 0.34 Q_A \Delta t [\text{W}]$

여기서, γ : 공기의 비중량(kg/m³)
$G = Q_A \gamma [\text{kg/h}]$

17 | 가·감습변화

① 가·감습열량 : $q_L = 597.3G(x_2 - x_1)$
$= 597.3 \times 1.2Q_A(x_2 - x_1)$
$= 715Q_A(x_2 - x_1)$ [kJ/h]
여기서, x_1, x_2 : 변화 전·후의 공기습도(kg/kg')

② 전열량 : $q_t = q_s + q_L = G(h_2 - h_1)$ [kW]
여기서, h_1, h_2 : 변화 전·후의 엔탈피(kJ/kg)

18 | 바이패스팩터(BF)와 콘택트팩터(CF)

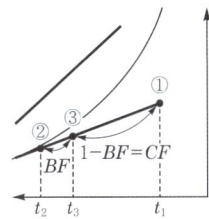

① $BF = \dfrac{t_3 - t_2}{t_1 - t_2} = \dfrac{h_3 - h_2}{h_1 - h_2} = \dfrac{x_3 - x_2}{x_1 - x_2}$

② $CF = \dfrac{t_1 - t_3}{t_1 - t_2}$

③ 바이패스팩터(BF) = 1 − 콘택트팩터 = 1 − CF

19 | 환기용 도입외기량

$V = \dfrac{X}{C_a - C_o}$ [m³/h]

여기서, X : 실내오염물질 발생량(= 인원수×호흡량)(m³/h)
C_a : 서한도(실내유지농도)(m³/m³, ppm)
C_o : 외기탄산가스함유량(m³/m³, ppm)

20 | 난방부하(실내손실열량)

① 현열 : $q_s = C_p G \Delta t = 0.24 G \Delta t = \gamma_a C_p Q_A \Delta t$
$= 1.2 \times 0.24 Q_A \Delta t = 0.29 Q_A \Delta t$

• 공기량 : Q_A[m³/h]가 G[kg/h]로 변경
$G = \gamma_a$[kg/m³]Q_A[m³/h] $= \dfrac{Q_A[\text{m}^3/\text{h}]}{\nu[\text{m}^3/\text{kg}]}$ [kg/h]

② 잠열 : $q_L = \gamma_w G \Delta x = 597.5 G \Delta x$
$= 597.5 \gamma_a Q_A \Delta x$
$= 597.5 \times 1.2 Q_A \Delta x = 715 Q_A \Delta x$

③ 지붕, 외벽, 유리창에서의 열손실
$q = KAk\Delta t$ [W]
이때 k : 방위계수

방위	동, 서	남	북	남동, 남서	북동, 북서	지붕
방위계수	1.1	1.0	1.2	1.05	1.15	1.2

④ 천장, 바닥이나 샛벽에서의 손실열량

㉠ 천장, 바닥이나 샛벽의 실외측을 난방하지 않는 경우의 손실열량 : $q = KA\Delta t$ [W]

㉡ 바닥이나 외벽이 지면과 접촉하고 있는 경우의 손실열량 : $q = KA\Delta t$ [W]

㉢ 극간풍에 의한 난방부하

• 현열부하 : $q_s = 0.24 \times 1.2 Q \Delta t$
$≒ 0.29 Q \Delta t$ [kcal/h]
$= 0.34 Q \Delta t$ [W]

• 잠열부하 : $q_l = 597.5 \times 1.2 Q \Delta x$
$= 720 Q \Delta x$ [kcal/h]
$= 837 Q \Delta x$ [W]

⑤ 극간풍량(m³/h) 산출방법

• 환기횟수법 : 극간풍량(m³/h) = 자연환기횟수(회/h) × 실용적(m³)
• 면적법
• 크랙(극간길이)법

21 | 냉방부하

① 지붕에서 침입하는 열량 : $q_1 = KA\Delta t_e$ [W]

• 열통과율(K)이 표시되지 않은 구조에 대해서
$K = \dfrac{1}{R}$,
$R = \dfrac{1}{\alpha_0} + \dfrac{l_1}{\lambda_1} + \dfrac{l_2}{\lambda_2} + \cdots + \dfrac{l_n}{\lambda_n} + \dfrac{1}{\alpha_i}$

② 외벽에서 침입하는 열량 : $q_2 = KA\Delta t_e$ [W]

• 수정상당외기온도
$\Delta t_e' = \Delta t_e + (t_o' - t_o) - (t_i' - t_i)$ [℃]

③ 유리창의 복사열에 의해 침입하는 열량
$q_3 = I_{gr} K_s A K_d$ [W]

④ 유리창의 열통과량(실내외의 온도차에 의해 침입하는 열량) : $q_4 = KA\Delta t$ [W]

⑤ 극간풍(틈새바람)에 의한 열량
  ㉠ 현열부하 : $q_5 = 0.24 \times 1.2 Q \Delta t$
   $≒ 0.29 Q \Delta t [\text{kcal/h}]$
   $= 0.34 Q \Delta t [\text{W}]$
  ㉡ 잠열부하 : $q_6 = 597.5 \times 1.2 Q \Delta x$
   $= 720 Q \Delta x [\text{kcal/h}]$
   $= 837 Q \Delta x [\text{W}]$
⑥ 천장, 바닥, 샛벽에서 침입하는 열량 : $q_7 = KA \Delta t [\text{W}]$
⑦ 인체의 발열량(인체부하)
  ㉠ 현열부하 : $q_8 = Q_{hs} N =$ 1인당 현열량 × 재실인원수[W]
  ㉡ 잠열부하 : $q_9 = Q_{hl} N =$ 1인당 잠열량 × 재실인원수[W]
⑧ 조명에 의한 발열량(조명부하)
  ㉠ 백열등의 발열량 : 1kW=860kcal/h,
   1W=0.86kcal/h
  ㉡ 형광등의 발열량 : 1kW=1,000kcal/h,
   1W=1kcal/h
⑨ 송풍량 : $Q = \dfrac{\text{실내현열부하}(q_s)}{0.29 \times \text{온도차}(\Delta t)}$
  ※ 실내현열부하(q_s) = 실내취득현열부하 + 기기 내 취득부하
⑩ 외기부하
  ㉠ 현열부하 : $q_s = 0.24 \times 1.2 Q \Delta t$
   $≒ 0.29 Q \Delta t [\text{kcal/h}]$
   $= 0.34 Q \Delta t [\text{W}]$
   여기서, $Q =$ 인원 × 외기량
  ㉡ 잠열부하 : $q_l = 597.5 \times 1.2 Q \Delta x$
   $= 720 Q \Delta x [\text{kcal/h}]$
   $= 837 Q \Delta x [\text{W}]$

22 | 클린룸의 방식 및 특징

① 비층류방식
  ㉠ 난류방식
  ㉡ 설비비가 싸고 시공이 간단함
  ㉢ 실 확장 용이
  ㉣ 오염입자의 순환 우려
② 수직층류방식
  ㉠ 수직설치방식
  ㉡ 설비비 비쌈
  ㉢ 실 확장 곤란
  ㉣ 오염 확산이 적음
③ 수평층류방식
  ㉠ 수평설치방식
  ㉡ 설비비 비쌈
  ㉢ 실 확장 곤란
  ㉣ 상류에 비해 하류가 흡입측에 가까울수록 오염이 심함
④ 병용방식
  ㉠ 비정류방식 + 유닛형의 설비 설치
  ㉡ 층류방식보다 저렴

23 | 송풍기의 정압

① 전압 : $P_t = 1.1(P_1 + P_2 + P_3) [\text{mmAq}]$
② 정압 : $P_s = P_t - P_v \rightarrow$ 정압 = 전압 − 동압[mmAq]
  여기서, P_3 : 공조기류의 전압손실(mmAq)
    P_v : 송풍기 토출구에 대한 동압
    $\left(= \dfrac{V_d^2}{2g}\gamma = 0.06 V_d^2\right)$ (mmAq)

24 | 송풍기의 번호

① 원심송풍기(다익형 등) 번호
  $= \dfrac{\text{회전날개의 지름(mm)}}{150}$
② 축류송풍기(프로펠러형 등) 번호
  $= \dfrac{\text{회전날개의 지름(mm)}}{100}$

25 | 송풍기의 동력(풍압(mmAq)일 경우)

① $S = \dfrac{QH}{75 \times 60\eta} = \dfrac{QH}{4,500\eta} [\text{PS}]$
② $S = \dfrac{QH}{76 \times 60\eta} = \dfrac{QH}{4,560\eta} [\text{HP}]$
③ $S = \dfrac{QH}{102 \times 60\eta} = \dfrac{QH}{6,120\eta} [\text{kW}]$

26 | 송풍기의 소요동력(정압(kgf/m²)일 경우)

$L = \dfrac{P_t Q}{102\eta_t \times 3,600} [\text{kW}]$, $P_t = P_v + P_s$

27 | 송풍기의 상사법칙

① 공기량(풍량) : $Q_1 = Q\left(\dfrac{N_2}{N_1}\right) = Q\left(\dfrac{d_1}{d}\right)^3$

② 정압 : $P_1 = P\left(\dfrac{N_2}{N_1}\right)^2 = P\left(\dfrac{d_1}{d}\right)^2$

③ 동력 : $L_1 = L\left(\dfrac{N_2}{N_1}\right)^3 = L\left(\dfrac{d_1}{d}\right)^5$

28 | 여과효율

① 냉온수코일 : $\eta_f = \dfrac{C_1 - C_2}{C_1} = 1 - \dfrac{C_2}{C_1}$

$= 1 - \dfrac{\text{출구분진농도}(\text{mg/m}^3)}{\text{입구분진농도}(\text{mg/m}^3)} \times 100[\%]$

② 에어필터 : $\eta = C_1 - \dfrac{C_2}{C_1}$

$= \dfrac{\text{필터 입구면지량} - \text{필터 출구면지량}}{\text{필터 입구면지량}}$

29 | 냉각코일의 전열량

① $q = G(h_1 - h_2) = G_w C_w \Delta t = KF(LMTD)NC_m$

여기서, G : 송풍량(kg/h)
h_1, h_2 : 공기엔탈피(kJ/kg)
G_w : 냉수량(kg/h)
C_w : 물의 비열(kJ/kg·K)
Δt : 냉수 입출구온도차(℃, K)
K : 코일의 열관류율(W/m²·K)
F : 전열면적(m²)
$LMTD$: 대수평균온도차(℃, K)
N : 코일의 열수
C_m : 습면계수

② 코일의 열수 : $N = \dfrac{q(LMTD)}{C_w kF}$

30 | 냉수코일의 설계

① 대수평균온도차(LMTD)가 클수록 열전달이 좋아져 코일의 열수가 작아도 된다.
② 풍속은 2~3m/s가 경제적이고 평균 2.5m/s이다.
③ 입출구온도차는 5℃ 전후이다.
④ 냉수속도는 0.5~1.5m/s 정도이고 일반적으로 1m/s 전후이다.
⑤ 공기류와 수류의 방향은 역류가 되도록 한다.
⑥ 코일의 설치는 관이 수평으로 놓이게 한다.
⑦ 코일의 열수는 일반 공기냉각용에는 4~8열이 많이 사용된다.

31 | 대수평균온도차

$LMTD(\text{평행류}) = \dfrac{\Delta t_1 - \Delta t_2}{2.3 \log \dfrac{\Delta t_1}{\Delta t_2}} \fallingdotseq \dfrac{\Delta t_1 - \Delta t_2}{\ln \dfrac{\Delta t_1}{\Delta t_2}}$

$= \dfrac{(t_1 - t_{w1}) - (t_2 - t_{w2})}{\ln \dfrac{t_1 - t_{w1}}{t_2 - t_{w2}}}$

$= \dfrac{(\text{고온 입구} - \text{저온 입구}) - (\text{고온 출구} - \text{저온 출구})}{\ln \dfrac{\text{고온 입구} - \text{저온 입구}}{\text{고온 출구} - \text{저온 출구}}}$

여기서, Δt_1 : 열유체(공기) 입구측에서의 온도차(℃)
Δt_2 : 열유체(공기) 출구측에서의 온도차(℃)

① 평행류(향류) : $\Delta t_1 = t_1 - t_{w1}$, $\Delta t_2 = t_2 - t_{w2}$
② 대향류(역류) : $\Delta t_1 = t_1 - t_{w2}$, $\Delta t_2 = t_2 - t_{w1}$

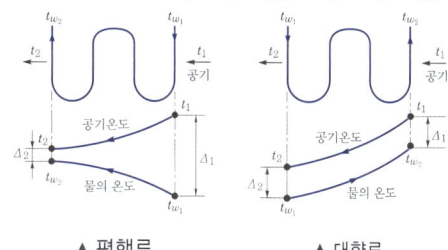

▲ 평행류   ▲ 대향류

32 | 가열코일의 설계

$q_r = KFN\left(t_s - \dfrac{t_1 + t_2}{2}\right)$, $G_s = \dfrac{q_r}{R} = \dfrac{0.24Q}{R}(t_2 - t_1)$

여기서, Q : 풍량(kg/h)
G_s : 증기량(kg/h)
t_s : 증기온도(℃)
t_1, t_2 : 공기 입·출구온도(℃)
q_r : 가열량(kJ/kg)
R : 증발잠열(kJ/kg)

33 | 가습효율

$$\eta_s = \frac{증발수량}{분무수량} = \frac{t_1 - t_2}{t_1 - t_1'}$$

34 | 열교환기의 용량과 전열면적

① 용량 : $q_h = WC(t_2 - t_1)$
        $= KF(LMTD)$ [W]

② 전열면적 : $F = \dfrac{q_h}{K(LMTD)} = \dfrac{WC(t_2-t_1)}{K(LMTD)}$ [m²]

35 | 평균온도차

$$LMTD = \frac{(t_s - t_1) - (t_s - t_2)}{\ln \dfrac{t_s - t_1}{t_s - t_2}} [℃]$$

또는 $\Delta t_m = t_s - \dfrac{t_1 + t_2}{2}$ [℃]

36 | 보일러용량

① 보일러 발생열량
   ㉠ 증기 : $q = G_a(h_2 - h_1)$ [kcal/h, kJ/s]
   ㉡ 온수 : $q = G_w C(t_2 - t_1)$ [kcal/h, kJ/s]

② 상당증발량(환산증발량)
$$G_e = \frac{q}{539} = \frac{G_a(h_2 - h_1)}{539} = G_a \alpha$$
   = 실제 증발량 × 보일러계수 [W]
   여기서, α : 보일러계수
   $\left(= \dfrac{h_2 - h_1}{539} = \dfrac{증기엔탈피 - 급수엔탈피}{539} \right)$

③ 보일러마력(BHP) $= \dfrac{G_e}{15.65} = \dfrac{G_a(h_2 - h_1)}{539 \times 15.65}$
   ㉠ 1BHP = 15.65 × 539 ≒ 8,435kcal/h = 9.8kW
   ㉡ EDR $= \dfrac{BHP}{q_o} = \dfrac{8,435}{650} ≒ 13m^2$ (공학단위)
      EDR $= \dfrac{BHP}{q_o} = \dfrac{9.8}{0.756} ≒ 13m^2$ (국제단위)

37 | 난방부하

난방부하 = EDR × 방열기 방열량
       = 쪽수 × 쪽당 면적 × 방열기 방열량

① 상당방열면적
$$EDR = \frac{q}{q_o} = \frac{방열기의\ 총방열량}{방열기의\ 표준방열량} [m^2]$$

② 증기일 때 표준방열량 : 650kcal/m² · h = 0.756kW/m²

③ 온수일 때 표준방열량 : 450kcal/m² · h = 0.523kW/m²

38 | 보일러의 능력

① 정미출력 = 난방부하 + 급탕부하(적은 출력)
② 상용출력 = 정미출력 + 배관부하
③ 정격출력 = 난방부하 + 급탕부하 + 배관부하 + 예열부하

39 | 보일러의 효율

① 효율(η) $= \dfrac{보일러\ 발생열량}{연료소비량 \times 연료의\ 저위발열량}$
   $= \dfrac{G_a(h_2 - h_1)}{G_L H_L} \times 100$
   = 연소효율 × 전열효율 × 100 [%]

② 저위발열량 : $H_L = H_h - 600(9H + W)$
   여기서, H : 수소
          W : 수분

40 | 보일러부하

① 배관부하(방열기 용량, q_3) $= q_1 + q_2$ [W]
② 예열부하(상용출력, q_4) $= q_1 + q_2 + q_3$ [W]
   여기서, q_1 : 난방부하(W)
          q_2 : 급탕 · 급기부하(W)
          q_3 : 배관부하(W)
          q_4 : 예열부하(W)

41 | 방열량

① 표준방열량(q_0)
   ㉠ 증기 : 증기온도 102℃(증기압 1.1ata), 실내온도 18.5℃일 때의 방열량
   $q_0 = K(t_s - t_i) = 9.3 \times (102 - 18.5)$
   ≒ 777 W/m² = 0.777kW/m²
   여기서, K : 방열계수(증기 : 9.3)
          t_s : 증기온도(℃)
          t_i : 실내온도(℃)

ⓒ 온수 : 증기온도 80℃, 실내온도 18.5℃일 때의 방열량

$$q_0 = K(t_s - t_i) = 8.37 \times (80 - 18.5)$$
$$\fallingdotseq 515 \text{W/m}^2 = 0.515 \text{kW/m}^2$$

여기서, K : 방열계수(온수 : 8.37)
t_s : 증기온도(℃), t_i : 실내온도(℃)

② 방열기의 소요쪽수
  ㉠ 방열기 방열량
    = 방열계수×(방열기 내 평균온도 – 실내온도)
  ㉡ 소요방열면적 = $\dfrac{난방부하}{방열기\ 방열량}$ [m²]
  ㉢ 쪽수 = $\dfrac{소요방열면적}{쪽당\ 방열면적}$ [쪽]

③ 방열기 방열량의 보정

$$Q' = \frac{q_0}{C} = \frac{표준방열량}{보정계수} [\text{W/m}^2]$$

여기서, q_0 : 표준방열량(W/m²)
C : 보정계수(증기난방 : $C = \left(\dfrac{102 - 18.5}{t_s - t_1}\right)^n$,
온수난방 : $C = \left(\dfrac{80 - 18.5}{t_w - t_1}\right)^n$)
n : 보정지수(주철·강판제 방열기 : 1.3, 대류형 방열기 : 1.4, 파이프방열기 : 1.25)

④ 방열기 내의 증기응축수량 : $G_w = \dfrac{q}{R}$ [kg/h]

여기서, q : 방열기의 방열량(kW/m²)
R : 그 증발압력에서의 증발잠열(kJ/kg)

42 | 이론공기량(체적)

$$A_o = 8.89C + 26.67\left(H - \frac{O}{8}\right) + 3.33S [\text{m}^3/\text{kg}]$$

43 | 증기의 분출속도

$$V = 91.5\sqrt{h_2 - h_1}$$

44 | 마하수

$M = \dfrac{속도}{음속}$

① $M = 1$: 음속
② $M > 1$: 초음속(단면 축소)
③ $M < 1$: 아음속(단면 확대)

45 | 냉각탑의 계산식

① 쿨링 어프로치 = 냉각수 출구온도 – 냉각탑 입구공기의 습구온도 → 5℃
② 쿨링 레인지 = 냉각수 입구온도 – 냉각수 출구온도
   (압축식 : 5℃, 흡수식 : 6~9℃)
③ 냉각탑의 능력 : Q = 냉각수량(L/min)×쿨링 레인지×60

46 | 덕트의 계산식

① 전압(P_t) = 정압(P_s) + 동압(P_v) = $p_s + \dfrac{v^2}{2g}r$

$$p_1 + \frac{v_1^2}{2g}r = p_2 + \frac{v_2^2}{2g}r + \Delta p$$

② 마찰저항과 국부저항
  ㉠ 직관형 덕트의 마찰저항 : $\Delta p_f = \lambda \dfrac{l}{d} \dfrac{v^2}{2g} r$
  ㉡ 원형 덕트와 장방형 덕트의 환산
    $$d_e = 1.3\left[\frac{(ab)^5}{(a+b)^2}\right]^{\frac{1}{8}}$$
  ㉢ 타원형 덕트의 상당직경 환산
    $$d_e = \frac{1.55 A^{0.625}}{P^{0.25}}$$
  ㉣ 곡관 부분의 마찰손실(국부저항)
    $$\Delta P_d = \psi \frac{V^2}{2g} \gamma$$
  ㉤ 전압기준 국부저항 : $\zeta_T = \zeta_S + 1 - \left(\dfrac{V_2}{V_1}\right)^2$
    = 정압기준 국부저항계수 + 1 – $\left(\dfrac{하류풍속}{상류풍속}\right)^2$

47 | 정압재취득법에 의한 덕트 계산

$$\Delta p = k\left(\frac{v_1^2}{2g}r - \frac{v_2^2}{2g}r\right)$$

48 | 흡입구의 환기량 및 환기방법

① 필요환기량(Q_o)
$$q = 1.2 Q_o C_p (t_r - t_o) [\text{W}]$$
$$\therefore Q_o = \frac{q}{1.2 C_p (t_r - t_o)} [\text{m}^3/\text{h}]$$

② 매시간 환기량 = 환기횟수×실용적 = nV [m³/h]

49 | 혼합냉각 시의 부하용량 계산

- **혼합냉각프로세스조건**
  - 실내 : 건구온도 26℃, 상대습도 50%
  - 외기 : 건구온도 32℃, 상대습도 65%
  - 외기량과 환기량을 1 : 4로 혼합
  - 실내냉방부하 : 현열 5,800W, 잠열 580W
  - 취출온도 : 16℃
  - 공기의 비체적 : $0.83\text{m}^3/\text{kg}$
  - 공기의 정압비열 : 1.006kJ/kg·℃

<해설>
① 습공기선도에 실내조건에 따라 건구온도 26℃인 선과 상대습도 50%인 선이 만나는 점을 찾아 실내상태점 ①을 표시한다.
② 습공기선도에 외기조건에 따라 건구온도 32℃인 선과 습구온도 65%인 선이 만나는 점을 찾아 외기상태점 ②를 표시한다.
③ 그림과 같이 실내공기와 외기와의 혼합점 ③은 실내공기 ① 80%와 외기 ② 20%의 혼합공기이므로 식의 혼합비 k에 따라
$$t_3 = t_1 + (t_2 - t_1)k$$
$$= 26 + (32 - 26) \times \frac{1}{5} = 27.2℃$$
이므로 ①점과 ②점을 잇는 선 위에 ③점을 표시한다.
④ 냉방프로세스조건에서 실내냉방현열부하가 5,800W이고, 실내냉방잠열부하가 580W이므로 실내에서의 현열비(SHF)를 다음과 같이 구한다.
$$현열비(SHF) = \frac{현열부하}{현열부하 + 잠열부하}$$
$$= \frac{5,800}{5,800 + 580}$$
$$= 0.91$$
⑤ 이 현열비와 동일한 기울기가 되는 선을 실내공기 ①점에서 긋고, 냉방프로세스조건에서 취출온도가 16℃이므로 현열비의 기울기와 만나는 상태점 ④를 표시한다.
⑥ 취출공기량 G[kg/s], Q[m³/s]는 식에 의해
$$G = \frac{q_s}{C_p(t_1 - t_4)} = \frac{5.8}{1.01 \times (26 - 16)}$$
$$≒ 0.574\text{kg/s}$$

$$Q = \frac{q_s}{\rho C_p(t_1 - t_4)} = \frac{5.8}{1.2 \times 1.01 \times (26 - 16)}$$
$$≒ 0.476\text{m}^3/\text{s}$$

⑦ 혼합공기의 상태는 선도의 ③점에 대한 t_3 및 x_3를 읽으면 $t_3 = 27.2℃$, $x_3 = 0.0123\text{kg/kg}'$
⑧ 냉각과정 중 감습량 : $L = G(x_3 - x_4)$
$$= 0.574 \times (0.0123 - 0.0100) ≒ 0.0013\text{kg/s}$$
⑨ 냉각코일에서의 냉각열량 : $q_c = G(h_3 - h_4)$
$$= 0.574 \times (58.7 - 41.5) ≒ 9.87\text{kW}$$

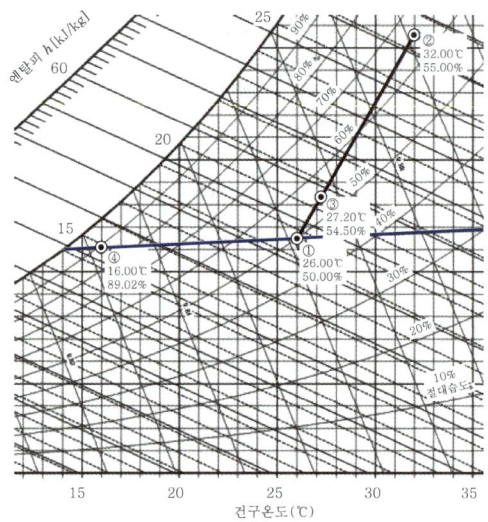

▲ 혼합냉방프로세스

50 | 전열교환기에서의 열교환효율

① 온도교환효율 : $\eta_t = \dfrac{t_{OA} - t_{SA}}{t_{OA} - t_{RA}} \times 100[\%]$

② 습도교환효율 : $\eta_X = \dfrac{X_{OA} - X_{SA}}{X_{OA} - X_{RA}} \times 100[\%]$

③ 전열교환효율 : $\eta_h = \dfrac{h_{OA} - h_{SA}}{h_{OA} - h_{RA}} \times 100[\%]$

이때 SA : 급기덕트(Supply Air)
　　 RA : 환기덕트(Return Air)
　　 FA, OA : 외기덕트(Fresh/Out Air)
　　 EA : 배기덕트(Exhaust Air)

51 | 펌프의 흡입양정, 토출양정, 실양정, 전양정, 유량, 동력

① 토출(송출)양정 : $H_1 = H_d + h_d + \dfrac{v_d^2}{2g}$ [m]

② 흡입양정(수두) : $H_2 = H_s + h_s$ [m]

③ 실양정 : $H_a = H_s + H_d$ [m]

④ 전양정 : $H = H_1 + H_2$ [m]

$$= \left(H_d + h_d + \dfrac{v_d^2}{2g}\right) + (H_s + h_s)$$

$$= (H_d + H_s) + (h_d + h_s) + \dfrac{v_d^2}{2g}$$

여기서, H_s : 흡입실양정(m)
H_d : 토출(송출)실양정(m)
H_a : 실양정(m)
h_s : 흡입관 쪽 마찰손실수두(m)
h_d : 송출관 쪽 마찰손실수두(m)
$\dfrac{v_d^2}{2g}$: 상당수두(m)

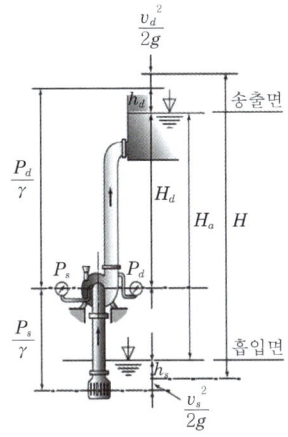

▲ 펌프의 양정

⑤ 원관의 지름과 평균유속이 정해진 경우 유량

$$Q = Av = \dfrac{\pi d^2}{4} v \,[\text{m}^3/\text{s}]$$

여기서, A : 원관의 단면적(mm^2)
d : 원관의 안지름(mm), v : 평균유속(m/s)

⑥ 동력 : $L_d = kL$ [kW], $L = \dfrac{L_w}{\eta} = \dfrac{\dfrac{\gamma HQ}{102}}{\eta}$ [kW]

여기서, L_d : 펌프를 구동시키는 원동기의 동력(kW)
L : 축동력(kW), k : 상수
L_w : 수동력(kW), η : 펌프의 전효율
γ : 액체의 비중량(kg/m^3)

52 | 펌프의 고장원인

① 프라이밍(priming)이 안 됨 : 패킹부로 공기흡입, 토출밸브에서 공기흡입, 진공펌프의 불량
② 기동불능 : 보호회로동작, 원동기 고장
③ 물이 나오지 않음 : 프라이밍 불충분, 흡입·토출밸브가 닫힘, 스트레이너, 흡입관의 막힘, 회전자에 이물질이 걸림, 역회전
④ 유량 부족 : 공기흡입, 물수위 부족, 회전차에 이물질이 걸림, 라이너링 마모
⑤ 물이 조금 나오다 멈춤 : 프라이밍 불출분, 공기혼입
⑥ 과부하 : 회전수가 너무 빠름, 사양점을 벗어나 운전, 회전차 외경이 과대, 회전체와 케이싱의 마찰, 이물질의 혼입
⑦ 베어링 과열 : 패킹을 과대하게 체결, 급유 부족, 윤활유의 둔화, 축심이 틀어짐, 베어링의 손상
⑧ 패킹부 과열 : 패킹을 과도하게 체결, 축봉수압력 과다, 축봉수량 부족
⑨ 펌프의 진동 : 회전차의 일부가 막힘, 회전차가 파손, 토출량 과소(저유량운전), 축심 불일치, 베어링손상, 공기흡입, 캐비테이션, 배관하중작용
⑩ 이상소음 발생 : 공기흡입, 캐비테이션, 회전체와 케이싱의 마찰

53 | 펌프의 유지관리(정기점검항목)

① 매일 : 외관점검, 진동, 이상음의 유무, 베어링온도, 윤활유압력, 그랜드패킹부의 발열, 그랜드패킹에서의 누수량, 압력계의 압력
② 1개월마다 : 베어링의 그리스, 윤활유의 양을 점검하고 보충, 그랜드패킹의 마모, 압력계의 압력
③ 6개월마다 : 전선기기 및 단자 고정 부분의 체결볼트점검(느슨해진 볼트는 체결), 보호장치의 작동점검(온도스위치, 압력스위치, 진동계측장비, 유량계 등), 절연저항 측정(필요시 권선의 건조처리), 인출선 배선
④ 1~4년마다 : 베어링의 그리스 및 윤활유의 교환, 그랜드패킹의 교환, 분해, 점검, 정비

54 | 에어필터의 종류별 점검사항

① 유닛형 에어필터 : 여과재의 오염상황, 여과재의 변형에 의한 공기누출 여부, 필터체임버 내부의 오염상황, 압력손실
② 자동권취형 에어필터 : 장치의 작동상황, 여과재의 오염상황, 여과재의 변형에 의한 공기누출 여부, 필터체임버 내부의 오염상황, 압력손실, 타이머 또는 차압감지관의 작동상황
③ 정전식 공기청정장치 : 장치의 작동상황, 이온화부 및 집진부의 오염상황, 보조필터의 오염상황, 필터체임버 내부의 오염상황

55 | 공조기 필터의 포집률

$$\eta = \left(1 - \frac{C_1}{C_2}\right) \times 100 [\%]$$

여기서, C_1 : 상류의 먼지농도
C_2 : 하류의 먼지농도

56 | 대기질지수별 대기질상태 및 지시색

대기질지수	대기질상태	지시색
0~50	좋음	녹색
51~100	보통	노란색
101~150	노약자에게 해로움	오렌지색
151~200	해로움	빨간색
201~300	매우 해로움	보라색
301~	매우 위험함	고동색

57 | 공기여과기 효율측정법

① 중량법 : 비교적 큰 입자를 대상으로 하며 필터에서 제거되는 먼지의 중량으로 결정함
② 비색법(변색도법, NBS법) : 비교적 작은 입자를 대상으로 하며 공기를 여과지에 통과시켜 그 오염도를 광투관으로 측정하는 것으로 일반적으로 중성능 필터인 공조용 에어필터의 효율을 나타낼 때 사용함
③ 계수법(DOP법) : 고성능(HEPA) 필터를 측정하는 방법으로 일정한 크기의 시험입자를 사용하여 먼지의 수를 계측하여 측정함

58 | 에어필터

① 공조기 내의 에어필터는 송풍기의 흡입측이면서 코일의 흡입측에 설치한다.
② 유닛형을 여러 개 조합하여 설치할 경우는 지그재그가 되도록 한다.
③ 필터에 공기흐름방향이 있는 경우는 역방향으로 설치되지 않도록 한다.
④ 고성능의 HEPA필터나 전기식 필터는 송풍기의 출구측에 설치한다.
⑤ 필터는 스페이스가 크므로 공조기 내부에 설치한다.
⑥ 필터는 전풍량을 취급하도록 한다.
⑦ 롤러형의 필터로 사용할 때는 필터 전면에 해체와 반출이 용이하도록 공간을 두어야 한다.
⑧ 병원용 필터는 HEPA필터를 사용하며, 설치할 때는 프리필터를 고성능 필터 앞에 설치한다.
⑨ 에어필터는 일반적으로 프리필터 → 미디움필터 → 헤파필터 순으로 설치한다.
⑩ 에어필터의 점검 및 교체주기를 확인하기 위해 차압계를 설치한다.

59 | 에어필터의 분류

① 여과식 : 패널형, 자동롤형
② 정전식 : 집진극판형, 정전유전형, 여과재교환형
③ 충돌접착식 : 자동회전형, 패널형, 여과재형

60 | 여과식 필터

① 충돌점착식 : 여과재교환형, 유닛교환형, 자동식 충돌점착식
② 건성 여과식 : 폐기, 유닛교환형, 자동이동형, HEPA(고성능 필터)
③ 전기식 : 2단 하전식 정기청소형, 2단 하전식 여과재집진형, 1단 하전식 여과재유전형
④ 활성탄흡착식 : 원통형, 지그재그형, 바이패스형

61 | 펌프의 양정 결정

① 흡입양정(Suction Head/Suction Lift) : 펌프가 설치된 위치와 유체면의 높이차에 따라 결정된다.
　㉠ 양(+)의 흡입양정 : 유체가 펌프보다 높을 때
　㉡ 음(−)의 흡입양정(흡입리프트) : 유체가 펌프보다 낮을 때
② 토출양정(Discharge Head)
　㉠ 펌프에서 토출되는 지점까지의 높이차를 말한다.
　㉡ 토출배관의 말단지점이 기준이다.
③ 마찰손실(Friction Loss)
　㉠ 유체가 배관, 밸브, 엘보 등을 지날 때 생기는 마찰저항이다.
　㉡ 배관의 길이, 굴곡, 재질, 지름, 밸브개수 등에 따라 결정된다.
④ 속도수두(Velocity Head) : 유체의 속도에 따른 운동에너지이다.
⑤ 기타 손실(Minor Losses) : 배관연결부, 밸브, 필터, 스트레이너 등에서 생기는 부분 손실이다.
⑥ 펌프양정의 총합공식
　Total Head = 토출수두 − 흡입수두 + 마찰손실 + 속도수두

62 | 보일러 점검사항(점검주기)

① 매일 : 흡입압력, 토출압력, 전압, 전류, 소음, 진동, 모터 외피의 발열
② 주간 : 축봉부(mechanical seal)의 누수 확인
③ 월간 : 유량, 커플링의 마모 및 센터링, 급수스트레이너 청소
④ 분기 : 모터의 절연상태

63 | 보일러 가동점검

① 보일러 가동 전 준비사항 : 보일러수위 확인, 워터해머현상 확인
② 보일러 가동 중 점검 : 보일러연소시퀀스, 프리퍼지, 송풍기 성능, 연소 시 발생되는 이상현상, 연소상태 점검
③ 보일러 가동 후 점검 : 보일러상태 점검, 각종 밸브 점검

64 | 이상저수위의 원인 및 조치방법

① 급수펌프의 이상(성능 저하) : 보일러를 100% 부하상태로 운전될 때 급수량을 체크하면 보일러증기량 이상으로 급수되어야 한다. 증기량보다 급수량이 적을 경우 펌프를 교체한다.
② 체크밸브 역류 : 보일러압력이 상승한 상태에서 급수정지밸브를 닫고 급수펌프의 에어밸브를 열었을 때 증기나 온수가 나오는지 확인한다. 이 경우 체크밸브를 교체한다.
③ 급수스트레이너 막힘 : 급수펌프의 연성계 바늘이 대기압 이하로 떨어진다. 급수스트레이너를 분해 후 청소한다.
④ 수위검출기 이상 : 맥도널식의 경우 분해청소하고, 전극식의 경우 분해 후 감지봉을 샌드페이퍼를 사용하여 닦아준다.
⑤ 프라이밍현상 발생 : 전기전도가 높을 경우에 발생하므로 보일러수를 완전 배수한 후, 재급수 후 가동한다. 급수탱크를 청소해준다.
⑥ 급수내관이 막혔을 때 : 급수내관을 분해청소 후 가동한다.
⑦ 자동제어장치의 이상 : 수위조절기 또는 마이컴 등을 점검하고 교체한다.
⑧ 펌프 내에 에어가 자주 생김 : 급수펌프와 급수탱크 사이의 관이음 등에서 공기가 유입되는 경우이므로 점검 후 재조립한다.
⑨ 급수탱크의 온도가 높을 때 : 일반적인 급수펌프의 경우 적정 온도는 80℃이므로 급수온도를 낮춰준다.
⑩ 급수탱크의 급수량 부족 : 환수를 사용할 때 급수탱크의 용량은 보일러용량의 1.5배 이상으로 한다. 환수를 사용하지 않을 때는 보유수량보다 크게 해야 한다.
⑪ 캐비테이션 발생 : 급수펌프는 급수탱크의 물이 원활히 공급될 수 있도록 낮은 위치에 설치해야 한다.

65 | 보일러 인터록제어(보일러 정지)

① 저수위 인터록 : 보일러의 수위가 최저수위 이하로 내려가면 정지
② 과열 방지 인터록 : 본체의 온도가 설정온도 이상으로 되면 정지
③ 배기가스온도 상한 인터록(5t/h 미만) : 배기가스온도가 주위온도보다 30K 이상 높을 때 정지
④ 화염검출 불량 인터록 : 연소실의 화염을 검출하지 못할 때 정지
⑤ 가스압력 인터록 : 보일러에 공급되는 가스압력이 설정값 이하이거나 설정값 이상일 때 정지
⑥ 이상화염 인터록 : 연소진행상태가 아닌 상태에서 화염을 검출했을 때 정지
⑦ 수위봉 이상 인터록(전극식일 때) : 정상적인 수위감지가 되지 않을 때 정지
⑧ 통신 관련 인터록(전자식일 때) : Micom과 모니터의 통신상태가 불량할 때 정지
⑨ 공기압 이상 인터록 : 연소용 공기의 압력이 설정값 이하일 때 정지
⑩ 자동제어장치 인터록 : 열동형 과부하계전기의 트립 등 제어장치가 이상일 때 정지

02 PART 냉동냉장설비

01 | 압력

① 절대압력=대기압+게이지압력=대기압-진공압력
② 표준대기압
    1atm=760mmHg(수은주, 수은)=76cmHg(수은)
         =30inHg(수은)=1.0332kgf/cm^2
         =10,332kgf/m^2
         =10.332mAq(mH$_2$O)(수두)
         =10,332mmAq(수두)
         =1.01325bar=1013.25mbar=101,325Pa
         =0.101325MPa=101,325N/m^2
         =14.7psi(=lb/in^2)

02 | 온도

① 섭씨온도 : $℃ = \dfrac{5}{9}(℉ - 32)$
② 화씨온도 : $℉ = \dfrac{9}{5}℃ + 32$
③ 절대온도
   ㉠ $K = ℃ + 273.15$
   ㉡ $°R = ℉ + 459.67 = 1.8K$

03 | 비열비

$$K = \frac{C_p}{C_v} = \frac{정압비열}{정적비열} > 1$$

04 | 현열과 잠열

① 현열(감열) : $Q = GC\Delta t$
② 잠열(숨은열) : $Q_L = G\gamma$
③ 전열량=현열량+잠열량=$G(C\Delta t + \gamma)$ [kJ]

05 | 비열이 다른 물질의 혼합온도

$$t_m = \frac{G_1 C_1 t_1 + G_2 C_2 t_2}{G_1 C_1 + G_2 C_2}\ [℃]$$

06 | 혼합공기의 온도

$$t_m = \frac{(외기비율 \times 외기온도) + (환기비율 \times 환기온도)}{외기비율 + 환기비율}[℃]$$

07 | 몰리에르선도($P-h$선도)에서의 계산

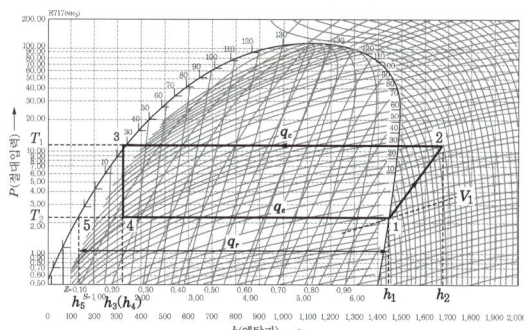

① 냉동효과, 냉동력, 냉동량 : $q_e = h_1 - h_4 (= h_3)$
　　=증발기 출구엔탈피−증발기 입구엔탈피
　　$= (1-x)r =$ (1−건조도)×증발잠열[kJ/kg]
② 압축일의 열당량 : $A_w = h_2 - h_1 = q_c - q_e$ [kJ/kg]
③ 응축열량 : $q_c = h_2 - h_3 (= h_4) = q_e + A_w$
　　=냉동효과+압축일의 열당량[kJ/kg]
④ 이론성적계수
$$COP = \frac{q_e}{A_w} = \frac{h_1 - h_4}{h_2 - h_1} = \frac{q_e}{q_c - q_e}$$
$$= \frac{T_2}{T_1 - T_2} = \frac{Q_2}{Q_1 - Q_2}$$
$$= \frac{증발기에\ 냉매가\ 흡수한\ 열량}{압축기에서\ 공급한\ 일}$$
⑤ 히트(열)펌프의 성적계수
㉠ $COP_H = \dfrac{q_c}{A_w} = \dfrac{q_e + A_w}{A_w} = \dfrac{q_e}{A_w} + 1$
$$= COP + 1 = \frac{T_1}{T_1 - T_2} = \frac{Q_1}{Q_1 - Q_2}$$
$$= \frac{응축기에\ 냉매가\ 방출한\ 열량}{압축기에서\ 공급한\ 일}(이론)$$
㉡ $COP_H = \dfrac{냉동능력}{축동력}$ (실제)
⑥ 증발잠열 : $q_r = h_1 - h_5$ [kJ/kg]
⑦ 플래시가스잠열 : $q_f = h_4 - h_5$ [kJ/kg]
⑧ 건조도 : $x = \dfrac{q_f}{q_r} = \dfrac{h_4 - h_5}{h_1 - h_5}$
⑨ 냉매순환량
㉠ 표준사이클 : $G = \dfrac{Q_e(냉동능력)[\text{kW}]}{q_e(냉동효과)[\text{kJ/kg}]}$
$$= \frac{Q_e(냉동능력)[\text{kW}]}{h_1 - h_4 (=증발엔탈피 - 팽창엔탈피)[\text{kJ/kg}]}$$
$$= \frac{Q_e[\text{kJ/h}]}{h_1 - h_4 [\text{kJ/kg}]} [\text{kg/h}]$$
㉡ 2단 압축 1단 팽창
　• $G = \dfrac{Q_e(냉동능력)[\text{kW}]}{q_e(냉동효과)[\text{kJ/kg}]}$
　• $G = \dfrac{V_a \eta_r}{v}$
$$= \frac{피스톤압출량(\text{m}^3/\text{h}) \times 체적효율}{흡입가스비체적(\text{m}^3/\text{kg})} [\text{kg/h}]$$

⑩ 냉동능력
㉠ $Q_e = Q_c - AW$
　　=응축부하(kW)−압축열량(kW)
㉡ $Q_e = G q_e$
　　=냉매순환량(kg/h)
　　　×냉동효과(kJ/kg)[kW]
㉢ $Q_e = G_b C \Delta t$
　　=브라인양(kg/h)×비열(kJ/kg·℃)
　　　×온도변화(℃)[kW]
㉣ $Q_e = KF \Delta t_m$
　　=열통과율(kW/m²·K)×면적(m²)
　　　×온도변화(K, ℃)[kW]
　　여기서, $\Delta t_m = \dfrac{t_{b1} - t_{b2}}{2} - t_2$
　　　=냉수평균온도−증발온도[℃]
⑪ 응축부하(응축열량)
㉠ $Q_c = Q_e + AW$
　　=냉동능력(kW)
　　　+압축기 일의 열당량(kW)
㉡ $Q_c = G q_c$
　　=냉매순환량(kg/h)×냉매 1kg당
　　　응축기 방열량(kJ/kg)[kW]
㉢ $Q_c = G(h_2 - h_3)$
　　=냉매순환량(kg/h)×응축기 냉매엔탈피차
　　　(kJ/kg)[kW]
㉣ $Q_c = G_w C \Delta t$ (수냉식 응축기)
　　=냉각수 순환량(kg/h)
　　　×냉각수 비열(kJ/kg·K)
　　　×냉각수 온도차(K, ℃)[kW]
㉤ $Q_c = Q \gamma C \Delta t = Q \times 1.2 \times 0.24 \times \Delta t$
　　$= 0.29 Q \Delta t$ (공냉식 응축기)
　　=응축기 소요풍량(m³/h)
　　　×공기비중량(kg/m³)×공기비열
　　　(kJ/kg·K)×공기온도차(K, ℃)[kW]
㉥ $Q_c = Q_e C =$ 냉동능력(kW)×방열계수[kW]
㉦ $Q_c = KF \Delta t_m$
　　=열통과율(kW/m²·K)×전열면적(m²)
　　　×냉매와 냉각수의 평균온도차(K, ℃)[kW]
여기서, C: 방열계수(1.2~1.3)
⑫ 압축비 : $P_r = \dfrac{P_2}{P_1} = \dfrac{고압측\ 압력(응축압력)}{저압측\ 압력(증발압력)}$

08 | 냉동톤

$$RT = \frac{Q_e}{3,320} = \frac{GC\Delta t + Gr + GC\Delta t}{3,320} = \frac{Gq_e}{3,320}$$
$$= \frac{V_a \eta_v q_e}{3,320 v}$$

09 | 냉동능력

$$R = \frac{V}{C} = \frac{\text{피스톤압출량(m}^3/\text{h)}}{\text{냉매가스정수}} [\text{RT}]$$

10 | 공냉식 응축기 소요풍량

$$Q = \frac{Q_c}{\gamma C \Delta t} = \frac{Q_c}{1.2 \times 0.24 \Delta t} = \frac{Q_c}{0.29 \Delta t} [\text{m}^3/\text{h}]$$

11 | 응축기 소요냉각수량

$$G_w = \frac{Q_c}{C\Delta t \times 60}$$
$$= \frac{\text{응축부하(kW)}}{\text{비열(kJ/kg} \cdot ℃) \times \text{응축기 온도차}(℃) \times 60} [\text{L/min}]$$

12 | 산술평균온도차

$$\Delta t_m = \frac{\Delta t_i + \Delta t_o}{2}$$
$$= \frac{\begin{Bmatrix}\text{응축기 입구측 냉매와 냉각수의 온도차}\\+\text{응축기 출구측 냉매와 응축수의 온도차}\end{Bmatrix}}{2}[℃]$$

※ 응축온도(t_s) : 응축기 냉매의 입구온도와 출구온도가 같다고 볼 때

$$\Delta t_m = \frac{\Delta t_i + \Delta t_o}{2} = \frac{(t_s - t_1) + (t_s - t_2)}{2}$$
$$= \frac{2t_s - (t_1 + t_2)}{2} = t_s - \frac{t_1 + t_2}{2}$$
$$= \text{응축온도} - \text{냉각수 평균온도}[℃]$$

13 | 대수평균온도차

$$LMTD = \frac{\Delta t_i - \Delta t_o}{\ln \frac{\Delta t_i}{\Delta t_o}} [℃]$$

14 | 역카르노사이클과 실제 사이클

① 카르노사이클의 열효율

$$Q_1 = T_1(s_2 - s_1), \ Q_2 = T_2(s_2 - s_1)$$
$$\eta_c = \frac{W}{Q_1} = 1 - \frac{Q_2}{Q_1} = \frac{T_1 - T_2}{T_1} = 1 - \frac{T_2}{T_1}$$
$$= 1 - \frac{\text{저온}}{\text{고온}}$$

② 역카르노사이클의 성적계수(냉동기)

$$\varepsilon_r = \frac{Q_2}{W} = \frac{Q_2}{Q_1 - Q_2} = \frac{T_2}{T_1 - T_2}$$

15 | 기체의 법칙

① 보일의 법칙 : $P_1 V_1 = P_2 V_2 = k$, 실제 기체, 압력이 0일 때만 성립

② 샤를의 법칙 : $\dfrac{V_1}{T_1} = \dfrac{V_2}{T_2} = k(\text{const})$

③ 보일-샤를의 법칙 : $\dfrac{P_1 V_1}{T_1} = \dfrac{P_2 V_2}{T_2} =$ 일정, $\dfrac{PV}{T} = k$

④ 몰(mol, mole)
　㉠ 개수 : $6.02214179 \times 10^{23}$개. 아보가드로법칙에 따라 모든 기체는 같은 값임(1기압 0℃, 22.4L에서 1mol$=6.02214179 \times 10^{23}$개)
　㉡ 질량 : 원자량(g), 분자량(g) → 1몰(mol)
　　예 수소(H_2)의 기체상수

$$R = \frac{\overline{R}}{M} = \frac{\text{표준기체상수}}{M} = \frac{8.3143}{\text{분자량}}$$
$$= \frac{8.3143}{2} = 4.15715$$

　㉢ 부피 : 22.4L

$$\bullet \ \overline{R} = \frac{PV}{nT} = \frac{1\text{atm} \times 22.4\text{L}}{1\text{mol} \times 273.15\text{K}}$$
$$= 0.0821\text{atm} \cdot \text{L/mol} \cdot \text{K}$$
$$= 8.31\text{J/mol} \cdot \text{K}$$

$$\bullet \ \overline{R} = \frac{PV}{GT} = \frac{1.0332 \times 10^4 \text{kg/m}^2 \times 22.4\text{m}^3}{1\text{kmol} \times 273.15\text{K}}$$
$$= 847.82\text{kg} \cdot \text{m/kmol} \cdot \text{K}$$

여기서, $\overline{R}$: 표준기체상수($= MR =$분자량$\times$기체상수)

R : 실제 기체상수$\left(=\dfrac{\overline{R}}{M} = \dfrac{\text{표준기체상수}}{\text{분자량}}\right)$

n : 몰수
M : 분자량
m : 질량

16 | 이상기체의 상태방정식

① $PV = n\overline{R}T$, $PV = \dfrac{m}{M}\overline{R}T \left(M = \dfrac{m\overline{R}T}{PV}\right)$,

$n = \dfrac{m}{M} = \dfrac{질량}{분자량}$

② $Pv = RT$, $v = \dfrac{RT}{P}$

여기서, v : 비체적(m³/kg)

③ $P = \rho RT$

여기서, ρ : 밀도(kg/m³)

④ $PV = GRT$, $G = \dfrac{PV}{RT} = \dfrac{PVM}{\overline{R}T}$ [kg],

$P = \dfrac{GRT}{V}$ [kPa], $T = \dfrac{PV}{GR}$ [K],

$\Delta V = V_2 - V_1 = \dfrac{GRT_2}{P_2}$

17 | 이상기체의 관계식

$C_v = \left(\dfrac{\partial u}{\partial T}\right)_V = \dfrac{du}{dT}$, $C_p = \left(\dfrac{\partial h}{\partial T}\right)_P = \dfrac{dh}{dT}$

① 정압비열

$C_p = \dfrac{k}{k-1}R$, $C_p = \dfrac{k}{k-1}AR$

• 이상기체 정압과정 시 열량

$Q = GC_p(T_2 - T_1) = GC_pT_1\left(\dfrac{T_2}{T_1} - 1\right)$

$= GC_pT_1\left(\dfrac{V_2}{V_1} - 1\right)$,

$q = h_2 - h_1 = C_p(T_2 - T_1)$, $C_p = \dfrac{h_2 - h_1}{T_2 - T_1}$

• 1kg당일 경우 $Q = C_p dT = \left(\dfrac{k}{k-1}\right)R(T_2 - T_1)$

$\therefore \dfrac{W}{Q} = \dfrac{1}{\dfrac{k}{k-1}} = \dfrac{k-1}{k}$

② 정적비열 : $C_v = \left(\dfrac{1}{k-1}\right)R$, $C_v = \dfrac{AR}{k-1}$

※ 기체상수=정압비열-정적비열, $R = C_p - C_v$,

$C_p = C_v + R$

③ 이상기체의 압력(P), 체적(V)의 관계식

$PV^n = $ 일정일 때

㉠ $n = 0$: 등압변화
㉡ $n = 1$: 등온변화
㉢ $n = k$: 단열변화, 가역단열과정 (단, $k = \dfrac{C_p}{C_v}$)
㉣ $n = \infty$: 등적변화

④ 이상기체의 가역단열변화 : $TV^{k-1} = $ 일정

(단, $k = \dfrac{C_p}{C_v}$)

⑤ 가역단열압축하는 경우 최종온도

$T_2 = T_1\left(\dfrac{P_2}{P_1}\right)^{\frac{k-1}{k}}$ [℃]

18 | 이상기체의 엔트로피변화량

① $\Delta S = \dfrac{dQ}{T} \rightarrow S_2 - S_1 = \int_1^2 \dfrac{\delta Q}{T}$

② $\Delta S = -\dfrac{Q}{T_1} + \dfrac{Q}{T_2} = -\dfrac{Q}{고온방출} + \dfrac{Q}{저온흡수}$

$= Q\left(\dfrac{1}{T_2} - \dfrac{1}{T_1}\right) = \dfrac{Q(T_1 - T_2)}{T_1 T_2}$ [kJ/K]

③ $\Delta S = C_p \ln \dfrac{V_2}{V_1} = $ 정압비열 $\times \ln \dfrac{변화체적}{초기체적}$

④ $\Delta S = C_p \ln \dfrac{T_2}{T_1} - R \ln \dfrac{P_2}{P_1}$

$= $ 정압비열 $\times \ln \dfrac{변화온도}{초기온도}$

$- $ 기체상수 $\times \ln \dfrac{변화압력}{초기압력}$

$= C_v \ln \dfrac{T_2}{T_1} = AR \ln \dfrac{P_2}{P_1} = mC \ln \dfrac{T_2}{T_1}$ (정적)

⑤ $\Delta S = R \ln \dfrac{P_1}{P_2} = $ 기체상수 $\times \ln \dfrac{초기압력}{변화압력}$

$= R \ln \dfrac{V_2}{V_1} = $ 기체상수 $\times \ln \dfrac{변화체적}{초기체적}$

⑥ $\Delta S = mC_p \ln \dfrac{T_2}{T_1}$

$= $ 질량 $\times$ 비열 $\times \ln \dfrac{변화온도}{초기온도}$

$= mC_p \ln \dfrac{V_2}{V_1}$ [kJ/K]

19 | $P-V$선도에서 이상기체가 행한 일

① $P-V$선도에서 그림 (a)와 같은 변화를 갖는 이상기체가 행한 일 = 삼각형 면적

$$W = \frac{1}{2}(P_2 - P_1)(V_2 - V_1)[kJ]$$

② $P-V$선도에서 그림 (b)와 같은 변화를 갖는 이상기체가 행한 일 = 삼각형 면적 + 사각형 면적

$$W = \frac{1}{2}(P_1 - P_2)(V_2 - V_1) + P_2(V_2 - V_1)[kJ]$$

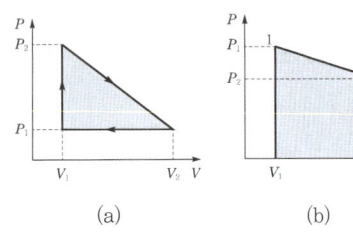

(a)　　　　　(b)

20 | 기체와 공기가 한 일

① 기체가 한 일 : $W = P_1 V_1 \ln \dfrac{V_2}{V_1}$

　= 압력 1 × 체적 1 × $\ln \dfrac{체적 2}{체적 1}$ [kJ]

② 공기가 한 일

㉠ $W_a = GRT_1 \ln \dfrac{P_1[kPa]}{P_2[kPa]}$

　= 공기무게 × 공기기체상수
　× 기체절대온도 × $\ln \dfrac{초기압력}{팽창압력}$ [kJ]

㉡ $W_a = GR(T_2 - T_1)$
　= 질량 × 공기기체상수 × 온도차[kJ]

㉢ $W_a = P(V_2 - V_1)$ = 압력 × 체적차[kJ]

㉣ $W_a = V_1(P_2 - P_1)$
　= 초기체적 × (변화압력 - 초기압력)[kJ]

㉤ $W_a = \dfrac{1}{n-1} GRT \left(1 - \dfrac{T_2}{T_1}\right)$ [kJ]

21 | 클라우지우스의 부등식

적분은 $\oint \dfrac{\delta Q}{T} \leq 0$에서 가역과정은 0이고, 비가역과정은 0보다 작다.

22 | 공기의 열전달

$Q = GC_p(T_2 - T_1)$
　= 공기무게 × 정압비열 × 온도차[kJ]

23 | 일과 열의 정의 및 단위

① 힘

㉠ SI단위 : 힘은 뉴턴(N)으로 정의
　$1N = 1kg \times 1m/s^2 = 1kg \cdot m/s^2$

㉡ 공학단위 : 힘은 기본차원으로 kgf(F)를 사용 (MKS)
　$1kgf = 1kg \times 9.8m/s^2 = 9.8kg \cdot m/s^2 = 9.8N$
　$\rightarrow 1N = \dfrac{1}{9.8} kgf$

② 일(에너지)

㉠ SI단위 : $1J = 1N \cdot m = 1kg \times 1m/s^2 \cdot m$
　$= 1kg \cdot m^2/s^2 [ML^2T^{-2}]$

㉡ 공학단위 : $1kgf \cdot m = 9.8N \cdot m = 9.8J$

③ 열량 : $1kcal = 3.968BTU = 2.205CHU = 4.2kJ$

④ 동력

㉠ SI단위 : $1W = 1J/s = 1N \cdot m/s = 1kg \cdot m^2/s^3$

㉡ 공학단위
　• $1kW = 1,000J/s = 1,000N \cdot m/s$
　$= \dfrac{1,000}{9.8} kgf \cdot m/s \fallingdotseq 102kgf \cdot m/s$
　$= 860kcal/h$
　• $1HP \fallingdotseq 76kgf \cdot m/s = 0.746kW = 641kcal/h$
　• $1PS \fallingdotseq 75kgf \cdot m/s = 0.735kW = 632kcal/h$

PS	HP	kW	kgf·m/s	kcal/h
1	0.986	0.735	75	632
1.014	1	0.745	76	641
1.36	1.34	1	102	860

24 | 열전달

① 전도

㉠ 열전도열량 : $Q = \dfrac{\lambda F \Delta t}{l}$ [W]

㉡ 열전도율 : $\lambda = \dfrac{1}{R}$ [W/m·K]

ⓒ 합성벽(3벽)
$$Q = \frac{t_1 - t_4}{\frac{l_1}{\lambda_1 F} + \frac{l_2}{\lambda_2 F} + \frac{l_3}{\lambda_3 F}} [W]$$

ⓓ 냉각관의 길이 : $F = \pi DL [m^2]$
→ $L = \frac{F}{\pi D} = \frac{전열면적}{\pi \times 냉각관의\ 바깥지름} [m]$

② 대류
  ㉠ 열전달열량 : $Q = \alpha F \Delta t [W]$
  ㉡ 열전달율 : $\alpha = \frac{Q}{F \Delta t} [W/m^2 \cdot K]$

③ 복사열량 : $Q = \alpha AF(T_1^4 - T_2^4) [W]$

④ 스테판-볼츠만상수 : $\alpha = \frac{Q}{AF(T_1^4 - T_2^4)} [W/m^2 \cdot K^4]$

⑤ 열통과(열관류)
  ㉠ 열통과열량 : $Q = KFm \Delta t [W]$
  ㉡ 열통과율 : $K = \frac{1}{R} [W/m^2 \cdot K]$
  • 여러 판의 열통과율
  $$K = \frac{1}{R} = \frac{1}{\frac{1}{\alpha_1} + \frac{l_1}{\lambda_1} + \frac{l_2}{\lambda_2} + \frac{l_3}{\lambda_3} + \frac{1}{\alpha_2}}$$
  $[W/m^2 \cdot K]$
  • 열저항
  $$R = \frac{1}{K} = \frac{1}{\alpha_1} + \frac{l_1}{\lambda_1} + \frac{l_2}{\lambda_2} + \frac{l_3}{\lambda_3} + \frac{1}{\alpha_2}$$
  $[m^2 \cdot K/W]$

25 | 열역학 제1법칙(에너지 보존의 법칙)

① 열과 일의 환산관계
  ㉠ 열량 : $Q = AW [kJ]$
  ㉡ 일량 : $W = JQ [kJ]$
  ㉢ 열의 일당량 : $J = 1$
  ㉣ 일의 열당량 : $A = 1$
  ※ SI단위에서 열의 일당량은 1이고, 일의 열당량은 1이다.

② 엔탈피 : $h = 내부에너지 + 외부에너지$
         $= u + APV = u + AW [kJ/kg]$

③ 엔탈피 증가 : $dh = du + dw = du + (P_2 V_2 - P_1 V_1)$
  $=$ 내부에너지 + (변화압력 × 변화체적 - 초기압력 × 초기체적)[kJ]

④ 내부에너지 : $U = C_v \Delta T = C_v \frac{q}{C_p}$
  $= 정적비열 \times \frac{엔탈피}{정압비열}$

⑤ 내부에너지 증가량 = 압축일 + 방출열

⑥ 내부에너지변화 $= U_2 - U_1 = mC_v(t_2 - t_1)$
  $=$ 질량 × 정적비열 × (변화온도 - 초기온도)[kJ]

⑦ 밀폐계의 가역정적변화 : $dU = dQ$, 즉 내부에너지 변화량과 전달된 열변화량은 같다.

⑧ 밀폐계의 가역정압변화 : $dQ = dh - Avdp$
  이때 $dp = 0$이면 $dh = dQ$, 즉 엔탈피변화량과 가열량은 같다.

⑨ 출구엔탈피 : $h_2 = h_1 - q_{out} - \frac{V_2^2 - V_1^2}{2}$
  $=$ 입구엔탈피 - 방열열량 $- \frac{출구속도^2 - 입구속도^2}{2}$
  $[kJ/kg]$

26 | 열역학 제2법칙

① 열용량 : $Q = mC \Delta T [kJ/K]$

② 엔트로피
  ㉠ 비엔트로피 : $\Delta S = \frac{\Delta Q}{T} [kJ/kg \cdot K]$(잠열)
  ㉡ 전엔트로피 : $\Delta S = GC \ln \frac{T_2}{T_1} [kJ/kg \cdot K]$(물)

27 | 랭킨사이클의 열효율

① 고열원으로부터 공급받는 열량
  $q_1 = 보일러에서\ 가열량(q_B) + 과열기에서\ 가열량(q_S)$
  $= (h_3 - h_2) + (h_4 - h_3) = h_4 - h_2 [kJ/kg]$

② 복수기에서 방출한 열량 : $q_2 = h_5 - h_1 [kJ/kg]$

③ 터빈에서 증기가 외부로 행한 일의 열상당량
  $AW_T = h_4 - h_5 [kJ/kg]$

④ 급수펌프에서 포화수를 압축하는 데 소비하는 일의 열상당량 : $AW_P = h_2 - h_1 = Av_1(P_2 - P_1)[kJ/kg]$

⑤ 증기 1kg당 유효일의 열상당량
  $AW_{net} = AW_T - AW_P$
  $= (h_4 - h_5) - (h_2 - h_1)[kJ/kg]$

⑥ 랭킨사이클의 이론열효율

㉠ $\eta_R = \dfrac{q_1 - q_2}{q_1} = 1 - \dfrac{q_2}{q_1} = \dfrac{AW_{net}}{q_1}$

$= \dfrac{AW_T - AW_P}{q_B - q_S}$

$= \dfrac{(h_4 - h_5) - (h_2 - h_1)}{h_4 - h_2}$ (펌프일 고려)

㉡ $\eta_R = \dfrac{AW_T}{q_1} = \dfrac{h_4 - h_5}{h_4 - h_2}$ (펌프일 무시)

⑦ 랭킨사이클의 효율

㉠ $\eta = \dfrac{보일러\ 출구 - 응축기\ 입구}{보일러\ 출구 - 보일러\ 입구}$

㉡ $\eta = \dfrac{터빈\ 입출구엔탈피차}{보일러\ 출입구엔탈피차}$

28 | 오토사이클의 열효율

① 오토사이클의 열효율 : $\eta_0 = \dfrac{유효한\ 일량}{공급한\ 열량}$

$= \dfrac{AW_a}{q_1} = \dfrac{q_1 - q_2}{q_1} = 1 - \dfrac{q_2}{q_1}$

$= 1 - \dfrac{C_v(T_4 - T_1)}{C_v(T_3 - T_2)} = 1 - \dfrac{T_4 - T_1}{T_3 - T_2}$

$= 1 - \left(\dfrac{V_2}{V_1}\right)^{k-1} = 1 - \left(\dfrac{1}{\varepsilon}\right)^{k-1}$

② 압축비의 함수로 표시된 오토사이클의 이론열효율

$\eta_0 = 1 - \dfrac{T_4 - T_1}{T_3 - T_2} = 1 - \left(\dfrac{v_3}{v_4}\right)^{k-1} = 1 - \left(\dfrac{v_2}{v_1}\right)^{k-1}$

$= 1 - \left(\dfrac{1}{\varepsilon}\right)^{k-1}$

③ 압축비 : $\varepsilon = 1 + \dfrac{v_1}{v_2}$

29 | 브레이튼사이클의 열효율

① 온도를 함수로 할 때 : $\eta_B = \dfrac{AW_a}{q_1} = \dfrac{q_1 - q_2}{q_1}$

$= 1 - \dfrac{q_2}{q_1} = 1 - \dfrac{C_p(T_4 - T_1)}{C_p(T_3 - T_2)} = 1 - \dfrac{T_4 - T_1}{T_3 - T_2}$

② 압력을 함수로 할 때 : $\eta_B = 1 - \dfrac{T_4 - T_1}{T_3 - T_2}$

$= 1 - \left(\dfrac{P_1}{P_2}\right)^{\frac{k-1}{k}} = 1 - \left(\dfrac{1}{\varphi}\right)^{\frac{k-1}{k}}$, 압력비 $\varphi = \dfrac{P_2}{P_1}$

30 | 냉동사이클

① 2단 압축의 압축비(중간압력) : 압축비 $= \sqrt{P_1 P_2}$
$= \sqrt{고압절대압력 \times 저압절대압력}$

② 결빙시간 : $h = \dfrac{0.56 t^2}{-t_b}$

③ 제빙시간 : $t = \dfrac{얼음의\ 열량(\text{kJ})}{냉동능력(\text{kW} = \text{kJ/s})}$

$= \dfrac{얼음의\ 무게(\text{kg}) \times 융해열(\text{kJ/kg})}{냉동능력(\text{kW} = \text{kJ/s})}$ [sec]

31 | 압축기의 효율

① 왕복식 압축기의 체적효율(η_v) $= \dfrac{V_a}{V_i} = \dfrac{실제\ 체적}{이론체적}$

② 압축효율(η_c) $= \dfrac{N_i}{N_a} = \dfrac{이론동력(\text{kW})}{실제\ 동력(\text{kW})}$

$= \dfrac{W_i}{W_a} = \dfrac{이론일량(\text{kJ/kg})}{실제\ 일량(\text{kJ/kg})}$

③ 기계효율(η_m) $= \dfrac{지시동력(N)}{실제\ 소요동력(N_a)}$

32 | 압축기 소요동력

① 이론소요동력(N_i)

$\text{kW} = \dfrac{GA_w}{860} = \dfrac{Q_2 A_w}{860 q_2} = \dfrac{V_a A_w}{860 v} \eta_c$

$N_i = \dfrac{G w_c}{2646.8}\,[\text{HP}] = \dfrac{G w_c}{3{,}600}\,[\text{kW}]$

② 지시동력(N) : $\text{kW} = \dfrac{GA_w}{860 \eta_c}$

③ 축동력(실제 소요동력)(N_a)

$\text{kW} = \dfrac{GA_w}{860} = \dfrac{GA_w}{860 \eta_c \eta_m} = \dfrac{N_i}{\eta_c \eta_m}$

33 | 압축기의 이론동력

$N_{kW} = \dfrac{방열온도 - 흡열온도}{흡열온도} \times 냉동효과$

$= \left(\dfrac{t_1 - t_2}{t_2}\right) Q_e\,[\text{kW}]$

34 | 왕복동식 압축기 피스톤압출량(배제량)

① 이론피스톤압축량 : $V_a = \frac{\pi}{4}D^2 LNR \times 60 \, [\text{m}^3/\text{h}]$

여기서, D : 실린더 지름(m)
L : 실린더 행정(m)
N : 기통수
R : 분당 회전수(rpm)

② 실제 피스톤압축량 : $V_g = V_a \eta_v$
= 이론피스톤압축량 × 체적효율[m³/h]

③ 체적효율 : $\eta_v = \frac{V_g}{V_a} = \frac{\text{실제 피스톤압축량}}{\text{이론피스톤압축량}}$

35 | 왕복동식 압축기의 극간체적효율

$$\eta = 1 - \varepsilon\left[\left(\frac{P_2}{P_1}\right)^{\frac{1}{n}} - 1\right]$$

여기서, ε : 극간비, n : 폴리트로픽지수

36 | 회전식 압축기 피스톤압출량(배제량)

$V_a = \frac{\pi}{4}(D^2 - d^2) t R \times 60 \, [\text{m}^3/\text{h}]$

여기서, D : 실린더 바깥지름(m)
d : 실린더 안지름(m)
t : 실린더 축방향 길이(m)
R : 분당 회전수(rpm)

37 | 원심식(터보) 압축기의 단열헤드

$H_s = \frac{AW}{A} = \frac{\text{압축일의 열당량[kJ/kg]}}{\text{일의 열당량[1/427kcal/kg·m]}}$

38 | 원심식 압축기의 비속도

$N_s = n\dfrac{Q^{1/2}}{H^{3/4}} =$ 압축기(펌프) 회전수(rpm)

$\times \dfrac{\text{토출가스량}^{1/2}(\text{m}^3/\text{min})}{\text{전양정}^{3/4}(\text{m})}$

39 | 오염계수(물때)

$f(R) = \dfrac{1}{\lambda} = \dfrac{1}{\text{열전달율}} \, [\text{m}^2 \cdot \text{K/W}]$

40 | 압축기 안전밸브의 지름

① 압축기에 설치하는 안전밸브의 최소 지름
$d_1 = C_1 \sqrt{V} \, [\text{mm}]$

② 압력용기(수액기 및 응축기) 안전밸브의 지름
$d_2 = C_2 \sqrt{\left(\dfrac{D}{1,000}\right)\left(\dfrac{L}{1,000}\right)} \, [\text{mm}]$

41 | 열펌프의 성능계수를 높이는 방법

$COP_H = \dfrac{q_c}{A_w} = \dfrac{q_e + A_w}{A_w} = \dfrac{q_e}{A_w} + 1$

$= COP + 1 = \dfrac{T_1}{T_1 - T_2} = \dfrac{Q_1}{Q_1 - Q_2}$

42 | 축열조의 용량

$V = \dfrac{\text{축열필요열량(kW)} \times \text{여유율}}{\text{2차측 이용 온도차(℃)} \times \text{축열효율}} \, [\text{m}^3]$

43 | 빙축열방식의 용량

① 냉동기의 용량
$= \dfrac{\text{1일 냉방부하}}{\text{야간축열운전시간} + (k \times \text{주간축열운전시간})}$

② 빙축열조 : 축열용량 = 냉동기 능력 × 야간축열운전 시간

44 | 흡수식 냉동기의 열평형식

$Q_G + G_E = Q_C + Q_A + W_P$
재생기 + 증발기 = 응축기 + 흡수기 + 펌프의 일(무시)

45 | 연천인율, 빈도율, 강도율

① 연천인율 $= \dfrac{\text{연간 재해발생건수}}{\text{연평균근로자수}} \times 1,000$

② 빈도율(도수율) $= \dfrac{\text{연간 재해발생건수}}{\text{연평균근로자수}} \times 1,000,000$

③ 강도율 $= \dfrac{\text{근로손실일수}}{\text{근로총시간수}} \times 1,000$

46 | 동결부하

① 식품을 동결온도까지 냉각하는 데 필요한 열량
$Q_1 = GC_1(t_1 - t_f)[W]$
② 식품을 동결하는 데 필요한 열량 : $Q_2 = rGl[W]$
③ 동결한 식품을 동결 최종온도까지 내리는 데 필요한 열량
$Q_3 = GC_2(t_f - t_3)[W]$
④ 동결부하 : $Q = Q_1 + Q_2 + Q_3[W]$

여기서, G : 식품의 질량(kg)
C_1 : 식품의 동결 전 비열(J/kg·℃)
C_2 : 식품의 동결 후 비열(J/kg·℃)
t_1 : 식품의 초기온도(℃)
t_3 : 식품의 최종온도(℃)
t_f : 식품의 동결온도(℃)
r : 응고(융해)잠열(335kJ/kg)
l : 식품의 수분함량

47 | 냉각부하

$Q_4 = G\dfrac{h_l(H_c - H_l)}{2} + Q_5[W]$

여기서, G : 식품의 질량(kg)
h_l : 동결하는 데 소요되는 시간(s)
H_c : 초기온도에서의 호흡열량(J/kg·s)
H_l : 냉각 후의 식품온도에서의 호흡열량(J/kg·s)
Q_5 : 냉각저장온도에서의 호흡열량($= H_l h_l$)(J/kg·s)

48 | 냉장부하인자

냉장창고는 용도와 사용온도급별로 C_3급(10~-2℃), C_2급(-2~-10℃), C_1급(-10~-20℃), F_1급(-20~-30℃), F_2급(-30~-40℃), F_3급(-40~-50℃), F_4급(-50℃ 이하)으로 분류한다.

49 | 냉각열량

$Q_2 = \dfrac{GC_p \Delta t}{24}$

여기서, G : 1일 중 입고되는 냉장품의 질량(kg)
C_p : 냉장품의 비열(W/kg·K)
Δt : 입고냉장품의 온도차(℃, K)

50 | 저압스위치와 고압스위치의 부착위치와 설치목적

① 저압스위치 : 압축기 흡입측 배관에 부착하여 저압측의 압력 저하 시, 이를 감지하여 스위치를 열어 압축기 소손을 방지할 목적
② 고압스위치 : 압축기 토출측 배관에 부착하여 시스템 고압측 압력 상승 시 설정압력 이상의 압력 상승을 감지하여 스위치를 열어 압축기 소손을 방지할 목적

51 | 냉각탑 설치장소 선정 시 유의사항

① 냉각탑 공기흡입에 영향을 주지 않는 곳
② 냉각탑 흡입구측에 습구온도가 상승하지 않는 곳
③ 송풍기 토출측에 장애물이 없는 곳
④ 토출되는 공기가 천장에 부딪혀 공기흡입구에 재순환되지 않는 곳
⑤ 온풍이 배출되는 배기구와 멀리 떨어져 있는 곳
⑥ 기온이 낮고 통풍이 잘 되는 곳
⑦ 냉각탑 반향음이 발생되지 않는 곳
⑧ 산성, 먼지, 매연 등의 발생이 적은 곳

52 | 압축기 윤활유상태에 따른 장치의 이상현상

① 윤활유의 과충전 : 유면이 높아 포밍(forming)현상을 일으키기 쉽다.
② 유압의 과대 : 급유량 과다로 다량의 윤활유가 장치를 순환하여 열교환기부의 오염과 압축기 내의 윤활유 부족현상을 유발한다.
③ 유압의 과소 : 급유량 부족으로 윤활 및 냉각 부족현상이 초래된다.
④ 유압기의 과열운전과 유온의 분해 : 실린더의 온도가 상승하고 기름이 탄화하여 불응축가스를 생성시키며 점도가 저하하여 유막을 파괴시킨다.
⑤ 유온의 저하 : 증발기 등에서 온도가 저하되어 기름의 성상이 적합하지 않으면 왁스의 성상이 되어 냉각관, 관로 등에 부착하여 냉각기능을 저해하고 기름의 흐름이 나빠진다.
⑥ 이물질흡입 : 기름을 오염시켜 윤활작용을 저해한다. 항상 크랭크케이스의 유면에 주의하여 청정한가를 확인한다.

⑦ 수분흡입 : 시스템에서 분리된 수분은 기름을 유화시켜 윤활을 저해한다.
⑧ 압축기의 진공운전 : 크랭크케이스 내 진공이 되면 오일펌프로의 기름흡입이 저해가 되어 충분한 유량이 토출되지 않는다.
⑨ 유면의 경사와 요동 : 기름의 흡입구가 유면에 노출되면 오일펌프로의 기름흡입이 저해되므로 설치 시 주의한다.
⑩ 냉매에 의한 희석 : 주위온도가 낮은 동절기가 되면 장시간 정지 중에 냉매가 기름 중에 용해되어 유분리기에서 응축한 냉매가 크랭크케이스에 흘러들어 기름은 희석되어 점도가 저하되고, 시동과 운전 시에 포밍을 일으켜 기름이 압축기에 흡입되어 시스템 내에 들어간다.
⑪ 장기간 정지 후 급격한 진공운전 : 윤활유 중에 냉매가 용입한 상태로 시동하여 진공상태에 도달하면 냉매가 급격히 비등하여 유면이 포밍압축기에 흡입하여 시스템 내에 기름이 다량으로 유입된다. 이것에 의하여 열교환기의 오염이나 오일흡입을 일으키고 압축기의 윤활작용을 저해한다.

53 | 응축압력의 상승원인

① 냉매계통에 공기나 기타 불응축가스가 들어있다.
② 응축기의 표면적이 너무 작다.
③ 시스템의 냉매충전량이 너무 많다.
④ 응축압력조절기가 너무 높은 압력으로 설정되어 있다.
⑤ 응축기 표면이 오염되어 있다.
⑥ 팬의 모터나 날개가 손상되었거나 그 크기가 너무 작다.
⑦ 응축기로의 공기흐름이 제한적이다.
⑧ 주위 공기온도가 너무 높다.
⑨ 응축기 통과공기의 방향이 잘못되어 있다.

54 | 냉각수 살균제의 종류

① 산화성 살균제
  ㉠ 염소(Cl) 또는 브롬(Br)을 주로 사용
  ㉡ 대형 냉각탑에서는 염소가스 또는 CaOCl용액을, 소형 냉각탑에서는 사용이 간편한 치아염소산칼륨($CaCl_2O_2$)을 주로 사용
  ㉢ 이끼 제거효과가 뛰어나며 냉각수시스템에서 문제가 되는 슬라임과 박테리아의 제거를 위하여 과량 사용
  ㉣ 과량으로 사용될 경우 금속재료의 부식 촉진
② 비산화성 살균제
  ㉠ 메틸이소치아졸론, 글루타르알데하이드, 4급 암모늄 사용
  ㉡ 슬라임과 박테리아 제거효과가 좋고 금속 부식성이 없음
  ㉢ 장기간 사용 시 미생물의 내성이 증가하여 효과가 급격히 저하되는 특성이 있음
  ㉣ 산화성 살균제보다 고가
③ 안정화된 브롬계통의 살균제
  ㉠ 산화성 살균제 및 비산화성 살균제의 단점 개선
  ㉡ 기존 제품보다 약 3배의 지속성을 가진 제품이 국내에서 개발되어 특허 획득
  ㉢ 금속에 대한 부식성이 없으며 슬라임, 이끼 제거 효과가 뛰어남
  ㉣ 장기간 사용하여도 미생물의 내성이 발생하지 않음

PART 03 공조냉동 설치·운영

01 | 스케줄번호

$$SCH\ No. = 10\frac{P}{S}\ (\text{예}\ SCH\ 40)$$

02 | 연속방정식의 정리(유량)

① $P_1 A_1 V_1 = P_2 A_2 V_2$

② 유량 : $Q = $ 단면적 $\times$ 유속 $= AV = \dfrac{\pi d^2}{4} V [\text{m}^3/\text{s}]$

③ 유속 : $V = \dfrac{4Q}{\pi d^2} [\text{m/s}] \rightarrow d = \sqrt{\dfrac{4Q}{\pi V}} [\text{m}]$

03 | 배관의 신축길이

$\Delta L = \alpha L \Delta t [\text{m}]$

여기서, L : 관의 길이, α : 선팽창계수, Δt : 온도차

04 | 벤딩의 길이

$$l = \pi d \frac{\theta}{360} = 2\pi r \frac{\theta}{360}$$

05 | 나사이음 직선의 길이

① 여유치수 : $C = A - a$
② 양쪽 부속길이 : $l = L - 2C = L - 2(A - a)$
③ 빗변의 길이 : $L = \sqrt{l_1^2 + l_2^2}$

06 | 순간 최대 예상급수량

$$Q_p = \frac{(3 \sim 4) Q_h}{60} \text{[L/min]}$$

07 | 펌프의 동력

① 원동기 동력
 ㉠ $P = \dfrac{\gamma QH}{75 \eta_p \eta_t}(1+\alpha)$ [PS]
 ㉡ $P = \dfrac{\gamma QH}{102 \eta_p \eta_t}(1+\alpha)$ [kW]

② 축동력
 ㉠ $S = \dfrac{\gamma QH}{75 \eta_p}$ [PS]
 ㉡ $S = \dfrac{\gamma QH}{102 \eta_p}$ [kW]

③ 수동력
 ㉠ $L = \dfrac{\gamma QH}{75}$ [PS]
 ㉡ $L = \dfrac{\gamma QH}{102}$ [kW]

08 | 펌프의 상사법칙

① 유량 : $Q_1 = Q\left(\dfrac{N_2}{N_1}\right) = Q\left(\dfrac{d_1}{d}\right)^3$
② 양정 : $H_1 = H\left(\dfrac{N_2}{N_1}\right)^2 = H\left(\dfrac{d_1}{d}\right)^2$
③ 동력 : $P_1 = P\left(\dfrac{N_2}{N_1}\right)^3 = P\left(\dfrac{d_1}{d}\right)^5$

09 | 간접가열식 급탕탱크에서 가열관의 표면적

$$F = \frac{\text{온수열량} \times \text{비열} \times \text{온도차}}{\left\{\begin{array}{l}\text{동관의 전열량} \times \text{전열효율} \\ \times (\text{증기온도} - \text{평균온도})\end{array}\right\}} [\text{m}^2]$$

10 | 저탕조 용량

① 직접가열식 : $V =$ (1시간 최대 사용급탕량 − 온수보일러의 탕량)×1.25[L]
② 간접가열식 : $V =$ 1시간 최대 사용급탕량×저탕비율(0.6~0.9)[L]

11 | 온수팽창량

$$\Delta V = \left(\frac{1}{\rho_2} - \frac{1}{\rho_1}\right) V$$
$$= \left(\frac{1}{\text{온수밀도}} - \frac{1}{\text{초기밀도}}\right) \times \text{전수량[L]}$$

• 개방형 탱크용량 = $\Delta V \times (1.5 \sim 2\text{배})$

12 | 온수순환수두

$$H_w = 1{,}000(\rho_1 - \rho_2)h \text{ [mmAq]}$$

13 | 관 마찰계수(달시−바이스바흐의 수식)

$$H_f = \lambda \frac{l}{D} \frac{v^2}{2g} \text{ [mH}_2\text{O]}$$

14 | 온풍기의 풍량

$$Q = \frac{\text{실내현열량(kW)}}{\left\{\begin{array}{l}\text{밀도(kg/m}^3\text{)} \times \text{비열(kJ/kg} \cdot \text{K)} \\ \times (\text{송풍기공기온도} - \text{실내온도})(\text{℃})\end{array}\right\}} [\text{m}^3/\text{h}]$$

15 | 가스배관경의 결정

① 저압배관의 관경 : $Q = K\sqrt{\dfrac{D^5 H}{SL}}$ [m³/h]
 → $D = \sqrt[5]{\dfrac{Q^2 SL}{K^2 H}}$ [cm]

② 중·고압배관의 관경 : $Q = C\sqrt{\dfrac{(P_1-P_2)D^5}{SL}}$ [m³/h]

→ $D = \sqrt[5]{\dfrac{Q^2 SL}{C^2(P_1-P_2)}}$ [cm]

16 | 가스도매사업의 도시가스배관

① 시가지 도로 노면에서 1.5m 이상, 방호구조물 안에 설치하는 경우에는 노면으로부터 그 방호구조물의 외면까지 1.2m 이상
② 배관의 외면으로부터 도로의 경계까지 수평거리 1m 이상, 시가지 외의 도로 노면 밑 매설하는 경우 1.2m 이상, 도로 밑의 다른 시설물까지 0.3m 이상
③ 지표면으로부터 배관의 외면까지의 매설깊이는, 산이나 들은 1m 이상, 그 밖의 지역은 1.2m 이상(단, 방호구조물 안에 설치 시 제외)

17 | 냉동배관의 유량

① 증발기의 냉각수량 : $L_e = \dfrac{3,320RT}{60C\Delta t_e}$ [L/min]

② 응축기의 냉각수량 : $L_c = \dfrac{3,320kRT}{60C\Delta t_c}$ [L/min]

③ 응축열량의 방열계수 : $C = \dfrac{Q_1}{Q_2} = \dfrac{응축열량}{냉동열량}$
$= 1.2 \sim 1.3$

④ 온수순환량 : $L_H = \dfrac{H_b}{60C\Delta t_H}$ [L/min]
$= \dfrac{860 H_b}{0.24 \times 3,600 C\Delta t_H}$ [kg/s]

⑤ 냉각코일의 냉수량 : $L = \dfrac{H_e}{60C\Delta t}$ [L/min] $= \dfrac{H_e}{300}$

⑥ 온수방열기의 온수량 : $L_r = \dfrac{450EDR}{60C\Delta t_r}$ [L/min]
$\fallingdotseq 0.7EDR$

⑦ 방열기 온수량
$= \dfrac{방열량[\text{kW}]}{\left\{\begin{array}{c}밀도(977.5\text{kg/m}^3) \\ \times 비열(4.2\text{kJ/kg}\cdot\text{K}) \times 온도차(℃)\end{array}\right\}}$ [m³/s]

18 | 냉동설비 적산순서

사전준비 → 공사내용 및 범위 파악 → 물량 산출 및 집계 → 노무(공량) 산출 → 내역서 작성 → 순공사비 산출 → 실공사비 산출

19 | 공조, 냉난방, 급배수설비 설계도면의 약어

① AHU : air handling unit(공기조화기, 공조기)
② FCU : fan coil unit(팬코일유닛)
③ R/T : ton of refrigeration(냉동톤)
④ VAV : variable air volume(가변풍량)
⑤ CAV : constant air volume(정풍량)
⑥ FP : fan powered unit(팬동력유닛)
⑦ IU : induction unit(유인유닛)
⑧ HV UNIT : heating and ventilating unit(환기조화기)
⑨ C/T : cooling tower(냉각탑)
⑩ PAC, A/C : package type air conditioning unit (패키지형 에어컨)
⑪ HE : heat exchanger(열교환기)

20 | 방음

① 원하지 않는 소리를 없애는 것
② 방음=차음+방진+흡음+음향 설계

21 | 투과손실(TL)

$TL = 10\log\dfrac{1}{\tau}$ [dB]

여기서, τ : 투과율

22 | 임계주파수(벽의 일치주파수)

$f_c = \dfrac{{c_o}^2}{1.8hc_B}$

여기서, c_o : 공기 중 음속(m/s)
h : 벽의 두께
c_B : 벽의 굽힘과 위상속도

23 소음체임버의 적정 높이

① 100% 소음체임버로서의 효과는 폭의 2.5배 이상 크기 충족
② 80% 소음체임버로서의 효과는 폭의 1.5배 이상 크기 충족
③ 소음체임버의 적정 설치가 불가할 시
　㉠ 덕트에 소음기 추가 설치 검토
　㉡ 소음엘보의 설치 검토
　㉢ 덕트 내부에 글라스울라이닝 처리

24 방진기의 종류

① 패드 및 고무류
② 고무 마운트
③ 스프링 마운트
④ 구속 제진스프링 마운트

25 냉동공조설비별 관련 법령

① 냉동기 : 고압가스안전관리법
② 보일러 : 에너지이용합리화법, 도시가스사업법
③ 유류탱크 : 소방법
④ 열사용기자재압력용기 : 에너지이용합리화법
⑤ 냉수배관, 밀폐형 탱크 : 산업안전보건관리법

26 고압가스제조의 신고대상

고압가스안전관리법 제4조 제2항에 따른 고압가스제조의 신고대상은 다음과 같다(시행령 제4조).
① 고압가스충전 : 용기 또는 차량에 고정된 탱크에 고압가스를 충전할 수 있는 설비로 고압가스(가연성 가스 및 독성 가스는 제외한다)를 충전하는 것으로서 1일 처리능력이 $10m^3$ 미만이거나 저장능력이 3톤 미만인 것
② 냉동제조 : 냉동능력이 3톤 이상 20톤 미만(가연성 가스 또는 독성 가스 외의 고압가스를 냉매로 사용하는 것으로서 산업용 및 냉동·냉장용인 경우에는 20톤 이상 50톤 미만, 건축물의 냉·난방용인 경우에는 20톤 이상 100톤 미만)인 설비를 사용하여 냉동을 하는 과정에서 압축 또는 액화의 방법으로 고압가스가 생성되게 하는 것. 다만, 다음의 어느 하나에 해당하는 자가 그 허가받은 내용에 따라 냉동제조를 하는 것은 제외한다.

㉠ 제3조 제1항 또는 제2항에 따른 고압가스 특정제조, 고압가스 일반 제조 또는 고압가스저장소 설치의 허가를 받은 자
㉡ 도시가스사업법에 따른 도시가스사업의 허가를 받은 자

27 기계설비유지관리자의 선임기준

선임대상 건축물 등(창고시설 제외)	선임자격 및 인원
• 연면적 60,000m^2 이상 건축물 • 3,000세대 이상 공동주택	• 특급 책임 1명 • 보조 1명
• 연면적 30,000~60,000m^2 건축물 • 2,000세대 이상 3,000세대 미만 공동주택	• 고급 책임 1명 • 보조 1명
• 연면적 15,000~30,000m^2 건축물 • 1,000세대 이상 2,000세대 미만 공동주택 • 공공건축물 등 국토부장관 고시 건축물 등	• 중급 책임 1명
• 연면적 10,000~15,000m^2 건축물 • 500세대 이상 1,000세대 미만 공동주택 • 300세대 이상 500세대 미만으로서 중앙집중식 난방방식(지역난방방식 포함)의 공동주택	• 초급 책임 1명
• 위 사항에 해당하지 않는 국토부고시 시설물, 학교시설, 지하역사, 지하도상가, 공공건축물	• 책임 또는 보조 1명

※ 선임절차 : 기계설비유지관리자 수첩을 포함한 신고서류를 작성하여 관할 시·군·구청에 신고해야 한다.

28 기계설비유지관리자의 자격 및 등급

등급		국가기술자격 및 유지관리 실무경력				
		기술사	기능장	기사	산업기사	건설기술인
책임자	특급	(보유 시)	10년 이상	10년 이상	13년 이상	10년 이상
	고급	-	7년 이상	7년 이상	10년 이상	7년 이상
	중급	-	4년 이상	4년 이상	7년 이상	4년 이상
	초급	-	(보유 시)	(보유 시)	3년 이상	(보유 시)
보조		• 산업기사 보유 • 기능사 보유 및 실무경력 3년 이상 • 인정기능사 보유 또는 기계설비기술자 중 유지관리자가 아닌 자 또는 기계설비 관련 학위 취득 또는 학과 졸업 및 실무경력 5년 이상				

29 | 기계설비법에서 정하는 '기계설비'의 범위

① 열원설비 : 보일러 등
② 냉난방설비 : 칠러, 냉동기, 난방기, 에어컨 등
③ 공기조화·공기청정·환기설비 : 공조기, 배기팬, 공기청정기 등
④ 위생기구·급수·급탕·오배수·통기설비 : 화장실, 정화조 등
⑤ 오수정화·물재이용설비
⑥ 오수배수설비
⑦ 보온설비
⑧ 덕트설비
⑨ 자동제어설비
⑩ 방음·방진·내진설비
⑪ 플랜트설비 : 공장
⑫ 특수설비 : 냉장창고, 냉동창고, 클린룸, 부대설비, 물류설비

30 | 정기검사의 대상별 검사주기

① 매 4년 : 고압가스 특정 제조허가를 받은 자(고압가스 특정 제조자)
② 매 1년 : 고압가스 특정 제조자 외의 가연성 가스·독성가스 및 산소의 제조자·저장하는 자 또는 판매자
③ 매 2년 : 고압가스 특정 제조자 외의 불연성 가스(독성 가스 제외)의 제조자·저장하는 자 또는 판매자
④ 산업통상자원부장관이 지정하는 시기 : 그 밖의 공공의 안전을 위하여 특히 필요하다고 산업통상자원부장관이 인정하여 지정하는 시설의 제조자 또는 저장하는 자

31 | 기계설비유지관리자의 교육시기(기계설비법 시행령 [별표 6])

교육과정	교육대상자	교육시기
신규교육	기계설비법 제19조 제1항에 따라 선임된 기계설비유지관리자	선임된 날부터 6개월 이내
보수교육	기계설비법 제19조 제1항에 따라 신규교육을 이수하고 업무를 수행하고 있는 기계설비유지관리자	최근에 이수한 유지관리교육의 이수일부터 3년이 지난날을 기준으로 3개월 이내

32 | 기계설비유지관리기준의 내용 및 방법 등

기계설비법 제16조 제1항에 따른 기계설비의 유지관리 및 점검을 위하여 필요한 유지관리기준에는 다음의 사항이 반영되어야 한다(시행규칙 제7조).
① 기계설비유지관리 점검에 대한 계획 수립
② 기계설비유지관리 점검참여자의 역할 및 업무내용
③ 기계설비유지관리 점검의 종류, 항목, 방법 및 주기
④ 기계설비유지관리 점검의 기록 및 문서보존방법
⑤ 그 밖에 유지관리기준의 관리, 운영, 조사, 연구 및 개선업무에 관한 사항

33 | 기계설비성능점검업의 등록요건(기계설비법 시행령 [별표 7])

① 자본금
  ㉠ 법인인 경우에는 기계설비성능점검업을 경영하기 위한 납입자본금 또는 출자금을 말하고, 개인인 경우에는 영업용 자산평가액을 말한다.
  ㉡ 1억원 이상일 것
② 기술인력
  ㉠ 상시 근무하는 사람을 말하며 국가기술자격법, 건설기술진흥법 등 자격 관련 법령에 따라 자격이 정지된 사람은 제외한다.
  ㉡ 다음의 기술인력을 모두 갖출 것
    • 다음의 어느 하나에 해당하는 분야의 특급 책임기계설비유지관리자 1명
      – 국가기술자격법에 따른 건축설비분야
      – 국가기술자격법에 따른 공조냉동기계분야 또는 건설기술진흥법 시행령 [별표 1]에 따른 공조냉동 및 설비 전문분야
      – 국가기술자격법에 따른 에너지관리분야
    • 고급 이상인 책임기계설비유지관리자 1명
    • 중급 이상인 책임기계설비유지관리자 2명
③ 장비
  ㉠ 다음의 장비를 모두 갖출 것
    • 적외선열화상카메라
    • 초음파유량계
    • 디지털압력계
    • 데이터기록계
    • 연소가스분석기

- 건습구온도계(乾濕球溫度計)
- 표준온도계(標準溫度計)
- 적외선온도계
- 디지털풍속계
- 디지털풍압계
- 교류전력측정계
- 조도계
- 회전계(R.P.M측정기)
- 초음파두께측정기
- 아들자캘리퍼스(아들자calipers : 아들자가 달려 두께나 지름을 재는 기구)
- 이산화탄소(CO_2)측정기
- 일산화탄소(CO)측정기
- 미세먼지측정기
- 누수탐지기
- 배관 내시경카메라
- 수질분석기

ⓒ 위 장비 중 두 가지 이상의 기능을 함께 가지고 있는 장비를 갖춘 경우에는 각각의 장비를 갖춘 것으로 본다.

34 | 기계설비법령에 따라 기계설비유지관리자 경력신고서 첨부서류

① 경력확인서 원본 : 소속회사별로 작성된 경력확인서 원본을 제출해야 한다(대한기계설비건설협회 등에서 제공하는 양식 사용).
- 참고 : 소속회사는 4대 보험 가입회사여야 하며, 경력확인서 스캔본은 인정되지 않는다.

② 근무사실증명서류 : 다음 중 한 가지 서류를 제출하여 근무사실을 증명해야 한다.
  ㉠ 건강보험자격득실확인서(국민건강보험공단 발행)
  ㉡ 국민연금가입자 가입증명(국민연금공단 발행)
  ㉢ 일용근로소득지급명세서(세무사 발행 또는 국세청 홈택스 출력)
  ㉣ 고용보험일용근로내역서(근로복지공단 발행)
  ㉤ 관계법령에 따라 정부로부터 지정받은 경력관리기관이 발행한 경력증명서(예 건설기술인 경력증명서)
  ㉥ 주의 : 재직증명서는 인정되지 않는다.

③ 경력을 확인하는 소속회사별 서류 사본(담당업무 관련)
  ㉠ 설계/감리 : 건축사사무소 개설신고확인증, 건설기술용역등록증(설계 · 사업관리 · 설계용역분야), 기술사사무소 개설등록증(설비 전문분야), 엔지니어링사업자신고증(설비 전문분야) 사본 등
  ㉡ 시공 : 종합건설업, 기계설비공사업등록증(수첩) 사본
  ㉢ 유지관리 : 사업자등록증 사본
  ㉣ 성능점검 : 에너지진단전문기관 지정서 사본, TAB수행자격확인증 사본 등

④ 기계설비 관련 자격증 사본(해당자만) : 이름, 사진, 자격증(등록)번호, 종목(전문분야), 합격(취득)일 확인이 가능해야 한다.

⑤ 기계설비 관련 학과 졸업증명서(해당자만) : 최근 90일 이내 발급된 서류여야 한다.

⑥ 증명사진(2.5cm×3.0cm) 1매 : 최근 6개월 이내 촬영분(온라인신고 시 업로드하는 경우 제출이 제외될 수 있다)

35 | 고압가스안전관리법령에 따라 일체형 냉동기의 조건

다음 ①부터 ④까지의 모든 조건 또는 ⑤의 조건에 적합한 것과 응축기유닛 및 증발유닛이 냉매배관으로 연결된 것으로 하루냉동능력이 20톤 미만인 공조용 패키지에어컨 등을 말한다.

① 냉매설비 및 압축기용 원동기가 하나의 프레임 위에 일체로 조립된 것
② 냉동설비를 사용할 때 스톱밸브 조작이 필요 없는 것
③ 사용장소에 분할 · 반입하는 경우에는 냉매설비에 용접 또는 절단을 수반하는 공사를 하지 않고 재조립하여 냉동제조용으로 사용할 수 있는 것
④ 냉동설비의 수리 등을 하는 경우에 냉매설비부품의 종류, 설치개수, 부착위치 및 외형치수와 압축기용 원동기의 정격출력 등이 제조 시 상태와 같도록 설계 · 수리될 수 있는 것
⑤ 그 외에 산업통상자원부장관이 일체형 냉동기로 인정하는 것

36 | 고압가스안전관리법령에서 규정하는 냉동기 제조등록

① 가연성 및 독성 가스 : 냉동능력 3톤 이상
② 그 밖의 가스 : 냉동능력 20톤 이상

37 | 유해위험방지계획서 제출사업장 대상 (산업안전보건법 시행령 제42조)

① 다음의 어느 하나에 해당하는 건축물 또는 시설 등의 건설·개조 또는 해체(이하 "건설 등"이라 한다) 공사
  ㉠ 지상높이가 31m 이상인 건축물 또는 인공구조물
  ㉡ 연면적 30,000m² 이상인 건축물
  ㉢ 연면적 5,000m² 이상인 시설 : 문화 및 집회시설(전시장 및 동·식물원은 제외), 판매시설, 운수시설(고속철도의 역사 및 집배송시설은 제외), 종교시설, 의료시설 중 종합병원, 숙박시설 중 관광숙박시설, 지하도상가, 냉동·냉장창고시설
② 연면적 5,000m² 이상인 냉동·냉장창고시설의 설비공사 및 단열공사
③ 최대 지간(支間) 길이(다리의 기둥과 기둥의 중심 사이의 거리)가 50m 이상인 다리의 건설 등 공사
④ 터널의 건설 등 공사
⑤ 다목적댐, 발전용 댐, 저수용량 2천만ton 이상의 용수전용 댐 및 지방상수도 전용 댐의 건설 등 공사
⑥ 깊이 10m 이상인 굴착공사

38 | 산업안전보건법령상 보일러 방호장치

① 압력방출장치 : 보일러의 압력이 최고사용압력을 초과하지 않도록 압력을 방출하는 장치
② 압력제한스위치 : 보일러의 압력이 설정된 압력 이상으로 상승하지 않도록 버너연소를 차단하는 장치
③ 고저수위조절장치 : 보일러의 수위가 설정된 범위를 벗어나지 않도록 조절하는 장치
④ 화염검출기 : 보일러연소실 내의 화염상태를 감지하여 비정상적인 경우 연소를 차단하는 장치
⑤ 온도제한스위치 : 보일러의 온도가 설정온도를 초과하지 않도록 제어하는 장치
⑥ 과열방지장치 : 보일러의 과열을 방지하기 위해 열교환기가 과열될 경우 기름공급을 중단하여 기기작동을 자동으로 정지시키는 장치

39 | 산업안전보건법상의 안전보건관리자의 임무

① 안전보건관리책임자의 임무
  ㉠ 산업재해예방계획 수립
  ㉡ 안전보건관리규정 작성 및 변경
  ㉢ 근로자의 안전, 보건교육에 대한 사항
  ㉣ 작업환경 측정 등 작업환경의 점검 및 개선에 대한 사항
  ㉤ 근로자의 건강진단 등 건강관리에 대한 사항
  ㉥ 산업재해의 원인조사 및 재발방지대책 수립에 대한 사항
  ㉦ 산업재해에 대한 통계의 기록 및 유지에 대한 사항
  ㉧ 안전보건에 관련된 안전장치 및 보호구 구입 시의 적격품 여부 확인에 대한 사항
  ㉨ 기타 근로자의 유해, 위험예방조치에 대한 사항 중 고용노동부령으로 정하는 사항
② 관리감독자의 임무
  ㉠ 관리감독자가 지휘·감독하는 작업과 관련된 기계, 기구 또는 설비의 안전보건 점검 및 이상 유무의 확인
  ㉡ 소속된 근로자의 작업복, 보호구 및 방호장치의 점검과 착용, 사용에 대한 교육 및 지도
  ㉢ 해당 작업에서 발생한 산업재해에 대한 보고 및 응급조치
  ㉣ 해당 작업의 작업장 정리정돈 및 통로 확보에 대한 확인 감독
  ㉤ 해당 사업장의 산업보건의, 안전관리자, 보건관리자의 지도 조언에 대한 협조
  ㉥ 그 밖의 해당 작업의 안전보건에 대한 사항으로 고용노동부령으로 정하는 사항
③ 안전관리자의 임무
  ㉠ 산업안전위원회, 노사협의회, 사업장의 안전보건관리규정 및 취업규칙에서 정한 직무
  ㉡ 의무 안전인증대상 기계, 기구 등의 구입 시 적격품 선정
  ㉢ 해당 사업장 안전교육계획의 수립 및 실시
  ㉣ 사업장 순회점검 및 조치의 건의
  ㉤ 산업재해 발생의 원인조사 및 재발 방지를 위한 기술적 지도 조언

ⓑ 산업재해에 대한 통계의 유지관리를 위한 지도 조언
ⓐ 법 또는 법에 따른 명령이나 안전보건관리규정 및 취업규칙 중 안전에 대한 사항을 위반한 근로자에 대한 조치의 건의
ⓞ 업무수행내용의 기록 유지
ⓩ 그 밖에 안전에 대한 사항으로서 고용노동부장관이 정하는 사항

40 | 안전조치(산업안전보건법 제23조)

① 기계적, 화학적 및 에너지 등 물적 위험에 대한 안전조치
　㉠ 기계·기구, 그 밖의 설비에 의한 위험
　㉡ 폭발성, 발화성 및 인화성 물질 등에 의한 위험
　㉢ 전기, 열, 그 밖의 에너지에 의한 위험
② 작업방법에서 생기는 위험에 대한 안전조치 : 고소작업, 운송, 조작, 운반, 해체, 중량물 취급, 그 밖의 작업을 할 때 불량한 작업방법 등으로 인하여 발생하는 위험
③ 작업장소가 특수한 위험장소를 가지고 있는 경우에 대한 안전조치 : 작업 중 근로자가 추락할 위험이 있는 장소, 토사·구축물 등이 붕괴할 우려가 있는 장소, 물체가 떨어지거나 날아올 위험이 있는 장소, 그 밖에 작업 시 천재지변으로 인한 위험이 발생할 우려가 있는 장소 등에서 발생하는 위험

41 | 화력의 구분

① 대형 화기설비 : 설치전열면적이 $14m^2$를 초과하는 온수보일러 정격열출력이 5,811kW를 넘는 화기설비
② 중형 화기설비 : 설치전열면적이 $8m^2$를 넘고 $14m^2$ 이하의 온수보일러 정격열출력이 3,487kW를 넘고 5,811kW 이하의 화기설비
③ 소형 화기설비 : 설비전열면적이 $8m^2$ 이하의 온수보일러 정격열출력이 3,487kW 이하의 화기설비

42 | 냉동을 위한 고압가스제조시설

① 냉동을 위한 고압가스제조시설이라는 것을 나타낼 것
② 출입금지를 나타낼 것
③ 화기엄금을 나타낼 것
④ 피난장소로 유도 표시할 것
⑤ 주의 표시를 나타낼 것

43 | 정현파 및 비정현파 교류의 전압, 전류, 전력

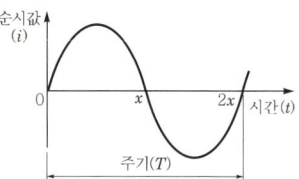

① 사인파 교류(AC) : $i = I_m \sin\omega t [A]$, $v = V_m \sin\omega t [V]$
② 교류의 크기(값)
　㉠ 순시값(v, i) : $v = V_m \sin\omega t = \sqrt{2} \sin\omega t [V]$, $i = I_m \sin\omega t = \sqrt{2} \sin\omega t [A]$
　㉡ 최대값(V_m, I_m) : $V_m = \sqrt{2} V[V]$, $I_m = \sqrt{2} I[A]$
　㉢ 평균값
　　• $V_a = \dfrac{2}{\pi} V_m ≒ 0.6337 V_m$ (전파정류일 때)
　　• $V_a = \dfrac{V_m}{\pi}$ (반파정류일 때)
　㉣ 실효값 : $V = \dfrac{1}{\sqrt{2}} V_m = \dfrac{최대값}{\sqrt{2}} = 0.707 V_m$
③ 평균값 및 실효값(전류일 때)
　㉠ 평균값 : $I_{av} = \dfrac{2}{\pi} I_m = 0.6337 I_m$
　㉡ 실효값 : $I = \dfrac{I_m}{\sqrt{2}} = 0.707 I_m$
④ 파고율 및 파형률
　㉠ 파고율 $= \dfrac{최대값}{실효값} = \dfrac{V_m}{V} = V_m \div \dfrac{V_m}{\sqrt{2}}$
　　$= \sqrt{2} = 1.414$
　㉡ 파형률 $= \dfrac{실효값}{평균값} = \dfrac{V_m}{\sqrt{2}} \div \dfrac{2}{\pi} V_m$
　　$= \dfrac{\pi}{2\sqrt{2}} = 1.111$

44 | 각속도

① 주기 : $T = \dfrac{1}{f}$ [s]

② 주파수 : $f = \dfrac{1}{T}$ [Hz]

③ 각속도 : $w = \dfrac{2\pi}{T} = 2\pi f$ [rad/s]

45 | 위상의 시간표현

$v_1 = V_{m_1}\sin(\omega t + \theta_1)$ [V], $v_2 = V_{m_2}\sin(\omega t + \theta_2)$ [V]
일 때 위상차는 $\theta = \theta_1 - \theta_2$ [rad]

46 | 교류회로(저항, 유도, 용량)

① 임피던스(Z) : $I = \dfrac{V}{Z}$

② 임피던스의 세 가지
  ㉠ 저항(R) : $Z = \dfrac{V}{I} = R + jX$, $Z^2 = R^2 + X^2$,
  $Z = \sqrt{R^2 + X^2} = \sqrt{R^2 + (X_L - X_C)^2}$
  ㉡ 인덕턴스 : $Z = j\omega L$
  ㉢ 커패시턴스 : $Z = \dfrac{1}{j\omega C}$

③ 저항, 유도성 리액턴스, 용량성 리액턴스
  ㉠ 저항 : R [Ω]
  ㉡ 유도성 리액턴스 : $X_L = \omega L$
  ㉢ 용량성 리액턴스 : $X_C = \dfrac{1}{\omega C} = \dfrac{1}{2\pi f t}$

47 | 3상 교류회로

① 성형결선, 환상결선 및 V결선
  ㉠ $\Delta \to Y$
  • $Z_a = \dfrac{Z_{ab} Z_{ca}}{Z_{ab} + Z_{bc} + Z_{ca}}$
  • $Z_b = \dfrac{Z_{bc} Z_{ab}}{Z_{ab} + Z_{bc} + Z_{ca}}$
  • $Z_c = \dfrac{Z_{ca} Z_{bc}}{Z_{ab} + Z_{bc} + Z_{ca}}$
  • 평형부하인 경우 $\Delta \to Y$로 환산하려면 $\dfrac{1}{3}$배,
  $Z_Y = \dfrac{1}{3} Z_\Delta$

  ㉡ $Y \to \Delta$
  • $Z_{ab} = \dfrac{Z_a Z_b + Z_b Z_c + Z_c Z_a}{Z_c}$
  • $Z_{bc} = \dfrac{Z_a Z_b + Z_b Z_c + Z_c Z_a}{Z_a}$
  • $Z_{ca} = \dfrac{Z_a Z_b + Z_b Z_c + Z_c Z_a}{Z_b}$
  • 평형부하인 경우 $Y \to \Delta$로 환산하려면 3배,
  $Z_\Delta = 3 Z_Y$

② V결선

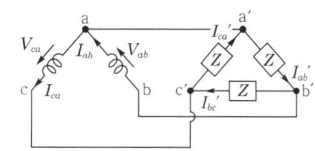

  ㉠ 출력
  $P = V_{ab} I_{ab} \cos\left(\dfrac{\pi}{6} - \theta\right) + V_{ca} I_{ca} \cos\left(\dfrac{\pi}{6} + \theta\right)$
  $= \sqrt{3}\, VI\cos\theta$ [W]

  ㉡ 변압기 이용률 및 출력비
  • 이용률(U) = $\dfrac{2\text{대의 } V\text{결선출력}}{2\text{대 단독출력의 합}}$
  $= \dfrac{\sqrt{3}\, VI\cos\theta}{2\, VI\cos\theta} = \dfrac{\sqrt{3}}{2} = 0.866$
  • 출력비 = $\dfrac{V\text{결선출력}}{\Delta\text{결선출력}} = \dfrac{\sqrt{3}\, VI\cos\theta}{3\, VI\cos\theta}$
  $= \dfrac{\sqrt{3}}{3} = 0.577$

③ 전력, 전류, 기전력 : 단상 교류전력에서
  $v = \sqrt{2}\, V\sin\omega t$ [V], $i = \sqrt{2}\, I\sin(\omega t - \theta)$ [A]일 때
  ㉠ 순시전력 : $P = vi = VI\cos\theta - VI(2\omega t - \theta)$
  ㉡ 유효전력 : $P = VI\cos\theta = I^2 R$ [W](소비전력, 평균전력)
  ㉢ 무효전력 : $P_r = VI\sin\theta = I^2 X$ [Var]
  ㉣ 피상전력 : $P_a = VI = \sqrt{P^2 + P_r^2} = I^2 Z$ [VA]
  ㉤ 역률 : $\cos\theta = \dfrac{P}{P_a} = \dfrac{P}{VI} = \dfrac{R}{Z}$
  ㉥ 무효율 : $\sin\theta = \dfrac{P_r}{P_a} = \dfrac{P_r}{VI} = \dfrac{X}{Z}$

④ 대칭좌표법 및 $Y-\Delta$변환
  ㉠ 대칭분
  - 영상분 : $V_0 = \dfrac{1}{3}(V_a + V_b + V_c)$
  - 정상분 : $V_1 = \dfrac{1}{3}(V_a + aV_b + a^2V_c)$
  - 역상분 : $V_2 = \dfrac{1}{3}(V_a + a^2V_b + aV_c)$
  ㉡ 각상분
  - a상 : $V_a = V_0 + V_1 + V_2$
  - b상 : $V_b = V_0 + a^2V_1 + aV_2$
  - c상 : $V_c = V_0 + aV_1 + a^2V_2$

48 | 직류기의 단자 간에 얻어지는 유기기전력

$$E = \dfrac{Z}{a}e = \dfrac{pZ}{60}\phi N[V]$$

여기서, Z : 전기자 도체수
  a : 권선의 병렬회로수(중권에서는 $a=p$, 파권에서는 $a=2$)

49 | 직류발전기의 효율

① $\eta = \dfrac{출력}{입력} \times 100[\%]$

② $\eta_{전동기} = \dfrac{입력 - 손실}{입력} \times 100[\%]$

③ $\eta_{발전기} = \dfrac{출력}{출력 + 손실} \times 100[\%]$

50 | 직류전동기의 특성 및 속도제어

① 직류발전기의 전압변동률 : $\varepsilon = \dfrac{V_0(=V_n)}{V_n} \times 100[\%]$

② 직류전동기의 속도 : $N = K\dfrac{V(=I_A(R_a+R_s))}{\phi}$ [rpm]

③ 전부하전류
  ㉠ 단상 = $\dfrac{P}{E\cos\theta\eta} = \dfrac{전력(W)}{전압(V) \times 역률 \times 효율}$
  ㉡ 3상 = $\dfrac{P}{\sqrt{3}E\cos\theta\eta}$
    $= \dfrac{전력(W)}{\sqrt{3} \times 전압(V) \times 역률 \times 효율}$

㉢ 전동기의 전력에 의하는 취득열량
$q = 정격 \times \dfrac{1}{효율} \times 가동률 \times \dfrac{소요동력}{정격동력}$
  $\times 전동기대수[kW]$

51 | 변압기

① 변압기의 원리
  ㉠ 전압 : $\dfrac{N_2}{N_1} = \dfrac{V_2}{V_1}$
  ㉡ 전류 : $\dfrac{N_2}{N_1} = \dfrac{I_1}{I_2}$
  ㉢ 저항 : $\dfrac{N_2}{N_1} = \sqrt{\dfrac{R_2}{R_1}}$
  ㉣ 권선비 : $\dfrac{N_2}{N_1}$

② 변압기의 임피던스전압
  ㉠ 임피던스전압
  $\%Z = \dfrac{I_1 Z_1}{V_1} \times 100 = \dfrac{I_2 Z_2}{V_2} \times 100[\%]$
  여기서, V_1, V_2 : 1, 2차의 정격전압
    I_1, I_2 : 1, 2차의 정격전류
    Z_1, Z_2 : 1, 2차측으로 환산한 임피던스
  ㉡ 저항강하율(p), 리액턴스강하율(q)
  $p = \dfrac{I_1 R_1}{V_1} \times 100[\%]$, $q = \dfrac{I_1 X_1}{V_1} \times 100[\%]$
  여기서, R_1 : 1차측으로 환산한 저항
    X_1 : 리액턴스
  ㉢ 임피던스와트(동손) : $P_c = I_1^2 R_1 = p \times 정격용량$
  여기서, $p = \dfrac{I_1 R_1}{V_1}\dfrac{I_1}{I_1} = \dfrac{I_1^2 R_1}{V_1 I_1} = \dfrac{P_c}{정격용량}$

③ 변압기의 효율
  전부하효율(η) = $\dfrac{출력}{출력 + 동손 + 철손}$
    $= \dfrac{V_2 I_2 \cos\theta}{V_2 I_2 \cos\theta + P_i + P_c}$

④ 이상변압기
  ㉠ 권수비 : $n = \dfrac{n_1}{n_2} = \dfrac{L_1}{M} = \dfrac{M}{L_2} = \sqrt{\dfrac{L_1}{L_2}} = \sqrt{\dfrac{Z_g}{Z_L}}$
  ㉡ 전압비 : $\dfrac{V_2}{V_1} = \dfrac{1}{n} = \dfrac{n_2}{n_1}$

ⓒ 전류비 : $\dfrac{I_2}{I_1} = \dfrac{1}{n} = \dfrac{n_1}{n_2}$

ⓔ 전류임피던스 : $Z_g = n^2 Z_L = \left(\dfrac{n_1}{n_2}\right)^2 Z_L$

52 | 유도전동기

① 3상 유도전동기의 회전수와 슬립

ㄱ. 동기속도(전동기의 속도) : $N_s = \dfrac{120f}{p}$ [rpm]

ㄴ. 슬립 : $s = \dfrac{동기속도 - 회전속도}{동기속도} = \dfrac{N_s - N}{N_s}$

ㄷ. 회전자에 대한 상대속도

$N = (1-s)N_s = (1-s)\dfrac{120f}{p}$ [rpm]

ㄹ. 권선형 유도전동기의 속도제어법(종속접속법)

• 가동접속 : $N = \dfrac{120f}{p_1 + p_2}$ [rpm]

• 차동접속 : $N = \dfrac{120f}{p_1 - p_2}$ [rpm]

• 병렬접속 : $N = \dfrac{2 \times 120f}{p_1 + p_2}$ [rpm]

ㅁ. 제동 중에 발생된 열량 : $q =$ 중량 $\times$ 거리
$\times$ 마찰계수 $\times \dfrac{중력가속도}{1,000}$ [kJ]

② 단상 유도전압조정기의 용량

$P =$ 부하용량 $\times \dfrac{승압전압}{고압측\ 전압}$ [kVA]

③ 특수 유도전동기 동기속도와 슬립

ㄱ. 동기속도 : $N_s = \dfrac{120f}{P} = \dfrac{120 \times 주파수}{극수}$ [rpm]

ㄴ. 슬립 : $s = \dfrac{동기속도 - 전동기\ 실제\ 속도}{동기속도}$

$= \dfrac{N_s - N}{N_s} = \left(1 - \dfrac{N}{N_s}\right) \times 100$ [%]

ㄷ. 전압변경에 따른 슬립 : $s_2 = \left(\dfrac{E_1}{E_2}\right)^2 s_1$

$= \left(\dfrac{초기전압}{변경전압}\right)^2 \times 슬립 \times \dfrac{1}{100}$ [%]

ⓓ 전동기의 실제 속도 및 극수

• $N = N_s(1-s) = \dfrac{120f}{P}(1-s)$ [rpm]

• $P = \dfrac{120f}{N}(1-s)$

ㅁ. 2차 동손$(P_2) = \dfrac{슬립(\%)}{1-슬립} \times$ 전동기 출력

$= \left(\dfrac{s}{1-s}\right) P_m$ [kW]

ㅂ. 효율 : $\eta = \dfrac{출력}{입력} \times 100 = \dfrac{입력 - 손실}{입력} \times 100$

$= \dfrac{P}{\sqrt{3}\ V_1 I_1 \cos\theta_1} \times 100$ [%]

ㅅ. 2차 효율 : $\eta_2 = \dfrac{2차\ 출력}{2차\ 입력} \times 100 = \dfrac{P_0}{P_2} \times 100$

$= \dfrac{P_2(1-s)}{P_2} \times 100$

$= (1-s) \times 100$

$= \dfrac{n}{n_s} \times 100$ [%]

53 | 전력과 역률

① 피상전력

$P_a =$ 전압의 실효값 $\times$ 전류의 실효값 $= VI$ [VA]

② 유효전력

$P_e =$ 전압의 실효값 $\times$ 전류의 실효값 $\times$ 역률
$= VI\cos\theta$ [VA]

$I^2 = (I\cos\theta)^2 + (I\sin\theta)^2 = I^2(\cos^2\theta + \sin^2\theta)$ [W]

$P_e =$ 피상전력 $\times$ 역률 $= VI\cos\theta = P_a \cos\theta$ [W]

역률 $(\cos\theta) = \dfrac{유효전력(P_e)}{피상전력(P_a)}$

③ 무효전력

$P_r =$ 전압의 실효값 $\times$ 전류의 실효값 $\times$ 무효율
$= VI\sin\theta$ [Var]

④ 유효전력(P_e), 무효전력(P_r)과 피상전력(P_a)의 관계

$P_a^2 = P_e^2 + P_r^2$

⑤ 역률 : $\cos\theta = \dfrac{R}{Z} = \dfrac{R}{\sqrt{R^2 + X^2}}$

54 | 토크 및 원선도

① 3상 유도전동기의 토크특성

㉠ 토크 : $\tau = \dfrac{P_0}{\omega} = \dfrac{60}{2\pi N} P_0 [\text{N} \cdot \text{m}]$,

$\tau = 0.975 \dfrac{P_0}{N} = 0.975 \dfrac{P_2}{N_s} [\text{kg} \cdot \text{m}]$,

$\tau \propto P_2 (N_s \text{ 일정})$

㉡ $P_2 = 1.026 N_s \tau [\text{W}]$

② 토크와 슬립의 관계

㉠ 최대 슬립

$s_t = \dfrac{r_2'}{\sqrt{r_1^2 + (x_1 + x_2')^2}} \fallingdotseq \dfrac{r_2'}{x_2'} = \dfrac{r_2}{x_2}$

㉡ 최대 토크 : $\tau_t = K_0 \dfrac{V_1^2}{2x_2} = K \dfrac{E_2^2}{2x_2} [\text{N} \cdot \text{m}]$

③ 원선도 특성

㉠ 전부하효율 : $\eta = \dfrac{2\text{차 출력}}{\text{전입력}} = \dfrac{P_{ab}}{P_{ae}}$

㉡ 2차 효율 : $\eta_2 = \dfrac{2\text{차 출력}}{2\text{차 입력}} = \dfrac{P_{ab}}{P_{ac}}$

㉢ 슬립 : $s = \dfrac{2\text{차 동손}}{2\text{차 입력}} = \dfrac{P_{bc}}{P_{ac}}$

55 | 유도전동기의 토크와 일

$W = FR\omega = T\omega$

$\therefore T = \dfrac{W}{\omega} = \dfrac{75\text{PS}}{\omega} = \dfrac{75 \times 60\text{PS}}{2\pi N}$

$= \dfrac{102 \times 60\text{kW}}{2\pi N} [\text{kg} \cdot \text{m}]$

여기서, ω : 각속도 $\left(= \dfrac{2\pi N}{60}\right)$

56 | 동기기의 특성 및 용도

① 동기속도 : $N_s = \dfrac{120 \times \text{주파수}}{\text{극수}} = \dfrac{120f}{P} [\text{rpm}]$

② 주변속도 : $V = \dfrac{\pi \times \text{지름} \times \text{속도}}{60} = \dfrac{\pi D N}{60}$

③ 전기자의 권선법

㉠ (전절권) 단절권

$K_d = \dfrac{e'r}{e_1 + e_2 + e_3} = \dfrac{\sin\dfrac{\pi}{2}}{\sin\dfrac{\pi}{2mq}}$

㉡ (집중권) 분포권 : $K_p = \dfrac{e'}{e_a + e_b} = \sin\dfrac{\beta\pi}{2}$,

$K = K_d K_p$

여기서, K_d : 단절계수

K_p : 분포계수

④ 전압변동률

$\varepsilon = \dfrac{\text{단자전압률} - \text{정격단자전압률}}{\text{정격단자전압률}} = \dfrac{E_0 - V_n}{V_n}$

57 | 동기기의 효율

① 발전기 : $\eta_G = \dfrac{\text{출력}}{\text{출력} + \text{손실}}$

$= \dfrac{\sqrt{3} \, VI\cos\phi}{\sqrt{3} \, VI\cos\phi + P_l} \times 100 [\%]$

② 전동기 : $\eta_m = \dfrac{\text{입력} - \text{손실}}{\text{입력}}$

$= \dfrac{\sqrt{3} \, VI\cos\phi - P_l}{\sqrt{3} \, VI\cos\phi} \times 100 [\%]$

58 | 정류기의 회전변류기

① 전압비 : $\dfrac{E_l}{E_d} = \dfrac{1}{\sqrt{2}} \sin\dfrac{\pi}{m}$

여기서, E_l : 슬립링 사이의 전압(V)

E_d : 직류전압(V)

② 전류비 : $\dfrac{I_l}{I_d} = \dfrac{2\sqrt{2}}{m\cos\theta}$

여기서, I_l : 교류측 선전류(A)

I_d : 직류측 전류(A)

59 | 분류기의 저항(전류계)

전류계는 전류의 측정범위를 넓히기 위해 전류계에 병렬로 달아주는 저항이다.

① $\dfrac{I_a}{I} = \dfrac{R_s}{R_a + R_s}$

→ $I_a = I\left(\dfrac{R_s}{R_a + R_s}\right)$

$= 실제\ 전류 \times \dfrac{분류기저항}{내부저항 + 분류기저항}$

→ $I = I_a\left(\dfrac{R_a + R_s}{R_s}\right)$

$= 지시전류 \times \dfrac{내부저항 + 분류기저항}{분류기저항}$

② $m = \dfrac{I}{I_a} = \dfrac{I}{\dfrac{IR_s}{R_a + R_s}} = \dfrac{R_a + R_s}{R_s} = \dfrac{R_a}{R_s} + 1$

→ $R_s = \dfrac{R_a}{m-1}$

60 | 직류전압 및 교류전압의 측정

① 직류전압의 측정
 • 배율기의 저항(전압계)

$R_m = (m-1)R_a = \left(\dfrac{V_v}{V} - 1\right)R_a$

② 교류전압의 측정

정현파 $V = V_m \sin\omega t = V_m \sin 2\pi f t$

㉠ 주기 : $T = 1/f$

㉡ 주파수 : $f = 1/T$

㉢ 각주파수 : $\omega = 2\pi/T$

61 | 고주파 전류 측정

① 주파수 : $f = \dfrac{1}{2\pi LC}$ [Hz]

여기서, L : 인덕턴스(Henry)
 C : 정전용량(Farad)

② 파장 : $\lambda = \dfrac{속도}{주파수} = \dfrac{C}{f}$

62 | 전력 및 전력량의 역률 측정

① 순간역률의 측정

$순간역률 = \dfrac{전력}{\sqrt{3} \times 전압 \times 전류} = \dfrac{W}{\sqrt{3}\,VA}$

② 평균역률의 측정 : $평균역률 = \dfrac{W_H}{\sqrt{3}\,\sqrt{W_H^2 Q_H^2}}$

여기서, W_H : 유효적산전력계(24시간 기록치)
 Q_H : 무효적산전력계(24시간 기록치)

63 | 속응성의 척도(시정수)

$\tau = RC$, 시정수 = 저항 × 정전용량 [μs, ms]

64 | 전달함수

① 비례(P)요소 : K

② 적분(I)요소 : $\dfrac{K}{s}$

③ 미분(D)요소 : Ks

④ PI동작 : $1 + \dfrac{1}{sT}$

⑤ PD동작 : $K(1 + sT)$

⑥ PID동작 : $K\left(1 + \dfrac{1}{sT} + sT\right)$

65 | 안정될 필요조건을 갖춘 특성방정식

$s^3 + 6s^2 + 10s + 9 = 0$

66 | 불대수의 기본법칙

① 항등법칙 : $X + 0 = 0 + X = X$,
 $X \cdot 1 = 1 \cdot X = X$, $X + 1 = 1 + X = 1$,
 $X \cdot 0 = 0 \cdot X = 0$

② 누승법칙 : $X + X = X$, $X \cdot X = X$

③ 보간법칙 : $X + \overline{X} = 1$, $X \cdot \overline{X} = 0$

④ 부정법칙 : $\overline{\overline{X}} = X$

⑤ AND(·)의 경우
 ㉠ 자기·자기=자기
  (예) A·A=A, 0·0=0, 1·1=1)
 ㉡ 자기·나머지=0
  (예) A·0=0, A·$\overline{A}$=0, 0·1=0)

⑥ OR(+)의 경우
　㉠ 자기+자기=자기
　　(예 A+A=A, 0+0=0, 1+1=1)
　㉡ 자기+0=자기(예 A+0=A, $\overline{A}+0=\overline{A}$)
　㉢ 자기+1=1(예 A+1=1, 0+1=1, $\overline{A}+1=1$)
　㉣ 자기+자기=1(특별)
⑦ 교환법칙 : $X+Y=Y+X$, $X \cdot Y = Y \cdot X$
⑧ 결합법칙 : $(X+Y)+Z=X+(Y+Z)$, $XY+Z=X+YZ$
　※ X, Y 대신 A, B 대입 가능
⑨ 배분법칙 : $X(Y+Z)=XY+XZ$, $X+YZ=(X+Y)(X+Z)$
⑩ 흡수법칙 : $X+XY=X(1+Y)=X \cdot 1 = X$, $X(X+Y)=XX+XY=X+XY=X$
⑪ 합의 정리 : $XY+YZ+\overline{X}Z=XY+\overline{X}Z$, $(X+Y)(Y+Z)(\overline{X}+Z)=(X+Y)(\overline{X}+Z)$
⑫ 드모르간의 법칙(정리) : $\overline{X+Y}=\overline{X}\,\overline{Y}$, $\overline{XY}=\overline{X}+\overline{Y}$

67 | 유량계

① 차압식 유량계 : $Q=K\sqrt{P_1-P_2}$
② 면적식 유량계 : $Q=KA$
③ 오리피스 유출속도 : $V_2=\sqrt{2gH}\,[\text{m/s}]$

68 | 조절기기

동작신호를 x_i, 조작량을 x_0이라 하면

① 비례(P)동작 : $x_0 = K_p x_i$
　여기서, K_p : 비례이득(비례감도)
② 적분(I)동작 : $x_0 = \dfrac{1}{T_I}\int x_i dt$
　여기서, T_I : 적분시간
③ 미분(D)동작 : $x_0 = T_D \dfrac{dx_i}{dt}$
　여기서, T_D : 미분시간
④ 비례적분(PI)동작 : $x_0 = K_p\left(x_i + \dfrac{1}{T_I}\int x_i dt\right)$
⑤ 비례미분(PD)동작 : $x_0 = K_p\left(x_i + T_D \dfrac{dx_i}{dt}\right)$
⑥ 비례적분미분(PID)동작
$$x_0 = K_p\left(x_i + \dfrac{1}{T_I}\int x_i dt + T_D \dfrac{dx_i}{dt}\right)$$

과년도 출제문제

2017

Industrial Engineer Air-Conditioning and Refrigerating Machinery

제1회	공조냉동기계산업기사
제2회	공조냉동기계산업기사
제3회	공조냉동기계산업기사

자주 출제되는 중요한 문제는 별표(★)로 강조했습니다.
마무리학습할 때 한 번 더 풀어보기를 권합니다.

Industrial Engineer
Air-Conditioning and Refrigerating Machinery

2017년 제1회 공조냉동기계산업기사

제1과목 공기조화

01 전공기방식에 의한 공기조화의 특징에 관한 설명으로 틀린 것은?

① 실내공기의 오염이 적다.
② 계절에 따라 외기냉방이 가능하다.
③ 수배관이 없기 때문에 물에 의한 장치부식 및 누수의 염려가 없다.
④ 덕트가 소형이라 설치공간이 줄어든다.

해설 덕트가 대형이라 설치공간이 많이 필요하다.

02 실내 취득현열량 및 잠열량이 각각 3,000W, 1,000W, 장치 내 취득열량이 550W이다. 실내온도를 25℃로 냉방하고자 할 때 필요한 송풍량은 약 얼마인가? (단, 취출구온도차는 10℃이다.)

① 105.6L/s
② 150.8L/s
③ 295.8L/s
④ 346.6L/s

해설 현열량＝비열×비중량×송풍량×온도차
$q_s = C\gamma Q\Delta T$
$\therefore Q = \dfrac{q_s}{C\gamma\Delta T} = \dfrac{860.42 \times 3.55}{0.239 \times 1.2 \times 10} \times \dfrac{1,000}{3,600}$
$\fallingdotseq 295.8\text{L/s}$
여기서, 현열량(q_s)＝3,000＋550＝3,550W＝3.55kW

03 단일덕트방식에 대한 설명으로 틀린 것은?

① 단일덕트 정풍량방식은 개별제어에 적합하다.
② 중앙기계실에 설치한 공기조화기에서 조화한 공기를 주덕트를 통해 각 실내로 분배한다.
③ 단일덕트 정풍량방식에서는 재열을 필요로 할 때도 있다.
④ 단일덕트방식에서는 큰 덕트스페이스를 필요로 한다.

해설 정풍량 단일덕트방식(CAV)은 송풍기의 동력이 커져 에너지 소비가 크므로 개별제어가 곤란하다.

04 냉방 시의 공기조화과정을 나타낸 것이다. 다음 그림과 같은 조건일 경우 냉각코일의 바이패스팩터는? (단, ① 실내공기의 상태점, ② 외기의 상태점, ③ 혼합공기의 상태점, ④ 취출공기의 상태점, ⑤ 코일의 장치노점온도이다.)

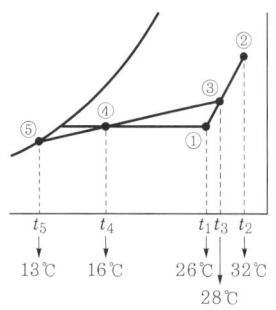

① 0.15
② 0.20
③ 0.25
④ 0.30

해설 바이패스팩터(BF)＝$\dfrac{t_4-t_5}{t_3-t_5}=\dfrac{16-13}{28-13}=0.2$

05 바이패스팩터에 관한 설명으로 틀린 것은?

① 공기가 공기조화기를 통과할 경우 공기의 일부가 변화를 받지 않고 원상태로 지나쳐 갈 때 이 공기량과 전체 통과공기량에 대한 비율을 나타낸 것이다.
② 공기조화기를 통과하는 풍속이 감소하면 바이패스팩터는 감소한다.
③ 공기조화기의 코일열수 및 코일표면적이 작을 때 바이패스팩터는 증가한다.
④ 공기조화기의 이용 가능한 전열표면적이 감소하면 바이패스팩터는 감소한다.

해설 바이패스팩터가 작아지는 경우
㉠ 송풍량이 적을 때
㉡ 전열표면적이 클 때
㉢ 코일열수가 많을 때(증가할 때)
㉣ 코일간격이 작을 때
㉤ 장치의 노점온도가 높을 때

정답 01. ④ 02. ③ 03. ① 04. ② 05. ④

06 흡수식 냉동기에서 흡수기의 설치위치는?
① 발생기와 팽창밸브 사이
② 응축기와 증발기 사이
③ 팽창밸브와 증발기 사이
④ 증발기와 발생기 사이

해설 냉매의 순환과정 : 발생기→응축기→증발기→흡수기
암기법 ➔ 발발이가 응가하며 증기를 흡수하네.

07 온수난방의 특징에 대한 설명으로 틀린 것은?
① 증기난방보다 상하온도차가 작고 쾌감도가 크다.
② 온도조절이 용이하고 취급이 증기보일러보다 간단하다.
③ 예열시간이 짧다.
④ 보일러 정지 후에도 실내난방은 여열에 의해 어느 정도 지속된다.

해설 온수는 비열이 1kcal/kg·℃로 예열시간이 길다.

08 실내온도분포가 균일하게 쾌감도가 좋으며 화상의 염려가 없고 방을 개방하여도 난방효과가 있는 난방방식은?
① 증기난방   ② 온풍난방
③ 복사난방   ④ 대류난방

해설 복사난방은 높이에 따른 온도분포가 균등하고 난방효과가 쾌적하다.

★
09 유인유닛방식의 특징으로 틀린 것은?
① 개별제어가 가능하다.
② 중앙공조기는 1차 공기만 처리하므로 규모를 줄일 수 있다.
③ 유닛에는 동력배선이 필요하지 않다.
④ 송풍량이 적어서 외기냉방의 효과가 크다.

해설 유인유닛방식
㉠ 외기냉방의 효과가 작다.
㉡ 유인비는 보통 3~4 정도로 한다.
㉢ 가동 부분이 없어 수명이 반영구적이다.

10 배관계통에서 유량은 다르더라도 단위길이당 마찰손실이 일정하도록 관경을 정하는 방법은?
① 균등법   ② 정압재취득법
③ 등마찰손실법   ④ 등속법

해설 등마찰손실법은 덕트의 단위길이당 마찰저항이 일정하도록 치수를 결정한다.

11 여름철을 제외한 계절에 냉각탑을 가동하면 냉각탑 출구에서 흰색 연기가 나오는 현상이 발생할 때가 있다. 이 현상을 무엇이라고 하는가?
① 스모그(smog)현상
② 백연(白煙)현상
③ 굴뚝(stack effect)현상
④ 분무(噴霧)현상

해설 백연현상은 여름철을 제외한 계절에 냉각탑을 가동하면 냉각탑 출구에서 흰색 연기가 나오는 현상이다.

★
12 풍량 450m³/min, 정압 50mmAq, 회전수 600rpm인 다익송풍기의 소요동력은? (단, 송풍기의 효율은 50%이다.)
① 3.5kW   ② 7.4kW
③ 11kW   ④ 15kW

해설 동력 = $\dfrac{PQ}{102 \times 60 \times \eta_f} = \dfrac{50 \times 450}{102 \times 60 \times 0.5} ≒ 7.4kW$

13 팬코일유닛에 대한 설명으로 옳은 것은?
① 고속덕트로 들어온 1차 공기를 노즐에 분출시킴으로써 주위의 공기를 유인하여 팬코일로 송풍하는 공기조화기이다.
② 송풍기, 냉온수코일, 에어필터 등을 케이싱 내에 수납한 소형의 실내용 공기조화기이다.
③ 송풍기, 냉동기, 냉온수코일 등을 기내에 조립한 공기조화기이다.
④ 송풍기, 냉동기, 냉온수코일, 에어필터 등을 케이싱 내에 수납한 소형의 실내용 공기조화기이다.

해설 팬코일유닛은 송풍기, 여과기(필터), 냉온수코일로 구성된다.

정답 06. ④ 07. ③ 08. ③ 09. ④ 10. ③ 11. ② 12. ② 13. ②

14 온도 30℃, 절대습도 0.0271kg/kg인 습공기의 엔탈피는?

① 89.58kcal/kg   ② 47.88kcal/kg
③ 23.73kcal/kg   ④ 11.98kcal/kg

해설 $h = C_p t + (\gamma_0 + C_p ut)x$
$= 0.24 \times 30 + (597.3 + 0.44 \times 30) \times 0.0271$
$= 23.73 \text{kcal/kg}$

15 공기의 상태를 표시하는 용어와 단위의 연결로 틀린 것은?

① 절대습도 : kg/kg
② 상대습도 : %
③ 엔탈피 : $kcal/m^3 \cdot ℃$
④ 수증기분압 : mmHg

해설 엔탈피의 단위는 kcal/kg이다.

16 공기조화장치의 열운반장치가 아닌 것은?

① 펌프   ② 송풍기
③ 덕트   ④ 보일러

해설 보일러는 증기와 온수를 발생하는 장치이다.

17 수관식 보일러에 관한 설명으로 틀린 것은?

① 보일러의 전열면적이 넓어 증발량이 많다.
② 고압에 적당하다.
③ 비교적 자유롭게 전열면적을 넓힐 수 있다.
④ 구조가 간단하여 내부청소가 용이하다.

해설 수관식 보일러는 같은 크기의 다른 보일러에 비해 전열면적이 크고 증기 발생이 빠르며 고압증기를 만들기 쉬운 대용량의 보일러이다. 단, 구조가 복잡하여 내부청소가 어렵다.

18 염화리튬, 트리에틸렌글리콜 등의 액체를 사용하여 감습하는 장치는?

① 냉각감습장치   ② 압축감습장치
③ 흡수식 감습장치   ④ 세정식 감습장치

해설 염화리튬(LiCl), 트리에틸렌글리콜 등의 액체를 사용하는 감습장치는 흡수식 감습장치이다.

19 축열시스템의 특징에 관한 설명으로 옳은 것은?

① 피크컷(peak cut)에 의해 열원장치의 용량이 증가한다.
② 부분부하운전에 쉽게 대응하기가 곤란하다.
③ 도시의 전력수급상태 개선에 공헌한다.
④ 야간운전에 따른 관리인건비가 절약된다.

해설 축열시스템은 심야전력을 이용하므로 전력수급상태 개선에 효과적이다.

20 다수의 전열판을 겹쳐놓고 볼트로 연결시킨 것으로 판과 판 사이를 유체가 지그재그로 흐르면서 열교환이 이루어지고 열교환능력이 매우 높아 필요설치면적이 좁고 전열판의 증감으로 기기용량의 변동이 용이한 열교환기는?

① 플레이트형 열교환기
② 스파이럴형 열교환기
③ 원통다관형 열교환기
④ 회전형 전열교환기

해설 플레이트형 열교환기는 스테인리스강판에 리브형 홈을 만들어 합성고무와 개스킷으로 수밀을 하여 물-물교환기로 지역난방 등에서 많이 사용된다.

제2과목 냉동공학

21 암모니아냉동장치에서 팽창밸브 직전의 엔탈피가 128kcal/kg, 압축기 입구의 냉매가스 엔탈피가 397kcal/kg이다. 이 냉동장치의 냉동능력이 12냉동톤일 때 냉매순환량은? (단, 1냉동톤은 3,320kcal/h이다.)

① 3,320kg/h   ② 3,228kg/h
③ 269kg/h   ④ 148kg/h

해설 냉매순환량$(G) = \dfrac{냉동능력}{냉동효과} = \dfrac{Q}{q_e} = \dfrac{12 \times 3,320}{397 - 128}$
$= 148 \text{kg/h}$

정답 14. ③ 15. ③ 16. ④ 17. ④ 18. ③ 19. ③ 20. ① 21. ④

22 두께 20cm인 콘크리트벽 내면에 두께 15cm인 스티로폼으로 방열을 하고, 그 내면에 두께 1cm의 내장 목재판으로 벽을 완성시킨 냉장실의 벽면에 대한 열관류율은? (단, 열전도율 및 열전달률은 다음과 같다.)

재료	열전도율	
콘크리트	$0.9 \text{kcal/m} \cdot \text{h} \cdot ℃$	
스티로폼	$0.04 \text{kcal/m} \cdot \text{h} \cdot ℃$	
내장재	$0.15 \text{kcal/m} \cdot \text{h} \cdot ℃$	
공기막계수	외부	$20 \text{kcal/m}^2 \cdot \text{h} \cdot ℃$
	내부	$6 \text{kcal/m}^2 \cdot \text{h} \cdot ℃$

① $1.35 \text{kcal/m}^2 \cdot \text{h} \cdot ℃$
② $0.23 \text{kcal/m}^2 \cdot \text{h} \cdot ℃$
③ $0.13 \text{kcal/m}^2 \cdot \text{h} \cdot ℃$
④ $0.02 \text{kcal/m}^2 \cdot \text{h} \cdot ℃$

해설 ㉠ 열저항
$$R = \frac{1}{\alpha_p} = \sum_{i=1}^{n} \frac{l_i}{\lambda_i} + \frac{1}{\alpha_i}$$
$$= \frac{1}{20} + \frac{0.2}{0.9} + \frac{0.15}{0.04} + \frac{0.01}{0.15} + \frac{1}{6}$$
$$≒ 4.26 \text{m}^2 \cdot ℃/\text{kcal}$$
㉡ 열통과율
$$K = \frac{1}{R} = \frac{1}{4.26} ≒ 0.23 \text{kcal/m}^2 \cdot \text{h} \cdot ℃$$

★
23 냉동부하가 30RT이고, 냉각장치의 열통과율이 $6 \text{kcal/m}^2 \cdot \text{h} \cdot ℃$, 브라인의 입·출구평균온도 10℃, 냉매의 증발온도가 4℃일 때 전열면적은?

① $1,825 \text{m}^2$ ② $2,767 \text{m}^2$
③ $2,932 \text{m}^2$ ④ $3,123 \text{m}^2$

해설 전열면적 $= \dfrac{냉동부하 \times 3,320}{열통과율 \times 온도차} = \dfrac{30 \times 3,320}{6 \times (10-4)}$
$≒ 2,767 \text{m}^2$

24 브라인의 구비조건으로 틀린 것은?
① 비열이 크고 동결온도가 낮을 것
② 점성이 클 것
③ 열전도율이 클 것
④ 불연성이며 불활성일 것

해설 Brine은 2차 냉매로 점도가 적을 것

25 정압식 팽창밸브는 무엇에 의하여 작동하는가?
① 응축압력
② 증발기의 냉매과냉도
③ 응축온도
④ 증발압력

해설 정압식 팽창밸브는 증발기 내의 압력을 일정하게 유지하는 목적으로 사용되는 밸브이다.

26 일의 열당량(A)을 옳게 표시한 것은?
① $A = 427 \text{kg} \cdot \text{m/kcal}$
② $A = \dfrac{1}{427} \text{kcal/kg} \cdot \text{m}$
③ $A = 102 \text{kcal/kg} \cdot \text{m}$
④ $A = 860 \text{kg} \cdot \text{m/kcal}$

해설 ㉠ 일의 열당량 : $A = \dfrac{1}{427} \text{kcal/kg} \cdot \text{m}$
㉡ 열의 일당량 : $J = \dfrac{1}{A} = 427 \text{kg} \cdot \text{m/kcal}$

★
27 냉동사이클에서 증발온도는 일정하고 응축온도가 올라가면 일어나는 현상이 아닌 것은?
① 압축기 토출가스온도 상승
② 압축기 체적효율 저하
③ COP(성적계수) 증가
④ 냉동능력(효과) 감소

해설 응축온도가 일정하고 증발기 온도가 상승하면 압축기의 압축비는 감소하게 되고 압축기의 체적효율도 증가한다.

28 온도식 팽창밸브에서 흐르는 냉매의 유량에 영향을 미치는 요인으로 가장 거리가 먼 것은?
① 오리피스구경의 크기
② 고·저압측 간의 압력차
③ 고압측 액상냉매의 냉매온도
④ 감온통의 크기

해설 온도식 팽창밸브(TEV)의 냉매유량은 감온통의 크기와 무관하다.

정답 22. ② 23. ② 24. ② 25. ④ 26. ② 27. ③ 28. ④

29 할로겐원소에 해당되지 않는 것은?
① 불소(F) ② 수소(H)
③ 염소(Cl) ④ 브롬(Br)

해설 할로겐원소에는 Cl, F, Br, I 등이 있다.

30 영화관을 냉방하는 데 360,000kcal/h의 열을 제거해야 한다. 소요동력을 냉동톤당 1PS로 가정하면 이 압축기를 구동하는 데 약 몇 kW의 전동기가 필요한가?
① 79.8kW ② 69.8kW
③ 59.8kW ④ 49.8kW

해설 소요동력 = $\dfrac{360,000}{3,320}$ = 108.43PS
= 108.43 × 0.736 ≒ 79.8kW

참고 1PS = 0.736kW

31 플래시가스(flash gas)의 발생원인으로 가장 거리가 먼 것은?
① 관경이 큰 경우
② 수액기에 직사광선이 비쳤을 경우
③ 스트레이너가 막혔을 경우
④ 액관이 현저하게 입상했을 경우

해설 플래시가스의 발생원인
㉠ 관경이 매우 작거나 현저히 입상할 경우
㉡ 온도가 높은 장소를 통과 시

★
32 증기압축식 이론냉동사이클에서 엔트로피가 감소하고 있는 과정은?
① 팽창과정 ② 응축과정
③ 압축과정 ④ 증발과정

해설 응축과정(2 → 5과정) 시 엔트로피가 감소한다.

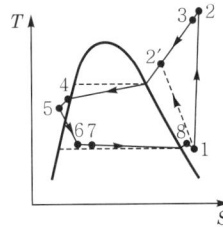
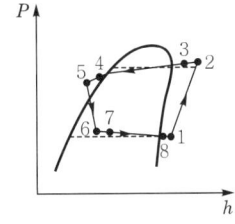

33 카르노사이클과 관련 없는 상태변화는?
① 등온팽창 ② 등온압축
③ 단열압축 ④ 등적팽창

해설 ㉠ 1 → 2 과정 : 등온팽창
㉡ 2 → 3 과정 : 단열팽창
㉢ 3 → 4 과정 : 등온압축
㉣ 4 → 1 과정 : 단열압축

34 액봉 발생의 우려가 있는 부분에 설치하는 안전장치가 아닌 것은?
① 가용전 ② 파열판
③ 안전밸브 ④ 압력도피장치

해설 ㉠ 액봉방지를 위한 안전장치 : 파열판, 압력릴리프밸브, 압력도피장치
㉡ 액봉이 잘 일어나지 않는 재질 : 동관, 외경 26mm 미만의 배관

★
35 매시 30℃의 물 2,000kg을 -10℃의 얼음으로 만드는 냉동장치가 있다. 이 냉동장치의 냉각수 입구온도가 32℃, 냉각수 출구온도가 37℃이며 냉각수량이 60m³/h일 때 압축기의 소요동력은?
① 81.4kW ② 88.7kW
③ 90.5kW ④ 117.4kW

해설 ㉠ $q_c = QC(t_o - t_i)$
= 60 × 1,000 × (37 - 32) = 300,000kcal/h
㉡ $q_e = GC_w\Delta t + G\gamma + GC_i\Delta t$
= $G(C_w\Delta t + \gamma + C_i\Delta t)$
= 2,000 × (1 × 30 + 80 + 0.5 × 10)
= 230,000kcal/h
㉢ kW = $\dfrac{q_c - q_e}{860}$ = $\dfrac{300,000 - 230,000}{860}$
= $\dfrac{70,000}{860}$ ≒ 81.4kW

36 교축작용과 관계없는 것은?
① 등엔탈피 변화
② 팽창밸브에서의 변화
③ 엔트로피의 증가
④ 등적변화

해설 팽창밸브는 교축작용을 하므로 엔탈피가 일정하며 엔트로피는 증가한다.

정답 29. ② 30. ① 31. ① 32. ② 33. ④ 34. ① 35. ① 36. ④

37 진공계의 지시가 45cmHg일 때 절대압력은?

① $0.0421 \text{kgf/cm}^2 \cdot \text{abs}$
② $0.42 \text{kgf/cm}^2 \cdot \text{abs}$
③ $4.21 \text{kgf/cm}^2 \cdot \text{abs}$
④ $42.1 \text{kgf/cm}^2 \cdot \text{abs}$

해설 절대압력 = 대기압 − 게이지압력
$$= \frac{760-450}{760} \times 1.033 = 0.42 \text{kgf/cm}^2 \cdot \text{abs}$$

38 균압관의 설치위치는?

① 응축기 상부 − 수액기 상부
② 응축기 하부 − 팽창변 입구
③ 증발기 상부 − 압축기 출구
④ 액분리기 하부 − 수액기 상부

해설 설치위치
㉠ 균압관 : 응축기 상부 − 수액기 상부
㉡ 가스퍼저(불응축가스분리기) : 응축기와 수액기의 균압관 상부

39 압축기의 흡입밸브 및 송출밸브에서 가스누출이 있을 경우 일어나는 현상은?

① 압축일의 감소
② 체적효율이 감소
③ 가스의 압력이 상승
④ 성적계수의 증가

해설 압축기의 흡입밸브 및 송출밸브에서 가스누출이 있을 경우 압축일 증대, 가스압력 감소, 가스온도 상승, 체적효율이 감소한다.

★40 어떤 냉동장치의 냉동부하는 14,000kcal/h, 냉매증기압축에 필요한 동력은 3kW, 응축기 입구에서 냉각수 온도 30℃, 냉각수량 69L/min일 때 응축기 출구에서 냉각수 온도는?

① 33℃   ② 38℃
③ 42℃   ④ 46℃

해설 $t_{w2} = 30 + \dfrac{14,000 + (3 \times 860)}{69 \times 60 \times 1} = 33℃$

제3과목 배관일반

41 증기난방에 비해 온수난방의 특징을 설명한 것으로 틀린 것은?

① 예열하는 데 많은 시간이 걸린다.
② 부하변동에 대응한 온도조절이 어렵다.
③ 방열면의 온도가 비교적 높지 않아 쾌감도가 좋다.
④ 설비비가 다소 고가이나 취급이 쉽고 비교적 안전하다.

해설 방열량이 적어 실내온도조절이 쉽다.

★42 배수배관에 관한 설명으로 틀린 것은?

① 배수수평주관과 배수수평분기관의 분기점에는 청소구를 설치해야 한다.
② 배수관경의 결정방법은 기구배수부하단위나 정상유량을 사용하는 2가지 방법이 있다.
③ 배수관경이 100A 이하일 때는 청소구의 크기를 배수관경과 같게 한다.
④ 배수수직관의 관경은 수평분기관의 최소 관경 이하가 되어야 한다.

해설 배수수직관의 관경은 이것과 접속하는 배수수평지관의 최대 관경 이상으로 한다.

43 가스배관 중 도시가스공급배관의 명칭에 대한 설명으로 틀린 것은?

① 배관 : 본관, 공급관 및 내관 등을 나타낸다.
② 본관 : 옥외내관과 가스계량기에서 중간 밸브 사이에 이르는 배관을 나타낸다.
③ 공급관 : 정압기에서 가스사용자가 소유하거나 점유하고 있는 토지의 경계까지 이르는 배관을 나타낸다.
④ 내관 : 가스사용자가 소유하거나 점유하고 있는 토지의 경계에서 연소기까지 이르는 배관을 나타낸다.

해설 본관은 도시가스제조사업소의 부지경계에서 정압기까지 이르는 배관이다.

정답 37. ② 38. ① 39. ② 40. ① 41. ② 42. ④ 43. ②

44 보온재의 구비조건으로 틀린 것은?
① 열전달률이 클 것
② 물리적, 화학적 강도가 클 것
③ 흡수성이 적고 가공이 용이할 것
④ 불연성일 것

해설 보온재는 열전달률이 적을 것

45 배관지지장치에서 수직방향 변위가 없는 곳에 사용하는 행거는?
① 리지드행거   ② 콘스탄트행거
③ 가이드행거   ④ 스프링행거

해설 리지드행거는 상하방향의 변위가 없는 곳에 설치한다.

46 LP가스의 주성분으로 옳은 것은?
① 프로판(C_3H_8)과 부틸렌(C_4H_8)
② 프로판(C_3H_8)과 부탄(C_4H_{10})
③ 프로필렌(C_3H_6)과 부틸렌(C_4H_8)
④ 프로필렌(C_3H_6)과 부탄(C_4H_{10})

해설 LP가스의 주성분은 프로판(C_3H_8)과 부탄(C_4H_{10})이다.

★
47 자연순환식으로서 열탕의 탕비기 출구온도를 85℃ (밀도 0.96876kg/L), 환수관의 환탕온도를 65℃ (밀도 0.98001kg/L)로 하면 이 순환계통의 순환수두는 얼마인가? (단, 가장 높이 있는 급탕전의 높이는 10m이다.)
① 11.25mmAq   ② 112.5mmAq
③ 15.34mmAq   ④ 153.4mmAq

해설 $H_w = 1,000(\rho_2 - \rho_1)h$
$= 1,000 \times (0.98001 - 0.9687) \times 10$
$\fallingdotseq 112.5 mmAq$

48 난방배관에서 리프트이음(lift fitting)을 하는 응축수 환수방식은?
① 중력환수식   ② 기계환수식
③ 진공환수식   ④ 상향환수식

해설 진공환수식의 환수관에서 리프트이음 1단 높이는 1.5m 이하로 하고, 리프트관의 지름은 환수관보다 한 치수 작은 것으로 한다.

★
49 다음과 같은 증기난방배관에 관한 설명으로 옳은 것은?

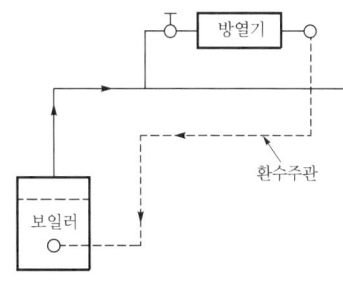

① 진공환수방식으로 습식환수방식이다.
② 중력환수방식으로 건식환수방식이다.
③ 중력환수방식으로 습식환수방식이다.
④ 진공환수방식으로 건식환수방식이다.

해설 ㉠ 응축수환수법 : 중력환수식(응축수를 중력작용으로 환수), 기계환수식(펌프로 보일러에 강제환수), 진공환수식(진공펌프로 환수관 내 응축수와 공기를 흡인 순환)
㉡ 환수관의 배관법 : 건식환수관식(환수주관을 보일러수면보다 높게 배관), 습식환수관식(환수주관을 보일러수면보다 낮게 배관)

50 개별식(국소식) 급탕방식의 특징으로 틀린 것은?
① 배관설비거리가 짧고 배관에서의 열손실이 적다.
② 급탕장소가 많은 경우 시설비가 싸다.
③ 수시로 급탕하여 사용할 수 있다.
④ 건물의 완성 후에도 급탕장소의 증설이 비교적 쉽다.

해설 급탕장소가 많은 경우 시설비가 비싸다.

51 통기방식 중 각 기구의 트랩마다 통기관을 설치하여 안정도가 높고 자기사이펀작용에도 효과가 있으며 배수를 완전하게 할 수 있는 이상적인 통기방식은?
① 각개통기   ② 루프통기
③ 신정통기   ④ 회로통기

해설 각개통기방식은 각 기구의 트랩마다 통기관을 설치하여 안정도가 높고 자기사이펀작용이 우수하여 배수를 완전하게 할 수 있는 이상적인 통기방식이다.

정답 44. ① 45. ① 46. ② 47. ② 48. ③ 49. ② 50. ② 51. ①

52 냉각탑에서 냉각수는 수직하향방향이고 공기는 수평방향인 형식은?

① 평행류형　② 직교류형
③ 혼합형　④ 대향류형

해설 직교류형의 냉각수는 수직하향방향이고, 공기는 수평방향이다.

53 ★ 공기조화배관설비 중 냉수코일을 통과하는 일반적인 설계풍속으로 가장 적당한 것은?

① 2~3m/s　② 5~6m/s
③ 8~9m/s　④ 10~11m/s

해설 냉수코일을 통과하는 일반적인 설계풍속은 2~3m/s이다.

54 증기난방배관에서 증기트랩을 사용하는 주된 목적은?

① 관내의 온도를 조절하기 위해서
② 관내의 압력을 조절하기 위해서
③ 배관의 신축을 흡수하기 위해서
④ 관내의 증기와 응축수를 분리하기 위해서

해설 증기트랩은 관내의 증기와 응축수를 분리하여 수격작용을 방지하고 효율은 향상된다.

55 관내에 분리된 증기나 공기를 배출하고 물의 팽창에 따른 위험을 방지하기 위해 설치하는 것은?

① 순환탱크　② 팽창탱크
③ 옥상탱크　④ 압력탱크

해설 팽창탱크는 온수난방에서 온수의 팽창을 흡수하는 장치이다.

56 주철관이음방법이 아닌 것은?

① 플라스턴이음　② 빅토릭이음
③ 타이튼이음　④ 플랜지이음

해설 ㉠ 주철관이음 : 소켓이음, 기계적(mechanical) 이음, 플랜지이음, 빅토릭이음, 타이튼이음
ㄴ 플라스턴이음 : 연관접합법에 해당

57 배관의 행거(hanger)용 지지철물을 달아매기 위해 천장에 매입하는 철물은?

① 턴버클(turnbuckle)
② 가이드(guide)
③ 스토퍼(stopper)
④ 인서트(insert)

해설 인서트는 배관 또는 덕트를 천장에 매달아 지지할 때 미리 콘크리트에 매입한다.

58 수액기를 나온 냉매액은 팽창밸브를 통해 교축되어 저온저압의 증발기로 공급된다. 팽창밸브의 종류가 아닌 것은?

① 온도식　② 플로트식
③ 인젝터식　④ 압력자동식

해설 팽창밸브의 종류에는 수동식, 온도식, 정압식(압력자동식), 플로트식(부자식), 모세관 등이 있다.

59 ★ 급수관의 직선관로에서 마찰손실에 관한 설명으로 옳은 것은?

① 마찰손실은 관지름에 정비례한다.
② 마찰손실은 속도수두에 정비례한다.
③ 마찰손실은 배관길이에 반비례한다.
④ 마찰손실은 관내 유속에 반비례한다.

해설 마찰손실수두 $= f \dfrac{l}{d} \dfrac{V^2}{2g} r$

60 냉온수헤더에 설치하는 부속품이 아닌 것은?

① 압력계　② 드레인관
③ 트랩장치　④ 급수관

해설 냉온수헤더는 압력계, 드레인관, 급수관 등으로 구성된다.

정답　52. ②　53. ①　54. ④　55. ②　56. ①　57. ④　58. ③　59. ②　60. ③

제4과목 전기제어공학

61 임피던스 강하가 4%인 어느 변압기가 운전 중 단락되었다면 그 단락전류는 정격전류의 몇 배가 되는가?

① 10 ② 20
③ 25 ④ 30

해설 $z = \dfrac{I_n(정격전류)}{I_s(단락전류)}[\%]$

$0.04 = \dfrac{1}{x}$

$\therefore x = \dfrac{1}{0.04} = 25$

62 직류전동기의 속도제어법으로 틀린 것은?

① 저항제어 ② 계자제어
③ 전압제어 ④ 주파수제어

해설 주파수제어는 교류(유도)전동기의 속도제어법이다.

★
63 다음 그림과 같은 블록선도에서 전달함수 $\dfrac{C}{R}$는?

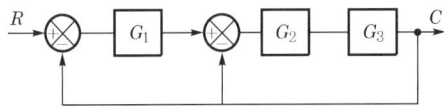

① $\dfrac{G_1 G_2 G_3}{1 + G_2 G_3 + G_1 G_3}$

② $\dfrac{G_1 G_2 G_3}{1 + G_1 G_2 + G_1 G_2 G_3}$

③ $\dfrac{G_1 G_2 G_3}{1 + G_2 G_3 + G_1 G_2 G_3}$

④ $\dfrac{G_1 G_2 G_3}{1 + G_1 G_3 + G_1 G_2 G_3}$

해설 ㉠ $G_2 G_3$ 부분 ⇒ 루프이득 $(-G_2 G_3)$
㉡ $G_1 G_2 G_3$ 부분 ⇒ 루프이득 $(-G_1 G_2 G_3)$

$\therefore \dfrac{C}{R} = \dfrac{전향경로이득}{1 - 루프이득} = \dfrac{G_1 G_2 G_3}{1 - (-G_2 G_3 - G_1 G_2 G_3)}$

$= \dfrac{G_1 G_2 G_3}{1 + G_2 G_3 + G_1 G_2 G_3}$

64 되먹임제어계에서 ⓐ 부분에 해당되는 것은?

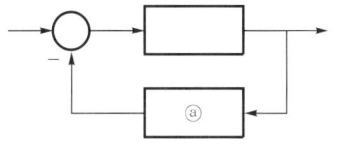

① 조절부 ② 조작부
③ 검출부 ④ 목표값

해설 제시된 그림은 피드백회로이므로 ⓐ 부분은 검출부이다.

65 배리스터(varistor)란?

① 비직선적인 전압-전류특성을 갖는 2단자 반도체소자이다.
② 비직선적인 전압-전류특성을 갖는 3단자 반도체소자이다.
③ 비직선적인 전압-전류특성을 갖는 4단자 반도체소자이다.
④ 비직선적인 전압-전류특성을 갖는 리액턴스소자이다.

해설 배리스터는 비직선적인 전압-전류특성을 갖는 2단자 반도체소자이다.

66 직류발전기 전기자 반작용의 영향이 아닌 것은?

① 절연내력의 저하
② 자속의 크기 감소
③ 유기기전력의 감소
④ 자기중성축의 이동

해설 전기자권선의 자속은 계자권선의 자속에 영향을 주는 작용, 유기기전력의 감소, 자기중성축의 이동에 영향을 받는다.

★
67 $G(s) = \dfrac{s^2 + 2s + 1}{s^2 + s - 6}$인 특성방정식의 근은?

① -1 ② $-3, 2$
③ $-1, -3$ ④ $-1, -3, 2$

해설 $G(s) = \dfrac{s^2 + 2s + 1}{s^2 + s - 6}$

이 특성방정식 전달함수의 분모는 0이므로
$s^2 + s - 6 = 0$
$(s+3)(s-2) = 0$
$\therefore s = -3, 2$

정답 61. ③ 62. ④ 63. ③ 64. ③ 65. ① 66. ① 67. ②

68 피측정단자에 다음 그림과 같이 결선하여 전압계로 $e[V]$라는 전압을 얻었을 때 피측정단자의 절연저항은 몇 MΩ인가? (단, R_m : 전압계 내부저항(Ω), V : 시험전압(V)이다.)

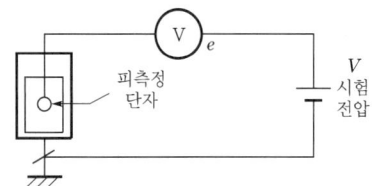

① $R_m(eV-1) \times 10^{-6}$
② $R_m\left(\dfrac{e}{V}-1\right) \times 10^{-6}$
③ $R_m\left(\dfrac{V}{e}-1\right) \times 10^{-6}$
④ $R_m(V-e) \times 10^{-6}$

해설

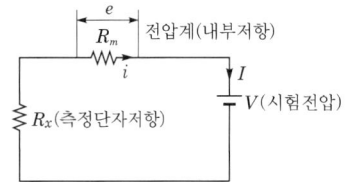

전체 회로에 흐르는 전류(I)=전압계 내부에 흐르는 전류(i)

$$\dfrac{V}{R_m+R_x} = \dfrac{e}{R_m}$$
$$VR_m = e(R_m+R_x)$$
$$VR_m = eR_m + eR_x$$
$$eR_x = VR_m - eR_m$$
$$eR_x = R_m(V-e)$$
$$\therefore R_x = R_m\left(\dfrac{V-e}{e}\right)[\Omega] = R_m\left(\dfrac{V}{e}-1\right) \times 10^{-6}\,[M\Omega]$$

69 교류에서 실효값과 최대값의 관계는?

① 실효값 = $\dfrac{\text{최대값}}{\sqrt{2}}$ ② 실효값 = $\dfrac{\text{최대값}}{\sqrt{3}}$

③ 실효값 = $\dfrac{\text{최대값}}{2}$ ④ 실효값 = $\dfrac{\text{최대값}}{3}$

해설 실효값 = $\dfrac{\text{최대값}}{\sqrt{2}}$

참고 교류의 크기를 직류의 크기로 바꿔놓은 값을 실효값이라 한다.

70 다음 그림과 같은 그래프에 해당하는 함수를 라플라스변환하면?

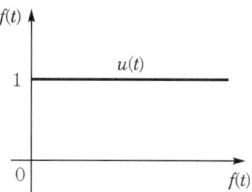

① 1 ② $\dfrac{1}{s}$
③ $\dfrac{1}{s+1}$ ④ $\dfrac{1}{s^2}$

해설 함수의 라플라스변환

함수명	$f(t)$	$F(s)$
단위임펄스함수	$\delta(t)$	1
단위계단함수	$u(t)=1$	$\dfrac{1}{s}$
단위램프함수	t	$\dfrac{1}{s^2}$
포물선함수	t^2	$\dfrac{2}{s^3}$
n차 램프함수	t^n	$\dfrac{n!}{s^{n+1}}$

71 50Ω의 저항 4개를 이용하여 가장 큰 합성저항을 얻으면 몇 Ω인가?

① 75 ② 150
③ 200 ④ 400

해설 ㉠ 직렬접속
$R = r_1 + r_2 + r_3 + r_4$
$= 50+50+50+50 = 200\Omega$

㉡ 병렬접속
$R = \dfrac{1}{\dfrac{1}{r_1}+\dfrac{1}{r_2}+\dfrac{1}{r_3}+\dfrac{1}{r_4}}$
$= \dfrac{1}{\dfrac{1}{50}+\dfrac{1}{50}+\dfrac{1}{50}+\dfrac{1}{50}} = 12.5\Omega$

∴ 직렬접속일 때 저항은 가장 크다.

정답 68. ③ 69. ① 70. ② 71. ③

72 잔류편차(off-set)를 발생하는 제어는?
① 미분제어 ② 적분제어
③ 비례제어 ④ 비례적분미분제어

해설
㉠ 비례제어(P동작) : 잔류편차(off-set) 생김
㉡ 적분제어(I동작) : 잔류편차 소멸
㉢ 미분제어(D동작) : 오차예측제어
㉣ 비례미분제어(PD동작) : 응답속도 향상, 과도특성 개선, 진상보상회로에 해당
㉤ 비례적분제어(PI동작) : 잔류편차와 사이클링 제거, 정상특성 개선
㉥ 비례적분미분제어(PID동작) : 속응도 향상, 잔류편차 제거, 정상/과도특성 개선
㉦ 온오프제어(2위치제어) : 불연속제어(간헐제어)

73 프로세스제어나 자동조정 등 목표값이 시간에 대하여 변화하지 않는 제어를 무엇이라 하는가?
① 추종제어 ② 비율제어
③ 정치제어 ④ 프로그램제어

해설 정치제어는 목표값이 시간에 관계없이 제어량을 어떤 일정한 목표값으로 유지하는 제어법이다.

74 되먹임제어를 옳게 설명한 것은?
① 입력과 출력을 비교하여 정정동작을 하는 방식
② 프로그램의 순서대로 순차적으로 제어하는 방식
③ 외부에서 명령을 입력하는 데 따라 제어되는 방식
④ 미리 정해진 순서에 따라 순차적으로 제어되는 방식

해설 되먹임제어는 기계 스스로 입력과 출력을 판단하여 수정 동작을 하는 방식이다.

75 변압기 내부고장검출용 보호계전기는?
① 차동계전기 ② 과전류계전기
③ 역상계전기 ④ 부족전압계전기

해설 차동계전기는 다중권선을 가지며, 이들 권선의 전압, 전류, 전력 따위의 차이가 소정의 값에 이르렀을 때 동작하도록 되어 있는 계전기이다.

76 다음 그림과 같은 블록선도와 등가인 것은?

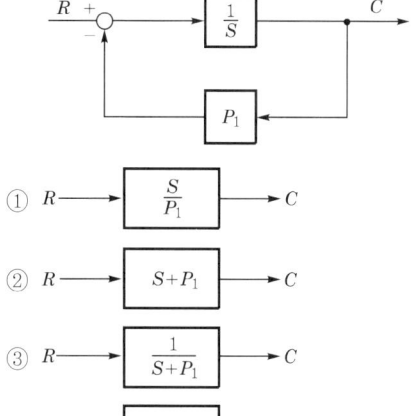

① $R \longrightarrow \dfrac{S}{P_1} \longrightarrow C$
② $R \longrightarrow S+P_1 \longrightarrow C$
③ $R \longrightarrow \dfrac{1}{S+P_1} \longrightarrow C$
④ $R \longrightarrow \dfrac{P_1}{S} \longrightarrow C$

해설
$(R-P_1)\dfrac{1}{S} = C$

$\dfrac{R}{S} - \dfrac{CP_1}{S} = C$

$\dfrac{R}{S} = C\left(1+\dfrac{P_1}{S}\right)$

$\therefore \dfrac{C}{R} = \dfrac{1}{S\left(1+\dfrac{P_1}{S}\right)} = \dfrac{1}{S+P_1}$

77 보드선도의 위상여유가 45°인 제어계의 계통은?
① 안정하다.
② 불안정하다.
③ 무조건 불안정하다.
④ 조건에 따른 안정을 유지한다.

해설 보드선도의 위상여유가 45°인 제어계의 계통은 안정하다.

78 콘덴서만의 회로에서 전압과 전류 사이의 위상관계는?
① 전압이 전류보다 90도 앞선다.
② 전압이 전류보다 90도 뒤진다.
③ 전압이 전류보다 180도 앞선다.
④ 전압이 전류보다 180도 뒤진다.

해설
㉠ ①은 코일회로이다.
㉡ ②는 콘덴서회로이다.
㉢ 저항은 동위상이다.

정답 72. ③ 73. ③ 74. ① 75. ① 76. ③ 77. ① 78. ②

79 다음 중 다른 값을 나타내는 논리식은?

① $XY+Y$
② $\overline{X}Y+XY$
③ $(Y+X+\overline{X})Y$
④ $X(\overline{Y}+X+Y)$

해설
① $XY+Y = Y(X+1) = Y(1) = Y$
② $\overline{X}Y+XY = Y(\overline{X}+X) = Y(1) = Y$
③ $(Y+X+\overline{X})Y = YY+XY+\overline{X}Y$
$= Y+Y(X+\overline{X})$
$= Y+Y(1)$
$= Y$
④ $X(\overline{Y}+X+Y) = X(\overline{Y}+Y+X) = X(1+X)$
$= X(1) = X$

80 온도에 따라 저항값이 변화하는 것은?

① 서미스터
② 노즐플래퍼
③ 앰플리다인
④ 트랜지스터

해설 서미스터는 온도 상승에 따라 저항값이 작아지는 특성을 이용하여 온도보상용으로 사용되는 부온도특성을 가진 저항기이다.

정답 79. ④ 80. ①

2017년 제2회 공조냉동기계산업기사

제1과목　공기조화

01 바닥면적이 좁고 층고가 높은 경우에 적합한 공조기(AHU)의 형식은?

① 수직형　　② 수평형
③ 복합형　　④ 멀티존형

해설 수직형은 설치한 바닥면적은 좁고 층고가 높은 경우에 사용한다.

02 저속덕트에 비해 고속덕트의 장점이 아닌 것은?

① 동력비가 적다.
② 덕트설치공간이 적어도 된다.
③ 덕트재료를 절약할 수 있다.
④ 원격지 송풍에 적당하다.

해설 고속덕트의 특징
㉠ 소음, 진동과 송풍동력의 증가를 초래한다.
㉡ 마찰에 의한 압력손실이 크다.
㉢ 장방형 덕트 대신에 스파이럴관이나 원형덕트를 사용하는 경우가 많다.

03 결로현상에 관한 설명으로 틀린 것은?

① 건축구조물을 사이에 두고 양쪽에 수증기의 압력차가 생기면 수증기는 구조물을 통하여 흐르며 포화온도, 포화압력 이하가 되면 응결하여 발생된다.
② 결로는 습공기의 온도가 노점온도까지 강하하면 공기 중의 수증기가 응결하여 발생한다.
③ 응결이 발생되면 수증기의 압력이 상승한다.
④ 결로방지를 위하여 방습막을 사용한다.

해설 응결이 잘 일어나기 위해서는 공기 중에 수증기가 많아야 하며, 공기 중에 포함된 수증기의 양이 많고 공기의 온도가 내려갈 때 응결은 잘 일어난다. 즉 온도가 내려가는 것은 수증기의 압력이 내려갈 때이다.

04 패널복사난방에 관한 설명으로 옳은 것은?

① 천정고가 낮고 외기침입이 없을 때만 난방효과를 얻을 수 있다.
② 실내온도분포가 균등하고 쾌감도가 높다.
③ 증발잠열(기화열)을 이용하므로 열의 운반 능력이 크다.
④ 대류난방에 비해 방열면적이 적다.

해설 패널복사난방은 실내의 천정, 바닥, 벽 등에 가열코일(패널)을 매립하여 코일 내에 온수를 공급해 복사열에 의해 난방하는 방식으로, 실내온도분포가 균등하고 쾌감도가 높다.

05 실내의 거의 모든 부분에서 오염가스가 발생되는 경우 실 전체의 기류분포를 계획하여 실내에서 발생하는 오염물질을 완전히 희석하고 확산시킨 다음에 배기를 행하는 환기방식은?

① 자연환기　　② 제3종 환기
③ 국부환기　　④ 전반환기

해설 **전반환기** : 실내의 거의 모든 부분이 오염 시 오염물질을 희석, 확산시킨 후 배기

참고 제1종 환기 : 강제급기, 강제배기

06 공기설비의 열회수장치인 전열교환기는 주로 무엇을 경감시키기 위한 장치인가?

① 실내부하　　② 외기부하
③ 조명부하　　④ 송풍기부하

해설 전열교환기는 외기와 배기 간의 열교환장치로, 현열과 동시에 잠열도 교환한다. 종류에 회전식과 고정식이 있다.

07 보일러 동체 내부의 중앙 하부에 파형노통이 길이방향으로 장착되며, 이 노통의 하부 좌우에 연관들을 갖춘 보일러는?

① 노통보일러　　② 노통연관보일러
③ 연관보일러　　④ 수관보일러

해설 **노통연관보일러** : 노통과 연관이 같이 있는 보일러

정답　01. ①　02. ①　03. ③　04. ②　05. ④　06. ②　07. ②

08 공기조화방식에서 변풍량유닛방식(VAV unit)을 풍량제어방식에 따라 구분할 때 공조기에서 오는 1차 공기의 분출에 의해 실내공기인 2차 공기를 취출하는 방식은 어느 것인가?

① 바이패스형 ② 유인형
③ 슬롯형   ④ 교축형

해설 유인형은 1차 공기의 분출에 의해 실내공기인 2차 공기를 취출하는 방식이다.

09 물·공기방식의 공조방식으로서 중앙기계실의 열원설비로부터 냉수 또는 온수를 각 실에 있는 유닛에 공급하여 냉난방하는 공조방식은?

① 바닥취출공조방식 ② 재열방식
③ 팬코일유닛방식   ④ 패키지유닛방식

해설 팬코일유닛방식(물·공기방식, 물방식)은 중앙기계실의 열원설비로부터 각 실에 있는 유닛에 공급하는 공조방식이다.

10 공조용으로 사용되는 냉동기의 종류로 가장 거리가 먼 것은?

① 원심식 냉동기   ② 자흡식 냉동기
③ 왕복동식 냉동기 ④ 흡수식 냉동기

해설 공조용 냉동기는 증기압축식(원심식, 왕복동식, 회전식, 스크루식), 증기분사식, 흡수식 등이 있다.

11 다익형 송풍기의 송풍기 크기(No.)에 대한 설명으로 옳은 것은?

① 임펠러의 직경(mm)을 60mm으로 나눈 값이다.
② 임펠러의 직경(mm)을 100mm으로 나눈 값이다.
③ 임펠러의 직경(mm)을 120mm으로 나눈 값이다.
④ 임펠러의 직경(mm)을 150mm으로 나눈 값이다.

해설 ㉠ 다익형 송풍기 $No. = \dfrac{날개지름(mm)}{150}$

㉡ 축류형 송풍기 $No. = \dfrac{날개지름(mm)}{100}$

★
12 두께 20cm의 콘크리트벽 내면에 두께 5cm의 스티로폼 단열시공하고, 그 내면에 두께 2cm의 나무판자로 내장한 건물벽면의 열관류율은? (단, 재료별 열전도율(kcal/m·h·℃)은 콘크리트 0.7, 스티로폼 0.03, 나무판자 0.15이고, 벽면의 표면열전달율(kcal/m²·h·℃)은 외벽 20, 내벽 8이다.)

① $0.31 kcal/m^2 \cdot h \cdot ℃$
② $0.39 kcal/m^2 \cdot h \cdot ℃$
③ $0.41 kcal/m^2 \cdot h \cdot ℃$
④ $0.44 kcal/m^2 \cdot h \cdot ℃$

해설 $K = \dfrac{1}{\dfrac{1}{\alpha_i} + \dfrac{l_1}{\lambda_1} + \dfrac{l_2}{\lambda_2} + \dfrac{l_3}{\lambda_3} + \dfrac{1}{\alpha_0}}$

$= \dfrac{1}{\dfrac{1}{20} + \dfrac{0.2}{0.7} + \dfrac{0.05}{0.03} + \dfrac{0.02}{0.15} + \dfrac{1}{8}}$

$≒ 0.44 kcal/m^2 \cdot h \cdot ℃$

★
13 1,925kg/h의 석탄을 연소하여 10,550kg/h의 증기를 발생시키는 보일러의 효율은? (단, 석탄의 저위발열량은 25,271kJ/kg, 발생증기의 엔탈피는 3,717kJ/kg, 급수엔탈피는 221kJ/kg으로 한다.)

① 45.8%   ② 64.4%
③ 70.5%   ④ 75.8%

해설 $\eta = \dfrac{G(h_2 - h_1)}{G_f H_l} = \dfrac{10,550 \times (3,717 - 221)}{1,925 \times 25,271}$

$≒ 0.7581 = 75.8\%$

14 다음 중 냉방부하에서 현열만이 취득되는 것은?

① 재열부하   ② 인체부하
③ 외기부하   ④ 극간풍부하

해설 ㉠ 현열과 잠열취득 : 인체의 발생열, 틈새바람에 의한 열량(극간풍), 외기도입량
㉡ 현열만 취득 : 조명의 발생열, 재열부하

15 가습장치의 가습방식 중 수분무식이 아닌 것은?

① 원심식   ② 초음파식
③ 분무식   ④ 전열식

해설 수분무식은 물을 공기 중에 직접 분부하는 방식으로 원심식, 초음파식, 분무식(고압스프레이식) 등이 있다.

정답 08. ② 09. ③ 10. ② 11. ④ 12. ④ 13. ④ 14. ① 15. ④

16 냉수코일의 설계법으로 틀린 것은?

① 공기흐름과 냉수흐름의 방향을 평행류로 하고 대수평균온도차를 작게 한다.
② 코일의 열수는 일반 공기냉각용에는 4~8열(列)이 많이 사용된다.
③ 냉수속도는 일반적으로 1m/s 전후로 한다.
④ 코일의 설치는 관이 수평으로 놓이게 한다.

해설 공기와 물의 흐름을 대향류로 하고 대수평균온도차를 크게 한다.

17 일반적으로 난방부하의 발생요인으로 가장 거리가 먼 것은?

① 일사부하   ② 외기부하
③ 기기손실부하   ④ 실내손실부하

해설 일사부하는 냉방부하의 발생요인이다.

18 보일러의 종류에 따른 특징을 설명한 것으로 틀린 것은?

① 주철제보일러는 분해, 조립이 용이하다.
② 노통연관보일러는 수질관리가 용이하다.
③ 수관보일러는 예열시간이 짧고 효율이 좋다.
④ 관류보일러는 보유수량이 많고 설치면적이 크다.

해설 관류보일러는 보유수량이 적고 설치면적이 작다.

19 겨울철 침입외기(틈새바람)에 의한 잠열부하(kcal/h)는? (단, Q는 극간풍량(m³/h)이며, t_o, t_r은 각각 실외, 실내온도(℃), x_o, x_r은 각각 실외, 실내절대습도(kg/kg')이다.)

① $q_L = 0.24 Q(t_o - t_r)$
② $q_L = 0.29 Q(t_o - t_r)$
③ $q_L = 539 Q(x_o - x_r)$
④ $q_L = 717 Q(x_o - x_r)$

해설 틈새바람에 의한 잠열부하 $q_L = 717 Q(x_o - x_r)$

20 시로코팬의 회전속도가 N_1에서 N_2로 변화하였을 때 송풍기의 송풍량, 전압, 소요동력의 변화값은?

구분	451rpm(N_1)	632rpm(N_2)
송풍량(m³/min)	199	㉠
전압(Pa)	320	㉡
소요동력(kW)	1.5	㉢

① ㉠ 278.9, ㉡ 628.4, ㉢ 4.1
② ㉠ 278.9, ㉡ 357.8, ㉢ 3.8
③ ㉠ 628.4, ㉡ 402.8, ㉢ 3.8
④ ㉠ 357.8, ㉡ 628.4, ㉢ 4.1

해설 송풍기의 상사법칙 적용

㉠ $\dfrac{Q_2}{Q_1} = \dfrac{N_2}{N_1}$

$\dfrac{632}{451} = \dfrac{Q_2}{199}$

$\therefore Q_2 = \dfrac{632 \times 199}{451} ≒ 278.9 \text{m}^3/\text{min}$

㉡ $\dfrac{P_2}{P_1} = \left(\dfrac{N_2}{N_1}\right)^2$

$\left(\dfrac{632}{451}\right)^2 = \dfrac{P_2}{320}$

$\therefore P_2 = 1.9637 \times 320 ≒ 628.4 \text{Pa}$

㉢ $\dfrac{L_2}{L_1} = \left(\dfrac{N_2}{N_1}\right)^3$

$\left(\dfrac{632}{451}\right)^3 = \dfrac{L_2}{1.5}$

$\therefore L_2 = 2.7518 \times 1.5 ≒ 4.1 \text{kW}$

제2과목 냉동공학

21 응축기의 냉매응축온도가 30℃, 냉각수의 입구수온이 25℃, 출구수온이 28℃일 때 대수평균온도차($LMTD$)는?

① 2.27℃   ② 3.27℃
③ 4.27℃   ④ 5.27℃

해설 $LMTD = \dfrac{\Delta_1 - \Delta_2}{\ln\dfrac{\Delta_1}{\Delta_2}} = \dfrac{(30-25)-(30-28)}{\ln\dfrac{30-25}{30-28}}$

$≒ 3.27℃$

정답 16. ① 17. ① 18. ④ 19. ④ 20. ① 21. ②

22 증발식 응축기의 특징에 관한 설명으로 틀린 것은?

① 물의 소비량이 비교적 적다.
② 냉각수의 사용량이 매우 크다.
③ 송풍기의 동력이 필요하다.
④ 순환펌프의 동력이 필요하다.

해설 증발식 응축기의 특징
㉠ 냉각수의 사용량이 수냉식 중 가장 적다.
㉡ 외형과 설치면적이 크며 대형이다.
㉢ 대기의 습구온도에 영향을 많이 받는다.
㉣ 수냉식 응축기와 공냉식 응축기의 작용을 혼합한 형태이다.
㉤ 구조가 복잡하고 설비비가 고가이며, 사용되는 응축기 중 압력과 온도가 높으면 압력 강하가 크다.
㉥ 겨울철에는 공냉식으로 사용할 수 있으며, 연간운전에 특히 우수하다.

23 열의 일당량은?

① 860kg·m/kcal
② 1/860kg·m/kcal
③ 427kg·m/kcal
④ 1/427kg·m/kcal

해설 ㉠ 열의 일당량 : 427kg·m/kcal
㉡ 일의 열당량 : 1/427kg·m/kcal

24 카르노사이클을 행하는 열기관에서 1사이클당 80kg·m의 일량을 얻으려고 한다. 고열원의 온도(T_1)를 300℃, 1사이클당 공급되는 열량을 0.5kcal라고 할 때 저열원의 온도(T_2)와 효율(η)은?

① $T_2=85℃$, $\eta=0.315$
② $T_2=97℃$, $\eta=0.315$
③ $T_2=85℃$, $\eta=0.374$
④ $T_2=97℃$, $\eta=0.374$

해설 ㉠ $\dfrac{W}{Q_1}=1-\dfrac{273+T_2}{273+T_1}$

$\dfrac{80}{0.5\times 427}=1-\dfrac{273+T_2}{273+300}$

∴ $T_2=85℃$

㉡ $\eta_c=1-\dfrac{T_2}{T_1}=1-\dfrac{273+85}{273+300}=0.374$

25 무기질브라인 중에 동결점이 제일 낮은 것은?

① $CaCl_2$
② $MaCl_2$
③ $NaCl$
④ H_2O

해설 무기질브라인의 동결점
㉠ $CaCl_2$: $-55℃$
㉡ $MaCl_2$: $-33.6℃$
㉢ $NaCl$: $-21.2℃$
㉣ H_2O : $0℃$

26 냉동장치의 저압차단스위치(LPS)에 관한 설명으로 옳은 것은?

① 유압이 저하되었을 때 압축기를 정지시킨다.
② 토출압력이 저하되었을 때 압축기를 정지시킨다.
③ 장치 내 압력이 일정 압력 이상이 되면 압력을 저하시켜 장치를 보호한다.
④ 흡입압력이 저하되었을 때 압축기를 정지시킨다.

해설 저압차단스위치(LPS : Low Pressure Control Switch)는 압축기 흡입관에 설치하여 흡입압력이 일정 이하가 되면 전기적 접점이 떨어져 압축기를 정지시킨다(압축비 증대로 인한 악영향방지).

27 다음 그림은 역카르노사이클을 절대온도(T)와 엔트로피(S)선도로 나타내었다. 면적 1-2-2´-1´이 나타내는 것은?

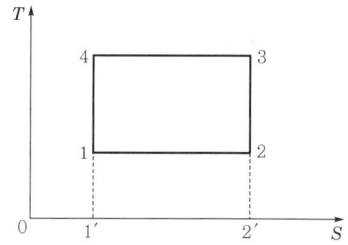

① 저열원으로부터 받는 열량
② 고열원에 방출하는 열량
③ 냉동기에 공급된 열량
④ 고·저열원으로부터 나가는 열량

해설 1-2-2´-1´은 저열원으로부터 받는 열량, 즉 열전달량이다.

정답 22. ② 23. ③ 24. ③ 25. ① 26. ④ 27. ①

28 팽창밸브의 종류 중 모세관에 대한 설명으로 옳은 것은?

① 증발기 내 압력에 따라 밸브의 개도가 자동적으로 조정된다.
② 냉동부하에 따른 냉매의 유량조절에 쉽다.
③ 압축기를 가동할 때 기동동력이 적게 소요된다.
④ 냉동부하가 큰 경우 증발기 출구 과열도가 낮게 된다.

해설 모세관은 구조가 간단하고 경부하기동이 가능하다.

29 압축냉동사이클에서 엔트로피가 감소하고 있는 과정은?

① 증발과정   ② 압축과정
③ 응축과정   ④ 팽창과정

해설 압축냉동사이클에서 엔트로피가 감소하는 과정은 응축과정이다.

★
30 흡수식 냉동기에 관한 설명으로 옳은 것은?

① 초저온용으로 사용된다.
② 비교적 소용량보다는 대용량에 적합하다.
③ 열교환기를 설치하여도 효율은 변함없다.
④ 물-LiBr식에서는 물이 흡수제가 된다.

해설 흡수식 냉동기
㉠ 비교적 소용량보다 대용량에 적합하다.
㉡ 운전 시 소음과 진동이 적다.
㉢ 전력수용량과 수전설비가 적다.
㉣ 다양한 열원이 사용 가능하다(LNG, LPG, 증기, 고온수, 폐열, 배기가스).
㉤ 연료비가 저렴해 운전비가 적게 든다.
㉥ 냉매-흡수제는 H_2O-LiBr, H_2O-LiCl, NH_3-H_2O 이다.

31 압축기의 압축방식에 의한 분류 중 용적형 압축기가 아닌 것은?

① 왕복동식 압축기   ② 스크루식 압축기
③ 회전식 압축기   ④ 원심식 압축기

해설 원심식 압축기는 터보형이다.

★
32 스크루압축기의 특징에 관한 설명으로 틀린 것은?

① 경부하운전 시 비교적 동력소모가 적다.
② 크랭크샤프트, 피스톤링, 커넥팅로드 등의 마모 부분이 없어 고장이 적다.
③ 소형으로서 비교적 큰 냉동능력을 발휘할 수 있다.
④ 왕복동식에서 필요한 흡입밸브와 토출밸브를 사용하지 않는다.

해설 스크루(screw)압축기의 특징
㉠ 경부하운전 시 비교적 동력소모가 크다.
㉡ 부품의 수가 적고 수명이 길다.
㉢ 압축이 연속적이고 회전운동을 하므로 진동이 적고 견고한 기초가 필요하지 않다.
㉣ 무단계 용량제어가 가능하며 자동운전에 적합하다.

33 내부균압형 자동팽창밸브에 작용하는 힘이 아닌 것은?

① 스프링압력
② 감온통 내부압력
③ 냉매의 응축압력
④ 증발기에 유입되는 냉매의 증발압력

해설 내부균압형 온도식 팽창밸브의 작용하는 힘에는 스프링압력, 감온통압력, 증발기에 유입되는 냉매의 증발압력 등이 있다.

34 할라이드토치로 누설을 탐지할 때 누설이 있는 곳에서는 토치의 불꽃색깔이 어떻게 변화되는가?

① 흑색   ② 파란색
③ 노란색   ④ 녹색

해설 할라이드토치를 사용하여 불꽃의 색깔로 프레온 누설을 검사한다. 정상일 때는 연청색 또는 연두색이며, 소량 누설일 때는 녹색이고, 중량 누설일 때는 자색을 띠며, 다량 누설일 때는 꺼지게 된다.

★
35 열펌프장치의 응축온도 35℃, 증발온도가 -5℃일 때 성적계수는?

① 3.5   ② 4.8
③ 5.5   ④ 7.7

해설 $\varepsilon_h = \dfrac{Q_1}{W} = \dfrac{Q_1}{Q_1 - Q_2} = \dfrac{T_1}{T_1 - T_2}$

$= \dfrac{273+35}{(273+35)-(273-5)} = 7.7$

정답 28. ③ 29. ③ 30. ② 31. ④ 32. ① 33. ③ 34. ④ 35. ④

36 입형 셸 앤드 튜브식 응축기에 관한 설명으로 옳은 것은?

① 설치면적이 큰 데 비해 응축용량이 적다.
② 냉각수 소비량이 비교적 적고 설치장소가 부족한 경우에 설치한다.
③ 냉각수의 배분이 불균등하고 유량을 많이 함유하므로 과부하를 처리할 수 없다.
④ 전열이 양호하며 냉각관 청소가 용이하다.

[해설] 입형 셸 앤드 튜브식 응축기는 길이방향이 수직이므로 설치면적이 적고 운전 중 냉각코일의 청소가 가능하다.

37 냉각수 입구온도 33℃, 냉각수량 800L/min인 응축기의 냉각면적이 100m², 그 열통과율이 750kcal /m²·h·℃이며, 응축온도와 냉각수온도의 평균온도차이가 6℃일 때 냉각수의 출구온도는?

① 36.5℃ ② 38.9℃
③ 42.4℃ ④ 45.5℃

[해설] $t_o = t_i + \dfrac{kA\Delta t}{G} = 33 + \dfrac{750 \times 100 \times 6}{800 \times 60} ≒ 42.4℃$

38 냉동장치에서 펌프다운의 목적으로 가장 거리가 먼 것은?

① 냉동장치의 저압측을 수리하기 위하여
② 기동 시 액해머방지 및 경부하기동을 위하여
③ 프레온냉동장치에서 오일포밍(oil foaming)을 방지하기 위하여
④ 저장고 내 급격한 온도 저하를 위하여

[해설] 장시간 정지 시 저압측으로부터 냉매 누설을 방지하기 위하여 펌프다운이 필요하다.

39 냉매와 화학분자식이 바르게 짝지어진 것은?

① R-500 : $CCl_2F_4 + CH_2CHF_2$
② R-502 : $CHClF_2 + CClF_2CF_3$
③ R-22 : CCl_2F_2
④ R-717 : NH_4

[해설] ① R-500(R-12+R-152) : $CCl_2F_2 + C_2H_4F_2$
② R-502(R-22+R-115) : $CHClF_2 + C_2ClF_5$
③ R-22 : $CClF_2$

40 열역학 제2법칙을 바르게 설명한 것은?

① 열은 에너지의 하나로서 일을 열로 변환하거나 또는 열을 일로 변환시킬 수 있다.
② 온도계의 원리를 제공한다.
③ 절대 0도에서의 엔트로피값을 제공한다.
④ 열은 스스로 고온물체로부터 저온물체로 이동되나 그 과정은 비가역이다.

[해설] 열역학 제2법칙(비가역성의 법칙, 엔트로피 증가의 법칙, 방향성의 법칙)
㉠ 열은 고온물체로부터 저온물체로 이동하나 스스로 저온물체에서 고온물체로 이동하지 않는다.
㉡ 열과 기계적인 일 사이의 방향적 관계를 명시한 것이며 제2종 영구기관 제작 불가능의 법칙이라고도 한다.
㉢ 일은 열로 전환이 가능하나, 열을 일로 전환하는 것은 쉽지 않다.

제3과목 배관일반

41 방열기 주변의 신축이음으로 적당한 것은?

① 스위블이음
② 미끄럼 신축이음
③ 루프형 이음
④ 벨로즈식 신축이음

[해설] 스위블이음은 방열기 주변의 신축이음으로 적당하다.

42 배수 및 통기설비에서 배수배관의 청소구 설치를 필요로 하는 곳으로 가장 거리가 먼 것은?

① 배수수직관의 제일 밑부분 또는 그 근처에 설치
② 배수수평주관과 배수수평분기관의 분기점에 설치
③ 100A 이상의 길이가 긴 배수관의 끝 지점에 설치
④ 배수관이 45° 이상의 각도로 방향을 전환하는 곳에 설치

[해설] 청소구는 길이가 긴 배수관의 중간 지점으로 하되, 배관지름이 100A 이상일 때는 30m마다, 100A 이하일 때는 15m마다 설치한다.

정답 36. ④ 37. ③ 38. ④ 39. ② 40. ④ 41. ① 42. ③

43. 다음 중 동관이음방법의 종류가 아닌 것은?
① 빅토릭이음 ② 플레어이음
③ 용접이음 ④ 납땜이음

해설 ㉠ 동관이음방법에는 납땜이음, 플레어이음, 플랜지이음, 용접이음 등이 있다.
㉡ 빅토릭이음은 영국에서 개발한 주철관이음법이다.

44. 급수펌프의 설치 시 주의사항으로 틀린 것은?
① 펌프는 기초볼트를 사용하여 기초콘크리트 위에 설치고정한다.
② 풋밸브는 동수위면보다 흡입관경의 2배 이상 물속에 들어가게 한다.
③ 토출측 수평관은 상향구배로 배관한다.
④ 흡입양정은 되도록 길게 한다.

해설 흡입양정은 되도록 짧게 하여 공동현상(캐비테이션현상)을 방지한다.

45. 강관의 두께를 나타내는 스케줄번호(Sch. No.)에 대한 설명으로 틀린 것은? (단, 사용압력은 P[kgf/cm²], 허용응력은 S[kg/mm²]이다.)
① 노멀스케줄번호는 10, 20, 30, 40, 60, 80, 100, 120, 140, 160(10종류)까지로 되어 있다.
② 허용응력은 인장강도를 안전율로 나눈 값이다.
③ 미터계열 스케줄번호 관계식은 10×허용응력(S)/사용압력(P)이다.
④ 스케줄번호(Sch. No.)는 유체의 사용압력과 그 상태에 있어서 재료의 허용응력과의 비(比)에 의해서 관두께의 체계를 표시한 것이다.

해설 Sch. No. $= 10\dfrac{P}{S}$ (예 : Sch. 40)

46. 하나의 장치에서 4방밸브를 조작하여 냉난방 어느 쪽도 사용할 수 있는 공기조화용 펌프를 무엇이라고 하는가?
① 열펌프 ② 냉각펌프
③ 원심펌프 ④ 왕복펌프

해설 열펌프는 하나의 장치로 난방과 냉방 모두 사용한다.

47. 다음과 같이 압축기와 응축기가 동일한 높이에 있을 때 배관방법으로 가장 적합한 것은?

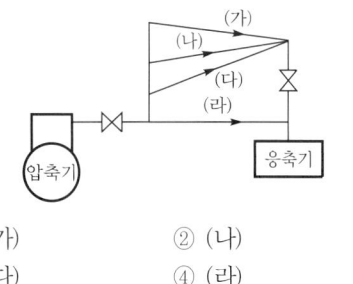

① (가) ② (나)
③ (다) ④ (라)

해설 압축기와 응축기가 동일한 높이일 경우 응축기 쪽으로 하향구배한다.

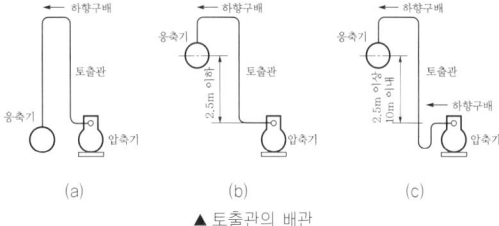

▲ 토출관의 배관

48. 배수배관의 시공상 주의사항으로 틀린 것은?
① 배수를 가능한 빨리 옥외하수관으로 유출할 수 있을 것
② 옥외하수관에서 유해가스가 건물 안으로 침입하는 것을 방지할 수 있을 것
③ 배수관 및 통기관은 내구성이 풍부하고 물이 새지 않도록 접합을 완벽히 할 것
④ 한랭지일 경우 동결방지를 위해 배수관은 반드시 피복을 하며, 통기관은 그대로 둘 것

해설 한랭지에서는 배수관과 통기관 모두 동결되지 않도록 피복을 해야 한다.

49. 단열을 위한 보온재 종류의 선택 시 고려해야 할 조건으로 틀린 것은?
① 단위체적에 대한 가격이 저렴해야 한다.
② 공사현장상황에 대한 적응성이 커야 한다.
③ 불연성으로 화재 시 유독가스를 발생하지 않아야 한다.
④ 물리적, 화학적 강도가 작아야 한다.

해설 보온재는 물리적, 화학적 강도가 커야 한다.

정답 43. ① 44. ④ 45. ③ 46. ① 47. ① 48. ④ 49. ④

50 체크밸브에 대한 설명으로 옳은 것은?

① 스윙형, 리프트형, 풋형 등이 있다.
② 리프트형은 배관의 수직부에 한하여 사용한다.
③ 스윙형은 수평배관에만 사용한다.
④ 유량조절용으로 적합하다.

해설 체크밸브에는 스윙형(수평과 수직 겸용), 리프트형(수평만), 풋형(관말) 등이 있다.

51 ★ 배관제도에서 배관의 높이표시기호에 대한 설명으로 틀린 것은?

① TOP : 관 바깥지름 윗면을 기준으로 한 높이표시
② FL : 1층의 바닥면을 기준으로 한 높이표시
③ EL : 관 바깥지름의 아랫면을 기준으로 한 높이표시
④ GL : 포장된 지표면을 기준으로 한 높이표시

해설 EL(Elevation Line) : 관의 중심을 기준으로 배관의 높이(기준선 : 해수면)

52 증기수평관에서 파이프의 지름을 바꿀 때 방법으로 가장 적절한 것은? (단, 상향구배로 가정한다.)

① 플랜지접합을 한다.
② 티를 사용한다.
③ 편심조인트를 사용해 아랫면을 일치시킨다.
④ 편심조인트를 사용해 윗면을 일치시킨다.

해설 증기수평관의 지름을 바꿀 때는 편심조인트(리듀서)를 사용해 아랫면을 일치시킨다.

53 10kg의 쇳덩어리를 20℃에서 80℃까지 가열하는 데 필요한 열량은? (단, 쇳덩어리의 비열은 0.61kJ/kg·℃이다.)

① 27kcal
② 87kcal
③ 366kcal
④ 600kcal

해설 $Q = GC(t_2 - t_1)$
$= 10 \times 0.61 \times (80-20) \times 0.24 ≒ 87 \text{kcal}$

54 증기난방에서 고압식인 경우 증기압력은?

① $0.15 \sim 0.35 \text{kgf/cm}^2$ 미만
② $0.35 \sim 0.72 \text{kgf/cm}^2$ 미만
③ $0.72 \sim 1 \text{kgf/cm}^2$ 미만
④ 1kgf/cm^2 이상

해설 ㉠ 고압식 : 증기압력 1kgf/cm^2 이상
㉡ 저압식 : 증기압력 $0.15 \sim 0.35 \text{kgf/cm}^2$

55 다음 중 증기와 응축수의 밀도차에 의해 작동하는 기계식 트랩은?

① 벨로즈트랩
② 바이메탈트랩
③ 플로트트랩
④ 디스크트랩

해설 플로트트랩은 다·소량의 응축수 모두 처리할 수 있으며 응축수의 밀도차를 이용하는 기계식 증기트랩이다.

56 ★ 냉매배관의 시공법에 관한 설명으로 틀린 것은?

① 압축기와 응축기가 동일높이 또는 응축기가 아래에 있는 경우 배출관은 하향기울기로 한다.
② 증발기가 응축기보다 아래에 있을 때 냉매액이 증발기에 흘러내리는 것을 방지하기 위해 2m 이상 역루프를 만들어 배관한다.
③ 증발기와 압축기가 같은 높이일 때는 흡입관을 수직으로 세운 다음 압축기를 향해 선단 상향구배로 배관한다.
④ 액관배관 시 증발기 입구에 전자밸브가 있을 때는 루프이음을 할 필요가 없다.

해설 증발기와 압축기의 높이가 같을 경우에는 흡입관을 수직 입상시키고 1/200의 끝내림구배를 주며, 증발기가 압축기보다 위에 있을 때에는 흡입관을 증발기 윗면까지 끌어올린다.

57 배관의 이동 및 회전을 방지하기 위하여 지지점의 위치에 완전히 고정하는 장치는?

① 앵커
② 행거
③ 가이드
④ 브레이스

해설 리스트레인트(restraint)는 열팽창에 의한 신축으로 인한 배관의 좌우, 상하이동을 구속하고 제한하는 데 사용한다. 종류에는 앵커, 스톱, 가이드 등이 있다.

정답 50. ① 51. ③ 52. ③ 53. ② 54. ④ 55. ③ 56. ③ 57. ①

58 배수관에 트랩을 설치하는 주된 이유는?

① 배수관에서 배수의 역류를 방지한다.
② 배수관의 이물질을 제거한다.
③ 배수의 속도를 조절한다.
④ 배수관에 발생하는 유취와 유해가스의 역류를 방지한다.

해설 배수관의 트랩은 유해가스의 역류를 방지한다.

★
59 증기난방에 비해 온수난방의 특징으로 틀린 것은?

① 예열시간이 길지만 가열 후에 냉각시간도 길다.
② 공기 중의 미진이 늘어 생기는 나쁜 냄새가 적어 실내의 쾌적도가 높다.
③ 보일러의 취급이 비교적 쉽고 비교적 안전하여 주택 등에 적합하다.
④ 난방부하변동에 따른 온도조절이 어렵다.

해설 방열량이 적어서 난방부하의 변동에 따른 실내온도조절이 쉽다.

60 다음 그림에 나타낸 배관시스템 계통도는 냉방설비의 어떤 열원방식을 나타낸 것인가?

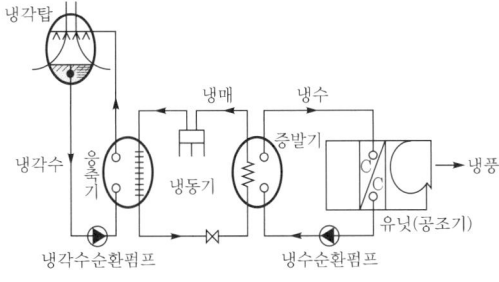

① 냉수를 냉열매로 하는 열원방식
② 가스를 냉열매로 하는 열원방식
③ 증기를 온열매로 하는 열원방식
④ 고온수를 온열매로 하는 열원방식

해설 유닛(공조기)에 냉수를 냉열매로 하는 열원방식이다.

제4과목 전기제어공학

61 서보기구용 검출기가 아닌 것은?

① 유량계   ② 싱크로
③ 전위차계   ④ 차동변압기

해설 유량계는 유량측정장치이다.

62 출력의 일부를 입력으로 되돌림으로써 출력과 기준입력과의 오차를 줄여나가도록 제어하는 제어방법은?

① 피드백제어   ② 시퀀스제어
③ 리셋제어   ④ 프로그램제어

해설 피드백제어는 출력의 일부를 되돌림하여 입출력을 비교하는 장치가 있는 제어이다.

63 다음 그림은 전동기 속도제어의 한 방법이다. 전동기가 최대 출력을 낼 때 사이리스터의 점호각은 몇 rad이 되는가?

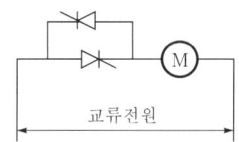

① 0   ② $\frac{\pi}{6}$
③ $\frac{\pi}{2}$ ④ π

해설 전동기가 최대 출력을 낼 때 사이리스터의 점호각은 0rad 이다.

★
64 다음은 자기에 관한 법칙들을 나열하였다. 이 중 다른 3개와는 공통점이 없는 것은?

① 렌츠의 법칙
② 패러데이의 법칙
③ 자기의 쿨롱법칙
④ 플레밍의 오른손법칙

해설 ㉠ 자기유도법칙 : 렌츠의 법칙, 패러데이의 법칙, 플레밍의 오른손법칙
㉡ 전하량(자계)법칙 : 쿨롱법칙

65 제어요소의 출력인 동시에 제어대상의 입력으로 제어요소가 제어대상에게 인가하는 제어신호는?
① 외란 ② 제어량
③ 조작량 ④ 궤환신호

해설 조작량은 제어대상에 가한 신호로서, 이것에 의해 제어량을 변화시킨다.

66 위치, 각도 등의 기계적 변위를 제어량으로 해서 목표값의 임의의 변화에 추종하도록 구성된 제어계는?
① 자동조정 ② 서보기구
③ 정치제어 ④ 프로그램제어

해설 서보기구는 물체의 위치, 각도, 방위, 자세 등의 기계적 변위를 제어량으로 해서 목표값이 임의의 변화에 추종하도록 구성된 제어계이다.

★ 67 전달함수 $G(s) = \dfrac{10}{3+2s}$ 을 갖는 계에 w =2rad/s인 정현파를 줄 때 이득은 약 몇 dB인가?
① 2 ② 3
③ 4 ④ 6

해설 $G = 20\log\dfrac{1}{3+j2w} = 20\log\dfrac{10}{3+j(2\times 2)}$
$= 20\times\log\dfrac{10}{\sqrt{3^2+4^2}} = 6.021$

★ 68 $L = \bar{x}\bar{y}z + \bar{x}yz + x\bar{y}z + xyz$ 을 간단히 한 식으로 옳은 것은?
① $\bar{x}y + xz$ ② $xy + \bar{x}z$
③ $x\bar{y} + \bar{x}\bar{z}$ ④ $\bar{x}\bar{y} + x\bar{z}$

해설 $L = \bar{x}\bar{y}z + \bar{x}yz + x\bar{y}z + xyz$
$= \bar{x}y(\bar{z}+z) + xz(\bar{y}+y)$
$= \bar{x}y(1) + xz(1)$
$= \bar{x}y + xz$

69 다음 중 압력을 감지하는 데 가장 널리 사용되는 것은?
① 전위차계 ② 마이크로폰
③ 스트레인게이지 ④ 회전자기부호기

해설 압력을 감지하는 데는 스트레인게이지를 사용한다.

70 전력(electric power)에 관한 설명으로 옳은 것은?
① 전력은 전류의 제곱에 저항을 곱한 값이다.
② 전력은 전압의 제곱에 저항을 곱한 값이다.
③ 전력은 전압의 제곱에 비례하고 전류에 반비례한다.
④ 전력은 전류의 제곱에 비례하고 전압의 제곱에 반비례한다.

해설 전력은 전류의 제곱에 저항을 곱한 값이다.
$P = I^2R$

71 유도전동기의 속도제어에 사용할 수 없는 전력변환기는?
① 인버터 ② 정류기
③ 위상제어기 ④ 사이클로컨버터

해설 정류기는 교류를 직류로 변환하는 전력변환장치이다.

72 다음의 정류회로 중 리플전압이 가장 작은 회로는? (단, 저항부하를 사용하였을 경우이다.)
① 3상 반파정류회로
② 3상 전파정류회로
③ 단상 반파정류회로
④ 단상 전파정류회로

해설 정류회로 중 리플전압이 작은 것은 3상 전파정류회로이다.

★ 73 자동제어계의 구성 중 기준입력과 궤환신호와의 차를 계산해서 제어시스템에 필요한 신호를 만들어내는 부분은?
① 조절부 ② 조작부
③ 검출부 ④ 목표설정부

해설 ㉠ 조절부 : 제어계가 작용을 하는 데 필요한 신호를 만들어 조작부에 보내는 부분
㉡ 설정부(기준입력요소) : 목표값에 비례하는 기준입력신호를 발생시키는 요소
㉢ 조작부 : 조작신호를 받아 조작량으로 변환
㉣ 검출부 : 제어대상으로부터 제어에 필요한 신호를 인출하는 부분

정답 65. ③ 66. ② 67. ④ 68. ① 69. ③ 70. ① 71. ② 72. ② 73. ①

74 3상 유도전동기의 회전방향을 바꾸려고 할 때 옳은 방법은?

① 기동보상기를 사용한다.
② 전원주파수를 변환한다.
③ 전동기의 극수를 변환한다.
④ 전원 3선 중 2선의 접속을 바꾼다.

해설 3상 유도전동기의 회전방향을 바꾸려면 전원 3선 중 2선의 접속을 바꾼다.

75 조절부와 조작부로 구성되어 있는 피드백제어의 구성요소를 무엇이라 하는가?

① 입력부   ② 제어장치
③ 제어요소 ④ 제어대상

해설 제어요소는 동작신호를 조작량으로 변화하는 요소로서 조절부와 조작부로 이루어진다.

★
76 다음 그림과 같이 접지저항을 측정하였을 때 R_1의 접지저항(Ω)을 계산하는 식은? (단, $R_{12}=R_1+R_2$, $R_{23}=R_2+R_3$, $R_{31}=R_3+R_1$이다.)

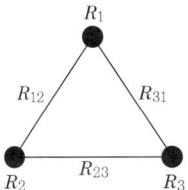

① $R_1 = \dfrac{1}{2}(R_{12}+R_{31}+R_{23})$
② $R_1 = \dfrac{1}{2}(R_{31}+R_{23}-R_{12})$
③ $R_1 = \dfrac{1}{2}(R_{12}-R_{31}+R_{23})$
④ $R_1 = \dfrac{1}{2}(R_{12}+R_{31}-R_{23})$

해설 $R_{12}+R_{31} = R_1+R_2+R_3+R_1 = 2R_1+R_2+R_3$
$= 2R_1+R_{23}$
$2R_1 = R_{12}+R_{31}-R_{23}$
$\therefore R_1 = \dfrac{1}{2}(R_{12}+R_{31}-R_{23})$

★
77 다음 그림 (a)의 병렬로 연결된 저항회로에서 전류 I와 I_1의 관계를 그림 (b)의 블록선도로 나타낼 때 A에 들어갈 전달함수는?

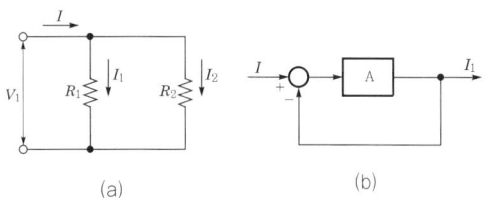

① $\dfrac{R_1}{R_2}$ ② $\dfrac{R_2}{R_1}$
③ $\dfrac{1}{R_1 R_2}$ ④ $\dfrac{1}{R_1+R_2}$

해설 ㉠ $I_1 = \left(\dfrac{R_2}{R_1+R_2}\right)I[A]$, $I_2 = \left(\dfrac{R_1}{R_1+R_2}\right)I[A]$

㉡ $G(s) = \dfrac{I_1}{I} = \dfrac{A}{1+A}$

$\therefore I_1 = \left(\dfrac{A}{1+A}\right)I$

㉢ $\left(\dfrac{A}{1+A}\right)I = \left(\dfrac{R_2}{R_1+R_2}\right)I$

$\dfrac{A}{1+A} = \dfrac{R_2}{R_1+R_2}$

$\therefore A = \dfrac{R_2}{R_1}$

78 다음 그림과 같은 블록선도가 의미하는 요소는?

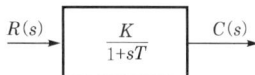

① 비례요소   ② 미분요소
③ 1차 지연요소 ④ 2차 지연요소

해설 1차 지연요소는 출력이 입력의 변화에 따라 어떤 일정한 값에 도달하는 데 시간의 늦음이 있는 요소이다.
전달함수 $G(s) = \dfrac{G(s)}{R(s)} = \dfrac{K}{1+sT}$

79 $v=141\sin\left(377t-\dfrac{\pi}{6}\right)[V]$인 전압의 주파수는 약 몇 Hz인가?

① 50   ② 60
③ 100 ④ 377

정답 74. ④ 75. ③ 76. ④ 77. ② 78. ③ 79. ②

해설 $wt = 2\pi ft = 377t$

$\therefore f = \dfrac{377t}{2\pi t} ≒ 60\,\text{Hz}$

★
80 다음과 같이 저항이 연결된 회로의 전압 V_1과 V_2의 전압이 일치할 때 회로의 합성저항은 약 Ω인가?

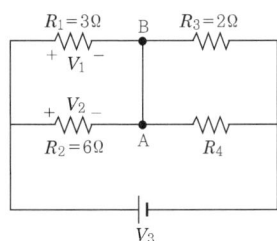

① 0.3　　② 2
③ 3.33　　④ 4

해설 $R_1 R_4 = R_3 R_2$

$R_4 = \dfrac{R_3 R_2}{R_1} = \dfrac{2 \times 6}{3} = 4\,\Omega$

$\therefore R_T = \dfrac{(R_1 + R_3)(R_2 + R_4)}{(R_1 + R_3) + (R_2 + R_4)}$

$= \dfrac{(3+2) \times (6+4)}{(3+2) + (6+4)}$

$≒ 3.33\,\Omega$

정답　80. ③

2017년 제3회 공조냉동기계산업기사

제1과목 공기조화

01 다음 중 냉난방과정을 설계할 때 주로 사용되는 습공기선도는? (단, h는 엔탈피, x는 절대습도, t는 건구온도, s는 엔트로피, p는 압력이다.)

① $h-x$ 선도   ② $t-s$ 선도
③ $t-h$ 선도   ④ $p-h$ 선도

해설 습공기선도는 $h-x$ 선도이다.

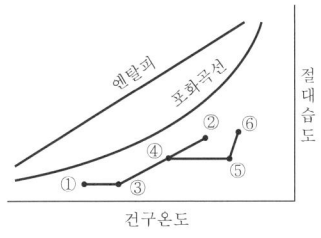

02 난방부하계산에서 손실부하에 해당되지 않는 것은?

① 외벽, 유리창, 지붕에서의 부하
② 조명기구, 재실자의 부하
③ 틈새바람에 의한 부하
④ 내벽, 바닥에서의 부하

해설 조명 또는 재실자의 부하는 취득열량에 해당한다.

03 냉난방부하에 관한 설명으로 옳은 것은?

① 외기온도와 실내 설정온도의 차가 클수록 냉난방도일은 작아진다.
② 실내의 잠열부하에 대한 현열부하의 비를 현열비라고 한다.
③ 난방부하계산 시 실내에서 발생하는 열부하는 일반적으로 고려하지 않는다.
④ 냉방부하계산 시 틈새바람에 대한 부하는 무시해도 된다.

해설 난방부하계산 시 일사부하, 내부발열, 축열효과를 제외한다.

★
04 냉각수 출입구온도차를 5℃, 냉각수의 처리열량을 16,380kJ/h로 하면 냉각수량(L/min)은? (단, 냉각수의 비열은 4.2kJ/kg·℃로 한다.)

① 10   ② 13
③ 18   ④ 20

해설 $Q = WC\Delta t \times 60$
$\therefore W = \dfrac{Q}{C\Delta t \times 60} = \dfrac{16,380}{4.2 \times 5 \times 60} = 13\text{L/min}$

★
05 공기냉각코일에 대한 설명으로 틀린 것은?

① 소형 코일에는 일반적으로 외경 9~13mm 정도의 동관 또는 강관의 외측에 동 또는 알루미늄제의 핀을 붙인다.
② 코일의 관 내에는 물 또는 증기, 냉매 등의 열매가 통하고, 외측에는 공기를 통과시켜서 열매와 공기를 열교환시킨다.
③ 핀의 형상은 관의 외부에 얇은 리본모양의 금속판을 일정한 간격으로 감아 붙인 것을 에로핀형이라 한다.
④ 에로핀 중 감아 붙인 핀이 주름진 것을 평판핀, 주름이 없는 평면상의 것을 파형핀이라 한다.

해설 에로핀 중 감아 붙인 핀이 주름진 것을 파형핀, 주름이 없는 평면상의 것을 평판핀이라 한다.

06 냉각수는 배관 내를 통하게 하고 배관 외부에 물을 살수하여 살수된 물의 증발에 의해 배관 내 냉각수를 냉각시키는 방식으로 대기오염이 심한 곳 등에서 많이 적용되는 냉각탑은?

① 밀폐식 냉각탑   ② 대기식 냉각탑
③ 자연통풍식 냉각탑 ④ 강제통풍식 냉각탑

해설 밀폐식 냉각탑방식은 열교환코일 외부에 별도의 물을 살포하여 증발잠열을 이용하는 형식으로 시설비가 고가이다.

정답 01. ① 02. ② 03. ③ 04. ② 05. ④ 06. ①

07 복사냉난방방식에 관한 설명으로 틀린 것은?
① 실내 수배관이 필요하며 결로의 우려가 있다.
② 실내에 방열기를 설치하지 않으므로 바닥이나 벽면을 유용하게 이용할 수 있다.
③ 조명이나 일사가 많은 방에 효과적이며 천장이 낮은 경우에만 적용된다.
④ 건물의 구조체가 파이프를 설치하여 여름에는 냉수, 겨울에는 온수로 냉난방을 하는 방식이다.

해설 복사냉난방방식은 조명이나 일사가 많은 방에 효과적이다.

08 다음 공기조화에 관한 설명으로 틀린 것은?
① 공기조화란 온도, 습도조정, 청정도, 실내기류 등 항목을 만족시키는 처리과정이다.
② 반도체산업, 전산실 등은 산업용 공조에 해당된다.
③ 보건용 공조는 재실자에게 쾌적환경을 만드는 것을 목적으로 한다.
④ 공조장치에 여유를 두어 여름에 실내·외온도차를 크게 할수록 좋다.

해설 실내·외온도차를 크게 할수록 좋은 것은 아니다.

09 32W 형광등 20개를 조명용으로 사용하는 사무실이 있다. 이때 조명기구로부터의 취득열량은 약 얼마인가? (단, 안정기의 부하는 20%로 한다.)
① 550W   ② 640W
③ 660W   ④ 768W

해설 $Q = (32 \times 20) \times 1.2 = 768W$

10 HEPA필터에 적합한 효율측정법은?
① 중량법   ② 비색법
③ 보간법   ④ 계수법

해설 계수법(DOP : Di-Octyl-Phthalate) : 고성능의 필터를 측정하는 방법으로 일정한 크기(0.3μm)의 시험입자를 사용하여 먼지의 수를 계측

11 수관식 보일러의 특징에 관한 설명으로 틀린 것은?
① 드럼이 작아 구조상 고압 대용량에 적합하다.
② 구조가 복합하여 보수·청소가 곤란하다.
③ 예열시간이 짧고 효율이 좋다.
④ 보유수량이 커서 파열 시 피해가 크다.

해설 수관식 보일러는 보유수량이 작아서 파열 시 피해가 작다.

12 다음 그림과 같은 단면을 가진 덕트에서 정압, 동압, 전압의 변화를 나타낸 것으로 옳은 것은? (단, 덕트의 길이는 일정한 것으로 한다.)

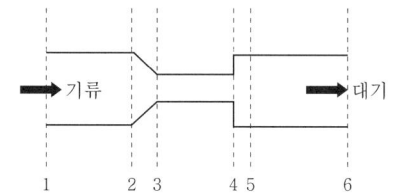

①
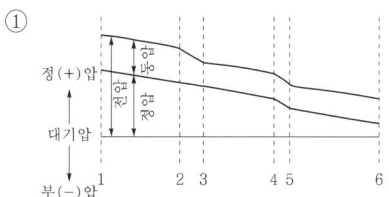

②
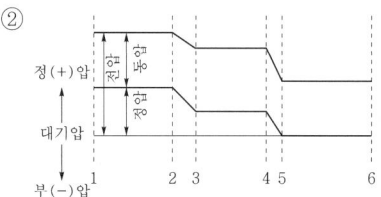

③
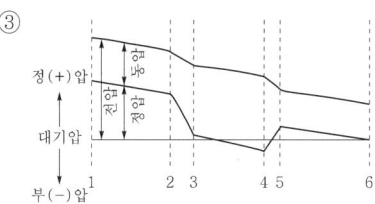

④
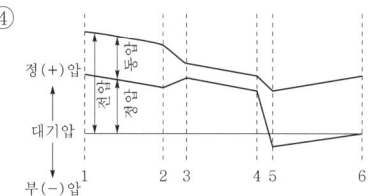

정답 07. ③ 08. ④ 09. ④ 10. ④ 11. ④ 12. ③

13 직교류형 및 대향류형 냉각탑에 관한 설명으로 틀린 것은?
① 직교류형은 물과 공기의 흐름이 직각으로 교차한다.
② 직교류형은 냉각탑의 충진재 표면적이 크다.
③ 대향류형 냉각탑의 효율이 직교류형보다 나쁘다.
④ 대향류형은 물과 공기의 흐름이 서로 반대이다.

해설 직교류형(향류)은 대향류형(역류)보다 전열작용이 불량하다.

14 온수난방방식의 분류에 해당되지 않는 것은?
① 복관식 ② 건식
③ 상향식 ④ 중력식

해설 건식은 증기난방방식이다.

15 공기를 가열하는 데 사용하는 공기가열코일이 아닌 것은?
① 증기코일 ② 온수코일
③ 전기히터코일 ④ 증발코일

해설 공기가열코일 : 증기코일, 온수코일, 전기히터코일

★
16 공기조화방식 중 중앙식 전공기방식의 특징에 관한 설명으로 틀린 것은?
① 실내공기의 오염이 적다.
② 외기냉방이 가능하다.
③ 개별제어가 용이하다.
④ 대형의 공조기계실을 필요로 한다.

해설 중앙집중식이므로 운전, 보수관리를 집중화할 수 있다.

★
17 통과풍량이 350m³/min일 때 표준유닛형 에어필터의 수는? (단, 통과풍속은 1.5m/s, 통과면적은 0.5m²이며, 유효면적은 80%이다.)
① 5개 ② 6개
③ 8개 ④ 10개

해설 $N_{filter} = \dfrac{Q}{A\eta V} = \dfrac{350}{0.5 \times 0.85 \times 1.5 \times 60} ≒ 9.15 = 10$개

18 냉각코일로 공기를 냉각하는 경우에 코일표면온도가 공기의 노점온도보다 높으면 공기 중의 수분량 변화는?
① 변화가 없다. ② 증가한다.
③ 감소한다. ④ 불규칙적이다.

해설 노점온도보다 높으면 응축열이 발생하지 않으므로 공기의 수분은 일정하다.

19 습공기의 수증기분압과 동일한 온도에서 포화공기의 수증기분압과의 비율을 무엇이라 하는가?
① 절대습도 ② 상대습도
③ 열수분비 ④ 비교습도

해설 상대습도$(\phi) = \dfrac{P_w}{P_s} \times 100[\%]$

★
20 어느 실내에 설치된 온수방열기의 방열면적이 10m² EDR일 때의 방열량(W)은?
① 4,500 ② 6,500
③ 7,558 ④ 5,233

해설 $Q = \dfrac{10 \times 450}{3,600} = 1.25\text{kcal/s} = 1.25 \times 4,186\text{J/s}(=W)$
$≒ 5,233W$

제2과목 냉동공학

21 축열장치에서 축열재가 갖추어야 할 조건으로 가장 거리가 먼 것은?
① 열의 저장은 쉬워야 하나 열의 방출은 어려워야 한다.
② 취급하기 쉽고 가격이 저렴해야 한다.
③ 화학적으로 안정해야 한다.
④ 단위체적당 축열량이 많아야 한다.

해설 축열재의 조건 : 열의 방출이 쉬울 것, 가격이 쌀 것, 장기간 화학적으로 안정할 것, 축열량이 많을 것, 융해열이 크고 과냉각이 작고 상분리를 일으키지 않을 것

정답 13. ③ 14. ② 15. ④ 16. ③ 17. ④ 18. ① 19. ② 20. ④ 21. ①

22 어느 재료의 열통과율이 0.35W/m²·K, 외기와 벽면과의 열전달률이 20W/m²·K, 내부공기와 벽면과의 열전달률이 5.4W/m²·K이고, 재료의 두께가 187.5mm일 때 이 재료의 열전도도는?

① 0.032W/m·K   ② 0.056W/m·K
③ 0.067W/m·K   ④ 0.072W/m·K

해설 $K = \dfrac{1}{\dfrac{1}{\alpha_i} + \dfrac{l}{\lambda} + \dfrac{1}{\alpha_o}}$ [W/m²·K]

$\therefore \lambda = \dfrac{l}{\dfrac{1}{K} - \left(\dfrac{1}{\alpha_i} + \dfrac{1}{\alpha_o}\right)} = \dfrac{0.187}{\dfrac{1}{0.35} - \left(\dfrac{1}{20} + \dfrac{1}{5.4}\right)}$

≒ 0.072W/m·K

★ 23 1kg의 공기가 온도 20℃의 상태에서 등온변화를 하여 비체적의 증가는 0.5m³/kg, 엔트로피의 증가량은 0.05kcal/kg·℃였다. 초기의 비체적은 얼마인가? (단, 공기의 기체상수는 29.27kg·m/kg·℃이다.)

① 0.293m³/kg   ② 0.465m³/kg
③ 0.508m³/kg   ④ 0.614m³/kg

해설 ㉠ 엔트로피변화(등온과정)

$\Delta S = AGR \ln \dfrac{V_2}{V_1}$

$\ln \dfrac{V_2}{V_1} = \dfrac{\Delta S}{AGR}$

$\dfrac{V_2}{V_1} = e^{\frac{\Delta S}{AGR}}$

$V_2 = V_1 e^{\frac{\Delta S}{AGR}}$

㉡ 비체적 증가 시

$V_1 + 0.5 = V_2$

$V_1 + 0.5 = V_1 e^{\frac{\Delta S}{AGR}}$

$0.5 = V_1 \left(e^{\frac{\Delta S}{AGR}} - 1\right)$

$\therefore V_1 = \dfrac{0.5}{e^{\frac{\Delta S}{AGR}} - 1} = \dfrac{0.5}{e^{\frac{0.05}{\frac{1}{427} \times 1 \times 29.27}} - 1}$

≒ 0.465m³/kg

24 다음 중 냉각탑의 용량제어방법이 아닌 것은?

① 슬라이드밸브조작방법
② 수량변화방법
③ 공기유량변화방법
④ 분할운전방법

해설 **냉각탑의 용량제어방법** : 수량변화방법, 공기유량변화방법, 분할운전방법

25 다음 중 무기질브라인이 아닌 것은?

① 염화나트륨   ② 염화마그네슘
③ 염화칼슘   ④ 에틸렌글리콜

해설 **브라인**
㉠ 무기질 : $NaCl$, $MgCl_2$, $CaCl_2$
㉡ 유기질 : 에틸렌글리콜(CH_2OHCH_2OH), 프로필렌글리콜($C_3H_8O_2$), 에틸알코올(CH_3CH_2OH), 메탄올(CH_3OH)

★ 26 증발식 응축기에 관한 설명으로 옳은 것은?

① 증발식 응축기는 많은 냉각수를 필요로 한다.
② 송풍기, 순환펌프가 설치되지 않아 구조가 간단하다.
③ 대기온도는 동일하지만 습도가 높을 때는 응축압력이 높아진다.
④ 증발식 응축기의 냉각수 보급량은 물의 증발량과는 큰 관계가 없다.

해설 **증발식 응축기의 특징**
㉠ 습도가 높을 때는 응축압력이 높아진다.
㉡ 구조가 복잡하고 설비비가 고가이다.
㉢ 사용되는 응축기 중 압력과 온도가 높으면 압력 강하가 크다.

27 이상냉동사이클에서 응축기 온도가 40℃, 증발기 온도가 -10℃이면 성적계수는?

① 3.26   ② 4.26
③ 5.26   ④ 6.26

해설 $\varepsilon_R = \dfrac{T_2}{T_1 - T_2} = \dfrac{-10 + 273}{(40 + 273) - (-10 + 273)} = 5.26$

정답 22. ④ 23. ② 24. ① 25. ④ 26. ③ 27. ③

28 다음 $h-x$(엔탈피-농도)선도에서 흡수식 냉동기 사이클을 나타낸 것으로 옳은 것은?

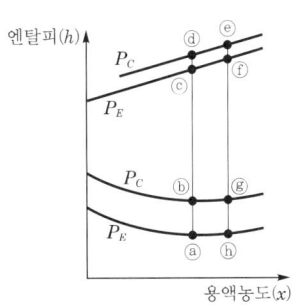

① c-d-e-f-c
② b-c-f-g-b
③ a-b-g-h-a
④ a-d-e-h-a

해설 흡수식 냉동기사이클의 순환 : a-b-g-h-a

29 저온장치 중 얇은 금속판에 브라인이나 냉매를 통하게 하여 금속판의 외면에 식품을 부착시켜 동결하는 장치는?

① 반송풍동결장치
② 접촉식 동결장치
③ 송풍동결장치
④ 터널식 공기동결장치

해설 접촉식 동결장치는 얇은 금속판을 사용하여 동결시간은 짧지만 1회 수용량이 적어 고급제품에 사용한다.

30 진공압력 300mmHg를 절대압력으로 환산하면 약 얼마인가? (단, 대기압은 101.3kPa이다.)

① 48.7kPa
② 55.4kPa
③ 61.3kPa
④ 70.6kPa

해설 $P_h = P_o - P_g = 101.3 - \dfrac{300}{760} \times 101.3 = 61.31 kPa$

31 15℃의 물로 0℃의 얼음을 100kg/h 만드는 냉동기의 냉동능력은 몇 냉동톤(RT)인가? (단, 1RT는 3,320kcal/h이다.)

① 1.43
② 1.78
③ 2.12
④ 2.86

해설 $RT = \dfrac{Q_e}{3,320} = \dfrac{100 \times 1 \times 15 + 100 \times 79.68}{3,320} ≒ 2.86$

32 이론냉동사이클을 기반으로 한 냉동장치의 작동에 관한 설명으로 옳은 것은?

① 냉동능력을 크게 하려면 압축비를 높게 운전하여야 한다.
② 팽창밸브 통과 전후의 냉매엔탈피는 변하지 않는다.
③ 냉동장치의 성적계수 향상을 위해 압축비를 높게 운전하여야 한다.
④ 대형 냉동장치의 암모니아냉매는 수분이 있어도 아연을 침식시키지 않는다.

해설 팽창밸브 통과 전후의 냉매엔탈피는 변하지 않고 압력만 떨어진다.

33 브라인의 구비조건으로 틀린 것은?

① 열용량이 크고 전열이 좋을 것
② 점성이 클 것
③ 빙점이 낮을 것
④ 부식성이 없을 것

해설 브라인의 구비조건
㉠ 점도가 적당할 것
㉡ 불연성이며 독성이 없을 것
㉢ 열전도율(열전달률)이 클 것
㉣ 상변화가 잘 일어나지 않을 것
㉤ 응고점이 낮을 것

34 냉동장치의 $P-i$(압력-엔탈피)선도에서 성적계수를 구하는 식으로 옳은 것은?

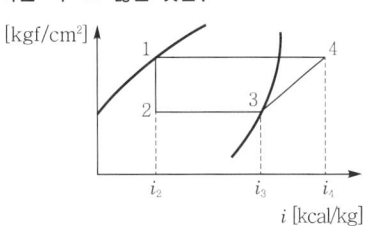

① $COP = \dfrac{i_4 - i_3}{i_3 - i_2}$
② $COP = \dfrac{i_3 - i_2}{i_4 - i_2}$
③ $COP = \dfrac{i_3 - i_2}{i_4 - i_3}$
④ $COP = \dfrac{i_4 - i_2}{i_3 - i_2}$

해설 $COP_R = \dfrac{q_e}{AW_i} = \dfrac{i_3 - i_2}{i_4 - i_3}$

정답 28. ③ 29. ② 30. ③ 31. ④ 32. ② 33. ② 34. ③

35 냉동사이클에서 증발온도가 일정하고 압축기 흡입가스의 상태가 건포화증기일 때 응축온도를 상승시키는 경우 나타나는 현상이 아닌 것은?

① 토출압력 상승 ② 압축비 상승
③ 냉동효과 감소 ④ 압축일량 감소

해설 응축온도를 상승시키는 경우 : 토출압력 상승, 압축비 상승, 냉동효과 감소 등

36 $P-h$(압력 - 엔탈피)선도에서 포화증기선상의 건조도는 얼마인가?

① 2 ② 1
③ 0.5 ④ 0

해설 건조도는 포화액일 때 0이고, 포화증기선상일 때 1이다.

37 실제 기체가 이상기체의 상태식을 근사적으로 만족하는 경우는?

① 압력이 높고 온도가 낮을수록
② 압력이 높고 온도가 높을수록
③ 압력이 낮고 온도가 높을수록
④ 압력이 낮고 온도가 낮을수록

해설 압력이 낮고 온도가 높을수록, 분자량이 작을수록 실제 기체가 이상기체상태방정식을 근사적으로 만족시킨다.

★ 38 2원 냉동사이클의 특징이 아닌 것은?

① 일반적으로 저온측과 고온측에 서로 다른 냉매를 사용한다.
② 초저온의 온도를 얻고자 할 때 이용하는 냉동사이클이다.
③ 보통 저온측 냉매로는 임계점이 높은 냉매를 사용하며, 고온측에는 임계점이 낮은 냉매를 사용한다.
④ 중간 열교환기는 저온측에서는 응축기 역할을 하며, 고온측에서는 증발기 역할을 수행한다.

해설 보통 저온측 냉매로는 임계점이 낮은 냉매를 사용하며, 고온측에는 임계점이 높은 냉매를 사용한다. -70℃ 이하의 초저온을 얻기 위함이다.

39 암모니아냉동장치에서 팽창밸브 직전의 냉매액온도가 20℃이고 압축기 직전 냉매가스온도가 -15℃의 건포화증기이며, 냉매 1kg당 냉동량은 270kcal이다. 필요한 냉동능력이 14RT일 때 냉매순환량은? (단, 1RT는 3,320kcal/h이다.)

① 123kg/h ② 172kg/h
③ 185kg/h ④ 212kg/h

해설 $G = \dfrac{Q_e}{q_e} = \dfrac{14 \times 3{,}320}{270} ≒ 172\text{kg/h}$

★ 40 수냉식 응축기를 사용하는 냉동장치에서 응축압력이 표준압력보다 높게 되는 원인으로 가장 거리가 먼 것은?

① 공기 또는 불응축가스의 혼입
② 응축수 입구온도의 저하
③ 냉각수량의 부족
④ 응축기의 냉각관에 스케일이 부착

해설 응축수온이 낮으면 응축온도와 압력이 낮아진다.

제3과목 배관일반

41 가스미터 부착 시 유의사항으로 틀린 것은?

① 온도, 습도가 급변하는 장소는 피한다.
② 부식성의 약품이나 가스가 미터기에 닿지 않도록 한다.
③ 인접 전기설비와는 충분한 거리를 유지한다.
④ 가능하면 미관상 건물의 주요 구조부를 관통한다.

해설 가스배관은 가능하면 노출하여 시공한다.

42 냉매배관 중 액관은 어느 부분인가?

① 압축기와 응축기까지의 배관
② 증발기와 압축기까지의 배관
③ 응축기와 수액기까지의 배관
④ 팽창밸브와 압축기까지의 배관

해설 액관은 응축기에서 수액기까지의 배관이다.

정답 35. ④ 36. ② 37. ③ 38. ③ 39. ② 40. ② 41. ④ 42. ③

43 급탕배관시공 시 주요 고려사항으로 가장 거리가 먼 것은?

① 배관구배
② 배관재료의 선택
③ 관의 신축과 영향
④ 관내 유체의 물리적 성질

해설 급탕배관시공 시 고려사항 : 배관구배, 배관재료의 선택, 관의 신축과 영향

44 배수트랩의 종류에 해당하는 것은?

① 드럼트랩
② 버킷트랩
③ 벨로즈트랩
④ 디스크트랩

해설 배수트랩
㉠ 사이펀형 : S형, P형, U형
㉡ 비사이펀형 : 가솔린트랩, 하우스트랩, 벨트랩, 드럼트랩

45 증기가열코일이 있는 저탕조의 하부에 부착하는 배관 또는 부속품이 아닌 것은?

① 배수관
② 급수관
③ 증기환수관
④ 버너

해설 저탕조의 하부는 배수관, 급수관, 증기환수관 등으로 구성되어 있다.

46 냉온수배관에 관한 설명으로 옳은 것은?

① 배관이 보·천장·바닥을 관통하는 개소에는 플렉시블이음을 한다.
② 수평관의 공기체류부에는 슬리브를 설치한다.
③ 팽창관(도피관)에는 슬루스밸브를 설치한다.
④ 주관의 굽힘부에는 엘보 대신 밴드(곡관)를 사용한다.

해설 ① 관이 관통하는 부분에는 슬리브이음을 사용한다.
② 공기체류부에는 공기빼기밸브를 설치한다.
③ 팽창관에는 밸브를 설치하지 않는다.

47 다음 중 가스공급설비와 관련이 없는 것은?

① 가스홀더
② 압송기
③ 정적기
④ 정압기

해설 가스공급설비 : 가스홀더(저장탱크), 압송기, 정압기 등

48 파이프 내 흐르는 유체가 "물"임을 표시하는 기호는?

① 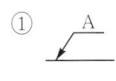 ②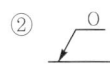

③ ┌─S─┐ ④ ┌─W─┐

해설 ① A(Air) : 공기
② O(Oil) : 기름
③ S(Steam) : 수증기

★
49 냉동장치의 토출배관시공 시 유의사항으로 틀린 것은?

① 관의 합류는 T이음보다 Y이음으로 한다.
② 압축기 정지 중에도 관 내에 응축된 냉매가 압축기로 역류하지 않도록 한다.
③ 압축기에서 입상된 토출관의 수평 부분은 응축기 쪽으로 상향구배를 한다.
④ 여러 대의 압축기를 병렬운전할 때는 가스의 충돌로 인한 진동이 없게 한다.

해설 압축기에서 입상된 토출관의 수평 부분은 응축기 쪽으로 하향구배를 한다.

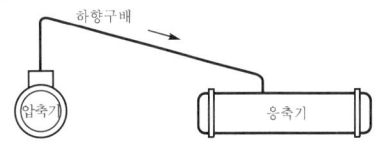

50 다음 중 대구경강관의 보수 및 점검을 위해 분해, 결합을 쉽게 할 수 있도록 사용되는 연결방법은?

① 나사접합
② 플랜지접합
③ 용접접합
④ 슬리브접합

해설 대구경(65A) 이상 강관의 보수 및 점검을 위해 분해, 결합을 쉽게 할 수 있는 이음은 플랜지접합이다.

★
51 관경 25A(내경 27.6mm)의 강관에 30L/min의 가스를 흐르게 할 때 유속(m/s)은?

① 0.14
② 0.34
③ 0.64
④ 0.84

해설 $Q = AV [\text{m}^3/\text{s}]$

$$\therefore V = \frac{Q}{A} = \frac{\frac{3 \times 10^{-3}}{60}}{\frac{\pi}{4} \times 0.0276^2} \fallingdotseq 0.84 \text{m/s}$$

정답 43. ④ 44. ① 45. ④ 46. ④ 47. ③ 48. ④ 49. ③ 50. ② 51. ④

52 냉온수배관을 시공할 때 고려해야 할 사항으로 옳은 것은?

① 열에 의한 온수의 체적팽창을 흡수하기 위해 신축이음을 한다.
② 기기와 관의 부식을 방지하기 위해 물을 자주 교체한다.
③ 열에 의한 배관의 신축을 흡수하기 위해 팽창관을 설치한다.
④ 공기체류장소에는 공기빼기밸브를 설치한다.

해설 ① 체적팽창을 흡수하기 위해 팽창탱크를 한다.
② 부식을 방지하기 위해 밀폐한다.
③ 신축을 흡수하기 위해서는 신축이음을 한다.

53 증기난방배관시공 시 복관중력환수식 증기주관의 증기흐름방향으로의 구배로 적당한 것은?

① 1/100 정도의 선단 상향구배로 한다.
② 1/100 정도의 선단 하향구배로 한다.
③ 1/200 정도의 선단 상향구배로 한다.
④ 1/200 정도의 선단 하향구배로 한다.

해설 증기배관의 구배
㉠ 단관중력환수식 : 모두 앞내림구배
　• 상향공급식 구배 : 1/100~1/200
　• 하향공급식 구배 : 1/50~1/100
㉡ 복관중력환수식 : 건식환수관의 앞내림구배로 1/200
㉢ 진공환수식 : 건식환수관을 사용하고 앞내림구배로 1/200~1/300

54 강관의 접합방법에 해당되지 않는 것은?

① 나사접합　② 플랜지접합
③ 압축접합　④ 용접접합

해설 압축접합(flare접합)은 동관의 이음법이다.

55 배관용 탄소강관의 호칭경은 무엇으로 표시하는가?

① 파이프 외경　② 파이프 내경
③ 파이프 유효경　④ 파이프 두께

해설 배관용 탄소강관의 호칭지름은 파이프 내경으로 표시한다.

★
56 냉매배관시공 시 유의사항으로 틀린 것은?

① 팽창밸브 부근에서의 배관길이는 가능한 짧게 한다.
② 지나친 압력 강하를 방지한다.
③ 암모니아배관의 관이음에 쓰이는 패킹재료는 천연고무를 사용한다.
④ 두 개의 입상관 사용 시 트랩과정은 되도록 크게 한다.

해설 두 개의 입상관 사용 시 트랩과정은 되도록 작게 한다.

57 공기조화기에 설치된 공기냉각코일 내에 흐르는 냉수의 적정유속은?

① 약 1m/s　② 약 3m/s
③ 약 5m/s　④ 약 7m/s

해설 공기냉각코일 내에 흐르는 냉수의 적정유속은 약 1m/s이다.

58 각 난방방식과 관련된 용어의 연결로 옳은 것은?

① 온수난방 - 잠열
② 증기난방 - 팽창탱크
③ 온풍난방 - 팽창관
④ 복사난방 - 평균복사온도

해설 온수난방 : 현열, 팽창탱크, 팽창관

★
59 펌프 주위 배관에 대한 설명으로 틀린 것은?

① 흡입관의 길이는 가능하면 짧게 배관한다.
② 흡입관은 펌프를 향해서 약 1/50 정도의 올림구배가 되도록 한다.
③ 토출관에는 글로브밸브를 설치하고, 흡입관에는 체크밸브를 설치한다.
④ 흡입측에는 진공계를 설치하고, 토출측에는 압력계를 설치한다.

해설 토출관에는 체크밸브를 설치하고, 흡입관에는 풋밸브를 설치한다.

정답 52. ④　53. ④　54. ③　55. ②　56. ④　57. ①　58. ④　59. ③

60 다음 중 관을 도중에 분기시키기 위해 사용되는 부속품이 아닌 것은?

① 티(T) ② 와이(Y)
③ 크로스(cross) ④ 엘보(elbow)

해설 엘보, 밴드 등은 배관의 방향을 바꿀 때 사용되는 부속품이다.

제4과목 전기제어공학

61 추종제어에 속하지 않는 제어량은?

① 유량 ② 방위
③ 위치 ④ 자세

해설 추종제어 : 목표치가 임의의 시간에 변화하는 제어로서 위치, 방위, 자세

암기법 → 추종은 방위세를 내야 한다.

★
62 3상 유도전동기의 출력이 5마력, 전압 220V, 효율 80%, 역률 90%일 때 전동기에 흐르는 전류는 약 몇 A인가?

① 11.6 ② 13.6
③ 15.6 ④ 17.6

해설 $\eta = \dfrac{P}{\sqrt{3}\, VI\sin\theta}$

$\therefore I = \dfrac{P}{\sqrt{3}\, V\eta\cos\theta} = \dfrac{5 \times 736}{\sqrt{3} \times 220 \times 0.8 \times 0.9}$
$\fallingdotseq 13.6\text{A}$

63 전기력선의 성질로 틀린 것은?

① 전기력선은 서로 교차한다.
② 양전하에서 나와 음전하로 끝나는 연속곡선이다.
③ 전기력선상의 접선은 그 점에 있어서의 전계의 방향이다.
④ 단위전계강도 1V/m인 점에 있어서 전기력선의 밀도를 1개/m²라 한다.

해설 전계가 0이 아닌 곳에서는 2개의 전기력선이 교차하는 일이 없다.

64 시퀀스제어에 관한 설명으로 틀린 것은?

① 시간지연요소가 사용된다.
② 논리회로가 조합 사용된다.
③ 기계적 계전기 접점이 사용된다.
④ 전체 시스템에 연결된 접점들이 동시에 동작한다.

해설 시퀀스제어는 전체 시스템에 연결된 접점들이 순차적으로 동작한다.

65 잔류편차가 존재하는 제어계는?

① 적분제어계
② 비례제어계
③ 비례적분제어계
④ 비례적분미분제어계

해설 비례제어(P)는 잔류편차(off-set)가 일어난다.

66 어떤 회로의 전압이 $V[\text{V}]$이고 전류가 $I[\text{A}]$이며 저항이 $R[\Omega]$일 때 저항이 10% 감소되면 그때의 전류는 처음 전류 $I[\text{A}]$의 약 몇 배가 되는가?

① 1.11배 ② 1.41배
③ 1.73배 ④ 2.82배

해설 $I = \dfrac{V}{R}$에서 $\dfrac{I_2}{I_1} = \dfrac{R_1}{R_2} = \dfrac{R_1}{0.9R_1} = 1.11$배

★
67 다음 그림에서 단위피드백제어계의 입력을 $R(s)$, 출력을 $C(s)$라 할 때 전달함수는 어떻게 표현되는가?

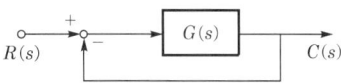

① $\dfrac{G(s)}{1+R(s)}$ ② $\dfrac{G(s)}{1+G(s)}$
③ $\dfrac{C(s)}{1+G(s)}$ ④ $\dfrac{R(s)C(s)}{1+R(s)}$

해설 $C(s) = R(s)G(s) - G(s)C(s)$
$C(s)[1+G(s)] = R(s)G(s)$
$\therefore \dfrac{C(s)}{R(s)} = \dfrac{G(s)}{1+G(s)}$

정답 60. ④ 61. ① 62. ② 63. ① 64. ④ 65. ② 66. ① 67. ②

68 다음 블록선도의 입력과 출력이 성립하기 위한 A의 값은?

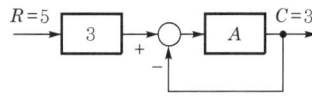

① 3　　② 4
③ $\dfrac{1}{3}$　　④ $\dfrac{1}{4}$

해설　$5 \times 3A - 3A = 3$
$3(1+A) = 15A$
$12A = 3$
$\therefore A = \dfrac{3}{12} = \dfrac{1}{4}$

69 피드백제어계에서 제어요소에 대한 설명인 것은?

① 목표값에 비례하는 기준, 입력신호를 발생하는 요소이다.
② 기준입력과 주궤환신호의 차로 제어동작을 일으키는 요소이다.
③ 제어를 하기 위해 제어대상에 부착시켜 놓은 장치이다.
④ 조작부와 조절부로 구성되어 동작신호를 조작량으로 변환하는 요소이다.

해설　제어요소는 조작부와 조절부로 구성되어 동작신호를 조작량으로 변환하는 요소이다.

70 계측기를 선택할 경우 고려하여야 할 사항과 가장 관계가 적은 것은?

① 정확성　　② 신속성
③ 신뢰성　　④ 배율성

해설　계측기 선택 시 정확성, 신속성, 신뢰성을 고려해야 한다.

71 목표값이 다른 양과 일정한 비율관계를 가지고 변화하는 경우의 제어는?

① 추종제어　　② 정치제어
③ 비율제어　　④ 프로그램제어

해설　비율제어는 목표치가 다른 어떤 양에 비례하는 제어로서 보일러의 자동연소제어, 암모니아의 합성프로세스제어 등이 속한다.

72 다음 그림과 같은 $R-L-C$ 직렬회로에서 단자전압과 전류가 동상이 되는 조건은?

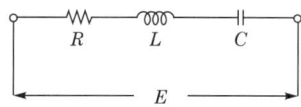

① $w = LC$　　② $wLC = 1$
③ $w^2 LC = 1$　　④ $wL^2 C^2 = 1$

해설　$R-L-C$ 직렬회로(공진회로) $\omega L = \dfrac{1}{wC}$
$\therefore \omega^2 LC = 1$

73 다음 블록선도에서 전달함수 $C(s)/R(s)$는?

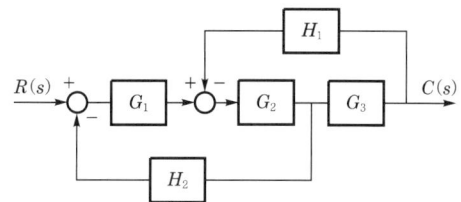

① $\dfrac{G_1 G_2 G_3}{1 + G_2 G_3 H_1 - G_1 G_2 H_2}$

② $\dfrac{G_1 G_2 G_3}{1 + G_2 G_3 H_1 + G_1 G_2 H_2}$

③ $\dfrac{G_1 G_2 G_3 H_1}{1 + G_2 G_3 H_1 + G_1 G_2 H_2}$

④ $\dfrac{G_1 G_2 G_3}{1 + G_2 G_3 H_2 + G_1 G_2 H_2}$

해설　$G(s) = \dfrac{C(s)}{R(s)} = \dfrac{\text{패스경로}}{1 - \text{피드백경로}}$
$= \dfrac{G_1 G_2 G_3}{1 - (-G_1 G_2 H_2) - (-G_2 G_3 H_1)}$
$= \dfrac{G_1 G_2 G_3}{1 + G_1 G_2 H_2 + G_2 G_3 H_1}$

74 서보전동기는 다음 중 어디에 속하는가?

① 검출기　　② 증폭기
③ 변환기　　④ 조작기기

해설　서보전동기는 조작기기에 속한다.

정답　68. ④　69. ④　70. ④　71. ③　72. ③　73. ②　74. ④

75 전달함수를 정의할 때의 조건으로 옳은 것은?

① 입력신호만을 고려한다.
② 모든 초기값을 고려한다.
③ 주파수의 특성만을 고려한다.
④ 모든 초기값을 0으로 한다.

해설 라플라스전달함수는 모든 초기값을 0으로 한다.

★
76 다음 그림과 같은 단위계단함수를 옳게 나타낸 것은?

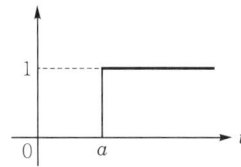

① $U(t)$
② $U(t-a)$
③ $U(a-t)$
④ $U(-a-t)$

해설 단위계단함수(Unit step function)= $u(t-a)$

77 전력선, 전기기기 등 보호대상에 발생한 이상상태를 검출하여 기기의 피해를 경감시키거나 그 파급을 저지하기 위하여 사용되는 것은?

① 보호계전기
② 보조계전기
③ 전자접촉기
④ 한시계전기

해설 보호계전기는 전력선, 전기기기 등 보호대상에 발생한 이상상태를 검출하여 기기의 피해를 경감시키거나 그 파급을 저지하기 위하여 사용한다.

78 변위를 전압으로 변환시키는 장치가 아닌 것은?

① 전위차계
② 측온저항
③ 퍼텐쇼미터
④ 차동변압기

해설 측온저항은 온도를 임피던스로 변환시킨다.

★
79 권선형 유도전동기의 회전자 입력이 10kW일 때 슬립이 4%였다면 출력은 몇 kW인가?

① 4
② 8
③ 9.6
④ 10.4

해설 $P_o = (1-S)P_i = (1-0.04) \times 10 = 9.6 \text{kW}$

80 제동비 ξ는 그 범위가 0~1 사이의 값을 갖는 것이 보통이다. 그 값이 0에 가까울수록 어떻게 되는가?

① 증가 진동한다.
② 응답속도가 늦어진다.
③ 일정한 진폭으로 계속 진동한다.
④ 최대오버슛이 점점 작아진다.

해설 제동비(감쇠비)는 그 값이 0에 가까울수록 응답속도는 늦어진다.

제동비$(\xi) = \dfrac{C}{C_v} = \dfrac{C}{2\sqrt{mk}}$

정답 75. ④ 76. ② 77. ① 78. ② 79. ③ 80. ②

과년도 출제문제

Industrial Engineer Air-Conditioning and Refrigerating Machinery

2018

제1회 　공조냉동기계산업기사

제2회 　공조냉동기계산업기사

제3회 　공조냉동기계산업기사

자주 출제되는 중요한 문제는 별표(★)로 강조했습니다.
마무리학습할 때 한 번 더 풀어보기를 권합니다.

Industrial Engineer
Air-Conditioning and Refrigerating Machinery

2018년 제1회 공조냉동기계산업기사

제1과목 공기조화

01 덕트 내 공기가 흐를 때 정압과 동압에 관한 설명으로 틀린 것은?

① 정압은 항상 대기압 이상의 압력으로 된다.
② 정압은 공기가 정지상태일지라도 존재한다.
③ 동압은 공기가 움직이고 있을 때만 생기는 속도압이다.
④ 덕트 내에서 공기가 흐를 때 그 동압을 측정하며 속도를 구할 수 있다.

해설 덕트 내의 공기가 흐를 때 에너지보존의 법칙에 의한 베르누이(Bernoulli)의 정리가 성립된다.
전압(P_t) = 정압(P_s) + 동압(P_v)
$$= p + \frac{v^2}{2g}r$$

02 증기난방방식의 종류에 따른 분류기준으로 가장 거리가 먼 것은?

① 사용증기압력 ② 증기배관방식
③ 증기공급방향 ④ 사용열매종류

해설 증기난방방식의 분류기준

분류	종류
증기 압력	• 고압식(증기압력 1kgf/cm² 이상) • 저압식(증기압력 0.15~0.35kgf/cm²)
배관 방법	• 단관식(증기와 응축수가 동일 배관) • 복관식(증기와 응축수가 서로 다른 배관)
증기 공급법	• 상향공급식 • 하향공급식
응축수 환수법	• 중력환수식(응축수를 중력작용으로 환수) • 기계환수식(펌프로 보일러에 강제환수) • 진공환수식(진공펌프로 환수관 내 응축수와 공기를 흡인순환)
환수관의 배관법	• 건식환수관식(환수주관을 보일러수면보다 높게 배관) • 습식환수관식(환수주관을 보일러수면보다 낮게 배관)

03 공기조화방식의 특징 중 전공기식의 특징에 관한 설명으로 옳은 것은?

① 송풍동력이 펌프동력에 비해 크다.
② 외기냉방을 할 수 없다.
③ 겨울철에 가습하기가 어렵다.
④ 실내에 누수의 우려가 있다.

해설 전공기식의 특징
㉠ 장점
 • 청정도가 높은 공조, 냄새제어, 소음제어에 적합하다.
 • 중앙집중식으로 운전, 보수관리를 집중화할 수 있다.
 • 공조하는 방에는 드레인배관, 공기여과기 또는 전원이 필요 없다.
 • 외기냉방이 가능하다.
 • 배열회수장치의 이용이 용이하다.
 • 많은 배기량에도 적응성이 높다.
 • 겨울철 가습이 용이하다.
㉡ 단점
 • 덕트의 치수가 커지므로 설치공간이 크다.
 • 존(zone)별 공기평형을 유지하기 위한 기구가 필요(공기균형 유지 위해)하다.
 • 송풍동력이 커서 반송동력이 크다.
 • 대형 공조기계실이 필요하다.

04 공조용 저속덕트를 등마찰법으로 설계할 때 사용하는 단위마찰저항으로 가장 적당한 것은?

① 0.007~0.015Pa/m
② 0.7~1.5Pa/m
③ 7~15Pa/m
④ 70~150Pa/m

해설 등마찰법은 등압접이라 하며 보건용 공조와 저속덕트의 설계에 주로 이용하고 단위마찰저항(R)은 1Pa/m 정도(0.7~1.5Pa/m)이다.

정답 01. ① 02. ④ 03. ① 04. ②

05 다음 중 저속덕트와 고속덕트를 구분하는 주덕트 내의 풍속으로 적당한 것은?

① 8m/s ② 15m/s
③ 25m/s ④ 45m/s

해설 주덕트 내의 권장풍속
㉠ 저속덕트 : 15m/s 이하(6~9m/s가 해당)
㉡ 고속덕트 : 15m/s 이상(일반적으로 20~23m/s)

06 다음 냉방부하의 종류 중 현열부하만 이용하여 계산하는 것은?

① 극간풍에 의한 열량
② 인체의 발생열량
③ 기구의 발생열량
④ 송풍기에 의한 취득열량

해설 ㉠ 현열부하만 이용(수분이 없는 것) : 송풍기에 의한 취득열량, 유리로부터의 취득열량, 조명부하, 공기조화덕트의 열손실, 벽체로부터 취득열량, 재열기의 취득열량
㉡ 현열부하와 잠열부하 모두 이용(수분이 있는 것) : 인체의 발생열, 실내기구의 발생열, 문틈에서의 틈새바람(극간풍), 외기도입량

★ 07 고온수난방배관에 관한 설명으로 옳은 것은?

① 장치의 열용량이 작아 예열시간이 짧다.
② 대량의 열량공급은 용이하지만 배관의 지름은 저온수난방보다 크게 된다.
③ 관내 압력이 높기 때문에 관 내면의 부식문제가 증기난방에 비해 심하다.
④ 공급과 환수의 온도차를 크게 할 수 있으므로 열수송량이 크다.

해설 고온수난방배관
㉠ 열을 공급하여야 할 구역이 넓고 건물이 산재하여 옥외배관이 긴 경우에 가장 적당(지역난방에 적합)하다.
㉡ 특수 고압기기가 필요하고 취급 및 관리가 복잡하고 곤란하다.
㉢ 고온수난방에는 밀폐형 팽창탱크를 사용한다.
㉣ 고온수난방의 가압방식에 정수두가압, 증기가압, 질소가스가압, 펌프가압 등이 있다.
㉤ 고온수난방의 온도는 100~150℃이다.

★ 08 공기조화방식의 열매체에 의한 분류 중 냉매방식의 특징에 대한 설명으로 틀린 것은?

① 유닛에 냉동기를 내장하므로 국소적인 운전이 자유롭게 된다.
② 온도조절기를 내장하고 있어 개별제어가 가능하다.
③ 대형의 공조실을 필요로 한다.
④ 취급이 간단하고 대형의 것도 쉽게 운전할 수 있다.

해설 냉매방식은 개별식이므로 소형의 공조실이 필요하다.

09 일반적인 덕트설비를 설계할 때 덕트설계순서로 옳은 것은?

① 덕트계획 → 덕트치수 및 저항 산출 → 흡입·취출구 위치 결정 → 송풍량 산출 → 덕트경로 결정 → 송풍기 선정
② 덕트계획 → 덕트경로 결정 → 덕트치수 및 저항 산출 → 송풍량 산출 → 흡입·취출구 위치 결정 → 송풍기 선정
③ 덕트계획 → 송풍량 산출 → 흡입·취출구 위치 결정 → 덕트경로 결정 → 덕트치수 및 저항 산출 → 송풍기 선정
④ 덕트계획 → 흡입·취출구 위치 결정 → 덕트치수 및 저항 산출 → 덕트경로 결정 → 송풍량 산출 → 송풍기 선정

해설 **덕트설계순서** : 덕트계획 → 송풍량 산출 → 흡입·취출구 위치 결정 → 덕트경로 결정 → 덕트치수 및 저항 산출 → 송풍기 선정

암기법 → 계획 → 양 → 위치 → 경로 → 치저 → 선정

10 증기난방의 장점이 아닌 것은?

① 방열기가 소형이 되므로 비용이 적게 든다.
② 열의 운반능력이 크다.
③ 예열시간이 온수난방에 비해 짧고 증기순환이 빠르다.
④ 소음(steam hammering)을 일으키지 않는다.

해설 증기난방은 소음과 진동을 일으킨다.

정답 05. ② 06. ④ 07. ④ 08. ③ 09. ③ 10. ④

11 온도가 20℃, 절대압력이 1MPa인 공기의 밀도(kg/m³)는? (단, 공기는 이상기체이며, 기체상수(R)는 0.287kJ/kg · K이다.)

① 9.55　　② 11.89
③ 13.78　　④ 15.89

해설 보일-샤를의 법칙 이용

$P = \rho R T$

$\therefore \rho = \dfrac{P}{RT} = \dfrac{1 \times 10^3}{0.287 \times (20+273)} \fallingdotseq 11.89 \text{kg/m}^3$

여기서, R : 기체상수
　　　　T : 절대온도(K=℃+273)

12 겨울철에 난방을 하는 건물의 배기열을 효과적으로 회수하는 방법이 아닌 것은?

① 전열교환기방법　　② 현열교환기방법
③ 열펌프방법　　④ 축열조방법

해설 건물 내의 회수열은 조명, 인체, OA기기, 기계실, 전기실 등의 배열 등이 있다. 이들 열을 회수하는 방식은 직접이용방법(전열교환기, 현열교환기), 열펌프로 온도를 상승시켜 이용하는 방법이 있다.

참고 축열조는 난방에 이용하고 남은 열을 저장하는 탱크이다.

13 송풍공기량을 Q[m³/s], 외기 및 실내온도를 각각 t_o, t_r[℃]이라 할 때 침입외기에 의한 손실열량 중 현열부하(kW)를 구하는 공식은? (단, 공기의 정압비열은 1.0kJ/kg · K, 밀도는 1.2kg/m³이다.)

① $1.0Q(t_o - t_r)$　　② $1.2Q(t_o - t_r)$
③ $597.5Q(t_o - t_r)$　　④ $717Q(t_o - t_r)$

해설 ㉠ 송풍량 $Q = \dfrac{q_s}{1.2(t_r - t_d)}$

㉡ 현열부하 $q_s = 1.2Q(t_o - t_r)$

14 보일러에서 물이 끓어 증발할 때 보일러수가 물방울 또는 거품으로 되어 증기에 섞여 보일러 밖으로 분출되어 나오는 장해의 종류는?

① 스케일장해　　② 부식장해
③ 캐리오버장해　　④ 슬러지장해

해설 캐리오버장해는 보일러수가 물방울 또는 거품으로 되어 증기에 섞여 보일러 밖으로 분출되어 나오는 장해이다.

15 건구온도 10℃, 상대습도 60%인 습공기를 30℃로 가열하였다. 이때의 습공기 상대습도는? (단, 10℃의 포화수증기압은 9.2mmHg이고, 30℃의 포화수증기압은 23.75mmHg이다.)

① 17%　　② 20%
③ 23%　　④ 27%

해설 습공기 상대습도(ϕ)

$= \dfrac{\text{초기 상대습도} \times \text{초기 포화수증기압}}{\text{변화 포화수증기압}}$

$= \dfrac{0.6 \times 9.2}{23.75} = 0.232 \fallingdotseq 23\%$

16 전열교환기에 대한 설명으로 틀린 것은?

① 회전식과 고정식 등이 있다.
② 현열과 잠열을 동시에 교환한다.
③ 전열교환기는 공기 대 공기 열교환기라고도 한다.
④ 동계에 실내로부터 배기되는 고온 · 다습공기와 한랭 · 건조한 외기와의 열교환을 통해 엔탈피 감소효과를 가져온다.

해설 전열교환기는 석면 등으로 만든 얇은 판에 염화리튬(LiCl)과 같은 흡수제를 침투시켜 현열과 동시에 잠열도 교환한다. 종류로는 회전식과 고정식이 있다. 주로 회전식이 많이 사용되며 공기 대 공기 열교환기라고도 한다.

17 가변풍량방식에 대한 설명으로 옳은 것은?

① 실내온도제어는 부하변동에 따른 송풍온도를 변화시켜 제어한다.
② 부분부하 시 송풍기제어에 의하여 송풍기 동력을 절감할 수 있다.
③ 동시사용률을 적용할 수 없으므로 설비용량을 줄일 수 없다.
④ 시운전 시 취출구의 풍량조절이 복잡하다.

해설 가변풍량방식의 특징

㉠ 부하변동에 대하여 응답이 빠르므로 실온조정이 유리하다.
㉡ 동시부하률을 고려해서 기기용량을 결정하므로 장치용량 및 연간 송풍동력을 절감할 수 있다.
㉢ 덕트의 설계시공을 간략화할 수 있고 취출구의 풍량조절이 간단하다.

정답　11. ②　12. ④　13. ②　14. ③　15. ③　16. ④　17. ②

18 증기트랩(steam trap)에 대한 설명으로 옳은 것은?
① 고압의 증기를 만들기 위해 가열하는 장치
② 증기가 환수관으로 유입되는 것을 방지하기 위해 설치한 밸브
③ 증기가 역류하는 것을 방지하기 위해 만든 자동밸브
④ 간헐운전을 하기 위해 고압의 증기를 만드는 자동밸브

해설 증기트랩은 증기를 보호하고 응축수만 배출시키는 밸브로, 환수관으로 증기가 유입되는 것을 방지한다.

19 에어핸들링유닛(Air Handling Unit)의 구성요소가 아닌 것은?
① 공기여과기   ② 송풍기
③ 공기냉각기   ④ 압축기

해설 에어핸들링유닛, 즉 공기조화장치는 공기로부터 먼지를 여과하고 공기의 온도 및 습도를 조절하는 장치로 공기여과기, 송풍기, 공기세정기(가습기), 냉각코일, 가열코일 등으로 구성된다.

★
20 공기조화기(AHU)의 냉·온수코일 선정에 대한 설명으로 틀린 것은?
① 코일의 통과풍속은 약 2.5m/s를 기준으로 한다.
② 코일 내 유속은 1.0m/s 전후로 하는 것이 적당하다.
③ 공기의 흐름방향과 냉온수의 흐름방향은 평행류보다 대향류로 하는 것이 전열효과가 크다.
④ 코일의 통풍저항을 크게 할수록 좋다.

해설 코일의 통풍저항은 작을수록 좋다.

제2과목 냉동공학

21 증기분사식 냉동장치에서 사용되는 냉매는?
① 프레온   ② 물
③ 암모니아   ④ 염화칼슘

해설 증기분사식 냉동장치의 냉매는 물(증기분사식 냉동기는 이젝터를 통하여 물의 냉각)을 사용한다.

22 핫가스(hot gas)제상을 하는 소형 냉동장치에서 핫가스의 흐름을 제어하는 것은?
① 캐필러리튜브(모세관)
② 자동팽창밸브(AEV)
③ 솔레노이드밸브(전자밸브)
④ 증발압력조정밸브

해설 핫가스의 흐름을 제어하는 것은 솔레노이드밸브(전자밸브)이고 핫가스장치, 즉 핫가스제상은 압축기에서 나온 고온냉매증기를 증발기로 보내어 냉각기의 서리를 녹이는 방법이다.

★
23 냉동장치의 액관 중 발생하는 플래시가스의 발생원인으로 가장 거리가 먼 것은?
① 액관의 입상높이가 매우 작을 때
② 냉매순환량에 비해 액관의 관경이 너무 작을 때
③ 배관에 설치된 스트레이너, 필터 등이 막혀 있을 때
④ 액관이 직사광선에 노출될 때

해설 액관의 입상높이가 매우 클 때

24 다음 상태변화에 대한 설명으로 옳은 것은?
① 단열변화에서 엔트로피는 증가한다.
② 등적변화에서 가해진 열량은 엔탈피 증가에 사용된다.
③ 등압변화에서 가해진 열량은 엔탈피 증가에 사용된다.
④ 등온변화에서 절대일은 0이다.

해설 $q = \Delta h - Vdp$ 이므로 등압변화에서 $q = \Delta h$ 가 된다.

25 냉동사이클에서 응축온도를 일정하게 하고 압축기 흡입가스의 상태를 건포화증기로 할 때 증발온도를 상승시키면 어떤 결과가 나타나는가?
① 압축비 증가   ② 성적계수 감소
③ 냉동효과 증가   ④ 압축일량 증가

해설 몰리에르선도상 증발온도가 높아지고 응축온도가 낮아지면 압축일이 적어지므로 냉동효과가 상승한다.

정답 18. ② 19. ④ 20. ④ 21. ② 22. ③ 23. ① 24. ③ 25. ③

26 10kg의 산소가 체적 5m³로부터 11m³로 변화하였다. 이 변화가 일정 압력하에 이루어졌다면 엔트로피의 변화(kcal/K)는? (단, 산소는 완전가스로 보고 정압비열은 0.221kcal/kg · K로 한다.)

① 1.55 ② 1.74
③ 1.95 ④ 2.05

해설 $\Delta S = mC_p \ln\frac{V_2}{V_1} = 10 \times 0.221 \times \ln\frac{11}{5}$
$\fallingdotseq 1.74 \text{kcal/K}$

27 압축기의 체적효율에 대한 설명으로 틀린 것은?

① 압축기의 압축비가 클수록 커진다.
② 틈새가 작을수록 커진다.
③ 실제로 압축기에 흡입되는 냉매증기의 체적과 피스톤이 배출한 체적과의 비를 나타낸다.
④ 비열비값이 적을수록 적게 된다.

해설 압축기의 체적효율이 커지려면
  ㉠ 압축비가 작을수록
  ㉡ 톱 클리어런스가 작을수록
  ㉢ 흡입변의 시트에 누설이 작을수록
  ㉣ 흡입증기의 밀도가 작을수록

28 냉동장치 내 불응축가스가 존재하고 있는 것이 판단되었다. 그 혼입의 원인으로 가장 거리가 먼 것은?

① 냉매충전 전에 장치 내를 진공건조시키기 위하여 상온에서 진공 750mmHg까지 몇 시간 동안 진공펌프를 운전하였기 때문이다.
② 냉매와 윤활유의 충전작업이 불량했기 때문이다.
③ 냉매와 윤활유가 분해하기 때문이다.
④ 팽창밸브에서 수분이 동결하고 흡입가스압력이 대기압 이하가 되기 때문이다.

해설 냉매를 충전하기 위한 방법으로는 불응축가스가 유입되지 않는다.

참고 불응축가스 혼입의 원인
• 냉동장치의 압력이 대기압 이하일 경우 공기가 침입된다.
• 장치를 분해, 조립하였을 경우에 공기가 잔류한다.
• 압축기의 축봉장치 패킹연결 부분에 누설 부분이 있으면 공기가 장치 내에 침입한다.

29 냉동효과에 관한 설명으로 옳은 것은?

① 냉동효과란 응축기에서 방출하는 열량을 의미한다.
② 냉동효과는 압축기의 출구엔탈피와 증발기의 입구엔탈피 차를 이용하여 구할 수 있다.
③ 냉동효과는 팽창밸브 직전의 냉매액온도가 높을수록 크며, 또 증발기에서 나오는 냉매증기의 온도가 낮을수록 크다.
④ 냉동효과를 크게 하려면 냉매의 과냉각도를 증가시키는 방법을 취하면 된다.

해설 냉동효과를 크게 하려면 몰리에르선도상에서 보듯이 냉매의 과냉각도(5℃ 정도)를 증가시키면 된다.

30 다음 중 몰리에르($P-h$)선도에 나타나 있지 않는 것은?

① 엔트로피 ② 온도
③ 비체적   ④ 비열

해설 몰리에르선도에는 엔트로피, 온도, 비체적, 엔탈피, 건조도가 나타난다.

31 다음 그림은 어떤 사이클인가? (단, P: 압력, h: 엔탈피, T: 온도, S: 엔트로피)

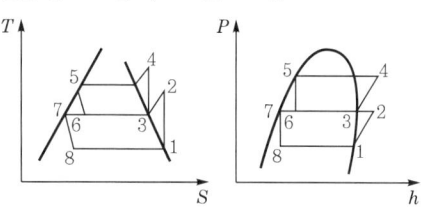

① 2단 압축 1단 팽창사이클
② 2단 압축 2단 팽창사이클
③ 1단 압축 1단 팽창사이클
④ 1단 압축 2단 팽창사이클

해설

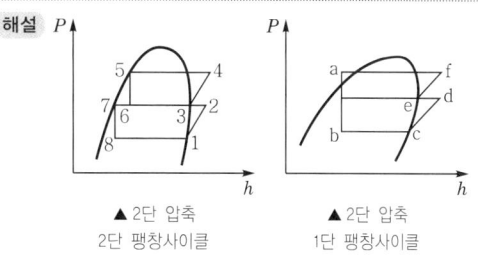

▲ 2단 압축 2단 팽창사이클   ▲ 2단 압축 1단 팽창사이클

정답 26. ② 27. ① 28. ① 29. ④ 30. ④ 31. ②

32 다음 조건을 참고하여 산출한 이론냉동사이클의 성적계수는?

- 증발기 입구냉매엔탈피 : 250kJ/kg
- 증발기 출구냉매엔탈피 : 390kJ/kg
- 압축기 입구냉매엔탈피 : 390kJ/kg
- 압축기 출구냉매엔탈피 : 440kJ/kg

① 2.5 ② 2.8
③ 3.2 ④ 3.8

해설 $COP = \dfrac{390-250}{440-390} = 2.8$

33 다음과 같은 냉동기의 냉동능력(RT)은? (단, 응축기 냉각수 입구온도 18℃, 응축기 냉각수 출구온도 23℃, 응축기 냉각수 수량 1,500L/min, 압축기 주 전동기 축마력은 80PS, 1RT는 3,320kcal/h이다.)

① 135 ② 120
③ 150 ④ 125

해설 냉동능력(Q)
$= \dfrac{수량 \times 비열 \times 온도차 - 소요동력}{3,320}$
$= \dfrac{(1,500 \times 60) \times 1 \times (23-18) - 80 \times 0.75 \times 860}{3,320}$
$= 120 RT$

34 중간냉각기에 대한 설명으로 틀린 것은?
① 다단 압축냉동장치에서 저단측 압축기 압축압력(중간 압력)의 포화온도까지 냉각하기 위하여 사용한다.
② 고단측 압축기로 유입되는 냉매증기의 온도를 낮추는 역할도 한다.
③ 중간냉각기의 종류에는 플래시형, 액냉각형, 직접팽창형이 있다.
④ 2단 압축 1단 팽창냉동장치에는 플래시형 중간 냉각방식이 이용되고 있다.

해설 플래시형 중간냉각기는 2단 압축 2단 팽창냉동장치에 이용된다.

35 다음 조건을 참고하여 산출한 흡수식 냉동기의 성적계수는?

- 응축기 냉각열량 : 20,000kJ/h
- 흡수기 냉각열량 : 25,000kJ/h
- 재생기 가열량 : 21,000kJ/h
- 증발기 냉동열량 : 24,000kJ/h

① 0.88 ② 1.14
③ 1.34 ④ 1.52

해설 $COP = \dfrac{Q_E}{Q_G} = \dfrac{증발기\ 냉동열량}{재생기\ 가열량} = \dfrac{24,000}{21,000} = 1.14$

36 냉매의 구비조건으로 틀린 것은?
① 임계온도는 높고, 응고점은 낮아야 한다.
② 증발잠열과 기체의 비열은 작아야 한다.
③ 장치를 침식하지 않으며 절연내력이 커야 한다.
④ 점도와 표면장력이 작아야 한다.

해설 냉매의 구비조건
㉠ 증발잠열이 크고, 액체의 비열이 적을 것
㉡ 열전달률(열전도도)이 양호할 것(높을 것)
㉢ 전기저항이 크고 불활성일 것
㉣ 냉매가스의 비체적이 작을 것

37 냉동장치의 안전장치 중 압축기로의 흡입압력이 소정의 압력 이상이 되었을 경우 과부하에 의한 압축기용 전동기의 위험을 방지하기 위하여 설치되는 기기는?
① 증발압력조정밸브(EPR)
② 흡입압력조정밸브(SPR)
③ 고압스위치
④ 저압스위치

해설 흡입압력조정밸브는 압축기로의 흡입압력이 소정의 압력 이상이 되었을 경우 과부하에 의한 압축기용 전동기의 위험을 방지하기 위하여 설치되는 기기이다.

정답 32. ② 33. ② 34. ④ 35. ② 36. ② 37. ②

38 어떤 냉매의 액이 30℃의 포화온도에서 팽창밸브로 공급되어 증발기로부터 5℃의 포화증기가 되어 나올 때 1냉동톤당 냉매의 양(kg/h)은? (단, 5℃의 엔탈피는 140.83kcal/kg, 30℃의 엔탈피는 107.65 kcal/kg이다.)

① 100.1　② 50.6
③ 10.8　④ 5.3

해설 $G = \dfrac{냉동능력}{냉동효과} = \dfrac{Q}{q} = \dfrac{1 \times 3{,}320}{140.83 - 107.65}$
≒ 100.1kg/h

39 수냉식 냉동장치에서 단수되거나 순환수량이 적어질 때 경고 또는 장치보호를 위해 작동하는 스위치는?

① 고압스위치　② 저압스위치
③ 유압스위치　④ 플로(flow)스위치

해설 플로스위치는 수냉식 냉동장치에서 단수되거나 순환수량이 적어질 때 경고 또는 장치보호를 위해 작동하는 스위치이다.

40 공기냉동기의 온도가 압축기 입구에서 -10℃, 압축기 출구에서 110℃, 팽창밸브 입구에서 10℃, 팽창밸브 출구에서 -60℃일 때 압축기의 소요일량(kcal/kg)은? (단, 공기비열은 0.24kcal/kg·℃)

① 12　② 14
③ 16　④ 18

해설 $Q = AW_c = q_c - q_e = C_p(\Delta t - \Delta t')$
$= 0.24 \times [(110 - 10) - (-10 + 60)]$
$= 0.24 \times (100 - 50) = 12\text{kcal/kg}$

제3과목　배관일반

41 가스배관에서 가스공급을 중단시키지 않고 분해·점검할 수 있는 것은?

① 바이패스관　② 가스미터
③ 부스터　④ 수취기

해설 바이패스관은 주관의 중요장치에 이상이 있을 경우 분해·점검할 수 있도록 설치하는 관이다.

42 급탕설비에 사용되는 저탕조에서 필요한 부속품으로 가장 거리가 먼 것은?

① 안전밸브　② 수위계
③ 압력계　④ 온도계

해설 ㉠ 저탕조 부속품 : 안전밸브, 압력계, 온도계, 가열코일 등
㉡ 증기보일러 부속품 : 수위계

43 열전도도가 비교적 크고 내식성과 굴곡성이 풍부한 장점이 있어 열교환기용 관으로 널리 사용되는 관은?

① 강관　② 플라스틱관
③ 주철관　④ 동관

해설 동관은 열전도도가 크고 내식성 등이 풍부하여 열교환기용 관으로 널리 사용된다.

44 급탕배관계통에서 배관 중 총손실열량이 15,000 kcal/h이고, 급탕온도가 70℃, 환수온도가 60℃일 때 순환수량(kg/min)은?

① 1,500　② 100
③ 25　④ 5

해설 $G = \dfrac{Q}{C(t_2 - t_1)} = \dfrac{15{,}000}{1 \times (70 - 60) \times 60} = 25\text{kg/min}$

45 배관설계 시 유의사항으로 틀린 것은?

① 가능한 동일 직경의 배관은 짧고 곧게 배관한다.
② 관로의 색깔로 유체의 종류를 나타낸다.
③ 관로가 너무 길어서 압력손실이 생기지 않도록 한다.
④ 곡관을 사용할 때는 관 굽힘 곡률반경을 작게 한다.

해설 배관설계 시 유의사항
㉠ 굽힘의 곡률반경을 크게 한다.
㉡ 배관의 위치나 구조는 작업, 수리 등에 편리하게 배치하고 통합 설치한다.
㉢ 기체의 응축에 의한 부하 발생을 고려하고 수격작용, 사이펀작용을 제거한다.
㉣ 관로는 절연체로 싸주며 신축이음을 만들어준다.

정답　38. ①　39. ④　40. ①　41. ①　42. ②　43. ④　44. ③　45. ④

46 다음 중 유기질 보온재의 종류가 아닌 것은?
① 석면　　② 펠트
③ 코르크　　④ 기포성 수지

해설 보온재
- ㉠ 유기질 : 펠트, 코르크, 기포성 수지(폼류), 텍스류, 석유, 농산물, 임산물 등
- ㉡ 무기질 : 탄산마그네슘, 암면, 석면 등

47 다음 중 옥내 노출배관의 보온재 외피시공 시 미관과 내구성을 고려했을 때 적합한 재료는?
① 면포　　② 아연도금강판
③ 비닐테이프　　④ 방수마포

해설 아연도금강판은 옥내 노출배관의 보온재 외피시공 시 미관과 내구성이 양호한 재료이다.

48 도시가스배관을 지하에 매설하는 중압 이상인 배관(a)과 지상에 설치하는 배관(b)의 표면색상으로 옳은 것은?
① (a) 적색, (b) 회색
② (a) 백색, (b) 적색
③ (a) 적색, (b) 황색
④ (a) 백색, (b) 황색

해설 도시가스배관의 표면색상
- ㉠ 매설배관 : 저압은 황색, 중압은 적색
- ㉡ 지상배관 : 황색

★ 49 냉매배관시공 시 주의사항으로 틀린 것은?
① 배관재료는 각각의 용도, 냉매종류, 온도를 고려하여 선택한다.
② 배관곡관부의 곡률반지름은 가능한 한 크게 한다.
③ 배관이 고온의 장소를 통과할 때는 단열조치 한다.
④ 기기 상호 간 배관길이는 되도록 길게 하고, 관경은 크게 한다.

해설 기기 상호 간 배관길이는 가능한 짧게 하고, 관지름은 규정에 맞도록 한다.

50 다음 중 이온화에 의한 금속부식에서 이온화경향이 가장 작은 금속은?
① Mg　　② Sn
③ Pb　　④ Al

해설 이온화경향 : K>Na>Ca>Mg>Al>Zn>Fe>Ni>Sn>Pb>Cu>Ag>Pt>Au

★ 51 온수난방배관시공 시 배관의 구배에 관한 설명으로 틀린 것은?
① 배관의 구배는 1/250 이상으로 한다.
② 단관중력환수식의 온수주관은 하향구배를 준다.
③ 상향복관환수식에서는 온수공급관, 복귀관 모두 하향구배를 준다.
④ 강제순환식은 배관의 구배를 자유롭게 한다.

해설 온수난방배관시공 시 배관의 구배
- ㉠ 공기빼기밸브, 팽창밸브는 상향구배, 배수밸브는 하향구배
- ㉡ 복관중력순환식
  - 상향공급식 : 공급관은 상향구배, 환수관은 하향구배
  - 하향공급식 : 공급관, 환수관 모두 하향구배

52 다음 냉동기호가 의미하는 밸브는 무엇인가?

① 체크밸브　　② 글로브밸브
③ 슬루스밸브　　④ 앵글밸브

해설
② 글로브밸브 :
③ 슬루스밸브 :
④ 앵글밸브 :

53 다음 중 기밀성, 수밀성이 뛰어나고 견고한 배관접속방법은?
① 플랜지접합　　② 나사접합
③ 소켓접합　　④ 용접접합

해설 기밀성, 수밀성이 뛰어나고 견고한 배관접속방법은 용접접합이다.

정답 46. ①　47. ②　48. ③　49. ④　50. ③　51. ③　52. ①　53. ④

54 송풍기의 토출측과 흡입측에 설치하여 송풍기의 진동이 덕트나 장치에 전달되는 것을 방지하기 위한 접속법은?

① 크로스커넥션(cross connection)
② 캔버스커넥션(canvas connection)
③ 서브스테이션(sub station)
④ 하트포드(hartford)접속법

해설 송풍기와 덕트의 접속에는 길이 150~300mm 정도의 캔버스이음쇠(canvas connection)를 삽입한다. 이것은 송풍기의 진동이 덕트나 장치에 전달되는 것을 방지하기 위해 송풍기의 토출측과 흡입측에 설치하는 것이다.

55 관의 끝을 나팔모양으로 넓혀 이음쇠의 테이퍼면에 밀착시키고 너트로 체결하는 이음으로 배관의 분해·결합이 필요한 경우에 이용하는 이음방법은?

① 빅토릭이음(victoric joint)
② 그립식 이음(grip type joint)
③ 플레어이음(flare joint)
④ 랩조인트(lap joint)

해설 ㉠ 플레어이음 : 삽입식 접속, 분리할 필요가 있는 부분의 호칭지름 32mm 이하
㉡ 플랜지이음 : 호칭지름 40mm 이상

★ 56 각 종류별 통기관경의 기준으로 틀린 것은?

① 건물의 배수탱크에 설치하는 통기관의 관경은 50mm 이상으로 한다.
② 각개통기관의 관경은 그것이 접속되는 배수관 관경의 $\frac{1}{2}$ 이상으로 한다.
③ 루프통기관의 관경은 배수수평지관과 통기수직관 중 작은 쪽 관경의 $\frac{1}{2}$ 이상으로 한다.
④ 신정통기관의 관경은 배수수직관의 관경보다 작게 해야 한다.

해설 배수수직관 상부의 관경을 축소하지 않고 연장하여 대기 중으로 개구해야 하는데, 이 연장된 관을 신정통기관(stack vent)이라 한다. 즉 신정통기관의 관경은 배수수직관의 관경보다 커야 한다.

57 냉동장치에서 증발기가 응축기보다 아래에 있을 때 압축기 정지 시 증발기로의 냉매흐름방지를 위해 설치하는 것은?

① 역구배 루프배관 ② 드렌처
③ 균압배관 ④ 안전밸브

해설 역구배 루프배관은 냉동장치에서 증발기가 응축기보다 아래에 있을 때 압축기 정지 시 증발기로의 냉매흐름방지를 위해 설치한다.

★ 58 중앙식 급탕법에 대한 설명으로 틀린 것은?

① 급탕장소가 많은 대규모 건물에 적당하다.
② 직접가열식은 저탕조와 보일러가 직결되어 있다.
③ 기수혼합식은 저압증기로 온수를 얻는 방법으로 사용장소에 제한을 받지 않는다.
④ 간접가열식은 특수한 내압용 보일러를 사용할 필요가 없다.

해설 기수혼합식의 사용증기압력은 0.1~0.4MPa(1~4kgf/cm²)로 저압증기는 아니며 장소에 제한을 받지 않는다. 소음이 커서 S형과 F형의 스팀사일런서를 부착한다.

★ 59 증기배관에서 증기와 응축수의 흐름방향이 동일할 때 증기관의 구배는? (단, 특수한 경우를 제외한다.)

① $\frac{1}{50}$ 이상의 순구배
② $\frac{1}{50}$ 이상의 역구배
③ $\frac{1}{250}$ 이상의 순구배
④ $\frac{1}{250}$ 이상의 역구배

해설 증기관배의 구배
㉠ 단관중력환수식 : 모두 앞내림구배
  • 상향공급식 : 1/100~1/200
  • 하향공급식 : 1/50~1/100
㉡ 복관중력환수식 : 건식환수관의 구배는 앞내림구배로 1/200
㉢ 진공환수식 : 건식환수관을 사용하고 앞내림구배로 1/200~1/300
따라서 증기와 응축수의 흐름방향이 동일한 경우는 복관중력환수식으로 $\frac{1}{250}$ 이 정답에 가깝다.

정답 54. ② 55. ③ 56. ④ 57. ① 58. ③ 59. ③

60 증기난방배관방법에서 리프트피팅을 사용할 때 1단의 흡상고높이는 얼마 이내로 해야 하는가?

① 4m 이내 ② 3m 이내
③ 2.5m 이내 ④ 1.5m 이내

해설 리프트피팅의 1단 흡상고는 높이 1.5m 이하로 설치한다.

제4과목 전기제어공학

61 15cm의 거리에 두 개의 도체구가 놓여있고, 이 도체구의 전하가 각각 +0.2μC, -0.4μC이라 할 때 -0.4μC의 전하를 접지하면 어떤 힘이 나타나겠는가?

① 반발력이 나타난다.
② 흡인력이 나타난다.
③ 접지되어 힘은 0이 된다.
④ 흡인력과 반발력이 반복된다.

해설 전하(electric charge)는 전기현상을 일으키는 주체적인 원인으로, 어떤 물질이 갖고 있는 전기의 양이다. 전하의 양을 전하량이라고 한다. 전하에는 양(+)과 음(-)의 두 종류가 있다. 같은 종류의 전하 사이에는 반발력, 다른 종류의 전하 사이에는 흡인력이 작용한다.

62 피드백제어에서 반드시 필요한 장치는?

① 구동장치
② 안정도를 좋게 하는 장치
③ 입력과 출력을 비교하는 장치
④ 응답속도를 빠르게 하는 장치

해설 피드백제어에서 반드시 필요한 장치는 입력과 출력을 비교하는 장치이다.

★
63 $v = 200\sin\left(120\pi t + \dfrac{\pi}{3}\right) V$인 전압의 순시값에서 주파수는 몇 Hz인가?

① 50 ② 55
③ 60 ④ 65

해설 주파수$(f) = \dfrac{\omega}{2\pi} = \dfrac{120\pi}{2\pi} = 60 Hz$

64 컴퓨터제어의 아날로그신호를 디지털신호로 변환하는 과정에서 아날로그신호의 최대값을 M, 변환기의 bit수를 3이라 하면 양자화오차의 최대값은 얼마인가?

① M ② $\dfrac{M}{2}$
③ $\dfrac{M}{7}$ ④ $\dfrac{M}{8}$

해설 A/D변환기에 2진수를 변환한 양자화오차는 $\dfrac{M}{x^3} = \dfrac{M}{2^3} = \dfrac{M}{8}$이다.

★
65 다음 그림에 대한 키르히호프법칙의 전류관계식으로 옳은 것은?

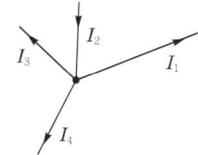

① $I_1 = I_2 - I_3 + I_4$ ② $I_1 = I_2 + I_3 + I_4$
③ $I_1 = I_2 - I_3 - I_4$ ④ $I_1 = -I_2 - I_3 - I_4$

해설 키르히호프의 전류법칙은 회로 내에 있는 임의의 접합점에서 들어오는 방향의 전류의 합과 나가는 방향의 전류의 합은 서로 같다. 즉 회로 내의 접합점에서 전하가 축적될 수 없다.

66 다음 그림과 같은 전체 주파수전달함수는? (단, A가 무한히 크다.)

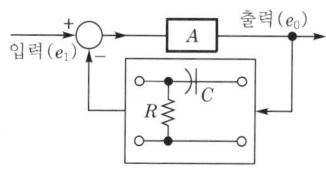

① $1 + jwCR$ ② $1 + \dfrac{1}{jwCR}$
③ $\dfrac{1}{1 + jwCR}$ ④ $\dfrac{1}{1 - jwCR}$

해설 $G(s) = \dfrac{C}{R} = 1 + \dfrac{1}{jwCR}$

정답 60. ④ 61. ② 62. ③ 63. ③ 64. ④ 65. ③ 66. ②

67 다음 그림의 전달함수를 계산하면?

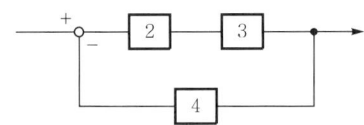

① 0.15 ② 0.22
③ 0.24 ④ 0.44

해설 $(R-CG_3)G_1G_2 = C$
$RG_1G_2 - CG_1G_2G_3 = C$
$RG_1G_2 = C(1+G_1G_2G_3)$
$\therefore \frac{C}{R} = \frac{G_1G_2}{1+G_1G_2G_3} = \frac{2\times 3}{1+2\times 3\times 4} = 0.24$

★
68 미분요소에 해당하는 것은? (단, K는 비례상수이다.)

① $G(s) = K$ ② $G(s) = Ks$
③ $G(s) = \frac{K}{s}$ ④ $G(s) = \frac{K}{Ts+1}$

해설 미분요소
  ㉠ P비례요소 : K
  ㉡ I적분요소 : $\frac{K}{s}$
  ㉢ D미분요소 : Ks
  ㉣ PI동작 : $1+\frac{1}{sT}$
  ㉤ PD동작 : $K(1+sT)$
  ㉥ PID동작 : $K\left(1+\frac{1}{sT}+sT\right)$

69 다음 그림과 같은 신호흐름선도에서 $\frac{x_2}{x_1}$를 구하면?

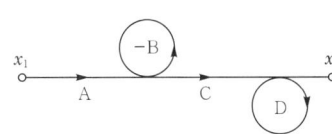

① $\frac{AC}{(1+B)(1+D)}$ ② $\frac{AC}{(1-B)(1+D)}$
③ $\frac{AC}{(1-B)(1-D)}$ ④ $\frac{AC}{(1+B)(1-D)}$

해설 $\frac{x_2}{x_1} = \frac{AC}{(1-(-B))(1-D)} = \frac{AC}{(1+B)(1-D)}$

70 제어량이 온도, 유량 및 액면 등과 같은 일반 공업량일 때의 제어는?

① 자동조정   ② 자력제어
③ 프로세스제어   ④ 프로그램제어

해설 프로세스제어는 제어시스템의 제어량인 온도, 압력, 습도 등을 제어하는 기법으로 이미 정해진 양에 의하여 제어된다. 주로 화학공장, 제지공장과 같은 생산공정관리에 널리 사용된다.

★
71 다음 그림에서 전류계의 측정범위를 10배로 하기 위한 전류계의 내부저항 $r[\Omega]$과 분류기저항 $R[\Omega]$과의 관계는?

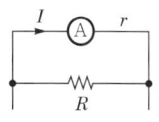

① $r = 9R$ ② $r = \frac{R}{9}$
③ $r = 10R$ ④ $r = \frac{R}{10}$

해설 전류의 측정범위를 넓히기 위해 전류계에 병렬로 달아주는 저항을 분류기 저항(shunt resistor)이라 한다.
$R = \frac{r}{n-1} = \frac{r}{10-1} = \frac{r}{9}$
$\therefore r = 9R$

72 온도보상용으로 사용되는 것은?

① SCR   ② 다이액
③ 다이오드   ④ 서미스터

해설 서미스터는 온도 상승에 따라 저항값이 작아지는 특성을 이용하여 온도보상용으로 사용되며 부온도특성을 가진 저항기이다.

73 $G(s) = \frac{1}{1+5s}$일 때 절점주파수 $\omega_0[\text{rad/s}]$를 구하면?

① 0.1   ② 0.2
③ 0.25   ④ 0.4

해설 절점주파수는 실수의 크기와 허수의 크기가 같을 때를 의미한다.

정답 67. ③ 68. ② 69. ④ 70. ③ 71. ① 72. ④ 73. ②

74 목표값이 시간적으로 변화하지 않는 일정한 제어는?
① 정치제어 ② 추종제어
③ 비율제어 ④ 프로그램제어

해설 정치제어는 시간에 관계없이 제어량을 어떤 일정한 목표값으로 유지하는 것을 목적으로 하는 제어법이다.

75 제벡효과(Seebeck effect)를 이용한 센서에 해당하는 것은?
① 저항변화용 ② 용량변화용
③ 전압변화용 ④ 인덕턴스변화용

해설 제벡효과는 전도체에 전류가 흐르지 않아도 에너지의 흐름에 의해 전압의 변화가 생기고, 이에 따라 기전력이 발생한다는 원리이다.

76 다음 그림과 같은 유접점회로를 간단히 한 회로는?

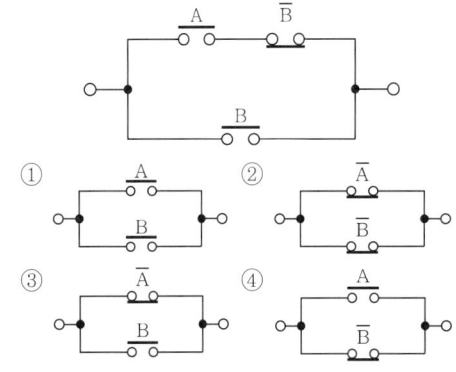

해설 $A\overline{B}+B = A+B$

★
77 3상 유도전동기의 출력이 15kW, 선간전압이 220V, 효율이 80%, 역률이 85%일 때 이 전동기에 유입되는 선전류는 약 몇 A인가?
① 33.4 ② 45.6
③ 57.9 ④ 69.4

해설 $I = \dfrac{출력(W)}{\sqrt{3}\,V\cos\theta\,\eta} = \dfrac{15,000}{\sqrt{3}\times 220\times 0.85\times 0.8} ≒ 57.9\text{A}$

78 폐루프제어계에서 제어요소가 제어대상에 주는 양은?
① 조작량 ② 제어량
③ 검출량 ④ 측정량

해설 조작량은 회전력, 열, 수증기, 빛 등과 같은 제어요소가 제어대상에 주는 양이다.

79 단위계단함수 $u(t)$의 그래프는?

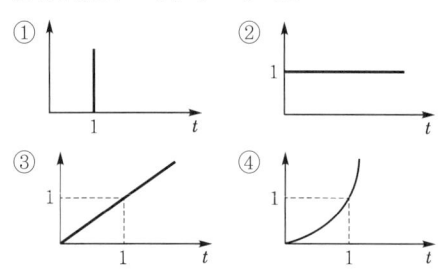

해설 단위계단함수 $u(t)$에서 $t=0$인 점은 $u(t)$의 유일한 불연속점이다.

★
80 직류기에서 전기자 반작용에 관한 설명으로 틀린 것은?
① 주자속이 감소한다.
② 전기자 기자력이 증대된다.
③ 전기적 중성축이 이동한다.
④ 자속의 분포가 한쪽으로 기울어진다.

해설 전기자 반작용
㉠ 주자속이 감소한다(유기기전력의 감소).
㉡ 중성축이 이동한다(회전방향).
㉢ 정류자편과 브러시 사이에 불꽃이 발생한다(정류 불량).

정답 74. ① 75. ③ 76. ① 77. ③ 78. ① 79. ② 80. ②

2018년 제2회 공조냉동기계산업기사

제1과목 공기조화

01 어떤 실내의 취득열량을 구했더니 감열이 40kW, 잠열이 10kW였다. 실내를 건구온도 25℃, 상대습도 50%로 유지하기 위해 취출온도차 10℃로 송풍하고자 한다. 이때 현열비(SHF)는?

① 0.6　　　② 0.7
③ 0.8　　　④ 0.9

해설　$SHF = \dfrac{현열}{전열량} = \dfrac{감열(현열)}{감열+잠열} = \dfrac{40}{40+10} = 0.8$

★ 02 실내취득열량 중 현열이 35kW일 때 실내온도를 26℃로 유지하기 위해 12.5℃의 공기를 송풍하고자 한다. 송풍량(m³/min)은? (단, 공기의 비열은 1.0kJ/kg·℃, 공기의 밀도는 1.2kg/m³로 한다.)

① 129.6　　　② 154.3
③ 308.6　　　④ 617.2

해설　$Q = \dfrac{감열량(\text{kcal/h})}{공기비중량 \times 비열 \times (유지온도-공급온도)}$
$= \dfrac{q_s}{\rho C_p \Delta t} = \dfrac{35 \times 60}{1.2 \times 1.0 \times (26-12.5)}$
$\fallingdotseq 129.6 \text{m}^3/\text{min}$

★ 03 다음 중 천장이나 벽면에 설치하고 기류방향을 자유롭게 조정할 수 있는 취출구는?

① 펑커루버형 취출구
② 베인형 취출구
③ 팬형 취출구
④ 아네모스탯형 취출구

해설　**펑커루버형 취출구**
㉠ 목을 움직여서 토출공기의 방향을 좌우상하로 바꿀 수 있고, 토출구에 달린 댐퍼로 풍량조절을 쉽게 할 수 있다.
㉡ 공기저항이 크다는 단점이 있으나 주방, 공장 등의 국소냉방에 주로 사용한다.

04 지하주차장 환기설비에서 천정부에 설치되어 있는 고속노즐로부터 취출되는 공기의 유인효과를 이용하여 오염공기를 국부적으로 희석시키는 방식은?

① 제트팬방식　　　② 고속덕트방식
③ 무덕트환기방식　④ 고속노즐방식

해설　고속노즐방식은 고속노즐로부터 취출되는 공기의 유인효과를 이용하는 방식이다.

05 고성능의 필터를 측정하는 방법으로 일정한 크기(0.3μm)의 시험입자를 사용하여 먼지의 수를 계측하는 시험법은?

① 중량법　　　② TETD/TA법
③ 비색법　　　④ 계수(DOP)법

해설　**여과효율의 측정법**
㉠ 계수법(DOP : Di-Octyl-Phthalate) : 고성능의 필터를 측정하는 방법으로 일정한 크기(0.3μm)의 시험입자를 사용하여 먼지의 수를 계측한다.
㉡ 중량법 : 비교적 큰 입자를 대상으로 측정하는 방법으로 필터에서 제거되는 먼지의 중량으로 효율을 결정한다.
㉢ 비색법(변색도법) : 비교적 작은 입자를 대상으로 하며, 필터의 상류와 하류에서 포집한 공기를 각각 여과지에 통과시켜 그 오염도를 광전관으로 측정한다.

06 냉동기를 구동시키기 위하여 여름에도 보일러를 가동하는 열원방식은?

① 터보냉동기방식
② 흡수식 냉동기방식
③ 빙축열방식
④ 열병합발전방식

해설　**흡수식 냉동기방식**
㉠ 냉동기를 구동시키기 위하여 여름에도 보일러를 가동하는 열원방식이다.
㉡ 다양한 열원(LNG, LPG, 증기, 고온수, 폐열, 배기가스)이 사용 가능한 열원방식이다.

정답　01. ③　02. ①　03. ①　04. ④　05. ④　06. ②

07 수관보일러의 종류가 아닌 것은?

① 노통연관식 보일러
② 관류보일러
③ 자연순환식 보일러
④ 강제순환식 보일러

해설 수관보일러는 자연순환식 보일러, 강제순환식 보일러, 관류식 보일러가 있다.

08 다음 중 습공기선도상에 표시되지 않는 것은?

① 비체적   ② 비열
③ 노점온도   ④ 엔탈피

해설 습공기선도상에는 비체적, 노점온도, 엔탈피, 절대습도, 상대습도, 건구온도, 습구온도, 절대온도, 포화도 등이 나타난다.

09 A상태에서 B상태로 가는 냉방과정으로 현열비는?

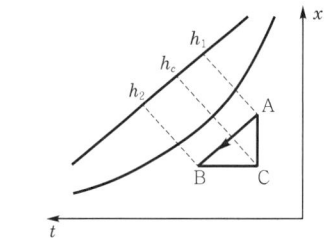

① $\dfrac{h_1 - h_2}{h_1 - h_c}$ ② $\dfrac{h_1 - h_c}{h_1 - h_2}$

③ $\dfrac{h_1 - h_c}{h_c - h_2}$ ④ $\dfrac{h_c - h_2}{h_1 - h_2}$

해설 $SHF = \dfrac{현열량}{전열량} = \dfrac{현열량}{현열량 + 잠열량} = \dfrac{h_c - h_2}{h_1 - h_2}$

10 단효용흡수식 냉동기의 능력이 감소하는 원인이 아닌 것은?

① 냉수 출구온도가 낮아질수록 심하게 감소한다.
② 압축비가 작을수록 감소한다.
③ 사용증기압이 낮아질수록 감소한다.
④ 냉각수 입구온도가 높아질수록 감소한다.

해설 단효용흡수식 냉동기의 압축비가 클수록 능력이 감소된다.

11 인접실, 복도, 상층, 하층이 공조되지 않는 일반사무실의 남측 내벽(A)의 손실열량(kcal/h)은? (단, 설계조건은 실내온도 20℃, 실외온도 0℃, 내벽 열통과율(k)은 1.6kcal/m²·h·℃로 한다.)

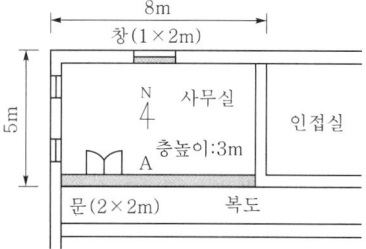

① 320   ② 872
③ 1,193   ④ 2,937

해설 $q = $ 열통과율 × (내벽면적 − 문면적)
$\times \left(실내온도 - \dfrac{실내온도 + 실외온도}{2} \right)$
$= 1.6 \times \{(8 \times 3) - (2 \times 2)\} \times \left(20 - \dfrac{20 + 0}{2} \right)$
$= 320 \text{kcal/h}$

12 다음 중 방열기의 종류로 가장 거리가 먼 것은?

① 주철제 방열기   ② 강판제 방열기
③ 컨벡터   ④ 응축기

해설 방열기의 종류에 주형(주철제), 대류형(강판제, 컨벡터), 벽걸이형(가로형, 세로형), 길드형(파이프에 핀 부착) 등이 있다.

13 개방식 냉각탑의 설계 시 유의사항으로 옳은 것은?

① 압축식 냉동기 1RT당 냉각열량은 3.26kW로 한다.
② 쿨링어프로치는 일반적으로 10℃로 한다.
③ 압축식 냉동기 1RT당 수량은 외기습구온도가 27℃일 때 8L/min 정도로 한다.
④ 흡수식 냉동기를 사용할 때 열량은 일반적으로 압축식 냉동기의 약 1.7~2.0배 정도로 한다.

해설 ① 압축식 냉동기 1RT당 냉각열량은 4.55kW(=3,900 kcal/h)로 한다.
② 쿨링어프로치는 일반적으로 5℃로 한다.
③ 압축식 냉동기 1RT당 수량은 외기습구온도가 27℃일 때 13L/min 정도로 한다.

정답 07. ① 08. ② 09. ④ 10. ② 11. ① 12. ④ 13. ④

14 공기의 가습방법으로 틀린 것은?
① 에어워셔에 의한 방법
② 얼음을 분무하는 방법
③ 증기를 분무하는 방법
④ 가습팬에 의한 방법

해설 공기의 가습방법
㉠ 에어워셔 : 단열가습, 증기를 분무하는 방법, 온수분무하는 방법, 가습팬에 의해 수증기를 사용하는 방법
㉡ 가습팬(증발식) : 증기 또는 전기가열기로 가열하는 소형 공조기용

15 다음은 난방부하에 대한 설명이다. ( )에 적당한 용어로서 옳은 것은?

> 겨울철에는 실내의 일정한 온도 및 습도를 유지하기 위하여 실내에서 손실된 (㉮)이나 부족한 (㉯)을 보충하여야 한다.

① ㉮ 수분량, ㉯ 공기량
② ㉮ 열량, ㉯ 공기량
③ ㉮ 공기량, ㉯ 열량
④ ㉮ 열량, ㉯ 수분량

해설 겨울철에는 실내를 일정한 온도 및 습도를 유지해야 한다. 이때 실내에서 손실된 열량이나 수분량을 보충해야 하며, 난방부하계산은 냉방부하계산보다 간단하게 된다.

★ 16 복사난방에 관한 설명으로 옳은 것은?
① 고온식 복사난방은 강판제 패널표면의 온도를 100℃ 이상으로 유지하는 방법이다.
② 파이프코일의 매설깊이는 균등한 온도분포를 위해 코일 외경과 동일하게 한다.
③ 온수의 공급 및 환수온도차는 가열면의 균일한 온도분포를 위해 10℃ 이상으로 한다.
④ 방이 개방상태에서도 난방효과가 있으나 동일 방열량에 대해 손실량이 비교적 크다.

해설 복사난방은 고온복사패널을 실내의 천장이나 벽 등에 설치하여 100~200℃ 정도의 고온수나 증기를 통하게 하여 복사난방하는 것이다. 규모가 큰 공장 등 열소모가 비교적 큰 장소에 이용된다.

17 다음 중 개방식 팽창탱크에 반드시 필요한 요소가 아닌 것은?
① 압력계
② 수면계
③ 안전관
④ 팽창관

해설 개방식 팽창탱크에는 수면계, 팽창관, 안전관, 오버플로관(overflow pipe), 배기관 등을 부설하고, 밀폐식 팽창탱크에는 수위계, 안전밸브, 압력계, 압축공기공급관으로 구성한다.

18 온수난방배관 시 유의사항으로 틀린 것은?
① 배관의 최저점에는 필요에 따라 배관 중의 물을 완전히 배수할 수 있도록 배수밸브를 설치한다.
② 배관 내 발생하는 기포를 배출시킬 수 있는 장치를 한다.
③ 팽창관 도중에는 밸브를 설치하지 않는다.
④ 증기배관과는 달리 신축이음을 설치하지 않는다.

해설 온수난방배관 시 난방장치배관의 신축이음은 스위블이음이다.

★ 19 일정한 건구온도에서 습공기의 성질변화에 대한 설명으로 틀린 것은?
① 비체적은 절대습도가 높아질수록 증가한다.
② 절대습도가 높아질수록 노점온도는 높아진다.
③ 상대습도가 높아지면 절대습도는 높아진다.
④ 상대습도가 높아지면 엔탈피는 감소한다.

해설 일정한 건구온도에서 습공기는 상대습도가 높아지면 엔탈피는 증가한다.

20 난방부하의 변동에 따른 온도조절이 쉽고 열용량이 커서 실내의 쾌감도가 좋으며 공급온도를 변화시킬 수 있고 방열기밸브로 방열량을 조절할 수 있는 난방방식은 어느 것인가?
① 온수난방방식
② 증기난방방식
③ 온풍난방방식
④ 냉매난방방식

정답 14. ② 15. ④ 16. ① 17. ① 18. ④ 19. ④ 20. ①

해설 온수난방방식
ㄱ) 증기난방보다 상하온도차가 작고 쾌감도가 크다.
ㄴ) 온도조절이 용이하고 취급이 간단하다.
ㄷ) 열용량이 커서 예열시간이 길다.
ㄹ) 보일러 정지 후에도 여열에 의해 실내난방이 어느 정도 지속된다.

제2과목 냉동공학

21 냉동장치의 액분리기에 대한 설명으로 바르게 짝지어진 것은?

ⓐ 증발기와 압축기 흡입측 배관 사이에 설치한다.
ⓑ 기동 시 증발기 내의 액이 교란되는 것을 방지한다.
ⓒ 냉동부하의 변동이 심한 장치에는 사용하지 않는다.
ⓓ 냉매액이 증발기로 유입되는 것을 방지하기 위해 사용한다.

① ⓐ, ⓑ   ② ⓒ, ⓓ
③ ⓐ, ⓒ   ④ ⓑ, ⓒ

해설 어큐뮬레이터(액분리기)는 증발기와 압축기 사이에 설치하며, 압축기 흡입가스 중에 섞여 있는 냉매액을 분리, 액압축을 방지하고 압축기를 보호하며 기동 시 증발기 내 액교란을 방지한다.

22 증기압축식 냉동장치에서 응축기의 역할로 옳은 것은?

① 대기 중으로 열을 방출하여 고압의 기체를 액화시킨다.
② 저온, 저압의 냉매기체를 고온, 고압의 기체로 만든다.
③ 대기로부터 열을 흡수하여 열에너지를 저장한다.
④ 고온, 고압의 냉매기체를 저온, 저압의 기체로 만든다.

해설 응축기는 압축기에서 고온, 고압이 된 냉매가스를 냉각시켜 액체냉매로 만드는 것이다. 즉 대기 중으로 열을 방출하여 고압의 기체를 액화시킨다.

★
23 다음 중 공비혼합냉매는 무엇인가?

① R-401A   ② R-501
③ R-717   ④ R-600

해설 냉매
ㄱ) 10~50번대 : 메탄계 할로겐화 탄소화물
ㄴ) 110~170번대 : 에탄계 할로겐화 탄소화물
ㄷ) 200~290번대 : 프로판계 할로겐화 탄소화물
ㄹ) C300번대 : 환상 부탄계 할로겐화 탄소화물
ㅁ) 400번대 : 비공비혼합냉매
ㅂ) 500번대 : 공비혼합냉매(R-500 : R-12+R-152, R-501 : R-12+R-22, R-502 : R-12+R-115, R-503 : R-13+R-23, R-504 : R-32+R-115)
ㅅ) 600번대 : 탄화수소 - 부탄계열, 610번대 : 산화합물, 620번대 : 유황화합물, 630번대 : 질소화합물
ㅇ) 700번대 : 무기화합물
ㅈ) 1,000번대 : 불포화 유기화합물

★
24 스크롤압축기의 특징에 대한 설명으로 틀린 것은?

① 부품수가 적고 고속회전이 가능하다.
② 소요토크의 영향으로 토출가스의 압력변동이 심하다.
③ 진동, 소음이 적다.
④ 스크롤의 설계에 의해 압축비가 결정되는 특징이 있다.

해설 스크롤압축기의 특징
ㄱ) 부품수가 적고 고효율, 저소음, 저진동, 고신뢰성을 기대할 수 있으며 고속회전이 가능하다.
ㄴ) 토크변동이 적다.
ㄷ) 균일한 흐름, 적은 소음, 진동이 거의 없다.
ㄹ) 스크롤의 설계에 의해 압축비가 결정되는 특징이 있다.
ㅁ) 압축기의 효율은 왕복식에 비해 통상 10~15% 크다.
ㅂ) 고정스크롤, 선회스크롤, 자전방지커플링, 크랭크축 등으로 구성되어 있으며, 흡입밸브와 배기밸브가 필요 없으므로 압축하는 동안 가스흐름이 지속적으로 유지된다.
ㅅ) 인벌류트치형의 선회운동하는 용적형 압축기이다.

25 프레온냉매를 사용하는 수냉식 응축기의 순환수량이 20L/min이며 냉각수 입·출구온도차가 5.5℃였다면 이 응축기의 방출열량(kcal/h)은?

① 110   ② 6,000
③ 6,600 ④ 700

해설 $Q_c = WC\Delta t = 20 \times 60 \times 1 \times 5.5 = 6,600 \text{kcal/h}$

정답 21. ① 22. ① 23. ② 24. ② 25. ③

26 냉동장치의 압력스위치에 대한 설명으로 틀린 것은?

① 고압스위치는 이상고압이 될 때 냉동장치를 정지시키는 안전장치이다.
② 저압스위치는 냉동장치의 저압측 압력이 지나치게 저하하였을 때 전기회로를 차단하는 장치이다.
③ 고·저압스위치는 고압스위치와 저압스위치를 조합하여 고압측이 일정 압력 이상이 되거나 저압측이 일정 압력보다 낮으면 압축기를 정지시키는 스위치이다.
④ 유압스위치는 윤활유압력이 어떤 원인으로 일정 압력 이상으로 된 경우 압축기의 훼손을 방지하기 위하여 설치하는 보조장치이다.

해설 유압스위치(OPS)는 유압이 일정 압력 이하일 때 냉동기를 정지시킨다.

27 엔트로피에 관한 설명으로 틀린 것은?

① 엔트로피는 자연현상의 비가역성을 나타내는 척도가 된다.
② 엔트로피를 구할 때 적분경로는 반드시 가역변화여야 한다.
③ 열기관이 가역사이클이면 엔트로피는 일정하다.
④ 열기관이 비가역사이클이면 엔트로피는 감소한다.

해설 엔트로피는 열역학 제2법칙으로부터 유도된 상태량으로, 비가역사이클인 경우 엔트로피는 증가한다.

★
28 밀폐계에서 10kg의 공기가 팽창 중 400kJ의 열을 받아서 150kJ의 내부에너지가 증가하였다. 이 과정에서 계가 한 일(kJ)은?

① 550   ② 250
③ 40   ④ 15

해설 $Q = (U_2 - U_1) + {}_1W_2$ [kJ]
∴ ${}_1W_2 = Q - (U_2 - U_1) = 400 - 150 = 250$ kJ
별해 $\Delta U = q - Aw = 400 - 150 = 250$ kJ

29 냉동장치의 냉동능력이 3RT이고, 이때 압축기의 소요동력이 3.7kW이었다면 응축기에서 제거해야 할 열량(kcal/h)은?

① 9,860   ② 13,142
③ 18,250 ④ 25,500

해설 $Q_c = Q_e + AW$
$= 3 \times 3,320 + 3.7 \times 860 = 13,142$ kcal/h

30 2단 압축식 냉동장치에서 증발압력부터 중간 압력까지 압력을 높이는 압축기를 무엇이라고 하는가?

① 부스터   ② 이코노마이저
③ 터보   ④ 루트

해설 증발압력에서 중간 압력까지 높이는 압축기인 저단압축기를 부스터라 한다.

31 R-22냉매의 압력과 온도를 측정하였더니 압력이 15.8kg/cm² abs, 온도가 30℃였다. 이 냉매의 상태는 어떤 상태인가? (단, R-22냉매의 온도가 30℃일 때 포화압력은 12.25kg/cm² abs이다.)

① 포화상태   ② 과열상태인 증기
③ 과냉상태인 액체 ④ 응고상태인 고체

해설 R-22냉매에서 포화온도보다 높은데 온도가 오르지 못했다는 것은 과냉상태인 액체상태이다.

★
32 표준냉동사이클에 대한 설명으로 옳은 것은?

① 응축기에서 버리는 열량은 증발기에서 취하는 열량과 같다.
② 증기를 압축기에서 단열압축하면 압력과 온도가 높아진다.
③ 팽창밸브에서 팽창하는 냉매는 압력이 감소함과 동시에 열을 방출한다.
④ 증발기 내에서의 냉매증발온도는 그 압력에 대한 포화온도보다 낮다.

해설 증기를 압축기에서 단열압축($S = C$)하면
$\dfrac{T_2}{T_1} = \left(\dfrac{P_2}{P_1}\right)^{\frac{k-1}{k}}$ 이므로 압력과 온도가 높아진다.

정답 26. ④ 27. ④ 28. ② 29. ② 30. ① 31. ③ 32. ②

33 다음 중 압축기의 보호를 위한 안전장치로 바르게 나열된 것은?

① 가용전, 고압스위치, 유압보호스위치
② 고압스위치, 안전밸브, 가용전
③ 안전밸브, 안전두, 유압보호스위치
④ 안전밸브, 가용전, 유압보호스위치

해설 ㉠ 압축기 : 안전밸브, 안전두, 유압보호스위치
㉡ 기타 : 가용전, 파열판, 고압차단스위치

34 브라인냉각장치에서 브라인의 부식방지처리법이 아닌 것은?

① 공기와 접촉시키는 순환방식 채택
② 브라인의 pH를 7.5~8.2 정도로 유지
③ $CaCl_2$방청제 첨가
④ NaCl방청제 첨가

해설 브라인의 부식방지를 위해서는 밀폐순환식을 채용하여 공기에 접촉하지 않게 해야 한다.

★
35 암모니아냉동장치에서 팽창밸브 직전의 냉매액의 온도가 25℃이고, 압축기 흡입가스가 -15℃인 건조포화증기이다. 냉동능력 15RT가 요구될 때 필요냉매순환량(kg/h)은? (단, 냉매순환량 1kg당 냉동효과는 269kcal이다.)

① 168 ② 172
③ 185 ④ 212

해설 $G = \dfrac{냉동능력}{냉동효과} = \dfrac{Q_e}{q_e} = \dfrac{15 \times 3{,}320}{269} \fallingdotseq 185\text{kg/h}$

36 냉동장치의 운전에 관한 유의사항으로 틀린 것은?

① 운전휴지기간에는 냉매를 회수하고, 저압측의 압력은 대기압보다 낮은 상태로 유지한다.
② 운전 정지 중에는 오일리턴밸브를 차단시킨다.
③ 장시간 정지 후 시동 시에는 누설 여부를 점검 후 기동시킨다.
④ 압축기를 기동시키기 전에 냉각수펌프를 기동시킨다.

해설 펌프다운 시 저압측 압력은 대기압 정도로 한다.

★
37 암모니아냉동장치에서 압축기의 토출압력이 높아지는 이유로 틀린 것은?

① 장치 내 냉매충전량이 부족하다.
② 공기가 장치에 혼입되었다.
③ 순환냉각수량이 부족하다.
④ 토출배관 중의 폐쇄밸브가 지나치게 조여져 있다.

해설 압축기의 토출압력이 높아지는 이유
㉠ 장치 내에 냉매가 과잉충전되었기 때문
㉡ 응축온도가 높아져 있기 때문
㉢ 냉각관 내 물때 및 스케일이 끼어있기 때문

38 다음 그림에서 냉동효과(kcal/kg)는 얼마인가?

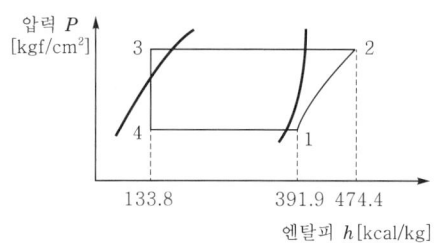

① 340.6 ② 258.1
③ 82.5   ④ 3.13

해설 $q_e = h_1 - h_4 = 391.9 - 133.8 = 258.1\text{kcal/kg}$

39 액분리기(Accumulator)에서 분리된 냉매의 처리방법이 아닌 것은?

① 가열시켜 액을 증발시킨 후 응축기로 순환시킨다.
② 증발기로 재순환시킨다.
③ 가열시켜 액을 증발시킨 후 압축기로 순환시킨다.
④ 고압측 수액기로 회수한다.

해설 액분리기에서 분리된 냉매의 처리방법
㉠ 가열시켜 액을 증발시키고 압축기로 회수한다.
㉡ 만액식 증발기의 경우에는 증발기에 재순환시켜 사용한다.
㉢ 소형장치에서 열교환기를 이용하여 압축기로 회수한다.
㉣ 액회수장치를 이용하여 고압수액기로 회수한다.

정답 33. ③ 34. ① 35. ③ 36. ① 37. ① 38. ② 39. ①

40 4마력(PS)기관이 1분간에 하는 일의 열당량(kcal)은?

① 0.042　② 0.42
③ 4.2　④ 42.1

해설 $Q = AW = \dfrac{1}{427} \times 4 \times 75 \times 60 = 42.1 \text{kcal}$

제3과목　배관일반

41 온수난방배관시공 시 유의사항에 관한 설명으로 틀린 것은?

① 배관은 1/250 이상의 일정 기울기로 하고 최고부에 공기빼기밸브를 부착한다.
② 고장 수리용으로 배관의 최저부에 배수밸브를 부착한다.
③ 횡주배관 중에 사용하는 리듀서는 되도록 편심리듀서를 사용한다.
④ 횡주관의 관말에는 관말트랩을 부착한다.

해설 트랩의 증기난방배관에 필요하다.

42 다음은 횡형 셸튜브타입 응축기의 구조도이다. 열전달효율을 고려하여 냉매가스의 입구측 배관은 어느 곳에 연결하여야 하는가?

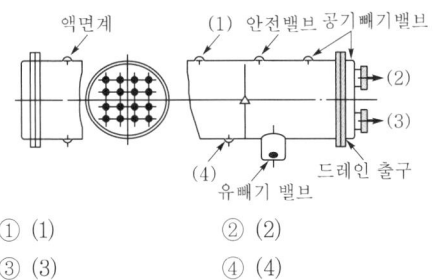

① (1)　② (2)
③ (3)　④ (4)

해설 횡형 셸튜브타입 응축기의 구조도

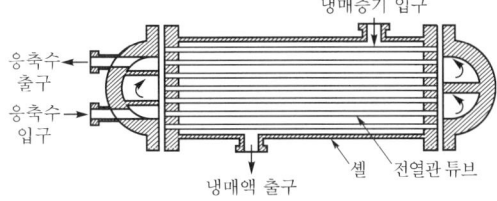

43 다음 중 중압가스용 지중매설관배관재료로 가장 적합한 것은?

① 경질염화비닐관
② PE피복강관
③ 동합금관
④ 이음매 없는 피복황동관

해설 PE피복강관
㉠ 중압가스용 지중매설관배관재료로 사용된다.
㉡ 에폭시수지, 폴리에틸렌, 폴리에스텔, 페놀수지 등의 합성수지를 spray-up 또는 부쳐서 관의 안팎에 라이닝한 강관을 말한다.
㉢ 내열, 내약품성 등 사용목적에 따라 피복수지의 선택이 필요하다.

44 급수관의 지름을 결정할 때 급수 본관인 경우 관내의 유속은 일반적으로 어느 정도로 하는 것이 적절한가?

① 1~2m/s　② 3~6m/s
③ 10~15m/s　④ 20~30m/s

해설 급수 본관 관내의 유속은 1~2m/s 정도로 제한한다.

★
45 펌프 주변 배관설치 시 유의사항으로 틀린 것은?

① 흡입관은 되도록 길게 하고 굴곡 부분은 적게 한다.
② 펌프에 접속하는 배관의 하중이 직접 펌프로 전달되지 않도록 한다.
③ 배관의 하단부에는 드레인밸브를 설치한다.
④ 흡입측에는 스트레이너를 설치한다.

해설 펌프 주변 배관설치 시 흡입관은 되도록 짧게 하고, 굴곡반지름은 크게 하고, 굴곡 부분은 적게 해야 한다.

46 증기난방설비시공 시 수평주관으로부터 분기입상시키는 경우 관의 신축을 고려하여 2개 이상의 엘보를 이용하여 설치하는 신축이음은?

① 스위블이음　② 슬리브이음
③ 벨로즈이음　④ 플렉시블이음

해설 신축이음은 스위블이음(2개 이상 엘보), 슬리브이음(석면패킹 사용), 루프형 이음(만곡형으로 고온 고압용), 벨로즈이음(파형) 등이 있다.

정답　40. ④　41. ④　42. ①　43. ②　44. ①　45. ①　46. ①

47 암모니아냉매배관에 사용하기 가장 적합한 것은?
① 알루미늄합금관   ② 동관
③ 아연관   ④ 강관

해설 냉매배관의 재료
ⓐ 암모니아냉매배관 : 철, 강
ⓑ 프레온냉매배관 : 동, 동합금

48 플로트트랩의 장점이 아닌 것은?
① 다·소량의 응축수 모두 처리 가능하다.
② 넓은 범위의 압력에서 작동한다.
③ 견고하고 증기해머에 강하다.
④ 자동에어벤트가 있어 공기배출능력이 우수하다.

해설 플로트(부자)가 부착되어 있어 증기해머에 약하다.

49 냉동배관재료로서 갖추어야 할 조건으로 틀린 것은?
① 저온에서 강도가 커야 한다.
② 내식성이 커야 한다.
③ 관내 마찰저항이 커야 한다.
④ 가공 및 시공성이 좋아야 한다.

해설 관내 마찰저항이 작아야 한다.

50 보온재의 구비조건으로 틀린 것은?
① 열전도율이 클 것
② 불연성일 것
③ 내식성 및 내열성이 있을 것
④ 비중이 적고 흡습성이 적을 것

해설 보온재의 구비조건
ⓐ 열전도율이 작을 것
ⓑ 균열, 신축이 적을 것

51 저온배관용 탄소강관의 기호는?
① STBH   ② STHA
③ SPLT   ④ STLT

해설 ① STBH : 보일러 열교환기용 탄소강강관
② STHA : 보일러 열교환기용 합금강관
④ STLT : 저온열교환기용 강관

52 흡수식 냉동기 주변 배관에 관한 설명으로 틀린 것은?
① 증기조절밸브와 감압밸브장치는 가능한 냉동기 가까이에 설치한다.
② 공급주관의 응축수가 냉동기 내에 유입되도록 한다.
③ 증기관에는 신축이음 등을 설치하여 배관의 신축으로 발생하는 응력이 냉동기에 전달되지 않도록 한다.
④ 증기드레인제어방식은 진공펌프로 냉동기 내의 드레인을 직접 압출하도록 한다.

해설 공급주관의 응축수가 냉동기 내에 유입되지 않도록 해야 한다.

53 급수관의 관지름 결정 시 유의사항으로 틀린 것은?
① 관길이가 길면 마찰손실도 커진다.
② 마찰손실은 유량, 유속과 관계가 있다.
③ 가는 관을 여러 개 쓰는 것이 굵은 관을 쓰는 것보다 마찰손실이 적다.
④ 마찰손실은 고저차가 크면 클수록 손실도 커진다.

해설 굵은 관을 사용하는 것이 마찰손실이 적다.

54 동합금납땜 관이음쇠와 강관의 이종관접합 시 1개의 동합금납땜 관이음쇠로 90° 방향전환을 위한 부속의 접합부 기호 및 종류로 옳은 것은?
① C×F 90° 엘보   ② C×M 90° 엘보
③ F×F 90° 엘보   ④ C×M 어댑터

해설 이종관접합
ⓐ C×F : 동관납땜과 암나사로 구성된 어댑터로, 암나사 부분에 수나사의 수도꼭지 등 기구 부착 가능
ⓑ C×M : 동관납땜과 수나사로 구성된 어댑터로, 수나사 부분에 여러 부속 부착 가능

참고 방향전환 : 엘보, 벤드

55 관의 보랭시공의 주된 목적은?
① 물의 동결방지   ② 방열방지
③ 결로방지   ④ 인화방지

해설 관을 보랭시공하는 것은 결로방지이다.

정답 47. ④ 48. ③ 49. ③ 50. ① 51. ③ 52. ② 53. ③ 54. ① 55. ③

56 다음 기호가 나타내는 밸브는?

① 증발압력조정밸브
② 유압조정밸브
③ 용량조정밸브
④ 흡입압력조정밸브

해설 ㉠ 용량조정밸브(Capacity Adjusting Valve) : 유체의 용량을 조정하는 밸브이다.
㉡ 증발압력조정밸브(EPR) : 증발압력이 일정 이하가 되는 것을 방지(증발기 내 과대 건조방지 목적)한다.
㉢ 흡입압력조정밸브(SPR) : 흡입압력이 일정 이상이 되는 것을 방지(압축기 전동기 과부하방지 목적)한다.
㉣ 오일안전밸브(Oil Relief Valve) : 유순환계통 내에서 이상유압 상승 시 크랭크케이스 내로 오일을 회수하여 유압 상승으로 인한 파손 및 오일해머 등을 방지하기 위해 큐노필터 후방에 나사로 끼워져 있다.

57 공장에서 제조 정제된 가스를 저장하여 가스품질을 균일하게 유지하면서 제조량과 수요량을 조절하는 장치는?

① 정압기
② 가스홀더
③ 가스미터
④ 압송기

해설 가스홀더는 공장에서 제조 정제된 가스를 저장하여 가스품질을 균일하게 유지하면서 제조량과 수요량을 조절하는 장치이다. 저압식으로 유수식, 무수식 가스홀더가 있으며, 중·고압식으로 원통형 및 구형이 있다.

★
58 증기난방과 비교하여 온수난방의 특징에 대한 설명으로 틀린 것은?

① 온수난방은 부하변동에 대응한 온도조절이 쉽다.
② 온수난방은 예열하는 데 많은 시간이 걸리지만 잘 식지 않는다.
③ 연료소비량이 적다.
④ 온수난방의 설비비가 저가인 점이 있으나 취급이 어렵다.

해설 온수난방은 온도조절이 용이하고 취급이 증기보일러보다 간단하다.

★
59 음용수배관과 음용수 이외의 배관이 접속되어 서로 혼합을 일으켜 음용수가 오염될 가능성이 큰 배관 접속방법은?

① 하트포드이음
② 리버스리턴이음
③ 크로스이음
④ 역류방지이음

해설 크로스이음(커넥션, cross connection)은 급수계통이 오염될 염려가 있는 경우의 이음방법이다.

60 증기난방방식에서 응축수환수방법에 따른 분류가 아닌 것은?

① 중력환수식
② 진공환수식
③ 정압환수식
④ 기계환수식

해설 응축수환수방법에는 중력환수식(응축수를 중력작용으로 환수), 기계환수식(펌프로 보일러에 강제환수), 진공환수식(진공펌프로 환수관 내 응축수와 공기를 환수하는 방법으로 증기의 순환이 가장 빠른 방법) 등이 있다.

제4과목 전기제어공학

61 다음 그림과 같은 논리회로의 출력 Y는?

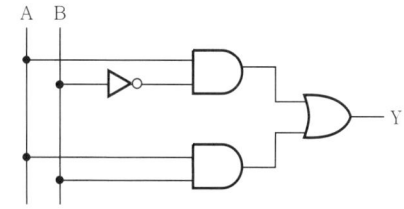

① $Y = AB + A\overline{B}$
② $Y = \overline{A}B + AB$
③ $Y = \overline{A}B + A\overline{B}$
④ $Y = \overline{A}\overline{B} + A\overline{B}$

★
62 직류전동기의 속도제어방법 중 속도제어의 범위가 가장 광범위하며 운전효율이 양호한 것으로 워드레너드방식과 정지레너드방식이 있는 제어법은?

① 저항제어법
② 전압제어법
③ 계자제어법
④ 2차 여자제어법

해설 직류전동기의 속도제어방법(계자제어법, 직렬저항법, 전압제어법) 중 속도제어의 범위가 가장 광범위하며 운전효율이 양호하고 워드레너드방식과 정지레너드방식이 있는 제어법은 전압제어법이다.

정답 56. ② 57. ② 58. ④ 59. ③ 60. ③ 61. ① 62. ②

63 되먹임제어의 종류에 속하지 않는 것은?

① 순서제어 ② 정치제어
③ 추치제어 ④ 프로그램제어

해설 피드백(되먹임)제어는 입출력을 비교하는 장치가 반드시 있어야 하고 기계 스스로 판단하여 수정동작을 하는 방식으로 정치제어, 추치제어(추종제어, 프로그램제어, 비율제어)가 속한다.

64 다음 그림과 같은 신호흐름선도에서 $\dfrac{C}{R}$를 구하면?

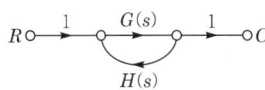

① $\dfrac{G(s)H(s)}{1-G(s)H(s)}$ ② $\dfrac{G(s)}{1+G(s)H(s)}$

③ $\dfrac{G(s)H(s)}{1+G(s)H(s)}$ ④ $\dfrac{G(s)}{1-G(s)H(s)}$

해설 $G_1 = G(s)$, $\Delta_1 = 1$, $L_{11} = G(s)H(s)$
$\Delta = 1 - L_{11} = 1 - G(s)H(s)$
$\therefore G = \dfrac{C}{R} = \dfrac{G_1 \Delta_1}{\Delta} = \dfrac{G(s)}{1 - G(s)H(s)}$

★
65 어떤 제어계의 단위계단 입력에 대한 출력응답 $c(t) = 1 - e^{-t}$로 되었을 때 지연시간 $T_d(s)$는?

① 0.693 ② 0.346
③ 0.278 ④ 1.386

해설 지연시간은 목표값(최종값)의 50%에 도달하는 시간이므로 $c(t) = 0.5$, $t = T_d$ 적용하면
$c(t) = 1 - e^{-t}$
$0.5 = 1 - e^{-T_d}$
$e^{-T_d} = 0.5$
$\therefore T_d = -\ln 0.5 = -0.693$

66 열처리 노의 온도제어는 어떤 제어에 속하는가?

① 자동조정 ② 비율제어
③ 프로그램제어 ④ 프로세스제어

해설 프로그램제어는 목표치가 시간과 함께 미리 정해진 변화를 하는 제어로서 열처리의 온도제어, 열차의 무인운전, 엘리베이터, 무인자판기 등이 여기에 속한다.

67 제어량은 회전수, 전압, 주파수 등이 있으며, 이 목표치를 장기간 일정하게 유지시키는 것은?

① 서보기구 ② 자동조정
③ 추치제어 ④ 프로세스제어

해설 자동조정은 전압, 전류, 주파수 등의 양을 주로 제어하는 것으로, 응답속도가 빨라야 하는 것이 특징이며 정전압장치나 발전기 및 조속기의 제어 등에 활용하는 제어방법이다.

★
68 다음 그림과 같은 RL직렬회로에 구형파 전압을 인가했을 때 전류 i를 나타내는 식은?

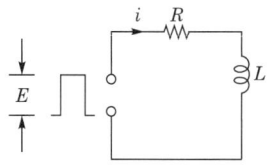

① $i = \dfrac{E}{R} e^{-\frac{R}{L}t}$ ② $i = ERe^{-\frac{R}{L}t}$

③ $i = \dfrac{E}{R}\left(1 - e^{-\frac{L}{R}t}\right)$ ④ $i = \dfrac{E}{R}\left(1 - e^{-\frac{R}{L}t}\right)$

해설 ㉠ $i = \dfrac{E}{R}\left(1 - e^{-\frac{R}{L}t}\right)$[A]

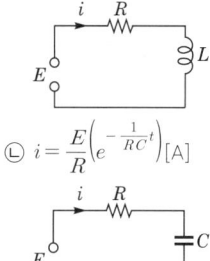

㉡ $i = \dfrac{E}{R}\left(e^{-\frac{1}{RC}t}\right)$[A]

69 어떤 제어계의 임펄스응답이 $\sin \omega t$일 때 계의 전달함수는?

① $\dfrac{\omega}{s + \omega}$ ② $\dfrac{\omega^2}{s + \omega}$

③ $\dfrac{s}{s + \omega^2}$ ④ $\dfrac{\omega}{s^2 + \omega^2}$

해설 $G(s) = C(s) = \mathcal{L}^{-1} \sin wt = \dfrac{w}{s^2 + w^2}$

참고 라플라스변환식

함수명	$f(t)$	$F(s)$
단위계단함수	$u(t) = 1$	$\dfrac{1}{s}$
단위램함수	t	$\dfrac{1}{s^2}$
지수감쇠함수	e^{-at}	$\dfrac{1}{s+a}$
정현파함수	$\sin wt$	$\dfrac{w}{s^2 + w^2}$
여현파함수	$\cos wt$	$\dfrac{s}{s^2 + w^2}$

70 배리스터의 주된 용도는?

① 온도측정용
② 전압증폭용
③ 출력전류조절용
④ 서지전압에 대한 회로보호용

해설 배리스터(varistor)의 용도는 서지전압에 대한 회로보호용으로, 비직선적인 전압-전류특성을 갖는 2단자 반도체소자이다.

71 ★ 다음 블록선도의 입력과 출력이 일치하기 위해서 A에 들어갈 전달함수는?

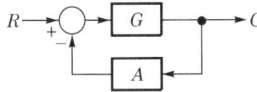

① $\dfrac{1+G}{G}$ ② $\dfrac{G}{G+1}$

③ $\dfrac{G-1}{G}$ ④ $\dfrac{G}{G-1}$

해설 $C = RG - CGA$
$C(1 + GA) = RG$
$C = R$를 같다고 보면
$1 + GA = G$
$\therefore A = \dfrac{G-1}{G}$

72 다음 블록선도 중 비례적분제어기를 나타낸 블록선도는?

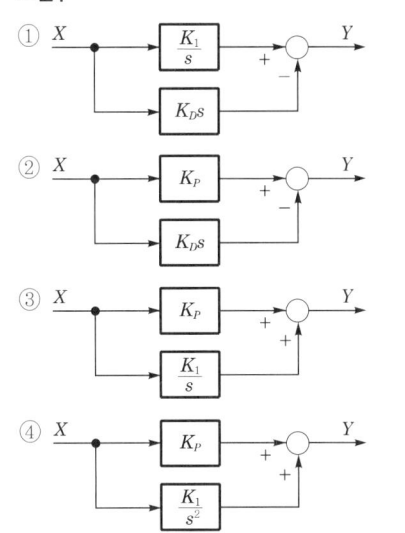

해설 ㉠ 비례적분(PI)

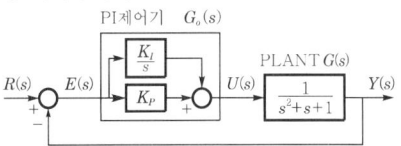

㉡ 비례적분미분(PID)

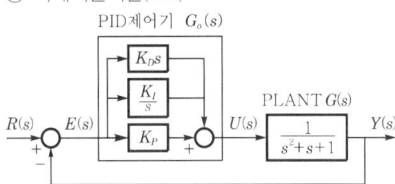

㉢ 비례(P)

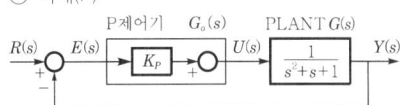

73 피드백제어계의 구성요소 중 동작신호에 해당되는 것은?

① 목표값과 제어량의 차
② 기준 입력과 궤환신호의 차
③ 제어량에 영향을 주는 외적신호
④ 제어요소가 제어대상에 주는 신호

해설 피드백제어계의 동작신호는 기준 입력과 궤환신호의 차이다.

정답 70. ④ 71. ③ 72. ③ 73. ②

74 제어계의 응답속응성을 개선하기 위한 제어동작은?

① D동작 　② I동작
③ PD동작 　④ PI동작

해설 비례미분제어(PD동작) : 응답속응성 개선 향상, 과도특성 개선, 진상보상회로에 해당

75 동기속도가 3,600rpm인 동기발전기의 극수는 얼마인가? (단, 주파수는 60Hz이다.)

① 2극 　② 4극
③ 6극 　④ 8극

해설 $N = \dfrac{120f}{P}$

$\therefore P = \dfrac{120}{N}f = \dfrac{120}{3,600} \times 60 = 2극$

★ 76 전류 $I = 3t^2 + 6t$를 어떤 전선에 5초 동안 통과시켰을 때 전기량은 몇 C인가?

① 140 　② 160
③ 180 　④ 200

해설 $Q = \displaystyle\int_0^t I dt = \int_0^5 (3t^2 + 6t)dt$

$= \left[\dfrac{3}{3}t^3 + \dfrac{6}{2}t^2\right]_0^5 = \dfrac{3}{3}\times 5^3 + \dfrac{6}{2}\times 5^2$

$= 200 C$

77 전자회로에서 온도보상용으로 많이 사용되고 있는 소자는?

① 저항 　② 코일
③ 콘덴서 　④ 서미스터

해설 서미스터는 온도 상승에 따라 저항값이 작아지는 특성을 이용하여 온도보상용으로 사용되며 부온도특성을 가진 저항기이다.

★ 78 어떤 제어계의 입력이 단위임펄스이고 출력 $c(t) = te^{-3t}$이었다. 이 계의 전달함수 $G(s)$는?

① $\dfrac{1}{(s+3)^2}$ 　② $\dfrac{t}{(s+3)^2}$

③ $\dfrac{s}{(s+3)^2}$ 　④ $\dfrac{1}{(s+2)(s+1)}$

해설 $\mathcal{L}[te^{-3t}] = -\dfrac{d}{ds}\mathcal{L}[e^{-3t}] = -\dfrac{d}{ds}\left(\dfrac{1}{s+3}\right) = \dfrac{1}{(s+3)^2}$

79 $s^2 + 2\delta\omega_n s + \omega_n^2 = 0$인 계가 무제동진동을 할 경우 δ의 값은?

① $\delta = 0$ 　② $\delta < 1$
③ $\delta = 1$ 　④ $\delta > 1$

해설 무제동진동
㉠ $\delta = 0$인 경우 : 무제동(무한진동 또는 완전진동)
㉡ $\delta < 1$인 경우 : 부족제동(감쇠진동)
㉢ $\delta = 1$인 경우 : 임계제동(임계상태)
㉣ $\delta > 1$인 경우 : 과제동(비진동)
여기서, δ : 감쇠율

80 일정 전압의 직류전원에 저항을 접속하고 전류를 흘릴 때 이 전류값을 50% 증가시키기 위한 저항값은?

① $0.6R$ 　② $0.67R$
③ $0.82R$ 　④ $1.2R$

해설 $V = I_1 R_1 = (1+0.5)I_1 R_2$

$\therefore R_2 = \dfrac{I_1}{(1+0.5)I_1}R_1 ≒ 0.67R_1$

정답 74. ③　75. ①　76. ④　77. ④　78. ①　79. ①　80. ②

2018년 제3회 공조냉동기계산업기사

제1과목 공기조화

01 다음 중 공기조화기부하를 바르게 나타낸 것은?

① 실내부하+외기부하+덕트통과열부하+송풍기부하
② 실내부하+외기부하+덕트통과열부하+배관통과열부하
③ 실내부하+외기부하+송풍기부하+펌프부하
④ 실내부하+외기부하+재열부하+냉동기부하

해설 공기조화기부하 = 실내부하+외기부하
　　　　　　　　　+덕트통과열부하+송풍기부하

02 압력 760mmHg, 기온 15℃의 대기가 수증기분압 9.5mmHg를 나타낼 때 건조공기 1kg 중에 포함되어 있는 수증기의 중량은 얼마인가?

① 0.00623kg/kg　　② 0.00787kg/kg
③ 0.00821kg/kg　　④ 0.00931kg/kg

해설 중량 = $0.622 \times \dfrac{9.5}{760-9.5} ≒ 0.00787 \text{kg/kg}$

03 ★ 증기난방에 대한 설명으로 옳은 것은?

① 부하의 변동에 따라 방열량을 조절하기가 쉽다.
② 소규모 난방에 적당하며 연료비가 적게 든다.
③ 방열면적이 작으며 단시간 내에 실내온도를 올릴 수 있다.
④ 장거리 열수송이 용이하며 배관의 소음 발생이 작다.

해설 증기난방
㉠ 부하변동에 따른 방열량의 제어가 곤란하다.
㉡ 대규모 난방에 적당하며 연료비가 적게 든다.
㉢ 장거리 열수송이 용이하며 배관의 소음 발생이 있다.
㉣ 예열시간이 짧다.
㉤ 증기의 증발잠열을 이용한다.

04 ★ 8,000W의 열을 발산하는 기계실의 온도를 외기냉방하여 26℃로 유지하기 위해 필요한 외기도입량(m^3/h)은? (단, 밀도는 1.2kg/m^3, 공기의 정압비열은 1.01kJ/kg·℃, 외기온도는 11℃이다.)

① 600.06　　② 1584.16
③ 1851.85　　④ 2160.22

해설 $Q = \dfrac{q_s}{\rho C_p \Delta t} = \dfrac{8 \times 3,600}{1.01 \times 1.2 \times (26-11)}$
　　　$≒ 1584.16 m^3/h$

05 공기조화방식의 분류 중 전공기방식에 해당되지 않는 것은?

① 팬코일유닛방식
② 정풍량 단일덕트방식
③ 2중덕트방식
④ 변풍량 단일덕트방식

해설 ㉠ 전공기방식 : 정풍량 단일덕트방식, 2중덕트방식(멀티존방식), 변풍량 단일덕트방식, 각 층 유닛방식
㉡ 수-공기방식 : 팬코일유닛방식(덕트 병용), 유인유닛방식, 복사냉난방방식(패널에어방식)
㉢ 전수방식 : 팬코일유닛방식

06 극간풍을 방지하는 방법으로 적합하지 않는 것은?

① 실내를 가압하여 외부보다 압력을 높게 유지한다.
② 건축의 건물 기밀성을 유지한다.
③ 이중문 또는 회전문을 설치한다.
④ 실내외온도차를 크게 한다.

해설 극간풍(틈새바람)방지방법
㉠ 실내를 가압하여 외부보다 압력을 높게 유지한다.
㉡ 건축의 건물 기밀성을 유지한다.
㉢ 2중문, 회전문을 설치한다.
㉣ 2중문 중간에 컨벡터를 설치한다.

정답　01. ①　02. ②　03. ③　04. ②　05. ①　06. ④

07 일반적인 취출구의 종류가 아닌 것은?

① 라이트-트로퍼(light-troffer)형
② 아네모스탯(anemostat)형
③ 머시룸(mushroom)형
④ 웨이(way)형

해설 ㉠ 취출구의 종류
- 축류형 취출구
  - 유니버설(universal)형 취출구 : 베인(vane)격자형, 그릴(grille)형
  - 노즐(nozzle)형 취출구
  - 펑커루버(punkah louver)
  - 머시룸 디퓨저(mushroom diffuser)
  - 천장슬롯(slot)형 취출구
  - 라인(line)형 취출구 : T라인 디퓨저, M라인 디퓨저, 브리지라인 디퓨저, 캄라인 디퓨저
- 복류형 취출구
  - 아네모스탯(annemostat)형 취출구
  - 팬(pan)형 취출구

㉡ 흡입구의 종류 : 펀칭형, 갤러리형, 머시룸형

08 다음 중 실내환경기준항목이 아닌 것은?

① 부유분진의 양   ② 상대습도
③ 탄산가스함유량   ④ 메탄가스함유량

해설 실내환경기준항목
㉠ 부유분진량 : 공기 1m³당 0.15mg 이하
㉡ CO함유율(일산화탄소) : 10ppm 이하
㉢ CO_2함유율(이산화탄소) : 1,000ppm 이하
㉣ 온도 : 17℃ 이상 28℃ 이하
㉤ 상대습도 : 40% 이상 70% 이하
㉥ 기류 : 0.5m/s 이하

09 상당방열면적을 계산하는 식에서 q_o는 무엇을 뜻하는가?

$$EDR = \frac{H_r}{q_o}$$

① 상당증발량
② 보일러효율
③ 방열기의 표준방열량
④ 방열기의 전방열량

해설 상당방열면적(EDR)은 방열기의 표준방열량을 표준상태로 환산한 방열기면적이다.

10 덕트를 설계할 때 주의사항으로 틀린 것은?

① 덕트를 축소할 때 각도는 30° 이하로 되게 한다.
② 저속덕트 내의 풍속은 15m/s 이하로 한다.
③ 장방형 덕트의 종횡비는 4 : 1 이상 되게 한다.
④ 덕트를 확대할 때 확대각도는 15° 이하로 되게 한다.

해설 덕트설계 시 주의사항
㉠ 압력손실이 작은 덕트를 이용하고 축소각도는 45° 이하로 한다(저속에서 30°, 고속에서 15° 이하).
㉡ 덕트풍속은 15m/s 이하, 정압 50mmAq 이하의 저속덕트를 이용하여 소음을 줄인다.
㉢ 종횡비(aspect ratio)는 최대 10 : 1 이하로 하고 가능한 한 6 : 1 이하로 하며, 또한 일반적으로 3 : 2이고 한 변의 최소길이는 15cm 정도로 억제한다.
㉣ 확대각도는 20° 이하(저속에서 15°, 고속에서 8°)로 한다.
㉤ 덕트가 분기되는 지점은 댐퍼를 설치하여 압력평형을 유지시킨다.
㉥ 재료는 아연도금철판, 알루미늄판 등을 이용하여 마찰저항손실을 줄인다.

11 중앙공조기의 전열교환기에서는 어떤 공기가 서로 열교환을 하는가?

① 환기와 급기   ② 외기와 배기
③ 배기와 급기   ④ 환기와 배기

해설 중앙공조기의 전열교환기에서는 외기와 배기가 서로 열교환을 한다.

12 실내 발생열에 대한 설명으로 틀린 것은?

① 벽이나 유리창을 통해 들어오는 전도열은 현열뿐이다.
② 여름철 실내에서 인체로부터 발생하는 열은 잠열뿐이다.
③ 실내의 기구로부터 발생열은 잠열과 현열이다.
④ 건축물의 틈새로부터 침입하는 공기가 갖고 들어오는 열은 잠열과 현열이다.

해설 인체로부터 발생하는 열은 체온에 의한 현열부하와 호흡기나 피부 등에 의한 수분의 형태인 잠열부하가 있다.

정답 07. ③ 08. ④ 09. ③ 10. ③ 11. ② 12. ②

13 공기여과기의 성능을 표시하는 용어 중 가장 거리가 먼 것은?

① 제거효율
② 압력손실
③ 집진용량
④ 소재의 종류

해설 공기여과기의 성능은 제거효율(여과효율), 압력손실(저항), 집진용량(보진)으로 나타낸다.

14 환기의 목적이 아닌 것은?

① 실내공기정화
② 열의 제거
③ 소음 제거
④ 수증기 제거

해설 환기의 목적
㉠ 실내공기정화 : 오염물질 배출, 탈취(냄새 제거), 제진(먼지 제거)
㉡ 열의 제거 : 실온조절
㉢ 수증기 제거 : 제습, 즉 과다한 습기 제거

15 공조기 내에 흐르는 냉·온수코일의 유량이 많아서 코일 내에 유속이 너무 빠를 때 사용하기 가장 적절한 코일은?

① 풀서킷코일(full circuit coil)
② 더블서킷코일(double circuit coil)
③ 하프서킷코일(half circuit coil)
④ 슬로서킷코일(slow circuit coil)

해설 유속은 1m/s가 기준설계치이며, 관내 수속이 1.5m/s 이상으로 커지면 관 내면이 침식 우려가 있어 더블서킷으로 해야 한다.

★ 16 송풍기의 회전수변환에 의한 풍량제어방법에 대한 설명으로 틀린 것은?

① 극수를 변환한다.
② 유도전동기의 2차측 저항을 조정한다.
③ 전동기에 의한 회전수에 변화를 준다.
④ 송풍기 흡입측에 있는 댐퍼를 조인다.

해설 풍량제어방법
㉠ 극수변환
㉡ 유도전동기에 의한 2차측 저항조정
㉢ 전동기에 의한 회전수변환
㉣ 정류자 전동기에 의한 조정
㉤ 풀리의 직경변환

★ 17 날개격자형 취출구에 대한 설명으로 틀린 것은?

① 유니버설형은 날개를 움직일 수 있는 것이다.
② 레지스터란 풍량조절셔터가 있는 것이다.
③ 수직날개형은 실의 폭이 넓은 방에 적합하다.
④ 수평날개형은 그릴이라고도 한다.

해설 날개격자형 취출구
㉠ 고정날개형 : 그릴(grill)이라고도 한다(날개가 고정되고 셔터가 없는 것).
㉡ 가장 많이 사용하는 것으로 얇은 날개(vane)를 다수 취출구면에 수평, 수직, 양방향으로 붙인 것이다.

18 현열비를 바르게 표시한 것은?

① 현열량/전열량
② 잠열량/전열량
③ 잠열량/현열량
④ 현열량/잠열량

해설 현열비는 전열량에 대한 현열량의 비(현열비=현열량/전열량)이다.

19 어떤 실내의 전체 취득열량이 9kW, 잠열량이 2.5kW이다. 이때 실내를 26℃, 50%(RH)로 유지시키기 위해 취출온도차를 10℃로 일정하게 하여 송풍한다면 실내현열비는 얼마인가?

① 0.28
② 0.68
③ 0.72
④ 0.88

해설 $SHF = \dfrac{현열량}{전열량} = \dfrac{9-2.5}{9} ≒ 0.72$

20 다음 중 온수난방설비와 관계가 없는 것은?

① 리버스리턴배관
② 하트포드배관접속
③ 순환펌프
④ 팽창탱크

해설 온수난방설비는 리버스리턴배관, 순환펌프, 팽창탱크, 팽창이음, 방열기와 관계된다.

제2과목 냉동공학

21 냉동사이클이 -10℃와 60℃ 사이에서 역카르노사이클로 작동될 때 성적계수는?

① 2.21
② 2.84
③ 3.76
④ 4.75

해설 $COP = \dfrac{T_2}{T_1 - T_2} = \dfrac{273 - 10}{(273+60) - (273-10)} ≒ 3.76$

★
22 냉동장치의 운전 중에 냉매가 부족할 때 일어나는 현상에 대한 설명으로 틀린 것은?

① 고압이 낮아진다.
② 냉동능력이 저하한다.
③ 흡입관에 서리가 부착되지 않는다.
④ 저압이 높아진다.

해설 냉매가 부족할 때
  ㉠ 흡입압력이 너무 낮아진다.
  ㉡ 흡입 및 토출압력이 너무 낮아진다.
  ㉢ 압축기의 정지시간이 길어진다.
  ㉣ 압축기가 시동되지 않는다.

23 얼음제조설비에서 깨끗한 얼음을 만들기 위해 빙관 내로 공기를 송입, 물을 교반시키는 교반장치의 송풍압력(kPa)은 어느 정도인가?

① 2.5~8.5   ② 19.6~34.3
③ 62.8~86.8   ④ 101.3~132.7

해설 투명한 얼음을 만들기 위해 송풍압력은 20kPa 정도가 좋다.

★
24 다음 조건으로 운전되고 있는 수냉응축기가 있다. 냉매와 냉각수와의 평균온도차는?

- 냉각수 입구온도 : 16℃
- 냉각수량 : 200L/min
- 냉각수 출구온도 : 24℃
- 응축기 냉각면적 : 20m²
- 응축기 열통과율 : 3349.6kJ/m²·h·℃

① 4℃   ② 5℃
③ 6℃   ④ 7℃

해설 $Q = KF\Delta t_m = WC\Delta t \, [\text{kcal/h}]$

∴ $\Delta t_m = \dfrac{WC\Delta t}{KF}$

$= \dfrac{(200 \times 60) \times 4.18 \times (24-16)}{3349.6 \times 20} ≒ 6℃$

참고 물의 비열(C) : 1kcal/kg·℃ = 4.18kJ/kg·℃

★
25 냉동장치 내 불응축가스에 관한 설명으로 옳은 것은?

① 불응축가스가 많아지면 응축압력이 높아지고 냉동능력은 감소한다.
② 불응축가스는 응축기에 잔류하므로 압축기의 토출가스온도에는 영향이 없다.
③ 장치에 윤활유를 보충할 때에 공기가 흡입되어도 윤활유에 용해되므로 불응축가스는 생기지 않는다.
④ 불응축가스가 장치 내에 침입해도 냉매와 혼합되므로 응축압력은 불변한다.

해설 불응축가스
  ㉠ 고압측 압력, 응축압력, 토출가스온도, 응축기의 응축온도 상승
  ㉡ 공기가 흡입되면 발생
  ㉢ 압축비 증대
  ㉣ 소비동력 증가
  ㉤ 체적효율, 냉매순환량, 냉동능력 감소
  ㉥ 응축기의 전열면적 감소로 전열불량
  ㉦ 실린더 과열

26 히트파이프의 특징에 관한 설명으로 틀린 것은?

① 등온성이 풍부하고 온도 상승이 빠르다.
② 사용온도영역에 제한이 없으며 압력손실이 크다.
③ 구조가 간단하고 소형 경량이다.
④ 증발부, 응축부, 단열부로 구성되어 있다.

해설 구조가 간단하고 크기와 중량이 적은 등 작동유체에 따라 사용온도범위가 넓다(-40~430℃).

27 2차 냉매인 브라인이 갖추어야 할 성질에 대한 설명으로 틀린 것은?

① 열용량이 적어야 한다.
② 열전도율이 커야 한다.
③ 동결점이 낮아야 한다.
④ 부식성이 없어야 한다.

해설 브라인의 조건
  ㉠ 열용량이 커야 한다.
  ㉡ 열전달특성이 좋아야 한다.
  ㉢ 비등점이 높고 응고점이 낮아야 한다.
  ㉣ 점성이 적당해야 한다.

정답 22. ④ 23. ② 24. ③ 25. ① 26. ② 27. ①

28 증기압축식 사이클과 흡수식 냉동사이클에 관한 비교 설명으로 옳은 것은?

① 증기압축식 사이클은 흡수식에 비해 축동력이 적게 소요된다.
② 흡수식 냉동사이클은 열구동사이클이다.
③ 흡수식은 증기압축식의 압축기를 흡수기와 펌프가 대신한다.
④ 흡수식의 성능은 원리상 증기압축식에 비해 우수하다.

해설 ① 흡수식에 비해 축동력이 많이 든다.
③ 흡수식은 증기압축식의 압축기를 발생기, 흡수기, 펌프가 대신한다.
④ 흡수식 냉동기에 비해 압축식 냉동기의 열효율이 높다.

29 밀폐된 용기의 부압작용에 의하여 진공을 만들어 냉동작용을 하는 것은?

① 증기분사냉동기   ② 왕복동냉동기
③ 스크루냉동기   ④ 공기압축냉동기

해설 증기분사냉동기는 증기이젝터(steam ejector)를 이용하여 대량의 증기를 분사할 경우 부압작용에 의해 증발기 내의 압력이 저하되어 물의 일부가 증발하면서 나머지 물은 냉각된다. 이 냉각된 물을 냉동목적에 이용하는 방식으로 주로 3~10kgf/cm²의 폐증기를 쉽게 구할 수 있는 곳에서 폐열회수용으로 쓰인다.

30 $P-V$(압력-체적)선도에서 1에서 2까지 단열압축하였을 때 압축일량(절대일)은 어느 면적으로 표현되는가?

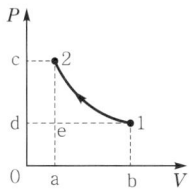

① 면적 1-2-c-d-1
② 면적 1-d-0-b-1
③ 면적 1-2-a-b-1
④ 면적 a-e-d-0-a

해설 압축이 가해지는 면적은 1-2-a-b-1이다.

31 다음 중 무기질브라인이 아닌 것은?

① 염화칼슘
② 염화마그네슘
③ 염화나트륨
④ 트리클로로에틸렌

해설 브라인
㉠ 무기질 : $CaCl_2$, $MgCl_2$, $NaCl$(식염수)
㉡ 유기질 : 에틸렌글리콜(CH_2OHCH_2OH), 프로필렌글리콜($C_3H_8O_2$), 에틸알코올(CH_3CH_2OH), 메탄올(CH_3OH)

32 저온용 냉동기에 사용되는 보조적인 압축기로서 저온을 얻을 목적으로 사용되는 것은 어느 것인가?

① 회전압축기(rotary compressor)
② 부스터(booster)
③ 밀폐식 압축기(hermetic compressor)
④ 터보압축기(turbo compressor)

해설 부스터는 증발압력에서 중간 압력까지 높이는 압축기인 저단압축기이다.

33 응축부하계산법이 아닌 것은?

① 냉매순환량×응축기 입·출구엔탈피차
② 냉각수량×냉각수 비열×응축기 냉각수 입·출구온도차
③ 냉매순환량×냉동효과
④ 증발부하+압축일량

해설 응축부하(Q_c)
㉠ $Q_c = G(h_2 - h_3)$ =냉매순환량×응축기 엔탈피차
㉡ $Q_c = G_w C \Delta t$ =냉각수량×냉각수 비열×응축기 냉각수온도차
㉢ $Q_c = Q_e + A_w$ =냉동능력(증발부하)+압축일량

34 할라이드토치로 누설을 탐지할 때 소량의 누설이 있는 곳에서 토치의 불꽃색깔은 어떻게 변화되는가?

① 보라색   ② 파란색
③ 노란색   ④ 녹색

해설 정상일 때는 연청색 또는 연두색이며, 소량 누설일 때는 녹색이고, 중량 누설일 때는 자색을 띠며, 다량 누설일 때는 꺼지게 된다.

정답 28. ② 29. ① 30. ③ 31. ④ 32. ② 33. ③ 34. ④

35 냉동장치에서 교축작용(throttling)을 하는 부속기기는 어느 것인가?

① 다이어프램밸브 ② 솔레노이드밸브
③ 아이솔레이트밸브 ④ 팽창밸브

해설 팽창밸브는 교축작용으로 증발기 출구의 과열도를 일정하게 유지하기 위하여 압력 강하, 온도 강하, 냉매량을 제어한다.

36 28℃의 원수 9ton을 4시간에 5℃까지 냉각하는 수냉각장치의 냉동능력은? (단, 1RT는 13,900kJ/h로 한다.)

① 12.5RT ② 15.6RT
③ 17.1RT ④ 20.7RT

해설 $Q_e = \dfrac{9,000 \times 1 \times (28-5)}{\dfrac{13,900}{4.187} \times 4} = 15.6\text{RT}$

37 탱크식 증발기에 관한 설명으로 틀린 것은?

① 제빙용 대형 브라인이나 물의 냉각장치로 사용된다.
② 냉각관의 모양에 따라 헤링본식, 수직관식, 패러럴식이 있다.
③ 물건을 진열하는 선반 대용으로 쓰기도 한다.
④ 증발기는 피냉각액탱크 내의 칸막이 속에 설치되며, 피냉각액은 이 속을 교반기에 의해 통과한다.

해설 탱크식 증발기
㉠ 만액식에 속한다.
㉡ 주로 암모니아 제빙용으로 사용된다.
㉢ 상부에는 가스헤드, 하부에는 액헤드가 존재한다.

38 기준냉동사이클로 운전할 때 단위질량당 냉동효과가 큰 냉매 순으로 나열한 것은?

① R-11 > R-12 > R-22
② R-12 > R-11 > R-22
③ R-22 > R-12 > R-11
④ R-22 > R-11 > R-12

해설 단위질량당 냉동효과가 큰 냉매 순은 NH₃ > R-22 > R-11 > R-12이다.

39 증발잠열을 이용하므로 물의 소비량이 적고 실외설치가 가능하며 송풍기 및 순환펌프의 동력을 필요로 하는 응축기는?

① 입형 셸 앤드 튜브식 응축기
② 횡형 셸 앤드 튜브식 응축기
③ 증발식 응축기
④ 공냉식 응축기

해설 증발식 응축기는 습구온도의 영향을 받아 물의 증발잠열을 이용하며 다른 응축기에 비하여 3~4% 냉각수량만 순환시킨다.

40 유량 100L/min의 물을 15℃에서 9℃로 냉각하는 수냉각기가 있다. 이 냉동장치의 냉동효과가 168kJ/kg일 경우 냉매순환량(kg/h)은? (단, 물의 비열은 4.2kJ/kg·K로 한다.)

① 700 ② 800
③ 900 ④ 1,000

해설 $G = \dfrac{냉동능력(\text{kcal/h})}{냉동효과(\text{kcal/kg})} = \dfrac{Q}{q_e} = \dfrac{GC\Delta t}{q_e}$
$= \dfrac{100 \times 4.2 \times (15-9)}{168} \times 60 = 900\text{kg/h}$

제3과목 배관일반

41 냉매배관 중 토출측 배관시공에 관한 설명으로 틀린 것은?

① 응축기가 압축기보다 2.5m 이상 높은 곳에 있을 때에는 트랩을 설치한다.
② 수직관이 너무 높으면 2m마다 트랩을 1개씩 설치한다.
③ 토출관의 합류는 Y이음으로 한다.
④ 수평관은 모두 끝내림구배로 배관한다.

해설 흡입관(수직관)의 입상길이가 매우 길 때는 10m마다 중간에 트랩을 설치(유회수 위해)한다.

42 일정 흐름방향에 대한 역류방지밸브는?

① 글로브밸브 ② 게이트밸브
③ 체크밸브 ④ 앵글밸브

정답 35. ④ 36. ② 37. ③ 38. ④ 39. ③ 40. ③ 41. ② 42. ③

해설 체크밸브는 일정 흐름방향에 대한 역류방지밸브이다.

43 스트레이너의 종류에 속하지 않는 것은?
① Y형   ② X형
③ U형   ④ V형

해설 스트레이너
㉠ 관내 유체 속의 토사 또는 칩 등의 불순물을 제거한다.
㉡ 종류로는 Y형, U형, V형이 있다.
㉢ 중요한 기기의 앞쪽에 장착한다.
㉣ 유체흐름의 방향에 따라 장착해야 한다.

44 한쪽은 커플링으로 이음쇠 내에 동관이 들어갈 수 있도록 되어있고 다른 한쪽은 수나사가 있어 강의 부속과 연결할 수 있도록 되어있는 동관용 이음쇠는?
① 커플링 C×C   ② 어댑터 C×M
③ 어댑터 Ftg×M   ④ 어댑터 C×F

해설 동관용 이음쇠
㉠ 어댑터 C×M : 한쪽은 동관이 들어가고, 다른 쪽은 수나사로 강관에 연결하는 부속
㉡ 어댑터 C×F : 한쪽은 동관이 들어가고, 다른 쪽은 암나사로 강관에 연결하는 부속

★
45 다음 프레온냉매배관에 관한 설명으로 틀린 것은?
① 주로 동관을 사용하나 강관도 사용된다.
② 증발기와 압축기가 같은 위치인 경우 흡입관을 수직으로 세운 다음 압축기를 향해 선단 하향구배로 배관한다.
③ 동관의 접속은 플레어이음 또는 용접이음 등이 있다.
④ 관의 굽힘반경을 작게 한다.

해설 관의 굽힘반지름을 크게 하여 유체저항을 작게 해야 한다.

46 다음 중 배관 내의 침식에 영향을 미치는 요소로 가장 거리가 먼 것은?
① 물의 속도   ② 사용시간
③ 배관계의 소음   ④ 물속의 부유물질

해설 배관 내의 침식에 영향을 미치는 요소는 물의 속도, 사용시간, 물속의 부유물질 등이다.

47 일반적으로 관의 지름이 크고 관의 수리를 위해 분해할 필요가 있는 경우 사용되는 파이프이음에 속하는 것은?
① 신축이음   ② 엘보이음
③ 턱걸이이음   ④ 플랜지이음

해설 ㉠ 플랜지 : 관의 지름이 크고 관의 수리를 위해 분해할 필요가 있는 이음이다.
㉡ 유니언 : 관의 지름이 작은 부분에 수리를 위해 분해할 필요가 있는 경우의 이음이다.

48 맞대기용접의 홈 형상이 아닌 것은?
① V형   ② U형
③ X형   ④ Z형

해설 맞대기용접의 홈 형상에는 I형, V형, U형, X형, K형, J형 등이 있다.

★
49 배수배관의 시공상 주의점으로 틀린 것은?
① 배수를 가능한 한 빨리 옥외하수관으로 유출할 수 있을 것
② 옥외하수관에서 하수가스나 벌레 등이 건물 안으로 침입하는 것을 방지할 것
③ 배수관 및 통기관은 내구성이 풍부할 것
④ 한랭지에서는 배수, 통기관 모두 피복을 하지 않을 것

해설 한랭지에서는 배수관, 통기관 모두 피복을 해야 한다.

★
50 배수설비에 대한 설명으로 틀린 것은?
① 오수란 대소변기, 비데 등에서 나오는 배수이다.
② 잡배수란 세면기, 싱크대, 욕조 등에서 나오는 배수이다.
③ 특수 배수는 그대로 방류하거나 오수와 함께 정화하여 방류시키는 배수이다.
④ 우수는 옥상이나 부지 내에 내리는 빗물의 배수이다.

해설 공장, 병원, 연구소 등에서의 배수 중 기름, 산, 알칼리, 방사선물질, 그 이외의 유해물질을 포함하고 있는 배수를 특수 배수라 한다. 이는 적절한 처리시설에서 처리하여 하수도에 흘려보내야 한다.

정답 43. ② 44. ② 45. ④ 46. ③ 47. ④ 48. ④ 49. ④ 50. ③

51 급탕배관 내의 압력이 0.7kgf/cm²이면 수주로 몇 m와 같은가?

① 0.7   ② 1.7
③ 7   ④ 70

해설
$1\text{kgf/cm}^2 = 10 \times 수주[\text{mAq}]$
$0.7\text{kgf/cm}^2 = 10 \times 수주$
∴ 수주 = 7m

52 프레온냉동장치 흡입관이 횡주관일 때 적정구배는 얼마인가?

① $\frac{1}{100}$ ② $\frac{1}{200}$
③ $\frac{1}{300}$ ④ $\frac{1}{400}$

해설 프레온냉동장치 흡입관
㉠ 횡주관일 때는 1/200, 압축기 방향으로 하향구배를 준다.
㉡ 프레온냉매가스 중에 용해되어 있는 윤활유가 충분히 운반될 수 있는 속도를 확보한다.
- 횡주관 : 3~5m/s
- 입상관 : 6m/s 이상(25m/s 미만)
㉢ 과도한 압력손실이나 소음이 일어나지 않을 정도로 유속을 억제한다.
㉣ 흡입관에 생기는 총마찰손실이 흡입온도에서 2℃의 온도 강하에 상당하는 압력을 넘지 않도록 한다.
㉤ 용량제어가 있는 압축기의 경우 최소부하 시의 유회수에 필요한 유속 확보를 위해 2중입상관을 설치한다.

★ 53 다음 중 열역학식 트랩에 해당되는 것은?

① 디스크형 트랩   ② 벨로즈식 트랩
③ 버킷트랩   ④ 바이메탈식 트랩

해설 증기트랩의 종류
㉠ 증기와 응축수의 온도차 이용(온도조절식 트랩) : 바이메탈식, 벨로즈식
㉡ 증기와 응축수의 비중차 이용(기계식 트랩) : 플로트식, 버킷식
㉢ 증기의 열역학적 성질 이용(열역학적 트랩) : 디스크식, 오리피스식

54 다음 중 소켓식 이음을 나타내는 기호는?

① ─┤   ② ─┤├─
③ ─▷   ④ ─┤├─

해설
① 나사이음
② 플랜지이음
④ 유니언이음

★ 55 가스배관설비에서 정압기의 종류가 아닌 것은?

① 피셔(Fisher)식 정압기
② 오리피스(Orifice)식 정압기
③ 레이놀즈(Reynolds)식 정압기
④ AFV(Axial Flow Valve)식 정압기

해설 정압기의 종류

종류	특징	사용압력
Fisher식 (피셔식)	• 변형 언로딩형이다. • 정특성, 동특성이 양호하다. • 차압이 클수록 특성이 양호하다. • 매우 콤팩트하다.	고압 → 중압 중압 → 저압
Axial Flow Valve(AFV)식 (액셜플로어식)	• 로딩형이다. • 정특성, 동특성이 양호하다. • 비교적 콤팩트하다.	고압 → 중압 중압 → 저압
Reynolds식 (레이놀즈식)	• 언로딩형이다. • 특성은 좋으나 안정성이 부족하다. • 다른 형식에 비해 부피가 크다.	중압 → 저압 저압 → 저압

56 일반적으로 프레온냉매배관용으로 사용하기 가장 적절한 배관재료는?

① 아연도금탄소강강관
② 배관용 탄소강강관
③ 동관
④ 스테인리스강관

해설 냉매배관의 재료
㉠ 프레온냉매배관 : 동, 동합금
㉡ 암모니아냉매배관 : 철, 강

★ 57 급수배관의 마찰손실수두와 가장 거리가 먼 것은?

① 관의 길이   ② 관의 직경
③ 관의 두께   ④ 유속

해설 마찰손실수두 = $\lambda \frac{l}{d} \frac{v^2}{2g}[\text{mH}_2\text{O}]$

여기서, λ : 마찰계수, l : 관의 길이, d : 관의 직경, v : 유속, g : 중력가속도

정답 51. ③ 52. ② 53. ① 54. ③ 55. ② 56. ③ 57. ③

58. 가스배관을 실내에 노출설치할 때의 기준으로 틀린 것은?
   ① 배관은 환기가 잘 되는 곳으로 노출하여 시공할 것
   ② 배관은 환기가 잘 되지 않는 천장, 벽, 공동구 등에는 설치하지 아니할 것
   ③ 배관의 이음매(용접이음매 제외)와 전기계량기와는 60cm 이상 거리를 유지할 것
   ④ 배관의 이음부와 단열조치를 하지 않는 굴뚝과의 거리는 5cm 이상의 거리를 유지할 것

   해설 굴뚝과의 이격거리는 60cm 이상의 거리를 유지할 것

59. 가스배관의 관지름을 결정하는 요소와 가장 거리가 먼 것은?
   ① 가스발열량   ② 가스관의 길이
   ③ 허용압력손실   ④ 가스비중

   해설 가스배관의 관지름을 결정하는 요소에 가스관의 길이, 허용압력손실, 가스비중, 가스소비량이 있다.

60. 다음 중 중앙급탕방식에서 경제성, 안정성을 고려한 적정급탕온도(℃)는 얼마인가?
   ① 40   ② 60
   ③ 80   ④ 100

   해설 급탕설비에서의 급탕온도는 일반적으로 60℃를 기준으로 한다.

제4과목 전기제어공학

61. 피드백제어계의 특징으로 옳은 것은?
   ① 정확성이 떨어진다.
   ② 감대폭이 감소한다.
   ③ 계의 특성변화에 대한 입력 대 출력비의 감도가 감소한다.
   ④ 발진이 전혀 없고 항상 안정한 상태로 되어가는 경향이 있다.

   해설 피드백제어계의 특징
   ㉠ 정확성 증가
   ㉡ 감대폭 증가
   ㉢ 계의 특성변화에 대한 입력 대 출력비의 감도 감소
   ㉣ 발진을 일으키고 불안정한 상태로 되어가는 경향성
   ㉤ 비선형성과 외형에 대한 효과의 감소
   ㉥ 구조가 복잡하고 시설비가 증가

62. 정현파전압 $v = 50\sin\left(628t - \dfrac{\pi}{6}\right)$[V]인 파형의 주파수는 얼마인가?
   ① 30   ② 50
   ③ 60   ④ 100

   해설 $f = \dfrac{628t}{2\pi t} = 100\text{Hz}$

63. 유도전동기의 회전력에 관한 설명으로 옳은 것은?
   ① 단자전압에 비례한다.
   ② 단자전압과는 무관하다.
   ③ 단자전압의 2승에 비례한다.
   ④ 단자전압의 3승에 비례한다.

   해설 유도전동기의 토크(회전력)는 전압의 제곱에 비례한다.

64. 스캔타임(scan time)에 대한 설명으로 맞는 것은?
   ① PLC 입력모듈에서 1개 신호가 입력되는 시간
   ② PLC 출력모듈에서 1개 신호가 입력되는 시간
   ③ PLC에 의해 제어되는 시스템의 1회 실행시간
   ④ PLC에 입력된 프로그램을 1회 연산하는 시간

   해설 스캔타임은 PLC의 Refresh 입력부터 END처리까지 소요되는 시간, 즉 PLC가 연산을 수행하는 데 걸리는 시간이다.

65. 2진수 0010111101011001₍₂₎을 16진수로 변환하면?
   ① 3F59   ② 2G6A
   ③ 2F59   ④ 3G6A

   해설 $0010 = 0 \times 2^3 + 0 \times 2^2 + 1 \times 2^1 + 0 \times 2^0 = 2$
   $1111 = 1 \times 2^3 + 1 \times 2^2 + 1 \times 2^1 + 1 \times 2^0 = 15 = F$
   $0101 = 0 \times 2^3 + 1 \times 2^2 + 0 \times 2^1 + 1 \times 2^0 = 5$
   $1001 = 1 \times 2^3 + 0 \times 2^2 + 0 \times 2^1 + 1 \times 2^0 = 9$
   ∴ 2F59

정답 58. ④ 59. ① 60. ② 61. ③ 62. ④ 63. ③ 64. ④ 65. ③

66 논리식 A(A+B)를 간단히 하면?

① A   ② B
③ AB   ④ A+B

해설 A(A+B) = AA+AB = A+AB = A(1+B) = A(1) = A

67 자기평형성이 없는 보일러드럼의 액위제어에 적합한 제어동작은?

① P동작   ② I동작
③ PI동작 ④ PD동작

해설 제어동작
㉠ P : 보일러드럼의 액위제어, 잔류편차 발생
㉡ I : 잔류편차 소멸
㉢ D : 오차예측제어
㉣ PD : 속응성 개선으로 동작이 빠름
㉤ PI : 정상특성 개선

68 농형 유도전동기의 기동법이 아닌 것은?

① 전전압기동법   ② 기동보상기법
③ Y-Δ기동법   ④ 2차 저항법

해설 농형 유도전동기의 기동법
㉠ 전전압기동법(직접기동) : 5kW 이하(3.7kW)이며 가장 조작이 간단하고 경제적인 방식
㉡ 기동보상기동법 : 15kW 이상(단권변압기)이며 가장 안정적인 기동방식
㉢ Y-Δ기동법 : 5~15kW 정도(토크 1/3배, 전류 1/3배, 전압 $1/\sqrt{3}$ 배)

69 블록선도에서 등가합성전달함수는?

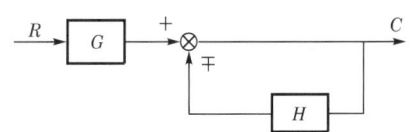

① $\dfrac{1}{1 \pm GH}$ ② $\dfrac{G}{1 \pm H}$
③ $\dfrac{G}{1 \pm GH}$ ④ $\dfrac{1}{1 \pm H}$

해설 $\dfrac{C}{R} = \dfrac{경로}{1 - 폐로} = \dfrac{G}{1 \pm H}$

70 검출용 스위치에 해당하지 않는 것은?

① 리밋스위치   ② 광전스위치
③ 온도스위치   ④ 복귀형 스위치

해설
㉠ 검출용 스위치에 리밋스위치(limit switch), 근접스위치(proximity switch), 광전스위치(photo electric switch), 리드스위치(reed switch)가 있다.
㉡ 검출용 스위치는 자동화시스템에서 없어서는 안 될 만큼 제어대상의 상태나 변화 등을 검출하기 위한 것으로 위치, 액면, 온도, 전압, 그 밖의 여러 제어량을 검출하는 데에 사용되고 있다.

71 교류전기에서 실효치는?

① $\dfrac{최대치}{2}$ ② $\dfrac{최대치}{\sqrt{3}}$
③ $\dfrac{최대치}{\sqrt{2}}$ ④ $\dfrac{최대치}{3}$

해설 $V_m(최대값) = \sqrt{2}\,V(실효값)$
∴ $V = \dfrac{V_m}{\sqrt{2}}$

72 다음 그림과 같은 논리회로는?

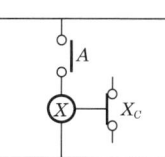

① OR회로   ② AND회로
③ NOT회로   ④ NAND회로

해설 논리회로

논리	논리식	회로기호(MIL기호)
NOT	$\overline{A}$	
OR	$A+B$	
AND	$A \cdot B$	
XOR	$A \oplus B$	
NOR	$\overline{A+B}$	
NAND	$\overline{A \cdot B}$	

73 어떤 계기에 장시간 전류를 통전한 후 전원을 OFF 시켜도 지침이 0으로 되지 않았다. 그 원인에 해당되는 것은?

① 정전계영향   ② 스프링의 피로도
③ 외부자계영향 ④ 자기가열영향

해설 스프링의 피로도는 전원을 OFF시켜도 지침이 0으로 되지 않는 것이다.

★
74 다음 그림과 같은 회로에 전압 200V를 가할 때 30Ω의 저항에 흐르는 전류는 몇 A인가?

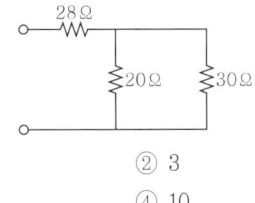

① 2   ② 3
③ 5   ④ 10

해설 $R = 28 + \dfrac{20 \times 30}{20 + 30} = 40\,\Omega$

$I = \dfrac{200}{40} = 5\text{A}$

$\therefore I_2 = I\left(\dfrac{R_1}{R_1 + R_2}\right) = 5 \times \dfrac{20}{20 + 30} = 2\text{A}$

75 PI제어동작은 프로세스제어계의 정상특성 개선에 흔히 사용된다. 이것에 대응하는 보상요소는?

① 동상보상요소
② 지상보상요소
③ 진상보상요소
④ 지상 및 진상보상요소

해설 지상보상요소
㉠ PI제어동작은 프로세스제어계의 정상특성을 개선하는 데 흔히 사용된다.
㉡ 비례동작에 의해 발생하는 오프셋을 소멸시키기 위해 적분동작을 첨가한 동작이다.

76 다음 그림과 같은 시스템의 등가합성전달함수는?

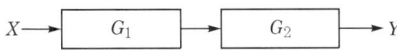

① $G_1 + G_2$ ② $G_1 G_2$
③ $G_1 - G_2$ ④ $\dfrac{1}{G_1 G_2}$

해설 $G_1 G_2$로 변환하며 $X(s) \rightarrow \boxed{G_1(s)\ G_2(s)} \rightarrow Y(s)$로 도시한다.

77 내부장치 또는 공간을 물질로 포위시켜 외부자계의 영향을 차폐시키는 방식을 자기차폐라 한다. 다음 중 자기차폐에 가장 좋은 물질은?

① 강자성체 중에서 비투자율이 큰 물질
② 강자성체 중에서 비투자율이 작은 물질
③ 비투자율이 1보다 작은 역자성체
④ 비투자율과 관계없이 두께에만 관계되므로 되도록 두꺼운 물질

해설 자기차폐(고투자성 물질로 전기기기의 일부 또는 전부를 외부와 자기적으로 차단하는 것)에 가장 좋은 물질은 비투자율이 큰 물질이다.

★
78 다음 그림과 같은 회로에서 저항 R_2에 흐르는 전류 $I_2[\text{A}]$는?

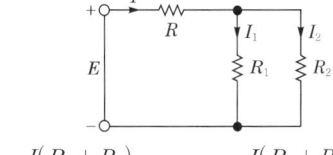

① $\dfrac{I(R_1 + R_2)}{R_1}$ ② $\dfrac{I(R_1 + R_2)}{R_2}$

③ $\dfrac{IR_2}{R_1 + R_2}$ ④ $\dfrac{IR_1}{R_1 + R_2}$

해설 병렬합성저항 $\left(\dfrac{R_1 R_2}{R_1 + R_2}\right)$ 이용

$V = IR = I\left(\dfrac{R_1 R_2}{R_1 + R_2}\right)$

$\therefore I_1 = \dfrac{V}{R_1} = \dfrac{I\left(\dfrac{R_1 R_2}{R_1 + R_2}\right)}{R_1} = \left(\dfrac{R_2}{R_1 + R_2}\right)I[\text{A}]$

$I_2 = \dfrac{V}{R_2} = \dfrac{I\left(\dfrac{R_1 R_2}{R_2 + R_2}\right)}{R_2} = \left(\dfrac{R_1}{R_1 + R_2}\right)I[\text{A}]$

정답 73. ② 74. ① 75. ② 76. ② 77. ① 78. ④

79 다음의 블록선도가 등가인 블록선도는?

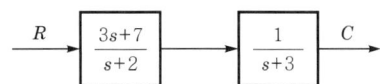

①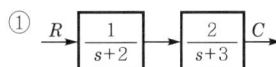

②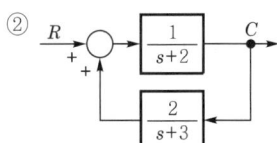

③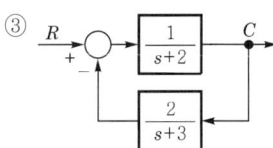

④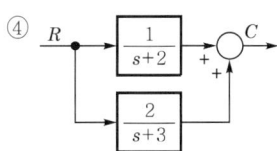

해설 ㉠ 주어진 문제의 블록선도 계산
$$\frac{3s+7}{s+2} \times \frac{1}{s+3} = \frac{3s+7}{(s+2)(s+3)}$$
㉡ ④의 블록선도 계산
$$\frac{1}{s+2} + \frac{2}{s+3} = \frac{(s+3)+2(s+2)}{(s+2)(s+3)}$$
$$= \frac{s+3+2s+4}{(s+2)(s+3)}$$
$$= \frac{3s+7}{(s+2)(s+3)}$$

80 자동제어의 조절기기 중 불연속동작인 것은?

① 2위치동작 ② 비례제어동작
③ 적분제어동작 ④ 미분제어동작

해설 ㉠ 불연속제어 : ON-OFF제어, 사이클링(cycling)과 옵셋(offset)을 발생시키는 동작(2위치동작)
㉡ 연속제어 : PID제어
  • P : Proportional(비례)
  • I : Integral(적분)
  • D : Differential(미분)

정답 79. ④ 80. ①

2019

Industrial Engineer Air-Conditioning and Refrigerating Machinery

과년도 출제문제

제1회 공조냉동기계산업기사

제2회 공조냉동기계산업기사

제3회 공조냉동기계산업기사

자주 출제되는 중요한 문제는 별표(★)로 강조했습니다.
마무리학습할 때 한 번 더 풀어보기를 권합니다.

Industrial Engineer
Air-Conditioning and Refrigerating Machinery

2019년 제1회 공조냉동기계산업기사

제1과목 공기조화

01 원심송풍기에서 사용되는 풍량제어방법 중 풍량과 소요동력과의 관계에서 가장 효과적인 제어방법은?

① 회전수제어 ② 베인제어
③ 댐퍼제어 ④ 스크롤댐퍼제어

해설 축동력은 회전수변화량의 3승에 비례하여 작아지므로 회전수제어가 가장 경제적인 제어방법이다.

02 다음 중 제올라이트(zeolite)를 이용한 제습방법은 어느 것인가?

① 냉각식 ② 흡착식
③ 흡수식 ④ 압축식

해설 흡착식 감습장치(고체제습장치)는 화학적 감습장치로서 실리카겔, 아드소울, 활성알루미나, 합성제올라이트 등과 같은 반도체 또는 고체흡수제를 사용하는 방법으로 냉동장치와 병용하여 극저습도를 요구하는 곳에 사용한다.

★
03 습공기선도상에 나타나 있지 않은 것은?

① 상대습도 ② 건구온도
③ 절대습도 ④ 포화도

해설 습공기선도와 관계있는 것 : 상대습도, 건구온도, 절대온도, 습구온도, 엔탈피, 노점온도, 절대습도, 수증기분압, 비체적, 비용적, 현열비, 열수분비

04 실내 냉방부하 중에서 현열부하 2,500kcal/h, 잠열부하 500kcal/h일 때 현열비는?

① 0.2 ② 0.83
③ 1 ④ 1.2

해설 $SHF = \dfrac{\text{현열량}}{\text{현열량} + \text{잠열량}} = \dfrac{2,500}{2,500+500} \fallingdotseq 0.83$

05 난방방식과 열매체의 연결이 틀린 것은?

① 개별스토브-공기 ② 온풍난방-공기
③ 가열코일난방-공기 ④ 저온복사난방-공기

해설 복사난방은 열매체 없이 진공에서도 전달되는 방식이다.

06 기류 및 주위벽면에서의 복사열은 무시하고 온도와 습도만으로 쾌적도를 나타내는 지표를 무엇이라고 하는가?

① 쾌적건강지표 ② 불쾌지수
③ 유효온도지수 ④ 청정지표

해설 불쾌지수는 날씨에 따라 사람이 느끼는 불쾌감의 정도를 기온과 습도를 조합하여 나타내는 수치이다. '불쾌지수 =(건구온도+습구온도)×0.72+40.6'으로 계산하며, 80 이상인 경우에는 대부분의 사람이 불쾌감을 느낀다.

★
07 난방부하는 어떤 기기의 용량을 결정하는 데 기초가 되는가?

① 공조장치의 공기냉각기
② 공조장치의 공기가열기
③ 공조장치의 수액기
④ 열원설비의 냉각탑

해설 공기조화기(AHU) 내에 설치되는 기기는 에어필터, 공기냉각기, 공기가열기 등으로 구성되어 있으며, 난방부하의 용량을 결정하는 것은 공기가열기이다.

08 극간풍의 풍량을 계산하는 방법으로 틀린 것은?

① 환기횟수에 의한 방법
② 극간길이에 의한 방법
③ 창면적에 의한 방법
④ 재실인원수에 의한 방법

해설 극간풍(틈새바람)의 풍량계산방법 : 환기횟수에 의한 방법, 극간길이에 의한 방법, 창면적에 의한 방법

정답 01. ① 02. ② 03. ④ 04. ② 05. ④ 06. ② 07. ② 08. ④

09 다음 그림에서 공기조화기를 통과하는 유입공기가 냉각코일을 지날 때의 상태를 나타낸 것은?

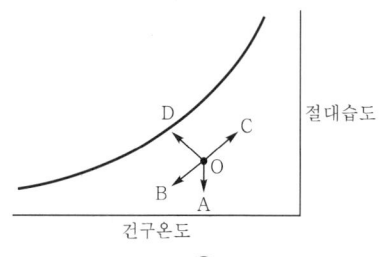

① OA
② OB
③ OC
④ OD

해설 ㉠ 감습(건구온도 감소)
㉡ 냉각감습(상대습도 증가)
㉢ 가열가습(상대습도 감소)
㉣ 냉각가습(단열변화, 습구온도 감소)

★
10 공기조화방식에서 수-공기방식의 특징에 대한 설명으로 틀린 것은?

① 전공기방식에 비해 반송동력이 많다.
② 유닛에 고성능 필터를 사용할 수가 없다.
③ 부하가 큰 방에 대해 덕트의 치수가 적어질 수 있다.
④ 사무실, 병원, 호텔 등 다실건물에서 외부존은 수방식, 내부존은 공기방식으로 하는 경우가 많다.

해설 수(물)-공기방식의 특징
㉠ 장점
- 유닛 1대로 1개의 소규모 존을 구성하므로 조닝이 용이하다.
- 덕트스페이스가 작아진다.
- 송풍량이 작아 연간 반송동력이 감소된다.
- 각 실별 개별제어가 가능하다.
- 건물의 외부존(perimeter zone)의 부하처리에 적합하다.
㉡ 단점
- 유닛에 고성능의 에어필터를 설치할 수 없다.
- 유닛이 각 실에 분산설치되어 있으므로 필터의 청소 등 관리가 번거롭다.
- 실내의 수배관에 의한 누수 및 결로의 우려가 있다.
- 실내에 유닛이 노출되므로 유효면적이 감소하고 소음이 발생된다.
- 외기냉방이 곤란하다.

★
11 복사난방의 특징에 대한 설명으로 틀린 것은?

① 외기온도변화에 따라 실내의 온도 및 습도조절이 쉽다.
② 방열기가 불필요하므로 가구배치가 용이하다.
③ 실내의 온도분포가 균등하다.
④ 복사열에 의한 난방이므로 쾌감도가 크다.

해설 복사난방은 외기온도변화에 따라 실내의 온도와 습도조절이 어렵다.

12 다음 중 히트펌프방식의 열원에 해당되지 않는 것은?

① 수열원
② 마찰열원
③ 공기열원
④ 태양열원

해설 히트펌프방식의 열원 : 수(우물물)열원, 공기열원, 태양열원, 지하열원 등

13 송풍기의 법칙 중 틀린 것은? (단, 각각의 값은 다음 표와 같다.)

$Q_1[m^3/h]$	초기풍량
$Q_2[m^3/h]$	변화풍량
$P_1[mmAq]$	초기정압
$P_2[mmAq]$	변화정압
$N_1[rpm]$	초기회전수
$N_2[rpm]$	변화회전수
$d_1[mm]$	초기날개직경
$d_2[mm]$	변화날개직경

① $Q_2 = (N_2/N_1)Q_1$
② $Q_2 = (d_2/d_1)^3 Q_1$
③ $P_2 = (N_2/N_1)^3 P_1$
④ $P_2 = (d_2/d_1)^2 P_1$

해설 송풍기의 상사법칙
㉠ $Q_1 = Q\left(\dfrac{N_2}{N_1}\right) = Q\left(\dfrac{d_1}{d}\right)^3$
㉡ $P_1 = P\left(\dfrac{N_2}{N_1}\right)^2 = P\left(\dfrac{d_1}{d}\right)^2$
㉢ $L_1 = L\left(\dfrac{N_2}{N_1}\right)^3 = L\left(\dfrac{d_1}{d}\right)^5$

정답 09. ② 10. ① 11. ① 12. ② 13. ③

★
14 냉수코일 설계 시 유의사항으로 옳은 것은?

① 대수평균온도차(MTD)를 크게 하면 코일의 열수가 많아진다.
② 냉수의 속도는 2m/s 이상으로 하는 것이 바람직하다.
③ 코일을 통과하는 풍속은 2~3m/s가 경제적이다.
④ 물의 온도 상승은 일반적으로 15℃ 전후로 한다.

해설 냉수코일 설계 시 유의사항
㉠ 코일통과풍속은 2~3m/s를 기준으로 설계한다.
㉡ 냉수 입·출구온도차는 5℃ 전후가 적당하다.
㉢ 냉수의 속도는 1m/s 전후로 한다.

★
15 다음 그림의 난방 설계도에서 컨벡터(convector)의 표시 중 F가 가진 의미는?

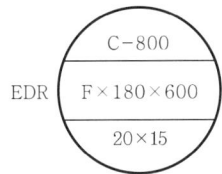

① 케이싱길이 ② 높이
③ 형식   ④ 방열면적

해설 ㉠ F : 형식
㉡ EDR : 상당방열면적
㉢ 20×15 : 유입관과 유출관의 크기

16 공기 중에 분진의 미립자 제거뿐만 아니라 세균, 곰팡이, 바이러스 등까지 극소로 제한시킨 시설로서 병원의 수술실, 식품가공, 제약공장 등의 특정한 공정이나 유전자 관련 산업 등에 응용되는 설비는?

① 세정실
② 산업용 클린룸(ICR)
③ 바이오클린룸(BCR)
④ 칼로리미터

해설 바이오클린룸은 병원 수술실(무균병실, 무균수술실 등), 동물실험실, 약품·식품·의료기기 생산공장(인공심장 및 인공혈관) 등에 응용되는 설비이다.

17 공기조화 냉방부하 계산 시 잠열을 고려하지 않아도 되는 경우는?

① 인체에서의 발생일
② 문틈에서의 틈새바람
③ 외기의 도입으로 인한 열량
④ 유리를 통과하는 복사열

해설 유리창을 통한 취득열량은 외부에서 침입되는 열량으로 복사열과 전도열, 즉 현열(감열)에만 해당하고 잠열은 없다.

★
18 실내온도 25℃이고 실내절대습도가 0.0165kg/kg의 조건에서 틈새바람에 의한 침입외기량이 200L/s일 때 현열부하와 잠열부하는? (단, 실외온도 35℃, 실외절대습도 0.0321kg/kg, 공기의 비열 1.01kJ/kg·K, 물의 증발잠열 2,501kJ/kg이다.)

① 현열부하 2.424kW, 잠열부하 7.803kW
② 현열부하 2.424kW, 잠열부하 9.364kW
③ 현열부하 2.828kW, 잠열부하 7.803kW
④ 현열부하 2.828kW, 잠열부하 9.364kW

해설 ㉠ 현열부하(q_s) = $\rho Q C_p (t_o - t_i)$
　　　　　　= $1.2 \times 0.2 \times 1.01 \times (35-25)$
　　　　　　= 2.424kW
㉡ 잠열부하(q_l) = $\rho Q \gamma_o (x_o - x_i)$
　　　　　　= $1.2 \times 0.2 \times 2,501 \times (0.0321 - 0.0165)$
　　　　　　≒ 9.364kW

19 건구온도 30℃, 상대습도 60%인 습공기에서 건공기의 분압(mmHg)은? (단, 대기압은 760mmHg, 포화수증기압은 27.65mmHg이다.)

① 27.65   ② 376.21
③ 743.41   ④ 700.97

해설 $P_a = P - P_w = P - \phi P_s = 760 - (0.6 \times 27.65)$
　　　≒ 743.41mmHg

20 다음 중 보일러의 열효율을 향상시키기 위한 장치가 아닌 것은?

① 저수위 차단기   ② 재열기
③ 절탄기   ④ 과열기

해설 저수위 차단기는 보일러 안전장치이다.

정답 14. ③ 15. ③ 16. ③ 17. ④ 18. ② 19. ③ 20. ①

제2과목 냉동공학

21 냉동사이클에서 응축기의 냉매액압력이 감소하면 증발온도는 어떻게 되는가?

① 감소한다.　② 증가한다.
③ 변화하지 않는다.　④ 증가하다 감소한다.

해설 응축기의 냉매액압력이 감소하면 증발온도는 감소한다.

★
22 냉동기 윤활유의 구비조건으로 틀린 것은?

① 저온에서 응고하지 않고 왁스를 석출하지 않을 것
② 인화점이 낮고 고온에서 열화하지 않을 것
③ 냉매에 의하여 윤활유가 용해되지 않을 것
④ 전기절연도가 클 것

해설 냉동기 윤활유의 구비조건
㉠ 저온에서 응고하지 않고 왁스를 석출하지 않을 것(응고점이 낮을 것)
㉡ 인화점이 높을 것
㉢ 냉매에 용해되지 않을 것
㉣ 전기절연내력이 클 것
㉤ 점도가 적당하고 저온에서도 유동성을 유지할 것

★
23 다음 선도와 같은 암모니아냉동기의 이론성적계수(ⓐ)와 실제 성적계수(ⓑ)는 얼마인가? (단, 팽창밸브 직전의 액온도는 32℃이고, 흡입가스는 건포화증기이며, 압축효율은 0.85, 기계효율은 0.91로 한다.)

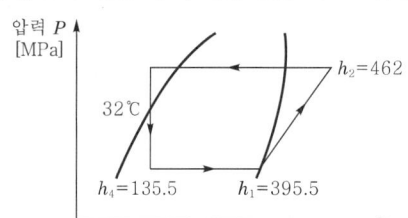

① ⓐ 3.9, ⓑ 3.0　② ⓐ 3.9, ⓑ 2.1
③ ⓐ 4.9, ⓑ 3.8　④ ⓐ 4.9, ⓑ 2.6

해설 ㉠ 이론성적계수
$$\varepsilon_1 = \frac{h_1 - h_4}{h_2 - h_1} = \frac{395.5 - 135.5}{462 - 395.5} \fallingdotseq 3.9$$
㉡ 실제 성적계수
$$\varepsilon_2 = \varepsilon_1 \eta_c \eta_m = 3.9 \times 0.85 \times 0.91 \fallingdotseq 3.0$$

24 단위에 대한 설명으로 틀린 것은?

① 열의 일당량은 427kg·m/kcal이다.
② 1kcal는 약 4.2kJ이다.
③ 1kWh는 760kcal이다.
④ ℃=5(℉-32)/9이다.

해설 1kWh=860.436kcal

25 축열시스템의 종류가 아닌 것은?

① 가스축열방식　② 수축열방식
③ 빙축열방식　④ 잠열축열방식

해설 축열시스템의 종류
㉠ 수축열방식 : 열용량이 큰 물을 축열제로 이용하는 방식
㉡ 빙축열방식 : 냉열을 얼음에 저장하여 작은 체적에 효율적으로 냉열을 저장하는 방식
㉢ 잠열축열방식 : 물질의 융해 및 응고 시 상변화에 따른 잠열을 이용하는 방식
㉣ 토양축열방식 : 지열을 이용하는 방식

26 항공기 재료의 내한(耐寒)성능을 시험하기 위한 냉동장치를 설치하려고 한다. 가장 적합한 냉동기는?

① 왕복동식 냉동기　② 원심식 냉동기
③ 전자식 냉동기　④ 흡수식 냉동기

해설 왕복동식 냉동기는 항공기 재료의 내한성능시험에 적합하다.

★
27 저온의 냉장실에서 운전 중 냉각기에 적상(성)이 생길 경우 이것을 살수로 제상하고자 할 때 주의사항으로 틀린 것은?

① 냉각기용 송풍기는 정지 후 살수 제상을 행한다.
② 제상 수의 온도는 50~60℃ 정도의 물을 사용한다.
③ 살수하기 전에 냉각(증발)기로 유입되는 냉매액을 차단한다.
④ 분사노즐은 항상 깨끗이 청소한다.

해설 온수 제상의 수온은 10~30℃를 사용한다.

정답　21. ①　22. ②　23. ①　24. ③　25. ①　26. ①　27. ②

28 다음 중 냉동방법의 종류로 틀린 것은?

① 얼음의 융해잠열 이용방법
② 드라이아이스의 승화열 이용방법
③ 액체질소의 증발열 이용방법
④ 기계식 냉동기의 압축열 이용방법

해설 **냉동방법의 종류** : 융해잠열 이용, 승화열 이용, 증발열 이용, 압축기체의 팽창 이용, 펠티에효과 등

29 몰리에르선도상에서 압력이 증대함에 따라 포화액선과 건포화증기선이 만나는 일치점을 무엇이라고 하는가?

① 한계점 ② 임계점
③ 상사점 ④ 비등점

해설 몰리에르선도상에서 압력이 커짐에 따라 포화액선과 건조포화증기선이 만나는 일치점을 임계점이라 한다.

★
30 냉매가 구비해야 할 조건으로 틀린 것은?

① 임계온도가 높고 응고온도가 낮을 것
② 같은 냉동능력에 대하여 소요동력이 적을 것
③ 전기절연성이 낮을 것
④ 저온에서도 대기압 이상의 압력으로 증발하고 상온에서 비교적 저압으로 액화할 것

해설 **냉매의 구비조건**
㉠ 전기저항이 크고 전기절연성이 클 것. 즉 절연파괴를 일으키지 않을 것
㉡ 증발잠열이 크고 액체의 비열이 적을 것
㉢ 냉매가스의 용적(비체적)이 작을 것
㉣ 불활성일 것
㉤ 점성(점도)는 낮으며 열전달률(열전도도)이 양호할 것(높을 것)

31 증기압축이론 냉동사이클에 대한 설명으로 틀린 것은?

① 압축기에서의 압축과정은 단열과정이다.
② 응축기에서의 응축과정은 등압, 등엔탈피과정이다.
③ 증발기에서의 증발과정은 등압, 등온과정이다.
④ 팽창밸브에서의 팽창과정은 교축과정이다.

해설 응축기에서의 응축과정은 등압, 등온과정이다.

32 압축기의 구조에 관한 설명으로 틀린 것은?

① 반밀폐형은 고정식이므로 분해가 곤란하다.
② 개방형에는 벨트구동식과 직결구동식이 있다.
③ 밀폐형은 전동기와 압축기가 한 하우징 속에 있다.
④ 기통배열에 따라 입형, 횡형, 다기통형으로 구분된다.

해설 반밀폐형은 전밀폐 또는 완전밀폐형에 비해 개방형에 가까우므로 분해가 쉽다.

33 열에 대한 설명으로 틀린 것은?

① 열전도는 물질 내에서 열이 전달되는 것이기 때문에 공기 중에서는 열전도가 일어나지 않는다.
② 열이 온도차에 의하여 이동되는 현상을 열전달이라 한다.
③ 고온물체와 저온물체 사이에서는 복사에 의해서도 열이 전달된다.
④ 온도가 다른 유체가 고체벽을 사이에 두고 있을 때 온도가 높은 유체에서 온도가 낮은 유체로 열이 이동되는 현상을 열통과라고 한다.

해설 열전도는 고체 내에서의 열이동방법으로, 물체는 움직이지 않고 그 물체의 구성분자 간에 정지상태에서 열이 이동하는 현상이다.

★
34 2원 냉동사이클에서 중간열교환기인 캐스케이드 열교환기의 구성은 무엇으로 이루어져 있는가?

① 저온측 냉동기의 응축기와 고온측 냉동기의 증발기
② 저온측 냉동기의 증발기와 고온측 냉동기의 응축기
③ 저온측 냉동기의 응축기와 고온측 냉동기의 응축기
④ 저온측 냉동기의 증발기와 고온측 냉동기의 증발기

해설 2원 냉동사이클은 초저온(−70℃ 이하)을 얻기 위해 저온부 냉동사이클의 응축기 방열량을 고온부 냉동사이클의 증발기가 흡열하도록 되어 있다.

정답 28. ④ 29. ② 30. ③ 31. ② 32. ① 33. ① 34. ①

35 수산물의 단기저장을 위한 냉각방법으로 적합하지 않은 것은?

① 빙온냉각 ② 염수냉각
③ 송풍냉각 ④ 침지냉각

해설 침지냉각은 식품을 담가서 냉각하는 방법으로, 수산물의 냉각방법에는 적합하지 않다.

36 다음 조건을 갖는 수냉식 응축기의 전열면적(m^2)은 얼마인가? (단, 응축기 입구의 냉매가스의 엔탈피는 430kcal/kg, 응축기 출구의 냉매액의 엔탈피는 145kcal/kg, 냉매순환량은 150kcal/kg, 응축온도는 38℃, 냉각수 평균온도는 32℃, 응축기의 열관류율은 850kcal/$m^2 \cdot h \cdot$ ℃이다.)

① 7.96 ② 8.38
③ 8.90 ④ 10.5

해설 $F = \dfrac{G\Delta h}{k\Delta t} = \dfrac{150 \times (430-145)}{850 \times (38-32)} = 8.38 m^2$

37 어떤 냉동장치의 계기압력이 저압은 60mmHg, 고압은 673kPa이었다면 이때의 압축비는 얼마인가?

① 5.8 ② 6.0
③ 7.4 ④ 8.3

해설 $a = \dfrac{673+101.32}{\dfrac{760-60}{760}\times 101.32} ≒ 8.3$

38 압축기 실린더직경 110mm, 행정 80mm, 회전수 900rpm, 기통수가 8기통인 암모니아냉동장치의 냉동능력(RT)은 얼마인가? (단, 냉동능력은 $R = \dfrac{V}{C}$로 산출하며, 여기서 R은 냉동능력(RT), V는 피스톤토출량(m^3/h), C는 정수로서 8.4이다.)

① 39.1 ② 47.7
③ 85.3 ④ 234.0

해설 $V = ASNZ \times 60 = \dfrac{\pi d^2}{4} SNZ \times 60$
$= \dfrac{\pi \times 0.11^2}{4} \times 0.08 \times 900 \times 8 \times 60 = 328.43 m^3/h$
$\therefore RT = \dfrac{V}{C} = \dfrac{328.43}{8.4} ≒ 39.1$

39 흡수식 냉동기의 구성품 중 왕복동냉동기의 압축기와 같은 역할을 하는 것은?

① 발생기 ② 증발기
③ 응축기 ④ 순환펌프

해설 발생기는 흡수식 냉동기에서 냉매와 흡수용액을 분리하는 기기로 왕복동냉동기의 압축기와 같은 역할을 한다.

40 30냉동톤의 브라인쿨러에서 입구온도가 -15℃일 때 브라인유량이 매분 0.6m^3이면 출구온도(℃)는 얼마인가? (단, 브라인의 비중은 1.27, 비열은 0.669 kcal/kg · ℃이고, 1냉동톤은 3,320kcal/h이다.)

① -11.7℃ ② -15.4℃
③ -20.4℃ ④ -18.3℃

해설 $Q_e = \rho QC(t_1-t_2) \times 60$
$\therefore t_2 = t_1 - \dfrac{Q_e}{\rho QC \times 60}$
$= -15 - \dfrac{30 \times 3,320}{1.27 \times 600 \times 0.669 \times 60} ≒ -18.3℃$

제3과목 배관일반

41 주철관의 소켓이음 시 코킹작업을 하는 주된 목적으로 가장 적합한 것은?

① 누수방지 ② 경도 증가
③ 인장강도 증가 ④ 내진성 증가

해설 주철관의 소켓이음 시 누수방지를 위하여 코킹정으로 주입한 납 부분을 두드린다.

42 보온재에 관한 설명으로 틀린 것은?

① 무기질 보온재로는 암면, 유리면 등이 사용된다.
② 탄산마그네슘은 250℃ 이하의 파이프 보온용으로 사용된다.
③ 광명단은 밀착력이 강한 유기질 보온재이다.
④ 우모펠트는 곡면 시공에 매우 편리하다.

해설 광명단은 보온재가 아니며 부식방지를 위해 많이 사용하는 밑칠용 페인트이다.

정답 35. ④ 36. ② 37. ④ 38. ① 39. ① 40. ④ 41. ① 42. ③

43 염화비닐관이음법의 종류가 아닌 것은?
① 플랜지이음   ② 인서트이음
③ 테이퍼코어이음 ④ 열간이음

해설 인서트이음은 폴리에틸렌관이음법이다.

★
44 배관의 지지목적이 아닌 것은?
① 배관의 중량지지 및 고정
② 신축의 제한지지
③ 진동 및 충격방지
④ 부식방지

해설 배관의 지지목적
㉠ 배관계의 중량지지 및 고정
㉡ 열에 의한 신축의 제한지지
㉢ 진동지지 및 충격방지
㉣ 배관구배의 조절

45 옥상탱크식 급수방식의 배관계통의 순서로 옳은 것은?
① 저수탱크 → 양수펌프 → 옥상탱크 → 양수관 → 급수관 → 수도꼭지
② 저수탱크 → 양수관 → 양수펌프 → 급수관 → 옥상탱크 → 수도꼭지
③ 저수탱크 → 양수관 → 급수관 → 양수펌프 → 옥상탱크 → 수도꼭지
④ 저수탱크 → 양수펌프 → 양수관 → 옥상탱크 → 급수관 → 수도꼭지

해설 고가탱크식(고가수조식, 옥상탱크식)의 경로 : 수도본관 → 수수탱크(저수탱크) → 양수펌프 → 양수관 → 옥상탱크 → 급수관 → 수도꼭지

46 트랩의 봉수 파괴원인이 아닌 것은?
① 증발작용   ② 모세관작용
③ 사이펀작용 ④ 배수작용

해설 트랩의 봉수 파괴원인 : 증발현상, 모세관작용, 자기사이펀작용

47 배관의 도중에 설치하여 유체 속에 혼입된 토사나 이물질 등을 제거하기 위해 설치하는 배관부품은?
① 트랩   ② 유니언
③ 스트레이너 ④ 플랜지

해설 스트레이너는 배관 내의 토사나 이물질을 제거하기 위한 부품이다.

48 가스용접에서 아세틸렌과 산소의 비가 1 : 0.85~0.95인 불꽃은 무슨 불꽃인가?
① 탄화불꽃   ② 기화불꽃
③ 산화불꽃   ④ 표준불꽃

해설 아세틸렌과 산소의 비
㉠ 탄화불꽃 : $C_2H_2 > O_2$
㉡ 중성불꽃 : $C_2H_2 = O_2$
㉢ 산화불꽃 : $C_2H_2 < O_2$

49 냉매배관 중 토출관을 의미하는 것은?
① 압축기에서 응축기까지의 배관
② 응축기에서 팽창밸브까지의 배관
③ 증발기에서 압축기까지의 배관
④ 응축기에서 증발기까지의 배관

해설 토출관은 압축기에서 응축기까지의 배관으로 입상이 10m 이상일 경우 10m마다 중간트랩을 설치한다.

50 급수설비에서 수격작용방지를 위하여 설치하는 것은?
① 에어챔버(air chamber)
② 앵글밸브(angle valve)
③ 서포트(support)
④ 볼탭(ball tap)

해설 에어챔버는 수격작용방지를 위하여 설치한다.

★
51 호칭지름 20A의 관을 다음 그림과 같이 나사이음 할 때 중심 간의 길이가 200mm라 하면 강관의 실제 소요되는 절단길이(mm)는? (단, 이음쇠의 중심에서 단면까지의 길이는 32mm, 나사가 물리는 최소의 길이는 13mm이다.)

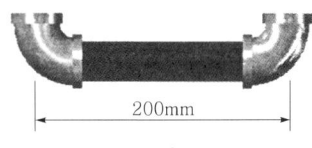

① 136   ② 148
③ 162   ④ 200

해설 $l = L - 2(A - a)$
    $= 200 - 2 \times (32 - 13) = 162mm$

정답 43. ② 44. ④ 45. ④ 46. ④ 47. ③ 48. ① 49. ① 50. ① 51. ③

52 급탕배관에 대한 설명으로 틀린 것은?

① 배관이 길 경우에는 필요한 곳에 공기빼기밸브를 설치한다.
② 벽 관통 부분 배관에는 슬리브(sleeve)를 끼운다.
③ 상향식 배관에서는 공급관을 앞내림구배로 한다.
④ 배관 중간에 신축이음을 설치한다.

해설 상향식 배관에서는 공급관을 앞올림(선상향)구배로 한다.

53 펌프 주위의 배관도이다. 각 부품의 명칭으로 틀린 것은?

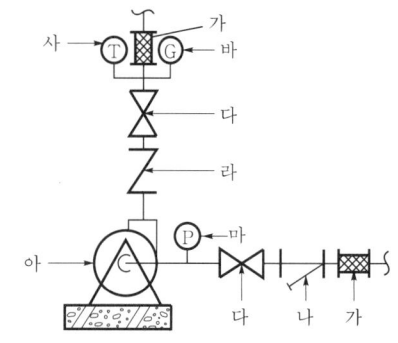

① 나 : 스트레이너
② 가 : 플렉시블조인트
③ 라 : 글로브밸브
④ 사 : 온도계

해설 가 : 플렉시블조인트, 나 : 스트레이너, 다 : 게이트밸브, 라 : 체크밸브, 마 : 압력계, 바 : 게이지, 사 : 온도계, 아 : 펌프

54 급배수 배관시험방법 중 물 대신 압축공기를 관 속에 압입하여 이음매에서 공기가 새는 것을 조사하는 시험방법은?

① 수압시험   ② 기압시험
③ 진공시험   ④ 통기시험

해설 급배수 배관시험방법
㉠ 수압시험 : 물을 관 속에 넣고 압력을 가하며 실시하는 시험
㉡ 기압시험 : 압축공기를 관 속에 압입하여 실시하는 시험
㉢ 진공시험 : 진공을 유지 여부를 실시하는 시험

55 동관접합방법의 종류가 아닌 것은?

① 빅토릭접합   ② 플레어접합
③ 플랜지접합   ④ 납땜접합

해설 주철관이음 : 소켓접합, 플랜지접합, 메커니컬접합, 타이튼접합, 빅토릭접합 등
참고 플랜지접합은 동관과 주철관의 두 접합에 있으므로 관계는 없을 것으로 본다.

56 저압증기난방장치에서 증기관과 환수관 사이에 설치하는 균형관은 표준수면에서 몇 mm 아래에 설치하는가?

① 20mm   ② 50mm
③ 80mm   ④ 100mm

해설 저압증기난방장치에서 증기관과 환수관 사이에 설치하는 균형관은 표준수면에서 50mm 아래에 설치한다.

57 고층건물이나 기구수가 많은 건물에서 입상관까지의 거리가 긴 경우 루프통기의 효과를 높이기 위해 설치된 통기관은?

① 도피통기관   ② 반송통기관
③ 공용통기관   ④ 신정통기관

해설 ㉠ 도피통기관 : 고층건물이나 기구수가 많은 건물에서 입상관까지의 거리가 긴 경우, 루프통기의 효과를 높이기 위해 설치하는 경우, 8개 이상의 트랩봉수보호, 배수수직관과 가장 가까운 배수관의 접속점 사이에 설치
㉡ 각개통기관 : 가장 좋은 방법, 위생기구 1개마다 통기관 1개 설치(1 : 1), 관경 32A
㉢ 루프(환상, 회로, 신정)통기관 : 위생기구 2~8개의 트랩봉수보호, 총길이 7.5m 이하, 관경 40A 이상
㉣ 습식(습윤)통기관 : 배수＋통기를 하나의 배관

58 다음 중 온도에 따른 팽창 및 수축이 가장 큰 배관재료는?

① 강관   ② 동관
③ 염화비닐관   ④ 콘크리트관

해설 경질염화비닐관은 열팽창률이 크고 산·알칼리성에 강하며 내수, 내유, 내약품성이 크다.

정답 52. ③ 53. ③ 54. ② 55. ① 56. ② 57. ① 58. ③

59 중앙식 급탕설비에서 직접 가열식 방법에 대한 설명으로 옳은 것은?

① 열효율상으로는 경제적이지만 보일러 내부에 스케일이 생길 우려가 크다.
② 탱크 속에 직접 증기를 분사하여 물을 가열하는 방식이다.
③ 탱크는 저장과 가열을 동시에 하므로 탱크히터 또는 스토리지탱크로 부른다.
④ 가열코일이 필요하다.

해설 중앙식 급탕설비의 직접 가열식 방법
㉠ 열효율면에서는 경제적이나 보일러 내면에 스케일이 생겨 열효율 저하, 보일러수명이 단축된다.
㉡ 급탕경로 : 온수보일러 → 저탕조 → 급탕주관 → 각 기관 → 사용장소
㉢ 건물의 높이에 따라 보일러는 높은 압력을 필요로 한다.
㉣ 주택 또는 소규모 건물에 이용된다.

60 급탕배관의 구배에 관한 설명으로 옳은 것은?

① 중력순환식은 1/250 이상의 구배를 준다.
② 강제순환식은 구배를 주지 않는다.
③ 하향식 공급방식에서는 급탕관 및 복귀관은 모두 선하향구배로 한다.
④ 상향공급식 배관의 반탕관은 상향구배로 한다.

해설 ① 중력순환식은 1/150 이상의 구배를 준다.
② 강제순환식은 1/200 이상의 구배를 준다.
④ 상향공급식 배관의 급탕관은 올림구배로, 반탕관(복귀관)은 내림구배로 한다.

제4과목 전기제어공학

61 위치감지용으로 적합한 장치는?

① 전위차계
② 회전자기부호기
③ 스트레인게이지
④ 마이크로폰

해설 위치감지용에서 가장 널리 사용되는 장치는 전위차계이다.
참고 서보기구용 검출기 : 싱크로, 전위차계, 차동변압기

62 다음 그림과 같은 피드백회로의 전달함수 $\dfrac{C(s)}{R(s)}$ 는?

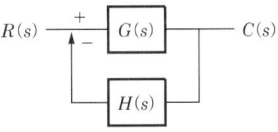

① $\dfrac{1}{1+G(s)H(s)}$ ② $1-\dfrac{1}{G(s)H(s)}$
③ $\dfrac{G(s)}{1-G(s)H(s)}$ ④ $\dfrac{G(s)}{1+G(s)H(s)}$

해설 $(R(s)-C(s)H(s))G(s)=C(s)$
$R(s)G(s)-C(s)H(s)G(s)=C(s)$
$R(s)G(s)=C(s)+C(s)H(s)G(s)$
$\qquad = C(s)(1+H(s)G(s))$
$\therefore \dfrac{C(s)}{R(s)}=\dfrac{G(s)}{1+H(s)G(s)}$

63 제어계에서 동작신호를 조작량으로 변화시키는 것은?

① 제어량   ② 제어요소
③ 궤환요소   ④ 기준입력요소

해설 제어요소는 동작신호를 조작량으로 변화하는 요소로써 조절부와 조작부로 이루어져 있다.

64 다음 블록선도를 수식으로 표현한 것 중 옳은 것은?

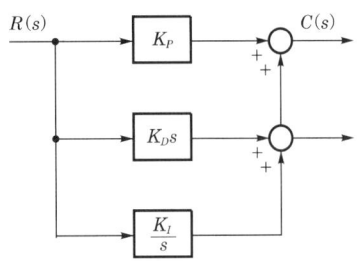

① $K_P R + K_D \dfrac{dR}{dt} + K_I \displaystyle\int_0^T R dt$

② $K_D R + K_P \displaystyle\int_0^T R dt + K_I \dfrac{dR}{dt}$

③ $K_I R + K_D \displaystyle\int_0^T R dt + K_P \dfrac{dR}{dt}$

④ $K_P R + \dfrac{1}{K_D} \displaystyle\int_0^T R dt + K_I \dfrac{dR}{dt}$

해설 조작량은 $K_P R + K_D \dfrac{dR}{dt} + K_I \displaystyle\int_0^T R dt$(비례, 미분, 적분)이다.

정답 59. ① 60. ③ 61. ① 62. ④ 63. ② 64. ①

65 다음 그림과 같은 Y결선회로와 등가인 △결선회로의 Z_{ab}, Z_{bc}, Z_{ca}값은?

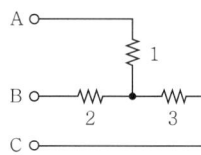 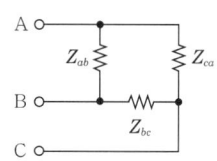

① $Z_{ab} = \dfrac{11}{3}$, $Z_{bc} = 11$, $Z_{ca} = \dfrac{11}{2}$

② $Z_{ab} = \dfrac{7}{3}$, $Z_{bc} = 7$, $Z_{ca} = \dfrac{7}{2}$

③ $Z_{ab} = 11$, $Z_{bc} = \dfrac{11}{2}$, $Z_{ca} = \dfrac{11}{3}$

④ $Z_{ab} = 7$, $Z_{bc} = \dfrac{7}{2}$, $Z_{ca} = \dfrac{7}{3}$

해설

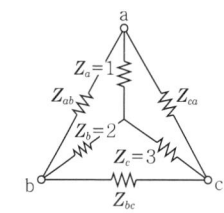

㉠ $Z_{ab} = \dfrac{Z_a Z_b + Z_b Z_c + Z_c Z_a}{Z_c}$
$= \dfrac{1 \times 2 + 2 \times 3 + 3 \times 1}{3} = \dfrac{11}{3}$

㉡ $Z_{bc} = \dfrac{Z_a Z_b + Z_b Z_c + Z_c Z_a}{Z_a}$
$= \dfrac{1 \times 2 + 2 \times 3 + 3 \times 1}{1} = 11$

㉢ $Z_{ca} = \dfrac{Z_a Z_b + Z_b Z_c + Z_c Z_a}{Z_b}$
$= \dfrac{1 \times 2 + 2 \times 3 + 3 \times 1}{2} = \dfrac{11}{2}$

66 부궤환(negative feedback)증폭기의 장점은?

① 안정도의 증가 ② 증폭도의 증가
③ 전력의 절약   ④ 능률의 증대

해설 **부궤환**
㉠ 정궤환의 반대인 역위상으로 궤환을 행하는 것을 말하며 저주파증폭기 등에 응용되고 있다.
㉡ 장점 : 증폭도 감소, 찌그러짐의 감소, 잡음의 감소, 안정도의 증가

67 직류전동기의 속도제어방법이 아닌 것은?

① 전압제어 ② 계자제어
③ 저항제어 ④ 슬립제어

해설 **직류전동기의 속도제어방법** : 계자제어법, 직렬저항법, 전압제어법(운전효율이 양호하고 워드레너드방식, 정지레너드방식이 있는 제어법)

68 자동제어의 기본요소로서 전기식 조작기기에 속하는 것은?

① 다이어프램 ② 벨로즈
③ 펄스전동기 ④ 파일럿밸브

해설 스테핑모터(stepping motor)는 일명 스텝모터, 펄스모터, 스텝모터 등이라고 부르는데 전기식 조작기기의 일종이다.

69 다음 그림과 같은 신호흐름선도에서 $\dfrac{C}{R}$의 값은?

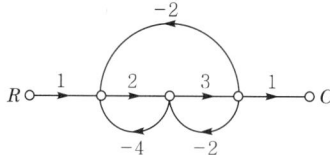

① $\dfrac{6}{21}$ ② $-\dfrac{6}{21}$

③ $\dfrac{6}{27}$ ④ $-\dfrac{6}{27}$

해설 $G = \dfrac{C}{R} = \dfrac{1 \times 2 \times 3 \times 1}{1 + (2 \times 3 \times 2) + (2 \times 3) + (2 \times 4)} = \dfrac{6}{27}$

70 다음 그림과 같은 제어에 해당하는 것은?

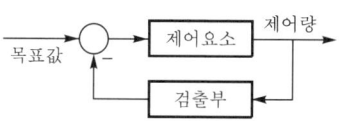

① 개방제어   ② 개루프제어
③ 시퀀스제어 ④ 폐루프제어

해설 제시된 그림은 출력의 일부를 입력방향으로 피드백시켜 목표값과 비교되도록 폐루프(폐회로)를 형성하는 제어계로서 피드백제어계라 한다.

정답 65. ① 66. ① 67. ④ 68. ③ 69. ③ 70. ④

71 저항 R_1과 R_2가 병렬로 접속되어 있을 때 R_1에 흐르는 전류가 3A이면 R_2에 흐르는 전류는 몇 A인가?

① 1.0 ② 1.5
③ 2.0 ④ 2.5

해설 $I_1 = \left(\dfrac{R_2}{R_1+R_2}\right)I$[A], $I_2 = \left(\dfrac{R_1}{R_1+R_2}\right)I$[A]
R_1과 R_2값이 누락되어 계산할 수 없다.

★
72 다음 분류기의 배율은? (단, R_s : 분류기의 저항, R_a : 전류계의 내부저항)

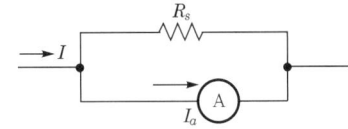

① $\dfrac{R_s}{R_a}$ ② $1+\dfrac{R_s}{R_a}$
③ $1+\dfrac{R_a}{R_s}$ ④ $\dfrac{R_a}{R_s}$

해설 $I_o = I\left(1+\dfrac{R_a}{R_s}\right) = I \times$ 분류기 배율

★
73 다음 그림과 같이 교류의 전압을 직류용 가동코일형 계기를 사용하여 측정하였다. 전압계의 눈금은 몇 V인가? (단, 교류전압의 최대값은 V_m이고, 전압계의 내부저항 R의 값은 충분히 크다고 한다.)

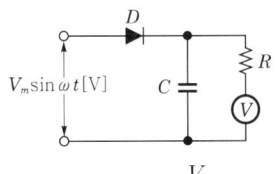

① V_m ② $\dfrac{V_m}{\sqrt{2}}$
③ $\dfrac{V_m}{2}$ ④ $\dfrac{V_m}{2\sqrt{2}}$

해설 $V_m = \sqrt{2} \times$ 실효전압 $= \sqrt{2}\,V$

74 피드백제어계의 안정도와 직접적인 관련이 없는 것은?

① 이득여유 ② 위상여유
③ 주파수특성 ④ 제동비

해설 이득여유, 위상여유, 제동비는 피드백제어계의 안정도에 직접적인 관련이 있다.

75 평형위치에서 목표값과 현재 수위와의 차이를 잔류편차(offset)라 한다. 다음 중 잔류편차가 있는 제어계는?

① 비례동작(P동작)
② 비례미분동작(PD동작)
③ 비례적분동작(PI동작)
④ 비례적분미분동작(PID동작)

해설 ㉠ 비례제어(P동작) : 잔류편차(offset) 생김
㉡ 적분제어(I동작) : 적분값(면적)에 비례, 잔류편차 소멸, 진동 발생
㉢ 미분제어(D동작) : 오차예측제어
㉣ 비례미분제어(PD동작) : 응답속도 향상, 과도특성개선, 진상보상회로에 해당
㉤ 비례적분제어(PI동작) : 잔류편차와 사이클링 제거, 정상특성개선
㉥ 비례적분미분제어(PID동작) : 속응도 향상, 잔류편차 제거, 정상/과도특성개선
㉦ 온오프제어(=2위치제어) : 불연속제어(간헐제어)

76 어떤 계의 단위임펄스응답이 e^{-2t}이다. 이 제어계의 전달함수 $G(s)$는?

① $\dfrac{1}{s}$ ② $\dfrac{1}{s+1}$
③ $\dfrac{1}{s+2}$ ④ $s+2$

해설

함수명	응답	전달함수
n차 램프함수	t^n	$\dfrac{n!}{s^{n+1}}$
지수감쇠함수	e^{-at}	$\dfrac{1}{s+a}$
지수감쇠램프함수	te^{-at}	$\dfrac{1}{(s+a)^2}$

∴ e^{-2t}이므로 $G(s) = \dfrac{1}{s+2}$

정답 71. ② 72. ③ 73. ① 74. ③ 75. ① 76. ③

77 제어량이 온도, 압력, 유량, 액위, 농도 등과 같은 일반공업량일 때의 제어는?

① 추종제어　② 시퀀스제어
③ 프로그래밍제어　④ 프로세스제어

해설 프로세스제어는 온도, 유량, 압력, 액위, 농도, 밀도 등의 플랜트나 생산공정 중의 상태량을 제어하는 제어로서 외란의 억제를 주목적으로 공업공정의 상태량을 제어량으로 하는 제어를 말한다.

★
78 자동제어계에서 과도응답 중 지연시간을 옳게 정의한 것은?

① 목표값의 50%에 도달하는 시간
② 목표값이 허용오차범위에 들어갈 때까지의 시간
③ 최대 오버슛이 일어나는 시간
④ 목표값의 10~90%까지 도달하는 시간

해설 지연시간은 목표값(최종값)의 50%에 도달하는 시간이다.

79 어떤 도체의 단면을 1시간에 7,200C의 전기량이 이동했다고 하면 전류는 몇 A인가?

① 1　② 2
③ 3　④ 4

해설 $I = \dfrac{Q}{t} = \dfrac{7{,}200}{3{,}600} = 2A$

80 시퀀스제어에 관한 설명 중 틀린 것은?

① 시간지연요소가 사용된다.
② 조합논리회로로도 사용된다.
③ 기계적 계전기 접점이 사용된다.
④ 전체 시스템의 접점들이 일시에 동작한다.

해설 ④는 피드백제어의 설명이다.
참고 시퀀스제어는 앞단계 동작이 끝나고 다음 단계로 넘어가는 순서회로제어이다.

2019년 제2회 공조냉동기계산업기사

제1과목 공기조화

01 다음 중 직접난방방식이 아닌 것은?
① 증기난방　② 온수난방
③ 복사난방　④ 온풍난방

해설 증기난방, 온수난방, 복사난방은 직접난방방식이고, 온풍난방은 간접난방방식이다.

참고
㉠ 직접난방 : 실내에 방열기를 두고 여기에 열매를 공급하는 방법
㉡ 간접난방 : 일정 장소에서 공기를 가열하여 덕트를 통하여 공급하는 방법
㉢ 복사난방 : 실내 바닥, 벽, 천장 등에 온도를 상승시켜 복사열에 의한 방법

02 건축물의 출입문으로부터 극간풍의 영향을 방지하는 방법으로 틀린 것은?
① 회전문을 설치한다.
② 이중문을 충분한 간격으로 설치한다.
③ 출입문에 블라인드를 설치한다.
④ 에어커튼을 설치한다.

해설 극간풍 방지방법
㉠ 회전문 설치
㉡ 2중문 설치(내측은 수동식)
㉢ 에어커튼 설치
㉣ 2중문 중간에 컨벡터 설치

03 유리를 투과한 일사에 의한 취득열량과 가장 거리가 먼 것은?
① 유리창면적　② 일사량
③ 환기횟수　④ 차폐계수

해설 $q = I_{GR} k_s A_g I_{GC} A_g$
여기서, I_{GR} : 일사투과량, k_s : 차폐계수, I_{GC} : 창면적당의 내표면으로부터 대류에 의하여 침입하는 열량, A_g : 유리의 면적

04 공조방식 중 송풍온도를 일정하게 유지하고 부하변동에 따라서 송풍량을 변화시킴으로써 실온을 제어하는 방식은?
① 멀티존유닛방식　② 이중덕트방식
③ 가변풍량방식　④ 패키지유닛방식

해설 가변풍량방식(VAV)은 부하변동에 따라 송풍량이 변화 가능하며 부분부하 시 송풍기 동력을 절감할 수 있고 공기조화방식 중 에너지 절약에 가장 효과적이다.

05 다음 중 냉방부하 계산 시 상당외기온도차를 이용하는 경우는?
① 유리창의 취득열량　② 내벽의 취득열량
③ 침입외기 취득열량　④ 외벽의 취득열량

해설 상당외기온도차는 방위, 시각 및 벽체의 재료(외벽의 취득열량) 등에 따라 값이 정해진다.
$\Delta t_e = c \Delta t$
여기서, c : 축열계수

06 송풍기 회전수를 높일 때 일어나는 현상으로 틀린 것은?
① 정압 감소　② 동압 증가
③ 소음 증가　④ 송풍기 동력 증가

해설 송풍기의 회전수를 높이면 동압 증가, 소음 증가, 송풍기의 동력이 증가한다.

07 냉방부하의 종류 중 현열만 존재하는 것은?
① 외기의 도입으로 인한 취득열
② 유리를 통과하는 전도열
③ 문틈에서의 틈새바람
④ 인체에서의 발생열

해설 유리창을 통과하는 전도열(복사열)과 조명부하(수분이 없으므로 잠열부하가 없음)는 현열만 존재한다.

정답 01. ④　02. ③　03. ③　04. ③　05. ④　06. ①　07. ②

08 주로 소형 공조기에 사용되며 증기 또는 전기가열기로 가열한 온수수면에서 발생하는 증기로 가습하는 방식은?

① 초음파형　　② 원심형
③ 노즐형　　　④ 가습팬형

해설 가습팬형(증발식)은 증기 또는 전기가열기로 가열하는 소형 공조기용이다.

★
09 31℃의 외기와 25℃의 환기를 1:2의 비율로 혼합하고 바이패스팩터가 0.16인 코일로 냉각제습할 때 코일 출구온도(℃)는? (단, 코일의 표면온도는 14℃ 이다.)

① 14　　② 16
③ 27　　④ 29

해설 ㉠ $t = \dfrac{1 \times 31 + 2 \times 25}{1+2} = 27℃$
　　㉡ $t_D = 0.16 \times 27 + (1-0.16) \times 14 ≒ 16℃$

★
10 습공기 5,000m³/h를 바이패스팩터 0.2인 냉각코일에 의해 냉각시킬 때 냉각코일의 냉각열량(kW)은? (단, 코일 입구공기의 엔탈피는 64.5kJ/kg, 밀도는 1.2kg/m³, 냉각코일표면온도는 10℃이며 10℃의 포화습공기엔탈피는 30kJ/kg이다.)

① 38　　② 46
③ 138　④ 165

해설 $Q_t = \dfrac{G(h_1 - h_2)}{3,600} \rho (1-BF)$
　　　$= \dfrac{5,000 \times (64.5-30)}{3,600} \times 1.2 \times (1-0.2) = 46\text{kW}$

★
11 20℃ 습공기의 대기압이 100kPa이고 수증기의 분압이 1.5kPa이라면 주어진 습공기의 절대습도(kg/kg′)는?

① 0.0095　　② 0.0112
③ 0.0129　　④ 0.0133

해설 $x_s = 0.622 \dfrac{P_s}{P-P_s} = 0.622 \times \dfrac{1.5}{100-1.5}$
　　　$≒ 0.0095\text{kg/kg}′$

12 저속덕트와 고속덕트의 분류기준이 되는 풍속은?

① 10m/s　　② 15m/s
③ 20m/s　　④ 30m/s

해설 저속덕트는 12~15m/s, 고속덕트는 20~25m/s이므로 15m/s가 기준이다.

13 냉방부하에 관한 설명으로 옳은 것은?

① 조명에서 발생하는 열량은 잠열로서 외기부하에 해당된다.
② 상당외기온도차는 방위, 시각 및 벽체재료 등에 따라 값이 정해진다.
③ 유리창을 통해 들어오는 부하는 태양복사열만 계산한다.
④ 극간풍에 의한 부하는 실내외온도차에 의한 현열만을 계산한다.

해설 상당외기온도차는 방위, 시각 및 벽체의 재료(외벽의 취득열량) 등에 따라 값이 정해진다.

14 다음 송풍기 풍량제어법 중 축동력이 가장 많이 소요되는 것은? (단, 모든 조건은 동일하다.)

① 회전수제어　　② 흡입베인제어
③ 흡입댐퍼제어　④ 토출댐퍼제어

해설 송풍기 풍량제어법 중 토출댐퍼제어는 동력소요가 많고, 회전수제어는 동력절감효과가 있다.

★
15 지역난방의 특징에 관한 설명으로 틀린 것은?

① 연료비는 절감되나 열효율이 낮고 인건비가 증가한다.
② 개별건물의 보일러실 및 굴뚝이 불필요하므로 건물이용의 효율이 높다.
③ 설비의 합리화로 대기오염이 적다.
④ 대규모 열원기기를 이용하므로 에너지를 효율적으로 이용할 수 있다.

해설 지역난방은 연료비와 인건비가 절감되며 높고 낮은 건물이 산재해 있는 광범위한 지역에 일괄하여 난방하고자 할 때, 즉 특정한 곳에 열원을 두고 열수송 및 분배망을 이용하여 한정된 지역에 난방한다.

정답　08. ④　09. ②　10. ②　11. ①　12. ②　13. ②　14. ④　15. ①

16 흡착식 감습장치의 흡착제로 적당하지 않은 것은?

① 실리카겔 ② 염화리튬
③ 활성알루미나 ④ 합성제올라이트

해설 흡착식 감습장치(고체제습장치)는 화학적 감습장치로서 실리카겔, 아드소울, 활성알루미나, 합성제올라이트 등과 같은 반도체 또는 고체흡수제를 사용하는 방법으로 냉동장치와 병용하여 극저습도를 요구하는 곳이다.

★ 17 에어와셔(공기세정기) 속의 플러딩노즐(flooding nozzle)의 역할은?

① 균일한 공기흐름 유지
② 분무수의 분무
③ 일리미네이터 청소
④ 물방울의 기류에 혼입 방지

해설 플러딩노즐은 일리미네이터의 먼지를 세정한다.

18 대향류의 냉수코일 설계 시 일반적인 조건으로 틀린 것은?

① 냉수 입출구온도차는 일반적으로 5~10℃로 한다.
② 관내 물의 속도는 5~15m/s로 한다.
③ 냉수온도는 5~15℃로 한다.
④ 코일통과풍속은 2~3m/s로 한다.

해설 코일을 통과하는 물의 속도는 1m/s 정도가 되도록 한다.

19 공기조화시스템에서 난방을 할 때 보일러에 있는 온수를 목적지인 사용처로 보냈다가 다시 사용하기 위해 되돌아오는 관을 무엇이라고 하는가?

① 온수공급관 ② 온수환수관
③ 냉수공급관 ④ 냉수환수관

해설 온수환수관이란 난방을 할 때 보일러에 있는 온수를 목적지인 사용처로 보냈다가 다시 사용하기 위해 되돌아오는 관을 말한다.

20 덕트계통의 열손실(취득)과 직접적인 관계로 가장 거리가 먼 것은?

① 덕트 주위 온도 ② 덕트 가공 정도
③ 덕트 주위 소음 ④ 덕트 속 공기압력

해설 덕트 주위의 소음은 열손실과는 무관하다.

제2과목 냉동공학

21 흡입관 내를 흐르는 냉매증기의 압력 강하가 커지는 경우는?

① 관이 굵고 흡입관길이가 짧은 경우
② 냉매증기의 비체적이 큰 경우
③ 냉매의 유량이 적은 경우
④ 냉매의 유속이 빠른 경우

해설 냉매의 유속이 빠르면 압력이 낮아진다.

22 다음 중 냉동장치의 압축기와 관계가 없는 효율은?

① 소음효율 ② 압축효율
③ 기계효율 ④ 체적효율

해설 압축기의 효율은 압축효율, 기계효율, 체적효율이 관계된다.

23 가용전에 대한 설명으로 옳은 것은?

① 저압차단스위치를 의미한다.
② 압축기 토출측에 설치한다.
③ 수냉응축기 냉각수 출구측에 설치한다.
④ 응축기 또는 고압수액기의 액배관에 설치한다.

해설 가용전은 고압측(응축기 또는 고압수액기)에 설치하는 안전장치로서 작동온도는 약 75℃ 이하이다.

★ 24 이상기체의 압력이 0.5MPa, 온도가 150℃, 비체적이 0.4m³/kg일 때 가스상수(J/kg·K)는 얼마인가?

① 11.3 ② 47.28
③ 113 ④ 472.8

해설 $PV = GRT$

$$\therefore R = \frac{PV}{GT} = \frac{500,000 \text{N/m}^2 \times 0.4}{273+150}$$

$\fallingdotseq 472.8 \text{J/kg} \cdot \text{K}$

이때 V가 비체적이므로 G는 생략 가능하다.

정답 16. ② 17. ③ 18. ② 19. ② 20. ③ 21. ④ 22. ① 23. ④ 24. ④

25 냉동사이클 중 $P-h$선도(압력-엔탈피선도)로 구할 수 없는 것은?
① 냉동능력   ② 성적계수
③ 냉매순환량 ④ 마찰계수

해설 $P-h$선도로 냉동능력, 성적계수, 냉매순환량, 압축비, 엔탈피, 엔트로피, 건조도를 구할 수 있다.

26 냉매가 구비해야 할 조건으로 틀린 것은?
① 증발잠열이 클 것
② 응고점이 낮을 것
③ 전기저항이 클 것
④ 증기의 비열비가 클 것

해설 냉매의 구비조건
㉠ 증기의 비열비가 작을 것
㉡ 임계온도와 임계압력이 높을 것

27 몰리에르선도에서 건도(x)에 관한 설명으로 옳은 것은?
① 몰리에르선도의 포화액선상 건도는 1이다.
② 액체 70%, 증기 30%인 냉매의 건도는 0.7이다.
③ 건도는 습포화증기구역 내에서만 존재한다.
④ 건도는 과열증기 중 증기에 대한 포화액체의 양을 말한다.

해설 건조도(x)는 습포화증기구역 내에서 존재하며 포화액일 때 0이고, 포화증기선상일 때 1이 된다.

★
28 이상적인 냉동사이클과 비교한 실제 냉동사이클에 대한 설명으로 틀린 것은?
① 냉매가 관내를 흐를 때 마찰에 의한 압력손실이 발생한다.
② 외부와 다소의 열출입이 있다.
③ 냉매가 압축기의 밸브를 지날 때 약간의 교축작용이 이루어진다.
④ 압축기 입구에서의 냉매상태값은 증발기 출구와 동일하다.

해설 압축기 입구에서의 냉매상태값은 증발기 출구의 엔탈피 및 온도값보다 올라간다.

29 팽창밸브 직후 냉매의 건도가 0.2이다. 이 냉매의 증발열이 1,884kJ/kg이라 할 때 냉동효과(kJ/kg)는 얼마인가?
① 376.8   ② 1324.6
③ 1507.2   ④ 1804.3

해설 냉동효과 = 증발기 출구엔탈피 - 증발기 입구엔탈피
= 건도 × (1 - 증발열)
= $1,884 \times (1-0.2) = 1507.2$kJ/kg

★
30 평판을 통해서 표면으로 확산에 의해서 전달되는 열유속(heat flux)의 0.4W/m²이다. 이 표면과 20℃ 공기흐름과의 대류전열계수가 0.01kW/m²·℃인 경우 평판의 표면온도(℃)는?
① 45   ② 50
③ 55   ④ 60

해설 $Q = hA(t_2 - t_1)$
$\therefore t_2 = \dfrac{Q}{hA} + t_1 = \dfrac{0.4}{0.01 \times 1} + 20 = 60$℃

31 몰리에르선도에 대한 설명으로 틀린 것은?
① 과열구역에서 등엔탈피선은 등온선과 거의 직교한다.
② 습증기구역에서 등온선과 등압선은 평행하다.
③ 포화액체와 포화증기의 상태가 동일한 점을 임계점이라고 한다.
④ 등비체적선은 과열증기구역에서도 존재한다.

해설 과열구역에서 등엔탈피선은 등온선과 거의 평행하다.

★
32 흡수식 냉동기의 특징에 대한 설명으로 틀린 것은?
① 용량제어의 범위가 넓어 폭넓은 용량제어가 가능하다.
② 터보냉동기에 비하여 소음과 진동이 크다.
③ 부분부하에 대한 대응성이 좋다.
④ 회전부가 적어 기계적인 마모가 적고 보수관리가 용이하다.

해설 흡수식 냉동기는 소음 및 진동이 적다.

33. 액분리기에 대한 설명으로 옳은 것은?
   ① 장치를 순환하고 남는 여분의 냉매를 저장하기 위해 설치하는 용기를 말한다.
   ② 액분리기는 흡입관 중의 가스와 액의 혼합물로부터 액을 분리하는 역할을 한다.
   ③ 액분리기는 암모니아냉동장치에는 사용하지 않는다.
   ④ 팽창밸브와 증발기 사이에 설치하여 냉각효율을 상승시킨다.

해설 어큐뮬레이터(액분리기)는 증발기 출구와 압축기 흡입관 사이에 설치하며, 압축기 흡입가스 중에 섞여 있는 냉매액을 분리, 액압축을 방지하고 압축기를 보호하며 기동 시 증발기 내 액교란을 방지하는 장치이다.

34. 암모니아의 증발잠열은 −15℃에서 1310.4kJ/kg이지만 실제로 냉동능력은 1126.2kJ/kg으로 작아진다. 차이가 생기는 이유로 가장 적절한 것은?
   ① 체적효율 때문이다.
   ② 전열면의 효율 때문이다.
   ③ 실제 값과 이론값의 차이 때문이다.
   ④ 교축팽창 시 발생하는 플래시가스 때문이다.

해설 팽창밸브에서 교축팽창 시 발생하는 플래시가스 때문에 냉동능력이 감소한다.

★
35. 냉동장치의 운전 중 저압이 낮아질 때 일어나는 현상이 아닌 것은?
   ① 흡입가스 과열 및 압축비 증대
   ② 증발온도 저하 및 냉동능력 증대
   ③ 흡입가스의 비체적 증가
   ④ 성적계수 저하 및 냉매순환량 감소

해설 저압이 낮아지면 압축비 증가, 흡입가스 과열, 증발온도 저하, 냉동능력 감소, 흡입가스의 비체적 증가, 성적계수 저하 및 냉매순환량이 감소된다.

36. 다음 중 고압가스안전관리법에 적용되지 않는 것은?
   ① 스크루냉동기
   ② 고속다기통냉동기
   ③ 회전용적형 냉동기
   ④ 열전모듈냉각기

해설 스크루냉동기, 고속다기통냉동기, 회전용적형 냉동기 등은 고압가스안전관리법에 적용된다.

★
37. 냉동장치에서 플래시가스가 발생하지 않도록 하기 위한 방지대책으로 틀린 것은?
   ① 액관의 직경이 충분한 크기를 갖고 있도록 한다.
   ② 증발기의 위치를 응축기와 비교해서 너무 높게 설치하지 않는다.
   ③ 여과기나 필터의 점검, 청소를 실시한다.
   ④ 액관 냉매액의 과냉도를 줄인다.

해설 플래시가스는 관 수액기와 팽창밸브 사이에서 주로 많이 발생하며 수액기에 직사광선 또는 압력 강하가 큰 경우 증발기에 유입되기 이전에 냉매액 일부가 기체로 바뀐 가스로 과냉도를 늘리면 방지된다.

38. 냉동장치 내에 불응축가스가 혼입되었을 때 냉동장치의 운전에 미치는 영향으로 가장 거리가 먼 것은?
   ① 열교환작용을 방해하므로 응축압력이 낮게 된다.
   ② 냉동능력이 감소한다.
   ③ 소비전력이 증가한다.
   ④ 실린더가 과열되고 윤활유가 열화 및 탄화된다.

해설 공기침입 시 불응축가스가 응축기 상부에 고여 압력이 높아지므로 압축비가 커져 소비동력이 증가하여 냉동능력이 감소한다.

★
39. −20℃의 암모니아포화액의 엔탈피가 314kJ/kg이며 동일온도에서 건조포화증기의 엔탈피가 1,687kJ/kg이다. 이 냉매액이 팽창밸브를 통과하여 증발기에 유입될 때의 냉매의 엔탈피가 670kJ/kg이었다면 중량비로 약 몇 %가 액체상태인가?
   ① 16   ② 26
   ③ 74   ④ 84

해설 $y = \dfrac{\text{건포화증기엔탈피} - \text{팽창엔탈피}}{\text{건포화증기엔탈피} - \text{포화액엔탈피}} \times 100\%$
   $= \dfrac{1{,}687 - 670}{1{,}687 - 314} \times 100\% ≒ 74\%$

정답 33. ② 34. ④ 35. ② 36. ④ 37. ④ 38. ① 39. ③

40 증발식 응축기에 관한 설명으로 옳은 것은?
① 증발식 응축기의 냉각수는 보충할 필요가 없다.
② 증발식 응축기는 물의 현열을 이용하여 냉각하는 것이다.
③ 내부에 냉매가 통하는 나관이 있고 그 위에 노즐을 이용하여 물을 산포하는 형식이다.
④ 압력 강하가 작으므로 고압측 배관에 적당하다.

해설 증발식 응축기는 수냉식 응축기와 공냉식 응축기가 있으며 습구온도의 영향을 받는다. 또 물의 증발잠열을 이용하며 다른 응축기에 비하여 3~4% 냉각수량을 산포하는 형식이다.

제3과목 배관일반

41 물은 가열하면 팽창하여 급탕탱크 등 밀폐가열장치 내의 압력이 상승한다. 이 압력을 도피시킬 목적으로 설치하는 관은?
① 배기관 ② 팽창관
③ 오버플로관 ④ 압축공기관

해설 팽창관은 밀폐가열장치 내의 압력 상승을 도피시킬 목적으로 사용하는 관이다.

42 도시가스를 공급하는 배관의 종류가 아닌 것은?
① 공급관 ② 본관
③ 내관 ④ 주관

해설 도시가스의 배관은 부설장소에 따라 본관, 공급관, 사용자공급관, 내관으로 구분한다.

43 가스배관에서 가스가 누설된 경우 중독 및 폭발사고를 미연에 방지하기 위하여 조금만 누설되어도 냄새로 충분히 감지할 수 있도록 설치하는 장치는?
① 부스터설비 ② 정압기
③ 부취설비 ④ 가스홀더

해설 부취설비는 가스누설 시 냄새로 감지하며 액체주입식(펌프, 적하, 미터연결 바이패스)과 증발식(워크식) 등이 있다.

44 배관용 패킹재료를 선택할 때 고려해야 할 사항을 가장 거리가 먼 것은?
① 재료의 탄력성 ② 진동의 유무
③ 유체의 압력 ④ 재료의 부식성

해설 패킹재료의 선택 시 유체의 압력, 재료의 부식성, 진동의 유무 등을 고려해야 한다.

★ **45** 급수방식 중 고가탱크방식의 특징에 대한 설명으로 틀린 것은?
① 다른 방식에 비해 오염 가능성이 적다.
② 저수량을 확보하여 일정 시간 동안 급수가 가능하다.
③ 사용자의 수도꼭지에서 항상 일정한 수압을 유지한다.
④ 대규모 급수설비에 적합하다.

해설 고가(옥상)탱크방식은 다른 방식에 비해 오염 가능성이 크다.

46 동관의 분류 중 가장 두꺼운 것은?
① K형 ② L형
③ M형 ④ N형

해설 동관의 분류
㉠ 두께별 : K형(15A, 1.24mm) > L형(15A, 1.02mm) > M형(15A, 0.71mm) > N형
㉡ 재질별 : 연질, 반연질, 반경질, 경질 등

★ **47** 다음 중 증기난방설비시공 시 보온을 필요로 하는 배관은 어느 것인가?
① 관말 증기트랩장치의 냉각관
② 방열기 주위 배관
③ 증기공급관
④ 환수관

해설 보온을 필요로 하지 않는 경우
㉠ 난방하고 있는 실내에 노출된 배관(단, 하향급기하는 증기주관은 보온)
㉡ 방열기 주위 배관과 관말 증기트랩장치에서의 냉각레그
㉢ 환수관 전부

정답 40. ③ 41. ② 42. ④ 43. ③ 44. ① 45. ① 46. ① 47. ③

48 건물 1층의 바닥면을 기준으로 배관의 높이를 표시할 때 사용하는 기호는?
① EL ② GL
③ FL ④ UL

해설 ㉠ FL(Floor Line) : 1층의 바닥면을 기준으로 하여 높이를 표시
㉡ EL(Elevation Line) : 관의 중심을 기준으로 배관의 높이를 표시
㉢ GL(Ground Line) : 포장된 지표면을 기준으로 하여 배관장치의 높이를 표시

49 루프형 신축이음쇠의 특징에 대한 설명으로 틀린 것은?
① 설치공간을 많이 차지한다.
② 신축에 따른 자체 응력이 생긴다.
③ 고온, 고압의 옥외배관에 많이 사용된다.
④ 장시간 사용 시 패킹의 마모로 누수의 원인이 된다.

해설 루프형(만곡형)은 자체 응력이 생기며 고압·고온용으로 설치공간을 많이 차지한다.

★
50 냉매액관시공 시 유의사항으로 틀린 것은?
① 긴 입상액관의 경우 압력의 감소가 크므로 충분한 과냉각이 필요하다.
② 배관 도중에 다른 열원으로부터 열을 받지 않도록 한다.
③ 액관 배관은 가능한 한 길게 한다.
④ 액냉매가 관내에서 증발하는 것을 방지하도록 한다.

해설 액관 배관은 가능한 한 짧게 설치한다.

51 고압배관과 저압배관의 사이에 설치하여 고압측 압력을 필요한 압력으로 낮추어 저압측 압력을 일정하게 유지시키는 밸브는?
① 체크밸브 ② 게이트밸브
③ 안전밸브 ④ 감압밸브

해설 바이패스배관이 필요한 감압밸브는 고압에서 저압으로 압력을 일정하게 유지하는 밸브이다.

★
52 가스배관의 설치방법에 관한 설명으로 틀린 것은?
① 최단거리로 할 것
② 구부러지거나 오르내림을 적게 할 것
③ 가능한 한 은폐하거나 매설할 것
④ 가능한 한 옥외에 할 것

해설 가스배관은 가능한 한 은폐하거나 매설하지 않고 가능한 노출하여 배관하는 것이 원칙이다.

53 다음 중 엘보를 용접이음으로 나타낸 기호는?

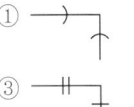
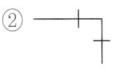

해설 ① 소켓이음, ② 나사이음, ③ 플랜지이음

54 2가지 종류의 물질을 혼합하면 단독으로 사용할 때보다 더 낮은 융해온도를 얻을 수 있는 혼합제를 무엇이라고 하는가?
① 부취제 ② 기한제
③ 브라인 ④ 에멀션

해설 기한제는 눈 또는 얼음과 염류 및 산류와의 혼합제로 혼합속도가 빨라 융해열을 미처 주위로부터 흡수하지 못하고 스스로의 열량으로 소비하게 되어 저온이 된다.

55 배관의 호칭 중 스케줄번호는 무엇을 기준으로 하여 부여하는가?
① 관의 안지름 ② 관의 바깥지름
③ 관의 두께   ④ 관의 길이

해설 관의 두께를 나타내는 스케줄번호(schedule No.)는 $10\dfrac{P}{S}$로 계산한다.

56 냉온수헤더에 설치하는 부속품이 아닌 것은?
① 압력계   ② 드레인관
③ 트랩장치 ④ 급수관

해설 ㉠ 냉온수헤더 : 압력계, 드레인관, 급수관 등으로 구성
㉡ 증기헤더 : 압력계, 드레인관, 트랩장치 등으로 구성

정답 48. ③ 49. ④ 50. ③ 51. ④ 52. ④ 53. ④ 54. ② 55. ③ 56. ③

57 온수난방에서 역귀환방식을 채택하는 주된 이유는?

① 순환펌프를 설치하기 위해
② 배관의 길이를 축소하기 위해
③ 열손실과 발생소음을 줄이기 위해
④ 건물 내 각 실의 온도를 균일하게 하기 위해

해설 역귀환방식은 배관길이가 길어지고 마찰저항이 크지만 건물 내 온수온도가 일정하기 때문에 채택한다.

58 냉각탑에서 냉각수는 수직하향방향이고, 공기는 수평방향인 형식은?

① 평행류형   ② 직교류형
③ 혼합형   ④ 대향류형

해설 직교류형 냉각탑의 물은 위(수직하향)에서 살수되고, 차가운 공기는 측면(수평)에서 도입된다. 낙하되는 물에 대해서 직교한 기류로 되어있다.

59 급수배관에서 수격작용 발생개소로 가장 거리가 먼 것은?

① 관내 유속이 빠른 곳
② 구배가 완만한 곳
③ 급격히 개폐되는 밸브
④ 굴곡개소가 있는 곳

해설 구배가 완만한 곳은 수격작용이 잘 일어나지 않는다.

60 다음 중 급수설비에 설치되어 물이 오염되기 쉬운 형태의 배관은?

① 상향식 배관   ② 하향식 배관
③ 조닝배관   ④ 크로스커넥션배관

해설 크로스커넥션(cross connection)은 급수계통이 오염될 염려가 있는 경우의 이음방법이다.

제4과목 전기제어공학

61 제어된 제어대상의 양, 즉 제어계의 출력을 무엇이라고 하는가?

① 목표값   ② 조작량
③ 동작신호 ④ 제어량

해설 제어량은 자동제어계의 출력신호로 제어대상을 제어하는 것을 목적으로 하는 물리적인 양을 말한다.

★
62 피드백제어계 중 물체의 위치, 방위, 자세 등의 기계적 변위를 제어량으로 하는 것은?

① 서보기구   ② 프로세스제어
③ 자동조정   ④ 프로그램제어

해설 서보기구는 물체의 위치, 방위, 자세 등의 기계적 변위를 제어량으로 하는 것으로 비행기 및 선박의 방향제어계, 미사일 발사대의 자동위치제어계, 추적용 레이더, 자동평형기록계 등이 있다.

63 발전기의 유기기전력의 방향과 관계가 있는 법칙은?

① 플레밍의 왼손법칙
② 플레밍의 오른손법칙
③ 패러데이의 법칙
④ 암페어의 법칙

해설 플레밍의 왼손법칙은 전동기(모터)의 원리와, 플레밍의 오른손법칙은 발전기의 원리와 관계가 있다.

64 시퀀스제어에 관한 설명 중 틀린 것은?

① 조합논리회로로 사용된다.
② 미리 정해진 순서에 의해 제어된다.
③ 입력과 출력을 비교하는 장치가 필수적이다.
④ 일정한 논리에 의해 제어된다.

해설 입력과 출력을 비교하는 장치가 필수적인 제어는 피드백제어이다.

65 목표값이 미리 정해진 변화를 할 때의 제어로서 열처리노의 온도제어, 무인운전열차 등이 속하는 제어는?

① 추종제어   ② 프로그램제어
③ 비율제어   ④ 정치제어

해설 프로그램제어는 목표치가 시간과 함께 미리 정해진 변화를 하는 제어로서 열처리의 온도제어, 열차의 무인운전, 엘리베이터, 무인자판기 등이 해당한다.

정답 57. ④ 58. ② 59. ② 60. ④ 61. ④ 62. ① 63. ② 64. ③ 65. ②

66 플로차트를 작성할 때 다음 기호의 의미는?

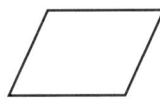

① 단자 ② 처리
③ 입출력 ④ 결합자

해설 ① ⬭ , ② □ , ④ ○

67 평형 3상 Y결선에서 상전압 V_p와 선간전압 V_l과의 관계는?

① $V_l = V_p$ ② $V_l = \sqrt{3}\,V_p$
③ $V_l = \dfrac{1}{\sqrt{3}}V_p$ ④ $V_l = 3V_p$

해설 선간전압$(V_l) = \sqrt{3} \times$상전압(V_p)

★
68 다음 그림과 같이 블록선도를 접속하였을 때 ⓐ에 해당하는 것은?

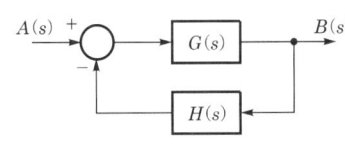

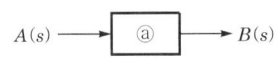

① $G(s) + H(s)$ ② $G(s) - H(s)$
③ $\dfrac{G(s)}{1+G(s)H(s)}$ ④ $\dfrac{H(s)}{1+G(s)H(s)}$

해설 $B(s) = A(s)G(s) - B(s)G(s)H(s)$
$B(s)[1+G(s)H(s)] = A(s)G(s)$
∴ $\dfrac{B(s)}{A(s)} = \dfrac{G(s)}{1+G(s)H(s)}$

★
69 100mH의 자기인덕턴스를 가진 코일에 10A의 전류가 통과할 때 축적되는 에너지는 몇 J인가?

① 1 ② 5
③ 50 ④ 1,000

해설 $W = \dfrac{1}{2} \times$ 인덕턴스$\times$전류$^2 = \dfrac{1}{2}LI^2$
$= \dfrac{1}{2} \times 100 \times 10^{-3} \times 10^2 = 5\text{J}$

70 전원전압을 일정 전압 이내로 유지하기 위해서 사용되는 소자는?

① 정전류다이오드 ② 브리지다이오드
③ 제너다이오드 ④ 터널다이오드

해설 제너다이오드(zener diode)는 주로 정전압 전원회로에 사용한다.

71 3상 유도전동기의 회전방향을 바꾸기 위한 방법으로 옳은 것은?

① $\Delta - Y$결선으로 변경한다.
② 회전자를 수동으로 역회전시켜 가동한다.
③ 3선을 차례대로 바꾸어 연결한다.
④ 3상 전원 중 2선의 접속을 바꾼다.

해설 3상 유도전동기의 회전방향을 바꾸려면 전원 3선 중 2선의 접속을 바꾼다.

72 60Hz, 100V의 교류전압이 200Ω의 전구에 인가될 때 소비되는 전력은 몇 W이가?

① 50 ② 100
③ 150 ④ 200

해설 $W = \dfrac{V^2}{R} = \dfrac{100^2}{200} = 50\text{W}$

★
73 특성방정식 $s^2 + 2s + 2 = 0$을 갖는 2차계에서의 감쇠율 ζ(damping ratio)은?

① $\sqrt{2}$ ② $\dfrac{1}{\sqrt{2}}$
③ $\dfrac{1}{2}$ ④ 2

해설 2차 특성방정식 $s^2 + 2\zeta w_n s + u_n^2 = 0$, 특성방정식 $s^2 + 2s + 2 = 0$이라면 $s^2 + 2\zeta w_n s + u_n^2 = s^2 + 2s + 2$에서
㉠ $w_n^2 = 2$
∴ $w_n = \sqrt{2}$
㉡ $\zeta w_n = 1$
∴ $\zeta = \dfrac{1}{w_n} = \dfrac{1}{\sqrt{2}}$

정답 66. ② 67. ③ 68. ③ 69. ② 70. ③ 71. ④ 72. ① 73. ②

74 다음 그림과 같은 계전기 접점회로의 논리식은?

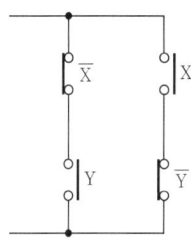

① XY
② $\overline{X}Y + X\overline{Y}$
③ $\overline{X}(X+Y)$
④ $(\overline{X}+Y)(X+\overline{Y})$

해설 논리식 $= \overline{X}Y + X\overline{Y}$ (병렬회로)

★
75 $F(s) = \dfrac{3s+10}{s^3+2s^2+5s}$ 일 때 $f(t)$의 최종치는?

① 0
② 1
③ 2
④ 8

해설 $\lim\limits_{t \to \infty} f(t) = \lim\limits_{s \to 0} sF(s) = \lim\limits_{s \to 0} s\left(\dfrac{3s+10}{s^3+2s^2+5s}\right)$
$= \dfrac{10}{5} = 2$

76 유도전동기의 역률을 개선하기 위하여 일반적으로 많이 사용되는 방법은?

① 조상기 병렬접속
② 콘덴서 병렬접속
③ 조상기 직렬접속
④ 콘덴서 직렬접속

해설 유도전동기의 역률을 개선하기 위하여 일반적으로 콘덴서를 병렬접속한다.

77 다음 그림과 같은 병렬공진회로에서 전류 I가 전압 E보다 앞서는 관계로 옳은 것은?

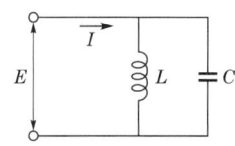

① $f < \dfrac{1}{2\pi\sqrt{LC}}$
② $f > \dfrac{1}{2\pi\sqrt{LC}}$
③ $f = \dfrac{1}{2\pi\sqrt{LC}}$
④ $f = \dfrac{1}{\sqrt{2\pi LC}}$

해설 병렬공진회로 $f > \dfrac{1}{2\pi\sqrt{LC}}$

78 $T_1 > T_2 > 0$ 일 때 $G(s) = \dfrac{1+T_2 s}{1+T_1 s}$ 의 벡터궤적은?

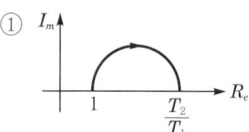

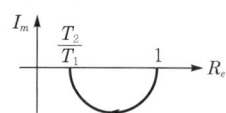

해설 $T_1 > T_2 > 0$

79 다음 블록선도 중에서 비례미분제어기는?

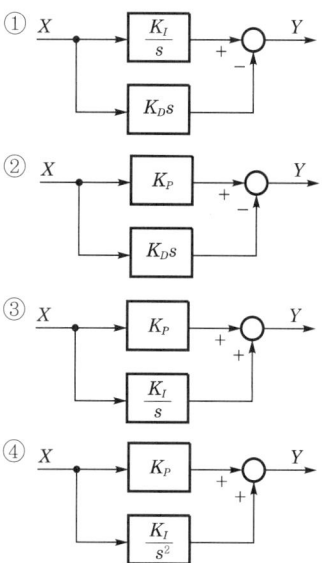

정답 74. ② 75. ③ 76. ② 77. ② 78. ④ 79. ②

해설 ㉠ P(비례)요소 : K

㉡ I(적분)요소 : $\dfrac{K}{s}$

㉢ D(미분)요소 : Ks

㉣ PI(비례적분)동작 : $1+\dfrac{1}{sT}$

㉤ PD(비례미분)동작 : $K(1+sT)$

㉥ PID(비례적분미분)동작 : $K\left(1+\dfrac{1}{sT}+sT\right)$

★
80 8Ω, 12Ω, 20Ω, 30Ω의 4개 저항을 병렬로 접속할 때 합성저항은 약 몇 Ω인가?

① 2.0 ② 2.35
③ 3.43 ④ 3.8

해설 $R=\dfrac{1}{\dfrac{1}{8}+\dfrac{1}{12}+\dfrac{1}{20}+\dfrac{1}{30}}≒3.43\,\Omega$

정답 80. ③

2019년 제3회 공조냉동기계산업기사

제1과목 공기조화

01 열원방식의 분류는 일반열원방식과 특수 열원방식으로 구분할 수 있다. 다음 중 일반열원방식으로 가장 거리가 먼 것은?

① 빙축열방식
② 흡수식 냉동기+보일러
③ 전동냉동기+보일러
④ 흡수식 냉온수 발생기

해설 일반열원방식
  ㉠ 전동냉동기(터보식, 왕복동식)+보일러
  ㉡ 흡수식 냉동기(단효용, 2중효용)+보일러
  ㉢ 냉온수 발생기(흡수식 냉동기+보일러)
  ㉣ 수열원 및 공기열원 열펌프(외부열원 열펌프)

★
02 지하철에 적용할 기계환기방식의 기능으로 틀린 것은?

① 피스톤효과로 유발된 열차풍으로 환기효과를 높인다.
② 화재 시 배연기능을 달성한다.
③ 터널 내의 고온의 공기를 외부로 배출한다.
④ 터널 내의 잔류열을 배출하고 신선외기를 도입하여 토양의 발열효과를 상승시킨다.

해설 기계환기방식은 토양의 흡열효과를 유지시킨다.

03 90℃ 고온수 25kg을 100℃의 건조포화액으로 가열하는 데 필요한 열량(kJ)은? (단, 물의 비열 4.2kJ/kg·K이다.)

① 42
② 250
③ 525
④ 1,050

해설 $Q = GC\Delta t = 25 \times 4.2 \times (100-90) = 1,050\text{kJ}$

04 셸 앤드 튜브 열교환기에서 유체의 흐름에 의해 생기는 진동의 원인으로 가장 거리가 먼 것은?

① 층류흐름
② 음향진동
③ 소용돌이흐름
④ 병류의 와류 형성

해설 셸 앤드 튜브 열교환기 진동의 원인 : 음향진동, 소용돌이흐름, 병류의 와류 형성 등

★
05 콘크리트로 된 외벽의 실내측에 내장재를 부착했을 때 내장재의 실내측 표면에 결로가 일어나지 않도록 하기 위한 내장두께 l_2[mm]는 최소 얼마이어야 하는가? (단, 외기온도 -5℃, 실내온도 20℃, 실내공기의 노점온도 12℃, 콘크리트의 벽두께 100mm, 콘크리트의 열전도율은 0.0016kW/m·K, 내장재의 열전도율은 0.00017kW/m·K, 실외측 열전달율은 0.023kW/m²·K, 실내측 열전달율은 0.009kW/m²·K이다.)

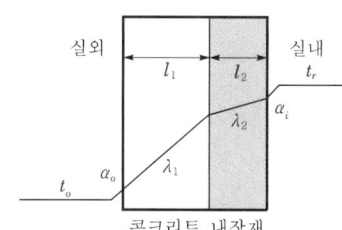

① 19.7
② 22.1
③ 25.3
④ 37.2

해설
㉠ $KF(t_r - t_o) = \alpha_i F(t_r - t_w)$
∴ $K = \dfrac{\alpha_i(t_r - t_w)}{t_r - t_o} = \dfrac{0.009 \times (20-12)}{20-(-5)}$
$= 0.00288$

㉡ $K = \dfrac{1}{\dfrac{1}{\alpha_1} + \dfrac{l_1}{\lambda_1} + \dfrac{l_2}{\lambda_2} + \dfrac{1}{\alpha_2}}$

∴ $l_2 = \lambda_2 \left(\dfrac{1}{K} - \dfrac{1}{\alpha_1} - \dfrac{l_1}{\lambda_1} - \dfrac{1}{\alpha_2} \right)$
$= 0.00017$
$\times \left(\dfrac{1}{0.00288} - \dfrac{1}{0.023} - \dfrac{0.1}{0.016} - \dfrac{1}{0.009} \right)$
$= 0.0221\text{m} ≒ 22.1\text{cm}$

정답 01. ① 02. ④ 03. ④ 04. ① 05. ②

06 공기조화계획을 진행하기 위한 순서로 옳은 것은?
① 기본계획 → 기본구상 → 실시계획 → 실시설계
② 기본구상 → 기본계획 → 실시설계 → 실시계획
③ 기본구상 → 기본계획 → 실시계획 → 실시설계
④ 기본계획 → 실시계획 → 기본구상 → 실시설계

해설 공기조화계획 진행순서 : 기본구상 → 기본계획 → 실시계획 → 실시설계

07 다음 중 흡습성 물질이 도포된 엘리먼트를 적층시켜 원판형태로 만든 로터와 로터를 구동하는 장치 및 케이싱으로 구성되어 있는 전열교환기의 형태는?
① 고정형
② 정지형
③ 회전형
④ 원판형

해설 전열교환기
㉠ 전열교환기는 석면 등으로 만든 얇은 판에 염화리튬(LiCl)과 같은 흡수제를 침투시켜 현열과 동시에 잠열도 교환하며, 종류로는 회전식과 고정식이 있다.
㉡ 로터와 로터를 구동하는 장치로 주로 회전식이 많이 사용된다.

★
08 지역난방의 특징에 대한 설명으로 틀린 것은?
① 광범위한 지역의 대규모 난방에 적합하며 열매는 고온수 또는 고압증기를 사용한다.
② 소비처에서 24시간 연속난방과 연속급탕이 가능하다.
③ 대규모화에 따라 고효율 운전 및 폐열을 이용하는 등 에너지 취득이 경제적이다.
④ 순환펌프용량이 크며 열수송배관에서의 열손실이 작다.

해설 지역난방은 수송배관에서의 열손실이 크다.

09 복사난방에 대한 설명으로 틀린 것은?
① 다른 방식에 비해 쾌감도가 높다.
② 시설비가 적게 든다.
③ 실내에 유닛이 노출되지 않는다.
④ 열용량이 크기 때문에 방열량 조절에 시간이 다소 걸린다.

해설 복사난방은 설비비가 많이 든다.

10 증기트랩에 대한 설명으로 틀린 것은?
① 바이메탈트랩은 내부에 열팽창계수가 다른 두 개의 금속이 접합된 바이메탈로 구성되며 워터해머에 안전하고 과열증기에도 사용 가능하다.
② 벨로즈트랩은 금속제의 벨로즈 속에 휘발성 액체가 봉입되어 있어 주위에 증기가 있으면 팽창되고, 증기가 응축되면 온도에 의해 수축하는 원리를 이용한 트랩이다.
③ 플로트트랩은 응축수의 온도차를 이용하여 플로트가 상하로 움직이며 밸브를 개폐한다.
④ 버킷트랩은 응축수의 부력을 이용하여 밸브를 개폐하며 상향식과 하향식이 있다.

해설 증기트랩
㉠ 바이메탈트랩 : 열팽창 이용
㉡ 벨로즈트랩 : 휘발성 액체의 팽창 이용
㉢ 플로트트랩 : 응축수의 부력 이용
㉣ 버킷트랩 : 응축수의 부력 이용

11 주로 대형 덕트에서 덕트의 찌그러짐을 방지하기 위하여 덕트의 옆면 철판에 주름을 잡아주는 것을 무엇이라고 하는가?
① 다이아몬드브레이크
② 가이드베인
③ 보강앵글
④ 심

해설 다이아몬드브레이크는 대형 덕트에서 덕트의 찌그러짐을 방지하는 장방형 덕트의 보강법이다.

★
12 냉방부하계산 시 유리창을 통한 취득열부하를 줄이는 방법으로 가장 적절한 것은?
① 얇은 유리를 사용한다.
② 투명유리를 사용한다.
③ 흡수율이 큰 재질의 유리를 사용한다.
④ 반사율이 큰 재질의 유리를 사용한다.

해설 반사율이 큰 재질의 유리(두꺼운 유리, 불투명유리, 흡수율이 작은 유리)를 사용하면 유리창을 통한 취득열부하를 줄일 수 있다.

정답 06. ③ 07. ③ 08. ④ 09. ② 10. ③ 11. ① 12. ④

13 다음 중 수-공기 공기조화방식에 해당하는 것은?

① 2중덕트방식
② 패키지유닛방식
③ 복사냉난방방식
④ 정풍량 단일덕트방식

해설 ①, ④ 전공기방식
② 개별식 중 냉매방식

14 두께 150mm, 면적 10m²인 콘크리트 내벽의 외부 온도가 30℃, 내부온도가 20℃일 때 8시간 동안 전달되는 열량(kJ)은? (단, 콘크리트 내벽의 열전도율은 1.5W/m·K이다.)

① 1,350
② 8,350
③ 13,200
④ 28,800

해설 $q = \dfrac{\lambda}{l} TF(t_2 - t_1)$

$= \dfrac{1.5 \times 10^{-3}}{0.15} \times 3,600 \times 10 \times (30-20) \times 8$

$= 28,800 \text{kJ/h}$

15 습공기의 상태변화에 관한 설명으로 옳은 것은?

① 습공기를 가습하면 상대습도가 내려간다.
② 습공기를 냉각감습하면 엔탈피는 증가한다.
③ 습공기를 가열하면 절대습도는 변하지 않는다.
④ 습공기는 노점온도 이하로 냉각하면 절대습도는 내려가고, 상대습도는 일정하다.

해설 습공기를 냉각가습하면 상대습도와 절대온도는 증가한다.

16 공기조하의 조닝계획 시 부하패턴이 일정하고 사용시간대가 동일하며 중간기 외기냉방, 소음 방지, CO_2 등의 실내환경을 고려해야 하는 곳은?

① 로비
② 체육관
③ 사무실
④ 식당 및 주방

해설 사무실은 부하패턴이 일정하고 사용시간대 동일하며 중간기 외기냉방, 소음 방지, CO_2 등의 실내환경을 고려해야 한다.

17 냉난방설계 시 열부하에 관한 설명으로 옳은 것은?

① 인체에 대한 냉방부하는 현열만이다.
② 인체에 대한 난방부하는 현열과 잠열이다.
③ 조명에 대한 냉방부하는 현열만이다.
④ 조명에 대한 난방부하는 현열과 잠열이다.

해설 냉난방설계 시 열부하
㉠ 냉방부하
• 현열 : 벽체로부터 취득열량, 유리로부터의 취득열량, 조명부하, 송풍기에 의한 취득열량, 덕트 열손실, 재열기의 취득열량
• 현열과 잠열 : 극간풍(틈새바람)에 의한 취득열량, 인체의 발생열, 실내기구의 발생열, 외기도입량
㉡ 난방부하
• 현열 : 전도에 의한 열손실
• 현열과 잠열 : 환기, 외기, 침입외기, 극간풍

18 덕트에 설치하는 가이드베인에 대한 설명으로 틀린 것은?

① 보통 곡률반지름이 덕트 장변의 1.5배 이내일 때 설치한다.
② 덕트를 작은 곡률로 구부릴 때 통풍저항을 줄이기 위해 설치한다.
③ 곡관부의 내측보다 외측에 설치하는 것이 좋다.
④ 곡관부의 기류를 세분하여 생기는 와류의 크기를 적게 한다.

해설 가이드베인
㉠ 곡률반지름이 덕트 장변의 1.5배 이내일 때 설치한다.
㉡ 곡관부의 저항을 작게 한다.
㉢ 곡관부의 곡률반지름이 작은 경우 또는 직각엘보를 사용하는 경우 안쪽(내측)에 설치하는 것이 좋다.
㉣ 곡관부의 기류를 세분하여 생기는 와류의 크기를 작게 한다.

19 다음 난방방식 중 자연환기가 많이 일어나도 비교적 난방효율이 좋은 것은?

① 온수난방
② 증기난방
③ 온풍난방
④ 복사난방

해설 복사난방
㉠ 온도분포가 균등하고 쾌적하다.
㉡ 실내바닥면적의 이용도가 높다.
㉢ 개방된 방에서도 난방효과가 있다.

정답 13. ③ 14. ④ 15. ③ 16. ③ 17. ③ 18. ③ 19. ④

★
20 보일러의 급수장치에 대한 설명으로 옳은 것은?
① 보일러 급수의 경도가 높으면 관내 스케일이 부착되기 쉬우므로 가급적 경도가 높은 물을 급수로 사용한다.
② 보일러 내 물의 광물질이 농축되는 것을 방지하기 위하여 때때로 관수를 배출하여 소량씩 물을 바꾸어 넣는다.
③ 수질에 의한 영향을 받기 쉬운 보일러에서는 경수장치를 사용한다.
④ 증기보일러에서는 보일러 내 수위를 일정하게 유지할 필요는 없다.

해설 보일러의 급수장치
㉠ 가급적 경도가 낮은 물을 급수로 사용
㉡ 농축수를 주기적으로 배출
㉢ 수질의 영향의 보일러는 연수장치 사용
㉣ 수위는 일정하게 유지

제2과목 냉동공학

★
21 냉동효과가 1,088kJ/kg인 냉동사이클에서 1냉동톤당 압축기 흡입증기의 체적(m^3/h)은? (단, 압축기 입구의 비체적은 0.5087m^3/kg이고, 1냉동톤은 3.9kW이다.)
① 15.5
② 6.5
③ 0.258
④ 0.002

해설 $G = \dfrac{3.9RT \times 3,600\nu}{Q} = \dfrac{3.9 \times 1 \times 3,600 \times 0.5087}{1,088}$
$= 6.5 m^3/h$

22 프레온냉동기의 흡입배관에 이중입상관을 설치하는 주된 목적은?
① 흡입가스의 과열을 방지하기 위하여
② 냉매액의 흡입을 방지하기 위하여
③ 오일의 회수를 용이하게 하기 위하여
④ 흡입관에서의 압력 강하를 보상하기 위하여

해설 오일의 회수를 용이하게 하기 위하여 프레온냉동기의 흡입배관에 이중입상관을 설치한다.

23 다음 냉매 중 오존파괴지수(ODP)가 가장 낮은 것은?
① R-11
② R-12
③ R-22
④ R-134a

해설 오존파괴지수 : R-134a(0) < R-22(0.055) < R-11(1), R-12(1)

★
24 냉동장치를 장기간 운전하지 않을 경우 조치방법으로 틀린 것은?
① 냉매의 누설이 없도록 밸브의 패킹을 잘 잠근다.
② 저압측의 냉매는 가능한 한 수액기로 회수한다.
③ 저압측의 냉매를 다른 용기로 회수하고 그 대신 공기를 넣어둔다.
④ 압축기의 워터재킷을 위한 물은 완전히 뺀다.

해설 공기(불응축가스)가 혼입되면 미치는 영향 : 고압측 압력(응축압력) 상승, 냉동능력 감소, 소비동력 증가, 실린더 과열

25 냉매에 대한 설명으로 틀린 것은?
① R-21은 화학식으로 $CHCl_2F$이고, $CClF_2-ClF_2$는 R-113이다.
② 냉매의 구비조건으로 응고점이 낮아야 한다.
③ 냉매의 구비조건으로 증발열과 열전도율이 커야 한다.
④ R-500은 R-12와 R-152를 합한 공비혼합냉매라 한다.

해설 화학식
㉠ R-21 : $CHCl_2F$
㉡ R-113 : $C_2Cl_3F_3$
㉢ R-114 : $C_2Cl_2F_4$

26 다음 중 냉동장치의 운전상태 점검 시 확인해야 할 사항으로 가장 거리가 먼 것은?
① 윤활유의 상태
② 운전소음상태
③ 냉동장치 각부의 온도상태
④ 냉동장치 전원의 주파수변동상태

해설 냉동장치 전원의 주파수는 전기 부위에서의 점검사항이다.

정답 20. ② 21. ② 22. ③ 23. ④ 24. ③ 25. ① 26. ④

27 열 및 열펌프에 관한 설명으로 옳은 것은?

① 일의 열당량은 $\dfrac{1\text{kcal}}{427\text{kgf}\cdot\text{m}}$ 이다. 이것은 427kgf·m의 일이 열로 변할 때 1kcal의 열량이 되는 것이다.
② 응축온도가 일정하고 증발온도가 내려가면 일반적으로 토출가스온도가 높아지기 때문에 열펌프의 능력이 상승된다.
③ 비열 2.1kJ/kg·℃, 비중량 1.2kg/L의 액체 2L를 온도 1℃ 상승시키기 위해서는 2.27kJ 의 열량을 필요로 한다.
④ 냉매에 대해서 열의 출입이 없는 과정을 등온압축이라 한다.

해설 ㉠ 일의 열당량 : $\dfrac{1}{427}$ kcal/kgf·m
㉡ 열의 일당량 : 427kgf·m/kcal

28 냉동장치에서 액봉이 쉽게 발생되는 부분으로 가장 거리가 먼 것은?

① 액펌프방식의 펌프 출구와 증발기 사이의 배관
② 2단 압축냉동장치의 중간냉각기에서 과냉각된 액관
③ 압축기에서 응축기로의 배관
④ 수액기에서 증발기로의 배관

해설 액봉이 쉽게 발생되는 부분
㉠ 액펌프 : 펌프 출구과 증발기 사이의 배관
㉡ 2단 압축냉동장치 : 중간냉각기에서 과냉각된 액관
㉢ 수액기에서 증발기로의 배관

참고 액봉 방지를 위한 안전장치 : 파열판, 압력릴리프밸브, 압력도피장치

29 압축기의 설치목적에 대한 설명으로 옳은 것은?

① 엔탈피 감소로 비체적을 증가시키기 위해
② 상온에서 응축액화를 용이하게 하기 위한 목적으로 압력을 상승시키기 위해
③ 수냉식 및 공냉식 응축기의 사용을 위해
④ 압축 시 임계온도 상승으로 상온에서 응축액화를 용이하게 하기 위해

해설 압축 시 압력과 임계온도의 상승으로 상온에서 응축액화를 용이하게 하기 위해 압축기를 설치한다.

30 어떤 냉동기로 1시간당 얼음 1ton을 제조하는 데 37kW의 동력을 필요로 한다. 이때 사용하는 물의 온도는 10℃이며, 얼음은 -10℃이었다. 이 냉동기의 성적계수는? (단, 융해열은 335kJ/kg이고, 물의 비열은 4.19kJ/kg·K, 얼음의 비열은 2.09kJ/kg·K 이다.)

① 2.0 ② 3.0
③ 4.0 ④ 5.0

해설 $COP = \dfrac{G(C\Delta t + \gamma + C_1\Delta t)}{W_c}$
$= \dfrac{1,000 \times [(4.19 \times (10-0) + 335 + (2.09 \times 0 - (-10))]}{37 \times 3,600}$
$\fallingdotseq 3.0$

31 다음과 같은 조건에서 작동하는 냉동장치의 냉매순환량(kg/h)은? (단, 1RT는 3.9kW이다.)

- 냉동능력 : 5RT
- 증발기 입구냉매엔탈피 : 240kJ/kg
- 증발기 출구냉매엔탈피 : 400kJ/kg

① 325.2 ② 438.8
③ 512.8 ④ 617.3

해설 냉매순환량(G_L)
$= \dfrac{\text{냉동능력}(RT)}{\text{증발엔탈피(증발기 출구)} - \text{팽창엔탈피(증발기 입구)}}$
$= \dfrac{5 \times 3.9 \times 3,600}{400 - 240} = 438.75 \fallingdotseq 438.8\text{kg/h}$

32 브라인의 구비조건으로 틀린 것은?

① 비열이 크고 동결온도가 낮을 것
② 불연성이며 불활성일 것
③ 열전도율이 클 것
④ 점성이 클 것

해설 브라인의 구비조건
㉠ 비열, 열전도율이 클 것
㉡ 점성이 작을 것
㉢ 동결온도가 낮을 것
㉣ 부식성이 적을 것
㉤ 불연성일 것
㉥ 악취, 독성, 변색, 변질이 없을 것
㉦ 구입이 용이하고 가격이 저렴할 것

정답 27. ① 28. ③ 29. ② 30. ② 31. ② 32. ④

33 다음 중 줄-톰슨효과와 관련이 가장 깊은 냉동방법은?

① 압축기체의 팽창에 의한 냉동법
② 감열에 의한 냉동법
③ 흡수식 냉동법
④ 2원 냉동법

해설 압축기체의 팽창에 의한 냉동법(공기압축식)은 기체를 단열팽창하면 온도와 압력이 떨어진다(줄-톰슨효과).

★ 34 흡수식 냉동기의 특징에 대한 설명으로 틀린 것은?

① 부분부하에 대한 대응성이 좋다.
② 용량제어의 범위가 넓어 폭넓은 용량제어가 가능하다.
③ 초기 운전 시 정격성능을 발휘할 때까지의 도달속도가 느리다.
④ 압축식 냉동기에 비해 소음과 진동이 크다.

해설 흡수식 냉동기는 압축식 냉동기에 비해 소음과 진동이 작다.

35 압축기의 클리어런스가 클 경우 상태변화에 대한 설명으로 틀린 것은?

① 냉동능력이 감소한다.
② 체적효율이 저하한다.
③ 압축기가 과열한다.
④ 토출가스의 온도가 감소한다.

해설 압축기의 클리어런스가 크면 냉동능력과 체적효율 감소, 압축기 과열, 토출가스온도는 상승한다.

36 표준냉동사이클에서 냉매액이 팽창밸브를 지날 때 냉매의 온도, 압력, 엔탈피의 상태변화를 올바르게 나타낸 것은?

① 온도: 일정, 압력: 감소, 엔탈피: 일정
② 온도: 일정, 압력: 감소, 엔탈피: 감소
③ 온도: 감소, 압력: 일정, 엔탈피: 일정
④ 온도: 감소, 압력: 감소, 엔탈피: 일정

해설 표준냉동사이클에서 냉매액이 팽창밸브를 지날 때 온도 감소, 압력 감소, 엔탈피 일정하다.

★ 37 증발온도(압력)가 감소할 때 장치에 발생되는 현상으로 가장 거리가 먼 것은? (단, 응축온도는 일정하다.)

① 성적계수(COP) 감소
② 토출가스온도 상승
③ 냉매순환량 증가
④ 냉동효과 감소

해설 증발온도(압력) 감소 시 발생현상
㉠ 압축비가 커져 체적효율 감소
㉡ 소비동력(압축일량), 토출가스온도 상승
㉢ 성적계수, 냉매순환량, 냉동능력, 냉동효과 감소

38 열전달에 대한 설명으로 틀린 것은?

① 열전도는 물체 내에서 온도가 높은 쪽에서 낮은 쪽으로 열이 이동하는 현상이다.
② 대류는 유체의 열이 유체와 함께 이동하는 현상이다.
③ 복사는 떨어져 있는 두 물체 사이의 전열현상이다.
④ 전열에서는 전도, 대류, 복사가 각각 단독으로 일어나는 경우가 많다.

해설 전열에서는 전도, 대류, 복사가 복합으로 일어나는 경우가 많다.

39 암모니아냉동기에서 유분리기의 설치위치로 가장 적당한 곳은?

① 압축기와 응축기 사이
② 응축기와 팽창밸브 사이
③ 증발기와 압축기 사이
④ 팽창밸브와 증발기 사이

해설 압축기와 응축기 사이 유분리기를 설치한다.

40 증발온도 -15℃, 응축온도 30℃인 이상적인 냉동기의 성적계수(COP)는?

① 5.73   ② 6.41
③ 6.73   ④ 7.34

해설 $COP = \dfrac{T_2}{T_1 - T_2} = \dfrac{273-15}{(273+30)-(273-15)} ≒ 5.73$

정답   33. ①   34. ④   35. ④   36. ④   37. ③   38. ④   39. ①   40. ①

제3과목 배관일반

41 냉매배관설계 시 유의사항으로 틀린 것은?
① 2중입상관 사용 시 트랩을 크게 한다.
② 과도한 압력 강하를 방지한다.
③ 압축기로 액체냉매의 유입을 방지한다.
④ 압축기를 떠난 윤활유가 일정 비율로 다시 압축기로 되돌아오게 한다.

해설 2중입상관(riser) 사용 시 흡입관에는 트랩을 설치하지 않는다.

42 고가탱크식 급수설비에서 급수경로를 바르게 나타낸 것은?
① 수도본관 → 저수조 → 옥상탱크 → 양수관 → 급수관
② 수도본관 → 저수조 → 양수관 → 옥상탱크 → 급수관
③ 저수조 → 옥상탱크 → 수도본관 → 양수관 → 급수관
④ 저수조 → 옥상탱크 → 양수관 → 수도본관 → 급수관

해설 고가탱크식 급수경로 : 수도본관 → 저수조 → 양수관 → 옥상탱크 → 급수관

43 다음 중 통기관의 종류가 아닌 것은?
① 각개통기관   ② 루프통기관
③ 신정통기관   ④ 분해통기관

해설 통기관의 종류
㉠ 각개통기관 : 가장 좋은 방법, 위생기구 1개마다 통기관 1개 설치(1:1), 관경 32A
㉡ 루프(환상, 회로)통기관 : 위생기구 2~8개의 트랩봉수 보호, 총길이 7.5m 이하, 관경 40A 이상
㉢ 도피통기관 : 8개 이상의 트랩봉수 보호, 배수수직관과 가장 가까운 배수관의 접속점 사이에 설치
㉣ 습식(습윤)통기관 : 배수 + 통기를 하나의 배관으로 설치
㉤ 신정통기관 : 배수수직관 최상단에 설치하여 대기 중에 개방
㉥ 결합통기관 : 통기수직관과 배수수직관을 연결, 5개 층마다 설치, 관경 50A 이상

44 다음 중 건물의 급수량 산정의 기준과 가장 거리가 먼 것은?
① 건물의 높이 및 층수
② 건물의 사용인원수
③ 설치될 기구의 수량
④ 건물의 유효면적

해설 급수량 산정기준
㉠ 기구수에 의한 방법 : 지관은 기구수에 따라 관경 결정
㉡ 건물 종류별 인원수에 의한 방법 : 탱크, 펌프, 주관, 건물의 유효면적

★ 45 펌프에서 캐비테이션 방지대책으로 틀린 것은?
① 흡입양정을 짧게 한다.
② 양흡입펌프를 단흡입펌프로 바꾼다.
③ 펌프의 회전수를 낮춘다.
④ 배관의 굽힘을 적게 한다.

해설 캐비테이션 방지대책
㉠ 회전수를 낮추어서 유속과 유량을 감소시킨다.
㉡ 흡입배관은 굽힘부를 적게 한다.
㉢ 단흡입펌프를 양흡입펌프로 바꾼다.
㉣ 흡입관경은 크게 하고 흡입양정은 짧게 한다.

★ 46 증기난방배관 시공법에 관한 설명으로 틀린 것은?
① 증기주관에서 가지관을 분기할 때는 증기주관에서 생성된 응축수가 가지관으로 들어가지 않도록 상향분기한다.
② 증기주관에서 가지관을 분기하는 경우에는 배관의 신축을 고려하여 3개 이상의 엘보를 사용한 스위블이음으로 한다.
③ 증기주관 말단에는 관말트랩을 설치한다.
④ 증기관이나 환수관이 보 또는 출입문 등 장애물과 교차할 때는 장애물을 관통하여 배관한다.

해설 증기난방배관에서 출입구나 보(beam)와 마주칠 때는 루프형 배관으로 위로는 공기를, 아래로는 응축수를 흐르게 한다.

정답 41. ① 42. ② 43. ④ 44. ① 45. ② 46. ④

47 제조소 및 공급소 밖의 도시가스배관설비기준으로 옳은 것은?

① 철도부지에 매설하는 경우에는 배관의 외면으로부터 궤도 중심까지 3m 이상 거리를 유지해야 한다.
② 철도부지에 매설하는 경우 지표면으로부터 배관의 외면까지의 깊이를 1.2m 이상 유지해야 한다.
③ 하천구역을 횡단하는 배관의 매설은 배관의 외면과 계획하상높이와의 거리 2m 이상 거리를 유지해야 한다.
④ 수로 밑을 횡단하는 배관의 매설은 1.5m 이상, 기타 좁은 수로의 경우 0.8m 이상 깊게 매설해야 한다.

해설 배관을 철도부지에 매설하는 경우에는 배관의 외면으로부터 궤도 중심까지 4m 이상, 그 철도부지 경계까지는 1m 이상의 거리를 유지하고, 지표면으로부터 배관의 외면까지의 깊이를 1.2m 이상 유지해야 한다.

48 간접배수관의 관경이 25A일 때 배수구공간으로 최소 몇 mm가 가장 적절한가?

① 50
② 100
③ 150
④ 200

해설 간접배수관의 배수구공간

간접배수관의 직경	배수구의 최소 공간
25A 이하	50mm
35~50A	100mm
65A 이상	150mm

49 공기조화설비의 구성과 가장 거리가 먼 것은?

① 냉동기설비
② 보일러 실내기기설비
③ 위생기구설비
④ 송풍기, 공조기설비

해설 공기조화설비의 구성
㉠ 열원설비 : 냉동기, 보일러, 히트펌프, 흡수식 냉온수기
㉡ 열매운송설비(환기장치) : 송풍기, 펌프, 덕트, 배관
㉢ 열교환설비 : 공기조화기, 열교환기, 냉각탑

50 암모니아냉동설비의 배관으로 사용하기에 가장 부적절한 배관은?

① 이음매 없는 동판
② 저온배관용 강관
③ 배관용 탄소강강관
④ 배관용 스테인리스강관

해설 암모니아수는 철 및 강을 부식시키지 않는다. 그러나 암모니아증기가 수분을 함유하면 아연, 주석, 동 및 동합금을 부식시키므로 냉동기와 배관의 재료는 철이나 강을 사용한다.

51 건물의 시간당 최대 예상급탕량이 2,000kg/h일 때 도시가스를 사용하는 급탕용 보일러에서 필요한 가스소모량(kg/h)은? (단, 급탕온도 60℃, 급수온도 20℃, 도시가스발열량 15,000kcal/kg, 보일러효율이 95%이며, 열손실 및 예열부하는 무시한다.)

① 5.6
② 6.6
③ 7.6
④ 8.6

해설 $\eta = \dfrac{GC(t_2-t_1)}{H_L G_f} \times 100[\%]$

$\therefore G_f = \dfrac{GC(t_2-t_1)}{H_L \eta} = \dfrac{2,000 \times 1 \times (60-20)}{15,000 \times 0.95}$

$\fallingdotseq 5.6 \text{kg/h}$

52 다음 특징은 어떤 포집기에 대한 설명인가?

> 영업용(호텔, 레스토랑) 주방 등의 배수 중 함유되어 있는 지방분을 포집하여 제거한다.

① 드럼포집기
② 오일포집기
③ 그리스포집기
④ 플라스터포집기

해설 포집기
㉠ 그리스포집기 : 호텔, 영업용 음식점 등의 주방에서 배수 중에 포함된 지방분을 냉각·응고시켜 제거
㉡ 오일포집기 : 가솔린포집기라고도 하며 자동차수리공장, 주유소, 세차장 등 휘발유나 유류가 혼입될 우려가 있는 개소의 배수
㉢ 모래포집기 : 흙, 모래, 시멘트 등 무거운 물질이 포함된 배수계통에 설치
㉣ 모발포집기 : 미용실, 이발소 등의 배수계통에 설치
㉤ 플라스터포집기 : 치과병원, 외과병원 등의 배수계통에 설치

정답 47. ② 48. ① 49. ③ 50. ① 51. ① 52. ③

53 다음 배관부속 중 사용목적이 서로 다른 것과 연결된 것은?

① 플러그-캡 ② 티-리듀서
③ 니플-소켓 ④ 유니언-플랜지

해설 사용목적에 따른 배관부속
㉠ 관 막음 : 플러그, 캡
㉡ 동경직선이음 : 니플, 소켓, 유니온
㉢ 수리, 점검 : 유니언, 플랜지
㉣ 이경관이음 : 리듀서, 부싱, 이경엘보, 이경티
㉤ 분기이음 : 티, Y관, 크로스
㉥ 방향 바꿈 : 엘보, 벤드

54 자동 2방향 밸브를 사용하는 냉온수코일배관법에서 바이패스관에 설치하기에 가장 적절한 밸브는?

① 게이트밸브 ② 체크밸브
③ 글로브밸브 ④ 감압밸브

해설 바이패스관에 글로브밸브를 설치하여 유량을 조정한다.

55 도시가스배관에서 중압은 얼마의 압력을 의미하는가?

① 0.1MPa 이상 1MPa 미만
② 1MPa 이상 3MPa 미만
③ 3MPa 이상 10MPa 미만
④ 10MPa 이상 100MPa 미만

해설 도시가스압력
㉠ 고압 : 1MPa 이상
㉡ 중압 : 0.1MPa 이상 1MPa 미만
㉢ 저압 : 0.1MPa 이하

56 단열시공 시 곡면부 시공에 적합하고 표면에 아스팔트피복을 하면 -60℃ 정도까지 보냉이 되고 양모, 우모 등의 모(毛)를 이용한 피복재는?

① 실리카울 ② 아스베스토
③ 섬유유리 ④ 펠트

해설 피복재
㉠ 펠트 : 양모펠트와 우모펠트가 있으며 아스팔트를 방습한 것은 -60℃까지의 보냉용에 사용
㉡ 아스베스토(석면) : 450℃ 이하의 파이프, 탱크, 노벽 등에 보온재
㉢ 석면 : 사용 중에 부서지거나 뭉그러지지 않으며 곡관부와 플랜지 등의 보온재

57 냉동배관 중 액관시공 시 유의사항으로 틀린 것은?

① 매우 긴 입상배관의 경우 압력이 증가하게 되므로 충분한 과냉각이 필요하다.
② 배관을 가능한 짧게 하여 냉매가 증발하는 것을 방지한다.
③ 가능한 직선적인 배관으로 하고 곡관의 곡률반경은 가능한 크게 한다.
④ 증발기가 응축기 또는 수액기보다 높은 위치에 설치되는 경우는 액을 충분히 과냉각시켜 액냉매가 관내에서 증발하는 것을 방지하도록 한다.

해설 입상배관은 긴 경우 10m마다 트랩을 설치하고 압력손실에 대한 충분한 배관지름으로 설치한다.

58 강관을 재질상으로 분류한 것이 아닌 것은?

① 탄소강관 ② 합금강관
③ 전기용접강관 ④ 스테인리스강관

해설 강관의 분류
㉠ 재질상 분류 : 탄소강강관, 합금강강관, 스테인리스강관
㉡ 제조법상 분류 : 가스단접관, 전기저항용접관, 이음매 없는 관(seamless pipe), 아크용접관

59 기수혼합급탕기에서 증기를 물에 직접 분사시켜 가열하면 압력차로 인해 소음이 발생한다. 이러한 소음을 줄이기 위해 사용하는 설비는?

① 스팀사일렌서 ② 응축수트랩
③ 안전밸브 ④ 가열코일

해설 기수혼합식의 사용증기압력은 0.1~0.4MPa(1~4kgf/cm²)로 S형과 F형의 스팀사일렌서를 부착하여 소음을 줄인다.

60 유체의 흐름을 한 방향으로만 흐르게 하고 반대방향으로는 흐르지 못하게 하는 밸브의 도시기호는?

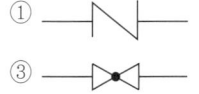

해설 ① 체크밸브 : 역류 방지
② 글로브밸브 : 유량조절
③ 슬루스밸브(게이트밸브) : 유체개폐
④ 앵글밸브 : 90° 방향 바꿈

제4과목 전기제어공학

61 서보전동기에 대한 설명으로 틀린 것은?

① 정·역운전이 가능하다.
② 직류용은 없고 교류용만 있다.
③ 급가속 및 급감속이 용이하다.
④ 속응성이 대단히 높다.

해설 서보전동기는 크게 DC(직류)모터와 AC(교류)모터로 나눈다.

62 자동연소제어에서 연료의 유량과 공기의 유량관계가 일정한 비율로 유지되도록 제어하는 방식은?

① 비율제어   ② 시퀀스제어
③ 프로세스제어 ④ 프로그램제어

해설 비율제어는 목표치가 다른 어떤 양에 비례하는 제어(일정량 비율 유지)로서 보일러의 자동연소장치, 암모니아의 합성프로세서제어 등이 있다.

★
63 다음 블록선도의 특성방정식으로 옳은 것은?

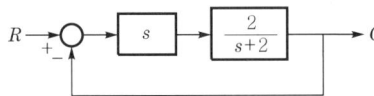

① $3s+2=0$ ② $\dfrac{s}{s+2}=0$
③ $\dfrac{2s}{3s+2}=0$ ④ $2s=0$

해설 $\dfrac{2}{s+2}(R-C)s = C$
$2Rs - 2Cs = C(s+2)$
$2Rs = C(3s+2)$
$\dfrac{C}{R} = \dfrac{2s}{3s+2}$
특성방정식은 폐루프전달함수의 분모를 0으로 한 것이다. 즉 $3s+2=0$이다.

★
64 저항 R에 100V의 전압을 인가하여 10A의 전류를 1분간 흘렸다면 이때의 열량은 약 몇 kcal인가?

① 14.4   ② 28.8
③ 60   ④ 120

해설 $Q = Pt = VIt$
$= (100 \times 10) \times 1 \times 60 = 60{,}000$J
$= 0.24 \times 60{,}000 = 14{,}400$cal $= 14.4$kcal

참고 1J=0.24cal(1cal≒4.2J)

65 직류기의 브러시에 탄소를 사용하는 이유는?

① 접촉저항이 크다.
② 접촉저항이 작다.
③ 고유저항이 동보다 작다.
④ 고유저항이 동보다 크다.

해설 탄소는 접촉저항 및 마찰계수가 크므로 각종 기계에 광범위하게 사용된다.

66 제어계에서 제어량이 원하는 값을 갖도록 외부에서 주어지는 값은?

① 동작신호   ② 조작량
③ 목표값   ④ 궤환량

해설 제어계에서 제어량이 원하는 값을 갖도록 외부에서 주어지는 값은 목표값이다.

67 다음 그림과 같은 신호흐름선도의 선형방정식은?

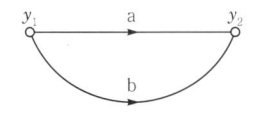

① $y_2 = (a+2b)y_1$ ② $y_2 = (a+b)y_1$
③ $y_2 = (2a+b)y_1$ ④ $y_2 = 2(a+b)y_1$

해설 $y_2 = y_1 a + y_1 b = y_1(a+b)$

68 서보기구의 제어량에 속하는 것은?

① 유량   ② 압력
③ 밀도   ④ 위치

해설 서보기구는 위치, 방향, 자세를 제어한다.

69 $R-L$ 직렬회로에 100V의 교류전압을 가했을 때 저항에 걸리는 전압이 80V이었다면 인덕턴스에 걸리는 전압(V)은?

① 20 ② 40
③ 60 ④ 80

해설 $V = \sqrt{V_1^2 - V_2^2} = \sqrt{100^2 - 80^2} = 60\text{V}$

70 교류회로에서 역률은?

① $\dfrac{무효전력}{피상전력}$ ② $\dfrac{유효전력}{피상전력}$
③ $\dfrac{무효전력}{유효전력}$ ④ $\dfrac{유효전력}{무효전력}$

해설 $P = P_a \cos\theta$
$\therefore \cos\theta = \dfrac{P}{P_a}$

71 변압기 내부고장검출용 보호계전기는?

① 차동계전기 ② 과전류계전기
③ 역상계전기 ④ 부족전압계전기

해설 차동계전기는 변압기 내부고장검출용으로 다중권선을 갖고 이들 권선의 전압, 전류, 전력 따위의 차이가 소정의 값에 이르렀을 때 동작하도록 되어 있는 계전기이다.

72 제어시스템의 구성에서 서보전동기는 어디에 속하는가?

① 조절부 ② 제어대상
③ 조작부 ④ 검출부

해설 서보전동기는 주어진 제어신호(제어대상)를 조작력(조작부)으로 바꾸는 전동기나 유압모터를 말한다.

73 적분시간이 3초이고, 비례감도가 5인 PI제어계의 전달함수는?

① $G(s) = \dfrac{10s+5}{3s}$ ② $G(s) = \dfrac{15s-5}{3s}$
③ $G(s) = \dfrac{10s-3}{3s}$ ④ $G(s) = \dfrac{15s+5}{3s}$

해설 $G(s) = K\left(1 + \dfrac{1}{sT}\right) = 5 \times \left(1 + \dfrac{1}{3s}\right) = \dfrac{15s+5}{3s}$

74 $i = 2t^2 + 8t$ [A]로 표시되는 전류가 도선에 3초 동안 흘렀을 때 통과한 전체 전하량(C)은?

① 18 ② 48
③ 54 ④ 61

해설 $i = \dfrac{dQ}{dt}$ [A]

$\therefore Q = \int_0^t i\,dt = \int_0^t (2t^2 + 8t)dt = \left[\dfrac{2t^3}{3} + \dfrac{8t^2}{2}\right]_0^3$
$= \dfrac{2 \times 3^3}{3} + \dfrac{8 \times 3^2}{2} = 54\text{C}$

75 다음 그림과 같은 평형 3상 회로에서 전력계의 지시가 100W일 때 3상 전력은 몇 W인가? (단, 부하의 역률은 100%로 한다.)

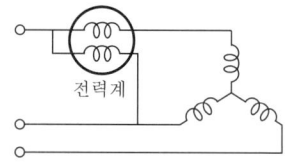

① $100\sqrt{2}$ ② $100\sqrt{3}$
③ 200 ④ 300

해설 2전력계법(2상에 전력계를 설치) $P = 2 \times 100 = 200\text{W}$

참고 역률을 구할 때
- 전압과 전류가 주어지지 않거나 2전력계법으로 구하라고 하는 경우 : 2전력계법($P = P_1 + P_2$)
- 전압과 전류가 주어진 경우 : 피상전력(P_a) = $\sqrt{3}\,VI$

76 운동계의 각속도 ω는 전기계의 무엇과 대응되는가?

① 저항 ② 전류
③ 인덕턴스 ④ 커패시턴스

해설 $w = \dfrac{2\pi}{T} = 2\pi f$

운동계의 각속도는 전기계의 전류와 대응된다.

77 피드백제어계에서 제어요소에 대한 설명 중 옳은 것은?

① 목표값에 비례하는 신호를 발생하는 요소이다.
② 조절부와 검출부로 구성되어 있다.
③ 동작신호를 조작량으로 변화시키는 요소이다.
④ 조절부와 비교부로 구성되어 있다.

정답 69. ③ 70. ② 71. ① 72. ③ 73. ④ 74. ③ 75. ③ 76. ② 77. ③

해설 제어요소는 동작신호를 조작량으로 변환하는 요소로 조절부와 조작부로 이루어진다.

78 직류전동기의 속도제어방법이 아닌 것은?
① 계자제어법　　② 직렬저항법
③ 병렬저항법　　④ 전압제어법

해설 **직류전동기의 속도제어방법** : 계자제어법, 직렬저항법, 전압제어법(운전효율이 양호하고 워드레너드방식, 정지레너드방식이 있는 제어법)

★
79 다음 그림과 같은 유접점회로의 논리식은?

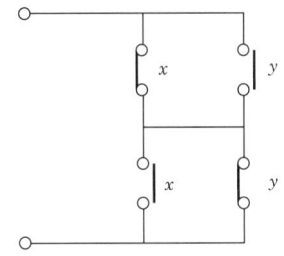

① $x\overline{y}+x\overline{y}$　　② $(\overline{x}+\overline{y})(x+y)$
③ $\overline{x}y+\overline{x}\overline{y}$　　④ $xy+\overline{x}\overline{y}$

해설 $(\overline{x}+y)(x+\overline{y})=\overline{x}x+\overline{y}\overline{y}+xy+y\overline{y}=xy+\overline{x}\overline{y}$

80 정상편차를 제거하고 응답속도를 빠르게 하여 속응성과 정상상태 응답특성을 개선하는 제어동작은?
① 비례동작　　　② 비례적분동작
③ 비례미분동작　④ 비례미분적분동작

해설 비례미분적분동작은 비례적분동작에 미분동작을 추가한 것으로 미분동작에 의한 응답의 오버슛을 감소시키고 정정시간을 적게 하는 효과가 있으며 적분동작에 의해 잔류편차를 없애는 작용도 있으므로 연속선형제어로서는 가장 좋은 제어동작이다.

$$K\left(1+sT+\frac{1}{sT}\right)$$

정답　78. ③　79. ④　80. ④

2020

Industrial Engineer Air-Conditioning and Refrigerating Machinery

과년도 출제문제

제1·2회 통합 공조냉동기계산업기사

제3회 공조냉동기계산업기사

> 자주 출제되는 중요한 문제는 별표(★)로 강조했습니다.
> 마무리학습할 때 한 번 더 풀어보기를 권합니다.

Industrial Engineer
Air-Conditioning and Refrigerating Machinery

2020년 제1·2회 통합 공조냉동기계산업기사

제1과목 공기조화

01 증기난방에 관한 설명으로 틀린 것은?
① 열매온도가 높아 방열기의 방열면적이 작아진다.
② 예열시간이 짧다.
③ 부하변동에 따른 방열량의 제어가 곤란하다.
④ 증기의 증발현열을 이용한다.

해설 증기의 증발잠열을 이용한다.

★
02 온풍난방의 특징에 대한 설명으로 틀린 것은?
① 예열부하가 거의 없으므로 기동시간이 아주 짧다.
② 취급이 간단하고 취급자격자를 필요로 하지 않는다.
③ 방열기기나 배관 등의 시설이 필요 없으므로 설비비가 싸다.
④ 토출공기온도가 높으므로 쾌적성이 좋다.

해설 토출공기온도가 높으므로 쾌적도는 떨어진다.

★
03 풍량이 800m³/h인 공기를 건구온도 33℃, 습구온도 27℃(엔탈피(h_1)는 85.26kJ/kg)의 상태에서 건구온도 16℃, 상대습도 90%(엔탈피(h_2)는 42kJ/kg) 상태까지 냉각할 경우 필요한 냉각열량(kW)은? (단, 건공기의 비체적은 0.83m³/kg이다.)
① 3.1   ② 5.4
③ 11.6   ④ 22.8

해설 $q_s = Q_A \gamma (h_2 - h_1) = Q_A \dfrac{1}{\nu}(h_2 - h_1)$
$= 800 \times \dfrac{1}{0.83} \times (85.26 - 42) \times \dfrac{1}{3,600} ≒ 11.6\text{kW}$

04 공조방식 중 변풍량 단일덕트방식에 대한 설명으로 틀린 것은?
① 운전비의 절약이 가능하다.
② 동시부하율을 고려하여 기기용량을 결정하므로 설비용량을 적게 할 수 있다.
③ 시운전 시 각 토출구의 풍량조절이 복잡하다.
④ 부하변동에 대하여 제어응답이 빠르기 때문에 거주성이 향상된다.

해설 시운전 시 토출구의 풍량조절이 간단하다.

★
05 겨울철 침입외기(틈새바람)에 의한 잠열부하(q_L[kJ/h])를 구하는 공식으로 옳은 것은? (단, Q는 극간풍량(m³/h), Δt는 실내·외온도차(℃), Δx는 실내·외 절대습도차(kg/kg′)이다.)
① $1.212 Q \Delta t$ ② $539 Q \Delta x$
③ $2501 Q \Delta x$ ④ $3001.2 Q \Delta x$

해설 $q_L = 3001.2 Q \Delta x [\text{kJ/h}] = 717 Q \Delta x [\text{kcal/h}]$
참고 $1\text{kJ} = 0.24\text{kcal}$

06 에어필터의 포집방법 중 무기질 섬유공간을 공기가 통과할 때 충돌, 차단, 확산에 의해 큰 분진입자를 포집하는 필터는 무엇인가?
① 정전식 필터   ② 여과식 필터
③ 점착식 필터   ④ 흡착식 필터

해설 여과식 필터
㉠ 충돌점착식: 여과재 교환형, 유닛교환형, 자동식 충돌점착식
㉡ 건성 여과식: 폐기, 유닛교환형, 자동 이동형, HEPA
㉢ 전기식: 2단 하전식 정기 청소형, 2단 하전식 여과재 집진형, 1단 하전식 여과재 유전형
㉣ 활성탄 흡착식: 원통형, 지그재그형, 바이패스형

정답 01. ④ 02. ④ 03. ③ 04. ③ 05. ④ 06. ②

07 공기조화부하의 종류 중 실내부하와 장치부하에 해당되지 않는 것은?
① 사무기기나 인체를 통해 실내에서 발생하는 열
② 유리 및 벽체를 통한 전도열
③ 급기덕트에서 실내로 유입되는 열
④ 외기로 실내 온·습도를 냉각시키는 열

해설 실내부하와 장치부하 : 틈새바람, 환기, 지붕, 투과복사열, 유리창 전도, 벽 전도, 문 전도, 바닥 전도, 내부부하(인체, 기기, 형광등)

08 다음 중 자연 환기가 많이 일어나도 비교적 난방효율이 제일 좋은 것은?
① 대류난방   ② 증기난방
③ 온풍난방   ④ 복사난방

해설 복사난방은 온도의 분포가 균일하여 쾌감도가 높고, 방을 개방 상태로 하여도 난방효과가 높다.

09 열교환기 중 공조기 내부에 주로 설치되는 공기가열기 또는 공기냉각기를 흐르는 냉·온수의 통로수는 코일의 배열방식에 따라 나뉜다. 이 중 코일의 배열방식에 따른 종류가 아닌 것은?
① 풀서킷   ② 하프서킷
③ 더블서킷   ④ 플로서킷

해설 ① 풀서킷 : 보통 많이 사용하는 형식
② 하프서킷 : 유량이 적어서 유속이 느린 경우
③ 더블서킷 : 유량이 많은 경우

10 송풍기 특성곡선에서 송풍기의 운전점은 어떤 곡선의 교차점을 의미하는가?
① 압력곡선과 저항곡선의 교차점
② 효율곡선과 압력곡선의 교차점
③ 축동력곡선과 효율곡선의 교차점
④ 저항곡선과 축동력곡선의 교차점

해설 ㉠ 송풍기의 특성곡선 : 송풍기의 고유특성을 하나의 선도로 나타낸 것으로 정압, 소요동력, 풍량, 전압, 효율의 관계
㉡ 송풍기의 운전점 : 어떤 시스템에서 송풍기가 사용되면 그 송풍기는 저항곡선과 송풍기의 특성곡선과의 교차점에 상당하는 풍량과 압력에서 운전된다.

11 각 실마다 전기스토브나 기름난로 등을 설치하여 난방하는 방식을 무엇이라고 하는가?
① 온돌난방   ② 중앙난방
③ 지역난방   ④ 개별난방

해설 난방설비의 종류
㉠ 중앙난방 : 직·간접복사
㉡ 개별난방 : 가스, 석탄, 석유, 전기스토브 또는 벽난로
㉢ 지역난방 : 대규모

12 다음 가습기 방식의 분류 중 기화식이 아닌 것은?
① 모세관식 가습기   ② 회전식 가습기
③ 적하식 가습기   ④ 원심식 가습기

해설 가습기 방식의 분류
㉠ 기화식(증발식) : 회전식, 모세관식, 적하식
㉡ 증기공급식 : 과열증기식, 노즐분무식
㉢ 증기 발생식 : 전열식, 전극식, 적외선식
㉣ 수분무식 : 원심식, 초음파식, 분무식

13 방열량이 5.25kW인 방열기에 공급해야 할 온수량(m^3/h)은? (단, 방열기 입구온도는 80℃, 출구온도는 70℃이며, 물의 비열은 4.2kJ/kg·℃, 물의 밀도는 977.5kg/m^3이다.)
① 0.34   ② 0.46
③ 0.66   ④ 0.75

해설 $L = \dfrac{5.25}{977.5 \times 4.2 \times (80-70)} \times 3,600 ≒ 0.46 m^3/h$

14 외기와 배기 사이에서 현열과 잠열을 동시에 회수하는 방식으로 외기도입량이 많고 운전시간이 긴 시설에서 효과가 큰 방식은?
① 전열교환기방식
② 히트파이프방식
③ 콘덴서 리히트방식
④ 런 어라운드 코일방식

해설 전열교환기방식 : 유지비용이 저렴(에너지 절약기법으로 이용), 환기 시 실내온도 불변, 양방향 환기방식으로 환기효과 우수, 실내의 습도를 유지 가능

정답   07. ④   08. ④   09. ④   10. ①   11. ④   12. ④   13. ②   14. ①

15 송풍기 번호에 의한 송풍기 크기를 나타내는 식으로 옳은 것은?

① 원심송풍기 : $No(\#) = \dfrac{회전날개지름(mm)}{100mm}$

　축류송풍기 : $No(\#) = \dfrac{회전날개지름(mm)}{150mm}$

② 원심송풍기 : $No(\#) = \dfrac{회전날개지름(mm)}{150mm}$

　축류송풍기 : $No(\#) = \dfrac{회전날개지름(mm)}{100mm}$

③ 원심송풍기 : $No(\#) = \dfrac{회전날개지름(mm)}{150mm}$

　축류송풍기 : $No(\#) = \dfrac{회전날개지름(mm)}{150mm}$

④ 원심송풍기 : $No(\#) = \dfrac{회전날개지름(mm)}{100mm}$

　축류송풍기 : $No(\#) = \dfrac{회전날개지름(mm)}{100mm}$

해설 ㉠ 원심송풍기 : $No(\#) = \dfrac{회전날개지름(mm)}{150mm}$

㉡ 축류송풍기 : $No(\#) = \dfrac{회전날개지름(mm)}{100mm}$

암기법 → 원 150, 축백 100

16 보일러를 안전하고 경제적으로 운전하기 위한 여러 가지 부속기기 중 급수관계장치와 가장 거리가 먼 것은?

① 증기관　　② 급수펌프
③ 급수밸브　　④ 자동급수장치

해설 급수관계 안전장치 : 급수펌프, 급수밸브, 자동급수장치, 저수위 경보장치 등

17 다음 중 엔탈피가 0kJ/kg인 공기는 어느 것인가?

① 0℃ 습공기　　② 0℃ 건공기
③ 0℃ 포화공기　　④ 32℃ 습공기

해설 엔탈피가 0kJ/kg인 공기는 0℃ 건공기이다.

★
18 압력 10,000kPa, 온도 227℃인 공기의 밀도(kg/m³)는 얼마인가? (단, 공기의 기체상수는 287.04J/kg·K이다.)

① 57.3　　② 69.6
③ 73.2　　④ 82.9

해설 $P = \rho RT$

$\therefore \rho = \dfrac{P}{RT} = \dfrac{10,000}{287.04 \times \dfrac{1}{1,000} \times (273+227)}$

$\fallingdotseq 69.6 kg/m^3$

★
19 다음 습공기선도에서 습공기의 상태가 1지점에서 2지점을 거쳐 3지점으로 이동하였다. 이 습공기가 거친 과정은? (단, 1, 2의 엔탈피는 같다.)

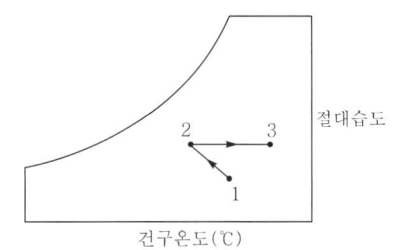

① 냉각감습 – 가열
② 냉각 – 제습제를 이용한 제습
③ 순환수가습 – 가열
④ 온수감습 – 냉각

해설 습공기선도

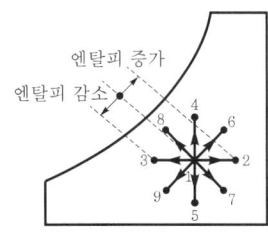

㉠ 1→2 : 현열가열(절대습도 증가)
㉡ 1→3 : 현열냉각(절대습도 감소)
㉢ 1→4 : 가습(건구온도 증가)
㉣ 1→5 : 감습(건구온도 감소)
㉤ 1→6 : 가열가습(상대습도 감소)
㉥ 1→7 : 가열감습(단열변화)(습구온도 증가)
㉦ 1→8 : 냉각가습(단열변화)(습구온도 감소)
㉧ 1→9 : 냉각감습(상대습도 증가)=OB

정답 15. ② 16. ① 17. ② 18. ② 19. ③

20 다음 공조방식 중 중앙방식이 아닌 것은?
① 단일덕트방식 ② 2중덕트방식
③ 팬코일유닛방식 ④ 룸쿨러방식

해설 공조방식
㉠ 중앙식
- 전공기방식 : 일정 풍량 단일덕트방식, 가변풍량 단일덕트방식, 2중덕트방식, 멀티존방식, 각 층 유닛방식
- 수-공기방식 : 팬코일유닛방식(덕트 병용), 유인유닛방식, 복사냉난방방식(패널에어방식)
- 전수방식 : 팬코일유닛방식

㉡ 개별식
- 냉매방식 : 룸쿨러(룸에어컨), 패키지형 유닛방식(중앙식), 패키지유닛방식(터미널유닛방식)

제2과목　냉동공학

21 다음의 냉매가스를 단열압축하였을 때 온도 상승률이 가장 큰 것부터 순서대로 나열된 것은? (단, 냉매가스는 이상기체로 가정한다.)
① 공기 > 암모니아 > 메틸클로라이드 > R-502
② 공기 > 메틸클로라이드 > 암모니아 > R-502
③ 공기 > R-502 > 메틸클로라이드 > 암모니아
④ R-502 > 공기 > 암모니아 > 메틸클로라이드

해설 온도 상승률이 가장 큰 순서(응축압력) : 공기 > 암모니아(11.89) > 메틸클로라이드(6.66) > R-502

22 다음 열에 대한 설명으로 틀린 것은?
① 냉동실이나 냉장실 벽체를 통해 실내로 들어오는 열은 감열과 잠열이다.
② 냉동실 출입문의 틈새로 공기가 갖고 들어오는 열은 감열과 잠열이다.
③ 하절기 냉장실에서 작업하는 인체의 발생열은 감열과 잠열이다.
④ 냉장실 내 백열등에서 발생하는 열은 감열이다.

해설 현열부하만 이용(수분이 없는 것) : 송풍기에 의한 취득열량, 유리로부터의 취득열량, 조명부하, 공기조화덕트 열손실, 벽체로부터 취득열량, 재열기의 취득열량

23 다음 중 냉동기의 압축기에서 일어나는 이상적인 압축과정은 어느 것인가?
① 등온변화 ② 등압변화
③ 등엔탈피변화 ④ 등엔트로피변화

해설 압축기의 단열압축하므로 등엔트로피변화한다.

24 몰리에르선도상에서 압력이 증대함에 따라 포화액선과 건포화증기선이 만나는 일치점을 무엇이라 하는가?
① 한계점 ② 임계점
③ 상사점 ④ 비등점

해설 임계점은 포화액체와 포화증기의 구분이 없어지는 상태이다.

25 다음 중 펠티에(Peltier) 효과를 이용한 냉동법은?
① 기체팽창 냉동법 ② 열전 냉동법
③ 자기 냉동법 ④ 2원 냉동법

해설 열전 냉동법은 펠티에 효과를 이용한 냉동방법으로서 전류를 통해 얻어진 고온부와 저온부는 열의 양도체이기도 하다. 냉각효과를 얻기 어려우므로 비수라이트 델루라이드, 안티몬, 텔루르, 비스무트, 셀렌 등과 같은 열전반도체(전기의 양도체이며 열의 불양도체)를 사용하여 실용화하고 있다.

26 온도식 팽창밸브(Thermostatic expansion valve)에 있어서 과열도란 무엇인가?
① 팽창밸브 입구와 증발기 출구 사이의 냉매온도차
② 팽창밸브 입구와 팽창밸브 출구 사이의 냉매온도차
③ 흡입관 내의 냉매가스온도와 증발기 내의 포화온도와의 온도차
④ 압축기 토출가스와 증발기 내 증발가스의 온도차

해설 온도식 팽창밸브에 의한 증발기 내 증기의 과열도(superheating)는 밸브 하부의 스프링 압력 설정에 의하여 조정된다. 즉, 흡입관 내의 냉매가스 온도와 증발기 내의 포화온도와의 온도차(5~6℃(10℉))

정답 20. ④　21. ①　22. ①　23. ④　24. ②　25. ②　26. ③

27 수냉식 응축기를 사용하는 냉동장치에서 응축압력이 표준압력보다 높게 되는 원인으로 가장 거리가 먼 것은?

① 공기 또는 불응축가스의 혼입
② 응축수 입구온도의 저하
③ 냉각수량의 부족
④ 응축기의 냉각관에 스케일이 부착

해설 수냉식 응축기의 압력 증가원인 : 불응축가스, 냉각수량 부족, 응축기관 내 스케일, 냉매의 과잉충전

★
28 다음 그림은 단효용 흡수식 냉동기에서 일어나는 과정을 나타낸 것이다. 각 과정에 대한 설명으로 틀린 것은?

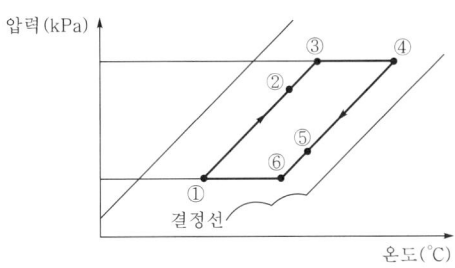

① ①→②과정 : 재생기에서 돌아오는 고온 농용액과 열교환에 의한 희용액의 온도 상승
② ②→③과정 : 재생기 내에서의 가열에 의한 냉매응축
③ ④→⑤과정 : 흡수기에서의 저온 희용액과 열교환에 의한 농용액의 온도 강하
④ ⑤→⑥과정 : 흡수기에서 외부로부터의 냉각에 의한 농용액의 온도 강하

해설 듀링 선도
㉠ ①→② : 용액펌프→열교환기(희용액)
㉡ ②→③ : 재생기(발생기)→가열
㉢ ③→④ : 발생기→열교환기(농축)
㉣ ④→⑤ : 열교환기(농축)
㉤ ⑤→⑥ : 열교환기→흡수기(농축)
㉥ ⑥→① : 흡수기→용액펌프(흡수)

★
29 흡수식 냉동기에 관한 설명으로 옳은 것은?

① 초저온용으로 사용된다.
② 비교적 소용량보다는 대용량에 적합하다.
③ 열교환기를 설치하여도 효율은 변함없다.
④ 물-LiBr식인 경우 물이 흡수제가 된다.

해설 흡수식 냉동기의 특징
㉠ 자동제어가 쉽다.
㉡ 정격성능 도달 속도가 느리다.
㉢ 용량제어의 범위가 넓어 폭넓은 용량제어가 가능하다.
㉣ 압축기가 없고 운전이 조용하다.
㉤ 냉매-흡수제 : 암모니아-물, 물-LiBr
㉥ 비교적 소용량보다는 대용량에 적합하다.

30 증기압축식 냉동법(A)과 전자냉동법(B)의 역할을 비교한 것으로 틀린 것은?

① (A) 압축기 : (B) 소대자(P-N)
② (A) 압축기 모터 : (B) 전원
③ (A) 냉매 : (B) 전자
④ (A) 응축기 : (B) 저온측 접합부

해설 ㉠ 고온측 접합부 : 응축기, 펠티에효과(전기→열), 제백효과(열→전기 발생)
㉡ 열전반도체 금속 종류 : 비스무트 알티먼, 비스무트 델로 셀렌

31 다음 중 가스엔진구동형 열펌프(GHP)시스템의 설명으로 틀린 것은?

① 압축기를 구동하는 데 전기에너지 대신 가스를 이용하는 내연기관을 이용한다.
② 하나의 실외기에 하나 또는 여러 개의 실내기가 장착된 형태로 이루어진다.
③ 구성요소로서 압축기를 제외한 엔진, 그리고 내·외부열교환기 등으로 구성된다.
④ 연료로는 천연가스, 프로판 등이 이용될 수 있다.

해설 가스히트펌프(GHP)는 Gas Engine Heat Pump의 약자로 가스엔진구동형 열펌프, LNG, LPG가스를 사용한다.

32 다음 냉동기의 종류와 원리의 연결로 틀린 것은?

① 증기압축식 : 냉매의 증발잠열
② 증기분사식 : 진공에 의한 물 냉각
③ 전자냉동법 : 전류흐름에 의한 흡열작용
④ 흡수식 : 프레온 냉매의 증발잠열

해설 흡수식 냉동기 : 진공의 원리를 이용하여 물을 낮은 온도에서 증발시키고 그 증발잠열로써 냉동(냉매-흡수제(암모니아-물, 물-LiBr))한다.

33 다음 중 헬라이드 토치를 이용하여 누설검사를 하는 냉매는?

① R-134a   ② R-717
③ R-744   ④ R-729

해설 ㉠ 헬라이드 토치는 프레온(freon)계열 냉매 누설검사용으로 사용한다.
㉡ 프레온계열 냉매 : R-123, R-114, R-22, R-13, R-12, R-11 등

★
34 R-502를 사용하는 냉동장치의 몰리엘선도가 다음과 같다. 이 장치의 실제 냉매순환량은 167kg/h이고, 전동기 출력이 3.5kW일 때 실제 성적계수는?

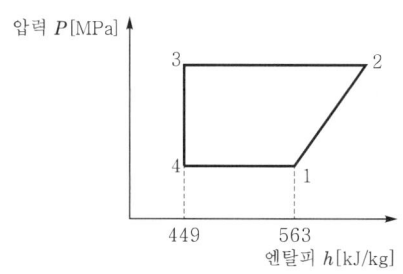

① 1.3   ② 1.4
③ 1.5   ④ 1.6

해설 ㉠ $G(냉매순환량) = \dfrac{Q_e(냉동능력)[kJ/h]}{q_e(냉동효과)[kJ/kg]}[kg/h]$

$167 = \dfrac{Q_e}{563-449}$

$\therefore Q_e = 167 \times (563-449) = 19,038 kJ/h$

㉡ $COP = \dfrac{Q_e}{AW} = \dfrac{167 \times (563-449)}{3.5}$
$= \dfrac{19,038}{3.5 \times 3,600} ≒ 1.5$

35 두께 3cm인 석면판의 한쪽 면의 온도는 400℃, 다른 쪽 면의 온도는 100℃일 때, 이 판을 통해 일어나는 열전달량(W/m²)은? (단, 석면의 열전도율은 0.095W/m·℃이다.)

① 0.95   ② 95
③ 950   ④ 9,500

해설 $q = \dfrac{\lambda \Delta T}{l} = \dfrac{0.095 \times (400-100)}{0.03} = 950 W/m^2$

36 냉매충전용 매니폴드를 구성하는 주요 밸브와 가장 거리가 먼 것은?

① 흡입밸브
② 자동용량제어밸브
③ 펌프연결밸브
④ 바이패스밸브

해설
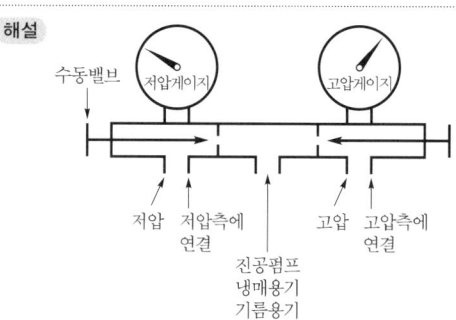

★
37 냉동기 속 두 냉매가 다음 표의 조건으로 작동될 때 A냉매를 이용한 압축기의 냉동능력을 Q_A, B냉매를 이용한 압축기의 냉동능력을 Q_B인 경우 Q_A/Q_B의 비는? (단, 두 압축기의 피스톤 압출량은 동일하며, 체적효율도 75%로 동일하다.)

구분	A	B
냉동효과(kJ/kg)	1,130	170
비체적(m³/kg)	0.509	0.077

① 1.5   ② 1.0
③ 0.8   ④ 0.5

해설 $\dfrac{Q_A}{Q_B} = \dfrac{\dfrac{1,130}{0.509}}{\dfrac{170}{0.077}} ≒ 1.0$

정답 32. ④ 33. ① 34. ③ 35. ③ 36. ② 37. ②

38 다음 중 냉매와 배관재료의 선택을 바르게 나타낸 것은?

① NH_3 : Cu합금
② 크롤 메틸 : Al합금
③ R-21 : Mg을 함유한 Al합금
④ 이산화탄소 : Fe합금

해설 냉매와 재료
㉠ NH_3, 크롤 메틸 : SPPS(압력배관용 탄소강관) 사용
㉡ 프레온 : 동관 사용

39 2단 압축사이클에서 증발압력이 계기압력으로 235kPa이고, 응축압력은 절대압력으로 1,225kPa일 때 최적의 중간 절대압력(kPa)은? (단, 대기압은 101kPa이다.)

① 514.5　② 536.06
③ 641.56　④ 668.36

해설 $P_1 = 235 + 101 = 356\text{kPa}$, $P_2 = 1,225\text{kPa}$
$\therefore P = \sqrt{P_1 P_2} = \sqrt{(235+101) \times 1,225}$
$\fallingdotseq 641.56\text{kPa}$

40 30℃의 공기가 체적 1m³의 용기 내에 압력 600kPa인 상태로 들어있을 때 용기 내의 공기질량(kg)은? (단, 기체상수는 287J/kg·K이다.)

① 5.9　② 6.9
③ 7.9　④ 4.9

해설 $G = \dfrac{PV}{RT} = \dfrac{\frac{10,332 \times 600}{101.325} \times 1}{0.287 \times 102 \times (273+30)} \fallingdotseq 6.9\text{kg}$

제3과목　배관일반

41 증기난방 배관에서 증기트랩을 사용하는 주된 목적은?

① 관내의 온도를 조절하기 위해서
② 관내의 압력을 조절하기 위해서
③ 배관의 신축을 흡수하기 위해서
④ 관내의 증기와 응축수를 분리하기 위해서

해설 증기트랩은 관내의 증기와 응축수를 분리하여 수격작용 방지, 효율 향상

42 배수관 설치기준에 대한 내용으로 틀린 것은?

① 배수관의 최소 관경은 20mm 이상으로 한다.
② 지중에 매설하는 배수관의 관경은 50mm 이상이 좋다.
③ 배수관은 배수가 흐르는 방향으로 관경을 축소해서는 안 된다.
④ 기구배수관의 관경은 이것에 접속하는 위생기구의 트랩구경 이상으로 한다.

해설 배수관 설치기준
㉠ 배수관의 최소 관지름 : 32mm 이상
㉡ 지중·지하층 바닥에 매설하는 배수관 : 50mm 이상
㉢ 배수관은 하류방향으로 갈수록 관의 지름을 크게 설계할 것
㉣ 기구배수관의 관경은 이것에 접속하는 위생기구의 트랩구경 이상으로 하되 최소 30mm
㉤ 배수수직관의 관경은 이것과 접속하는 배수수평지관의 최대 관경 이상
㉥ 배수수평지관의 관경은 이것과 접속하는 기구 배수관의 최대 관경 이상

43 배관의 지름이 100cm이고, 유량이 0.785m³/s일 때 이 파이프 내의 평균유속(m/s)은 얼마인가?

① 1　② 10
③ 100　④ 1,000

해설 $Q = AV = \dfrac{\pi d^2}{4} V$
$\therefore V = \dfrac{0.785}{\frac{3.14 \times 1^2}{4}} = 1\text{m/s}$

44 증기배관 내의 수격작용을 방지하기 위한 내용으로 가장 적당한 것은?

① 감압밸브를 설치한다.
② 가능한 배관에 굴곡부를 많이 둔다.
③ 가능한 배관의 관경을 크게 한다.
④ 배관 내 증기의 유속을 빠르게 한다.

해설 수격작용 방지법
㉠ 에어챔버(공기실)를 설치하고 굴곡개소를 줄인다.
㉡ 관경을 크게 하고 유속을 낮춘다.
㉢ 밸브개폐는 천천히 한다.

45 냉매배관 시공법에 관한 설명으로 틀린 것은?
① 압축기와 응축기가 동일 높이 또는 응축기가 아래에 있는 경우 배출관은 하향구배로 한다.
② 증발기가 응축기보다 아래에 있을 때 냉매액이 증발기에 흘러내리는 것을 방지하기 위해 역루프를 만들어 배관한다.
③ 증발기와 압축기가 같은 높이일 때는 흡입관을 수직으로 세운 다음 압축기를 향해 선단 상향구배로 배관한다.
④ 액관배관 시 증발기 입구에 전자밸브가 있을 때는 루프이음을 할 필요가 없다.

해설 증발기와 압축기의 높이가 같은 경우에는 흡입관을 수직 입상시키고 1/200의 끝내림구배한다.

46 다음 중 캐비테이션 현상의 발생원인으로 옳은 것은?
① 흡입양정이 작을 경우 발생한다.
② 액체의 온도가 낮을 경우 발생한다.
③ 날개차의 원주속도가 작을 경우 발생한다.
④ 날개차의 모양이 적당하지 않을 경우 발생한다.

해설 캐비테이션현상의 원인
㉠ 흡입양정이 큰 경우
㉡ 액체의 온도가 높을 경우
㉢ 원주속도가 큰 경우
㉣ 날개차의 모양이 적당치 않을 경우

47 옥상 급수탱크의 부속장치에 해당하는 것은?
① 압력스위치   ② 압력계
③ 안전밸브   ④ 오버플로관

해설 옥상 급수탱크의 부속장치 : 오버플로관, 통기관, 맨홀, 배수관

48 다음 중 온수온돌난방의 바닥 매설 배관으로 가장 적합한 것은?
① 주철관   ② 강관
③ 동관   ④ PVC관

해설 온수온돌난방의 바닥 매설 : 동관, XL(폴리에틸렌)관

49 냉동장치 배관도에서 다음과 같은 부속기기의 기호는 무엇을 나타내는가?

① 송풍기   ② 응축기
③ 펌프   ④ 체크밸브

해설 냉동부속기기의 기호
㉠ 펌프 :
㉡ 체크밸브 :

50 다음 배관도시 기호 중 리듀서 표시는 무엇인가?
①   ②
③   ④

해설 ② 없음, ③ 드라이어, ④ 신축이음(슬리브형)

51 천연고무보다 더 우수한 성질을 가지고 있으며 내유성, 내후성, 내산성, 내마모성 등이 뛰어난 고무류 패킹재는 무엇인가?
① 테플론   ② 석면
③ 네오프렌   ④ 합성수지

해설 네오프렌
㉠ 내열범위가 -46~120℃인 합성고무이다.
㉡ 내유(耐油)·내후·내산화성이며, 기계적 성질이 우수하다.
㉢ 물, 공기, 기름, 냉매배관에 사용한다.

52 배관지지 철물이 갖추어야 할 조건으로 가장 거리가 먼 것은?
① 충격과 진동에 견딜 수 있는 재료일 것
② 배관시공에 있어서 구배조정이 용이할 것
③ 보온 및 방로를 위한 재료일 것
④ 온도변화에 따른 관의 팽창과 신축을 흡수할 수 있을 것

해설 배관지지의 조건
㉠ 충격 및 진동에 견딜 것
㉡ 구배조정이 용이할 것
㉢ 배관 소음을 방지할 것
㉣ 팽창과 신축을 흡수할 것
㉤ 배관 중량에 견딜 것

정답 45. ③ 46. ④ 47. ④ 48. ③ 49. ③ 50. ① 51. ③ 52. ③

53 냉매배관 시 주의사항으로 틀린 것은?

① 배관은 가능한 간단하게 한다.
② 굽힘반지름은 작게 한다.
③ 관통개소 외에는 바닥에 매설하지 않아야 한다.
④ 배관에 응력이 생길 우려가 있을 경우에는 신축이음으로 배관한다.

해설 굽힘반지름은 크게 한다(직경의 6배 이상).

54 열전도율이 극히 낮고 경량이며 흡수성은 좋지 않으나 굽힘성이 풍부한 유기질 보온재는 어느 것인가?

① 펠트　　② 코르크
③ 기포성 수지　　④ 규조토

해설 기포성 수지
㉠ 열전도율, 흡수성이 작다.
㉡ 굽힘성이 풍부하며 불연소성이 있고 경량이다.
㉢ 보냉재로 우수하다.
㉣ 안전사용온도 : 130℃ 이하

55 배관의 온도변화에 의한 수축과 팽창을 흡수하기 위한 이음쇠로 적절하지 못한 것은?

① 벨로즈　　② 플렉시블
③ U밴드　　④ 플랜지

해설 수축과 팽창이음쇠 : 신축이음(벨로즈, 슬리브, 루프), 플렉시블, U밴드

56 개방식 팽창탱크 주변의 배관에서 팽창탱크의 수면 아래에 접속되는 관은?

① 팽창관　　② 통기관
③ 안전관　　④ 오버플로관

해설 개방식 팽창탱크 주변의 배관에서 팽창탱크의 수면 아래에 접속되는 관은 팽창관이다.

57 다음 중 이음쇠 중 방진, 방음의 역할을 하는 것은?

① 플렉시블형 이음쇠　　② 슬리브형 이음쇠
③ 스위블형 이음쇠　　④ 루프형 이음쇠

해설 플렉시블이음은 방진, 방음역할을 한다.

58 관 이음쇠의 종류에 따른 용도의 연결로 틀린 것은?

① 와이(Y) : 분기할 때
② 벤드 : 방향을 바꿀 때
③ 플러그 : 직선으로 이을 때
④ 유니언 : 분해, 수리, 교체가 필요할 때

해설 ㉠ 플러그 : 배관 부속에서 막음
㉡ 캡 : 파이프에서 막음

59 배관지지 금속 중 리스트레인트(restraint)에 해당하지 않는 것은?

① 행거　　② 앵커
③ 스토퍼　　④ 가이드

해설 ㉠ 행거 : 리지드, 스프링, 콘스탄트
㉡ 서포트 : 스프링, 롤러, 리지드
㉢ 브레이스 : 방진기, 완충기
㉣ 리스트 레인트 : 앵커, 스토퍼, 가이드로 열팽창에 의한 배관의 이동을 구속 또는 제한

60 정압기의 부속설비에서 가스수요량이 급격히 증가하여 압력이 필요한 경우 쓰이는 장치는?

① 정압기　　② 가스미터
③ 부스터　　④ 가스필터

해설 부스터는 정압기의 부속설비에서 가스수요량이 급격히 증가하여 압력이 필요한 경우에 쓰인다.

제4과목　전기제어공학

61 회전 중인 3상 유도전동기의 슬립이 1이 되면 전동기 속도는 어떻게 되는가?

① 불변이다.
② 정지한다.
③ 무부하 상태가 된다.
④ 동기속도와 같게 된다.

해설 ㉠ 슬립=0 : 회전자가 동기속도로 회전
㉡ 슬립=1 : 회전자 정지
㉢ 슬립<0 : 유도발전기
㉣ 슬립>1 : 유도제동

정답　53. ②　54. ③　55. ④　56. ①　57. ①　58. ③　59. ①　60. ③　61. ②

62 인디셜 응답이 지수함수적으로 증가하다가 결국 일정값으로 되는 계는 무슨 요소인가?

① 미분요소 ② 적분요소
③ 1차 지연요소 ④ 2차 지연요소

해설 인디셜 응답이 지수함수적으로 증가하다가 일정값으로 되는 계는 1차 지연요소의 전달함수이다.

$$G(s) = \frac{K}{Ts+1}$$

63 대칭 3상 Y부하에서 부하전류가 20A이고 각 상의 임피던스가 $Z=3+4j[\Omega]$일 때 이 부하의 선간전압(V)은 약 얼마인가?

① 141 ② 173
③ 220 ④ 282

해설 ㉠ 임피던스$(Z) = \sqrt{3^2+4^2} = 5\Omega$
㉡ 선간전압 $= Vl = \sqrt{3} \times 20 \times 5 = 173.2V$

64 전동기 정역회로를 구성할 때 기기의 보호와 조작자의 안전을 위하여 필수적으로 구성되어야 하는 회로는?

① 인터록회로
② 플립플롭회로
③ 정지우선 자기유지회로
④ 기동우선 자기유지회로

해설 주로 기기의 보호와 조작자의 안전을 목적으로 인터록회로가 필수적이다.

★
65 $R-L-C$ 직렬회로에 $t=0$에서 교류전압 $v = E_m \sin(wt+\theta)$[V]를 가할 때 이 회로의 응답유형은? (단, $R^2 - 4\frac{L}{C} > 0$이다.)

① 완전진동 ② 비진동
③ 임계진동 ④ 감쇠진동

해설 ㉠ 비진동 : $R^2 - 4\frac{L}{C} > 0$
㉡ 진동 : $R^2 - 4\frac{L}{C} < 0$
㉢ 임계진동 : $R^2 = 4\frac{L}{C}$

★
66 단일 궤환제어계의 개루프 전달함수가 $G(s) = \frac{2}{s+1}$ 일 때 압력 $r(t) = 5u(t)$에 대한 정상상태 오차 e_{ss}는?

① $\frac{1}{3}$ ② $\frac{2}{3}$
③ $\frac{4}{3}$ ④ $\frac{5}{3}$

해설 $K_p = \lim_{s \to 0} G(s) = \lim_{s \to 0} \frac{2}{s+1} = 2$

$R(s) = \frac{5}{s^2}$

$\therefore e_{ss} = \frac{R}{1+K_p} = \frac{5}{1+2} = \frac{5}{3}$

★
67 계전기를 이용한 시퀀스제어에 관한 사항으로 옳지 않은 것은?

① 인터록회로 구성이 가능하다.
② 자기유지회로 구성이 가능하다.
③ 순차적으로 연산하는 직렬처리방식이다.
④ 제어결과에 따라 조작이 자동적으로 이행된다.

해설 시퀀스제어는 조작의 순서를 미리 정해놓고 이에 따라 조작의 각 단계를 차례로 행하는 제어(릴레이, 로직, PLC)이다.

68 제어량을 어떤 일정한 목표값으로 유지하는 것을 목적으로 하는 제어는?

① 추종제어 ② 비율제어
③ 정치제어 ④ 프로그램제어

해설 정치제어는 목표값이 시간에 관계없이 제어량을 어떤 일정한 목표값으로 유지하는 것을 목적으로 하는 제어법이다.

69 회로시험기(Multi Meter)로 직접 측정할 수 없는 것은?

① 저항 ② 교류전압
③ 직류전압 ④ 교류전력

해설 회로시험기(멀티미터) : 저항, 교류전압, 직류전류, 직류전압

정답 62. ③ 63. ② 64. ① 65. ② 66. ④ 67. ③ 68. ③ 69. ④

70 도체의 전기저항에 대한 설명으로 틀린 것은?

① 같은 길이, 단면적에서도 온도가 상승하면 저항이 증가한다.
② 단면적에 반비례하고, 길이에 비례한다.
③ 고유저항은 백금보다 구리가 크다.
④ 도체 반지름의 제곱에 반비례한다.

해설 $R = \rho\dfrac{l}{s} = \rho\dfrac{l}{\frac{\pi}{4}D^2} = \rho\dfrac{l}{\pi r^2}[\Omega]$

71 다음 그림과 같은 단위계단함수를 옳게 나타낸 것은?

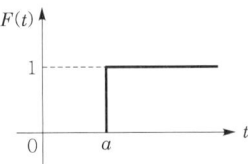

① $u(t)$ ② $u(t-a)$
③ $u(a-t)$ ④ $u(-a-t)$

해설 단위계단함수(Unit step function)= $u(t-a)$

★
72 어떤 회로에 220V의 교류전압을 인가했더니 4.4A의 전류가 흐르고, 전압과 전류와의 위상차는 60°가 되었다. 이 회로의 저항성분(Ω)은?

① 10 ② 25
③ 50 ④ 75

해설 $P = IV\cos\theta = 4.4 \times 220 \times \cos60° = 484\text{W}$
$P = I^2 R$
∴ $R = \dfrac{P}{I^2} = \dfrac{484}{4.4^2} = \dfrac{484}{19.36} = 25\,\Omega$

73 기계적 변위를 제어량으로 해서 목표값의 임의의 변화에 추종하도록 구성되어 있는 것은?

① 자동조정 ② 서보기구
③ 정치제어 ④ 프로세스제어

해설 서보기구는 물체의 위치, 방위, 자세 등의 기계적 변위를 제어량으로 해서 목표값이 임의의 변화에 추종하도록 구성된 제어계이다.

★
74 다음 회로에서 합성 정전용량(μF)은?

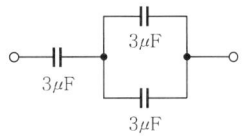

① 1.1 ② 2.0
③ 2.4 ④ 3.0

해설 $C = \dfrac{1}{\dfrac{1}{C_1}+\dfrac{1}{C_2+C_3}} = \dfrac{1}{\dfrac{1}{3}+\dfrac{1}{3+3}} = 2\mu\text{F}$

75 직류전동기의 속도제어방법 중 광범위한 속도제어가 가능하며 정토크 가변속도의 용도에 적합한 방법은?

① 계자제어 ② 직렬저항제어
③ 병렬저항제어 ④ 전압제어

해설 **직류전동기의 속도제어** : 전압제어(넓은 범위의 속도제어가 가능하고 효율이 좋다), 저항제어(구성이 간단한 속도제어법이다), 계자제어(비교적 넓은 범위의 속도제어에서 효율이 양호하다)

76 서보전동기는 다음 중 어디에 속하는가?

① 검출기 ② 증폭기
③ 변환기 ④ 조작기기

해설 ㉠ 전기식 : 전자밸브, 2상 서보전동기, 직류 서보전동기, 펄스전동기
㉡ 기계식(공기식) : 클러치, 다이어프램 밸브, 밸브 포지셔너
㉢ 유압식 : 조작기(조작 실린더, 조작피스톤 등)

77 다음 중 기동토크가 가장 큰 단상 유도전동기는?

① 분상기동형 ② 반발기동형
③ 셰이딩코일형 ④ 콘덴서기동형

해설 **기동토크가 큰 순서** : 반발기동형 > 반발유도형 > 콘덴서기동형 > 분상기동형 > 셰이딩코일형

암기법 ➡ 반기반콘 분쇄

78 다음 그림과 같은 회로에서 해당되는 램프의 식으로 옳은 것은?

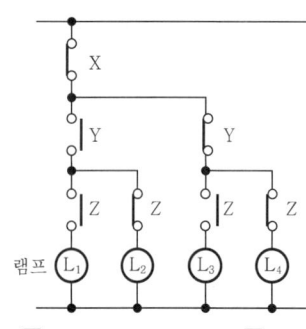

① $L_1 = \overline{X}YZ$ ② $L_2 = \overline{X}YZ$
③ $L_3 = \overline{X}YZ$ ④ $L_4 = \overline{X}YZ$

해설 램프(L_1)는 AND(직렬)회로이다.
$L_1 = \overline{X}YZ$

79 목표값이 미리 정해진 변화량에 따라 제어량을 변화시키는 제어는?

① 정치제어 ② 추종제어
③ 비율제어 ④ 프로그램제어

해설 프로그램제어란 목표치가 시간과 함께 미리 정해진 변화를 하는 제어로서 열처리의 온도제어, 열차의 무인운전, 엘리베이터, 무인자판기 등이 여기에 속한다.

★
80 다음 그림과 같은 블록선도와 등가인 것은?

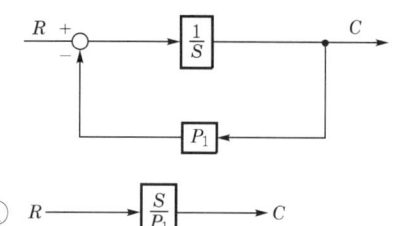

① $R \longrightarrow \boxed{\dfrac{S}{P_1}} \longrightarrow C$

② $R \longrightarrow \boxed{S+P_1} \longrightarrow C$

③ $R \longrightarrow \boxed{\dfrac{1}{S+P_1}} \longrightarrow C$

④ $R \longrightarrow \boxed{\dfrac{P_1}{S}} \longrightarrow C$

해설 $(R - P_1)\dfrac{1}{S} = C$

$\dfrac{R}{S} - \dfrac{CP_1}{S} = C$

$\dfrac{R}{S} = C\left(1 + \dfrac{P_1}{S}\right)$

$\therefore \dfrac{C}{R} = \dfrac{1}{S\left(1 + \dfrac{P_1}{S}\right)} = \dfrac{1}{S + P_1}$

정답 78. ① 79. ④ 80. ③

2020년 제3회 공조냉동기계산업기사

제1과목 공기조화

01 공기 중의 수증기분압을 포화압력으로 하는 온도를 무엇이라 하는가?

① 건구온도
② 습구온도
③ 노점온도
④ 글로브(globe)온도

해설 절공기 중의 수증기분압을 포화압력으로 하는 온도를 노점온도라 한다.

★
02 외기의 온도가 −10℃이고 실내온도가 20℃이며 벽면적이 25m²일 때 실내의 열손실량(kW)은? (단, 벽체의 열관류율 10W/m²·K, 방위계수는 북향으로 1.2이다.)

① 7   ② 8
③ 9   ④ 10

해설 $q = KAk\Delta t = 10 \times 25 \times 1.2 \times (20-(-10))$
       $= 9,000W = 9kW$

03 공조공간을 작업공간과 비작업공간으로 나누어 전체적으로 기본적인 공조만 하고, 작업공간에서는 개인의 취향에 맞도록 개별공조하는 방식은?

① 바닥취출공조방식
② 태스크 앰비언트공조방식
③ 저온공조방식
④ 축열공조방식

해설 태스크 앰비언트공조방식(T/A : Task/Ambient Air Conditioning System) : 전면 바닥 송풍공기 조절(플로어 플로)의 바닥에 계폐 가능한 개별공조방식

★
04 제습장치에 대한 설명으로 틀린 것은?

① 냉각식 제습장치는 처리공기를 노점온도 이하로 냉각시켜 수증기를 응축시킨다.
② 일반 공조에서는 공조기에 냉각코일을 채용하므로 별도의 제습장치가 없다.
③ 제습방법은 냉각식, 흡수식, 흡착식으로 구분된다.
④ 에어와셔방식은 냉각식으로 소형이고 수처리가 편리하여 많이 채용된다.

해설 에어와셔방식은 가습장치이다.

05 냉각코일의 용량결정방법으로 옳은 것은?

① 실내취득열량+기기로부터의 취득열량+재열부하+외기부하
② 실내취득열량+기기로부터의 취득열량+재열부하+냉수펌프부하
③ 실내취득열량+기기로부터의 취득열량+재열부하+배관부하
④ 실내취득열량+기기로부터의 취득열량+재열부하+냉수펌프 및 배관부하

해설 **냉각코일의 용량** : 실내취득열량, 기기로부터의 취득열량, 재열부하, 외기부하, 덕트부하, 냉수배관부하

06 온풍난방에 관한 설명으로 틀린 것은?

① 예열부하가 거의 없으므로 기동시간이 아주 짧다.
② 온풍을 이용하므로 쾌감도가 좋다.
③ 보수·취급이 간단하여 취급에 자격이 필요하지 않다.
④ 설치면적이 적으며 설치장소도 제약을 받지 않는다.

해설 토출공기온도가 높으므로 쾌적도는 떨어진다.

정답 01. ③ 02. ③ 03. ② 04. ④ 05. ① 06. ②

07 다음 중 흡수식 감습장치에 일반적으로 사용되는 액상흡수제로 가장 적절한 것은?

① 트리에틸렌글리콜
② 실리카겔
③ 활성알루미나
④ 탄산소다수용액

해설 액상흡수제
㉠ 감습법은 냉각식, 압축식, 흡수식(염화리튬수용액과 트리에틸렌글리콜), 흡착식(실리카겔, 활성알루미나, 아드솔 등)
㉡ 액체제습장치 : 염화리튬수용액과 트리에틸렌글리콜 등은 대기에 노출시켜두면 공기 중의 수분을 흡수해서 서서히 희박하게 되는 성질을 이용한다.

08 실내 압력은 정압상태로 주로 작은 용적의 연소실 등과 같이 급기량을 확실하게 확보하기 어려운 장소에 적용하기에 가장 적합한 환기방식은?

① 압입흡출 병용 환기
② 압입식 환기
③ 흡출식 환기
④ 풍력환기

해설 압입식 환기 : 급기량을 확실하게 확보하기 어려운 장소인 소규모 변전실, 보일러실, 창고 등의 환기방식

09 공기조화부하계산을 위한 고려사항으로 가장 거리가 먼 것은?

① 열원방식
② 실내 온습도의 설정조건
③ 지붕재료 및 치수
④ 실내 발열기구의 사용시간 및 발열량

해설 ㉠ 냉방부하 : 실내취득열량, 외기부하, 기기부하, 재열부하
㉡ 난방부하 : 실내손실열량, 외기부하, 기기부하

10 다음 중 표면결로 발생 방지조건으로 틀린 것은?

① 실내측에 방습막을 부착한다.
② 다습한 외기를 도입하지 않는다.
③ 실내에서 발생되는 수증기량을 억제한다.
④ 공기와의 접촉면온도를 노점온도 이하로 유지한다.

해설 표면결로 발생 방지조건
㉠ 벽면을 가열하거나 단열한다.
㉡ 노점온도 이상으로 유지한다.
㉢ 2중유리를 설치한다.
㉣ 바닥온도를 높게 해 준다.
㉤ 강제로 온풍을 해 준다.

11 겨울철 외기조건이 2℃(DB), 50%(RH), 실내조건이 19℃(DB), 50%(RH)이다. 외기와 실내공기를 1:3으로 혼합할 경우 혼합공기의 최종온도(℃)는?

① 5.3
② 10.3
③ 14.8
④ 17.3

해설 $t_G = \dfrac{G_1 t_1 + G_2 t_2}{G_1 + G_2} = \dfrac{1 \times 2 + 3 \times 19}{1 + 3} ≒ 14.8℃$

12 다음 취득열량 중 잠열이 포함되지 않는 것은?

① 인체의 발열
② 조명기구의 발열
③ 외기의 취득열
④ 증기소독기의 발생열

해설 ㉠ 현열부하만 이용(수분이 없는 것) : 벽체로부터 취득열량, 유리로부터의 취득열량, 조명부하, 송풍기에 의한 취득열량, 덕트 열손실, 재열기의 취득열량

암기법 ➡ 벽체유리에 조명과 송풍을 하니 덕트에 재열이 난다.

㉡ 현열, 잠열 이용(수분이 있는 것) : 극간풍(틈새바람)에 의한 취득열량, 인체의 발생열, 실내기구(증기소독기) 발생열, 외기도입량

암기법 ➡ 틈새에 인체가 실내로 들어가 외기와 멀어진다.

13 온수난방방식의 분류에 해당되지 않는 것은?

① 복관식
② 건식
③ 상향식
④ 중력식

해설 ㉠ 순환방식 : 중력순환, 강제순환
㉡ 난방구배방식 : 상향식, 하향식
㉢ 단관 중력순환식, 복관 중력순환식, 강제순환식

정답 07. ① 08. ② 09. ① 10. ④ 11. ③ 12. ② 13. ②

14 다음 중 축류 취출구의 종류가 아닌 것은?

① 노즐형 ② 펑커루버
③ 베인격자형 ④ 팬형

해설 ㉠ 축류형 취출구 : 유니버설형(베인격자형과 그릴형), 노즐형, 펑커루버, 머시룸 디퓨저, 천장 슬롯형, 라인형 취출구(T라인 디퓨저, M라인 디퓨저, 브리지라인 디퓨저, 캄라인 디퓨저)
㉡ 복류형 취출구 : 아네모스탯형, 팬형

15 다음의 공기선도상에 수분의 증가 없이 가열 또는 냉각되는 경우를 나타낸 것은?

①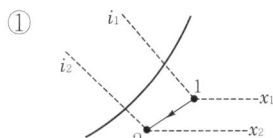

②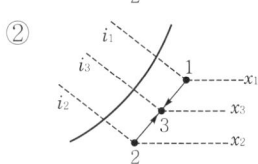

③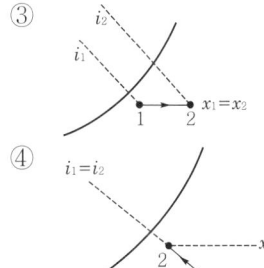

④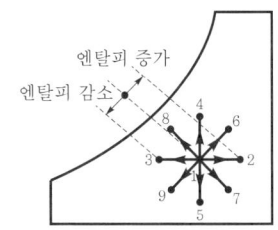

해설 습공기선도

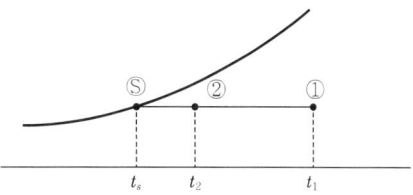

1→2 : 현열가열, 1→3 : 현열냉각, 1→4 : 가습, 1→5 : 감습, 1→6 : 가열가습, 1→7 : 가열감습, 1→8 : 냉각가습, 1→9 : 냉각감습

16 다음과 같은 공기선도상의 상태에서 CF(Contact Factor)를 나타내고 있는 것은?

① $\dfrac{t_1-t_2}{t_1-t_3}$ ② $\dfrac{t_1-t_2}{t_2-t_s}$

③ $\dfrac{t_2-t_s}{t_1-t_s}$ ④ $\dfrac{t_2-t_s}{t_1-t_2}$

해설 $CF=\dfrac{t_1-t_2}{t_1-t_3}$

★
17 대류난방과 비교하여 복사난방의 특징으로 틀린 것은?

① 환기 시에는 열손실이 크다.
② 실의 높이에 따른 온도편차가 크지 않다.
③ 하자가 발생하였을 때 위치확인이 곤란하다.
④ 열용량이 크므로 부하에 즉각적인 대응이 어렵다.

해설 복사난방
㉠ 환기 시에는 열손실이 적다.
㉡ 복사난방은 높이에 따른 실온의 변화가 적으므로 쾌적하다.
㉢ 하자 발생 시 위치확인이 곤란하다.
㉣ 부하에 즉각적인 대응이 어렵다.
㉤ 인체의 표면이 방열면에서 직접 열복사한다.
㉥ 실온이 낮아도 난방효과가 있다.
㉦ 열복사는 상당히 높은 천장의 난방도 가능하다.

18 덕트의 설계순서로 옳은 것은?

① 송풍량 결정→취출구 및 흡입구의 위치결정→덕트경로 결정→덕트치수 결정
② 취출구 및 흡입구의 위치결정→덕트경로 결정→덕트치수 결정→송풍량 결정
③ 송풍량 결정→취출구 및 흡입구의 위치결정→덕트치수 결정→덕트경로 결정
④ 취출구 및 흡입구의 위치결정→덕트치수 결정→덕트경로 결정→송풍량 결정

정답 14. ④ 15. ③ 16. ① 17. ① 18. ①

해설 **덕트의 설계순서** : 송풍량 결정→ 취출구 및 흡입구의 위치결정→ 덕트경로 결정→ 덕트치수 결정→ 송풍기 선정

19 난방설비에 관한 설명으로 옳은 것은?

① 온수난방은 온수의 현열과 잠열을 이용한 것이다.
② 온풍난방은 온풍의 현열과 잠열을 이용한 직접난방방식이다.
③ 증기난방은 증기의 현열을 이용한 대류난방이다.
④ 복사난방은 열원에서 나오는 복사에너지를 이용한 것이다.

해설 온수와 온풍난방은 현열을, 증기난방은 잠열을, 복사난방은 복사에너지를 이용한다.

20 다음 중 공기조화설비와 가장 거리가 먼 것은?

① 냉각탑   ② 보일러
③ 냉동기   ④ 압력탱크

해설 **공기조화설비**
㉠ 열원설비 : 냉동기, 보일러, 히트펌프, 흡수식 냉온수기
㉡ 열매운송설비 : 송풍기, 펌프, 덕트, 배관
㉢ 열교환설비 : 공기조화기, 열교환기, 냉각탑

제2과목 냉동공학

21 열이동에 대한 설명으로 틀린 것은?

① 서로 접하고 있는 물질의 구성분자 사이에 정지상태에서 에너지가 이동하는 현상을 열전도라 한다.
② 고온이 유체분자가 고체의 전열면까지 이동하여 열에너지를 전달하는 현상을 열대류라 한다.
③ 물체로부터 나오는 전자파형태로 열이 전달되는 전열작용을 열복사라 한다.
④ 열관류율이 클수록 단열재로 적당하다.

해설 열관류율, 열전달률, 열통과율, 열전도율 등 작을수록 단열재로 적당하다.

22 피스톤압출량이 500m³/h인 암모니아압축기가 다음 그림과 같은 조건으로 운전되고 있을 때 냉동능력(kW)은 얼마인가? (단, 체적효율은 0.68이다.)

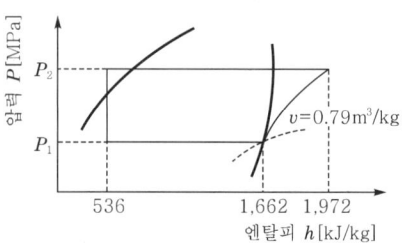

① 101.8   ② 134.6
③ 158.4   ④ 182.1

해설 **냉동능력**
㉠ 증발기 출구엔탈피=135.5−(105.5−104)=134kcal/kg
㉡ $N_{kW} = \dfrac{압출량}{비체적} \times 체적효율 \times \dfrac{엔탈비변화량}{기계효율 \times 압축효율}$
$= \dfrac{500}{0.79} \times 0.68 \times \dfrac{1,662-536}{3,600} ≒ 134.6 \text{kW}$

23 다음 조건을 참고하여 흡수식 냉동기의 성적계수는 얼마인가?

- 응축기 냉각열량 : 5.6kW
- 흡수기 냉각열량 : 7.0kW
- 재생기 가열량 : 5.8kW
- 증발기 냉동열량 : 6.7kW

① 0.88   ② 1.16
③ 1.34   ④ 1.52

해설 $COP = \dfrac{Q_E}{Q_G} = \dfrac{냉동능력}{재생기열량} = \dfrac{6.7}{5.8} ≒ 1.16$

24 노즐에서 압력 1,764kPa, 온도 300℃인 증기를 마찰이 없는 이상적인 단열유동으로 압력 196kPa까지 팽창시킬 때 증기의 최종속도(m/s)는? (단, 최초 속도는 매우 작아 무시하고, 입출구의 높이는 같으며, 단열열낙차는 442.3kJ/kg로 한다.)

① 912.1   ② 940.5
③ 946.4   ④ 963.3

정답 19. ④ 20. ④ 21. ④ 22. ② 23. ② 24. ②

해설 $V_2 = 44.7\sqrt{\Delta h} = 44.71\sqrt{442.3} \fallingdotseq 940.5\text{m/s}$

25 표준냉동사이클에 대한 설명으로 옳은 것은?

① 응축기에서 버리는 열량은 증발기에서 취하는 열량과 같다.
② 증기를 압축기에서 단열압축하면 압력과 온도가 높아진다.
③ 팽창밸브에서 팽창하는 냉매는 압력이 감소함과 동시에 열을 방출한다.
④ 증발기 내에서의 냉매증발온도는 그 압력에 대한 포화온도보다 낮다.

해설 증기를 압축기에서 단열압축($S=C$)하면
$\dfrac{T_2}{T_1} = \left(\dfrac{P_2}{P_1}\right)^{\frac{k-1}{k}}$ 이므로 압력과 온도가 높아진다.

26 다음 중 프레온계 냉동장치의 배관재료로 가장 적당한 것은?

① 철 ② 강
③ 동 ④ 마그네슘

해설 ㉠ 암모니아 냉매배관에는 철, 강을 사용한다.
㉡ 프레온 냉매배관에는 동, 동합금을 사용한다.

★
27 방열벽을 통해 실외에서 실내로 열이 전달될 때 실외측 열전달계수가 0.02093kW/m²·K, 실내측 열전달계수가 0.00814kW/m²·K, 방열벽두께가 0.2m, 열전도도가 5.8×10^{-5}kW/m·K일 때 총괄 열전달계수(kW/m²·K)는?

① 1.54×10^{-3} ② 2.77×10^{-4}
③ 4.82×10^{-4} ④ 5.04×10^{-3}

해설 $K = \dfrac{1}{R(\text{열저항})} = \dfrac{1}{\dfrac{1}{\alpha_o}+\dfrac{l_1}{\lambda_1}+\dfrac{1}{\alpha_i}}$
$= \dfrac{1}{\dfrac{1}{0.02093}+\dfrac{0.2}{5.8\times10^{-5}}+\dfrac{1}{0.00814}}$
$\fallingdotseq 2.77\times10^{-4}\text{kW/m}^2\cdot\text{K}$

28 냉장고의 증발기에 서리가 생기면 나타나는 현상으로 옳은 것은?

① 압축비 감소
② 소요동력 감소
③ 증발압력 감소
④ 냉장고 내부온도 감소

해설 증발기에서 서리가 생기면 증발압력이 감소되므로 압축비 증가, 소요동력 증가, 냉장고 내부온도가 상승한다.

★
29 콤파운드(compound)형 압축기를 사용한 냉동방식에 대한 설명으로 옳은 것은?

① 증발기가 2개 이상 있어서 각 증발기에 압축기를 연결하여 필요에 따라 다른 온도에서 냉매를 증발시킬 수 있는 방식
② 냉매를 한 가지만 쓰지 않고 두 가지 이상을 써서 각 냉매에 압축기를 설치하여 낮은 온도를 얻을 수 있게 하는 방식
③ 한쪽 냉동기의 증발기가 다른 쪽 냉동기의 응축기를 냉각시키도록 각각의 사이클에 독립된 압축기를 배열하는 방식
④ 동일한 냉매에 대해 1대의 압축기로 2단 압축을 하도록 하여 고압의 냉매를 사용하여 냉동을 수행하는 방식

해설 **콤파운드형 압축기** : 단단 압축기 2대의 기구를 1대의 구조물로 조립하여 2대의 압축기의 역할을 하도록 한 것으로 입구 및 토출구가 2개씩 있고 내부에서 2개조로 구분하고 있다. 즉 1대의 압축기 6기통 중 2기통이 고단측에 가고, 4기통은 저단측에 가는 것이 보통이다.

30 냉동효과에 관한 설명으로 옳은 것은?

① 냉동효과란 응축기에서 방출하는 열량을 의미한다.
② 냉동효과는 압축기의 출구엔탈피와 증발기의 입구엔탈피의 차를 이용하여 구할 수 있다.
③ 냉동효과는 팽창밸브 직전의 냉매액 온도가 높을수록 크며, 또 증발기에서 나오는 냉매 증기의 온도가 낮을수록 크다.
④ 냉매의 과냉각도를 증가시키면 냉동효과는 커진다.

정답 25. ② 26. ③ 27. ② 28. ③ 29. ④ 30. ④

해설 냉동효과란 단위중량(1kg)의 냉매가 증발기에서 흡수하는 열량으로 냉매의 과냉각도가 증가하면 냉동효과가 커진다.

31 일반적으로 대용량의 공조용 냉동기에 사용되는 터보식 냉동기의 냉동부하 변화에 따른 용량제어방식으로 가장 거리가 먼 것은?

① 압축기 회전수 가감법
② 흡입가이드베인조절법
③ 클리어런스 증대법
④ 흡입댐퍼조절법

해설 **용량제어방식**
㉠ 왕복동식 용량제어법 : 회전수 가감법, 클리어런스 증대법, 바이패스법, 언로더시스템법
㉡ 터보식(원심식) 용량제어법 : 회전수제어, 흡입배인제어, 흡입댐퍼제어, 바이패스제어, 냉각수량조절법, 디퓨저제어

★
32 냉매의 구비조건으로 틀린 것은?

① 동일한 냉동능력을 내는 경우에 소요동력이 적을 것
② 증발잠열이 크고 액체의 비열이 작을 것
③ 액상 및 기상의 점도는 낮고, 열전도도는 높을 것
④ 임계온도가 낮고, 응고온도는 높을 것

해설 **냉매의 구비조건**
㉠ 소요동력이 적을 것
㉡ 증발잠열이 크고 액체의 비열이 적을 것
㉢ 점성, 즉 점도는 낮으며 열전달률(열전도도)이 양호할 것(높을 것)
㉣ 임계온도가 높고 응고온도가 낮을 것
㉤ 전기저항이 크고 절연파괴를 일으키지 않을 것
㉥ 냉매가스의 용적(비체적)이 작을 것
㉦ 불활성일 것
㉧ 저온에 있어서도 대기압 이상의 압력에서 증발하고 비교적 저압에서 액화할 것

★
33 다음 중 증발온도가 저하되었을 때 감소되지 않는 것은? (단, 응축온도는 일정하다.)

① 압축비
② 냉동능력
③ 성적계수
④ 냉동효과

해설 증발온도가 저하되었을 때
㉠ 압축비가 저하되어 냉동능력이 격감한다.
㉡ 성능계수가 저하하므로 전력이 낭비되어 냉동된다.
㉢ 압축기에서 토출되는 가스의 온도가 높아진다.
㉣ 압축기가 소손될 염려가 있다.
㉤ 압축기가 뜨거워지므로 유온이 상승하여 기름이 산화되고 밸브가 고착되기 쉽다.

34 실제 기체가 이상기체의 상태식을 근사적으로 만족하는 경우는?

① 압력이 높고 온도가 낮을수록
② 압력이 높고 온도가 높을수록
③ 압력이 낮고 온도가 높을수록
④ 압력이 낮고 온도가 낮을수록

해설 실제 기체라도 압력이 충분히 낮고 온도가 높으면 아보가드로의 법칙을 근사적으로 적용할 수 있다.

35 터보압축기에서 속도에너지를 압력으로 변화시키는 역할을 하는 것은?

① 임펠러
② 베인
③ 증속기어
④ 스크루

해설 ㉠ 임펠러 : 모터의 회전에너지를 기체냉매에 운동에너지와 위치에너지로 변환한다. 임펠러를 통해 나온 기체냉매는 속도와 압력이 모두 증가한다.
㉡ 디퓨저 : 기체냉매의 운동에너지를 위치에너지로 변환하는 역할을 수행한다.

36 다음 압축기의 종류 중 압축방식이 다른 것은?

① 원심식 압축기
② 스크루압축기
③ 스크롤압축기
④ 왕복동식 압축기

해설 원심식 압축기(터보냉동기)는 원심식이고, 일반 압축기는 용적식이다.

37 표준냉동사이클에서 냉매액이 팽창밸브를 지날 때 상태량의 값이 일정한 것은?

① 엔트로피
② 엔탈피
③ 내부에너지
④ 온도

해설 냉동장치 내 팽창밸브를 통과한 냉매의 상태
  ㉠ 압력강하($P_1 > P_2$)
  ㉡ 온도강하($T_1 > T_2$)
  ㉢ 등엔탈피($h_1 = h_2$)
  ㉣ 엔트로피 증가($\Delta S > 0$)

38 암모니아냉동기에서 암모니아가 누설되는 곳에 페놀프탈레인시험지를 대면 어떤 색으로 변하는가?

① 적색   ② 청색
③ 갈색   ④ 백색

해설 암모니아냉매의 반응
  ㉠ 적색 리트머스시험지 : 청색
  ㉡ 유황초 : 백연 발생
  ㉢ 물+페놀프탈레인시험지 : 적색
  ㉣ 네슬러시약 : 소량일 때 황색, 다량일 때 자색

39 1RT(냉동톤)에 대한 설명으로 옳은 것은?

① 0℃ 물 1kg을 0℃ 얼음으로 만드는 데 24시간 동안 제거해야 할 열량
② 0℃ 물 1ton을 0℃ 얼음으로 만드는 데 24시간 동안 제거해야 할 열량
③ 0℃ 물 1kg을 0℃ 얼음으로 만드는 데 1시간 동안 제거해야 할 열량
④ 0℃ 물 1ton을 0℃ 얼음으로 만드는 데 1시간 동안 제거해야 할 열량

해설 1냉동톤(RT)이란 0℃의 물 1ton을 1일(24시간 동안) 0℃ 얼음으로 만들 때의 제거 열량을 말한다.
1RT=3,320kcal/h

★ 40 압축기 직경이 100mm, 행정이 850mm, 회전수 2,000 rpm, 기통수 4일 때 피스톤 배출량(m³/h)은?

① 3,204.4   ② 3,316.2
③ 3,458.8   ④ 3,567.1

해설 $V = ASNZ \times 60$
$= 단면적 \times 행정 \times 회전수 \times 기통수 \times 60$
$= \dfrac{\pi \times 0.1^2}{4} \times 0.85 \times 2,000 \times 4 \times 60 = 3,204 \text{m}^3/\text{h}$

제3과목 배관일반

41 다음 그림에서 ㉠과 ㉡의 명칭으로 바르게 설명된 것은?

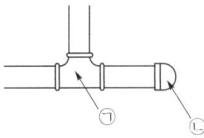

① ㉠ 크로스, ㉡ 트랩
② ㉠ 소켓, ㉡ 캡
③ ㉠ 90° Y티, ㉡ 트랩
④ ㉠ 티, ㉡ 캡

해설 ㉠ 관을 도중에서 분기할 때 : 티(T), 와이(Y), 크로스
  ㉡ 배관 끝을 막을 때 : 캡
  ㉢ 부속 끝을 막을 때 : 플러그

★ 42 냉온수배관을 시공할 때 고려해야 할 사항으로 옳은 것은?

① 열에 의한 온수의 체적팽창을 흡수하기 위해 신축이음을 한다.
② 기기와 관의 부식을 방지하기 위해 물을 자주 교체한다.
③ 열에 의한 배관의 신축을 흡수하기 위해 팽창관을 설치한다.
④ 공기체류 장소에는 공기빼기밸브를 설치한다.

해설 냉온수배관용 시공 시 고려사항
  ㉠ 온수의 체적팽창을 흡수하기 위해 팽창탱크를 설치한다.
  ㉡ 물이 농축되었을 경우만 교체된다.
  ㉢ 배관의 신축을 흡수하기 위해 신축이음을 한다.
  ㉣ 자동 공기빼기밸브는 배관에 (+)정압이 걸리는 부분에 설치한다.

★ 43 펌프에서 물을 압송하고 있을 때 발생하는 수격작용을 방지하기 위한 방법으로 틀린 것은?

① 급격한 밸브개폐는 피한다.
② 관내의 유속을 빠르게 한다.
③ 기구류 부근에 공기실을 설치한다.
④ 펌프에 플라이휠을 설치한다.

정답 38. ① 39. ② 40. ① 41. ④ 42. ④ 43. ②

해설 수격작용을 방지하는 방법
㉠ 에어챔버(공기실)를 설치하고 굴곡개소를 줄인다.
㉡ 관경을 크게 하고 유속을 낮춘다.
㉢ 밸브개폐는 천천히 한다.

44 수액기를 나온 냉매액은 팽창밸브를 통해 교축되어 저온·저압의 증발기로 공급된다. 팽창밸브의 종류가 아닌 것은?
① 온도식 ② 플로트식
③ 인젝터식 ④ 압력자동식

해설 팽창밸브의 종류 : 수동, 온도식, 정압식(압력자동식), 플로트식(부자식) 밸브 외에 모세관

★ 45 냉매배관 시공 시 유의사항으로 틀린 것은?
① 팽창밸브 부근에서의 배관길이는 가능한 한 짧게 한다.
② 지나친 압력강하를 방지한다.
③ 암모니아배관의 관이음에 쓰이는 패킹재료는 천연고무를 사용한다.
④ 두 개의 입상관 사용 시 트랩은 가능한 한 크게 한다.

해설 트랩부는 되도록 적게 하여 압축기 유면의 변동을 억제해야 한다.

46 일반도시가스사업 가스공급시설 중 배관설비를 건축물에 고정부착할 때 배관의 호칭지름이 13mm 이상 33mm 미만인 경우 몇 m마다 고정장치를 설치하여야 하는가?
① 1 ② 2
③ 3 ④ 5

해설 도시가스 배관 시 고정장치
㉠ 13A 미만 : 1m
㉡ 13A 이상 33A 미만 : 2m
㉢ 33A 이상 : 3m

47 냉매배관 중 액관은 어느 부분인가?
① 압축기와 응축기까지의 배관
② 증발기와 압축기까지의 배관
③ 응축기와 수액기까지의 배관
④ 팽창밸브와 압축기까지의 배관

해설 냉매배관 중 액관은 응축기 출구에서 수액기를 지나 팽창밸브 입구까지의 배관이다.

★ 48 배관길이가 200m, 관경 100mm의 배관 내 20℃의 물을 80℃로 상승시킬 경우 배관의 신축량(mm)은? (단, 강관의 선팽창계수는 11.5×10^{-6}m/m·℃이다.)
① 138 ② 13.8
③ 104 ④ 10.4

해설 $\Delta l = 11.5\times10^{-6}\times200\times1,000\times(80-20) = 138\text{mm}$

49 다음의 배관도시기호 중 유체의 종류와 기호의 연결로 틀린 것은?
① 공기 : A ② 수증기 : W
③ 가스 : G ④ 유류 : O

해설 유체의 종류와 기호
㉠ G : 가스
㉡ A : 공기
㉢ O : 오일
㉣ V : 증기
㉤ W : 물
㉥ S : 수증기

50 다음 중 신축이음쇠의 종류에 해당하지 않는 것은?
① 슬리브형 ② 벨로즈형
③ 루프형 ④ 턱걸이형

해설 신축이음쇠의 종류
㉠ 스위블형 : 방열기 주변 배관에 2개 이상의 엘보를 사용하여 이용하며 저압 사용
㉡ 슬리브형 : 보수가 용이한 곳(벽, 바닥용의 관통배관)
㉢ 벨로즈형 : 파형을 누수영향이 없음
㉣ 신축곡관형 : 고압에 잘 견디고 옥외배관에 적당

51 배관의 KS 도시기호 중 틀린 것은?
① 고압배관용 탄소강관 : SPPH
② 보일러 및 열교환기용 탄소강관 : STBH
③ 기계구조용 탄소강관 : SPTW
④ 압력배관용 탄소강관 : SPPS

해설 기계구조용 탄소강관 : STM

52 주철관에 관한 설명으로 틀린 것은?
① 압축강도, 인장강도가 크다.
② 내식성, 내마모성이 우수하다.
③ 충격치, 휨강도가 작다.
④ 보통 급수관, 배수관, 통기관에 사용된다.

해설
㉠ 주철관은 내식성, 내마모성이 우수하여 지하매설용 수도관으로 적당하다.
㉡ 압축강도가 크고 인장강도와 충격치 및 휨강도가 작다.

53 증기난방에서 환수주관을 보일러 수면보다 높은 위치에 설치하는 배관방식은?
① 습식환수관식
② 진공환수식
③ 강제순환식
④ 건식환수관식

해설
㉠ 건식환수관식 : 환수주관을 보일러 수면보다 높게 배관
㉡ 습식환수관식 : 환수주관을 보일러 수면보다 낮게 배관

★ 54 평면상의 변위뿐만 아니라 입체적인 변위까지도 안전하게 흡수하므로 어떤 형상의 신축에도 배관이 안전하며 증기, 물, 기름 등의 2.9MPa 압력과 220℃ 정도까지 사용할 수 있는 신축이음쇠는?
① 스위블형 신축이음쇠
② 슬리브형 신축이음쇠
③ 볼조인트형 신축이음쇠
④ 루프형 신축이음쇠

해설 볼조인트형(Ball joint type)
㉠ 설치공간이 작다.
㉡ 어떠한 형상의 신축에도 배관이 안전하다.
㉢ 2.94N/mm²(MPa)의 압력과 220℃ 온도까지 사용할 수 있다.

55 배수트랩의 봉수깊이로 가장 적당한 것은?
① 30~50mm
② 50~150mm
③ 100~150mm
④ 150~200mm

해설 배수트랩의 봉수깊이는 5~10cm(50~100mm) 정도가 이상적이다.

56 급탕배관에 관한 설명으로 틀린 것은?
① 건물의 벽관통 부분배관에는 슬리브(sleeve)를 끼운다.
② 공기빼기밸브를 설치한다.
③ 배관의 기울기는 중력순환식인 경우 보통 1/150으로 한다.
④ 직선배관 시에는 강관인 경우 보통 60m마다 1개의 신축이음쇠를 설치한다.

해설 동관은 20m마다, 강관은 30m마다 신축이음쇠를 설치한다.

★ 57 다음 중 공기가열기나 열교환기 등에서 다량의 응축수를 처리하는 경우에 가장 적합한 트랩은?
① 버킷트랩
② 플로트트랩
③ 온도조절식 트랩
④ 열역학적 트랩

해설 증기트랩
㉠ 기계식 트랩 : 바켓식, 플로트식(다량트랩)
㉡ 온도조절트랩 : 벨로즈식, 다이어프램식, 바이메탈식
㉢ 열역학적 트랩 : 디스크식, 오리피스식

58 배관이 바닥이나 벽을 관통할 때 설치하는 슬리브(sleeve)에 관한 설명으로 틀린 것은?
① 슬리브의 구경은 관통배관의 지름보다 충분히 크게 한다.
② 방수층을 관통할 때는 누수 방지를 위해 슬리브를 설치하지 않는다.
③ 슬리브를 설치하여 관을 교체하거나 수리할 때 용이하게 한다.
④ 슬리브를 설치하여 관의 신축에 대응할 수 있다.

해설 슬리브는 열팽창과 수축에 적용하고 관 교체 및 수리를 쉽도록 방수층에도 설치한다.

59 각개통기방식에서 트랩 위어(weir)로부터 통기관까지의 구배로 가장 적절한 것은?
① $\dfrac{1}{25} \sim \dfrac{1}{50}$
② $\dfrac{1}{50} \sim \dfrac{1}{100}$
③ $\dfrac{1}{100} \sim \dfrac{1}{150}$
④ $\dfrac{1}{150} \sim \dfrac{1}{200}$

정답 52. ① 53. ④ 54. ③ 55. ② 56. ④ 57. ② 58. ② 59. ②

해설 각개통기방식은 가장 이상적인 통기방식이다. 위생기구 1개마다 통기관 1개 설치(1:1), 관경 32A이며 트랩 위어로부터 통기관까지의 구배는 1/50~1/100이다.

60 다음 중 가스배관의 크기를 결정하는 요소로 가장 거리가 먼 것은?

① 관의 길이 ② 가스의 비중
③ 가스의 압력 ④ 가스기구의 종류

해설 가스배관의 크기 : $Q = K\sqrt{\dfrac{HD^5}{SL}}$ [m³/s]

여기서, K : 유량계수, S : 가스비중, D : 관의 내경, L : 관의 길이, H : 압력차

제4과목 전기제어공학

61 동작틈새가 가장 많은 조절계는?

① 비례동작 ② 2위치동작
③ 비례미분동작 ④ 비례적분동작

해설 **2위치동작** : ON-OFF동작이라고도 하며 동작틈새가 많은 조절계이다. 편차의 정부(+, -)에 따라 조작부를 전폐 전개한다.

62 목표값이 미리 정해진 시간적 변화를 하는 경우 제어량을 그것에 추종시키기 위한 제어는?

① 프로그램제어 ② 정치제어
③ 추종제어 ④ 비율제어

해설 **프로그램제어** : 목표치가 시간과 함께 미리 정해진 변화를 하는 제어로서 열처리의 온도제어, 열차의 무인운전, 엘리베이터 등이 여기에 속한다.

★
63 다음 회로에서 합성정전용량(F)의 값은?

① $C_0 = C_1 + C_2$ ② $C_0 = C_1 - C_2$
③ $C_0 = \dfrac{C_1 + C_2}{C_1 C_2}$ ④ $C_0 = \dfrac{C_1 C_2}{C_1 + C_2}$

해설 합성정전용량
㉠ 직렬접속 : $C_m = \dfrac{C_1 C_2}{C_1 + C_2}$
㉡ 병렬접속 : $C_0 = C_1 + C_2$

★
64 오픈루프전달함수가 $G(s) = \dfrac{1}{s(s^2+5s+6)}$ 인 단위궤환계에서 단위계단 입력을 가하였을 때의 잔류편차는?

① $\dfrac{5}{6}$ ② $\dfrac{6}{5}$
③ ∞ ④ 0

해설 단위계단함수를 $R(s) = \dfrac{1}{s}$ 이라 할 때

$$\therefore e_{ss} = \lim_{s \to 0} \dfrac{s}{1+G(s)} R(s) = \lim_{s \to 0} \dfrac{s}{1+G(s)} \dfrac{1}{s}$$

$$= \lim_{s \to 0} \dfrac{1}{1+G(s)} = \lim_{s \to 0} \dfrac{1}{1+\dfrac{1}{s(s^2+5s+6)}}$$

$$= \lim_{s \to 0} \dfrac{s(s^2+5s+6)}{s(s^2+5s+6)+1} = \dfrac{0}{1} = 0$$

★
65 시스템의 전달함수가 $T(s) = \dfrac{1,250}{s^2+150s+1,250}$ 으로 표현되는 2차 제어시스템의 고유주파수는 약 몇 rad/s인가?

① 35.36 ② 28.87
③ 25.62 ④ 20.83

해설 $\dfrac{C(s)}{G(s)} = \dfrac{\omega_n^2}{s^2+2\delta\omega_n s+\omega_n^2}$

$\therefore \omega_n = \sqrt{1,250} = 25\sqrt{2} \fallingdotseq 35.36 \text{rad/s}$

66 다음 중 유도전동기의 고정손에 해당하지 않는 것은?

① 1차 권선의 저항손
② 철손
③ 베어링마찰손
④ 풍손

해설 유도전동기의 고정손
㉠ 고정손 : 철손, 베어링마찰손, 브러시마찰손, 풍손
㉡ 직접부하손 : 1차 권선의 저항손, 2차 회로의 저항손, 브러시의 전기손
㉢ 표류부하손 : 고정손과 직접부하손 외 손실

정답 60. ④ 61. ② 62. ① 63. ④ 64. ④ 65. ① 66. ①

67 어떤 회로에 10A의 전류를 흘리기 위해서 300W의 전력이 필요하다면 이 회로의 저항(Ω)은 얼마인가?

① 3
② 10
③ 15
④ 30

해설 $P = IV = I^2R$

$\therefore R = \dfrac{P}{I^2} = \dfrac{300}{10^2} = 3\Omega$

68 다음 그림은 무엇을 나타낸 논리연산회로인가?

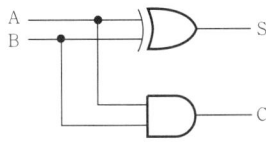

① HALF-ADDER회로
② FULL-ADDER회로
③ NAND회로
④ EXCLUSIVE OR회로

해설 반가산기(HALF-ADDER)회로는 2개의 입력부(A, B)와 2개의 출력부가 있으며 1개의 XOR Gate와 1개의 AND Gate로 구성된다.

69 계전기접점의 아크를 소거할 목적으로 사용되는 소자는?

① 바리스터(Varistor)
② 바렉터다이오드
③ 터널다이오드
④ 서미스터

해설 바리스터(Varistor)는 Variable Resistor의 약어로 인가전압에 따라 저항이 변하여 비직선적인 전압-전류특성을 나타내며 MOV(Metal Oxide Varistor), VDR(Voltage Dependent Resistor)로 불리기도 한다. 바리스터는 보호하고자 하는 부품이나 회로에 병렬로 연결하여 과도전압이 증가하면 낮은 저항회로를 형성하여 과도전압이 더 이상 상승하는 것을 막아준다.

70 블록선도에서 요소의 신호전달특성을 무엇이라 하는가?

① 가합요소
② 전달요소
③ 동작요소
④ 인출요소

해설 전달요소 : 블록선도에서 사각형 속에 표시하는 신호전달특성이다.

71 권선형 3상 유도전동기에서 2차 저항을 변화시켜 속도를 제어하는 경우 최대 토크는 어떻게 되는가?

① 최대 토크가 생기는 점의 슬립에 비례한다.
② 최대 토크가 생기는 점의 슬립에 반비례한다.
③ 2차 저항에만 비례한다.
④ 항상 일정하다.

해설 권선형 3상 유도전동기
㉠ 2차 저항를 변화해도 최대 토크는 변하지 않는다.
㉡ 최대 토크는 2차 저항 및 슬립과는 관계가 없다.

72 목표치가 정해져 있으며 입출력을 비교하여 신호전달경로가 반드시 폐루프를 이루고 있는 제어는?

① 조건제어
② 시퀀스제어
③ 피드백제어
④ 프로그램제어

해설 출력신호를 입력신호로 되돌려서 제어량의 목표값과 비교하여 정확한 제어가 가능하도록 한 제어계를 피드백제어계(feedback system) 또는 폐루프제어계(closed loop system)라 한다.

★
73 피드백제어의 특성에 관한 설명으로 틀린 것은?

① 정확성이 증가한다.
② 대역폭이 증가한다.
③ 계의 특성변화에 대한 입력 대 출력비의 감도가 증가한다.
④ 구조가 비교적 복잡하고 오픈루프에 비해 설치비가 많이 든다.

해설 피드백제어의 특성
㉠ 정확성 증가
㉡ 대역폭(감대폭) 증가
㉢ 계의 특성변화에 대한 입력 대 출력비의 감도 감소
㉣ 구조가 복잡하고 시설비 증가
㉤ 발진을 일으키고 불안정한 상태로 되어 가는 경향성
㉥ 비선형성과 외형에 대한 효과의 감소

정답 67. ① 68. ① 69. ① 70. ② 71. ④ 72. ③ 73. ③

74 다음 블록선도에서 전달함수 $\dfrac{C(s)}{R(s)}$ 는?

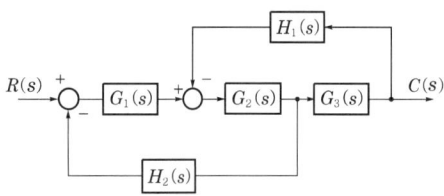

① $\dfrac{G_1(s)G_2(s)G_3(s)}{1+G_2(s)G_3(s)H_1(s)-G_1(s)G_2(s)H_2(s)}$

② $\dfrac{G_1(s)G_2(s)G_3(s)}{1+G_2(s)G_3(s)H_1(s)+G_1(s)G_2(s)H_2(s)}$

③ $\dfrac{G_1(s)G_2(s)G_3(s)H_1(s)}{1+G_2(s)G_3(s)H_1(s)+G_1(s)G_2(s)H_2(s)}$

④ $\dfrac{G_1(s)G_2(s)G_3(s)}{1+G_2(s)G_3(s)H_2(s)+G_1(s)G_2(s)H_1(s)}$

해설 $G(s) = \dfrac{C(s)}{R(s)} = \dfrac{경로}{1-폐로}$

$= \dfrac{G_1(s)G_2(s)G_3(s)}{1+G_2(s)G_3(s)H_1(s)+G_1(s)G_2(s)H_2(s)}$

75 다음 그림과 같은 유접점회로의 논리식과 논리회로 명칭으로 옳은 것은?

① X=A+B+C, OR회로
② X=A·B·C, AND회로
③ X=A·B·C, NOT회로
④ X=A+B+C, NOR회로

76 $R-L-C$ 직렬회로에서 소비전력이 최대가 되는 조건은?

① $wL - \dfrac{1}{wC} = 1$ ② $wL + \dfrac{1}{wC} = 0$

③ $wL + \dfrac{1}{wC} = 1$ ④ $wL - \dfrac{1}{wC} = 0$

해설 $R-L-C$ 직렬회로에서 소비전력이 최대되는 조건은 $XL = XC$, $wL = \dfrac{1}{wC}$, $wL - \dfrac{1}{wC} = 0$이다.

77 다음 그림의 신호흐름선도에서 $\dfrac{C(s)}{R(s)}$ 의 값은?

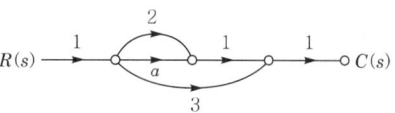

① $a+2$ ② $a+3$
③ $a+5$ ④ $a+6$

해설 $\dfrac{C(s)}{R(s)} = (1 \times a \times 1 \times 1) + (1 \times 2 \times 1 \times 1) + (1 \times 3 \times 1)$
$= a+5$

78 접지도체 P_1, P_2, P_3의 각 접지저항이 R_1, R_2, R_3이다. R_1의 접지저항(Ω)을 계산하는 식은? (단, $R_{12} = R_1 + R_2$, $R_{23} = R_2 + R_3$, $R_{31} = R_3 + R_1$이다.)

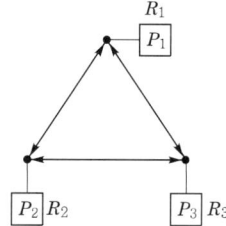

① $R_1 = \dfrac{1}{2}(R_{12} + R_{31} + R_{23})$

② $R_1 = \dfrac{1}{2}(R_{31} + R_{23} - R_{12})$

③ $R_1 = \dfrac{1}{2}(R_{12} - R_{31} + R_{23})$

④ $R_1 = \dfrac{1}{2}(R_{12} + R_{31} - R_{23})$

해설 접지저항

㉠ 3점법 : $R_{12} = R_1 + R_2$, $R_{23} = R_2 + R_3$, $R_{31} = R_3 + R_1$

㉡ $R_{12} = R_1 + R_2$과 $R_{31} = R_3 + R_1$을 더하면
$R_{12} + R_{31} = R_1 + R_2 + R_3 + R_1$
$= 2R_1 + R_2 + R_3 = 2R_1 + R_{23}$

㉢ R_1을 구하면
$R_{12} + R_{31} = 2R_1 + R_{23}$
$2R_1 = R_{12} + R_{31} - R_{23}$
$\therefore R_1 = \dfrac{1}{2}(R_{12} + R_{31} - R_{23})$

정답 74. ② 75. ② 76. ④ 77. ③ 78. ④

79 주파수 60Hz의 정현파교류에서 위상차 $\dfrac{\pi}{6}$[rad]은 약 몇 초의 시간차인가?

① 1×10^{-3}
② 1.4×10^{-3}
③ 2×10^{-3}
④ 2.4×10^{-3}

해설 $t = \dfrac{\theta}{w} = \dfrac{\frac{\pi}{6}}{2\pi f} = \dfrac{1}{12f} = \dfrac{1}{12 \times 60} ≒ 1.4 \times 10^{-3} \sec$

80 맥동주파수가 가장 많고 맥동률이 가장 적은 정류 방식은?

① 단상 반파정류
② 단상 브리지정류회로
③ 3상 반파정류
④ 3상 전파정류

해설 **맥동률크기** : 3상 전파정류(0.042)<3상 반파정류(0.183)<단상 전파정류(0.482)<단상 반파정류(1.21)

정답 79. ② 80. ④

MEMO

2023

과년도 기출복원문제

제1회 공조냉동기계산업기사

제2회 공조냉동기계산업기사

제3회 공조냉동기계산업기사

자주 출제되는 중요한 문제는 별표(★)로 강조했습니다.
마무리학습할 때 한 번 더 풀어보기를 권합니다.

Industrial Engineer
Air-Conditioning and Refrigerating Machinery

2023년 제1회 공조냉동기계산업기사

제1과목 공기조화설비

01 ★ 다음은 공기조화에서 사용되는 용어에 대한 단위, 정의를 나타낸 것으로 틀린 것은?

	단위	kg/kg′(DA)
절대습도	정의	건조한 공기 1kg 속에 포함되어 있는 습한 공기 중의 수증기량
수증기 분압	단위	P_v
	정의	습공기 중의 수증기분압
상대습도	단위	%
	정의	절대습도(x)와 동일 온도에서의 포화공기의 절대습도(x_s)와의 비
노점온도	단위	℃
	정의	습한 공기를 냉각시켜 포화상태로 될 때의 온도

① 절대습도 ② 수증기분압
③ 상대습도 ④ 노점온도

해설 공기조화용어
㉠ 절대습도
- 건조한 공기 $1m^3$ 중에 포함된 수증기의 양을 g으로 표시
- kg/kg′로 단위표시

㉡ 수증기분압
- 습공기 중의 수증기분압
- P_v[mmHg, atm, kgf/cm^2 등]로 표시

㉢ 상대습도
- 현재 대기 중에 포함되어 있는 수증기의 양과 그 온도에서의 포화수증기의 양과 비
- %로 단위표시
- 상대습도 = $\dfrac{증기밀도}{포화증기밀도}$

㉣ 노점온도
- 불포화상태의 공기가 냉각될 때 포화되어 응결이 시작되는 온도
- ℃로 단위표시

㉤ 건조공기분압 : P_a로 표시

02 다음 중 서로 올바르게 연결된 것은?
① 열통과율 : W/m^2 · K
② 열전달률 : W/m · K
③ 열전도율 : W/m^2 · K
④ 열관류저항 : m · K/W

해설 열 관련 단위
㉠ W/m^2 · K : 열전달률, 열통과율, 열관류율(=열전도율÷두께)
㉡ W/m · K : 열전도율(=열관류율×두께)
㉢ m^2 · K/W : 열관류저항, 열저항

03 보일러의 출력표시에서 난방부하와 급탕부하를 합한 용량으로 표시되는 것은?
① 과부하출력   ② 정격출력
③ 정미출력   ④ 상용출력

해설 보일러 출력표시
㉠ 정미출력=난방부하+급탕부하(적은 출력)
㉡ 상용출력=난방부하+급탕부하+배관부하=정미출력+배관부하, 통상 사용하는 부하에 배관손실(배관부하)를 고려한 것
㉢ 정격출력=난방부하+급탕부하+배관부하+예열부하=정미출력+배관부하+예열부하=상용출력+예열부하, 연속 운전 시 출력으로 상용출력의 1.25배 정도로 함
㉣ 과부하출력 : 운전 초기에 과부하가 발생하는 경우 정격출력보다 10~20% 증가

04 6인용 입원실이 100실인 병원의 입원실 전체 환기를 위한 최소 신선공기량은? (단, 외기 중 CO_2함유량은 0.0003m^3/m^3이고 실내CO_2의 허용농도는 0.1%, 재실자의 CO_2 발생량은 개인당 0.015m^3/h이다)
① 약 6,857m^3/h
② 약 8,857m^3/h
③ 약 10,857m^3/h
④ 약 12,857m^3/h

정답 01. ③ 02. ① 03. ③ 04. ④

해설
$$Q_o = \frac{M}{C_i - C_o}$$
$$= \frac{(6 \times 100) \times 0.015}{0.001 - 0.0003} = 12,857 \mathrm{m^3/h}$$

05 증기난방에 관한 설명으로 옳지 않은 것은?
① 증기잠열에 의해 공기를 가열하는 난방방식이다.
② 저압식은 증기의 사용압력이 보통 0.1~0.3MPa이고, 고압식은 증기의 사용압력이 보통 0.5~1.9MPa이다.
③ 증기난방은 열용량이 작아서 간헐난방에 적합하다.
④ 증기잠열을 이용하므로 열의 운반능력이 크다.

해설 증기난방
㉠ 저압식은 증기의 사용압력이 0.1MPa 미만인 경우이며 주로 10~35kPa인 증기를 사용한다(고압식 : 0.1MPa 이상).
㉡ 환수관의 배관법 : 건식 환수관식(환수주관을 보일러 수면보다 높게 배관), 습식 환수관식(환수주관을 보일러 수면보다 낮게 배관)
㉢ 열매온도가 높아 방열면적이 작아진다.
㉣ 예열시간이 짧고 동파 우려가 크다.
㉤ 부하변동에 따른 방열량의 제어가 곤란하다.
㉥ 운전을 정지시키면 관에 공기가 유입되므로 관의 부식이 빠르게 진행된다.

★
06 냉각탑에서 냉각수 입구온도 37℃, 냉각수 출구온도 32℃, 냉각탑 입구공기의 건구온도 33℃, 습구온도 27℃일 때 쿨링 레인지, 쿨링 어프로치, 냉각효율을 순서대로 바르게 나타낸 것은?
① 5℃, 4℃, 40% ② 5℃, 5℃, 50%
③ 6℃, 4℃, 40% ④ 6℃, 5℃, 50%

해설 ㉠ 쿨링 레인지=냉각수 입구온도-냉각수 출구온도
=37-32=5℃
㉡ 쿨링 어프로치=냉각수 출구온도-냉각탑 입구공기의 습구온도
=32-27=5℃
㉢ 냉각효율
$$= \frac{냉각수\ 입구온도 - 냉각수\ 출구온도}{냉각수\ 입구온도 - 냉각탑\ 입구공기의\ 습구온도}$$
$$= \frac{37-32}{37-27} = 0.5 = 50\%$$

07 축류취출구로 노즐을 분기덕트에 접속하여 급기를 취출하는 방식으로 구조가 간단하며 도달거리가 긴 것은?
① 팬커버 ② 아네모스탯형
③ 노즐형 ④ 캔형

해설 노즐형(nozzle diffuser)
㉠ 노즐을 분기덕트에 접속하여 급기를 토출한다.
㉡ 노즐은 구조가 간단하고, 도달거리가 길며, 다른 형식에 비해 소음이 적어 극장, 로비, 공장 등 큰 공간의 수직·수평의 취출에 적합하다.
㉢ 실내공간이 넓은 경우 벽면에 설치하고, 천장이 높은 경우 천장에 설치한다.

08 동일한 송풍기에서 회전수를 2배로 했을 경우 풍량, 정압, 소요동력의 변화에 대한 설명으로 옳은 것은?
① 풍량 1배, 정압 2배, 소요동력 2배
② 풍량 1배, 정압 2배, 소요동력 4배
③ 풍량 2배, 정압 4배, 소요동력 4배
④ 풍량 2배, 정압 4배, 소요동력 8배

해설 회전수에 따른 송풍기의 상사법칙
㉠ 풍량 : $\frac{Q_2}{Q_1} = \frac{N_2}{N_1} = \frac{2}{1} = 2$
㉡ 정압 : $\frac{P_2}{P_1} = \left(\frac{N_2}{N_1}\right)^2 = \left(\frac{2}{1}\right)^2 = 4$
㉢ 소요동력 : $\frac{L_2}{L_1} = \left(\frac{N_2}{N_1}\right)^3 = \left(\frac{2}{1}\right)^3 = 8$

참고 직경에 따른 송풍기의 상사법칙
• 풍량 : $\frac{Q_2}{Q_1} = \left(\frac{d_2}{d_1}\right)^3$
• 정압 : $\frac{P_2}{P_1} = \left(\frac{d_2}{d_1}\right)^2$
• 소요동력 : $\frac{L_2}{L_1} = \left(\frac{d_2}{d_1}\right)^5$

09 냉수코일의 설계법으로 틀린 것은?
① 공기흐름과 냉수흐름의 방향을 평행류로 하고 대수평균온도차를 작게 한다.
② 코일의 열수는 일반 공기냉각용에는 4~8열(列)이 많이 사용된다.
③ 냉수속도는 일반적으로 1m/s 전후로 한다.
④ 코일의 설치는 관이 수평으로 놓이게 한다.

정답 05. ② 06. ② 07. ③ 08. ④ 09. ①

해설 냉수코일 설계 시 공기와 물의 흐름을 대향류로 하고 대수평균온도차를 크게 한다.

10 외기의 온도가 −10℃이고 실내온도가 20℃이며 벽면적이 25m²일 때 실내의 열손실량(kW)은? (단, 벽체의 열관류율 10W/m² · K, 방위계수는 북향으로 1.2이다.)

① 7 ② 8
③ 9 ④ 10

해설 $q = aKA\Delta t = 1.2 \times 10 \times 25 \times [20-(-10)]$
$= 9,000W = 9kW$

★
11 덕트 설계 시 주의사항으로 틀린 것은?

① 덕트 내 풍속을 취득풍속 이하로 선정하여 소음, 송풍기 동력 등에 문제가 발생하지 않도록 한다.
② 덕트의 단면은 정방형이 좋으나, 그것이 어려울 경우 장방형인 종횡비로 하여 공기의 이동이 원활하게 한다.
③ 덕트의 확대부는 15° 이하로 하고, 축소부는 40° 이상으로 한다.
④ 곡관부는 가능한 한 크게 구부리며, 내측 곡률반경이 덕트폭보다 작을 경우는 가이드베인을 설치한다.

해설 **덕트 설계 시 주의사항**
㉠ 덕트의 풍속은 15m/s 이하, 정압 50mmAq 이하의 저속덕트를 이용하여 소음을 줄인다.
㉡ 아스펙트비(종횡비)는 최대 10:1 이하로 하고 가능한 6:1 이하(4:1도 가능)로 하며, 또한 일반적으로 3:2이고 한 변의 최소 길이는 15cm 정도로 제한한다.
㉢ 압력손실이 적은 덕트를 이용하며, 확대각도는 20° 이하(최대 30°), 축소각도는 45° 이하로 한다.
㉣ 곡률반지름이 작은 경우 또는 직각엘보를 사용하는 경우 내부에 가이드베인을 설치한다.
㉤ 덕트 내 풍속을 허용풍속 이하로 선정하여 소음, 송풍기 동력 등에 문제가 발생하지 않도록 한다.
㉥ 덕트의 단면은 정방형이 좋으나, 그것이 어려울 경우 적정 종횡비로 한다.
㉦ 취출구 또는 흡입구와 송풍기까지 가능한 짧게 설계한다.
㉧ 저항을 적게 하여 동력을 감소한다.
㉨ 고속덕트(15m/s 초과)는 필요에 따라 사용하고 가능한 저속으로 사용한다.

12 실내온도분포가 균일하여 쾌감도가 좋으며 화상의 염려가 없고 방을 개방하여도 난방효과가 있는 난방방식은?

① 증기난방 ② 온풍난방
③ 복사난방 ④ 대류난방

해설 **복사난방**
㉠ 높이에 따른 온도분포가 균등하고 난방효과가 쾌적하다.
㉡ 고온의 복사패널을 실내의 천장이나 벽 등에 설치하여 100~200℃ 정도의 고온수나 증기를 통하게 하여 난방한다.
㉢ 규모가 큰 공장 등 열소모가 비교적 큰 장소에 이용된다.
㉣ 복사열에 의한 난방이므로 쾌감도가 크다
㉤ 방을 개방하여도 난방효과가 있다.

13 수관식 보일러에 대한 설명으로 틀린 것은?

① 보일러의 전열면적이 넓어 증발량이 많다.
② 고압에 적당하다.
③ 비교적 자유롭게 전열면적을 넓힐 수 있다.
④ 구조가 간단하여 내부청소가 용이하다.

해설 **수관식 보일러**
㉠ 장점
  • 구조상 고압 및 대용량에 적합하다.
  • 보유수량이 적기 때문에 무게가 가볍고 파열 시 재해가 적다.
  • 전열면적이 작기 때문에 증발량이 많고 증기 발생에 소요시간이 매우 짧다.
  • 보일러수의 순환이 좋고 효율이 가장 높다.
㉡ 단점
  • 스케일로 인하여 수관이 과열되기 쉬우므로 수관리를 철저히 하여야 한다.
  • 전열면적에 비해 보유수량이 적기 때문에 부하변동에 대해서 압력변화가 크다.
  • 수위변동이 매우 심하여 수위조절이 다소 곤란하다.
  • 구조가 복잡하여 청소, 보수 등이 곤란하다.
  • 취급이 어려워 기술에 숙련을 요한다.
  • 제작과정이 복잡해 가격이 비싸다.

정답 10. ③ 11. ③ 12. ③ 13. ④

14 에어와셔 단열가습 시 포화효율은 어떻게 표시하는가? (단, 입구공기의 건구온도 t_1, 출구공기의 건구온도 t_2, 입구공기의 습구온도 t_{w1}, 출구공기의 습구온도 t_{w2}이다.)

① $\eta = \dfrac{t_1 - t_2}{t_2 - t_{w2}}$ ② $\eta = \dfrac{t_1 - t_2}{t_1 - t_{w1}}$

③ $\eta = \dfrac{t_2 - t_1}{t_{w2} - t_1}$ ④ $\eta = \dfrac{t_1 - t_{w1}}{t_2 - t_1}$

[해설] $\eta = \dfrac{\text{입구공기의 건구온도} - \text{출구공기의 건구온도}}{\text{입구공기의 건구온도} - \text{입구공기의 습구온도}}$

$= \dfrac{t_1 - t_2}{t_1 - t_{w1}}$

★ 15 건축구조체의 열통과율에 대한 설명으로 옳지 않은 것은?

① 구조체의 열전도율이 클수록 열통과율은 커진다.
② 표면의 열전달저항이 커지면 열통과율은 작아진다.
③ 풍속이 커지면 벽체의 열통과율은 작아진다.
④ 동일한 조건에서 벽체두께가 두꺼울수록 열저항은 높아진다.

[해설] 건축구조체의 열통과율
㉠ 풍속이 커지면 벽체의 열통과율은 커진다.
㉡ 수평구조의 경우 상향열류가 하향열류보다 열통과율이 커진다.
㉢ 함수율이 증가하면 열전도율도 커진다.
㉣ 열전달저항이 커지면 열통과율은 작아진다.
㉤ 구조체표면의 열전달 및 구조체 내 열전도율에 대한 열이동의 과정을 종합한 계수를 말한다.

16 270RT의 증기압축식 냉동기에서 냉수 입출구의 온도차가 5℃일 때 순환되는 냉수량(L/s)은 얼마인가? (단, 냉수의 밀도는 1,000kg/m³, 비열은 4.2kJ/kg·℃, 1RT=3.86kW이다.)

① 21.4   ② 46.5
③ 49.6   ④ 91.2

[해설] $Q_w = \dfrac{q_e}{\rho C \Delta t} = \dfrac{270 \times 3.86}{1 \times 4.2 \times 5} ≒ 49.6\text{L/s}$

17 온수난방에 대한 설명으로 옳지 않은 것은?

① 증기난방에 비해 낮은 쾌감도를 얻을 수 있다.
② 온수난방의 주이용열은 잠열이다.
③ 열용량이 커서 예열시간이 길다.
④ 온수의 온도에 따라 저온수식과 고온수식으로 분류한다.

[해설] 온수난방의 주이용열은 현열이다.

[참고] 온수난방
• 온수의 체적팽창을 고려하여 팽창탱크를 설치한다.
• 보일러가 정지하여도 실내온도의 급격한 강하가 적다.
• 난방부하에 따라 방열기에 공급되는 온수온도와 유량조절이 용이하다.
• 밀폐식일 경우 외기와 폐쇄되므로 개방식보다 부식이 적어 수명이 길다.
• 저온수난방에서 공급수의 온도는 100℃ 이하이다.
• 고온수난방의 경우 밀폐식 팽창탱크를 사용한다.
• 증기난방에 비하여 연료소비량이 적다.
• 예열부하가 거의 없으므로 기동시간(예열시간)이 짧다.

18 다음은 에어필터에 대한 설명이다. 옳지 않은 것은?

① 에어필터는 오염이 증가할수록 저항이 증가한다.
② 에어필터는 일반적으로 프리필터 → 미디움필터 → 헤파필터 순으로 설치한다.
③ 고성능(HEPA) 필터의 효율측정은 중량법을 적용한다.
④ 에어필터의 점검 및 교체주기를 확인하기 위해 차압계를 설치한다.

[해설] 고성능(HEPA) 필터의 효율측정은 계수법(DOP법)을 적용한다.

[참고] 공기여과기의 효율측정법
• 중량법 : 비교적 큰 입자를 대상으로 하며 필터에서 제거되는 먼지의 중량으로 결정한다.
• 비색법(변색도법, NBS법) : 비교적 작은 입자를 대상으로 하며 공기를 여과지에 통과시켜 그 오염도를 광전관으로 측정하는 것으로, 일반적으로 중성능 필터인 공조용 에어필터의 효율을 나타낼 때 사용한다.
• 계수법(DOP법) : 고성능(HEPA) 필터를 측정하는 방법으로 일정한 크기의 시험입자를 사용하여 먼지의 수를 계측하여 측정한다.

정답 14. ② 15. ③ 16. ③ 17. ② 18. ③

19 연도를 통과하는 배기가스에 분무수를 접촉시켜 공해물질을 흡수, 용해, 응축작용에 의해 불순물을 제거하는 집진장치는 무엇인가?

① 세정식 집진기
② 사이클론집진기
③ 공기주입식 집진기
④ 전기집진기

해설 집진장치
㉠ 중력식 집진장치
- 함진가스(먼지를 포함한 가스)를 넓은 침강실로 유입시켜 유속을 급격히 감소시킨다.
- 주로 입자가 크고 무거운 조대입자(대략 $50\mu m$ 이상) 제거에 효과적이다.

㉡ 관성력식 집진장치
- 함진가스의 흐름방향을 급격하게 변경시키면 가스보다 밀도가 큰 먼지입자는 관성에 의해 직진하려는 성질을 가진다.

㉢ 원심력식 집진장치
- 함진가스를 원통형 또는 원추형의 장치 내부로 접선방향으로 빠르게 유입시켜 선회류를 형성한다(예 : 사이클론).
- 벽에 도달한 먼지입자는 속도를 잃고 중력에 의해 하부의 집진함(호퍼)으로 떨어져 포집된다.

㉣ 세정식 집진장치
- 함진가스를 액체(세정액)와 다양한 방식으로 접촉시킨다(예 : 액체분무, 가스 통과, 충돌 등).
- 가스상 오염물질(예 : SOx, HCl)도 동시에 제거할 수 있다.
- 종류로는 벤투리 스크러버, 충전탑, 분무탑 등이 있다.

㉤ 여과식 집진장치(Fabric Filter)
- 함진가스를 여과포(백필터의 경우 천으로 된 자루)로 통과시킨다.
- 주기적으로 탈진(먼지 제거)과정(예 : 역기류, 진동, 충격파)이 필요하다.

㉥ 전기식 집진장치(ESP)
- 하전부 : 방전극(-)과 집진극(+) 사이에 고전압 직류를 공급하여 코로나 방전을 일으킨다. 이때 가스 중의 먼지입자는 음(-)으로 대전(하전)된다.
- 집진부 : 음으로 대전된 먼지입자는 정전기력에 의해 양(+)의 전하를 띤 집진극으로 이동하여 부착된다. 집진극에 부착된 먼지는 주기적인 충격(래핑)이나 세정 등으로 제거되어 하부 호퍼로 떨어진다.

20 냉방부하 계산 시 상당외기온도차를 이용하는 경우는?

① 유리창의 취득열량
② 내벽의 취득열량
③ 침입외기 취득열량
④ 외벽의 취득열량

해설 상당외기온도
㉠ 복사열의 흡수로 외기온도보다 높은 온도(축열계수를 곱함)
㉡ 상당외기온도차요소 : 태양일사량(계절과 시각과 방위에 따라), 흡수율, 표면열전달률, 외기온도, 실내온도
㉢ 상당외기온도차=(실외온도-실내온도)×축열계수(c)

제2과목 냉동냉장설비

21 일반 물(H_2O) 1kg을 0℃ 얼음으로 만들 때 동결잠열(kJ/kg)은 얼마인가?

① 79.68
② 333.7
③ 2,501
④ 2,257

해설 물의 잠열=$79.68 \times 4.187 ≒ 333.7 kJ/kg$

참고 1냉동톤 : 0℃의 물 1ton을 1일 동안에 0℃ 얼음으로 만들 때의 제거열량
1RT=13,900kJ/h

22 팽창밸브 개도가 냉동부하에 비하여 너무 작을 때 일어나는 현상으로 가장 거리가 먼 것은?

① 토출가스온도 상승
② 압축기 소비동력 감소
③ 냉매순환량 감소
④ 압축기 실린더 과열

해설 팽창밸브를 과도하게 닫았을 때(개도가 과소할 때)
㉠ 냉매순환량이 감소하여 압축기 흡입가스가 과열되고 토출 시 온도도 상승된다(체적효율 감소).
㉡ 압축비가 증가한다(압축기 과열, 냉동능력 감소).
㉢ 압력 강하로 증발압력과 증발온도가 저하한다.
㉣ 윤활유가 열화 및 탄화된다.

정답 19. ① 20. ④ 21. ② 22. ②

23 다음 냉매액 강제순환식 증발기에 대한 설명 중 옳은 것은?

① 냉매액을 강제 순환시키므로 냉각작용은 냉매의 현열을 이용한 것이다.
② 각 증발기 입구에 유량조절밸브를 설치하는 것은 액분배를 좋게 하기 위해서다.
③ 증발기는 항상 냉매액이 충만하여 있으므로 액압축이 일어나기 쉽다.
④ 냉매액펌프 출구의 냉매량은 증발기에서 증발하는 냉매량과 같다.

해설 강제순환식 증발기
㉠ 냉매액을 강제 순환시키므로 냉각작용은 냉매의 잠열을 이용한 것이다.
㉡ 각 증발기 입구에 유량조절밸브를 설치하는 것은 액분배를 좋게 하기 위해서다.
㉢ 냉매액펌프 출구의 냉매량은 증발기에서 증발하는 냉매량보다 4~8배 더 많다.
㉣ 냉매액이 충분한 속도로 순환되므로 타 증발기에 비해 전열이 좋다.
㉤ 일반적으로 설비가 복잡하며 대용량의 저온냉장실이나 급속동결장치에 사용한다.
㉥ 강제순환식이므로 증발기에 오일이 고일 염려가 적고 배관의 저항에 의한 압력 강하도 보강된다.
㉦ 저압수액기와 액펌프의 낙차는 1.2m 이상 되어야 한다.

24 냉동장치의 증발압력이 너무 낮은 원인으로 적당하지 않은 것은?

① 수액기 및 응축기에 냉매가 충만해 있다.
② 팽창밸브가 너무 조여 있다.
③ 증발기의 풍량이 부족하다.
④ 여과기가 막혀 있다.

해설 증발압력이 낮은 원인
㉠ 팽창밸브가 너무 조여 있다.
㉡ 증발기의 풍량이 부족하다.
㉢ 여과기가 막혀 있다.
㉣ 증발기에 제상이 생길 경우이다.
㉤ 증발압력조절밸브의 조정이 불량하다.
㉥ 냉매가 과다하다.

25 냉동사이클 중 $P-h$ 선도(압력-엔탈피선도)로 구할 수 없는 것은?

① 냉동능력   ② 성적계수
③ 냉매순환량   ④ 마찰계수

해설 $P-h$ 선도로 냉동능력, 성적계수, 냉매순환량, 압축비, 엔탈피, 엔트로피, 건조도 등을 구할 수 있다.

참고 $P-h$ 선도는 등압선, 등엔탈피선, 포화액선, 건포화증기선, 등온선, 등엔트로피선, 등비체적선, 등건조도선, 과냉각액구역, 습포화증기구역, 과열증기구역으로 구성되고 있다.

26 수냉식 응축기를 사용하는 냉동장치에서 응축압력이 표준압력보다 높게 되는 원인이라고 할 수 없는 것은?

① 공기 또는 불응축가스의 혼입
② 응축수 입구온도의 저하
③ 냉각수량의 부족
④ 응축기의 냉각관에 스케일 부착

해설 응축압력이 표준압력보다 높게 되는(상승) 원인
㉠ 불응축가스 혼입이나 응축기 압력 상승
㉡ 응축수온이 낮으면 응축온도와 압력 저하
㉢ 응축기 냉각수량 부족
㉣ 응축기 냉각관의 오염(스케일)

★ 27 흡수식 냉동기에 관한 설명으로 옳은 것은?

① 초저온용으로 사용된다.
② 비교적 소용량보다 대용량에 적합하다.
③ 열교환기를 설치하여도 효율은 변함없다.
④ 물-LiBr식인 경우 물이 흡수제가 된다.

해설 흡수식 냉동기
㉠ 비교적 소용량보다 대용량에 적합하다.
㉡ 압축기가 없어 운전 시 소음과 진동이 적다.
㉢ 전력수용량과 수전설비가 적다.
㉣ 자동제어가 쉽다.
㉤ 정격성능 도달속도가 느리다.
㉥ 용량제어의 범위가 넓어 폭넓은 제어가 가능하다.
㉦ 다양한 열원에서 사용 가능하다(LNG, LPG, 증기, 고온수, 폐열, 배기가스).
㉧ 연료비가 저렴해 운전비가 적게 든다.
㉨ 냉매-흡수제는 H_2O-LiBr, H_2O-LiCl, NH_3-H_2O 이다.
㉩ 부분부하에 대한 대응성이 좋다.

28 어떤 냉동장치의 계기압력이 저압은 60mmHg, 고압은 673kPa이었다면, 이때의 압축비는 얼마인가?

① 5.8   ② 6.0
③ 7.4   ④ 8.3

정답 23. ② 24. ① 25. ④ 26. ② 27. ② 28. ④

해설 $a = \dfrac{고압}{저압} = \dfrac{673+101.32}{\dfrac{760-60}{760} \times 101.32} ≒ 8.3$

29 다음 냉동기의 안전장치와 가장 거리가 먼 것은?

① 가용전 ② 안전밸브
③ 핫가스장치 ④ 고·저압차단스위치

해설 **냉동기의 안전장치**
㉠ 압축기 : 안전밸브, 안전두, 유압보호스위치
㉡ 기타 : 가용전, 파열판, 고·저압차단스위치

참고 • 핫가스장치 : 압축기에서 나온 고온냉매증기를 증발기로 보내어 냉각기의 서리를 녹이는 장치
• 가용전 : 고압측 응축기 또는 고압수액기에 설치하는 안전장치로, 작동온도는 약 75℃ 이하

30 "자연계에 어떤 변화도 남기지 않고 일정한 온도의 열을 계속해서 일로 변환시킬 수 있는 기관은 존재하지 않는다"를 의미하는 열역학법칙은?

① 열역학 제0법칙 ② 열역학 제1법칙
③ 열역학 제2법칙 ④ 열역학 제3법칙

해설 **열역학법칙**
㉠ 열역학 제0법칙 : 열평형의 법칙, 온도계의 원리
㉡ 열역학 제1법칙 : 에너지보존법칙, 제1종 영구기관의 존재를 부정하는 법칙, 일이 열로 열이 일로 변환 가능하다는 법칙
㉢ 열역학 제2법칙 : 비가역의 법칙, 엔트로피 증가의 법칙, 방향성의 법칙, 제2종 영구기관에 위배(제2종 영구기관을 부정하는 법칙)
㉣ 열역학 제3법칙 : 절대온도의 법칙(절대 0도에서 엔트로피값을 제공)

참고 • 제1종 영구기관
– 한 번만 작동시키면 더 이상의 에너지를 공급시키지 않고도 영원히 작동하는 가상기관
– 무에서 일을 발생하거나 질량 혹은 에너지를 창조하는 기관
• 제2종 영구기관
– 단 하나의 열원으로부터 흡수한 열을 모두 일로 바꿀 수 있는 열효율 100%의 가상기관
– 열원으로부터 받은 열을 모두 다른 에너지로 변환하는 기관
– 자연계에 어떠한 변화도 남기지 않고 일정 온도의 열을 계속해서 일로 변환시키는 기관
• 제3종 영구기관 : 마찰이 없어서 영구히 운전되되 아무런 일도 하지 않는 기관

31 냉동장치 내의 불응축가스가 혼입되었을 때 냉동장치의 운전에 미치는 영향으로 가장 거리가 먼 것은?

① 열교환작용을 방해하므로 응축압력이 낮아진다.
② 냉동능력이 감소한다.
③ 소비전력이 증가한다.
④ 실린더가 과열되고 윤활유가 열화 및 탄화된다.

해설 **공기(불응축가스)가 혼입되면 미치는 영향**
㉠ 고압측 압력(응축압력) 상승
㉡ 압축비 증대
㉢ 체적효율 감소
㉣ 냉매순환량 감소
㉤ 냉동능력 감소
㉥ 소비동력 증가
㉦ 실린더 과열
㉧ 응축기의 전열면적 감소로 전열불량
㉨ 토출가스온도 상승
㉩ 응축기의 응축온도 상승

32 R-502를 사용하는 냉동장치의 몰리에르선도가 다음과 같다. 이 장치의 실제 냉매순환량은 167kg/h이고, 전동기 출력이 3.5kW일 때 실제 성적계수는?

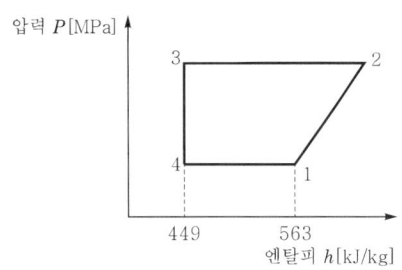

① 1.3 ② 1.4
③ 1.5 ④ 1.6

해설 ㉠ $m = \dfrac{Q_e (냉동능력)[kJ/h]}{q_e (냉동효과)[kJ/kg]} [kg/h]$

$167 = \dfrac{Q_e}{563-449}$

$\therefore Q_e = 19,038 kJ/h$

㉡ $COP = \dfrac{Q_e}{AW} = \dfrac{19,038}{3.5 \times 3,600} ≒ 1.5$

정답 29. ③ 30. ③ 31. ① 32. ③

33 다음 중 압축기의 냉동능력(kW)을 산출하는 식은? (단, V : 피스톤압출량(m³/min), v : 압축기 흡입 냉매증기의 비체적(m³/kg), q : 냉매의 냉동효과 (kJ/kg), η : 체적효율)

① $R = \dfrac{60vq\eta}{3,320V}$ ② $R = \dfrac{Vqv}{60\eta}$

③ $R = \dfrac{Vq\eta}{60v}$ ④ $R = \dfrac{Vq\eta}{v}$

해설 $R = Q_e = mq = \left(\dfrac{\dfrac{V}{60}\eta}{v}\right)q = \dfrac{V\eta q}{60v}$

★ 34 냉동장치의 운전에 관한 유의사항으로 틀린 것은?

① 운전휴지기간에는 냉매를 회수하고, 저압측의 압력은 대기압보다 낮은 상태로 유지한다.
② 운전 정지 중에는 오일리턴밸브를 차단시킨다.
③ 장시간 정지 시에는 누설 여부를 점검 후 기동시킨다.
④ 압축기를 기동시키기 전에 냉각수펌프를 기동시킨다.

해설 냉동장치 운전 시 유의사항
㉠ 운전휴지기간에는 펌프다운으로 냉매를 회수하고, 저압측의 압력은 대기압보다 약간 높게 유지한다.
㉡ 운전 정지 중에는 오일리턴밸브를 차단시킨다.
㉢ 장시간 정지 후 시동 시에는 누설 여부를 점검 후 기동시킨다.
㉣ 압축기를 기동시키기 전에 냉각수펌프를 기동시킨다.
㉤ 압축기에 액백(liquid back)현상이 일어나면 토출가스온도가 내려가고 구동전동기의 전류계 지시값이 변동한다.

★ 35 다음과 같이 운전되고 있는 냉동사이클의 성적계수는?

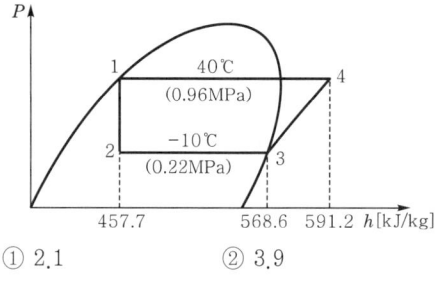

① 2.1   ② 3.9
③ 4.9   ④ 5.9

해설 $COP = \dfrac{Q_e}{AW} = \dfrac{h_3 - h_2}{h_4 - h_3} = \dfrac{568.6 - 457.7}{591.2 - 568.6} ≒ 4.9$

36 냉동장치의 압축기 피스톤압출량이 120m³/h, 압축기 소요동력이 1.1kW, 압축기 흡입가스의 비체적이 0.65m³/kg, 체적효율이 0.81일 때 냉매순환량은?

① 100kg/h   ② 150kg/h
③ 200kg/h   ④ 250kg/h

해설 $Q_e = mq_e$

$\therefore m = \dfrac{Q_e}{q_e} = \dfrac{V}{v}\eta_v = \dfrac{120}{0.65} \times 0.81 ≒ 150\text{kg/h}$

37 냉동용 스크루압축기에 대한 설명으로 틀린 것은?

① 왕복동식에 비해 체적효율과 단열효율이 높다.
② 스크루압축기의 로터와 축은 일체식으로 되어 있고, 구동은 수로터에 의해 이루어진다.
③ 스크루압축기의 로터구성은 다양하나 일반적으로 사용되고 있는 것은 수로터 4개, 암로터 4개인 것이다.
④ 흡입, 압축, 토출과정인 3행정으로 이루어진다.

해설 냉동용 스크루압축기의 치형은 '수로터의 잇수+암로터의 잇수'의 조합이 4+5, 4+6, 5+6, 5+7 Profile 등이 있다.

38 줄-톰슨효과와 관계가 가장 큰 것은?

① 자기냉각법   ② 액체공기
③ 흡수냉각   ④ 2원 냉동

해설 압축기체의 팽창에 의한 냉동법(공기압축식)은 기체를 단열팽창하면 온도와 압력이 떨어진다(줄-톰슨효과).

39 냉동장치 운전 중 주의해야 할 사항으로 옳지 않은 것은?

① 액을 흡입하지 않도록 주의한다.
② 압력계 및 전류계를 점검한다.
③ 이상음 및 진동 유무를 점검한다.
④ 오일의 오염 및 냉각수상태를 점검한다.

정답 33. ③ 34. ① 35. ③ 36. ② 37. ③ 38. ③ 39. ④

해설 오일의 오염 및 냉각수상태를 점검하는 것은 냉동기의 운전 전 준비사항이다.

40 몰리에르선도에서 건도(x)에 관한 설명으로 옳은 것은?

① 몰리에르선도의 포화액선상 건도는 1이다.
② 액체 70%, 증기 30%인 냉매의 건도는 0.7이다.
③ 건도는 습포화증기구역 내에서만 존재한다.
④ 건도는 과열증기 중 증기에 대한 포화액체의 양을 말한다.

해설 몰리에르선도의 건조도(x)
㉠ 습포화증기구역 내에서만 존재한다.
㉡ 포화액선상일 때 0이고, 포화증기선상일 때 1이 된다.
㉢ 액체 70%, 증기 30%인 냉매의 건조도는 0.30이다.

제3과목 공조냉동 설치·운영

41 ★ 기계설비법령에서 규정하고 있는 기계설비의 범위에 해당되지 않는 것은?

① 우수배수설비
② 플랜트설비
③ 가스설비
④ 오수정화·물재이용설비

해설 기계설비의 범위(기계설비법 시행령 [별표 1])
㉠ 열원설비 : 건축물 등에서 에너지를 이용하여 열매체를 가열, 냉각하기 위하여 설치된 기계·기구·배관 및 그 밖에 성능을 유지하기 위한 설비
㉡ 냉난방설비 : 건축물 등에서 일정한 실내온도 유지를 위하여 설치된 기계·기구·배관 및 그 밖에 성능을 유지하기 위한 설비
㉢ 공기조화·공기청정·환기설비 : 건축물 등에서 온도, 습도, 청정도, 기류 등을 조절하기 위하여 설치된 기계·기구·배관 및 그 밖에 성능을 유지하기 위한 설비
㉣ 위생기구·급수·급탕·오배수·통기설비 : 건축물 등에서 위생과 냉·온수 공급, 오배수, 오배수관 통기 등을 위하여 설치된 기계·기구·배관 및 그 밖에 성능을 유지하기 위한 설비
㉤ 오수정화·물재이용설비 : 건축물 등에서 오수를 정화하여 배출하거나 정화된 물을 재이용하기 위하여 설치된 기계·기구·배관 및 그 밖에 성능을 유지하기 위한 설비
㉥ 우수배수설비 : 건축물 등에서 빗물을 외부로 배출하기 위하여 설치된 기계·기구·배관 및 그 밖에 성능을 유지하기 위한 설비
㉦ 보온설비 : 건축물 등에 설치된 기계·기구·배관 및 그 밖에 성능을 유지하기 위한 설비의 보온, 보냉, 결로 및 동결 방지 등을 위하여 설치된 설비
㉧ 덕트(duct)설비 : 건축물 등에 설치된 기계·기구·배관 및 그 밖에 성능을 유지하기 위한 설비의 풍량 등을 조절하고 급·배기 및 환기 등을 위하여 설치된 설비
㉨ 자동제어설비 : 건축물 등에 설치된 기계·기구·배관 및 그 밖에 성능을 유지하기 위한 설비의 감시, 제어·관리 및 통제 등을 위하여 설치된 설비
㉩ 방음·방진·내진설비 : 건축물 등에 설치된 기계·기구·배관 및 그 밖에 성능을 유지하기 위한 설비의 소음, 진동, 전도 및 탈락 등을 방지하기 위하여 설치된 설비
㉪ 플랜트설비 : 건축물 등에서 생산물의 제조·생산·이송 및 저장이나 오염물질의 제거 및 저장 등을 위하여 설치된 기계·기구·배관 및 그 밖에 성능을 유지하기 위한 설비
㉫ 특수설비
  • 건축물 등에서 냉동·냉장, 항온·항습(온도와 습도를 일정하게 유지시키는 것), 특수청정(세균 또는 먼지 등을 제거하는 것), 생활폐기물 집하 및 이송, 전자파 차단 등을 위하여 설치된 기계·기구·배관 및 그 밖에 성능을 유지하기 위한 설비
  • 청정실(실내공간의 오염물질 등을 없애거나 줄이기 위하여 공기정화시설 등의 설비가 설치된 방), 자동창고(물건이 나가고 들어오는 모든 일을 컴퓨터가 자동적으로 제어하고 관리하는 창고), 집진기(먼지를 모으는 기기), 무대기계장치, 기송관(압축공기를 써서 물건을 운반하는 기계) 등의 설비와 그 설비를 위하여 설치된 기계·기구·배관 및 그 밖에 성능을 유지하기 위한 설비

42 급탕배관이 벽이나 바닥을 관통할 때 슬리브(sleeve)를 설치하는 이유로 가장 적절한 것은?

① 배관의 진동을 건물구조물에 전달되지 않도록 하기 위하여
② 배관의 중량을 건물구조물에 지지하기 위하여
③ 관의 신축이 자유롭고 배관의 교체나 수리를 편리하게 하기 위하여
④ 배관의 마찰저항을 감소시켜 온수의 순환을 균일하게 하기 위하여

정답 40. ③ 41. ③ 42. ③

해설 슬리브를 설치하는 이유는 관의 신축이 자유롭고 배관의 교체나 수리를 편리하게 하기 위함이다.

43 ★ 냉동용기에 표시된 각인기호 및 단위로써 틀린 것은?

① 냉동능력 : RT
② 원동기 소요전력 : kW
③ 최고사용압력 : DP
④ 내압시험압력 : AP

해설 **냉동기에 대한 표시(고압가스안전관리법 시행규칙 [별표 24])**
냉동기의 제조자 또는 수입자는 금속박판에 다음 사항을 각인하여 이를 냉동기의 보기 쉬운 곳에 떨어지지 아니하도록 부착할 것. 다만, 독성 가스 또는 가연성 가스가 아닌 냉매가스를 사용하는 것으로서 냉동능력이 20톤 미만인 경우에는 다음 사항이 인쇄된 표지를 부착할 수 있다.
㉠ 냉동기 제조자의 명칭 또는 약호
㉡ 냉매가스의 종류
㉢ 냉동능력(단위 : RT). 다만, 압력용기의 경우에는 내용적(단위 : L)을 표시하여야 한다.
㉣ 원동기 소요전력 및 전류(단위 : kW, A). 다만, 압축기의 경우에 한한다.
㉤ 제조번호
㉥ 검사에 합격한 연월(年月)
㉦ 내압시험압력(기호 : TP, 단위 : MPa)
㉧ 최고사용압력(기호 : DP, 단위 : MPa)

44 기계설비법령에 따라 선임된 기계설비유지관리자의 유지관리교육 중 신규교육의 교육시간은?

① 선임된 날부터 1개월 이내
② 선임된 날부터 2개월 이내
③ 선임된 날부터 3개월 이내
④ 선임된 날부터 6개월 이내

해설 **유지관리교육의 교육과정 및 교육과목 등(기계설비법 시행령 [별표 6])**

구분	신규교육	보수교육
대상자	법 제19조 제1항에 따라 선임된 기계설비유지관리자	법 제19조 제1항에 따라 신규교육을 이수하고 업무를 수행하고 있는 기계설비유지관리자
시기	선임된 날부터 6개월 이내	최근에 이수한 유지관리교육의 이수일부터 3년이 지난 날을 기준으로 3개월 이내

45 ★ 보온재를 유기질과 무기질로 구분할 때 다음 중 성질이 다른 하나는?

① 우모펠트
② 규조토
③ 탄산마그네슘
④ 슬래그섬유

해설 **보온재**
㉠ 무기질 보온재
• 규산칼슘 : 700℃
• 페라이트 : 650℃
• 규조토 : 525℃
• 석면 : 500℃
• 암면 : 450℃
• 글라스울(유리섬유) : 300℃
• 탄산마그네슘 : 250℃

암기법 → 무는 규산 페규석 암글탄

㉡ 유기질 보온재
• 삼여물 : 250℃
• 탄화코르크 : 130℃
• 텍스류 : 120℃
• 우모펠트 : 100℃
• 우레탄 : 80℃
• 경질폼라버(기포성 수지) : 80℃
• 루핑 : 60℃

암기법 → 유는 삼탄텍 우모 우경루

46 배관의 도중에 설치하여 유체 속에 흡입된 토사나 이물질 등을 제거하기 위해 설치하는 배관부품은?

① 트랩
② 유니언
③ 스트레이너
④ 플랜지

해설 **스트레이너**
㉠ 밸브 앞에 유체흐름의 방향에 따라 장착하여 여과시켜 토사나 이물질 등을 제거하기 위해 설치하는 장치
㉡ 여과기의 종류 : 형상에 따라 Y형, U형, V형 등
㉢ 여과기의 설치목적 : 관내 유체의 이물질을 제거하여 수량계, 펌프 등을 보호
㉣ U형 여과기 : 구조상 유체가 내부에서 직각으로 흐르게 됨으로써 Y형 스트레이너에 비해 유체에 대한 저항이 크나 보수가 점검 등에 매우 편리한 점이 있으므로 기름배관에 많이 사용함
㉤ V형 여과기 : 유체가 스트레이너 속을 직선적으로 흐르므로 Y형이나 U형에 비해 유속에 대한 저항이 적음

정답 43. ④ 44. ④ 45. ① 46. ③

47 펌프의 흡입배관 설치에 관한 설명으로 틀린 것은?
① 흡입관은 가급적 길이를 짧게 한다.
② 흡입관의 하중이 펌프에 직접 걸리지 않도록 한다.
③ 흡입관에는 펌프의 진동이나 관의 열팽창이 전달되지 않도록 신축이음을 한다.
④ 흡입수평관의 관경을 확대시키는 경우 동심 리듀서를 사용한다.

해설 흡입수평관의 관경을 확대시키는 경우 물이 고이지 않도록 편심리듀서를 사용한다.

48 다음 보온재의 사용온도범위로 옳지 않은 것은?
① 규산칼슘 : 650℃ 이하
② 우레아폼 : 100℃ 이하
③ 탄화코르크 : 200℃ 이상
④ 탄산마그네슘 : 250℃ 이하

해설 탄화코르크
㉠ 액체 및 기체를 쉽게 침투시키지 않아 보냉·보온재로 우수하다.
㉡ 냉수·냉매배관, 냉각기, 펌프 등의 보냉용에 주로 사용한다.
㉢ 300℃로 가열하여 만든 것으로, 굽힘성이 없어 곡면 시공에 사용하면 균열이 생긴다.
㉣ 안전사용온도 : 130℃ 이하(열전도율 0.047~0.057 W/m·℃)

49 난방, 급탕, 급수배관의 높은 곳에 설치되어 공기를 제거하여 유체의 흐름을 원활하게 하는 것은?
① 안전밸브
② 에어벤트밸브
③ 팽창밸브
④ 스톱밸브

해설 에어벤트밸브(공기빼기밸브)
㉠ 난방, 급탕, 급수배관의 높은 곳(공기체류장소)에 설치되어 공기를 제거하여 유체의 흐름을 원활하게 한다.
㉡ 자동공기빼기밸브는 배관에 정압(+)이 걸리는 부분에 설치한다.
㉢ 부득이 굴곡배관을 할 경우 그 장소에 고일 공기를 배제하여 온수의 흐름을 원활하게 한다.
㉣ 공기가 들어가는 것을 피할 수 없는 부분에 공기빼기밸브를 설치하도록 한다.
㉤ 조거형(ㄷ자형) 배관이 되어 공기가 괼 염려가 있을 때 부설한다.

50 다음 중 열역학적 트랩에 해당하는 것은?
① 디스크형 트랩
② 벨로즈식 트랩
③ 버킷트랩
④ 바이메탈식 트랩

해설 증기트랩의 종류
㉠ 증기와 응축수의 온도차 이용(온도조절식 트랩) : 바이메탈식, 벨로즈식
㉡ 증기와 응축수의 비중차 이용(기계식 트랩) : 플로트식, 버킷식
㉢ 증기의 열역학적 성질 이용(충격식, 열역학적 트랩) : 디스크식, 오리피스식

51 주철관의 이음방법이 아닌 것은?
① 소켓이음(socket joint)
② 플레어이음(flare joint)
③ 플랜지이음(flange joint)
④ 노허브이음(no-hub joint)

해설 플레어이음은 동관의 이음방법이다.
참고 주철관의 이음방법
• 소켓접합 : 납과 야안(코킹작업, 누수 방지)
• 플랜지접합 : 고무링과 플랜지 사용
• 기계식(메커니컬) 접합 : 소켓접합과 플랜지접합의 장점을 채택한 것(고무개스킷)
• 타이톤접합 : 소켓형에 고무링 사용
• 빅토릭접합 : 고무링과 주철칼라 이용

★
52 동관공작용 공구 중 직관에서 분기관을 성형할 경우 사용하는 공구는?
① 리머(Reamer)
② 티뽑기(Extractors)
③ 튜브벤더(Tube Bender)
④ 사이징툴(Sizing Tool)

해설 동관공작용 공구
㉠ 익스팬더 : 확관용
㉡ 사이징툴 : 관의 끝부분을 원형으로 정형
㉢ 플레어링툴세트 : 관의 끝을 나팔형으로 성형
㉣ 티뽑기세트 : 직관에서 분기관 성형
㉤ 커터 : 관 절단
㉥ 튜브벤더 : 관을 45도, 90도 등으로 구부리는 것
㉦ 리머 : 절단 후 생긴 거스러미 제거

정답 47. ④ 48. ③ 49. ② 50. ① 51. ② 52. ②

53 교류에서 실효값과 최댓값의 관계는?

① 실효값 = $\dfrac{최댓값}{\sqrt{2}}$

② 실효값 = $\dfrac{최댓값}{\sqrt{3}}$

③ 실효값 = $\dfrac{최댓값}{2}$

④ 실효값 = $\dfrac{최댓값}{3}$

해설 실효값(V)
㉠ 교류의 크기를 직류의 크기로 바꿔놓은 값
㉡ $V = \dfrac{V_m(최댓값)}{\sqrt{2}}$

54 제어기기에서 서보전동기는 어디에 속하는가?

① 검출기기 ② 조작기기
③ 변환기기 ④ 증폭기기

해설 서보전동기는 조작기기에 속한다.
참고 서보전동기
- 정·역운전이 가능하다.
- 크게 DC(직류)모터와 AC(교류)모터로 나눈다.
- 급가속 및 급감속이 용이하다.
- 속응성이 대단히 높다.

55 자동제어의 기본요소로서 전기식 조작기기에 속하는 것은?

① 다이어프램
② 벨로즈
③ 펄스전동기
④ 파일럿밸브

해설 조작기기의 종류
㉠ 전기식 : 전자밸브, 2상 서보전동기, 직류서보전동기, 펄스전동기
㉡ 기계식(공기식) : 클러치, 다이어프램밸브, 밸브포지셔너
㉢ 유압식 : 조작기(조작실린더, 조작피스톤 등)

56 절연저항을 측정하는 데 사용되는 것은?

① 후크 온 미터 ② 회로시험기
③ 메거 ④ 휘트스톤브리지

해설 ㉠ 메거(megger) : 1MΩ 이상의 고저항을 측정하고 절연저항 측정
㉡ 후크미터(클램프미터) : 전압을 인가하여 전동기가 동작하고 있는 동안에 교류전류 측정
㉢ 회로시험기(멀티미터) : 저항, 교류전류, 교류전압, 직류전류, 직류전압 측정
㉣ 휘트스톤브리지 : 저항 및 전기용량 측정
㉤ 캘빈브리지 : 저저항 측정
㉥ 저항계 : 일반 저항 측정

57 다음 그림과 같은 시퀀스제어회로가 나타내는 것은? (단, A와 B는 푸시버튼스위치, R은 전자접촉기, L은 램프이다.)

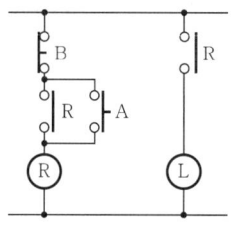

① 인터록 ② 자기유지
③ 지연회로 ④ NAND논리

해설 제시된 그림은 자기유지회로(정지 우선회로)로 푸시버튼(A)을 눌렀다 떼어도 ON으로 유지되는 회로이다.

★
58 피드백제어계의 특징으로 옳은 것은?

① 정확성이 떨어진다.
② 감대폭이 감소된다.
③ 계의 특성변화에 대한 입력 대 출력비의 감도가 감소한다.
④ 발진이 전혀 없고 항상 안정한 상태로 되어가는 경향이 있다.

해설 피드백제어
㉠ 정확성, 감대폭 증가
㉡ 계의 특성변화에 대한 입력 대 출력비의 감도 감소
㉢ 발진을 일으키고 불안정한 상태로 되어가는 경향성
㉣ 비선형과 외형에 대한 효과 감소
㉤ 구조가 복잡하고 시설비 증가
㉥ 품질 향상
㉦ 연료, 원료 및 동력 절감
㉧ 생산속도를 상승시켜 생산량 증대
㉨ 설비의 수명을 연장시킬 수 있고 생산원가 절감
㉩ 고도의 지식과 능숙한 기술 필요

정답 53. ① 54. ② 55. ③ 56. ③ 57. ② 58. ③

59 유도전동기의 고정손에 해당하지 않는 것은?

① 1차 권선의 저항손
② 철손
③ 베어링마찰손
④ 풍손

해설 유도전동기의 손실
㉠ 고정손 : 철손, 베어링마찰손, 브러시마찰손, 풍손
㉡ 직접부하손 : 1차 권선의 저항손, 2차 회로의 저항손, 브러시의 전기손
㉢ 표류부하손 : 고정손과 직접부하손 외 손실

60 콘덴서만의 회로에서 전압과 전류의 위상관계는?

① 전압이 전류보다 180도 앞선다.
② 전압이 전류보다 180도 뒤진다.
③ 전압이 전류보다 90도 앞선다.
④ 전압이 전류보다 90도 뒤진다.

해설 콘덴서회로는 전압이 전류보다 90도 뒤지고, 저항은 동위상이다.

참고 전압이 전류보다 90도 앞서는 것은 코일회로에 해당한다.

정답 59. ① 60. ④

2023년 제2회 공조냉동기계산업기사

제1과목 공기조화설비

01 공조방식 중 송풍온도를 일정하게 유지하고 부하변동에 따라서 송풍량을 변화시킴으로써 실온을 제어하는 방식은?

① 멀티존유닛방식   ② 이중덕트방식
③ 가변풍량방식   ④ 패키지유닛방식

해설 가변풍량방식(VAV)은 부하변동에 따라 송풍량이 변화 가능하며 부분부하 시 송풍기 동력을 절감할 수 있고 공기조화방식 중 에너지 절약에 가장 효과적이다.

02 코일의 통과풍량이 3,000m³/min이고 통과풍속이 2.5m/s일 때 냉수코일의 유효정면면적(m²)은 얼마인가?

① 20   ② 3.3
③ 0.33 ④ 0.28

해설 $A = \dfrac{풍량}{풍속 \times 60} = \dfrac{3,000}{2.5 \times 60} = 20\text{m}^2$

★
03 콘크리트두께 10cm, 내면 회벽두께 2cm의 벽체를 통하여 실내로 침입하는 열량(W)은? (단, 외기온도 30℃, 실내온도 26℃, 콘크리트의 열전도율 1.4W/m·℃, 회벽의 열전도율 0.62W/m·℃, 벽 외면의 열전달률 20W/m²·℃, 벽 내면의 열전달률 7W/m²·℃, 외벽의 면적 20m²이다.)

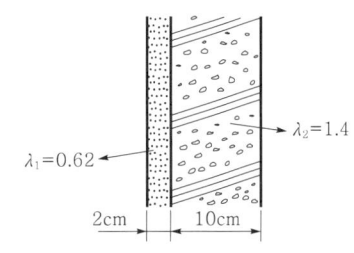

① 178.1   ② 269.8
③ 326.9   ④ 378.2

해설 ㉠ $R = \dfrac{1}{K}$

∴ $K = \dfrac{1}{R} = \dfrac{1}{\dfrac{1}{\alpha_o} + \sum \dfrac{l}{\lambda} + \dfrac{1}{\alpha_i}}$

$= \dfrac{1}{\dfrac{1}{20} + \dfrac{0.1}{1.4} + \dfrac{0.02}{0.62} + \dfrac{1}{7}}$

$= 3.372\text{W/m}\cdot\text{℃}$

㉡ $q = KA\Delta t_m = 3.372 \times 20 \times (30-26) ≒ 269.8\text{W}$

04 공기설비의 열회수장치인 전열교환기는 주로 무엇을 경감시키기 위한 장치인가?

① 실내부하   ② 외기부하
③ 조명부하   ④ 송풍기부하

해설 전열교환기
㉠ 외기와 배기 간의 열교환장치로, 현열과 동시에 잠열도 교환한다.
㉡ 종류에 회전식과 고정식이 있다.

05 실내취득열량 중 현열이 35kW일 때 실내온도를 26℃로 유지하기 위해 12.5℃의 공기를 송풍하고자 한다. 송풍량(m³/min)은? (단, 공기의 비열은 1.0kJ/kg·℃, 공기의 밀도는 1.2kg/m³로 한다.)

① 129.6   ② 154.3
③ 308.6   ④ 461.7

해설 $Q = \dfrac{60q}{C\rho\Delta t} = \dfrac{60 \times 35}{1.2 \times 1 \times (26-12.5)} ≒ 129.6\text{m}^3/\text{min}$

06 보일러 동체 내부의 중앙 하부에 파형 노통이 길이 방향으로 장착되며, 이 노통의 하부 좌우에 연관들을 갖춘 보일러는?

① 노통보일러
② 노통연관보일러
③ 연관보일러
④ 수관보일러

정답 01. ③ 02. ① 03. ② 04. ② 05. ① 06. ②

해설 보일러의 종류
㉠ 주철제보일러 : 섹셔널
㉡ 원통보일러 : 입형, 노통(코르니시, 랭커셔), 연관, 노통연관
㉢ 수관보일러 : 자연순환식, 강제순환식
㉣ 관류보일러 : 단관, 다관, 대형
㉤ 특수보일러 : 폐열, 특수연료, 특수열매체, 간접가열

07 복사냉난방방식에 관한 설명으로 틀린 것은?
① 실내수배관이 필요하며 결로의 우려가 있다.
② 실내에 방열기를 설치하지 않으므로 바닥이나 벽면을 유용하게 이용할 수 있다.
③ 조명이나 일사가 많은 방에 효과적이며 천장이 낮은 경우에만 적용된다.
④ 건물의 구조체가 파이프를 설치하여 여름에는 냉수, 겨울에는 온수로 냉난방을 하는 방식이다.

해설 복사냉난방방식
㉠ 실내수배관이 필요하며 결로의 우려가 있다.
㉡ 실내에 방열기를 설치하지 않으므로 바닥이나 벽면을 유용하게 이용할 수 있다.
㉢ 조명이나 일사가 많은 방에 효과적이다.
㉣ 건물의 구조체가 파이프를 설치하여 여름에는 냉수, 겨울에는 온수로 냉난방을 하는 방식이다.
㉤ 외기온도의 변화에 따라 실내의 온습도조절이 어렵다.
㉥ 방열기가 불필요하므로 가구배치가 용이하다.
㉦ 실내의 온도분포가 균등하다.
㉧ 복사열에 의한 난방이므로 쾌감도가 크다.

08 보일러의 능력을 나타내는 표시방법 중 가장 작은 값을 나타내는 출력은?
① 정격출력 ② 과부하출력
③ 정미출력 ④ 상용출력

해설 ① 정격출력=난방부하+급탕부하+배관부하+예열부하=정미출력+배관부하+예열부하=상용출력+예열부하, 연속 운전 시 출력으로 상용출력의 1.25배 정도로 함
② 과부하출력 : 운전 초기에 과부하가 발생하는 경우 정격출력보다 10~20% 증가
③ 정미출력=난방부하+급탕부하(적은 출력)
④ 상용출력=난방부하+급탕부하+배관부하=정미출력+배관부하, 통상 사용하는 부하에 배관손실(배관부하)를 고려한 것

★
09 다음의 송풍기에 대한 설명 중 ( ) 안에 알맞은 내용은?

> 동일 송풍기에서 정압은 회전수비의 (　)에 비례하고, 소요동력은 회전수비의 (　)에 비례한다.

① 1승, 3승
② 2승, 3승
③ 3승, 2승
④ 3승, 1승

해설 회전수에 따른 송풍기의 상사법칙
㉠ 풍량 : $\dfrac{Q_2}{Q_1} = \dfrac{N_2}{N_1}$
㉡ 정압 : $\dfrac{P_2}{P_1} = \left(\dfrac{N_2}{N_1}\right)^2$
㉢ 소요동력 : $\dfrac{L_2}{L_1} = \left(\dfrac{N_2}{N_1}\right)^3$

★
10 공기조화방식에서 변풍량방식에 사용되는 유닛(VAV unit) 중 풍량제어방식에 따라 구분할 때 공조기에서 오는 1차 공기의 분출에 의해 실내공기 2차 공기를 취출하는 방식은?
① 바이패스형
② 유인형
③ 슬롯형
④ 교축형

해설 유인유닛방식
㉠ 유인형 유닛은 교축형을 응용한 것으로 공조기에서 저온의 1차 공기를 공급하여 유닛에서 2차 공기를 유인하여 서로 혼합하여 실내에 토출한다.
㉡ 유인유닛으로 분출되는 1차 공기의 기류에 의해 실내공기를 유인하여 유닛의 코일을 통과시키는 방식으로 송풍량이 적어 외기냉방효과가 적다.
㉢ 각 유닛마다 제어가 가능하므로 개별실제어가 가능하다.
㉣ 감열부하에 대해 2차 유인공기를 가열, 냉각해서 대응한다.
㉤ 덕트 내의 소음을 줄이기 위해 플리넘체임버(plenum chamber)를 사용한다.
㉥ 잠열부하에 따른 조절이 불가능하다.
㉦ 온습도조절이 엄격한 곳에 부적합하다.
㉧ 동력배선이 필요 없다.

정답 07. ③ 08. ③ 09. ② 10. ②

11 공기 중의 수증기분압을 포화압력으로 하는 온도를 무엇이라 하는가?

① 건구온도
② 습구온도
③ 노점온도
④ 글로브(globe)온도

해설 노점온도(이슬점온도)
㉠ 불포화상태의 공기를 냉각하여 포화상태(상대습도 100%)가 되었을 때, 즉 수증기가 응축하기 시작할 때의 온도를 말한다.
㉡ 절대습도, 수증기분압, 노점온도의 선은 평행하다.
㉢ 습공기를 노점온도까지 냉각시킬 때 수증기분압과 절대습도는 변하지 않는다.

★
12 바이패스팩터에 관한 설명으로 옳지 않은 것은?

① 바이패스팩터는 공기조화기를 공기가 통과할 때 공기의 일부가 변화를 받지 않고 원상태로 지나쳐갈 때 이 공기량과 전체 통과공기량에 대한 비율을 나타낸 것이다.
② 공기조화기를 통과하는 풍속이 감소하면 바이패스팩터는 감소한다.
③ 공기조화기의 코일열수 및 코일표면적이 작을 때 바이패스팩터는 증가한다.
④ 공기조화기의 이용 가능한 전열표면적이 감소하면 바이패스팩터는 감소한다.

해설 바이패스팩터가 작아지는 경우
㉠ 송풍량이 적을 때
㉡ 전열면적(전열표면적)이 클 때
㉢ 코일열수가 많을(증가할) 때
㉣ 코일간격이 작을 때
㉤ 장치노점온도가 높을 때

★
13 냉수코일 설계 시 유의사항으로 옳은 것은?

① 대수평균온도차(LMTD)를 크게 하면 코일의 열수가 많아진다.
② 냉수의 속도는 2m/s 이상으로 하는 것이 바람직하다.
③ 코일을 통과하는 풍속은 2~3m/s가 경제적이다.
④ 물의 온도 상승은 일반적으로 15℃ 전후로 한다.

해설 냉수코일 설계 시 유의사항
㉠ 대수평균온도차(LMTD)가 클수록 열전달이 좋아져 코일의 열수가 적어진다.
㉡ 풍속 2~3m/s가 경제적이고 평균 2.5m/s로 한다.
㉢ 입출구온도차는 5℃ 전후로 한다.
㉣ 냉수속도 0.5~1.5m/s 정도이며 일반적으로 1m/s 전후로 한다.
㉤ 공기류와 수류의 방향은 역류가 되도록 한다.
㉥ 코일의 설치는 관이 수평으로 놓이게 한다.
㉦ 코일의 열수는 일반 공기냉각용에는 4~8열이 많이 사용된다.

14 결로현상에 관한 설명으로 틀린 것은?

① 공기의 노점온도보다 벽체표면온도가 낮을 때 수증기가 응축되어 결로가 발생한다.
② 결로 방지를 위하여 다습한 외기를 도입하도록 한다.
③ 결로 방지를 위하여 벽체에 방습막을 사용한다.
④ 노점온도 이하에서 결로가 발생하면 공기 중의 수증기분압은 상승한다.

해설 노점온도 이하에서 결로가 발생하면 공기 중의 수증기분압은 감소한다.

15 습공기를 단열가습하는 경우 열수분비(u)는 얼마인가?

① 0
② 1
③ 0.5
④ 무한대

해설 수분량의 변화가 없는 경우(∞) 엔탈피변화(dh)도 없으므로 열수분비(u)는 0이다(단열가습).

참고 $u = \dfrac{\text{엔탈피변화}}{\text{절대습도변화}} = \dfrac{dh}{dx}$

16 패널복사난방에 관한 설명 중 옳은 것은?

① 천장고가 낮고 외기침입이 없을 때 난방효과를 얻을 수 있다.
② 실내온도분포가 균등하고 쾌감도가 높다.
③ 증발잠열(기화열)을 이용하므로 열의 운반능력이 크다.
④ 대류난방에 비해 방열면적이 적다.

정답 11. ③ 12. ④ 13. ③ 14. ④ 15. ① 16. ②

해설 패널복사난방
㉠ 실내의 천장, 바닥, 벽 등에 가열코일(패널)을 매립하여 코일 내에 온수를 공급하여 복사열에 의해 난방하는 방식이다.
㉡ 실내온도분포가 균등하고 쾌감도가 높다.
㉢ 대류난방에 비해 방열면적이 크다.

17 복사냉방에 있어서 바닥패널의 온도로 가장 알맞은 것은?

① 95℃ 정도 ② 80℃ 정도
③ 55℃ 정도 ④ 30℃ 정도

해설 복사난방
㉠ 바닥패널
  • 거실 및 사무실 : 24~29℃
  • 욕실 및 현관 : 26~32℃
㉡ 벽패널 : 30~40℃
㉢ 천장패널 : 35~45℃

18 SMACNA공법에 의한 덕트의 세로방향 조임은 다음 중 어느 것인가?

① 드라이브슬립(drive slip)
② 스탠딩 'S'슬립(standing 'S' slip)
③ 스탠딩심(standing seam)
④ 더블심(double seam)

해설 SMACNA(Sheet Metal and Air Conditioning Contractor's National Association)공법
㉠ 세로방향 이음 : 버튼펀치스냅로크, 피치버그로크, 아크에로크, 더블심
㉡ 가로방향 이음 : 드라이브슬립, 스탠딩'S'슬립, 스탠딩심 등

19 불포화상태인 공기의 건구온도(t_1), 습구온도(t_2), 노점온도(t_3)의 관계를 맞게 표시한 것은?

① $t_1 > t_2 > t_3$
② $t_3 > t_2 > t_1$
③ $t_1 \geq t_2 \geq t_3$
④ $t_3 \geq t_2 \geq t_1$

해설 ㉠ 불포화상태 : 건구온도 > 습구온도 > 노점온도
㉡ 100% 포화상태 : 건구온도=습구온도=노점온도

20 건축구조체의 열통과율에 대한 설명으로 옳은 것은?

① 열통과율은 구조체표면의 열전달 및 구조체 내 열전도에 대한 열이동의 과정을 종합한 값을 말한다.
② 표면열전달이 커지면 열통과율이 커진다.
③ 수평구조체의 경우 상향열류가 하향열류보다 작다.
④ 각종 재료의 열전도율은 대부분 함수율이 증가하면 열전도율이 작아진다.

해설 건축구조체의 열통과율
㉠ 풍속이 커지면 벽체의 열통과율은 커진다.
㉡ 수평구조체의 경우 상향열류가 하향열류보다 열통과율이 커진다.
㉢ 함수율이 증가하면 열전도율도 커진다.
㉣ 열전달저항이 커지면 열통과율은 작아진다.
㉤ 구조체표면의 열전달 및 구조체 내 열전도율에 대한 열이동의 과정을 종합한 계수를 말한다.

제2과목 냉동냉장설비

★ 21 냉매의 구비조건으로 틀린 것은?

① 임계온도는 높고, 응고점은 낮아야 한다.
② 증발잠열과 기체의 비열은 작아야 한다.
③ 장치를 침식하지 않으며 절연내력이 커야 한다.
④ 점도와 표면장력이 작아야 한다.

해설 냉매의 구비조건
㉠ 냉매가스의 비체적(용적)이 적을 것
㉡ 대기압 이상의 압력에서 증발하고 비교적 저압에서 액화할 것
㉢ 임계온도가 높고 응고온도가 낮을 것
㉣ 증발잠열이 크고 비열비가 작을 것
㉤ 점성(점도)과 표면장력이 낮을 것
㉥ 부식성이 없고 안정성이 있을 것
㉦ 전기저항이 크고 절연파괴를 일으키지 않을 것
㉧ 불활성일 것
㉨ 액체의 비열이 적을 것
㉩ 열전달률(열전도도)이 양호할 것(높을 것)

정답 17. ④ 18. ④ 19. ① 20. ① 21 ②

22 액분리기(accumulator)로 분리된 냉매의 처리방법이 아닌 것은?

① 가열시켜 액을 증발시킨 후 응축기로 순환시키는 방법
② 증발기로 재순환시키는 방법
③ 가열시켜 액을 증발시킨 후 압축기로 순환시키는 방법
④ 고압측 수액기로 회수하는 방법

해설 **액분리기에서 분리된 냉매의 처리방법**
㉠ 가열시켜 액을 증발시키고 압축기로 회수한다.
㉡ 만액식 증발기의 경우에는 증발기에 재순환시켜 사용한다.
㉢ 소형장치에서 열교환기를 이용하여 압축기로 회수한다.
㉣ 액회수장치를 이용하여 고압수액기로 회수한다.

★
23 압축기의 체적효율에 대한 설명으로 옳은 것은?

① 이론적 피스톤압출량을 압축기 흡입 직전의 상태로 환산한 흡입가스량으로 나눈 값이다.
② 체적효율은 압축비가 증가하면 감소한다.
③ 동일 냉매 이용 시 체적효율은 항상 동일하다.
④ 피스톤 격간이 클수록 체적효율은 증가한다.

해설 **압축기의 체적효율이 커지는 경우**
㉠ 압축비가 작을수록
㉡ 틈새가 작을수록
㉢ 톱 클리어런스가 작을수록
㉣ 비열비가 적을수록
㉤ 흡입변시트에 누설이 작을수록
㉥ 흡입증기의 밀도가 작을수록

24 압축기의 흡입밸브 및 송출밸브에서 가스 누출이 있을 경우 일어나는 현상은?

① 압축일 감소   ② 체적효율 감소
③ 가스압력 상승 ④ 성적계수 증가

해설 **압축기 밸브의 가스 누출 시**
㉠ 체적효율 감소
㉡ 압축일 증대
㉢ 가스압력 감소
㉣ 성적계수 감소
㉤ 가스온도 상승

25 만액식 증발기의 특징으로 가장 거리가 먼 것은?

① 전열작용이 건식보다 나쁘다.
② 증발기 내에 액을 가득 채우기 위해 액면제어장치가 필요하다.
③ 액과 증기를 분리시키기 위해 액분리기를 설치한다.
④ 증발기 내에 오일이 고일 염려가 있으므로 프레온의 경우 유회수장치가 필요하다.

해설 만액식 증발기는 전열작용이 양호하다.
참고 **만액식 증발기**
• 냉매액이 많아 전열이 우수하고 액체의 냉각에 사용한다.
• 액을 가득 채우기 위해 액면제어장치가 필요하다.
• 리퀴드백(액백)을 방지하기 위해 액분리기를 설치한다.
• 프레온냉매에서는 기름이 냉매에 용해하는 것이 많기 때문에 증발온도가 상승하여 냉동능력이 감소된다.

26 진공압력 300mmHg를 절대압력으로 환산하면 약 얼마인가? (단, 대기압은 101.3kPa이다.)

① 48.7kPa   ② 55.4kPa
③ 61.3kPa   ④ 70.6kPa

해설 $P_h = P_o - P_g = 101.3 - \dfrac{300}{760} \times 101.3 = 61.31 \text{kPa}$

27 0℃와 100℃ 사이의 물을 열원으로 역카르노사이클로 작동되는 냉동기(ε_C)와 히트펌프(ε_H)의 성적계수는 각각 얼마인가?

① ε_C=1.00 ε_H=2.00
② ε_C=3.54 ε_H=4.54
③ ε_C=2.12 ε_H=3.12
④ ε_C=2.73 ε_H=3.73

해설 **성적계수**
㉠ 냉동기 : $\varepsilon_C = \dfrac{T_2}{T_1 - T_2}$

$= \dfrac{0+273}{(100+273)-(0+273)} = 2.73$

㉡ 히트펌프 : $\varepsilon_H = \varepsilon_C + 1 = 2.73 + 1 = 3.73$

정답 22. ① 23. ② 24. ② 25. ① 26. ③ 27. ④

28 25℃ 원수 1ton을 1일 동안에 −9℃의 얼음으로 만드는데 필요한 냉동능력은 몇 RT인가? (단, 외부열손실은 20%, 물의 비열은 4.2kJ/kg · K, 얼음의 비열은 2.1kJ/kg · K, 동결잠열은 334kJ/kg, 1RT= 3.86kW이다.)

① 1.65냉동톤(RT)
② 2.65냉동톤(RT)
③ 1.88냉동톤(RT)
④ 2.88냉동톤(RT)

해설 $RT = m(C_w \Delta t_w + \gamma + C_i \Delta t_i)(1 + 외부열손실)$

$= \dfrac{\frac{1,000}{24} \times [4.2 \times (25-0) + 334 + 2.1 \times (0-(-9))] \times (1+0.2)}{3,600 \times 3.86}$

$\fallingdotseq 1.65 RT$

29 냉동장치를 운전할 때 다음 중 가장 먼저 실시하여야 하는 것은?

① 응축기 냉각수펌프를 기동한다.
② 증발기 팬을 기동한다.
③ 압축기를 기동한다.
④ 압축기의 유압을 조정한다.

해설 냉동장치를 운전할 때 가장 먼저 응축기의 냉각수펌프를 기동한다.

30 냉동능력이 1RT인 냉동장치가 1kW의 압축동력을 필요로 할 때 응축기에서의 방열량(kW)은?

① 2.86   ② 3.86
③ 4.86   ④ 5.86

해설 방열량(Q_c)=냉동능력(Q_e)+압축기 소요동력(AW_c)
$= 1 \times 3.86 + 1 = 4.86 kW$

★
31 브라인의 구비조건으로 틀린 것은?

① 열용량이 크고 전열이 좋을 것
② 점성이 클 것
③ 빙점이 낮을 것
④ 부식성이 없을 것

해설 브라인의 구비조건
㉠ 열용량(비열)이 크고 전열이 좋을 것
㉡ 점성이 적당할 것
㉢ 빙점(동결온도)이 낮을 것
㉣ 금속에 대한 부식성이 적을 것
㉤ 열전도율(열전달율)이 클 것
㉥ 상변화가 잘 일어나지 않을 것
㉦ 불연성이며 독성이 없을 것
㉧ 응고점이 낮을 것

32 냉동장치의 운전 중 저압이 낮아질 때 일어나는 현상이 아닌 것은?

① 흡입가스 과열 및 압축비 증가
② 증발온도 저하 및 냉동능력 증대
③ 흡입가스의 비체적 증가
④ 성적계수 저하 및 냉매순환량 감소

해설 저압이 낮아질 때의 현상
㉠ 압축비 증가
㉡ 흡입가스 과열
㉢ 증발온도 저하
㉣ 냉동능력 감소
㉤ 흡입가스의 비체적 증가
㉥ 성적계수 저하
㉦ 냉매순환량 감소

★
33 이상기체의 압력이 0.5MPa, 온도가 150℃, 비체적이 0.4m³/kg일 때 가스상수(J/kg · K)는 얼마인가?

① 11.3   ② 47.28
③ 113   ④ 472.8

해설 $Pv = mRT$

$\therefore R = \dfrac{Pv}{mT} = \dfrac{500,000 N/m^2 \times 0.4}{273 + 150} \fallingdotseq 472.8 J/kg \cdot K$

이때 v가 비체적이므로 m은 생략 가능하다.

34 팽창밸브 직후 냉매의 건도가 0.2이다. 이 냉매의 증발열이 1,884kJ/kg이라 할 때 냉동효과(kJ/kg)는 얼마인가?

① 376.8   ② 1324.6
③ 1507.2   ④ 1804.3

해설 냉동효과=증발기 출구엔탈피−증발기 입구엔탈피
= 건도×(1−증발열)
= 1,884×(1−0.2) = 1507.2kJ/kg

정답 28. ① 29. ① 30. ③ 31. ② 32. ② 33. ④ 34. ③

35 어느 재료의 열통과율이 0.35W/m² · K, 외기와 벽면과의 열전달률이 20W/m² · K, 내부공기와 벽면과의 열전달률이 5.4W/m² · K이고 재료의 두께가 187mm일 때 이 재료의 열전도도는?

① 0.032W/m · K
② 0.056W/m · K
③ 0.067W/m · K
④ 0.072W/m · K

해설
$K = \dfrac{1}{\dfrac{1}{\alpha_i} + \dfrac{l}{\lambda} + \dfrac{1}{\alpha_o}}$ [W/m² · K]

$\therefore \lambda = \dfrac{l}{\dfrac{1}{K} - \left(\dfrac{1}{\alpha_i} + \dfrac{1}{\alpha_o}\right)} = \dfrac{0.187}{\dfrac{1}{0.35} - \left(\dfrac{1}{5.4} + \dfrac{1}{20}\right)}$

$≒ 0.072 \text{W/m} \cdot \text{K}$

36 냉동장치에서 액봉이 쉽게 발생되는 부분으로 가장 거리가 먼 것은?

① 액펌프방식의 펌프 출구와 증발기 사이의 배관
② 2단 압축 냉동장치의 중간냉각기에서 과냉각된 액관
③ 압축기에서 응축기로의 배관
④ 수액기에서 증발기로의 배관

해설 액봉이 쉽게 발생되는 부분
㉠ 액펌프방식의 펌프 출구과 증발기 사이의 배관
㉡ 2단 압축 냉동장치의 중간냉각기에서 과냉각된 액관
㉢ 수액기에서 증발기로의 배관

참고 액봉 방지를 위한 안전장치 : 파열판, 압력릴리프밸브, 압력도피장치

★
37 냉동장치의 저압차단스위치(LPS)에 관한 설명으로 맞는 것은?

① 유압이 저하했을 때 압축기를 정지시킨다.
② 토출압력이 저하했을 때 압축기를 정지시킨다.
③ 장치 내 압력이 일정 압력 이상이 되면 압력을 저하시켜 장치를 보호한다.
④ 흡입압력이 저하했을 때 압축기를 정지시킨다.

해설 저압차단스위치(Low Pressure Control Switch)
㉠ 압축기 흡입관에 설치하여 흡입압력이 일정 이하가 되면 전기적 접점이 떨어져 압축기를 정지시킨다.
㉡ 압축비 증대로 인한 악영향을 방지한다.

38 냉동장치 내의 불응축가스가 혼입되었을 때 냉동장치의 운전에 미치는 영향으로 가장 거리가 먼 것은?

① 열교환작용을 방해하므로 응축압력이 낮게 된다.
② 냉동능력이 감소한다.
③ 소비전력이 증가한다.
④ 실린더가 과열되고 윤활유가 열화 및 탄화된다.

해설 공기(불응축가스)가 혼입되면 미치는 영향
㉠ 고압측 압력 상승(응축압력)
㉡ 냉동능력 감소
㉢ 소비동력 증가
㉣ 실린더 과열
㉤ 윤활유 열화 및 탄화
㉥ 압축비 증대
㉦ 체적효율 감소
㉧ 냉매순환량 감소
㉨ 토출가스온도 상승
㉩ 응축기의 전열면적 감소로 전열불량
㉪ 응축기의 응축온도 상승

39 축열방식에서 축열재가 갖춰야 할 조건으로 가장 거리가 먼 것은?

① 열의 저장은 쉬워야 하나 열의 방출은 어려워야 한다.
② 취급하기 쉽고 가격이 저렴해야 한다.
③ 화학적으로 안정해야 한다.
④ 단위체적당 축열량이 많아야 한다.

해설 축열재의 구비조건
㉠ 열의 방출이 쉬울 것
㉡ 가격이 저렴할 것
㉢ 장기간 화학적으로 안정할 것
㉣ 융해열이 클 것
㉤ 과냉각이 작고 상분리를 일으키지 않을 것
㉥ 단위체적당 축열량이 많을 것

40 고온가스 제상(hot gas defrost)방식에 대한 설명으로 틀린 것은?

① 압축기의 고온·고압가스를 이용한다.
② 소형 냉동장치에 사용하면 언제라도 정상운전을 할 수 있다.
③ 비교적 설비하기가 용이하다.
④ 제상 소요시간이 비교적 짧다.

해설 고온가스 제상은 소형 냉동장치에 사용하려면 안전장치가 필요하다.

제3과목 공조냉동 설치·운영

41 기계설비법령에 따라 기계설비의 유지관리 및 점검을 위하여 필요한 유지관리기준으로 적합하지 않은 것은?

① 기계설비유지관리 및 점검에 대한 계획 수립
② 기계설비유지관리 및 점검의 종류, 항목, 방법 및 주기
③ 기계설비유지관리 및 점검참여자의 선발 및 근무형태
④ 기계설비유지관리 및 점검의 기록 및 문서보존방법

해설 기계설비법 시행규칙 제7조(기계설비유지관리기준의 내용 및 방법 등)
① 법 제16조 제1항에 따른 기계설비의 유지관리 및 점검을 위하여 필요한 유지관리기준(이하 "유지관리기준"이라 한다)에는 다음 각 호의 사항이 반영되어야 한다.
  1. 기계설비유지관리 및 점검에 대한 계획 수립
  2. 기계설비유지관리 및 점검참여자의 자격, 역할 및 업무내용
  3. 기계설비유지관리 및 점검의 종류, 항목, 방법 및 주기
  4. 기계설비유지관리 및 점검의 기록 및 문서보존방법
  5. 그 밖에 유지관리기준의 관리, 운영, 조사, 연구 및 개선업무에 관한 사항

42 기계설비법령에 따라 기계설비 발전 기본계획은 몇 년마다 수립·시행하여야 하는가?

① 1
② 2
③ 3
④ 5

해설 기계설비법 제5조(기계설비 발전 기본계획의 수립)
① 국토교통부장관은 기계설비산업의 육성과 기계설비의 효율적인 유지관리 및 성능 확보를 위하여 다음 각 호의 사항이 포함된 기계설비 발전 기본계획(이하 "기본계획"이라 한다)을 5년마다 수립·시행하여야 한다.
  1. 기계설비산업의 발전을 위한 시책의 기본방향
  2. 기계설비산업의 부문별 육성시책에 관한 사항
  3. 기계설비산업의 기반조성 및 창업지원에 관한 사항
  4. 기계설비의 안전 및 유지관리와 관련된 정책의 기본목표 및 추진방향
  5. 기계설비의 안전 및 유지관리를 위한 법령·제도의 마련 등 기반조성
  6. 기계설비기술자 등 기계설비 전문인력(이하 "전문인력"이라 한다)의 양성에 관한 사항
  7. 기계설비의 성능 및 기능 향상을 위한 사항
  8. 기계설비산업의 국제협력 및 해외시장진출지원에 관한 사항
  9. 기계설비기술의 연구개발 및 보급에 관한 사항
  10. 그 밖에 기계설비산업의 발전과 기계설비의 안전 및 유지관리를 위하여 대통령령으로 정하는 사항

43 냉동용 특정 설비 제조시설에서 냉동기 냉매설비에 대하여 실시하는 기밀시험압력의 기준으로 적합한 것은?

① 설계압력 이상의 압력
② 사용압력 이상의 압력
③ 설계압력의 1.5배 이상의 압력
④ 사용압력의 1.5배 이상의 압력

해설 냉동기 냉매설비의 실시압력기준
  ㉠ 기밀시험압력 : 설계압력 이상의 압력
  ㉡ 내압시험압력 : 설계압력의 1.3배(단, 공기 또는 질소 등의 기체를 사용할 경우에는 1.1배)

44 관경 50A인 강관을 수평주관으로 시공할 때 지지간격으로 가장 적절한 것은?

① 1.8m 이내
② 2.0m 이내
③ 3.0m 이내
④ 4.0m 이내

정답 40. ② 41. ③ 42. ④ 43. ① 44. ③

해설 지지간격

관지름	지지간격	관지름	지지간격
20A 이하	1.8m	90~150A	4.0m
25~40A	2.0m	200~300A	5.0m
50~80A	3.0m		

45 ★ 배수관의 설치기준에 대한 내용으로 틀린 것은?

① 배수관의 최소 관경은 20mm 이상으로 한다.
② 지중에 매설하는 배수관의 관경은 50mm 이상이 좋다.
③ 배수관은 배수가 흐르는 방향으로 관경을 축소해서는 안 된다.
④ 기구배수관의 관경은 이것에 접속하는 위생기구의 트랩구경 이상으로 한다.

해설 배수관의 설치기준
㉠ 배수관의 최소 관지름은 32mm 이상으로 한다.
㉡ 지중, 지하층 바닥에 매설하는 배수관은 50mm 이상으로 한다.
㉢ 배수관은 하류방향으로 갈수록 관의 지름을 크게 설계한다.
㉣ 기구배수관의 관경은 이것에 접속하는 위생기구의 트랩구경 이상으로 하되 최소 30mm로 한다.
㉤ 배수수직관의 관경은 이것과 접속하는 배수수평지관의 최대 관경 이상으로 한다.
㉥ 배수수평지관의 관경은 이것과 접속하는 기구배수관의 최대 관경 이상으로 한다.

46 보온재에 관한 설명으로 틀린 것은?

① 무기질 보온재료는 암면, 유리면 등이 사용된다.
② 탄산마그네슘은 250℃ 이하의 파이프 보온용으로 사용된다.
③ 광명단은 밀착력이 강한 유기질 보온재이다.
④ 우모펠트는 곡면 시공에 매우 편리하다.

해설 광명단은 보온재가 아니라 부식 방지를 위한 밑칠용 페인트이다.

47 지름 40mm인 파이프에 매분 1.2m³의 물을 공급하려고 한다. 물의 속도(m/s)를 약 얼마로 해야 하는가?

① 8.7   ② 12.4
③ 15.9 ④ 17.6

해설
$$V = \frac{4Q}{\pi D^2} = \frac{4 \times \frac{1.2}{60}}{\pi \times 0.04^2} ≒ 15.9 \text{m/s}$$

48 다음 중 급수관경을 결정하는 방법에 대한 설명으로 잘못된 것은?

① 급수관의 관경을 결정할 때 위생기구의 종류나 사용유량, 수압이나 속도 등을 고려해야 한다.
② 급수배관 지관의 관경 결정 시 급수관 균등분포와 기구의 동시사용률을 이용하여 결정한다.
③ 급수배관 본관의 관경 결정 시 급수부하단위를 이용하여 유량선도에서 구한다.
④ 유량선도에서 관경을 구할 때 허용마찰손실(kPa/m)을 크게 할수록 관경은 작아진다.

해설 급수관경 결정방법
㉠ 유량선도를 이용할 때 허용마찰손실이 작을수록 관경이 작아진다.
㉡ 실제로는 유량, 압력, 유속, 재료 등 다양한 요소를 종합적으로 고려하여 결정해야 한다.

49 배관이 바닥이나 벽 등을 관통할 때 슬리브를 사용하는 이유에서 가장 적당한 것은?

① 방진을 위하여
② 신축 흡수 및 수리를 용이하게 하기 위하여
③ 방수를 위하여
④ 수직작용을 방지하기 위하여

해설 슬리브는 신축 흡수, 점검, 보수, 교체를 용이하게 하기 위해 사용한다.

50 고가탱크 급수방식의 특징에 관한 설명으로 틀린 것은?

① 항상 일정한 수압으로 급수할 수 있다.
② 수압의 과다에 따른 밸브류 등 배관 부속품의 파손이 적다.
③ 취급이 비교적 간단하고 고장이 적다.
④ 탱크는 기밀 제작이므로 값이 싸진다.

해설 고가탱크(옥상탱크) 급수방식의 탱크는 기밀 제작이 아니고 개방식이다.

정답 45. ① 46. ③ 47. ③ 48. ④ 49. ② 50. ④

51 다음 중 엘보를 용접이음으로 나타낸 기호는?

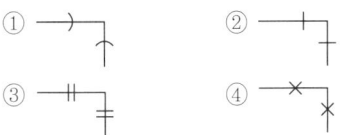

해설 ① 소켓이음, ② 나사이음, ③ 플랜지이음

52 공기의 흐름방향을 조절할 수 있으나 풍량은 조절할 수 없고 환기용 흡입구나 배기구로 사용되는 것은?

① 그릴(grilles)
② 디퓨저(diffusers)
③ 레지스터(registers)
④ 아네모스탯(anemostat)

해설 ㉠ 그릴(grilles) : 공기의 흐름방향을 조절할 수 있으나 풍량은 조절할 수 없고 환기용 흡입구나 배기구로 사용
㉡ 디퓨저 : 터보냉동기에서 속도에너지를 압력에너지로 변환하는 장치
㉢ 아네모스탯 : 천장에 부착하는 분출구로서 확산반경이 크고 도달거리가 짧음

53 3상 유도전동기의 회전방향을 바꾸기 위한 방법으로 옳은 것은?

① Δ-Y결선으로 변경한다.
② 회전자를 수동으로 역회전시켜 기동한다.
③ 3선을 차례대로 바꾸어 연결한다.
④ 3상 전원 중 2선의 접속을 바꾼다.

해설 3상 유도전동기의 회전방향을 바꾸려면 전원 3선 중 2선의 접속을 바꾼다.

★
54 전기히터의 온도를 1,000℃로 일정하게 유지하기 위하여 열전온도계의 지시값을 보면서 전압조정기로 전기로에 대한 인가전압을 조절하는 장치가 있다. 이 경우 열전온도계는 다음 중 어느 것에 해당하는가?

① 조작부
② 검출부
③ 제어량
④ 조작량

해설 ㉠ 검출부 : 열전온도계
㉡ 제어량 : 온도
㉢ 제어대상 : 전기로
㉣ 목표값 : 1,000℃

참고 피드백제어계의 용어
• 제어대상 : 제어의 대상으로 제어하려고 하는 기계의 전체 또는 그 일부분
• 제어장치 : 제어를 하기 위해 제어대상에 부착되는 장치로 조절부, 설정부, 검출부 등이 해당
• 제어요소 : 동작신호를 조작량으로 변화하는 요소로 조절부와 조작부로 구성
• 제어량 : 제어대상에 속하는 양, 제어대상을 제어하는 것을 목적으로 하는 물리적인 양
• 목표값 : 제어량이 어떤 값을 목표로 정하도록 외부에서 주어지는 값
• 기준입력 : 제어계를 동작시키는 기준으로 직접 제어계에 가해지는 신호
• 기준입력요소 : 되먹임요소와 비교하여 사용, 즉 목표값에 비례하는 신호 발생
• 외란 : 제어량의 변화를 일으키는 신호로 변환하는 장치
• 검출부 : 제어대상으로부터 제어에 필요한 신호를 인출하는 부분
• 조절 : 설정부, 조절부 및 비교부를 합친 것
• 조절부 : 제어계가 작용을 하는데 필요한 신호를 만들어 조작부에 보내는 부분
• 비교부 : 목표값과 제어량의 신호를 비교하여 제어동작에 필요한 신호를 만들어내는 부분
• 조작량 : 제어요소가 제어대상에 주는 양(제어대상에 가한 신호)
• 편차검출기 : 궤환요소가 변환기로 구성되고 입력에도 변환기가 필요할 때에 제어계의 일부

55 최대 눈금 10mA, 내부저항 6Ω의 전류계로 40mA의 전류를 측정하려면 분류기의 저항은 몇 Ω인가?

① 2
② 20
③ 40
④ 400

해설 최대 전류 = 전류계 전류 × $\dfrac{분류기\ 저항}{내부저항 + 분류기\ 저항}$

∴ 분류기 저항 = $\dfrac{내부저항 \times 최대\ 전류}{전류계\ 전류 - 최대\ 전류}$
= $\dfrac{6 \times 10}{40 - 10} = 2\Omega$

정답 51. ④ 52. ① 53. ④ 54. ② 55. ①

56 프로세스제어(process control)에 속하지 않는 것은?

① 온도 ② 압력
③ 유량 ④ 자세

해설 제어량의 성질에 의한 분류
- ㉠ 프로세스제어 : 온도, 유량, 압력, 액위, 농도, 밀도를 제어량으로 가짐(온도, 압력제어장치 등)
- ㉡ 서보기구 : 물체의 위치, 방위, 자세 등을 제어량으로 가짐. 목표값이 임의의 변화에 추종하도록 구성된 제어계(비행기 및 선박의 방향제어계, 미사일발사대의 자동위치제어계, 추적용 레이더, 자동평형기록계 등)
- ㉢ 자동조정 : 전압, 전류, 주파수, 회전속도, 힘 등 전기적, 기계적 양의 제어량(전전압장치, 발전기의 조속기 제어 등)

57 시퀀스제어에 관한 설명 중 틀린 것은?

① 조합논리회로로 사용된다.
② 미리 정해진 순서에 의해 제어된다.
③ 입력과 출력을 비교하는 장치가 필수적이다.
④ 일정한 논리에 의해 제어된다.

해설 시퀀스제어
- ㉠ 미리 정해진 순서에 의해 제어된다.
- ㉡ 제어결과에 따라 조작이 자동적으로 이행된다.
- ㉢ 조합논리회로로 사용된다.
- ㉣ 시간지연요소가 사용된다.
- ㉤ 유접점과 무접점 계전기가 있다.

참고 피드백제어
- 폐회로 제어로 사용된다.
- 계통에 연결된 모든 스위치가 동시에 작동할 수도 있다.
- 입력과 출력을 비교하는 장치가 필수적이다.

58 직류전동기의 속도제어방법이 아닌 것은?

① 전압제어 ② 계자제어
③ 저항제어 ④ 슬립제어

해설 직류전동기의 속도제어방법
- ㉠ 계자제어법
- ㉡ 직렬저항법
- ㉢ 전압제어법 : 운전효율이 양호하고 워드레너드방식, 정지레너드방식이 있음

참고 유도전동기의 속도제어법
- 극수변환법
- 2차 여자제어법
- 전원 1차 전압제어법
- 1차 주파수제어법
- 2차 저항제어법(슬립제어법)

59 잔류편차가 존재하는 제어계는?

① 적분제어계 ② 비례제어계
③ 비례적분제어계 ④ 비례적분미분제어계

해설 조절부의 동작에 의한 분류
- ㉠ P(비례)제어 : 잔류편차(offset) 발생
- ㉡ I(적분)제어 : 잔류편차 제거
- ㉢ D(미분)제어 : 오차예측제어로 오차 확대를 방지하고 오버슛을 감소시켜 응답속도를 빠르게 함
- ㉣ PD(비례미분)제어 : 응답속도 개선, 과도특성 개선, 진상보상회로에 해당
- ㉤ PI(비례적분)제어 : 잔류편차와 사이클링 제거, 정상특성 개선, 간헐현상이 있으며 진동 발생 우려가 있음
- ㉥ PID(비례적분미분)제어 : 속응도 향상, 잔류편차 제거, 정상 및 과도특성 개선, 오버슛을 감소시켜 제어성능이 우수하고 제어이득 조정이 비교적 쉽기 때문에 많이 사용됨
- ㉦ 온오프제어(=2위치제어) : 불연속제어(간헐제어)

60 평형 3상 Y결선의 상전압 V_p와 선간전압 V_L의 관계는?

① $V_L = 3 V_p$ ② $V_L = \sqrt{3} V_p$
③ $V_L = \dfrac{1}{3} V_p$ ④ $V_L = \dfrac{1}{\sqrt{3}} V_p$

해설 선간전압(V_L) = $\sqrt{3}$ × 상전압(V_p)

정답 56. ④ 57. ③ 58. ④ 59. ② 60. ②

2023년 제3회 공조냉동기계산업기사

제1과목　공기조화설비

01 일정한 건구온도에서 습공기의 성질변화에 대한 설명으로 틀린 것은?

① 비체적은 절대습도가 높아질수록 증가한다.
② 절대습도가 높아질수록 노점온도는 높아진다.
③ 상대습도가 높아지면 절대습도는 높아진다.
④ 상대습도가 높아지면 엔탈피는 감소한다.

해설 일정한 건구온도에서 습공기의 상대습도가 높아지면 엔탈피는 증가한다.

★ 02 건구온도 30℃, 상대습도 60%인 습공기에 있어서 건공기의 분압은 약 얼마인가? (단, 대기압은 760mmHg, 포화수증기압은 27.65mmHg이다.)

① 27.65mmHg　② 376mmHg
③ 743.41mmHg　④ 700.97mmHg

해설 $P_a = P - P_w = P - \phi P_s = 760 - 0.6 \times 27.65$
$\fallingdotseq 743.41 \text{mmHg}$

★ 03 배관계통에서 유량은 다르더라도 단위길이당 마찰손실이 일정하도록 관경을 정하는 방법은?

① 균등법　② 정압재취득법
③ 등마찰손실법　④ 등속법

해설 ㉠ 등마찰손실법(등압법) : 유량은 다르더라도 단위길이당 마찰손실이 일정하도록 설계
㉡ 정압재취득법
　• 동압의 감소만큼 정압이 상승하므로 각 구간에 취출구 직전의 정압이 일정함
　• 분기부가 많고 주덕트의 길이가 길 때 적합
　• 공기분배계통의 에어밸런싱을 유지하는 데 가장 적합
㉢ 등속법
　• 발생되는 분진을 작업장 밖으로 배출시키기 위한 설계법
　• 10~35m/s 이상 공장 환기용
㉣ 전압법 : 마찰저항이 일정하도록 하고 단위길이당 마찰저항을 곱하여 전덕트의 압력손실을 구하는 방식

04 냉각탑(cooling tower)에 대한 설명 중 잘못된 것은?

① 어프로치(approach)는 5℃ 정도로 한다.
② 냉각탑은 응축기에서 냉각수가 얻은 열을 공기 중에 방출하는 장치이다.
③ 쿨링 레인지란 냉각탑에서의 냉각수 입출구 수온차이다.
④ 보급수량은 순환수량의 15% 정도이다.

해설 냉각탑
㉠ 응축기에서 냉각수가 얻은 열을 공기 중에 방출하는 장치
㉡ 보급수량 : 순환수량의 2~3% 정도
㉢ 쿨링 어프로치=냉각수 출구온도-냉각탑 입구공기의 습구온도(5℃ 정도)
㉣ 쿨링 레인지=냉각수 입구온도-냉각수 출구온도

05 온수난방설비의 특징에 대한 설명으로 옳은 것은?

① 온수난방은 열용량이 커서 예열시간이 증기난방에 비해 짧다.
② 중앙계통에서 실내온도를 조절할 수 있어 실내온도조절이 용이하다.
③ 온수난방은 현열을 이용하므로 열의 운반능력이 좋다.
④ 온수난방은 연속 난방보다 간헐난방에 적합하다.

해설 온수난방설비
㉠ 열용량이 커서 예열시간이 길다.
㉡ 실내온도를 조절할 수 있어 실내온도조절이 용이하다.
㉢ 온수난방의 주이용열은 현열이므로 열의 운반능력이 나쁘다.
㉣ 증기난방에 비해 비교적 높은 쾌감도를 얻을 수 있다.
㉤ 온수난방은 연속 난방에 적합하다.
㉥ 온수의 온도에 따라 저온수식과 고온수식으로 분류한다.
㉦ 설비비가 다소 고가이나 취급이 쉽고 비교적 안전하다.

정답 01. ④　02. ③　03. ③　04. ④　05. ②

06 증기난방방식의 종류에 따른 분류기준으로 가장 거리가 먼 것은?
① 사용증기압력 ② 증기배관방식
③ 증기공급방향 ④ 사용열매종류

해설 증기난방방식의 분류
㉠ 증기압력: 고압식, 저압식
㉡ 배관방법: 단관식, 복관식
㉢ 증기공급법: 상향공급식, 하향공급식
㉣ 응축수환수법: 중력환수식, 기계환수식, 진공환수식
㉤ 환수관의 배관법: 건식 환수관, 습식 환수관

07 냉각수 출입구온도차를 5℃, 냉각수의 처리열량을 4.5kW로 하면 냉각수량(L/min)은 얼마인가? (단, 냉각수의 비열은 4.18kJ/kg·℃로 한다.)
① 10 ② 13
③ 18 ④ 20

해설 $Q = WC\Delta t \times 60$
$\therefore W = \dfrac{Q}{C\Delta t \times 60} = \dfrac{4.5 \times 3,600}{4.18 \times 5 \times 60} \fallingdotseq 13\text{L/min}$

08 건구온도 10℃, 상대습도 60%인 습공기를 30℃로 가열하였다. 이때 습공기의 상대습도는? (단, 10℃의 포화수증기압은 9.2mmHg이고, 30℃의 포화수증기압은 23.75mmHg이다.)
① 17% ② 20%
③ 23% ④ 27%

해설 상대습도 = $\dfrac{\text{초기상대습도} \times \text{초기포화수증기압}}{\text{변화포화수증기압}}$
$= \dfrac{0.6 \times 9.2}{23.75} = 0.232 \fallingdotseq 23\%$

09 개방식 냉각탑의 설계 시 유의사항으로 옳은 것은?
① 압축식 냉동기 1RT당 냉각열량은 3.26kW로 한다.
② 쿨링 어프로치는 일반적으로 10℃로 한다.
③ 압축식 냉동기 1RT당 수량은 외기습구온도가 27℃일 때 8L/min 정도로 한다.
④ 흡수식 냉동기를 사용할 때 열량은 일반적으로 압축식 냉동기의 약 1.7~2.0배 정도로 한다.

해설 ① 압축식 냉동기 1RT당 냉각열량은 4.55kW로 한다.
② 쿨링 어프로치는 일반적으로 5℃로 한다.
③ 압축식 냉동기 1RT당 수량은 외기습구온도가 27℃일 때 13L/min 정도로 한다.

★ **10** 팬코일유닛방식의 배관방법에 대한 특징에 관한 설명으로 틀린 것은?
① 3관식에서는 손실열량이 타 방식에 비하여 거의 없다.
② 2관식에서는 냉난방 동시 운전이 불가능하다.
③ 4관식은 손실열은 없으나 배관의 양이 증가하여 공사비 등이 증가한다.
④ 4관식은 동시에 냉난방운전이 가능하다.

해설 팬코일유닛방식의 배관방법
㉠ 1관식: 1개의 관으로 공급관과 환수관을 겸용으로 사용한다.
㉡ 2관식
 • 공급관과 환수관을 각각 사용한다.
 • 냉난방 동시 운전이 불가능하다.
㉢ 3관식
 • 2개의 공급관과 1개의 공통 환수관을 접속하여 냉수 또는 온수를 공급하는 방식이다.
 • 배관공사는 2관식보다 복잡하나 완전 개별제어를 할 수 있어 부하변동에 대한 응답이 신속하다.
 • 환수관이 1개이므로 냉온수의 혼합에 따른 열손실이 발생한다.
㉣ 4관식
 • 2개의 공급관과 2개의 환수관으로 냉난방 동시 운전이 가능하다.
 • 냉수관 및 온수관이 각각 있어서 혼합손실이 없다.
 • 배관개수가 많아 공사비 등이 증가한다.

11 31℃의 외기와 25℃의 환기를 1:2의 비율로 혼합하고 바이패스팩터가 0.16인 코일로 냉각 제습할 때의 코일 출구온도는? (단, 코일의 표면온도는 14℃이다.)
① 약 14℃ ② 약 16℃
③ 약 27℃ ④ 약 29℃

해설 $t_m = \dfrac{m_1 t_1 + m_2 t_2}{m_1 + m_2} = \dfrac{1 \times 31 + 2 \times 25}{1 + 2} = 27℃$
$\therefore t_o = BF \times t_m + (1 - BF)t$
$= 0.16 \times 27 + (1 - 0.16) \times 14 \fallingdotseq 16℃$

별해 $t_o = t + BF(t_m - t)$
$= 14 + 0.16 \times (27 - 14) \fallingdotseq 16℃$

정답 06. ④ 07. ② 08. ③ 09. ④ 10. ① 11. ②

12 물·공기방식의 공조방식으로서 중앙기계실의 열원설비로부터 냉수 또는 온수를 각 실에 있는 유닛에 공급하여 냉난방하는 공조방식은?

① 바닥취출공조방식
② 재열방식
③ 팬코일유닛방식
④ 패키지유닛방식

해설 팬코일유닛(FCU)방식
㉠ 중앙기계실에서 냉수 또는 온수를 공급받아 각 실내에 설치된 FCU에서 팬을 이용하여 실내공기를 강제로 순환시켜 냉방 및 난방을 하는 방식이다.
㉡ 각 실의 온도조절이 가능하다.
㉢ 장래 부하 증가에 대비하여 유닛을 추가하기 쉽다.
㉣ 수-공기방식, 전수방식에 해당한다.

13 다음 중 표면결로 발생 방지조건으로 틀린 것은?

① 실내측에 방습막을 부착한다.
② 다습한 외기를 도입하지 않는다.
③ 실내에서 발생되는 수증기량을 억제한다.
④ 공기와의 접촉면온도를 노점온도 이하로 유지한다.

해설 표면결로 발생 방지조건
㉠ 벽면을 가열하거나 단열한다.
㉡ 노점온도 이상으로 유지한다.
㉢ 2중유리를 설치한다.
㉣ 바닥온도를 높게 해 준다.
㉤ 강제로 온풍을 순환시킨다.

★
14 다음 중 습공기선도에 표시되지 않는 것은?

① 비체적 ② 비열
③ 노점온도 ④ 엔탈피

해설 습공기선도에 건구온도, 절대온도, 습구온도, 노점온도, 엔탈피, 상대습도, 절대습도, 수증기분압, 비체적, 현열비, 열수분비 등이 나타나 있다.

15 두께 20cm인 콘크리트벽 내면에 두께 15cm인 스티로폼으로 방열을 하고, 그 내면에 두께 1cm의 내장목재판으로 벽을 완성시킨 냉장실의 벽면에 대한 열관류율(W/m²·℃)은? (단, 열전도율 및 열전달률은 다음과 같다.)

구분		수치
열전도율	콘크리트	0.9W/m·℃
	스티로폼	0.04W/m·℃
	내장목재	0.15W/m·℃
열전달률	외부	20W/m²·℃
	내부	6W/m²·℃

① 1.35
② 0.23
③ 0.13
④ 0.02

해설
$$K = \frac{1}{R} = \frac{1}{\frac{1}{\alpha_o} + \sum \frac{l}{\lambda} + \frac{1}{\alpha_i}}$$
$$= \frac{1}{\frac{1}{20} + \frac{0.2}{0.9} + \frac{0.15}{0.04} + \frac{0.01}{0.15} + \frac{1}{6}}$$
$$\fallingdotseq 0.23 \text{W/m}^2 \cdot \text{℃}$$

★
16 송풍량 600m³/min을 공급하여 다음의 공기선도와 같이 난방하는 실의 가습열량(kW)은 약 얼마인가? (단, 공기의 비중은 1.2kg/m³, 비열은 1.01kJ/kg·℃이다.)

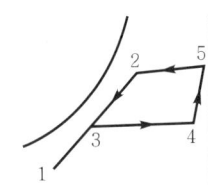

상태점	온도(℃)	엔탈피(kJ/kg)
①	0	2.0
②	20	36.0
③	15	32.0
④	28	40.0
⑤	29	52.0

① 48 ② 96
③ 144 ④ 192

해설 $q_L = \rho Q(h_5 - h_4) = 1.2 \times \frac{600}{60} \times (52-40) \fallingdotseq 144\text{kW}$

정답 12. ③ 13. ④ 14. ② 15. ② 16. ③

17 난방방식의 변동에 따른 온도조절이 쉽고, 열용량이 커서 실내의 쾌감도가 좋으며, 공급온도를 변화시킬 수 있고, 방열기 밸브로 방열량을 조절할 수 있는 난방방식은?

① 온수난방방식
② 증기난방방식
③ 온풍난방방식
④ 복사난방방식

해설 온수난방방식
㉠ 증기난방보다 상하온도차가 작고 쾌감도가 크다.
㉡ 온도조절이 용이하고 취급이 간단하다.
㉢ 열용량이 커서 예열시간이 길다.
㉣ 보일러 정지 후에도 여열에 의해 실내난방이 어느 정도 지속된다.

★
18 염화리튬, 트리에틸렌글리콜 등의 액체를 사용하여 감습하는 장치는?

① 냉매감습장치
② 압축감습장치
③ 흡수식 감습장치
④ 세정식 감습장치

해설 감습장치
㉠ 냉각식 : 습공기를 노점온도 이하로 냉각하여 제습하는 방법 또는 공기세정기를 사용하는 방법이다.
㉡ 압축식 : 습공기가 함유하는 수분의 양은 온도만의 변화에 의해 결정되는데, 대기압 760mmHg인 상태에서 압축하면 온도가 변한다.
㉢ 흡수식(액체제습장치) : 염화리튬수용액과 트리에틸렌글리콜액 등은 대기에 노출시켜두면 공기 중의 수분을 흡수해서 서서히 희박하게 되는 성질을 이용한다.
㉣ 흡착식(고체제습장치) : 화학적 감습장치로서 실리카겔, 아드소울, 활성알루미나 등과 같은 반도체 또는 고체흡수제를 사용하는 방법으로 냉동장치와 병용하여 극저습도를 요구하는 곳에 사용된다.

19 수관식 보일러에 대한 설명으로 맞는 것은?

① 보일러의 전열면적이 작아 증발량이 적다.
② 고압에 적당하다.
③ 구조상 저압 및 소용량에 적합하다.
④ 구조가 간단하여 내부청소가 용이하다.

해설 수관식 보일러
㉠ 장점
• 구조상 고압 및 대용량에 적합하다.
• 보유수량이 적기 때문에 무게가 가볍고 파열 시 재해가 적다.
• 전열면적이 작기 때문에 증발량이 많고 증기 발생에 소요시간이 매우 짧다.
• 보일러수의 순환이 좋고 효율이 가장 높다.
㉡ 단점
• 스케일로 인하여 수관이 과열되기 쉬우므로 수관리를 철저히 하여야 한다.
• 전열면적에 비해 보유수량이 적기 때문에 부하변동에 대해서 압력변화가 크다.
• 수위변동이 매우 심하여 수위조절이 다소 곤란하다.
• 구조가 복잡하여 청소, 보수 등이 곤란하다.
• 취급이 어려워 기술에 숙련을 요한다.
• 제작과정이 복잡해 가격이 비싸다

20 클린룸설비에 있어 실내기류에 따른 방식에 해당되지 않는 것은?

① 수직층류방식　　② 수평층류방식
③ 비층류방식　　　④ 직교류층류방식

해설 클린룸의 방식 및 특징
㉠ 비층류방식
• 난류방식
• 설비비가 싸고 시공이 간단
• 실 확장 용이
• 오염입자의 순환 우려
㉡ 수직층류방식
• 수직으로 설치
• 설비비가 비쌈
• 실 확장 곤란
• 오염 확산 적음
㉢ 수평층류방식
• 수평으로 설치
• 설비비가 비쌈
• 실 확장 곤란
• 상류에 비해 하류가 흡입측에 가까울수록 오염이 심함
㉣ 병용방식
• 비정류방식+유닛형의 설비 설치
• 층류방식보다 저렴

정답 17. ① 18. ③ 19. ② 20. ④

제2과목　냉동냉장설비

21 다음 중 증발기 출구와 압축기 흡입관 사이에 설치하는 저압측 부속장치는?

① 액분리기　　② 유분리기
③ 건조기　　　④ 수분리기

해설 어큐뮬레이터(액분리기)는 증발기 출구와 압축기 흡입관 사이에 설치하며, 압축기 흡입가스 중에 섞여 있는 냉매액을 분리, 액압축을 방지하고 압축기를 보호하며 기동 시 증발기 내 액교란을 방지한다.

★ 22 증발식 응축기에 관한 설명으로 옳은 것은?

① 증발식 응축기의 냉각수를 보충할 필요가 없다.
② 증발식 응축기는 물의 현열을 이용하여 냉각하는 방법이다.
③ 내부에 냉매가 통하는 나관이 있고, 그 위에 노즐을 이용하여 물을 살포하는 형식이다.
④ 압력 강하가 작으므로 고압측 배관에 적당하다.

해설 증발식 응축기
㉠ 물의 증발잠열을 이용하여 냉각하므로 냉각수가 적게 들지만 보충할 필요는 있다.
㉡ 내부에 냉매가 통하는 나관이 있고, 그 위에 노즐을 이용하여 물을 살포하는 형식이다.
㉢ 구조가 복잡하고 설비가 고가이며 사용되는 응축기 중 압력과 온도가 높으면 압력 강하가 크다.
㉣ 외형과 설치면적이 크며 대형이다.
㉤ 대기의 습구온도에 영향을 많이 받는다.
㉥ 수냉식 응축기와 공냉식 응축기의 작용을 혼합한 형태이다.
㉦ 겨울철에는 공냉식으로 사용할 수 있으며 연간운전에 특히 우수하다.
㉧ 대기온도는 동일하지만 습도가 높을 때는 응축압력이 높아진다.

23 2단 압축사이클에서 증발압력이 235kPa이고 응축압력은 절대압력으로 1,225kPa일 때 최적의 중간압력(kPa)은? (단, 대기압은 101kPa이다.)

① 514.56　　② 536.06
③ 641.56　　④ 668.36

해설 P_c = 증발압력 + 대기압 = 235 + 101 = 336kPa
∴ $P_m = \sqrt{P_c P_e} = \sqrt{336 \times 1{,}225} ≒ 641.56\text{kPa}$

24 다음 중 냉각탑의 용량제어방법이 아닌 것은?

① 슬라이드밸브조작방법
② 수량변화방법
③ 공기유량변화방법
④ 분할운전방법

해설 냉각탑의 용량제어방법
㉠ 수량변화방법
㉡ 공기유량변화방법
㉢ 분할운전방법

25 다음 중 무기질 브라인이 아닌 것은?

① 염화나트륨　　② 염화마그네슘
③ 염화칼슘　　　④ 에틸렌글리콜

해설 브라인
㉠ 무기질 : 염화나트륨, 염화마그네슘, 염화칼슘
㉡ 유기질 : 에틸렌글리콜, 프로필렌글리콜, 에틸알코올, 메탄올

26 실제 기체가 이상기체의 상태식을 근사적으로 만족하는 경우는?

① 압력이 높고 온도가 낮을수록
② 압력이 높고 온도가 높을수록
③ 압력이 낮고 온도가 높을수록
④ 압력이 낮고 온도가 낮을수록

해설 압력이 낮고 분자량이 적을수록, 온도가 높고 비체적이 클수록 실제 기체가 이상기체상태방정식을 근사적으로 만족시킨다(아보가드로의 법칙).

27 2단 압축식 냉동장치에서 증발압력부터 중간 압력까지 압력을 높이는 압축기를 무엇이라고 하는가?

① 부스터　　② 에코노마이저
③ 터보　　　④ 루트

해설 증발압력에서 중간 압력까지 압력을 높이는 저단압축기를 부스터라고 한다.

정답 21. ①　22. ③　23. ③　24. ①　25. ④　26. ③　27. ①

28 2단 압축 냉동장치에서 계기압력의 지시계가 고압 1.47MPa, 저압 100mmHg·V를 가리킬 때 저단압축기와 고단압축기의 압축비는? (단, 저·고단의 압축비는 동일하고, 대기압은 101kPa이다.)

① 3.6
② 3.8
③ 4.0
④ 4.2

해설 압축비 = $\sqrt{\text{총압축비}}$
$= \sqrt{\dfrac{\text{고압의 절대압}}{\text{저압의 절대압}}}$
$= \sqrt{\dfrac{1,470 + 101}{101 - \dfrac{101.325}{760} \times 100}}$
$\fallingdotseq 4.2$

★
29 압축식 냉동사이클에서 엔트로피가 감소하고 있는 과정은?

① 증발과정
② 압축과정
③ 응축과정
④ 팽창과정

해설 ① 증발과정 : 엔트로피 증가
② 압축과정 : 엔트로피 일정
④ 팽창과정 : 냉매 혹은 조건에 따라 엔트로피변화

★
30 스크루압축기의 특징에 관한 설명으로 틀린 것은?

① 경부하운전 시 비교적 동력 소모가 적다.
② 크랭크샤프트, 피스톤링, 커넥팅로드 등의 마모 부분이 없어 고장이 적다.
③ 소형으로써 비교적 큰 냉동능력을 발휘할 수 있다.
④ 왕복동식에서 필요한 흡입밸브와 토출밸브를 사용하지 않는다.

해설 스크루압축기
㉠ 경부하운전 시 비교적 동력 소모가 크다.
㉡ 크랭크샤프트, 피스톤링, 커넥팅로드 등의 마모 부분이 없어 고장이 적다.
㉢ 소형으로서 비교적 큰 냉동능력을 발휘할 수 있다.
㉣ 흡입밸브와 토출밸브가 없어 밸브의 마모, 손실이 없다.
㉤ 부품의 수가 적고 수명이 길다.
㉥ 압축이 연속적이고 회전운동을 하므로 진동이 적고 견고한 기초가 필요하지 않다.
㉦ 무단계 용량제어가 가능하며 자동운전에 적합하다.

31 $P-h$(압력-엔탈피)선도에서 포화증기선상의 건조도는 얼마인가?

① 2
② 1
③ 0.5
④ 0

해설 $P-h$(압력-엔탈피)선도에서 건조도는 포화액선상(포화액)일 때 0이고, 포화증기선상일 때 1이다.

★
32 흡수식 냉동기의 특징에 대한 설명으로 틀린 것은?

① 부분부하에 대한 대응성이 좋다.
② 용량제어의 범위가 넓어 폭넓은 용량제어가 가능하다.
③ 초기운전 시 정격성능을 발휘할 때까지의 도달속도가 느리다.
④ 압축식 냉동기에 비해 소음과 진동이 크다.

해설 흡수식 냉동기
㉠ 비교적 소용량보다 대용량에 적합하다.
㉡ 압축기가 없어 운전 시 소음과 진동이 적다.
㉢ 전력수용량과 수전설비가 적다.
㉣ 자동제어가 쉽다.
㉤ 정격성능 도달속도가 느리다.
㉥ 용량제어의 범위가 넓어 폭넓은 제어가 가능하다.
㉦ 다양한 열원에서 사용 가능하다(LNG, LPG, 증기, 고온수, 폐열, 배기가스).
㉧ 연료비가 저렴해 운전비가 적게 든다.
㉨ 냉매-흡수제는 $H_2O-LiBr$, $H_2O-LiCl$, NH_3-H_2O 이다.
㉩ 부분부하에 대한 대응성이 좋다.

33 영화관을 냉방하는데 1,500,000kJ/h의 열을 제거해야 한다. 소요동력을 냉동톤당 0.74kW로 가정하면 이 압축기를 구동하는데 약 몇 kW의 전동기가 필요한가?

① 79.9
② 69.8
③ 59.8
④ 49.8

해설 $Q = \dfrac{1,500,000 \times 0.74}{3,600 \times 3.86} \fallingdotseq 79.9\text{kW}$

정답 28. ④ 29. ③ 30. ① 31. ② 32. ④ 33. ①

34 플래시가스(flash gas)의 발생원인으로 가장 거리가 먼 것은?

① 관경이 큰 경우
② 수액기에 직사광선이 비쳤을 경우
③ 스트레이너가 막혔을 경우
④ 액관이 현저하게 입상했을 경우

해설 플래시가스의 발생원인
㉠ 액관의 관경이 매우 작거나 입상높이가 높을 때
㉡ 온도가 높은 장소를 통과할 때
㉢ 여과망이나 드라이어가 막혔을 때
㉣ 액관이 직사광선에 노출될 때

35 내부균압형 자동팽창밸브에 작용하는 힘이 아닌 것은?

① 스프링압력
② 감온통의 내부압력
③ 냉매의 응축압력
④ 증발기에 유입되는 냉매의 증발압력

해설 내부균압형 온도식 팽창밸브에 작용하는 힘
㉠ 스프링압력
㉡ 감온통의 내부압력
㉢ 증발기에 유입되는 냉매의 증발압력

★
36 어떤 냉동장치의 냉동부하는 16kW, 냉매증기의 압축에 필요한 동력은 3kW, 응축기 입구에서 냉각수 온도는 30℃, 냉각수량은 69L/min일 때 응축기 출구에서 냉각수온도는?

① 34℃   ② 38℃
③ 42℃   ④ 46℃

해설 $t_o = t_i + \dfrac{Q_c}{WC} = 30 + \dfrac{16+3}{\dfrac{69}{60} \times 4.2} \fallingdotseq 34℃$

37 흡입관 내를 흐르는 냉매증기의 압력 강하가 커지는 경우는?

① 관이 굵고 흡입관의 길이가 짧은 경우
② 냉매증기의 비체적이 큰 경우
③ 냉매의 유량이 적은 경우
④ 냉매의 유속이 빠른 경우

해설 냉매증기의 압력 강하가 커지는 경우
㉠ 관이 얇고 흡입관의 길이가 긴 경우
㉡ 냉매증기의 비체적이 작은 경우
㉢ 냉매의 유량이 많은 경우
㉣ 냉매의 점성이 증가한 경우
㉤ 냉매의 유속이 빠른 경우

38 평판을 통해서 표면으로 확산에 의해서 전달되는 열유속(heat flux)이 0.4kW/m²이다. 이 표면과 20℃ 공기흐름과의 대류전열계수가 0.01kW/m²·℃인 경우 평판의 표면온도(℃)는?

① 45   ② 50
③ 55   ④ 60

해설 $Q = hA(t_2 - t_1)$
$\therefore t_2 = \dfrac{Q}{hA} + t_1 = \dfrac{0.4}{0.01 \times 1} + 20 = 60℃$

★
39 어떤 냉동기의 증발기 내 압력이 245kPa이며, 이 압력에서의 포화온도, 포화액 및 건포화증기의 엔탈피, 정압비열은 다음 조건과 같다. 증발기 입구측 냉매의 엔탈피가 455kJ/kg이고, 증발기 출구측 냉매온도가 -10℃의 과열증기일 경우 증발기에서 냉매가 취득한 열량(kJ/kg)은?

- 포화온도 : -20℃
- 포화액엔탈피 : 396kJ/kg
- 건포화증기엔탈피 : 615.6kJ/kg
- 정압비열 : 0.67kJ/kg·K

① 167.3   ② 152.3
③ 148.3   ④ 112.3

해설 $q_e = h_s - h = [h' + C_p(t_o - t_s)] - h$
$= [615.6 + 0.67 \times (-10-(-20))] - 455$
$= 167.3 kJ/kg$

40 압축기의 체적효율에 대한 설명으로 틀린 것은?

① 압축기의 압축비가 클수록 커진다.
② 틈새가 작을수록 커진다.
③ 실제로 압축기에 흡입되는 냉매증기의 체적과 피스톤이 배출한 체적과의 비를 나타낸다.
④ 비열비값이 적을수록 적게 된다.

정답 34. ① 35. ③ 36. ① 37. ④ 38. ④ 39. ① 40. ①

해설 압축기의 체적효율이 작아지는 경우
- ㉠ 압축비가 클수록
- ㉡ 간극체적(top clearance)이 클수록
- ㉢ 비열비값이 적을수록
- ㉣ 시트에서 누설이 클수록
- ㉤ 흡입증기의 밀도가 클수록

제3과목 공조냉동 설치 · 운영

41 산업안전보건법령상 냉동 · 냉장창고시설 건설공사에 대한 유해위험방지계획서를 제출해야 하는 대상시설의 연면적기준은 얼마인가?

① 3,000㎡ 이상
② 4,000㎡ 이상
③ 5,000㎡ 이상
④ 6,000㎡ 이상

해설 유해위험방지계획서 제출대상
- ㉠ 다음의 어느 하나에 해당하는 건축물 또는 시설 등의 건설 · 개조 또는 해체(이하 "건설 등"이라 한다)공사
  - 지상높이가 31m 이상인 건축물 또는 인공구조물
  - 연면적 30,000㎡ 이상인 건축물
  - 연면적 5,000㎡ 이상인 시설 : 문화 및 집회시설(전시장 및 동 · 식물원은 제외), 판매시설, 운수시설(고속철도의 역사 및 집배송시설은 제외), 종교시설, 의료시설 중 종합병원, 숙박시설 중 관광숙박시설, 지하도상가, 냉동 · 냉장창고시설
- ㉡ 연면적 5,000㎡ 이상인 냉동 · 냉장창고시설의 설비공사 및 단열공사
- ㉢ 최대 지간(支間)길이(다리의 기둥과 기둥의 중심 사이의 거리)가 50m 이상인 다리의 건설 등 공사
- ㉣ 터널의 건설 등 공사
- ㉤ 다목적댐, 발전용 댐, 저수용량 2천만ton 이상의 용수전용 댐 및 지방상수도 전용 댐의 건설 등 공사
- ㉥ 깊이 10m 이상인 굴착공사

42 산업안전보건법령상 보일러 방호장치로 거리가 가장 먼 것은?

① 고 · 저수위조절장치
② 아웃트리거
③ 압력방출장치
④ 압력제한스위치

해설 산업안전보건법령상 보일러 방호장치
- ㉠ 압력방출장치 : 보일러의 압력이 최고사용압력을 초과하지 않도록 압력을 방출하는 장치
- ㉡ 압력제한스위치 : 보일러의 압력이 설정된 압력 이상으로 상승하지 않도록 버너연소를 차단하는 장치
- ㉢ 고 · 저수위조절장치 : 보일러의 수위가 설정된 범위를 벗어나지 않도록 조절하는 장치
- ㉣ 화염검출기 : 보일러연소실 내의 화염상태를 감지하여 비정상적인 경우 연소를 차단하는 장치
- ㉤ 온도제한스위치 : 보일러의 온도가 설정온도를 초과하지 않도록 제어하는 장치
- ㉥ 과열방지장치 : 보일러의 과열을 방지하기 위해 열교환기가 과열될 경우 기름 공급을 중단하여 기기 작동을 자동으로 정지시키는 장치

43 다음의 배관 평면도에서 배관부속수량으로 맞는 것은?

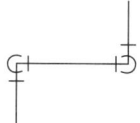

① 엘보 4개
② 엘보 5개
③ 엘보 2개, 티(T) 1개
④ 엘보 3개, 티(T) 1개

해설 제시된 평면도에서 부속수량은 엘보 4개이다.

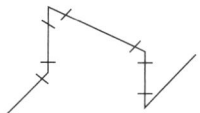

★44 다음은 관 연결용 부속을 사용처별로 구분하여 나열하였다. 잘못된 것은?

① 관 끝을 막을 때 : 리듀서, 부싱, 캡
② 배관의 방향을 바꿀 때 : 엘보, 벤드
③ 관을 도중에 분기할 때 : 티, 와이, 크로스
④ 동경관을 직선연결할 때 : 소켓, 유니언, 니플

해설 사용목적에 따른 관 이음재
- ㉠ 유체의 흐름방향을 바꿀 때 : 엘보, 리턴벤드
- ㉡ 관을 도중에서 분기할 때 : T, Y, 크로스
- ㉢ 동경관을 직선결합할 때 : 소켓, 유니언, 니플, 플랜지
- ㉣ 이경관을 연결할 때 : 리듀서, 줄임엘보, 줄임티, 부싱
- ㉤ 관 끝을 막을 때 : 캡, 플러그
- ㉥ 분해, 수리, 교체, 점검할 때 : 유니언, 플랜지

정답 41. ③ 42. ② 43. ① 44. ①

45 고압가스안전관리법령에 따라 고압가스제조신고요청 중 냉동제조신고대상범위는 다음과 같다. (   ) 안의 내용으로 옳은 것은?

> 냉동능력이 3톤 이상 (   ) 미만(가연성 가스 또는 독성 가스 외의 고압가스를 냉매로 사용하는 것으로서 산업용 및 냉동·냉장용인 경우에는 20톤 이상 50톤 미만, 건축물의 냉·난방용인 경우에는 20톤 이상 100톤 미만)인 설비를 사용하여 냉동을 하는 과정에서 압축 또는 액화의 방법으로 고압가스가 생성되게 하는 것. 다만, 다음 각 목의 어느 하나에 해당하는 자가 그 허가받은 내용에 따라 냉동제조를 하는 것은 제외한다.

① 3톤 ② 2톤
③ 10톤 ④ 20톤

해설 고압가스안전관리법 시행령 제4조(고압가스제조의 신고대상)

법 제4조 제2항에 따른 고압가스제조의 신고대상은 다음과 같다.
1. 고압가스 충전 : 용기 또는 차량에 고정된 탱크에 고압가스를 충전할 수 있는 설비로 고압가스(가연성 가스 및 독성 가스는 제외한다)를 충전하는 것으로서 1일 처리능력이 10m³ 미만이거나 저장능력이 3톤 미만인 것
2. 냉동제조 : 냉동능력이 3톤 이상 20톤 미만(가연성 가스 또는 독성 가스 외의 고압가스를 냉매로 사용하는 것으로서 산업용 및 냉동·냉장용인 경우에는 20톤 이상 50톤 미만, 건축물의 냉·난방용인 경우에는 20톤 이상 100톤 미만)인 설비를 사용하여 냉동을 하는 과정에서 압축 또는 액화의 방법으로 고압가스가 생성되게 하는 것. 다만, 다음 각 목의 어느 하나에 해당하는 자가 그 허가받은 내용에 따라 냉동제조를 하는 것은 제외한다.
   가. 제3조 제1항 또는 제2항에 따른 고압가스 특정제조, 고압가스 일반제조 또는 고압가스저장소 설치의 허가를 받은 자
   나. 도시가스사업법에 따른 도시가스사업의 허가를 받은 자

46 급수설비 중 수평배관의 지지간격이 3m일 경우 강관의 관경은 얼마인가?

① 20A 이하 ② 25~30A
③ 32~40A ④ 50~80A

해설 강관의 수평주관 지지간격

관지름	지지간격
20A 이하	1.8m
25~40A	2.0m
50~80A	3.0m
90~150A	4.0m
200~300A	5.0m

47 냉매배관의 시공법에 관한 설명으로 틀린 것은?

① 압축기와 응축기가 동일 높이 또는 압축기가 아래에 있는 경우 배출관은 하향구배로 한다.
② 증발기가 응축기보다 아래에 있을 때 냉매액이 증발기에 흘러내리는 것을 방지하기 위해 역루프를 만들어 배관한다.
③ 증발기와 압축기가 같은 높이일 때는 흡입관을 수직으로 세운 다음 압축기를 향해 선상향구배로 배관한다.
④ 액관배관 시 증발기 입구에 전자밸브가 있을 때는 루프이음을 할 필요 없다.

해설 증발기와 압축기가 같은 높이일 때는 흡입관을 수직으로 세운 다음 압축기를 향해 선하향구배로 배관한다.

48 천연고무보다 더 우수한 성질을 가지고 있으며 내유성, 내후성, 내산성, 내마모성이 뛰어난 고무류 패킹재는 무엇인가?

① 테프론 ② 석면
③ 네오프렌 ④ 합성수지

해설 네오프렌
㉠ 내열범위가 −46~120℃인 합성고무이다.
㉡ 내유성, 내후성, 내마모성, 내산화성이 뛰어나며 기계적 성질이 우수하다.
㉢ 물, 공기, 기름, 냉매 등의 배관에 사용한다.

49 동관접합방법의 종류가 아닌 것은?

① 빅토릭접합
② 플랜지접합
③ 납땜접합
④ 플레어접합

정답 45. ④ 46. ④ 47. ③ 48. ③ 49. ①

해설 주철관이음에는 소켓접합, 플랜지접합, 메커니컬접합, 타이톤접합, 빅토릭접합 등이 있다.

참고 **동관의 이음**
- 납땜이음 : 경납(은납, 황동납)을 활용한 이음
- 압축(플레어)이음 : 삽입식 접속으로 하고, 분리할 필요가 있는 부분에는 호칭지름 20mm 이하
- 플랜지이음 : 호칭지름 40mm 이상

50 배수 및 통기설비에서 배수배관의 청소구 설치를 필요로 하는 곳으로 틀린 것은?

① 배수수직관의 제일 밑부분 또는 그 근처
② 배수수평주관과 배수수평분기관의 분기점
③ 길이가 긴 배수관의 중간 지점으로 하되 100A 이상의 배수관은 10m마다 설치
④ 배수관이 45° 이상의 각도로 방향을 전환하는 곳

해설 청소구는 길이가 긴 배수관의 중간 지점으로 하되, 배관지름이 100A 이상일 때는 30m마다, 100A 이하일 때는 15m마다 설치한다.

51 다음과 같이 압축기와 응축기가 동일한 높이에 있을 때 배관방법으로 가장 적합한 것은?

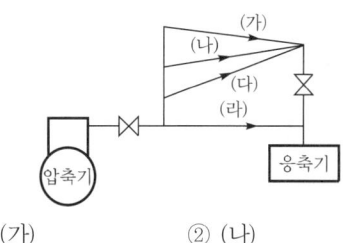

① (가) ② (나)
③ (다) ④ (라)

해설 압축기와 응축기가 동일한 높이일 경우 응축기 쪽으로 하향구배한다.

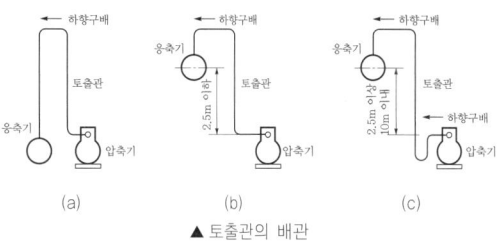

▲ 토출관의 배관

52 난방배관에서 리프트이음(lift fitting)을 하는 환수방식은?

① 중력환수식 ② 기계환수식
③ 진공환수식 ④ 상향환수식

해설 진공환수식
㉠ 난방배관에서 리프트이음을 하는 환수방식이다.
㉡ 리프트이음의 1단 높이는 1.5m 이하로 하고, 리프트관의 지름은 환수관보다 한 치수 작은 것으로 한다.

★
53 제어계에서 제어량이 원하는 값을 갖도록 외부에서 주어지는 값은?

① 동작신호 ② 조작량
③ 목표값   ④ 궤환량

해설 목표값은 제어계에서 제어량이 원하는 값을 갖도록 외부에서 주어지는 값이다.

참고 ㉠ 동작신호 : 기준입력과 제어량의 차이로 제어동작을 일으키는 신호로 편차라고도 한다.
㉡ 조작량 : 제어대상의 제어량을 제어하기 위하여 제어요소를 만들어내는 회전력, 열, 수증기, 빛 등과 같은 것이다.
㉢ 궤환량 : 제어시스템에서 출력신호가 다시 입력으로 되돌아오는 정도를 나타내는 값이다.

54 다음 중 파형률을 바르게 나타낸 것은?

① $\dfrac{실효값}{평균값}$ ② $\dfrac{최대값}{평균값}$
③ $\dfrac{최대값}{실효값}$ ④ $\dfrac{실효값}{최대값}$

해설 **파형률**
㉠ 실효값과 평균값과의 비
㉡ 파형률 $= \dfrac{실효값}{평균값} = \dfrac{V_m}{\sqrt{2}} \div \dfrac{2}{\pi} V_m = \dfrac{\pi}{2\sqrt{2}}$

참고
- 순시값 : 순간 순간 변하는 교류의 임의시간에 있어서의 값
- 최대값 : 순시값 중에서 가장 큰 값
- 실효값 : 교류와 크기를 교류와 동일한 일을 하는 직류의 크기로 바꿔 나타낸 값
- 평균값 : 교류순시값의 1주기 동안의 평균을 취하여 교류와 크기를 나타낸 값
- 파고율 : 교류의 최대값과 실효값과의 비

$$파고율 = \dfrac{최대값}{실효값} = \dfrac{V_m}{V} = V_m \div \dfrac{V_m}{\sqrt{2}} = \sqrt{2}$$

정답 50. ③ 51. ① 52. ③ 53. ③ 54. ①

55 직류발전기의 철심을 규소강판으로 성층하여 사용하는 이유로 가장 알맞은 것은?

① 브러시에서의 불꽃 방지 및 정류 개선
② 와류손과 히스테리시스손의 감소
③ 전기자 반작용의 감소
④ 기계적으로 튼튼함

해설 직류발전기의 철심을 규소강판으로 성층하여 사용하는 이유는 와류(맴돌이)손과 히스테리시스손의 감소이다.

참고 철손: 시간적으로 변화하는 자화력에 의해 생기는 자심의 전력손실

56 가동코일형 계기로 측정할 수 없는 것은?

① 직류전류 ② 직류전압
③ 교류전압 ④ 직류저항

해설 가동코일형 계기는 자계와 전류 사이에 작용하는 전자력을 이용하여 직류전류, 직류전압, 직류저항 등을 측정한다.

57 전동기 정역회로를 구성할 때 기기의 보호와 조작자의 안전을 위하여 필수적으로 구성되어야 하는 회로는?

① 인터록회로
② 플립플롭회로
③ 정지우선 자기유지회로
④ 기동우선 자기유지회로

해설 인터록회로는 주로 기기의 보호와 조작자의 안전을 위하여 필수적으로 구성되어야 하는 회로이다.

58 변압기 내부고장 검출용 보호계전기는?

① 차동계전기 ② 과전류계전기
③ 역상계전기 ④ 부족전압계전기

해설 차동계전기
㉠ 변압기 내부고장 검출용 보호계전기
㉡ 다중 권선을 가지며, 이들 권선의 전압, 전류, 전력 따위의 차이가 소정의 값에 이르렀을 때 동작하도록 되어 있는 계전기

59 제어량은 회전수, 전압, 주파수 등이 있으며 이 목표치를 장기간 일정하게 유지시키는 것은?

① 서보기구 ② 자동조정
③ 추치제어 ④ 프로세스제어

해설 제어량의 성질에 의한 분류
㉠ 프로세스제어: 온도, 유량, 압력, 액위, 농도, 밀도를 제어량으로 가짐(온도, 압력제어장치 등)
㉡ 서보기구: 물체의 위치, 방위, 자세 등을 제어량으로 가짐. 목표값이 임의의 변화에 추종하도록 구성된 제어계(비행기 및 선박의 방향제어계, 미사일발사대의 자동위치제어계, 추적용 레이더, 자동평형기록계 등)
㉢ 자동조정: 전압, 전류, 주파수, 회전속도, 힘 등 전기적, 기계적 양의 제어량(전전압장치, 발전기의 조속기 제어 등)

★
60 시퀀스제어에 관한 설명 중 틀린 것은?

① 조합논리회로로 사용된다.
② 시간지연요소도 사용된다.
③ 유접점제어계가 사용된다.
④ 제어결과에 따라 자동적으로 작동된다.

해설 시퀀스제어
㉠ 유접점과 무접점 계전기가 있다.
㉡ 제어결과에 따라 조작이 자동적으로 이행된다.
㉢ 조합논리회로로 사용된다.
㉣ 시간지연요소가 사용된다.
㉤ 미리 정해진 순서에 의해 제어된다.

정답 55. ② 56. ③ 57. ① 58. ① 59. ② 60. ③

과년도 기출복원문제

2024

Industrial Engineer Air-Conditioning and Refrigerating Machinery

제1회	공조냉동기계산업기사
제2회	공조냉동기계산업기사
제3회	공조냉동기계산업기사

자주 출제되는 중요한 문제는 별표(★)로 강조했습니다.
마무리학습할 때 한 번 더 풀어보기를 권합니다.

Industrial Engineer
Air-Conditioning and Refrigerating Machinery

2024년 제1회 공조냉동기계산업기사

제1과목 공기조화설비

01 공조시스템에 대한 설명으로 틀린 것은?

① 실내송풍량은 실내현열부하와 취출온도차로 구할 수 있다.
② 여름철 재열시스템에서 냉각코일부하에는 재열부하가 포함된다.
③ 공기조화기에서 처리하는 열부하에는 실내현열부하, 송풍기부하, 배관취득부하, 환기용 도입외기부하가 포함된다.
④ 전열교환기를 사용하면 냉각코일용량을 감소시키고 냉방에너지를 절약할 수 있다.

해설 공기조화기에서 처리하는 열부하에는 현열부하, 잠열부하, 환기부하, 외기부하, 재열부하, 송풍기 및 덕트부하가 있다.

02 다음 중 냉수코일의 설계법으로 옳은 것은?

① 공기흐름과 냉수흐름의 방향을 역류(대향류)로 하고 대수평균온도차를 크게 한다.
② 코일 내 물의 입출구온도차는 10℃ 이상으로 한다.
③ 코일을 통과하는 공기의 풍속은 5m/s 이상으로 한다.
④ 냉수속도는 일반적으로 5m/s 전후로 한다.

해설 냉수코일의 설계법
㉠ 냉수와 공기의 흐름방향은 대향류(역류)로 한다.
㉡ 코일의 열수는 일반 공기냉각용에는 4~8열(列)이 많이 사용된다.
㉢ 코일을 통과하는 공기의 풍속은 2~3m/s를 기준으로 한다.
㉣ 냉수속도는 일반적으로 1m/s 전후로 한다.
㉤ 코일 내 물의 입출구온도차는 5℃ 이상(5~10℃ 정도)으로 한다.
㉥ 코일의 설치는 관이 수평으로 놓이게 한다.

★
03 수관식 보일러의 특징에 대한 설명으로 옳은 것은?

① 화염으로부터 열을 받아 오물을 가열해주는 열매체로 물을 사용하는데, 보일러 내부에 진공상태로 유지되기에 정상적인 상태에서는 열매의 손실은 없다.
② 드럼 없이 수관만으로 설계한 강제순환식 보일러로 급수가 공급될 때 수관의 예열부→증발부→과열부를 순차적으로 통과하면서 증기가 발생하게 된다.
③ 지름이 큰 동체를 몸체로 하여 그 내부에 노통과 연관을 동체축에 평행하게 설치하고, 노통을 나온 연소가스가 다수의 연관을 통해 연도로 빠져나가도록 되어 있는 구조의 보일러이다.
④ 상부드럼과 하부드럼 사이에 작은 구경의 많은 수관을 설치한 구조로 고온 및 고압에 적당하고 발생열량이 크며, 용량에 비하여 크기가 작아 설치면적이 적고 전열면적은 넓어서 효율이 매우 높다.

해설 수관보일러
㉠ 상부드럼과 하부드럼 사이에 작은 구경의 많은 수관을 설치한 구조이다.
㉡ 물순환방식 : 자연순환식, 강제순환식, 관류식
㉢ 특징
• 구조상 고압 및 대용량에 적합하다.
• 보유수량이 적기 때문에 파열 시 재해가 적다.
• 부하변동에 따른 추종성이 높다.
• 예열시간이 짧다.
• 스케일로 인하여 수관이 과열되기 쉬우므로 수관리를 철저히 하여야 한다.
• 용량에 비하여 크기가 작아 설치면적이 적고 전열면적은 넓어서 효율이 매우 높다

04 5,000W의 열을 발산하는 기계실의 온도를 26℃로 유지하기 위한 환기량은 약 얼마인가? (단, 외기온도 12℃, 공기 정압비열 1.01kJ/kg·℃, 밀도 1.2kg/m³이다.)

① 294.67m³/h ② 353.6m³/h
③ 1060.82m³/h ④ 1272.98m³/h

정답 01. ③ 02. ① 03. ④ 04. ③

해설
$q = \rho Q_o C_p (t_r - t_o)$

$\therefore Q_o = \dfrac{q}{\rho C_p (t_r - t_o)} = \dfrac{5 \times 3{,}600}{1.2 \times 1.01 \times (26-12)}$

$= 1060.82 \text{m}^3/\text{h}$

05 현재의 공기상태가 건구온도 26℃, 상대습도 50%라면 공기의 건구온도와 습구온도, 노점온도의 값이 큰 것부터 나열한 것은?

① 건구온도 > 습구온도 > 노점온도
② 습구온도 > 건구온도 > 노점온도
③ 노점온도 > 습구온도 > 건구온도
④ 건구온도 > 노점온도 > 습구온도

해설 건구온도 26℃, 상대습도 50%이면 건구온도(A) > 습구온도(B) > 노점온도(C)이다.

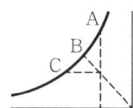

06 외기온도는 13℃(포화수증기압 1.71kPa)이며 절대습도는 0.008kg/kg일 때의 상대습도(RH)는? (단, 대기압은 101.3kPa이다.)

① 37% ② 46%
③ 75% ④ 82%

해설
$\phi = \dfrac{xP}{P_s(0.622+x)} = \dfrac{0.008 \times 101.3}{1.71 \times (0.622+0.008)}$

$\fallingdotseq 0.752 = 75\%$

07 배관 내의 흐르는 물을 피토관을 이용하여 측정하였더니 전압이 14.1kPa, 유속이 2m/s일 때 정압은 약 몇 kPa인가? (단, 물의 밀도는 1kg/m³이다.)

① 10.1kPa ② 12.1kPa
③ 14.1kPa ④ 16.1kPa

해설
$P_t = P_s + P_v = P + \dfrac{v^2}{2}\gamma$

$\therefore P_s = P_t - P_v = P - \dfrac{v^2}{2}\gamma = 14.1 - \dfrac{2^2}{2} \times 1$

$= 12.1 \text{kPa}$

08 건강에 해로운 대기질지수(AQI)는?

① 0~50 ② 51~100
③ 101~150 ④ 151~200

해설 대기질지수(AQI)

등급	지수범위	색상	공기상태	건강영향
좋음	0~50	초록	공기가 매우 깨끗함	누구에게나 안전
보통	51~100	노랑	대체로 양호한 상태	민감군에게 경미한 영향 가능성
민감군영향 (민감군에게 나쁨)	101~150	주황	일부 민감한 사람에게 영향	호흡기질환자, 어린이, 노약자 주의
나쁨	151~200	빨강	건강에 해로움	민감군뿐 아니라 일반인도 영향 가능
매우 나쁨	201~300	보라	매우 건강에 해로운 수준	모든 사람이 영향 받을 수 있음
위험	301 이상	갈색/자주	위가수준, 실외 활동 자제	심각한 건강위험, 경보수준

참고 AQI에 포함되는 주요 오염물질

항목	기준물질	단위
PM10 (미세먼지)	입자상 물질 (지름≤10μm)	$\mu g/m^3$
PM2.5 (초미세먼지)	입자상 물질 (지름≤2.5μm)	$\mu g/m^3$
O_3 (오존)	지표면 오존	ppm
CO (일산화탄소)	연소가스	ppm
NO_2 (이산화질소)	배기가스	ppm
SO_2 (아황산가스)	황성분 배출물	ppm

09 증기난방에 관한 설명 중 틀린 것은?

① 증기난방은 증기의 잠열을 이용하므로 열운반능력이 크다.
② 증기난방에서 보통 저압증기는 0.1~0.3MPa, 고압식은 0.5~1.9MPa 증기압을 이용한다.
③ 증기난방은 열용량이 작아서 간헐난방에 적합하다.
④ 증기난방은 대규모 난방설비에 적합하다.

정답 05. ① 06. ③ 07. ② 08. ④ 09. ②

해설 **증기난방**
ⓐ 증기의 잠열을 이용하므로 열운반능력이 크다.
ⓑ 저압식은 증기의 사용압력이 0.1MPa 미만인 경우이며, 주로 10~35kPa인 증기를 사용한다(고압식 : 0.1MPa 이상).
ⓒ 열용량이 작아서 간헐난방에 적합하다.
ⓓ 열매온도가 높아 방열면적이 작아진다.
ⓔ 대규모 난방설비에 적합하다.
ⓕ 예열시간이 짧고 동파 우려가 크다.
ⓖ 부하변동에 따른 방열량의 제어가 곤란하다.
ⓗ 운전을 정지시키면 관에 공기가 유입되므로 관의 부식이 빠르게 진행된다.
ⓘ 환수관의 배관법
 • 건식 환수관식 : 환수주관을 보일러수면보다 높게 배관
 • 습식 환수관식 : 환수주관을 보일러수면보다 낮게 배관

★
10 냉방부하 계산 시 일사를 받는 외벽으로부터의 침입열량을 계산할 때 일사에 의한 열취득을 고려한 온도를 무엇이라 하는가?
① 설계외기온도
② 최고외기온도
③ 상대외기온도
④ TAC외기온도

해설 **상대외기온도(Equivalent Outdoor Temperature, 상대온도)**
ⓐ 일사, 외기온도, 대류, 복사 등의 열취득효과를 종합적으로 고려하여 외기온도를 가상의 온도로 환산한 값
ⓑ 주로 한국, 일본 등의 열부하 계산기준에서 사용
ⓒ 일사를 받는 외벽, 지붕 등을 통해 유입되는 일사에 의한 침입열량 계산 시 사용
ⓓ 외기온도, 일사강도, 벽체의 열적 특성(열관류율, 열용량 등), 색상, 방향(남향, 서향 등) 등을 고려
ⓔ 외벽표면온도와 실내온도의 차이
ⓕ 일사에 의한 열취득을 고려한 가상의 외기온도

참고 **TAC외기온도(TETD/TA방식, 미국식)**
 • TAC : Total Equivalent Temperature Difference/Time Averaging Correction
 • 정의 : ASHRAE방식에서 외벽, 지붕, 창을 통한 비정상상태 열취득을 시간평균화하여 계산한 방법
 • 용도 : 미국식 냉방부하 계산(TETD/TA방법)
 • 고려요소
  – TETD : 시간에 따른 일사영향
  – TA : 시간평균보정계수

11 다음 중 송풍기의 상사법칙에 대한 설명으로 옳지 않은 것은? (단, 임펠러의 직경은 동일하다.)
① 풍량은 속도비에 비례한다.
② 정압은 속도비의 제곱에 비례한다.
③ 동력은 속도비의 3제곱에 비례한다.
④ 소음과 진동은 속도비의 제곱에 비례한다.

해설 **송풍기의 상사법칙**
ⓐ 회전수에 따른
 • 풍량 : $\dfrac{Q_2}{Q_1} = \dfrac{N_2}{N_1}$
 • 정압 : $\dfrac{P_2}{P_1} = \left(\dfrac{N_2}{N_1}\right)^2$
 • 소요동력 : $\dfrac{L_2}{L_1} = \left(\dfrac{N_2}{N_1}\right)^3$

ⓑ 직경에 따른
 • 풍량 : $\dfrac{Q_2}{Q_1} = \left(\dfrac{d_2}{d_1}\right)^3$
 • 정압 : $\dfrac{P_2}{P_1} = \left(\dfrac{d_2}{d_1}\right)^2$
 • 소요동력 : $\dfrac{L_2}{L_1} = \left(\dfrac{d_2}{d_1}\right)^5$

12 축열시스템의 특징에 관한 설명으로 옳은 것은?
① 피크컷(peak cut)에 의해 열원장치의 용량이 증가한다.
② 부분부하운전에 쉽게 대응하기가 곤란하다.
③ 도시의 전력수급상태 개선에 공헌한다.
④ 야간운전에 따른 관리인건비가 절약된다.

해설 축열시스템은 심야전력을 이용하므로 전력수급상태 개선에 효과적이다.

참고 **축열시스템의 종류**
 • 수축열방식 : 열용량이 큰 물을 축열재료로 이용하는 방식
 • 빙축열방식 : 냉열을 얼음에 저장하여 작은 체적에 효율적으로 냉열을 저장하는 방식
 • 잠열축열방식 : 물질의 융해 및 응고 시상변화에 따른 잠열을 이용하는 방식
 • 토양축열방식 : 대지의 지중온도를 이용하는 방식

정답 10. ③ 11. ④ 12. ③

13 덕트 설계법 중 등마찰손실법에 대한 설명으로 틀린 것은?

① 등마찰손실법은 산업용 분말이나 분진 이송에 적합한 설계법이다.
② 등마찰손실법은 덕트 설계가 간단하여 동일 마찰저항일 때 풍량이 클수록 풍속은 커진다.
③ 등마찰손실법으로 설계하면 덕트 말단으로 갈수록 풍속이 감소하여 정압이 증가한다.
④ 등마찰손실법으로 설계하면 덕트길이당 마찰손실이 같으며 정압법이라고도 한다.

해설 ㉠ 등마찰손실법(등압법) : 유량은 다르더라도 단위길이당 마찰손실이 일정하도록 설계
㉡ 정압재취득법
  • 동압의 감소만큼 정압이 상승하므로 각 구간에 취출구 직전의 정압이 일정함
  • 분기부가 많고 주덕트의 길이가 길 때 적합
  • 공기분배계통의 에어밸런싱을 유지하는 데 가장 적합
㉢ 등속법
  • 발생되는 분진을 작업장 밖으로 배출시키기 위한 설계법
  • 10~35m/s 이상 공장 환기용
㉣ 전압법 : 마찰저항이 일정하도록 하고 단위길이당 마찰저항을 곱하여 전덕트의 압력손실을 구하는 방식

14 공기조화방식 중 사람이 거주하는 공간에서 실내 환기를 위하여 최소 풍량을 확보하도록 할 필요가 있는 방식은?

① 이중덕트방식
② 단일덕트 정풍량방식
③ 단일덕트 변풍량방식
④ 유인유닛방식

해설 단일덕트 변풍량방식(VAV : Variable Air Volume System)
㉠ 실내부하에 따라 공급공기의 풍량을 자동으로 조절한다.
㉡ 거주자의 쾌적함과 공기질 유지를 위해 최소 외기량(환기량)을 항상 확보해야 한다.
㉢ 압력조정장치 등이 고가이므로 설비비가 많이 든다.
㉣ 각 방의 온도를 개별적으로 제어할 수 있다.
㉤ 시운전 시 토출구의 풍량 조정이 간단하다.
㉥ 열부하 감소에 의한 운전비인 송풍동력이 적어 에너지를 절약할 수 있다(VAV유닛을 사용하여 제어).
㉦ 부하의 증가에 대해서 유연성이 있다(칸막이 변경이나 부하 증가에 대하여 적응성이 좋다).
㉧ 동시부하율을 고려하여 설비용량을 적게 할 수 있다.
㉨ 자동제어가 복잡하여 운전 및 유지관리가 어렵다.
㉩ 일사량변화가 심한 페리미터존에 적합하다.
㉪ 실내부하가 적어지면 송풍량이 적어 실내공기의 오염도가 높다.
㉫ 부하변동에 대하여 제어응답이 빠르므로 거주성이 향상된다.

★ 15 습공기의 성질에 관한 설명 중 틀린 것은?

① 상대습도는 동일 온도의 포화혼합습도에 대한 해당 절대습도의 비로 표현한다.
② 건구온도가 증가할수록 공기 중 포화절대습도는 증가한다.
③ 건구온도와 습구온도가 같을 경우 상대습도는 100%이다.
④ 동일한 절대습도에서 건구온도가 증가할수록 엔탈피는 증가한다.

해설 습공기
㉠ 상대습도 = $\dfrac{증기밀도}{포화증기밀도}$ (습공기 중의 동일한 온도)
㉡ 절대습도 = $\dfrac{수증기질량}{건공기질량}$
㉢ 비교습도 = $\dfrac{절대습도}{포화절대습도} = \dfrac{x}{x_s}$
㉣ 건구온도가 증가할수록 공기 중 포화절대습도(포화수증기량)는 증가한다.
㉤ 건구온도와 습구온도가 같을 경우 상대습도는 100%이다.
㉥ 동일한 절대습도에서 건구온도가 증가할수록 엔탈피는 증가한다.
㉦ 동일한 상대습도에서 건구온도가 증가할수록 절대습도 또한 증가한다.
㉧ 동일한 건구온도에서 절대습도가 증가할수록 상대습도 또한 증가한다.
㉨ 단열가습하면 절대습도는 일정하고, 상대습도는 감소한다.
㉩ 포화공기란 습공기 중의 절대습도, 건구온도 등이 변화하면서 수증기가 포화상태에 이른 공기를 말한다.
㉪ 무입공기란 포화수증기 이상의 수분을 함유하여 공기 중에 미세한 물방울을 함유하는 공기를 말한다.

정답 13. ① 14. ③ 15. ①

16 건구온도 20℃, 상대습도 60%인 습공기에서 건공기의 분압(kPa)은? (단, 대기압은 101.3kPa, 20℃ 포화수증기압은 3.9kPa이다.)

① 96.42kPa ② 97.40kPa
③ 98.34kPa ④ 98.96kPa

해설 $P_a = P - P_w = P - \phi P_s$
$= 101.3 - 0.6 \times 3.9 ≒ 98.96 \text{kPa}$

17 다음 습공기선도의 공기조화과정을 나타낸 장치도는? (단, ① : 외기, ② : 환기, HC : 가열기, CC : 냉각기이다.)

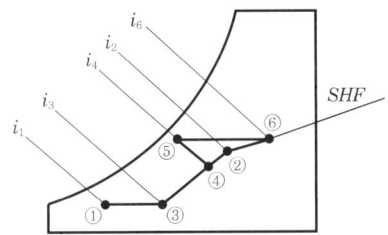

①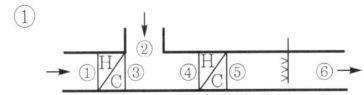

②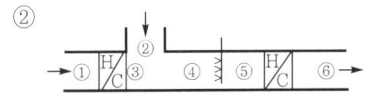

③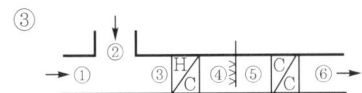

④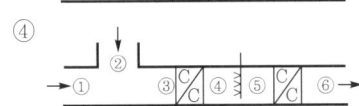

해설 습공기선도

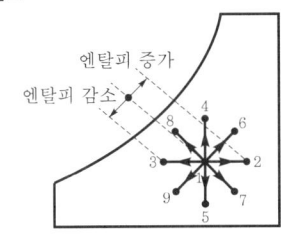

1→2 : 가열, 1→3 : 냉각, 1→4 : 가습, 1→5 : 감습
1→6 : 가열가습, 1→7 : 가열감습(단열변화),
1→8 : 냉각가습(단열변화), 1→9 : 냉각감습

18 다음 중 개방식 팽창탱크에 반드시 필요한 요소가 아닌 것은?

① 압력계 ② 오버플로관
③ 안전관 ④ 팽창관

해설 개방식 팽창탱크
㉠ 팽창관, 안전관, 일수관(overflow pipe), 배기관 등을 부설하고, 팽창관에 밸브는 절대 설치하지 않는다.
㉡ 탱크용량은 전체 팽창량의 2~2.5배가 적당하다.
㉢ 저온수난방에 흔히 사용된다.
㉣ 배관계통상 최고수위보다 1m 이상 높게 설치한다.
㉤ 탱크의 상부에 통기관을 설치한다.

참고 밀폐식 팽창탱크는 수위계, 안전밸브, 압력계, 압축공기 공급관으로 구성되어 있다

19 전수식 공조방식으로 중앙기계실의 열원설비로부터 냉수 또는 온수를 각 실에 있는 유닛에 공급하여 냉난방하는 가장 경제적인 공조방식은?

① 단일덕트재열방식
② 팬코일유닛방식
③ 패키지유닛방식
④ 바닥취출공조방식

해설 팬코일유닛(FCU)방식
㉠ 중앙기계실에서 냉수 또는 온수를 공급받아 각 실내에 설치된 FCU에서 팬을 이용하여 실내공기를 강제로 순환시켜 냉난방을 하는 방식이다.
㉡ 각 실의 온도조절이 가능하다.
㉢ 장래 부하 증가에 대비하여 유닛을 추가하기 쉽다.

★ 20 실내냉방부하가 현열 1.1kW, 잠열 0.28kW인 실의 송풍량은? (단, 취출온도차 10℃, 공기의 비중량 1.2kg/m³, 비열 1.01kJ/kg · K이다.)

① 327CMH ② 427CMH
③ 3,270CMH ④ 4,270CMH

해설 $q_s = C\gamma Q \Delta t$
$\therefore Q = \dfrac{q_s}{C\gamma \Delta t} = \dfrac{1.1 \times 3,600}{1.01 \times 1.2 \times 10} ≒ 327 \text{m}^3/\text{h(CMH)}$

참고 단위
• m³/s → CMS, m³/min → CMM, m³/h → CMH
• ft³/s → CFS, ft³/min → CFM, ft³/h → CFH

정답 16. ④ 17. ② 18. ① 19. ② 20. ①

제2과목 냉동냉장설비

21 스크루압축기의 운전 중 로터에 오일을 분사시켜주는 목적으로 가장 거리가 먼 것은?

① 높은 압축비를 허용하면서 토출온도 유지
② 압축효율 증대로 전력소비 증가
③ 로터의 마모를 줄여 장기간 성능 유지
④ 높은 압축비에서도 체적효율 유지

해설 압축효율의 증대로 전력소비는 감소한다.

참고 오일분사의 목적
- 높은 압축비를 허용하면서 토출온도 유지
- 압축효율 증대로 전력소비 감소
- 로터의 마모를 줄여 장기간 성능 유지
- 높은 압축비에서도 체적효율 유지
- 냉각효과에 의한 압축일 감소
- 열팽창을 억제하여 안정적 성능과 고속운전 가능

22 냉동장치 운전 중 증기상태값이 압력 0.3MPa에서 포화액엔탈피 368kJ/kg, 포화증기엔탈피 1,614kJ/kg일 때 팽창밸브 직전의 냉매엔탈피는 577.8kJ/kg, 팽창밸브 통과 후 냉매압력이 0.3MPa일 때 증발기로 들어가는 냉매액의 중량비는 대략 몇 %가 되는가?

① 16.8%   ② 38.5%
③ 78.2%   ④ 83.2%

해설
$$x = \frac{h - h_f}{h_g - h_f} = \frac{577.8 - 386}{1,614 - 386} ≒ 0.168379$$
∴ 중량비 $= (1-x) \times 100\%$
$= (1 - 0.168379) \times 100\% ≒ 83.2\%$

23 냉동장치 증발기에 대한 핫가스 제상방법의 특징으로 잘못된 것은?

① 전기 제상법에 비하여 제상속도가 빠르다.
② 핫가스 제상 후 즉시 정상운전이 가능하다.
③ 압축기 토출가스를 전자밸브를 통해 증발기로 주입하여 제상한다.
④ 증발기가 내부에서 가열되기 때문에 냉장식품으로 전달되는 과잉열량이 전기 제상법보다 적다.

해설 핫가스 제상 후 핫가스라인을 닫고 팽창밸브 개방 후 사용 가능하다.

참고 제상방법
- 핫가스 제상
- 전열 제상
- 살수 제상 : 수온은 10~20℃
- 공기 제상

24 전열면의 열관류율은 379W/m²·K, 전열면적은 0.4m², 전열면 양측 온도는 각각 -5℃, 25℃일 때 전열면을 통한 열통과량은 얼마인가?

① 3,032W   ② 4,548W
③ 5,458W   ④ 6,338W

해설 $q_4 = KA\Delta t = 379 \times 0.4 \times [25 - (-5)] = 4,548W$

★ 25 10ton의 쇠고기(지방이 없는 부분)를 10시간 동안 35℃에서 2℃까지 냉각할 때 필요한 냉동능력은 약 얼마인가? (단, 쇠고기 동결점은 -2℃, 동결 전 비열은 3.25kJ/kg·K, 동결 후 비열은 1.76kJ/kg·K, 동결잠열은 232kJ/kg·K이다.)

① 16kW   ② 30kW
③ 35kW   ④ 42kW

해설
$$Q = mC\Delta t = \frac{10 \times 1,000 \times 3.25 \times (35-2)}{10 \times 3,600} ≒ 30kW$$

★ 26 다음은 증발기의 구조와 작용에 대해 설명한 것이다. 이 중 옳지 않은 것은?

① 만액식 증발기는 리퀴드백을 방지하기 위해 액분리기를 설치한다.
② 액순환식 증발기는 액펌프에 의해 액을 순환시키므로 타 증발기에 비해 전열이 양호하다.
③ 공기의 흐름과 냉매의 흐름은 직교류보다 평행류일 때 전열작용이 좋다.
④ 건식 증발기가 만액식 증발기에 비해 충전냉매량이 적다.

해설
㉠ 증발기의 전열작용은 대향류 > 직교류 > 평행류 순이다.
㉡ 건식 증발기는 주로 온도식 팽창밸브와 모세관을 팽창밸브로 사용한다.

정답 21. ②   22. ④   23. ②   24. ②   25. ②   26. ③

27 제빙장치에서 깨끗한 얼음을 만들기 위해 빙판 내로 공기를 송입하여 물을 교반시킨다. 이때 어떤 종류의 송풍기가 많이 사용되는가?

① 프로펠러식 송풍기　② 임펠러식 송풍기
③ 로터리식 송풍기　　④ 스크루식 송풍기

해설 ㉠ 제빙장치의 공기교반장치에 로터리식 송풍기를 사용한다.
㉡ 투명한 얼음을 만들기 위해 송풍압력은 20kPa 정도 (19.6~34.3kPa)가 좋다.

28 냉동장치 운전을 위한 준비작업으로 옳지 않은 것은?

① 회전기계의 벨트장력을 확인한다.
② 응축기의 냉각수펌프를 기동한다.
③ 압축기를 기동한다.
④ 압축기의 유압을 조정한다.

해설 냉동장치의 운전준비작업
㉠ 벨트의 장력상태 확인
㉡ 압축기 유면 및 냉매량 확인
㉢ 각종 밸브의 개폐 유무 확인
㉣ 응축기의 냉각수펌프 기동

★ **29** 32℃와 -12℃의 두 열원 사이에서 작동하는 히트펌프가 달성할 수 있는 최고 성적계수는 얼마인가?

① 6.93　② 8.1
③ 10.2　④ 16.5

해설 $COP_H = \dfrac{T_H}{T_H - T_L} = \dfrac{273 + 32}{(273 + 32) - (273 - 12)} \fallingdotseq 6.93$

참고 냉동기의 성능계수
$COP = \dfrac{저온}{고온 - 저온} = \dfrac{T_L}{T_H - T_L}$

30 전열면적 20m², 냉각수량 300L/min, 열통과율 1,140W/m²·K인 수냉식 응축기를 사용하며, 냉각수 입구온도가 32℃, 출구온도가 37℃일 때 응축온도는 얼마인가? (단, 냉각수의 비열은 4.2kJ/kg·K이다.)

① 34.28　② 36.35
③ 37.92　④ 39.11

해설
$t_c = \dfrac{mC(t_o - t_i)}{\lambda A} + \Delta t_m = \dfrac{mC(t_o - t_i)}{\lambda A} + \dfrac{t_i + t_o}{2}$

$= \dfrac{\dfrac{300}{60} \times 4.2 \times (37 - 32) \times 1,000}{1,140 \times 20} + \dfrac{32 + 37}{2}$

$\fallingdotseq 39.11℃$

★ **31** 다음 냉동장치의 액봉사고 설명 중 옳지 않은 것은?

① 액봉의 발생 방지에는 배관밸브의 개폐상태, 압력도피장치의 유무, 액관에 열침입이 없는지 확인한다.
② 액봉에 의해 현저하게 압력 상승의 우려가 있는 부분은 안전밸브 또는 압력릴리프장치를 설치한다.
③ 압력릴리프장치에 용전을 이용하면 좋다.
④ 액봉에 의한 사고가 발생하기 쉬운 개소로는 저압수액기의 냉매액배관이 있다.

해설 액봉(liquid slugging)현상
㉠ 냉동기의 압축기 흡입부에 냉매가 기체가 아닌 액체상태로 유입되어 발생하는 고장이다.
㉡ 액봉 방지를 위한 안전장치로 파열판, 압력릴리프밸브(직동식(스프링식)), 압력도피장치 등이 사용된다.
㉢ 액봉이 잘 일어나지 않는 재질, 즉 외경 26mm 미만의 동관을 사용하면 좋다.

참고 용전(熔轉, brazing 또는 soldering)
• 두 금속부재를 열을 가하여 녹인 금속(필러메탈)으로 접합하는 작업을 말한다.
• 일반적으로 냉동·공조장치, 배관작업, 금속공예, 전자기기 조립 등에서 널리 사용된다.

32 몰리에르선도에서 냉매의 상태값을 결정하기 위한 2개의 물리량으로 적합한 것은?

① 압력과 온도
② 압력과 엔탈피
③ 비체적과 레이놀즈수
④ 마찰계수와 유속

해설 몰리에르선도($P-h$ 선도)는 압력과 엔탈피의 선도이다.

정답 27. ③　28. ③　29. ①　30. ④　31. ③　32. ②

33 증발식 응축기에 관한 설명으로 옳은 것은?

① 증발식 응축기는 많은 냉각수를 필요로 한다.
② 송풍기, 순환펌프가 설치되지 않아 구조가 간편하다.
③ 대기온도는 동일하지만 습도가 높을 때는 응축압력이 높아진다.
④ 냉각수보급량은 물의 증발량과는 큰 관계가 없다.

해설 증발식 응축기
㉠ 물의 증발잠열을 이용하여 냉각하므로 냉각수가 적게 든다.
㉡ 송풍기 및 순환펌프의 동력이 필요하다.
㉢ 외형과 설치면적이 크며 대형이다.
㉣ 대기의 습구온도에 영향을 많이 받으며 다른 응축기에 비하여 3~4% 냉각수량만 순환시키면 된다.
㉤ 수냉식 응축기와 공냉식 응축기의 작용을 혼합한 형태이다.
㉥ 구조가 복잡하고 설비비가 고가이며 사용되는 응축기 중 압력과 온도가 높으면 압력 강하가 크다.
㉦ 겨울철에는 공냉식으로 사용할 수 있어 연간운전에 특히 우수하다.
㉧ 대기온도는 동일하지만 습도가 높을 때는 응축압력이 높아진다.
㉨ 냉각수보급량은 물의 증발량과 비산수량 등과 관계가 있다.
㉩ 구성요소 : 송풍기, 물분무펌프, 분재장치, 일리미네이터, 수공급장치

34 다음 그림은 역카르노사이클을 절대온도(T)와 엔트로피(S)선도로 나타내었다. 면적 $1-2-2'-1'$이 나타내는 것은?

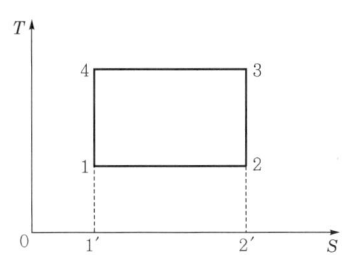

① 저열원으로부터 받는 열량
② 고열원에 방출하는 열량
③ 냉동기에 공급된 열량
④ 고·저열원으로부터 나가는 열량

해설 $1-2-2'-1'$은 저열원으로부터 받는 열량(q_2), 즉 열전달량이다.

참고
• 고열원으로부터 받는 열량(q_1) : $4-3-2'-1'$
• 역카르노사이클의 열량(q_1-q_2) : $4-3-2-1$

35 냉동능력이 17.5kW이고, 압축기 소요동력이 4kW인 냉동기에서 응축기의 냉각수 입구온도가 32℃, 냉각수량이 62L/min이면 응축기 출구의 냉각수온도는? (단, 냉각수의 비열은 4.2kJ/kg·K이다.)

① 37℃ ② 38℃
③ 42℃ ④ 46℃

해설 ㉠ $Q_c = Q_e + AW_L = 17.5 + 4 = 21.5\text{kW}$
㉡ $Q_c = mC(t_o - t_i)$
∴ $t_o = t_i + \dfrac{Q_c}{mC} = 32 + \dfrac{21.5}{\dfrac{62}{60} \times 4.2} ≒ 37℃$

36 다음 냉매 중 오존파괴지수(ODP)가 가장 낮은 것은?

① R-11 ② R-12
③ R-22 ④ R-134a

해설 ① R-11 : 1
② R-12 : 1
③ R-22 : 0.055
④ R-134a, NH_3 : 0

37 냉매 충전용 매니폴드를 구성하는 주요 밸브와 가장 거리가 먼 것은?

① 흡입밸브 ② 자동용량제어밸브
③ 펌프연결밸브 ④ 바이패스밸브

해설 매니폴드

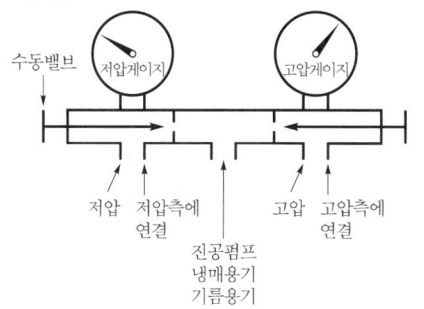

38 CA냉장고(Controlled Atmosphere storage room)의 용도로 가장 적당한 것은?

① 가정용 냉장고로 쓰인다.
② 제빙용으로 주로 쓰인다.
③ 청과물 저장에 쓰인다.
④ 공조용으로 철도, 항공에 주로 쓰인다.

해설 CA냉장고는 청과물을 저장 시 보다 좋은 저장성을 얻기 위해 냉장고 내의 산소를 3~5% 감소시키고, 탄산가스를 3~5% 증대시켜 주는 방법으로 청과물의 호흡작용을 억제하면서 냉장하는 냉장고이다.

39 진공계의 지시가 45cmHg일 때 절대압력은?

① 0.0421kg/cm^2 abs
② 0.42kg/cm^2 abs
③ 4.21kg/cm^2 abs
④ 42.1kg/cm^2 abs

해설 절대압력 = (대기압력 − 진공압력) × 1.0332
$= \left(\dfrac{760}{760} - \dfrac{450}{760}\right) \times 1.0332$
$≒ 0.42\text{kg/cm}^2$ abs

참고 절대압력 = 대기압력 + 게이지압력 = 대기압력 − 진공압력

40 압축기 직경이 100mm, 행정이 850mm, 회전수 2,000rpm, 기통수 4일 때 피스톤배출량(m^3/h)은?

① 3204.4
② 3316.2
③ 3458.8
④ 3567.1

해설 $V = 60ASNZ$
$= 60 \times \dfrac{\pi \times 0.1^2}{4} \times 0.85 \times 2,000 \times 4 ≒ 3204.4\text{m}^3/\text{h}$

제3과목　공조냉동 설치·운영

41 고압가스안전관리법령에서 규정하는 냉동기 제조등록을 해야 하는 냉동기의 기준은 얼마인가? (단, 가연성 및 독성 가스인 경우)

① 냉동능력 3톤 이상인 냉동기
② 냉동능력 5톤 이상인 냉동기
③ 냉동능력 8톤 이상인 냉동기
④ 냉동능력 10톤 이상인 냉동기

해설 냉동기 제조신고
㉠ 가연성 및 독성 가스 : 냉동능력 3톤 이상
㉡ 그 밖의 가스 : 냉동능력 20톤 이상

42 고압가스안전관리법령에 따라 일체형 냉동기의 조건으로 틀린 것은?

㉠ 냉매설비 및 압축기용 원동기가 하나의 프레임 위에 일체로 조립된 것
㉡ 냉동설비를 사용할 때 스톱밸브 조작이 필요한 것
㉢ 사용장소에 분할·반입하는 경우에는 냉매설비에 용접 또는 절단을 수반하는 공사를 하지 않고 재조립하여 냉동제조용으로 사용할 수 있는 것
㉣ 냉동설비의 수리 등을 하는 경우에 냉매설비부품의 종류, 설치개수, 부착위치 및 외형치수와 압축기용 원동기의 정격출력 등이 제조 시 상태와 같도록 설계·수리될 수 있는 것
㉤ 응축기유닛 및 증발유닛이 냉매배관으로 연결된 것으로 하루냉동능력이 20톤 미만인 공조용 패키지에어컨 등

① ㉠
② ㉡
③ ㉡, ㉤
④ ㉢, ㉤

해설 일체형 냉동기의 조건
㉠ 냉매설비 및 압축기용 원동기가 하나의 프레임 위에 일체로 조립된 것
㉡ 냉동설비를 사용할 때 스톱밸브 조작이 필요 없는 것
㉢ 사용장소에 분할·반입하는 경우에는 냉매설비에 용접 또는 절단을 수반하는 공사를 하지 않고 재조립하여 냉동제조용으로 사용할 수 있는 것
㉣ 냉동설비의 수리 등을 하는 경우에 냉매설비부품의 종류, 설치개수, 부착위치 및 외형치수와 압축기용 원동기의 정격출력 등이 제조 시 상태와 같도록 설계·수리될 수 있는 것
㉤ 그 외에 산업통상자원부장관이 일체형 냉동기로 인정하는 것
㉥ 응축기유닛 및 증발유닛이 냉매배관으로 연결된 것으로 하루냉동능력이 20톤 미만인 공조용 패키지에어컨 등

43 역률이 80%인 부하에 전압과 전류의 실효값이 각각 100V, 5A라고 할 때 무효전력(Var)은?

① 100
② 200
③ 300
④ 400

해설 $\sin\theta = \sqrt{1-\cos^2\theta} = \sqrt{1-0.8^2} = 0.6$
∴ $P_r = IV\sin\theta = 5 \times 100 \times 0.6 = 300\text{Var}$

정답　38. ③　39. ②　40. ①　41. ①　42. ②　43. ③

★ **44** 기계설비법령에 따라 기계설비성능점검업 등록 시 기술인력의 조건은?

① 특급 책임기계설비유지관리자 1명, 고급 책임기계설비유지관리자 1명, 중급 책임기계설비유지관리자 1명
② 특급 책임기계설비유지관리자 1명, 고급 책임기계설비유지관리자 1명, 중급 책임기계설비유지관리자 2명
③ 특급 책임기계설비유지관리자 1명, 고급 책임기계설비유지관리자 2명, 중급 책임기계설비유지관리자 3명
④ 특급 책임기계설비유지관리자 1명, 고급 책임기계설비유지관리자 1명, 중급 책임기계설비유지관리자 1명, 초급 책임기계설비유지관리자 3명

해설 기계설비성능점검업의 등록요건 중 기술인력(기계설비법 시행령 [별표 7])
㉠ 기술인력이란 상시 근무하는 사람을 말하며, 「국가기술자격법」, 「건설기술 진흥법」 등 자격 관련 법령에 따라 자격이 정지된 사람은 제외한다.
㉡ 다음 각 목의 기술인력을 모두 갖출 것
  • 다음의 어느 하나에 해당하는 분야의 특급 책임기계설비유지관리자 1명
    – 국가기술자격법에 따른 건축설비분야
    – 국가기술자격법에 따른 공조냉동기계분야 또는 건설기술진흥법 시행령 [별표 1]에 따른 공조냉동 및 설비 전문분야
    – 국가기술자격법에 따른 에너지관리분야
  • 고급 이상인 책임기계설비유지관리자 1명
  • 중급 이상인 책임기계설비유지관리자 2명

45 기계설비법령에 따라 기계설비유지관리자는 근무처·경력·학력 및 자격 등의 관리에 필요한 사항을 신고하려는 경우 기계설비유지관리자 경력신고서에 첨부해야 하는 서류가 아닌 것은?

① 근무처 및 경력을 증명하는 서류
② 기계설비 관련 자격증 사본
③ 졸업증명서
④ 최근 3개월 이내에 촬영한 증명사진

해설 기계설비유지관리자 경력신고서 첨부서류
㉠ 경력확인서 원본 : 소속회사별로 작성된 경력확인서 원본을 제출해야 한다(대한기계설비건설협회 등에서 제공하는 양식 사용).
  • 참고 : 소속회사는 4대 보험 가입회사여야 하며, 경력확인서 스캔본은 인정되지 않는다.
㉡ 근무사실증명서류(택 1) : 다음 중 한 가지 서류를 제출하여 근무사실을 증명해야 한다.
  • 건강보험자격득실확인서(국민건강보험공단 발행)
  • 국민연금가입자 가입증명(국민연금공단 발행)
  • 일용근로소득지급명세서(세무사 발행 또는 국세청 홈택스 출력)
  • 고용보험일용근로내역서(근로복지공단 발행)
  • 관계법령에 따라 정부로부터 지정받은 경력관리기관이 발행한 경력증명서(예 : 건설기술인 경력증명서)
  • 주의 : 재직증명서는 인정되지 않는다.
㉢ 경력을 확인하는 소속회사별 서류 사본(담당업무 관련)
  • 설계/감리 : 건축사사무소 개설신고확인증, 건설기술용역등록증(설계·사업관리·설계용역분야), 기술사사무소 개설등록증(설비 전문분야), 엔지니어링사업자신고증(설비 전문분야) 사본 등
  • 시공 : 종합건설업, 기계설비공사업등록증(수첩) 사본
  • 유지관리 : 사업자등록증 사본
  • 성능점검 : 에너지진단전문기관 지정서 사본, TAB 수행자격확인증 사본 등
㉣ 기계설비 관련 자격증 사본(해당자만) : 이름, 사진, 자격증(등록)번호, 종목(전문분야), 합격(취득)일 확인이 가능해야 한다.
㉤ 기계설비 관련학과 졸업증명서(해당자만) : 최근 90일 이내 발급된 서류여야 한다.
㉥ 증명사진(2.5cm×3.0cm) 1매 : 최근 6개월 이내 촬영분(온라인신고 시 업로드하는 경우 제출이 제외될 수 있다)

46 전류계의 측정범위를 넓히기 위하여 이용되는 기기는 어떤 부하이며, 이것은 전류계와 어떻게 접속하는가?

① 분류기 – 직렬접속
② 분류기 – 병렬접속
③ 배율기 – 직렬접속
④ 배율기 – 병렬접속

해설 전류의 측정범위를 넓히기 위해 전류계에 병렬로 달아주는 저항을 분류기 저항이라 한다.
참고 전압의 측정범위를 넓히기 위해 전압계에 직렬로 달아주는 저항을 배율기 저항이라 한다.

정답 44. ② 45. ④ 46. ②

47 다음 그림은 인덕턴스회로에서 전압 V와 전류 i의 관계를 설명하고 있다. 그 특징에 대한 설명으로 옳은 것은?

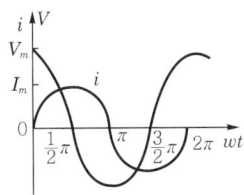

① 전압과 전류는 동일 주파수의 정현파이다.
② 전류가 전압보다 위상이 90° 앞선다.
③ 실효치의 비가 $\dfrac{1}{\omega L}$ 이다.
④ 콘덴서회로와 같이 다른 주파수의 정현파이다.

해설 인덕턴스회로
㉠ 전압과 전류는 동일 주파수(π)의 정현파이다.
㉡ 동일 주파수의 전압과 전류에서 위상은 전압이 $\dfrac{\pi}{2}$ (90°) 앞선다(코일회로).
㉢ 실효치의 비가 $\omega L = 2\pi f L$이다.

48 열처리 노의 온도제어는 어떤 제어에 속하는가?

① 자동조정   ② 비율제어
③ 프로그램제어   ④ 프로세스제어

해설 추치제어(서보제어)
㉠ 추종제어 : 목표치가 임의의 시간에 변화하는 제어로서 대공포 포신제어(미사일 유도), 자동아날로그선반 등이 속함
㉡ 비율제어 : 목표치가 다른 어떤 양에 비례하는 제어로서 보일러의 자동연소제어, 암모니아의 합성프로세스제어 등이 속함
㉢ 프로그램제어 : 목표치가 시간과 함께 미리 정해진 변화를 하는 제어로서 열처리 노의 온도제어, 열차의 무인운전, 엘리베이터, 무인자판기 등이 속함

★
49 자동제어의 조절기 중 불연속동작인 것은?

① 2위치동작   ② 비례제어동작
③ 적분제어동작   ④ 미분제어동작

해설 2위치동작(ON-OFF동작)은 불연속동작(간헐제어)으로 간단한 단속적 제어동작이며 사이클링이 생긴다.

50 1,000kWh는 몇 kJ인가?

① 3,600kJ   ② 36,000kJ
③ 360,000kJ   ④ 3,600,000kJ

해설 1,000kWh=1,000×3,600=3,600,000kJ

51 파형률이 가장 큰 것은?

① 구형파   ② 삼각파
③ 정현파   ④ 포물선파

해설 ① 구형파 : 1
② 삼각파 : $\dfrac{2}{\sqrt{3}} = 1.155$
③ 정현파 : $\dfrac{\pi}{2\sqrt{2}} = 1.11$
④ 포물선파 : $\dfrac{\pi}{2\sqrt{2}} = 1.11$

★
52 다음 그림과 같은 논리회로는?

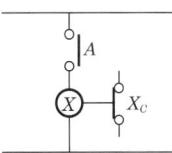

① OR회로   ② AND회로
③ NOT회로   ④ NAND회로

해설 논리회로

논리	논리식	회로기호(MIL기호)
NOT	$\overline{A}$	
OR	$A+B$	
AND	$A \cdot B$	
XOR	$A \oplus B$	
NOR	$\overline{A+B}$	
NAND	$\overline{A \cdot B}$	

정답 47. ① 48. ③ 49. ① 50. ④ 51. ② 52. ③

★
53 급수용 펌프의 양정을 결정할 때 그 효과를 무시할 수 있는 것은?

① 실양정
② 관로의 흡입손실수두
③ 관로의 토출손실수두
④ 압력수두차

해설 펌프의 양정 결정
㉠ 흡입양정(Suction Head/Suction Lift)
  • 펌프가 설치된 위치와 유면면의 높이차에 따라 결정
  • 양(+)의 흡입양정 : 유체가 펌프보다 높을 때
  • 음(-)의 흡입양정(흡입리프트) : 유체가 펌프보다 낮을 때
㉡ 토출양정(Discharge Head)
  • 펌프에서 토출되는 지점까지의 높이차
  • 토출배관의 말단지점이 기준
㉢ 마찰손실(Friction Loss)
  • 유체가 배관, 밸브, 엘보 등을 지날 때 생기는 마찰 저항
  • 배관의 길이, 굴곡, 재질, 지름, 밸브개수 등에 따라 결정
㉣ 속도수두(Velocity Head) : 유체의 속도에 따른 운동에너지
㉤ 기타 손실(Minor Losses) : 배관연결부, 밸브, 필터, 스트레이너 등에서 생기는 부분손실
㉥ 펌프양정의 종합공식 : Total Head = 토출수두 - 흡입수두 + 마찰손실 + 속도수두

54 다음 중 온도에 따른 팽창 및 수축이 가장 큰 배관 재료는?

① 강관
② 동관
③ 염화비닐관
④ 콘크리트관

해설 염화비닐관
㉠ 열팽창률이 크다.
㉡ 산·알칼리성에 강하다
㉢ 내수, 내유, 내약품성이 크다.

55 각 기구의 트랩마다 통기관을 설치하여 통기방식 중 안전도가 높고 자기사이펀작용에도 효과가 있으며 배수를 완전하게 할 수 있는 이상적인 통기방식은?

① 각개통기
② 루프통기
③ 신정통기
④ 회로통기

해설 통기방식
㉠ 각개통기방식 : 가장 이상적인 통기방식, 위생기구 1개마다 통기관 1개 설치, 관경 32A, 트랩위어로부터 통기관까지의 구배는 1/50~1/100
㉡ 루프통기(회로통기)방식 : 위생기구 2~8개의 트랩봉수 보호, 총길이 7.5m 이하, 관경 40A 이상
㉢ 신정통기방식 : 배수수직관 최상단에 설치하여 대기 중에 개방하는 방식

56 다음 중 각 장치의 설치 및 특징에 대한 설명으로 틀린 것은?

① 슬루스밸브는 유량조절용보다는 개폐용(ON -OFF용)에 주로 사용된다.
② 슬루스밸브는 일명 게이트밸브라고도 한다.
③ 스트레이너는 배관 속 먼지, 흙, 모래 등을 제거하기 위한 부속품이다.
④ 스트레이너는 밸브 뒤에 설치한다.

해설 스트레이너는 밸브 앞에 설치하여 여과시켜주는 것이다.

57 다음 중 밸브를 완전히 열었을 때 유체의 저항손실이 가장 큰 밸브는?

① 슬루스밸브
② 글로브밸브
③ 버터플라이밸브
④ 볼밸브

해설 ㉠ 슬루스밸브 : 유체의 흐름을 단속하는 대표적인 일반 밸브로 게이트밸브(사절밸브)라 함
㉡ 글로브밸브(유량조절용) : 밸브를 완전히 열었을 때 유체의 저항손실이 가장 큰 밸브
㉢ 버터플라이밸브 : 흐름방향에 직각으로 설치된 축을 중심으로 원판형의 밸브체가 회전함으로써 개폐를 하는 밸브로 나비형 밸브라고도 함
㉣ 볼밸브(콕) : 90도 회전으로 개폐 가능
㉤ 앵글밸브 : 유체방향을 90도 직각으로 유량조절
㉥ 니들밸브 : 디스크의 형상을 원뿔모양으로 소유량 고압조절용 밸브

58 주철관의 소켓이음 시 코킹작업을 하는 주목적으로 가장 적합한 것은?

① 누수 방지
② 경도 증가
③ 인장강도 증가
④ 내진성 증가

정답 53. ④ 54. ③ 55. ① 56. ④ 57. ② 58. ①

해설 주철관의 소켓이음 시 누수 방지를 위해 코킹작업을 한다.

참고 **주철관의 이음방법**
- 소켓접합 : 납과 야안(코킹작업, 누수 방지)
- 플랜지접합 : 고무링과 플랜지 사용
- 기계식(메커니컬) 접합 : 소켓접합과 플랜지접합의 장점을 채택한 것(고무개스킷)
- 타이톤접합 : 소켓형에 고무링 사용
- 빅토릭접합 : 고무링과 주철칼라 이용

59 증기난방배관에서 증기트랩을 사용하는 주된 목적은?

① 관내의 온도를 조절하기 위해서
② 관내의 압력을 조절하기 위해서
③ 배관의 신축을 흡수하기 위해서
④ 관내의 증기와 응축수를 분리하기 위해서

해설 증기트랩은 관내의 증기와 응축수를 분리하여 수격작용을 방지하고 효율을 향상시킨다.

★
60 다음 중 보온재 중 안전사용온도가 가장 높은 것은? (단, 동일 조건 기준으로 한다.)

① 우모펠트
② 암면
③ 글라스울
④ 세라믹 화이버

해설 ① 우모펠트 : 100℃
② 암면 : 400℃
③ 글라스울 : 300℃
④ 세라믹 화이버 : 1,300℃ 이하

참고 **안전사용온도** : 페라이트(650℃), 규조토(525℃), 석면(500℃), 삼여물(250℃), 탄산마그네슘(250℃), 규산칼슘(700℃), 탄화코르크(130℃), 경질폼라버(80℃)

정답 59. ④ 60. ④

2024년 제2회 공조냉동기계산업기사

제1과목 공기조화설비

01 증기난방방식에서 응축수환수방법에 따른 분류가 아닌 것은?
① 기계환수식   ② 습식환수식
③ 진공환수식   ④ 중력환수식

해설 증기난방의 응축수환수법에 따른 분류
㉠ 중력환수식 : 응축수를 중력작용으로 환수
㉡ 기계환수식 : 펌프로 보일러에 강제환수
㉢ 진공환수식 : 진공펌프로 환수관 내 응축수와 공기를 환수. 증기의 순환이 가장 빠른 방법

02 다음 그림의 난방 설계도에서 컨벡터의 표시 중 F가 가진 의미는?

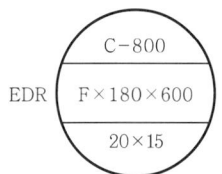

① 케이싱깊이   ② 높이
③ 형식   ④ 방열면적

해설 방열기(convector)의 도시기호
㉠ EDR : 방열면적
㉡ C-800 : 주형 방열기(Column Radiator)-높이
㉢ F×180×600 : 핀튜브 컨벡터(Fin-tube Convector)의 형식(규격)×폭 또는 깊이×길이
㉣ 20×15 : 방열기로 유입배관의 구경×유출배관의 구경

03 온도 30℃, 절대습도 0.0271kg/kg인 습공기의 엔탈피는? (단, 공기의 비열 1.01kJ/kg·K, 수증기의 증발잠열 2,501kJ/kg, 수증기의 비열 1.85kJ/kg·K 이다.)
① 11.98kJ/kg   ② 23.73kJ/kg
③ 47.88kJ/kg   ④ 99.58kJ/kg

해설 $h = C_p t + x(\gamma + C_w t)$
$= 1.01 \times 30 + 0.0271 \times (2{,}501 + 1.85 \times 30)$
$\fallingdotseq 99.58 \text{kJ/kg}$

04 에어필터의 효율 측정법이 아닌 것은?
① 중량법   ② NBS법
③ DOP법   ④ NTU법

해설 에어필터의 효율 측정법
㉠ 중량법 : 비교적 큰 입자를 대상으로 측정하는 방법으로 필터에서 제거되는 먼지의 중량으로 효율을 결정한다.
㉡ 비색법(변색도법, NBS법) : 비교적 작은 입자를 대상으로 하며, 필터의 상류와 하류에서 포집한 공기를 각각 여과지에 통과시켜 그 오염도를 광전관으로 측정한다.
㉢ 계수법(DOP법) : 고성능의 필터를 측정하는 방법으로 일정한 크기(0.3μm)의 시험입자를 사용하여 먼지의 수를 계측한다.

★ 05 냉각탑(cooling tower)에 대한 설명 중 잘못된 것은?
① 냉각탑은 냉동장치가 흡수한 열을 대기 중으로 방출하는 설비이다.
② 쿨링 어프로치(cooling approach)는 일반적으로 5℃ 정도로 한다.
③ 냉각수 입출구온도는 37℃, 32℃ 정도로 한다.
④ 냉각수순환수량은 23L/min·RT 정도로 한다.

해설 냉각탑 표준설계기준(Cooling Tower Design Standards)
㉠ 응축기에서 냉각수가 얻은 열을 공기 중에 방출하는 장치
㉡ 쿨링 어프로치=냉각수 출구온도-냉각탑 입구공기의 습구온도(5℃ 정도)
㉢ 쿨링 레인지=냉각수 입구온도-냉각수 출구온도
㉣ 진입수 37℃, 출구수 32℃, 습구온도 27℃
㉤ 냉각수순환수량 : 13L/min·RT 정도
㉥ 보급수량 : 순환수량의 2~3% 정도

정답 01. ② 02. ③ 03. ④ 04. ④ 05. ④

06 다음의 습공기선도에서 현재의 상태를 A라고 할 때 건구온도, 습구온도, 노점온도, 절대습도, 엔탈피를 그림의 각 점과 대응시키면 어느 것인가?

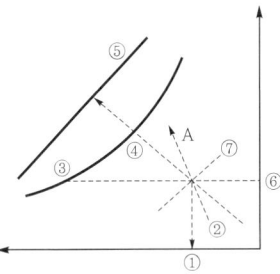

① ④, ③, ①, ⑥, ⑤
② ③, ①, ④, ⑦, ②
③ ①, ④, ③, ⑥, ⑤
④ ②, ③, ①, ⑦, ⑤

해설 제시된 습공기선도에서 ① 건구온도, ② 비체적(비용적), ③ 노점온도, ④ 습구온도, ⑤ 엔탈피 표지선, ⑥ 절대습도, ⑦ 상대습도에 해당한다.

07 냉방 시의 공기조화과정을 나타낸 것이다. 다음 그림과 같은 조건일 경우 냉각코일의 바이패스팩터는? (단, ① 실내공기의 상태점, ② 외기의 상태점, ③ 혼합공기의 상태점, ④ 취출공기의 상태점, ⑤ 코일의 장치노점온도이다.)

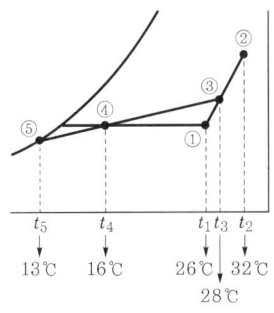

① 0.15
② 0.20
③ 0.25
④ 0.30

해설 $BF = \dfrac{t_4 - t_5}{t_3 - t_5} = \dfrac{16-13}{28-13} = 0.2$

08 기류 및 주위 벽면에서의 복사열은 무시하고 온도와 습도만으로 쾌적도를 나타내는 지표를 무엇이라고 부르는가?

① 쾌적 건강지표
② 불쾌지수
③ 유효온도지수
④ 청정지표

해설 불쾌지수
㉠ 날씨에 따라 사람이 느끼는 불쾌감의 정도를 기온과 습도를 조합하여 나타내는 수치
㉡ 불쾌지수=(건구온도+습구온도)×0.72+40.6

09 겨울철 침입외기(틈새바람)에 의한 잠열부하(q_L[kJ/h])는? (단, Q는 극간풍량(m³/h)이며, t_o, t_r은 각각 실외, 실내온도(℃), x_o, x_r은 각각 실외, 실내 절대습도(kg/kg′)이다.)

① $q_L = 1.2Q(t_o - t_r)$
② $q_L = 539Q(t_o - t_r)$
③ $q_L = 2,501Q(x_o - x_r)$
④ $q_L = 3001.2Q(x_o - x_r)$

해설 $q_L = 2,501m(x_o - x_r) = 1.2 \times 2,501Q(x_o - x_r)$
$= 3001.2Q(x_o - x_r)$

10 건물의 콘크리트벽체의 실내측에 단열재를 부착하여 실내측 표면에 결로가 생기지 않도록 하려고 한다. 외기온도가 0℃, 실내온도가 20℃, 실내공기의 노점온도가 12℃, 콘크리트두께가 100mm일 때 결로를 막기 위한 단열재의 최소 두께(mm)는? (단, 콘크리트와 단열재의 접촉 부분 열저항은 무시한다.)

열전도도	콘크리트	1.63W/m·K
	단열재	0.17W/m·K
대류열전달계수	외기	23.3W/m²·K
	실내공기	9.3W/m²·K

① 11.7
② 10.7
③ 9.7
④ 8.7

해설 ㉠ $k = \alpha_i \left(\dfrac{t_i - t_s}{t_i - t_o}\right) = 9.3 \times \dfrac{20-12}{20-0} = 3.72 \text{W/m}^2 \cdot \text{K}$

㉡ $k = \dfrac{1}{\dfrac{1}{\alpha_i} + \sum_{i=1}^{n}\dfrac{l_i}{\lambda_i} + \dfrac{1}{\alpha_o}}$

$\therefore l_2 = \lambda_2 \left[\dfrac{1}{k} - \left(\dfrac{1}{\alpha_o} + \dfrac{l_1}{\lambda_1} + \dfrac{1}{\alpha_i}\right)\right]$

$= 0.17 \times \left[\dfrac{1}{3.72} - \left(\dfrac{1}{23.3} + \dfrac{0.1}{1.63} + \dfrac{1}{9.3}\right)\right]$

$= 9.69 \times 10^{-3} \text{m} ≒ 9.7\text{mm}$

정답 06. ③ 07. ② 08. ② 09. ④ 10. ③

11 공기조화설비는 공기조화기, 열원장치 등 4대 주요 장치로 구성되어 있다. 4대 주요 장치의 하나인 열원장치에 해당되는 것이 아닌 것은?

① 공기조화기　② 냉동기
③ 보일러　　　④ 히트펌프

해설
㉠ 공기조화설비 : 공기조화기, 열원장치, 열운반장치, 자동제어장치
㉡ 공기조화기 : 에어필터, 세정기, 공기냉각기, 공기가열기, 송풍기 등
㉢ 열원장치 : 냉동기, 보일러, 히트펌프, 흡수식 냉동장치

12 기화식(증발식) 가습장치의 종류로 옳은 것은?

① 원심식, 초음파식, 분무식
② 전열식, 전극식, 적외선식
③ 과열증기식, 분무식, 원심식
④ 회전식, 모세관식, 적하식

해설 가습장치의 종류
㉠ 수분무식 : 물을 공기 중에 직접 분무하는 방식으로 원심식, 초음파식, 분무식(고압 스프레이식)
㉡ 증기식(증기 발생식) : 전열식, 전극식, 적외선식(청정, 정밀제어용)
㉢ 증기공급식 : 과열증기식, 독립형 증기 발생기 연동방식
㉣ 기화식(증발식) : 회전식, 모세관식, 적하식(고습도용)
㉤ 에어와셔식 : 냉방 전용식, 가습 전용식, 전처리 세정식, 냉난방 겸용식, 혼합식(필터 없이도 세정 가능, 냉방 시 전기사용량 감소(증발냉각), 습도조절 용이, 유지관리 필요(슬러지, 물 교체), 겨울철 과도한 가습 주의, 세균 번식의 가능성이 있어 위생관리 필요)

13 유인유닛방식에 대한 설명 중 틀린 것은?

① 각 유닛마다 제어가 가능하므로 개별제어가 가능하다.
② 송풍량이 많아 외기냉방효과가 크다.
③ 중앙공조기는 처리풍량이 적어 소형으로 된다.
④ 유인유닛에는 동력이 필요 없다.

해설 유인유닛방식
㉠ 각 유닛마다 개별제어가 가능하다.
㉡ 고속덕트를 채용하므로 덕트공간이 적게 차지한다.
㉢ 가동 부분이 없어 수명이 반영구적이다.
㉣ 외기냉방의 효과가 적다.
㉤ 유인비는 보통 3~4 정도로 한다.
㉥ 유인유닛에는 동력배선이 필요하지 않다.

14 송풍기를 원심, 축류 및 기타로 크게 나눌 때 원심 송풍기에 속하지 않는 것은?

① 터보송풍기
② 리밋로드송풍기
③ 익형 송풍기
④ 프로펠러송풍기

해설 송풍기의 종류
㉠ 원심송풍기 : 터보형(후곡형, 리밋로드, 터보), 익형, 방사형(반경류형), 다익형(전곡형), 관류형
㉡ 축류송풍기 : 프로펠러형, 튜브형, 베인형, 사류형, 횡류형, 기타(관내 축류형, 익붙이 축류형)
㉢ 사류송풍기
㉣ 횡류송풍기

★ 15 어떤 실내의 취득열량을 구했더니 감열이 40kW, 잠열이 10kW였다. 실내를 건구온도 25℃, 상대습도 50%로 유지하기 위해 취출온도를 10℃로 송풍하고자 한다. 이때 현열비(SHF)는?

① 0.6
② 0.7
③ 0.8
④ 0.9

해설 $SHF = \dfrac{현열}{전열량} = \dfrac{감열(현열)}{감열 + 잠열} = \dfrac{40}{40+10} = 0.8$

16 공기 중의 냄새나 아황산가스 등 유해가스의 제거에 가장 적당한 필터는?

① 활성탄필터
② HEPA필터
③ 전기집진기
④ 롤필터

해설 활성탄필터(carbon filter)
㉠ 각종 냄새 제거
㉡ 방사능 및 대기 중의 아황산가스나 유해성분 제거
㉢ 탈취를 목적으로 하는 소재의 제품 중 가장 경제적인 필터
㉣ 원하는 형상으로의 제작이 가능하고 유지보수가 간단함
㉤ 가장 보편적으로 널리 사용되는 제품으로 구입이 쉬움

정답 11. ①　12. ④　13. ②　14. ④　15. ③　16. ①

17 다음 부하 중 냉각코일의 용량을 산정하는 데 포함되지 않는 것은?

① 실내취득현열
② 도입외기부하
③ 송풍기 축동력에 의한 열부하
④ 펌프 및 배관으로부터의 부하

해설 냉각코일의 용량은 송풍기 축동력에 의한 열부하(실내취득열량+기기로부터의 취득열량), 재열부하, 외기부하로 산정된다.

18 덕트의 분기점에서 풍량을 조절하기 위하여 설치하는 댐퍼는 어느 것인가?

① 방화댐퍼 ② 스플릿댐퍼
③ 볼륨댐퍼 ④ 터닝댐퍼

해설 스플릿댐퍼(split damper)
㉠ 덕트의 분기부에 설치해서 풍량을 분배하는 데 사용한다.
㉡ 길이는 30mm 이상으로, 길이가 짧으면 기류에 흩어짐이 생기기 쉽다
㉢ 댐퍼날개의 강도가 적으면 진동 및 소음이 발생한다.

★
19 다음 중 천장형으로 취출기류의 확산성이 가장 큰 취출구는?

① 펑커 루버   ② 아네모스탯
③ 에어커튼   ④ 고정날개그릴

해설 ㉠ 그릴(grilles) : 공기의 흐름방향을 조절할 수 있으나 풍량은 조절할 수 없고 환기용 흡입구나 배기구로 사용
㉡ 디퓨저(diffusers) : 터보냉동기에서 속도에너지를 압력에너지로 변환하는 장치
㉢ 아네모스탯(anemostat) : 천장에 부착하는 분출구로서 확산반경이 크고 도달거리가 짧음
㉣ 펑커 루버(punkah louver)
 • 목을 움직여서 토출공기의 방향을 좌우상하로 바꿀 수 있고, 토출구에 달려 있는 댐퍼로 풍량조절을 쉽게 할 수 있음
 • 공기저항이 크다는 단점이 있으나 주방, 공장 등의 국소냉방에 주로 사용

20 실내냉난방부하 계산에 관한 내용으로 설명이 부적당한 것은?

① 열부하 구성요소 중 실내부하는 유리면부하, 구조체부하, 틈새바람부하, 내부칸막이부하 및 실내발열부하로 구성된다.
② 열부하 계산의 목적은 실내부하의 상태, 덕트나 배관의 크기 등을 구하기 위한 기초가 된다.
③ 최대 난방부하란 실내에서 발생되는 부하가 1일 중 가장 크게 되는 시각의 부하로서 저녁에 발생한다.
④ 냉방부하란 쾌적한 실내환경을 유지하기 위하여 여름철 실내공기를 냉각, 감습시켜 제거해야 할 열량을 의미한다.

해설 최대 난방부하란 실내에서 발생되는 부하가 1일 중 가장 크게 되는 시각의 부하로서 아침에 발생한다.

제2과목 냉동냉장설비

21 응축기 냉매의 응축온도가 30℃, 냉각수의 입구수온이 25℃, 출구수온이 28℃일 때 대수평균온도차(LMTD)는?

① 2.27℃   ② 3.27℃
③ 4.27℃   ④ 5.27℃

해설 $LMTD = \dfrac{\Delta t_1 - \Delta t_2}{\ln \dfrac{\Delta t_1}{\Delta t_2}} = \dfrac{(30-25)-(30-28)}{\ln \dfrac{30-25}{30-28}} ≒ 3.27℃$

22 만액식 증발기에 대한 설명 중 틀린 것은?

① 증발기 내에서는 냉매액이 항상 충만되어 있다.
② 증발된 가스는 액 중에서 기포가 되어 상승 분리된다.
③ 피냉각물체와 전열면적이 거의 냉매액과 접촉하고 있다.
④ 전열작용이 건식 증발기에 비해 미흡하지만 냉매액은 거의 사용되지 않는다.

해설 만액식 증발기는 증발기 내 액 75%, 가스 25%로 냉매액량이 많으므로 건식 증발기보다 전열이 양호하고 액체냉각용에 주로 사용한다.

정답 17. ④ 18. ② 19. ② 20. ③ 21. ② 22. ④

23 2단 압축사이클에서 증발압력이 235kPa이고 응축압력은 절대압력으로 1,225kPa일 때 최적의 중간압력(kPa)은? (단, 대기압은 101kPa이다.)

① 514.5
② 536.06
③ 641.56
④ 668.36

해설 P_c = 증발압력 + 대기압 = 235 + 101 = 336kPa
∴ $P_m = \sqrt{P_c P_e} = \sqrt{336 \times 1,225} ≒ 641.56$kPa

24 카르노사이클의 기관에서 20℃와 300℃ 사이에서 작동하는 열기관의 효율은?

① 약 42%
② 약 49%
③ 약 52%
④ 약 58%

해설 $\eta = \dfrac{T_1 - T_2}{T_1} = \dfrac{(273+300)-(273+20)}{273+300}$
$≒ 0.488 ≒ 49\%$

25 열에 대한 설명으로 옳은 것은?

① 온도는 변화하지 않고 물질의 상태를 변화시키는 열은 잠열이다.
② 냉동에서 주로 이용되는 열은 현열이다.
③ 잠열은 온도계로 측정할 수 있다.
④ 고체를 기체로 직접 변화시키는 데 필요한 승화열은 감열이다.

해설 ② 냉동에서 주로 이용되는 열은 잠열이다.
③ 현열은 온도계로 측정할 수 있다.
④ 고체를 기체로 직접 변화시키는 데 필요한 승화열은 잠열이다.

★ 26 팽창밸브가 냉동용량에 비해 너무 작을 때 일어나는 현상은?

① 증발기 내의 압력 상승
② 리퀴드백
③ 소요전류 증대
④ 압축기 흡입가스의 과열

해설 팽창밸브가 냉동용량에 비해 작을 때
㉠ 압축기 흡입가스의 과열
㉡ 증발기 내의 압력 저하
㉢ 압축비 증가
㉣ 체적효율 감소
㉤ 리퀴드백이 일어나지 않음
㉥ 냉매순환량 감소

27 냉동장치에서 펌프다운의 목적이 아닌 것은?

① 냉동장치의 저압측을 수리할 때
② 기동 시 액해머 방지 및 경부하 기동을 위하여
③ 프레온냉동장치에서 오일포밍(oil foaming)을 방지하기 위하여
④ 저장고 내 급격한 온도 저하를 위하여

해설 펌프다운(pump down)의 목적
㉠ 저압측의 냉매를 고압측으로 이송하는 것으로 냉동장치 저압측을 점검·보수 및 정지를 위한 것
㉡ 기동 시 액해머 방지 및 경부하 기동을 위하여
㉢ 오일포밍을 방지하기 위하여
㉣ 장시간 정지 시 저압측으로부터 냉매 누설을 방지하기 위하여

★ 28 다음과 같은 성질을 갖는 냉매는 어느 것인가?

- 증기의 밀도가 크기 때문에 증발기관의 길이는 짧아야 한다.
- 물을 함유하면 Al 및 Mg합금을 침식하고 전기저항이 크다.
- 천연고무는 침식되지만, 합성고무는 침식되지 않는다.
- 응고점(약 -158℃)이 극히 낮다.

① NH_3
② R-12
③ R-21
④ H_2O

해설 R-12
㉠ 비등점은 -29.8℃이다.
㉡ 응고점은 -158℃로 낮다.
㉢ 임계점은 112℃로 충분히 높아 사용할 수 있는 온도범위가 넓다.
㉣ 공냉식 또는 수냉식으로 쉽게 액화된다.
㉤ 증기의 밀도가 크기 때문에 증발기관의 길이는 짧아야 한다.
㉥ 물을 함유하면 Al 및 Mg합금을 침식하고 전기저항이 크다.
㉦ 천연고무는 침식되지만, 합성고무는 침식되지 않는다.

정답 23. ③ 24. ② 25. ① 26. ④ 27. ④ 28. ②

29 냉동장치의 부속기기에 관한 설명으로 옳은 것은?

① 드라이어필터는 프레온냉동장치의 흡입배관에 설치해 흡입증기 중의 수분과 찌꺼기를 제거한다.
② 수액기의 크기는 장치 내의 냉매순환량만으로 결정한다.
③ 운전 중 수액기의 액면계에 기포가 발생하는 경우는 다량의 불응축가스가 들어 있기 때문이다.
④ 프레온냉매의 수분용해도는 작으므로 액배관 중에 건조기를 부착하면 수분 제거에 효과가 있다.

해설 ① 드라이어필터는 프레온냉동장치의 출구배관(팽창밸브 입구)에 설치한다.
② 수액기의 액저장량은 냉동장치의 운전상태변화에 따라 증발기 내의 냉매량이 변화해도 항상 액이 수액기 내에 잔류하여 장치의 운전을 원활하게 할 수 있는 용량이다.
③ 운전 중 수액기의 액면계에 기포가 발생하는 경우는 응축기 내의 응축된 냉매액의 온도가 수액기가 설치된 기계실온도보다 높다.

30 실제 기체가 이상기체의 상태식을 근사적으로 만족하는 경우는?

① 압력이 높고 온도가 낮을수록
② 압력이 높고 온도가 높을수록
③ 압력이 낮고 온도가 높을수록
④ 압력이 낮고 온도가 낮을수록

해설 압력이 낮고 분자량이 적을수록, 온도가 높고 비체적이 클수록 실제 기체가 이상기체상태방정식을 근사적으로 만족시킨다(아보가드로의 법칙).

31 25℃ 원수 1ton을 1일 동안에 −9℃의 얼음으로 만드는데 필요한 냉동능력은 몇 RT인가? (단, 물의 비열 4.2kJ/kg·K, 얼음의 비열 2.1kJ/kg·K, 동결잠열 334kJ/kg, 1RT=3.86kW이다.)

① 1.35냉동톤(RT)
② 1.65냉동톤(RT)
③ 2.35냉동톤(RT)
④ 2.65냉동톤(RT)

해설 $RT = m(C_w \Delta t_w + \gamma + C_i \Delta t_i)$

$$= \frac{\frac{1,000}{24} \times [4.2 \times (25-0) + 334 + 2.1 \times (0-(-9))]}{3,600 \times 3.86}$$

≒ 1.35RT

32 액분리기(accumulator)의 설명이 잘못된 것은?

① 압축기에 액이 흡입되지 않게 한다.
② 응축기와 압축기 사이에 설치한다.
③ 압축기의 파손을 방지한다.
④ 장치 기동 시 증발기 내에서의 냉매의 교란을 방지한다.

해설 액분리기(accumulator)
㉠ 흡입배관, 즉 증발기와 압축기 사이에 설치한다.
㉡ 증발기보다 150mm 이상 높은 위치에 설치한다.
㉢ 흡입가스 중에 냉매액이 혼입되었을 때, 이것을 분리하여 액은 증발기로 보내고 증기만을 압축기에 흡입시켜 액압축을 방지하고 압축기를 보호한다.
㉣ 부하변동에 의한 증발기의 액면변동을 흡수하고 자동적으로 액순환을 조절한다.
㉤ 기동 시 증발기 내의 급격한 교란을 흡수하여 리퀴드백을 방지한다.

33 다음 중 회전식 압축기에 관한 설명으로 옳지 않은 것은?

① 용량제어의 범위가 작다.
② 베인식, 회전식 두 가지 형식이 있다.
③ 유압펌프를 사용하지 않으므로 윤활에 주의를 하여야 한다.
④ 압축비에 비하여 체적효율이 높다.

해설 회전식 압축기
㉠ 소용량 밀폐형이므로 용량제어가 어렵다.
㉡ 용량제어의 범위가 크다.
㉢ 베인식, 회전자식 두 가지 형식이 있다.
㉣ 유압펌프를 사용하지 않으므로 윤활에 주의를 요한다.
㉤ 압축비에 비하여 체적효율이 높다.
㉥ 압축이 연속적이다.
㉦ 소형 경량화가 가능하며 설치면적이 작다.
㉧ 진동이 작다.
㉨ 왕복동식보다 부품수가 적고 구조가 간단하다.

정답 29. ④ 30. ③ 31. ① 32. ② 33. ①

34 증발압력조정밸브(EPR)에 대한 설명 중 틀린 것은?

① 냉수브라인 냉각 시 동결 방지용으로 설치한다.
② 증발기 내의 압력을 일정하게 유지하여 증발기 출구온도가 변하지 않게 한다.
③ 증발기 출구밸브 입구측의 압력에 의해 작동한다.
④ 한 대의 압축기로 증발온도가 다른 2개 이상의 증발기 사용 시 저온증발기에 설치한다.

해설 한 대의 압축기로 증발온도가 다른 2개 이상의 증발기 사용 시 저온증발기에는 제어밸브를 설치한다.

참고 증발압력조정밸브(EPR)는 고온측 증발기 출구에 설치하여 저온측 증발기의 낮은 압력에 의해 고온측 압력이 끌려 내려가는 것을 방지한다.

35 다음 그림은 어떤 사이클인가? (단, P : 압력, h : 엔탈피, T : 온도, S : 엔트로피)

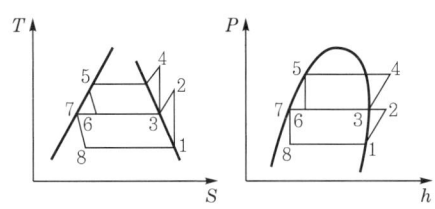

① 2단 압축 1단 팽창 사이클
② 2단 압축 2단 팽창 사이클
③ 1단 압축 1단 팽창 사이클
④ 1단 압축 2단 팽창 사이클

해설

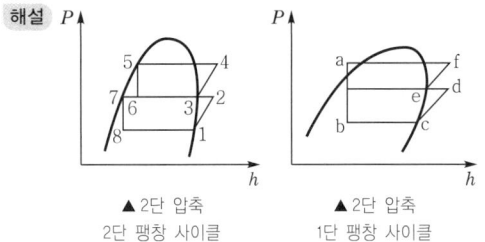

▲ 2단 압축   ▲ 2단 압축
2단 팽창 사이클   1단 팽창 사이클

★ 36 냉동효과가 1,088kJ/kg인 냉동사이클에서 1냉동톤당 압축기 흡입증기의 체적(m³/h)은? (단, 압축기 입구의 비체적은 0.5087m³/kg이고, 1냉동톤은 3.9kW이다.)

① 15.5
② 6.5
③ 0.258
④ 0.002

해설
$$V = \frac{3.9RT \times 3,600v}{Q} = \frac{3.9 \times 1 \times 3,600 \times 0.5087}{1,088}$$
$$≒ 6.5 \text{m}^3/\text{h}$$

★ 37 냉동용 스크루압축기에 대한 설명으로 틀린 것은?

① 왕복동식에 비해 체적효율과 단열효율이 높다.
② 스크루압축기의 로터와 축은 일체식으로 되어 있고, 구동은 수로터에 의해 이루어진다.
③ 스크루압축기의 로터구성은 다양하나 일반적으로 사용되고 있는 것은 수로터 4개, 암로터 4개인 것이다.
④ 흡입, 압축, 토출과정인 3행정으로 이루어진다.

해설 냉동용 스크루압축기의 치형은 '수로터의 잇수+암로터의 잇수'의 조합이 4+5, 4+6, 5+6, 5+7 Profile 등이 있다.

참고 냉동용 스크루압축기
- 왕복동식에 비해 체적효율과 단열효율이 높다.
- 스크루압축기의 로터(rotor)와 축은 일체식으로 되어 있고, 구동은 수로터에 의해 이루어진다.
- 흡입, 압축, 토출과정인 3행정으로 이루어진다.
- 밸브와 피스톤, 맥동이 없어 장시간 연속 운전이 가능하다
- 분해, 조립 시 특별한 기술이 필요하다.
- 냉매와 오일손실이 없어 체적효율이 증가한다.
- 10~100%의 무단계 용량제어가 가능하다.
- 소형 경량으로 설치면적이 작다.
- 암수회전자의 회전에 의해 용적을 줄여가면서 압축한다.
- 왕복동식과 달리 흡입밸브와 토출밸브를 사용하지 않는다.
- 구성은 암수회전축(수로터, 암로터), 스러스트 베어링, 오일펌프, 밸런스 피스톤 등이다.
- 외부윤활유펌프(오일펌프)로 주입, 순환, 회수하는 강제순환식이 채용된다.

38 다음 중 암모니아냉동장치에서 워터재킷을 설치하는 이유로 옳은 것은?

① 다른 냉매에 비해 압축비가 크기 때문
② 다른 냉매에 비해 비열비가 크기 때문
③ 체적효율을 낮추기 위해
④ 냉동능력을 낮추기 위해

정답 34. ④ 35. ② 36. ② 37. ③ 38. ②

해설 암모니아냉매는 프레온보다 비열비가 커 압축 후 토출가스온도가 높고 실린더가 과열되므로 워터재킷을 설치해 냉각시킨다.

39 냉동장치에 대해 설명한 것 중 옳은 것은?

① 흡수식 냉동기는 장치면적이 크나 분해·조립이 간단하여 편리하다
② 터보냉동기는 진동과 소음이 많아 대용량의 것에 적합하지 않다.
③ 흡수식 냉동기는 압축식 냉동기나 터보냉동기에 비하여 소음과 진동이 적다.
④ 터보냉동기는 저압 및 고압의 냉매를 사용하므로 가압에 적합하다.

해설 흡수식 냉동기는 압축기가 없으므로 진동 및 소음이 적다.

40 플래시가스(flash gas)는 무엇을 말하는가?

① 냉매조절 오리피스를 통과할 때 즉시 증발하여 기화하는 냉매이다.
② 압축기로부터 응축기에 새로 들어오는 냉매이다.
③ 증발기에서 증발하여 기화하는 새로운 냉매이다.
④ 압축기에서 응축기에 들어오자마자 응축하는 냉매이다.

해설 플래시가스는 수액기와 팽창밸브 사이에서 주로 많이 발생하며, 수액기에 직사광선 또는 압력 강하가 큰 경우 증발기에 유입되기 이전에 냉매액 일부가 기체로 바뀐 가스이다.

제3과목 공조냉동 설치·운영

41 기계설비법령에 따라 기계설비성능점검업의 변경등록사항이 아닌 것은?

① 상호
② 보유설비
③ 영업소 소재지
④ 기술인력

해설 기계설비법 시행령 제18조(기계설비성능점검업의 변경등록사항)
법 제21조 제2항에서 "대통령령으로 정하는 사항"이란 다음 각 호의 어느 하나에 해당하는 사항을 말한다.
1. 상호
2. 대표자
3. 영업소 소재지
4. 기술인력

★
42 기계설비법령에 따라 기계설비유지관리자 선임기준이 아닌 것은?

① 연면적 1만m^2 이상 연면적 1만 5천m^2 미만은 초급 책임기계설비유지관리자 1명이 필요하다.
② 연면적 1만 5천m^2 이상 연면적 3만m^2 미만은 보조기계설비유지관리자 1명이 필요하다.
③ 연면적 3만m^2 이상 연면적 6만m^2 미만은 고급 책임기계설비유지관리자 1명이 필요하다.
④ 연면적 6만m^2 이상은 특급 책임기계설비유지관리자 1명이 필요하다.

해설 기계설비법에서 기계설비유지관리자 선임기준

선임대상 건축물 등(창고시설 제외)	선임자격 및 인원
• 연면적 60,000m^2 이상 건축물 • 3,000세대 이상 공동주택	• 특급 책임관리자 1명 • 보조관리자 1명
• 연면적 30,000~60,000m^2 건축물 • 2,000세대 이상 3,000세대 미만 공동주택	• 고급 책임관리자 1명 • 보조관리자 1명
• 연면적 15,000~30,000m^2 건축물 • 1,000세대 이상 2,000세대 미만 공동주택 • 공공건축물 등 국토부장관 고시 건축물 등	• 중급 책임관리자 1명
• 연면적 10,000~15,000m^2 건축물 • 500세대 이상 1,000세대 미만 공동주택 • 300세대 이상 500세대 미만으로서 중앙집중식 난방방식(지역난방방식 포함)의 공동주택	• 초급 책임관리자 1명
• 위 사항에 해당하지 않는 국토부 고시 시설물, 학교시설, 지하역사, 지하도상가, 공공건축물	• 책임 또는 보조관리자 1명

정답 39. ③ 40. ① 41. ② 42. ②

43 기계설비법 제19조 제1항에 따라 선임된 기계설비 유지관리자의 유지관리교육 중 보수교육의 교육시간은?

① 이수일부터 1년이 지난 날을 기준으로 1개월 이내
② 이수일부터 2년이 지난 날을 기준으로 2개월 이내
③ 이수일부터 3년이 지난 날을 기준으로 3개월 이내
④ 이수일부터 3년이 지난 날을 기준으로 6개월 이내

해설 유지관리교육의 교육과정 및 교육과목 등(기계설비법 시행령 [별표 6])

구분	신규교육	보수교육
대상자	법 제19조 제1항에 따라 선임된 기계설비유지관리자	법 제19조 제1항에 따라 신규교육을 이수하고 업무를 수행하고 있는 기계설비유지관리자
시기	선임된 날부터 6개월 이내	최근에 이수한 유지관리교육의 이수일부터 3년이 지난 날을 기준으로 3개월 이내

44 고압가스안전관리법령에 따라 고압가스제조신고요청 중 냉동제조신고대상범위는 다음과 같다. ( ) 안의 내용으로 옳은 것은?

> 냉동능력이 3톤 이상 ( ) 미만(가연성 가스 또는 독성 가스 외의 고압가스를 냉매로 사용하는 것으로서 산업용 및 냉동·냉장용인 경우에는 20톤 이상 50톤 미만, 건축물의 냉·난방용인 경우에는 20톤 이상 100톤 미만)인 설비를 사용하여 냉동을 하는 과정에서 압축 또는 액화의 방법으로 고압가스가 생성되게 하는 것. 다만, 다음 각 목의 어느 하나에 해당하는 자가 그 허가받은 내용에 따라 냉동제조를 하는 것은 제외한다.

① 5톤 ② 10톤
③ 15톤 ④ 20톤

해설 고압가스안전관리법 시행령 제4조(고압가스제조의 신고대상)

법 제4조 제2항에 따른 고압가스제조의 신고대상은 다음과 같다.
1. 고압가스 충전 : 용기 또는 차량에 고정된 탱크에 고압가스를 충전할 수 있는 설비로 고압가스(가연성 가스 및 독성 가스는 제외한다)를 충전하는 것으로서 1일 처리능력이 10m³ 미만이거나 저장능력이 3톤 미만인 것
2. 냉동제조 : 냉동능력이 3톤 이상 20톤 미만(가연성 가스 또는 독성 가스 외의 고압가스를 냉매로 사용하는 것으로서 산업용 및 냉동·냉장용인 경우에는 20톤 이상 50톤 미만, 건축물의 냉·난방용인 경우에는 20톤 이상 100톤 미만)인 설비를 사용하여 냉동을 하는 과정에서 압축 또는 액화의 방법으로 고압가스가 생성되게 하는 것. 다만, 다음 각 목의 어느 하나에 해당하는 자가 그 허가받은 내용에 따라 냉동제조를 하는 것은 제외한다.
  가. 제3조 제1항 또는 제2항에 따른 고압가스 특정제조, 고압가스 일반제조 또는 고압가스저장소 설치의 허가를 받은 자
  나. 도시가스사업법에 따른 도시가스사업의 허가를 받은 자

★45 다음 그림과 같은 계전기 접점회로의 논리식은?

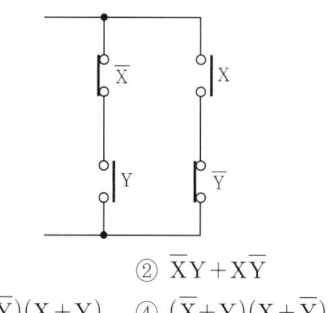

① XY
② $\overline{X}Y + X\overline{Y}$
③ $(\overline{X} + \overline{Y})(X + Y)$
④ $(\overline{X} + Y)(X + \overline{Y})$

해설 논리식 = $\overline{X}Y + X\overline{Y}$ (병렬회로)

46 3상 교류전압 및 주파수를 변화시켜 유도전동기의 회전수를 1,750rpm으로 하고자 한다. 이 경우 회전수는 자동제어계의 구성요소 중 어느 것에 해당하는가?

① 제어량 ② 목표값
③ 조작량 ④ 제어대상

정답 43. ③ 44. ④ 45. ② 46. ①

해설 제어계의 구성요소
㉠ 제어량 : 회전수, 온도
㉡ 목표값 : 1,750rpm, 1,000℃
㉢ 검출부 : 회전측정장치, 열전온도계
㉣ 제어대상 : 유도전동기, 전기로
㉤ 조작량 : 제어대상의 제어량을 제어하기 위하여 제어요소를 만들어내는 회전력으로 열, 수증기, 빛 등과 같은 것

해설 조절부의 동작에 의한 분류
㉠ P(비례)제어 : 잔류편차(offset) 발생
㉡ I(적분)제어 : 잔류편차 제거
㉢ D(미분)제어 : 오차예측제어로 오차 확대를 방지하고 오버슛을 감소시켜 응답속도를 빠르게 함
㉣ PD(비례미분)제어 : 응답속도 개선, 과도특성 개선, 진상보상회로에 해당
㉤ PI(비례적분)제어 : 잔류편차와 사이클링 제거, 정상특성 개선, 간헐현상이 있으며 진동 발생 우려가 있음
㉥ PID(비례적분미분)제어 : 속도도 향상, 잔류편차 제거, 정상 및 과도특성 개선, 오버슛을 감소시켜 제어성능이 우수하고 제어이득 조정이 비교적 쉽기 때문에 많이 사용됨
㉦ 온오프제어(=2위치제어) : 불연속제어(간헐제어)

★47 정현파 전압 $v = 50\sin\left(628t - \dfrac{\pi}{6}\right)$[V]인 파형의 주파수는 얼마인가?
① 30   ② 50
③ 60   ④ 100

해설 $\omega t = 2\pi f t$
∴ $f = \dfrac{\omega t}{2\pi t} = \dfrac{628t}{2\pi t} = 100\text{Hz}$

51 절연저항 측정에 관한 설명으로 틀린 것은?
① 절연체에 직류 고전압을 가하면 누설전류가 흐르는 것을 이용한 것이다.
② 선로의 사용전압에 관계없이 절연저항 측정 시 선로에 일정한 전압을 인가한다.
③ 절연저항의 측정단위는 MΩ이다.
④ 옥내선로의 절연저항 측정 시에는 모든 부하 쪽의 선로를 개방해야 한다.

48 정현파 교류에서 최댓값은 실효값의 몇 배인가?
① $\sqrt{2}$ ② $\sqrt{3}$
③ 2   ④ 3

해설 ㉠ 삼각파 : $V_m = \sqrt{3}\,V$
㉡ 정현파 : $V_m = \sqrt{2}\,V$
㉢ 반형반파 : $V_m = \sqrt{2}\,V$
㉣ 구형파 : $V_m = V$

해설 절연저항 측정방법
㉠ 사용전압에 따라서 절연저항치가 다르다.
㉡ 절연저항계(megger)를 사용하여 측정한다.
 • 고전압(통상 500V, 1,000V 또는 그 이상)을 인가하여 절연저항을 측정한다.
 • 일반적인 멀티미터로는 측정 불가능하다.
㉢ 측정절차
 • 전원을 차단하고 기기를 안전하게 분리한다.
 • 측정대상의 도체와 접지 사이 또는 상호 도체 사이를 연결한다.
 • 절연저항계를 이용해 고전압을 인가하고 저항값을 읽는다.
 • 기준치 이상인지 확인한다.
㉣ 최대 사용전압이 7,000V 이하인 경우 최대 사용전압의 1.5배 전압으로 10분간 내력시험을 한다.

49 PC에 의한 계측에 있어 센서에서 측정한 데이터를 PC에 전달하기 위해 필요한 필수적인 요소는?
① A/D변환기   ② D/A변환기
③ RAM   ④ ROM

해설 A/D변환기(Analog to Digital Converter)
㉠ 아날로그신호를 디지털로 바꿔주는 장치
㉡ 센서, 마이크로컨트롤러, 데이터 로거 등에서 필수적으로 사용됨
㉢ 전자제어시스템, 자동화, 스마트기기 등에서 널리 활용됨

★52 목표값이 미리 정해진 변화를 할 때의 제어로서 열처리 노의 온도제어, 무인운전열차 등이 속하는 제어는?
① 추종제어   ② 프로그램제어
③ 비율제어   ④ 정치제어

50 잔류편차를 제거하는 제어계는?
① 적분제어계   ② 비례제어계
③ 비례적분제어계   ④ 비례적분미분제어계

정답 47. ④ 48. ① 49. ① 50. ① 51. ② 52. ②

해설 **제어목적에 의한 분류**
  ㉠ 정치제어 : 제어량을 어떤 일정한 목표값으로 유지하는 것을 목적으로 하는 제어법
  ㉡ 추치제어
   • 추종제어 : 목표치가 임의의 시간에 변화하는 제어로서 대공포 포신제어(미사일 유도), 자동아날로그 선반 등이 속함
   • 비율제어 : 목표치가 다른 어떤 양에 비례하는 제어로서 보일러의 자동연소제어, 암모니아의 합성프로세스제어 등이 속함
   • 프로그램제어 : 목표치가 시간과 함께 미리 정해진 변화를 하는 제어로서 열처리 노의 온도제어, 열차의 무인운전, 엘리베이터, 무인자판기 등이 속함

53 급탕주관의 배관길이가 300m, 환탕주관의 배관길이가 50m일 때 강제순환식 온수순환펌프의 전양정은?

① 5m   ② 3m
③ 2m   ④ 1m

해설 $H = 0.01\left(\dfrac{L}{2} + l\right) = 0.01 \times \left(\dfrac{300}{2} + 50\right) = 2\text{mAq}$

54 주철제보일러의 특징에 관한 설명으로 틀린 것은?

① 섹션을 분할하여 반입하므로 현장 설치의 제한이 적다.
② 강제보일러보다 내식성이 우수하며 수명이 길다.
③ 강제보일러보다 급격한 온도변화에 강하며 고온 고압의 대용량으로 사용된다.
④ 섹션을 증가시켜 간단하게 출력을 증가시킬 수 있다.

해설 **주철제보일러**
  ㉠ 현장 설치의 제한이 적다.
  ㉡ 내식성이 우수하며 수명이 길다.
  ㉢ 인장 및 충격에 약해 저압용으로 사용된다.
  ㉣ 섹션을 증가시켜 출력을 증가시킬 수 있다.
  ㉤ 취급이 간단하다.
  ㉥ 전열면적이 크고 효율이 좋다.

55 방열기 배관의 신축이음으로 적당한 것은?

① 스위블이음   ② 미끄럼이음
③ 루프형 이음 ④ 벨로즈식 이음

해설 **신축이음쇠**
  ㉠ 배관의 곡선부의 파손을 줄이기 위한 장치(수축, 팽창을 흡수하는 장치)
  ㉡ 종류
   • 벨로즈형 : 파형이라고도 하며 누수영향이 없음
   • 루프형 : 만곡형이라고도 하며 고압 고온용, 옥외배관에 사용
   • 슬리브형 : 슬라이스형이라고도 하며 저압 증기용, 보수가 용이한 곳에 사용(벽, 바닥용의 관통배관)
   • 스위블형 : 방열기 주변 배관에 2개 이상의 엘보 사용, 온수난방, 저압용

★
56 자연순환식으로서 열탕의 탕비기 출구온도를 85℃(밀도 0.96876kg/L), 환수관의 환탕온도를 65℃(밀도 0.98001kg/L)로 하면 이 순환계통의 순환수두는 얼마인가? (단 가장 높이 있는 급탕전의 높이는 10m이다.)

① 11.25mmAq
② 112.5mmAq
③ 15.34mmAq
④ 153.4mmAq

해설 $H_w = 1,000(\rho_2 - \rho_1)h$
$= 1,000 \times (0.98001 - 0.96876) \times 10$
$\fallingdotseq 112.5\text{mmAq}$

57 열팽창에 의한 관의 신축으로 배관의 이동을 구속 또는 제한하는 장치는?

① 턴버클
② 브레이스
③ 리스트레인트
④ 행거

해설 리스트레인트는 열팽창에 의한 배관의 이동을 구속 또는 제한하는 장치로, 종류는 앵커, 스톱, 가이드가 있다.

참고
• 턴버클 : 구배를 조정하기 위해서는 양편에 서로 반대방향의 수나사가 달려 있어 회전을 시켜 그 수나사에 이어진 줄을 당겨 사용
• 브레이스 : 압축이나 횡방향으로 발생하는 배관의 진동을 억제하는 데 사용(방진기, 완충기)
• 행거 : 배관의 하중을 위에서 걸어당겨 지지하는 데 사용(리지드, 스프링, 콘스탄트)
• 서포트 : 아래에서 위로 떠받쳐 지지하는 기구(스프링, 롤러, 파이프슈, 리지드)

정답 53. ③ 54. ③ 55. ① 56. ② 57. ③

58. 송풍기의 토출측과 흡입측에 설치하여 송풍기의 진동이 덕트나 장치에 전달되는 것을 방지하기 위한 접속법은?

① 크로스커넥션(cross connection)
② 캔버스커넥션(canvas connection)
③ 서브스테이션(sub station)
④ 하트포드(hartford)접속법

해설 송풍기와 덕트의 접속에는 길이 150~300mm 정도의 캔버스이음쇠(canvas connection)를 삽입한다. 이것은 송풍기의 진동이 덕트나 장치에 전달되는 것을 방지하기 위해 송풍기의 토출측과 흡입측에 설치하는 것이다.

59. LP가스의 주성분으로 옳은 것은?

① 프로판(C_3H_8)과 부틸렌(C_4H_8)
② 프로판(C_3H_8)과 부탄(C_4H_{10})
③ 프로필렌(C_3H_6)과 부틸렌(C_4H_8)
④ 프로필렌(C_3H_6)과 부탄(C_4H_{10})

해설 LP가스(액화석유가스)
㉠ 프로판(C_3H_8) : 보통 겨울철에 많이 사용되며, -42℃에서 액화된다. 주로 가정용, 난방, 캠핑용 가스로 사용된다.
㉡ 부탄(C_4H_{10}) : 주로 여름철에 사용되며, -0.5℃에서 액화된다. 주로 가정용, 자동차연료 및 일부 산업용으로 사용된다.

★
60. 배관길이 200m, 관경 100mm의 배관 내 20℃의 물을 80℃로 상승시킬 경우 배관의 신축량(mm)은? (단, 강관의 선팽창계수는 11.5×10^{-6} m/m·℃ 이다.)

① 138
② 13.8
③ 104
④ 10.4

해설 $\lambda = 1,000 L \alpha (t_2 - t_1)$
$= 1,000 \times 200 \times 11.5 \times 10^{-6} \times (80-20)$
$= 138$ mm
여기서, L : 배관길이(m)
α : 관의 선팽창계수(mm/mm·℃)
t_1 : 초기온도(℃)
t_2 : 최종온도(℃)

정답 58. ② 59. ② 60. ①

2024년 제3회 공조냉동기계산업기사

제1과목　공기조화설비

01 쾌적한 사무실 공기를 유지하기 위한 일산화탄소의 허용기준(ppm)은 얼마인가?

① 10ppm
② 50ppm
③ 100ppm
④ 1,000ppm

해설 유해가스 허용기준(사무실 기준)

항목	허용기준	비고
이산화탄소 (CO_2)	1,000ppm 이하	환기상태지표, 고농도 시 졸림, 두통
포름알데히드 (HCHO)	$100\mu g/m^3$ 이하	새 가구, 건축자재에서 발생 (발암의심물질)
총휘발성 유기화합물 (TVOCs)	$400\mu g/m^3$ 이하	접착제, 페인트, 프린터 등에서 발생
일산화탄소 (CO)	10ppm 이하	불완전연소, 저산소 유도 가능
이산화질소 (NO_2)	0.05ppm 이하	연소기기, 눈과 호흡기 자극
라돈 (Rn)	$148Bq/m^3$ 이하	자연 방사성 기체, 장기 노출 시 폐암 위험
미세먼지 (PM10)	$100\mu g/m^3$ 이하	실내 먼지, 외부 유입
초미세먼지 (PM2.5)	$35\mu g/m^3$ 이하	더욱 작은 입자, 건강위해도 높음
오존 (O_3)	0.06ppm 이하	복사기, 정전기방지장치 등에서 발생 가능

02 습공기 5,000m³/h를 바이패스팩터 0.2인 냉각코일에 의해 냉각시킬 때 냉각코일의 냉각열량(kW)은? (단, 코일 입구공기의 엔탈피는 64.5kJ/kg, 밀도는 1.2kg/m³, 냉각코일 표면온도는 10℃이며 10℃의 포화습공기엔탈피는 30kJ/kg이다.)

① 38
② 46
③ 138
④ 165

해설
$$Q_t = \frac{m(h_1 - h_2)}{3,600}\rho(1-BF)$$
$$= \frac{5,000 \times (64.5-30)}{3,600} \times 1.2 \times (1-0.2)$$
$$= 46kW$$

03 공기조화장치의 열운반장치가 아닌 것은?

① 펌프
② 송풍기
③ 덕트
④ 보일러

해설 공기조화설비의 구성
㉠ 열원설비 : 냉동기, 보일러, 히트펌프, 흡수식 냉온수기
㉡ 열교환설비 : 공기조화기(공기여과기, 공기냉각기(제습기), 공기가열기, 공기세정기(가습기)), 열교환기, 냉각탑
㉢ 열매운송설비(환기장치) : 송풍기, 펌프, 덕트, 배관 등
㉣ 실내유닛(공조기설비) : 취출구, 흡입구, 팬코일유닛, 유인유닛, 패키지형 유닛, 방열기, 멀티유닛형 에어컨
㉤ 자동제어(중앙관제설비) : 온도제어장치, 습도제어장치, 자동제어기기, 중앙제어, 원격제어

04 다음 가습기방식의 분류 중 기화식이 아닌 것은?

① 모세관식 가습기
② 회전식 가습기
③ 적하식 가습기
④ 원심식 가습기

해설 가습장치의 종류
㉠ 수분무식 : 물을 공기 중에 직접 분부하는 방식으로 원심식, 초음파식, 분무식(고압 스프레이식)
㉡ 증기식(증기 발생식) : 전열식, 전극식, 적외선식(청정, 정밀제어용)
㉢ 증기공급식 : 과열증기식, 독립형 증기 발생기 연동방식
㉣ 기화식(증발식) : 회전식, 모세관식, 적하식(고습도용)
㉤ 에어와셔식 : 냉방 전용식, 가습 전용식, 전처리 세정식, 냉난방 겸용식, 혼합식(필터 없이도 세정 가능, 냉방 시 전기사용량 감소(증발냉각), 습도조절 용이, 유지관리 필요(슬러지, 물 교체), 겨울철 과도한 가습 주의, 세균 번식의 가능성이 있어 위생관리 필요)

정답 01. ① 02. ② 03. ④ 04. ④

05 직교류형 및 대향류형 냉각탑에 관한 설명으로 틀린 것은?

① 직교류형은 물과 공기흐름이 직각으로 교차한다.
② 직교류형은 냉각탑의 충진재 표면적이 크다.
③ 대향류형 냉각탑의 효율이 직교류형보다 나쁘다.
④ 대향류형은 물과 공기흐름이 서로 반대이다.

해설 대향류형 냉각탑의 효율이 직교류형보다 좋다.

참고
- 향류형(평행류) 냉각탑 : 물은 상부의 살포장치에 의해 살포하고, 공기는 아래로부터 팬에 의해 도입(같은 방향으로 흐름)
- 대향류형 냉각탑 : 소형, 경량, 설치면적이 적고 효율이 좋음(서로 반대방향으로 흐름)
- 직교류형 냉각탑 : 물은 위에서 살수, 차가운 공기는 측면(수평)에서 도입(직각방향으로 흐름)

06 덕트를 통해 실내로 공급하는 취출구에서의 유인비(R)란 무엇인가?

① $\dfrac{1차 공기량 + 2차 공기량}{2차 공기량}$
② $\dfrac{1차 공기량 + 2차 공기량}{1차 공기량}$
③ $\dfrac{1차 공기량}{1차 공기량 + 2차 공기량}$
④ $\dfrac{2차 공기량}{1차 공기량 + 2차 공기량}$

해설 유인비
㉠ 유인비 $= \dfrac{1차 공기 + 2차 공기}{1차 공기} = \dfrac{전공기}{1차 공기} = \dfrac{TA}{PA}$
㉡ 3~4 정도 되며, 취출공기와 실온의 온도차가 작아 기류분포가 좋다.

07 공기조화의 분류에서 산업용 공기조화의 적용범위에 해당하지 않는 것은?

① 실험실의 실내조건을 위한 공조
② 양조장에서 술의 숙성온도를 위한 공조
③ 반도체공장에서 제품의 품질 향상을 위한 공조
④ 호텔에서 근무하는 근로자의 근무환경 개선을 위한 공조

해설 공기조화의 분류
㉠ 쾌감(보건)용 공기조화 : 실내의 사람을 대상으로 쾌감, 보건, 위생을 목적으로 공기 공급
- 가정용 : 주택, 아파트 등을 대상으로 하는 것
- 상업용 : 빌딩, 학교, 호텔, 병원, 극장, 교통기관 등을 대상으로 업무용으로 하는 것
㉡ 산업용 공기조화 : 정밀기계공업, 측정실, 실험실, 섬유, 제과, 제약, 광학, 반도체산업, 전산실, 술의 숙성 등 여러 산업현장에 매우 중요하게 적용

08 대사량을 나타내는 단위로 쾌적상태에서의 안정 시 대사량을 기준으로 하는 단위는?

① RMR
② clo
③ met
④ ET

해설
① RMR(에너지대사율) : 매시간 작업에 소요되는 대사량을 인체의 표면적으로 나눈 값
② clo(착의량) : 착의한 의복의 열절연성을 나타내는 단위
④ ET(유효온도, 감각온도) : 건구온도, 상대습도, 기류 등 3요소의 조합(Yaglou 제안)

09 먼지의 포집효율의 측정법에서 필터의 상류와 하류에서 흡입한 공기를 각각 여과지에 통과시켜 그 오염도를 광전관으로 측정하는 것은?

① 중량법
② 계수법
③ 비색법
④ DOP법

해설
㉠ 중량법 : 비교적 큰 입자를 대상으로 측정하는 방법으로 필터에서 제거되는 먼지의 중량으로 효율을 결정한다.
㉡ 비색법(변색도법) : 비교적 작은 입자를 대상으로 하며, 필터의 상류와 하류에서 포집한 공기를 각각 여과지에 통과시켜 그 오염도를 광전관으로 측정한다.
㉢ 계수법(DOP법) : 고성능의 필터를 측정하는 방법으로 일정한 크기(0.3μm)의 시험입자를 사용하여 먼지의 수를 계측한다.

10 냉각탑의 환기량이 많고 압력손실이 낮은 경우에 사용되는 것은?

① 다익송풍기
② 터보송풍기
③ 축류송풍기
④ 원심송풍기

정답 05. ③ 06. ② 07. ④ 08. ③ 09. ③ 10. ③

해설 축류송풍기는 냉각탑의 환기량이 많고 압력손실이 낮은 경우에 사용하며, 원심송풍기에 비해 풍량이 크지만 정압이 낮고 소음이 크며 설계점 이외 운전 시 효율이 급격히 떨어진다.

참고 송풍기
- 원심송풍기 : 다익송풍기(시로코), 터보송풍기
- 축류송풍기 : 프로펠러송풍기, 관형(튜브형) 축류송풍기, 베인형 축류송풍기
- 사류송풍기
- 횡류송풍기

11 밀봉된 용기와 위크(wick)구조체 및 증기공간에 의하여 구성되며, 길이방향으로는 증발부, 응축부, 단열부로 구분되는데, 한쪽을 가열하면 작동유체는 증발하면서 잠열을 흡수하고, 증발된 증기는 저온으로 이동하여 응축되면서 열교환하는 기기의 명칭은?

① 전열교환기
② 플레이트형 열교환기
③ 히트파이프
④ 히트펌프

해설 히트파이프(heat pipe)는 밀봉된 용기와 위크구조체 및 증기공간에 의해 구성되며, 길이방향으로는 증발부, 응축부, 단열부로 구분되는데, 한쪽을 가열하면 작동유체는 증발하면서 잠열을 흡수하고, 증발된 증기는 저온으로 이동하여 응축되면서 열교환하는 기기이다.

12 공기 중에 분진의 미립자 제거뿐만 아니라 세균, 곰팡이, 바이러스 등까지 극소로 제한시킨 시설로서 병원의 수술실, 식품가공, 제약공장 등의 특정한 공정이나 유전자 관련 산업 등에 응용되는 설비는?

① 세정실
② 산업용 클린룸(ICR)
③ 바이오클린룸(BCR)
④ 칼로리미터

해설 바이오클린룸은 병원 수술실(무균병실, 무균수술실 등), 동물실험실, 약품·식품·의료기기 생산공장(인공심장 및 인공혈관) 등에 응용되는 설비이다.

★
13 다음 중 원통보일러의 종류가 아닌 것은?

① 입형보일러 ② 노통보일러
③ 연관보일러 ④ 폐열보일러

해설 보일러의 종류
㉠ 주철제보일러 : 섹셔널
㉡ 원통보일러 : 입형, 노통(코르니시, 랭커셔), 연관, 노통연관
㉢ 수관보일러 : 자연순환식, 강제순환식
㉣ 관류보일러 : 단관, 다관, 대형
㉤ 특수보일러 : 폐열, 특수연료, 특수열매체, 간접가열

14 공조기 내에 흐르는 냉온수코일의 유량이 많아서 코일 내에 유속이 너무 클 때 적절한 코일은?

① 풀서킷코일(full circuit coil)
② 더블서킷코일(double circuit coil)
③ 하프서킷코일(half circuit coil)
④ 슬로서킷코일(slow circuit coil)

해설 코일의 배열방식
㉠ 풀서킷 : 소형 팬코일유닛, 정밀 온도제어용
㉡ 더블서킷 : 유량이 많고 유속이 빠를 때(유속 1.5m/s 이상), 대형 냉동기 코일, 공조기
㉢ 하프서킷 : 유량은 줄고 유속이 느릴 때

참고 슬로서킷코일 : 솔레노이드밸브의 동작속도를 늦추거나 천천히 작동하도록 설계된 전기코일 또는 제어회로

★
15 수관식 보일러의 특징에 관한 설명으로 틀린 것은?

① 드럼이 작아 구조상 고압 대용량에 적합하다.
② 구조가 복잡하여 보수·청소가 곤란하다.
③ 예열시간이 짧고 효율이 좋다.
④ 보유수량이 커서 파열 시 피해가 크다.

해설 수관식 보일러
㉠ 장점
- 구조상 고압 및 대용량에 적합하다.
- 보유수량이 적기 때문에 무게가 가볍고 파열 시 재해가 적다.
- 전열면적이 작기 때문에 증발량이 많고 증기 발생에 소요시간이 매우 짧다.
- 보일러수의 순환이 좋고 효율이 가장 높다.
- 전열면적을 임의로 설계할 수 있다.
㉡ 단점
- 스케일로 인하여 수관이 과열되기 쉬우므로 수관리를 철저히 하여야 한다.
- 전열면적에 비해 보유수량이 적기 때문에 부하변동에 대해 압력변화가 크다.
- 수위변동이 매우 심하여 수위조절이 다소 곤란하다.
- 구조가 복잡하여 청소, 보수 등이 곤란하다.
- 취급이 어려워 기술에 숙련을 요한다.
- 제작에 복잡하여 가격이 비싸다

정답 11. ③ 12. ③ 13. ④ 14. ② 15. ④

★
16 2중덕트방식의 특징 중 옳지 않은 것은?

① 실내부하에 따라 개별제어가 가능하다.
② 2중덕트이므로 덕트 스페이스는 작게 된다.
③ 실내습도의 제어가 어렵다.
④ 냉방 및 온풍이 열매체이므로 실내온도변화에 대한 응답이 빠르다.

해설 2중덕트방식
㉠ 장점
- 존수가 많거나 각 실별 존실에도 개별제어가 가능하다.
- 조닝과 계절에 따른 운전의 교체 전환 없이도 동시에 냉난방이 가능하다.
- 실의 확장 등 설계변경에도 융통성이 있다.
- 충분한 환기가 이루어진다.
- 1대의 공조기로 대규모 건물의 공조가 가능하다.

㉡ 단점
- 냉온풍덕트가 2계통이므로 설비비가 많이 든다.
- 덕트 스페이스가 증가하고 고속덕트를 채택하여야 하므로 소음, 진동과 송풍동력이 증가한다.
- 혼합상자가 고가이며 냉온풍을 혼합하므로 혼합손실로 인한 에너지가 낭비된다.
- 온도의 제어성은 우수하나 습도는 평균적인 제어밖에 안 된다.
- 부하가 적을 때는 실내의 상대습도가 상승하므로 제어가 어렵다.
- 냉방 및 온풍이 열매체이므로 실내온도변화에 대한 응답이 빠르다.

17 32W 형광등 20개를 조명용으로 사용하는 사무실이 있다. 이때 조명기구로부터의 취득열량은 얼마인가? (단, 안정기의 부하는 20%로 한다.)

① 550W ② 640W
③ 660W ④ 768W

해설 $q = nH\alpha = 20 \times 32 \times (1+0.2) = 768W$

18 팬코일유닛방식의 배관방법에 따른 특징에 관한 설명으로 틀린 것은?

① 3관식에서는 손실열량이 타 방식에 비하여 거의 없다.
② 2관식에서는 냉난방의 동시 운전이 불가능하다.
③ 4관식은 혼합손실은 없으나 배관의 양이 증가하여 공사비 등이 증가한다.
④ 4관식은 동시에 냉난방운전이 가능하다.

해설 팬코일유닛방식의 배관방법
㉠ 1관식 : 1개의 관으로 공급관과 환수관을 겸용으로 사용한다.
㉡ 2관식
- 공급관과 환수관을 각각 사용한다.
- 냉난방 동시 운전이 불가능하다.

㉢ 3관식
- 2개의 공급관과 1개의 공통 환수관을 접속하여 냉수 또는 온수를 공급하는 방식이다.
- 배관공사는 2관식보다 복잡하나 완전 개별제어를 할 수 있어 부하변동에 대한 응답이 신속하다.
- 환수관이 1개이므로 냉온수의 혼합에 따른 열손실이 발생한다.

㉣ 4관식
- 2개의 공급관과 2개의 환수관으로 냉난방 동시 운전이 가능하다.
- 냉수관 및 온수관이 각각 있어서 혼합손실이 없다.
- 배관개수가 많아 공사비 등이 증가한다.

★
19 기계환기 중 송풍기 및 배풍기를 이용하며 대규모 보일러실, 변전실 등에 적용하는 환기방법은?

① 1종 환기 ② 2종 환기
③ 3종 환기 ④ 4종 환기

해설 환기방법
㉠ 제1종 환기(병용식) : 송풍기와 배풍기 설치
㉡ 제2종 환기(압입식) : 송풍기만 설치(보일러실, 반도체 무균실, 변전실, 창고)
㉢ 제3종 환기(흡출식) : 배풍기만 설치
㉣ 제4종 환기(자연식) : 급기와 배기가 자연풍에 의해서 환기

20 열원방식의 특징으로 맞는 것은?

① 흡수식 냉동기 : 피크전력부하 경감
② 축열방식 : 심야전력 이용 곤란
③ 지역냉난방방식 : 대기오염 심각
④ 열펌프 : 폐열 발생

해설 ② 축열방식 : 심야전력 이용
③ 지역냉난방방식 : 합리화로 대기오염 감소
④ 열펌프 : 지열, 폐열 등 이용

참고 흡수식 냉동기는 압축기가 없으므로 전력은 감소하고 피크전력부하는 경감된다.

정답 16. ② 17. ④ 18. ① 19. ② 20. ①

제2과목 냉동냉장설비

21 감온팽창밸브에 대한 설명 중 옳은 것은?

① 팽창밸브의 감온부는 냉각되는 물체의 온도를 감지한다.
② 강관에 감온통을 사용할 때는 부식 및 열전도율의 불량을 막기 위해 알루미늄칠을 한다.
③ 암모니아냉동장치에 있으면 냉매에서 수분이 분리되어 팽창밸브를 폐쇄시킨다.
④ R-12를 사용하는 냉동장치에 R-22용의 팽창밸브를 사용할 수 있다.

해설 감온팽창밸브(온도조절식 팽창밸브)
㉠ 팽창밸브의 감온부는 증발기 출구의 온도를 감지한다.
㉡ 강관에 감온통을 사용할 때는 부식 및 열전도율의 불량을 막기 위해 알루미늄칠을 한다.
㉢ 프레온냉동장치에 설치하여 증발기 출구냉매의 과열도를 검지하여 냉매유량을 제어한다.
㉣ R-12를 사용하는 냉동장치에 R-22용의 팽창밸브를 사용할 수 없다.
㉤ 내부균압형과 외부균압형이 있다.

22 몰리에르선도상에서 압력이 증대함에 따라 포화액선과 건포화증기선이 만나는 일치점을 무엇이라 하는가?

① 한계점 ② 임계점
③ 삼사점 ④ 비등점

해설 임계점(critical point)
㉠ 포화액체와 포화증기의 구분이 없어지는 상태
㉡ 압력이 증대함에 따라 포화액선과 건포화증기선이 만나는 점

★
23 -20℃의 암모니아포화액의 엔탈피가 314kJ/kg이며 동일 온도에서 건조포화증기의 엔탈피가 1,687kJ/kg이다. 이 냉매액이 팽창밸브를 통과하여 증발기에 유입될 때의 냉매의 엔탈피가 670kJ/kg이었다면 중량비로 약 몇 %가 액체상태인가?

① 16 ② 26
③ 74 ④ 84

해설 $y = \dfrac{건포화증기엔탈피 - 냉매엔탈피}{건포화증기엔탈피 - 포화액엔탈피} \times 100\%$
$= \dfrac{1,687 - 670}{1,687 - 314} \times 100\% ≒ 74\%$

24 다음 그림은 브라인순환식 빙축열시스템의 개략도를 나타내는 것이다. (A)의 기기명칭과 (B)의 매체명칭으로 맞는 것은?

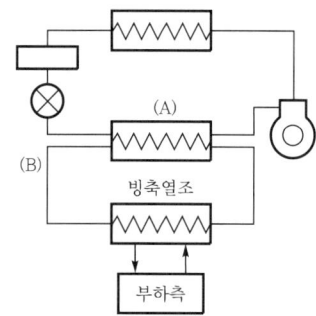

① (A) 증발기, (B) 냉매
② (A) 응축기, (B) 냉매
③ (A) 증발기, (B) 브라인
④ (A) 압축기, (B) 브라인

해설 (A) 증발기, (B) 브라인

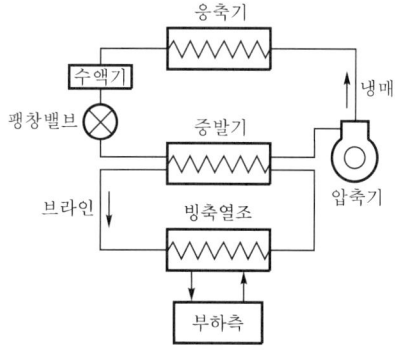

★
25 다음 중 브라인의 구비조건이 아닌 것은?

① 열용량이 작고 전열이 좋을 것
② 점도가 적당할 것
③ 응고점이 낮을 것
④ 금속에 대한 부식성이 적고 불연성일 것

해설 브라인의 구비조건
㉠ 열용량(비열)이 크고 전열이 좋을 것
㉡ 점성이 적당할 것
㉢ 빙점(동결온도)이 낮을 것
㉣ 금속에 대한 부식성이 적을 것
㉤ 열전도율(열전달율)이 클 것
㉥ 상변화가 잘 일어나지 않을 것
㉦ 불연성이며 독성이 없을 것
㉧ 응고점이 낮을 것

정답 21. ② 22. ② 23. ③ 24. ③ 25. ①

26 빙축열방식에 대한 설명 중 잘못된 것은?

① 제빙을 위한 냉동기 운전은 냉수 취출을 위한 운전보다 증발온도가 낮아 취출되는 성적계수(COP)가 높아져 20~30% 정도의 소비동력이 감소한다.
② 냉매를 직접 제빙부에 공급하는 직접팽창식과 냉동기에서 냉각된 브라인을 제빙부에 공급하는 브라인방식으로 나뉜다.
③ 제빙방식은 정적제빙방식과 동결제빙방식으로 나뉜다.
④ 주로 심야전력을 이용하는 간접열방식이다.

해설 제빙을 위한 냉동기 운전은 냉수 취출을 위한 운전보다 증발온도가 낮아 취출되는 성적계수(COP)가 낮아져 20~30% 정도의 소비동력이 증가한다.

27 응축온도가 일정하고 증발온도가 높아짐에 따라 커지는 것은?

① 압축일의 열당량
② 응축기의 방출열량
③ 냉동효과
④ RT당 냉매순환량

해설 응축온도가 일정하고 증발온도(압력)가 높아지면 냉동효과 상승, 열당량·방출열량·냉매순환량 감소가 나타난다.

★ 28 냉동장치에서 액봉이 쉽게 발생되는 부분으로 가장 거리가 먼 것은?

① 액펌프방식의 펌프 출구와 증발기 사이의 배관
② 2단 압축 냉동장치의 중간냉각기에서 과냉각된 액관
③ 압축기에서 응축기로의 배관
④ 수액기에서 증발기로의 배관

해설 액봉이 쉽게 발생되는 부분
㉠ 액펌프방식의 펌프 출구와 증발기 사이의 배관
㉡ 2단 압축 냉동장치의 중간냉각기에서 과냉각된 액관
㉢ 수액기에서 증발기로의 배관

참고 액봉 방지를 위한 안전장치 : 파열판, 압력릴리프밸브, 압력도피장치

29 다음 중 카르노사이클(Carnot cycle)의 가역과정을 올바르게 나타낸 것은?

① 등온팽창 → 단열팽창 → 등온압축 → 단열압축
② 등온팽창 → 단열압축 → 단열팽창 → 등온압축
③ 등온팽창 → 등온압축 → 단열압축 → 단열팽창
④ 등온팽창 → 단열팽창 → 단열압축 → 등온압축

해설 카르노사이클의 가역과정은 등온팽창(1-2) → 단열팽창(2-3) → 등온압축(3-4) → 단열압축(4-1) 순이다.

★ 30 할라이드토치로 누설검사가 불가능한 냉매는?

① NH_3
② R-504
③ R-22
④ R-114

해설 할라이드토치를 사용하여 불꽃의 색깔로 프레온냉매(NH_3)의 누설을 검사한다.

참고 프레온냉매의 누설검지
㉠ 비눗물 등의 발포액을 발라 기포 발생
㉡ 이음부 등에서 기름이 누설될 때는 냉매도 누설
㉢ 할라이드토치를 사용하여 불꽃의 색깔로 검사 : 정상일 때는 연청색 또는 연두색, 소량 누설일 때는 녹색, 중량 누설일 때는 자색, 다량 누설일 때는 꺼짐

31 냉장고 중 쇼케이스(show case)의 종류에 해당되지 않는 것은?

① 리칭(reach)형 쇼케이스
② 밀폐형 쇼케이스
③ 개방형 쇼케이스
④ 유닛 소형 쇼케이스

해설 쇼케이스형 냉동장치의 종류 : 밀폐형, 개방형, 리칭형(reach)

참고 쇼케이스 냉장고의 증발기 : 판상형 증발기, 나관식 증발기(소형 냉동시스템)

정답 26. ① 27. ③ 28. ③ 29. ① 30. ① 31. ④

32 다음과 같은 조건에서 작동하는 냉동장치의 냉매순환량(kg/h)은? (단, 1RT는 3.9kW이다.)

- 냉동능력 : 5RT
- 증발기 입구 냉매엔탈피 : 240kJ/kg
- 증발기 출구 냉매엔탈피 : 400kJ/kg

① 325.2 ② 438.8
③ 512.8 ④ 617.3

해설
$$m_L = \frac{냉동능력}{증발엔탈피(증발기\ 출구) - 팽창엔탈피(증발기\ 입구)}$$
$$= \frac{5 \times 3.9 \times 3,600}{400 - 240} ≒ 438.8 kg/h$$

33 다음은 프레온냉매장치에서 유분리기를 사용해야 될 경우의 설명이다. 옳지 않은 것은?

① 만액식 증발기를 사용하는 경우
② 다량의 기름이 토출가스에 혼입될 때
③ 증발온도가 높은 경우
④ 토출가스배관이 길어지는 경우

해설 유분리기
㉠ 역할 및 설치위치 : 압축기와 응축기 사이의 토출가스 고압배관 중에 응축기 가까이에 설치하여 윤활유 분리(압축기에서 3/4위치)
㉡ 형식(종류) : 격판식, 배플식, 철망식, 데미스터식 등
㉢ 설치해야 할 경우
  • 만액식 증발기를 사용하는 경우
  • 토출가스에 다량의 오일이 섞여 나가는 경우
  • 증발온도가 낮은 저온장치인 경우
  • 토출가스배관이 길어지는 경우

34 암모니아냉동장치에 대한 설명 중 옳은 것은?

① 압축비가 증가하면 체적효율도 증가한다.
② 표준 냉동사이클로 운전할 경우 R-12에 비해 토출가스의 온도가 낮다.
③ 기밀시험에 산소가스를 이용하는 것은 폭발의 가능성이 없기 때문이다.
④ 증발압력조정밸브를 설치하는 것은 냉매의 증발압력을 일정 이상으로 유지하기 위해서이다.

해설
① 압축비가 증가하면 체적효율도 감소한다.
② 표준 냉동사이클로 운전할 경우 R-12에 비해 토출가스의 온도가 높다.
③ 기밀시험에 산소가스를 이용하는 것은 폭발의 가능성이 매우 크기 때문에 불가능하다.

★
35 압축기의 용량제어방법 중 왕복동압축기와 관계가 없는 것은?

① 바이패스법 ② 회전수가감법
③ 흡입베인조절법 ④ 클리어런스증감법

해설 흡입베인조절법은 터보냉동기의 용량제어법이다.
참고 용량제어법
• 왕복동압축기
  - 바이패스법(토출측과 흡입측을 연결하는 방법)
  - 클리어런스증감법(클리어런스 포켓에 연결하는 방법)
  - 회전수가감법
  - 부하경감법(unload장치)
• 터보압축기
  - 베인댐퍼에 의한 제어
  - 회전속도에 의한 제어
  - 흡입베인에 의한 제어
  - 이중관 속 제어
  - 바이패스제어
  - 디퓨저제어
  - 응축수의 냉각수량 조절
• 스크루식 압축기
  - 바이패스법
  - 비체적을 키우는 방법
  - 회전수조절법
  - 슬라이드밸브에 의한 방법
• 냉각탑
  - 수량변화방법
  - 공기유량변화방법
  - 분할운전방법

36 유량 100L/min의 물을 15℃에서 10℃로 냉각하는 수냉각기가 있다. 이 냉동장치의 냉동효과가 125kJ/kg일 때 필요냉매순환량은 몇 kg/h인가? (단, 물의 비열은 4.18kJ/kg·K이다.)

① 16.7 ② 1,000
③ 450 ④ 960

정답 32. ② 33. ③ 34. ④ 35. ③ 36. ②

해설
$Q_1 = Q_2$
$m_w C \Delta t = m_r q_e$
$\therefore m_r = \dfrac{m_w C \Delta t}{q_e}$
$= \dfrac{100 \times 60 \times 4.18 \times (15-10)}{125} ≒ 1,000 \text{kg/h}$

37 10kg의 산소가 체적 5m³로부터 11m³로 변화하였다. 이 변화가 일정 압력하에 이루어졌다면 엔트로피의 변화(kJ/K)는? (단, 산소는 완전가스로 보고, 정압비열은 0.221kJ/kg · K로 한다.)

① 1.55 ② 1.74
③ 1.95 ④ 2.05

해설
$\Delta S = m C_p \ln \dfrac{T_2}{T_1} = m C_p \ln \dfrac{V_2}{V_1}$
$= 10 \times 0.221 \times \ln \dfrac{11}{5} ≒ 1.74 \text{kJ/K}$

38 일반적으로 냉동운송설비 중 냉동자동차의 냉각장치 및 냉각방법에 따라 분류할 때 그 종류로 가장 거리가 먼 것은?

① 기계식 냉동차
② 액체질소식 냉동차
③ 헬륨냉동식 냉동차
④ 축냉식 냉동차

해설 냉동차의 냉각장치 및 냉각방법에 따라 기계식, 액체질소식, 축냉식, 드라이아이스식으로 구분한다.

39 냉동기 속 두 냉매가 다음 표의 조건으로 작동될 때 A냉매를 이용한 압축기의 냉동능력을 Q_A, B냉매를 이용한 압축기의 냉동능력을 Q_B라 할 때 Q_A / Q_B의 비는? (단, 두 압축기의 피스톤압출량은 동일하며 체적효율도 75%로 동일하다.)

냉매	A	B
냉동효과(kJ/kg)	1,130	171
비체적(m³/kg)	0.509	0.077

① 1.5 ② 1.0
③ 0.8 ④ 0.5

해설
$Q_e = m q_e \eta_v = \dfrac{V}{v} q_e \eta_v$
$Q_A = \dfrac{V}{0.509} \times 1,130 \times 0.75 ≒ 1,665 V [\text{kJ/kg}]$
$Q_B = \dfrac{V}{0.077} \times 171 \times 0.75 ≒ 1,665 V [\text{kJ/kg}]$
$\therefore \dfrac{Q_A}{Q_B} = \dfrac{1,665 V}{1,665 V} = 1$

★ **40** 흡수식 냉동기에 사용하는 흡수제의 요구조건으로 가장 거리가 먼 것은?

① 용액의 증발압력이 높을 것
② 농도의 변화에 의한 증기압의 변화가 작을 것
③ 재생에 많은 열을 필요로 하지 않을 것
④ 점도가 낮을 것

해설 **흡수제의 구비조건**
㉠ 용액의 농도변화에 의한 증기압의 변화가 작을 것
㉡ 동일 압력에서 증발 시 증발온도가 냉매의 증발온도와 차이가 있을 것
㉢ 재생에 많은 열량을 필요로 하지 않을 것
㉣ 점도가 높지 않을 것
㉤ 냉매의 용해도가 높을 것
㉥ 발생기와 흡수기의 용해도의 차가 클 것
㉦ 열전도율이 높을 것
㉧ 금속과 화학반응을 일으키지 않으며 안정적일 것
㉨ 독성이 없고 비가연성일 것
㉩ 값이 싸고 구입이 용이할 것
㉪ 부식성이 없을 것

제3과목 공조냉동 설치·운영

41 기계설비법령에 따라 성능점검업 준수대상 건축물 중 잘못된 것은?

① 연면적 1만m² 이상 건축물
② 300세대 이상 공동주택(개별난방방식)
③ 300세대 이상 중앙집중식 난방방식의 공동주택
④ 지하역사 및 연면적 2천m² 이상인 지하도상가

정답 37. ② 38. ③ 39. ② 40. ① 41. ②

해설 성능점검업 준수대상 건축물(기계설비법 시행령 제14조)
㉠ 연면적 1만m² 이상 건축물(단, 창고시설은 제외)
㉡ 500세대 이상의 공동주택(개별난방방식)
㉢ 300세대 이상의 중앙집중식(지역난방방식 포함) 공동주택
㉣ 제1종 시설물, 제2종 시설물 및 제3종 시설물
㉤ 학교시설
㉥ 지하역사(출입통로・대합실・승강장 및 환승통로와 이에 딸린 시설 포함)
㉦ 지하도상가(지상건물에 딸린 지하층의 시설 포함)
㉧ 국가나 지방단체가 소유하거나 관리하는 건축물 등

42 냉동기설비의 안전관리자의 인원에 대한 설명 중 바른 것은?
① 냉동능력 300톤 초과(냉매가 프레온일 경우는 600톤 초과)인 경우 안전관리원은 3명 이상이어야 한다.
② 냉동능력 100톤 초과 300톤 이하(냉매가 프레온일 경우 200톤 초과 600톤 이하)인 경우 안전관리원은 1명 이상이어야 한다.
③ 냉동능력 50톤 초과 100톤 이하(냉매가 프레온일 경우 100톤 초과 200톤 이하)인 경우 안전관리총괄자는 없어도 상관없다.
④ 냉동능력 50톤 이하(냉매가 프레온인 경우 100톤 이하)인 경우 안전관리책임자는 없어도 상관없다.

해설 제조시설별 안전관리자의 자격과 선임인원

구분	저장 또는 처리능력	안전관리자의 구분 및 선임인원
냉동제조시설	냉동능력 300톤 초과(프레온을 냉매로 사용하는 것은 냉동능력 600톤 초과)	• 안전관리 총괄자 : 1명 • 안전관리 책임자 : 1명 • 안전관리원 : 2명 이상
	냉동능력 100톤 초과 300톤 이하(프레온을 냉매로 사용하는 것은 냉동능력 200톤 초과 600톤 이하)	• 안전관리 총괄자 : 1명 • 안전관리 책임자 : 1명 • 안전관리원 : 1명 이상
	냉동능력 50톤 초과 100톤 이하(프레온을 냉매로 사용하는 것은 냉동능력 100톤 초과 200톤 이하)	• 안전관리 총괄자 : 1명 • 안전관리 책임자 : 1명 • 안전관리원 : 1명 이상
	냉동능력 50톤 이하(프레온을 냉매로 사용하는 것은 냉동능력 100톤 이하)	• 안전관리 총괄자 : 1명 • 안전관리 책임자 : 1명
냉동기제조시설		• 안전관리 총괄자 : 1명 • 안전관리 부총괄자 : 1명 • 안전관리 책임자 : 1명 • 안전관리원 : 1명 이상

43 기계설비성능점검업 등록 시 등록요건으로 적합하지 않은 것은?
① 자본금 ② 기술인력
③ 점검장비 ④ 사무실

해설 기계설비성능점검업 등록요건
㉠ 자본금
㉡ 기술인력
㉢ 장비

44 고압가스제조설비의 기밀시험이나 시운전 시 가압용 고압가스로 부적합한 것은?
① 질소 ② 아르곤
③ 공기 ④ 수소

해설 기밀시험이나 시운전 시 가압용 고압가스로 부적합한 것은 수소(가연성 가스)와 산소(조연성 가스)이다.

45 제어계의 응답 속응성을 개선하기 위한 제어동작은?
① D동작
② I동작
③ PD동작
④ PI동작

정답 42. ② 43. ④ 44. ④ 45. ③

해설 조절부의 동작에 의한 분류
  ㉠ P(비례)제어 : 잔류편차(offset) 발생
  ㉡ I(적분)제어 : 잔류편차 제거
  ㉢ D(미분)제어 : 오차예측제어로 오차 확대를 방지하고 오버슛을 감소시켜 응답속도를 빠르게 함
  ㉣ PD(비례미분)제어 : 응답속도 개선, 과도특성 개선, 진상보상회로에 해당
  ㉤ PI(비례적분)제어 : 잔류편차와 사이클링 제거, 정상특성 개선, 간헐현상이 있으며 진동 발생 우려가 있음
  ㉥ PID(비례적분미분)제어 : 속도 향상, 잔류편차 제거, 정상 및 과도특성 개선, 오버슛을 감소시켜 제어성능이 우수하고 제어이득 조정이 비교적 쉽기 때문에 많이 사용됨
  ㉦ 온오프제어(=2위치제어) : 불연속제어(간헐제어)

46 변압기의 병렬운전에서 필요하지 않는 조건은?
  ① 극성이 같을 것
  ② 출력량이 같을 것
  ③ 권수비가 같을 것
  ④ 1차, 2차 정격전압이 같을 것

해설 변압기의 병렬운전 시 필요조건
  ㉠ 극성이 같을 것
  ㉡ 권수비가 같을 것
  ㉢ 1차, 2차 정격전압이 같을 것
  ㉣ %임피던스 강하가 같을 것

47 저항 R에 100V의 전압을 인가하여 10A의 전류를 1분간 흘렸다면, 이때의 열량은 약 몇 kJ인가?
  ① 14.4   ② 28.8
  ③ 60   ④ 120

해설 $Q = Pt = VIt = 100 \times 10 \times 1 \times 60 = 60,000J = 60kJ$

48 10kVA의 단상 변압기가 3대 있다. 이를 3상 배전선에 V결선했을 때의 출력은 몇 kVA인가?
  ① 11.73 ② 17.32
  ③ 20   ④ 30

해설 $P = 10 \times 3 = 30kVA$

49 다음 그림과 같은 계전기 접점회로의 논리식은?

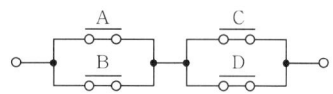

  ① $(\overline{A}+B)(C+\overline{D})$ ② $(\overline{A}+\overline{B})(C+D)$
  ③ $(A+B)(C+D)$ ④ $(A+B)(\overline{C}+\overline{D})$

해설 논리식 = $(A+B)(C+D)$ (병렬회로)

50 다음의 논리식 중 다른 값을 나타내는 논리식은?
  ① $\overline{X}Y + XY$ ② $Y(Y+X+\overline{X})$
  ③ $X(\overline{Y}+X+Y)$ ④ $XY+Y$

해설
  ① $\overline{X}Y + XY = Y(\overline{X}+X) = Y \cdot 1 = Y$
  ② $Y(Y+X+\overline{X}) = YY + XY + \overline{X}Y$
       $= Y + Y(X+\overline{X}) = Y+Y = Y$
  ③ $X(\overline{Y}+X+Y) = X\overline{Y} + XX + XY$
       $= X(\overline{Y}+Y) + X$
       $= X(0+1) + X$
       $= X + X = X$
  ④ $XY + Y = Y(X+1) = Y \cdot 1 = Y$

51 자동제어에서 미리 정해 놓은 순서에 따라 제어의 각 단계가 순차적으로 진행되는 제어방식은?
  ① 서보제어   ② 되먹임제어
  ③ 시퀀스제어 ④ 프로세스제어

해설 시퀀스제어
  ㉠ 미리 정해진 순서에 의해 제어된다.
  ㉡ 제어결과에 따라 조작이 자동적으로 이행된다.
  ㉢ 조합논리회로로 사용된다.
  ㉣ 시간지연요소가 사용된다.
  ㉤ 유접점과 무접점 계전기가 있다.

52 170V, 50Hz, 3상 유도전동기의 전부하슬립이 4%이다. 공급전압이 5% 저하된 경우의 전부하슬립은 약 몇 %인가?
  ① 4.4   ② 5.1
  ③ 5.6   ④ 7.4

해설 $s' = \left(\dfrac{V}{V'}\right)^2 s = \left[\dfrac{170}{170 \times (1-0.05)}\right]^2 \times 4 ≒ 4.4\%$

정답 46. ② 47. ③ 48. ④ 49. ③ 50. ③ 51. ③ 52. ①

53 냉매배관의 시공 시 유의사항으로 틀린 것은?

① 배관재료는 각각의 용도, 냉매종류, 온도 등에 의해 선택한다.
② 온도변화에 의한 배관의 신축을 고려한다.
③ 배관 중에 불필요하게 오일이 체류하지 않도록 한다.
④ 관경은 가급적 작게 하여 플래시가스의 발생을 줄인다.

해설 관경은 가급적 크게 하여 플래시가스의 발생을 줄인다.

54 스테인리스관의 특징이 아닌 것은?

① 내식성이 좋다.
② 저온 충격성이 크다.
③ 용접식, 몰코식 등 특수 시공법으로 시공이 간단하다.
④ 강관에 비해 기계적 성질이 나쁘다.

해설 스테인리스관은 강관에 비해 기계적 성질이 우수하다.

55 다음 중 통기관의 종류가 아닌 것은?

① 각개통기관　② 루프통기관
③ 신정통기관　④ 분해통기관

해설 통기관의 종류
㉠ 각개통기관 : 가장 좋은 방법, 위생기구 1개마다 통기관 1개 설치(1:1), 관경 32A
㉡ 루프통기관(환상, 회로) : 위생기구 2~8개의 트랩봉수 보호, 총길이 7.5m 이하, 관경 40A 이상
㉢ 도피통기관 : 8개 이상의 트랩봉수 보호, 배수수직관과 가장 가까운 배수관의 접속점 사이에 설치
㉣ 습식통기관(습윤) : 배수+통기를 하나의 배관으로 사용
㉤ 신정통기관 : 배수수직관 최상단에 설치하여 대기 중에 개방
㉥ 결합통기관 : 통기수직관과 배수수직관을 연결, 5개 층마다 설치, 관경 50A 이상

56 보온재의 구비조건 중 틀린 것은?

① 열전도율이 클 것
② 불연성일 것
③ 내식성 및 내열성이 있을 것
④ 비중이 작고 흡수성이 작을 것

해설 보온재의 구비조건
㉠ 내열성 및 내식성이 있을 것
㉡ 열전도율이 적을 것
㉢ 비중과 부피가 작을 것
㉣ 흡수성이 없을 것
㉤ 균열, 신축이 적을 것
㉥ 안전사용온도가 높을 것
㉦ 물리적, 화학적 강도가 클 것
㉧ 불연성이고 무독, 무취, 비폭발성일 것

57 다음 중 고압가스배관재료의 배관기호에 대한 설명으로 틀린 것은?

① SPP : 배관용 탄소강관
② SPPH : 저압배관용 탄소강관
③ SPLT : 저온배관용 탄소강관
④ SPHT : 고온배관용 탄소강관

해설 강관의 종류
㉠ SPP : 배관용 탄소강강관
㉡ SPPS : 압력배관용 탄소강강관
㉢ SPPH : 고압배관용 탄소강강관
㉣ SPHT : 고온배관용 탄소강강관
㉤ SPLT : 저온배관용 탄소강강관
㉥ SPA : 배관용 합금강관
㉦ STS×TP : 배관용 스테인리스강관

58 배수관의 설치기준에 대한 내용으로 틀린 것은?

① 배수관의 최소 관경은 20mm 이상으로 한다.
② 지중에 매설하는 배수관의 관경은 50mm 이상이 좋다.
③ 배수관은 배수가 흐르는 방향으로 관경을 축소해서는 안 된다.
④ 기구배수관의 관경은 이것에 접속하는 위생기구의 트랩지름 이상으로 한다.

해설 배수관의 설치기준
㉠ 배수관의 최소 지름은 32mm 이상으로 한다.
㉡ 지중, 지하층 바닥에 매설하는 배수관은 50mm 이상으로 한다.
㉢ 배수관은 하류방향으로 갈수록 관의 지름을 크게 설계한다.
㉣ 기구배수관의 관경은 이것에 접속하는 위생기구의 트랩구경 이상으로 하되 최소 30mm로 한다.
㉤ 배수수직관의 관경은 이것과 접속하는 배수수평관의 최대 관경 이상으로 한다.
㉥ 배수수평관의 관경은 이것과 접속하는 기구배수관의 최대 관경 이상으로 한다.

정답　53. ④　54. ④　55. ④　56. ①　57. ②　58. ①

59 호칭지름 20A의 관을 다음 그림과 같이 나사이음할 때 중심 간의 길이가 200mm라 하면 강관의 실제 소요되는 절단길이(mm)는? (단, 이음쇠에 중심에서 단면까지의 길이는 32mm, 나사가 물리는 최소의 길이는 13mm이다.)

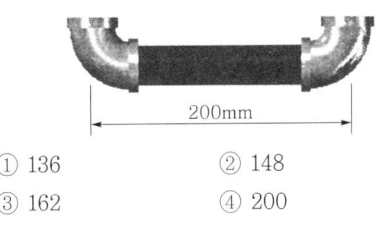

① 136　　② 148
③ 162　　④ 200

해설　$l = L - 2(A-a) = 200 - 2 \times (32-13) = 162\text{mm}$

60 증기난방방식에서 응축수환수방법에 따른 분류가 아닌 것은?
① 중력환수식　　② 진공환수식
③ 정압환수식　　④ 기계환수식

해설　응축수환수방법
　㉠ 중력환수식 : 응축수를 중력작용으로 환수
　㉡ 기계환수식 : 펌프로 보일러에 강제환수
　㉢ 진공환수식 : 진공펌프로 환수관 내 응축수와 공기를 환수. 증기의 순환이 가장 빠른 방법

정답　59. ③　60. ③

과년도 기출복원문제

2025

Industrial Engineer Air-Conditioning and Refrigerating Machinery

제1회	공조냉동기계산업기사
제2회	공조냉동기계산업기사
제3회	공조냉동기계산업기사

자주 출제되는 중요한 문제는 별표(★)로 강조했습니다.
마무리학습할 때 한 번 더 풀어보기를 권합니다.

Industrial Engineer
Air-Conditioning and Refrigerating Machinery

2025년 제1회 공조냉동기계산업기사

제1과목 공기조화설비

01 공기조화부하의 종류 중 실내부하와 장치부하에 해당되지 않는 것은?

① 사무기기나 인체를 통해 실내에서 발생하는 열
② 유리 및 벽체를 통한 전도열
③ 급기덕트에서 실내로 유입되는 열
④ 외기로 실내온습도를 냉각시키는 열

해설 **실내부하와 장치부하**: 틈새바람, 환기, 지붕, 투과복사열, 유리창 전도, 벽 전도, 문 전도, 바닥 전도, 내부부하(인체, 기기, 형광등)

02 수관식 보일러의 특징에 대한 설명으로 옳은 것은?

① 화염으로부터 열을 받아 오물을 가열해주는 열매체로 물을 사용하는데, 보일러 내부에 진공상태로 유지되기에 정상적인 상태에서는 열매의 손실은 없다.
② 드럼 없이 수관만으로 설계한 강제순환식 보일러로 급수가 공급될 때 수관의 예열부 → 증발부 → 과열부를 순차적으로 통과하면서 증기가 발생하게 된다.
③ 지름이 큰 통체를 몸체로 하여 그 내부에 노통과 연관을 동체축에 평행하게 설치하고, 노통을 나온 연소가스가 다수의 연관을 통해 연도로 빠져나가도록 되어 있는 구조의 보일러이다.
④ 상부드럼과 하부드럼 사이에 작은 구경의 많은 수관을 설치한 구조로 고온 및 고압에 적당하고, 발생열량이 크며, 용량에 비하여 크기가 작아 설치면적이 적고, 전열면적은 넓어서 효율이 매우 높다.

해설 **수관보일러**
㉠ 상부드럼과 하부드럼 사이에 작은 구경의 많은 수관을 설치한 구조이다.
㉡ 물순환방식: 자연순환식, 강제순환식, 관류식
㉢ 특징
- 구조상 고압 및 대용량에 적합하다.
- 보유수량이 적기 때문에 파열 시 재해가 적다.
- 부하변동에 따른 추종성이 높다.
- 예열시간이 짧다.
- 스케일로 인하여 수관이 과열되기 쉬우므로 수관리를 철저히 하여야 한다.
- 용량에 비하여 크기가 작아 설치면적이 적고 전열면적은 넓어서 효율이 매우 높다

03 다음 중 서로 올바르게 연결된 것은?

① 열통과율: $W/m^2 \cdot K$
② 열전달률: $W/m \cdot K$
③ 열전도율: $W/m^2 \cdot K$
④ 열관류저항: $m \cdot K/W$

해설 **열 관련 단위**
㉠ $W/m^2 \cdot K$: 열전달률, 열통과율, 열관류율(=열전도율÷두께)
㉡ $W/m \cdot K$: 열전도율(=열관류율×두께)
㉢ $m^2 \cdot K/W$: 열관류저항, 열저항

04 5,000W의 열을 발산하는 기계실의 온도를 26℃로 유지하기 위한 환기량은 약 얼마인가? (단, 외기온도 12℃, 공기의 정압비열 1.01kJ/kg·℃, 밀도 1.2kg/m³이다.)

① 294.67m³/h
② 353.6m³/h
③ 1060.82m³/h
④ 1272.98m³/h

해설 $q = \rho Q_o C_p (t_r - t_o)$

$\therefore Q_o = \dfrac{q}{\rho C_p (t_r - t_o)}$

$= \dfrac{5 \times 3{,}600}{1.2 \times 1.01 \times (26-12)} = 1060.82 \text{m}^3/\text{h}$

정답 01. ④ 02. ④ 03. ① 04. ③

05 환기방식 중 송풍기를 이용하여 실내에 공기를 공급하고 배기구나 건축물의 틈새를 통하여 자연적으로 배기하는 방법은?

① 제1종 환기 ② 제2종 환기
③ 제3종 환기 ④ 제4종 환기

해설 환기방법
㉠ 제1종 환기(병용식) : 송풍기와 배풍기 설치
㉡ 제2종 환기(압입식) : 송풍기만 설치(보일러실, 반도체 무균실, 변전실, 창고)
㉢ 제3종 환기(흡출식) : 배풍기만 설치
㉣ 제4종 환기(자연식) : 급기와 배기가 자연풍에 의해서 환기

06 냉각탑에서 냉각수 입구온도 37℃, 냉각수 출구온도 32℃, 냉각탑 입구공기의 건구온도 33℃, 습구온도 27℃일 때 쿨링 레인지, 쿨링 어프로치, 냉각효율로 적합한 것은?

① 5℃, 4℃, 40%
② 5℃, 5℃, 50%
③ 6℃, 4℃, 40%
④ 6℃, 5℃, 50%

해설 ㉠ 쿨링 레인지=냉각수 입구온도-냉각수 출구온도
　　　　　　　=37-32=5℃
㉡ 쿨링 어프로치=냉각수 출구온도-냉각탑 입구공기의 습구온도
　　　　　　　=32-27=5℃
㉢ 냉각효율=$\dfrac{냉각수\ 입구온도-냉각수\ 출구온도}{냉각수\ 입구온도-외기습구온도}$
　　　　　=$\dfrac{37-32}{37-27}=0.5=50\%$

★
07 배관 내의 흐르는 물을 피토관을 이용하여 측정하였더니 전압이 14.1kPa, 유속이 2m/s일 때 정압은 약 몇 kPa인가? (단, 물의 밀도는 1,000kg/m³이다.)

① 10.1 ② 12.1
③ 14.1 ④ 16.1

해설 $P_t = P_s + P_v = P + \dfrac{v^2}{2}\gamma$

∴ $P_s = P_t - P_v = P - \dfrac{v^2}{2}\gamma = 14.1 - \dfrac{2^2}{2} \times 1$
　　　$= 12.1\text{kPa}$

08 동일한 송풍기에서 회전수를 2배로 했을 경우 풍량, 정압, 소요동력의 변화에 대한 설명으로 옳은 것은?

① 풍량 1배, 정압 2배, 소요동력 2배
② 풍량 1배, 정압 2배, 소요동력 4배
③ 풍량 2배, 정압 4배, 소요동력 4배
④ 풍량 2배, 정압 4배, 소요동력 8배

해설 회전수에 따른 송풍기의 상사법칙
㉠ 풍량 : $\dfrac{Q_2}{Q_1} = \dfrac{N_2}{N_1} = \dfrac{2}{1} = 2$
㉡ 정압 : $\dfrac{P_2}{P_1} = \left(\dfrac{N_2}{N_1}\right)^2 = \left(\dfrac{2}{1}\right)^2 = 4$
㉢ 소요동력 : $\dfrac{L_2}{L_1} = \left(\dfrac{N_2}{N_1}\right)^3 = \left(\dfrac{2}{1}\right)^3 = 8$

참고 직경에 따른 송풍기의 상사법칙
• 풍량 : $\dfrac{Q_2}{Q_1} = \left(\dfrac{d_2}{d_1}\right)^3$
• 정압 : $\dfrac{P_2}{P_1} = \left(\dfrac{d_2}{d_1}\right)^2$
• 소요동력 : $\dfrac{L_2}{L_1} = \left(\dfrac{d_2}{d_1}\right)^5$

★
09 냉방부하 계산 시 일사를 받는 외벽으로부터의 침입열량을 계산할 때 일사에 의한 열취득을 고려한 온도를 무엇이라 하는가?

① 설계외기온도
② 최고외기온도
③ 상대외기온도
④ TAC외기온도

해설 상대외기온도(Equivalent Outdoor Temperature, 상대온도)
㉠ 일사, 외기온도, 대류, 복사 등의 열취득효과를 종합적으로 고려하여 외기온도를 가상의 온도로 환산한 값
㉡ 주로 한국, 일본 등의 열부하 계산기준에서 사용
㉢ 일사를 받는 외벽, 지붕 등을 통해 유입되는 일사에 의한 침입열량 계산 시 사용
㉣ 외기온도, 일사강도, 벽체의 열적 특성(열관류율, 열용량 등), 색상, 방향(남향, 서향) 등을 고려
㉤ 외벽표면온도와 실내온도의 차이
㉥ 일사에 의한 열취득을 고려한 가상의 외기온도

정답 05. ② 06. ② 07. ② 08. ④ 09. ③

> **참고** TAC외기온도(TETD/TA방식, 미국식)
> - TAC : Total Equivalent Temperature Difference/Time Averaging Correction
> - 정의 : ASHRAE방식에서 외벽, 지붕, 창을 통한 비정상 상태 열취득을 시간평균화하여 계산한 방법
> - 용도 : 미국식 냉방부하 계산(TETD/TA방법)
> - 고려요소
>   - TETD : 시간에 따른 일사영향
>   - TA : 시간평균보정계수

10 외기의 온도가 -10℃이고 실내온도가 20℃이며 벽면적이 25m²일 때 실내의 열손실량(kW)은? (단, 벽체의 열관류율은 10W/m²·K, 방위계수는 북향으로 1.2이다.)

① 7 ② 8
③ 9 ④ 10

해설 $q = aKA\Delta t = 1.2 \times 10 \times 25 \times [20-(-10)]$
$= 9,000W = 9kW$

11 송풍기의 특성을 나타내는 요소에 해당되지 않는 것은?

① 압력 ② 축동력
③ 재질 ④ 풍량

해설 송풍기의 특성곡선은 송풍기의 고유특성을 하나의 선도로 나타낸 것으로 정압, 소요동력, 풍량, 전압, 효율의 관계가 있다.

12 실내온도분포가 균일하여 쾌감도가 좋으며 화상의 염려가 없고 방을 개방하여도 난방효과가 있는 난방방식은?

① 증기난방 ② 온풍난방
③ 복사난방 ④ 대류난방

해설 복사난방
㉠ 높이에 따른 온도분포가 균등하고 난방효과가 쾌적하다.
㉡ 고온의 복사패널을 실내의 천장이나 벽 등에 설치하여 100~200℃ 정도의 고온수나 증기를 통하게 하여 난방한다.
㉢ 규모가 큰 공장 등 열소모가 비교적 큰 장소에 이용된다.
㉣ 복사열에 의한 난방이므로 쾌감도가 크다
㉤ 방을 개방하여도 난방효과가 있다.

★
13 공기조화방식 중 사람이 거주하는 공간에서 실내환기를 위하여 최소 풍량을 확보하도록 할 필요가 있는 방식은?

① 이중덕트방식
② 단일덕트 정풍량방식
③ 단일덕트 변풍량방식
④ 유인유닛방식

해설 단일덕트 변풍량방식(VAV : Variable Air Volume System)
㉠ 실내부하에 따라 공급공기의 풍량을 자동으로 조절한다.
㉡ 거주자의 쾌적함과 공기질 유지를 위해 최소 외기량(환기량)을 항상 확보해야 한다.
㉢ 압력조정장치 등이 고가이므로 설비비가 많이 든다.
㉣ 각 방의 온도를 개별적으로 제어할 수 있다.
㉤ 시운전 시 토출구의 풍량 조정이 간단하다.
㉥ 열부하 감소에 의한 운전비인 송풍동력이 적어 에너지를 절약할 수 있다(VAV유닛을 사용하여 제어).
㉦ 부하의 증가에 대해서 유연성이 있다(칸막이 변경이나 부하 증감에 대하여 적응성이 좋다).
㉧ 동시부하율을 고려하여 설비용량을 적게 할 수 있다.
㉨ 자동제어가 복잡하여 운전 및 유지관리가 어렵다.
㉩ 일사량변화가 심한 페리미터존에 적합하다.
㉪ 실내부하가 적어지면 송풍량이 적어 실내공기의 오염도가 높다.
㉫ 부하변동에 대하여 제어응답이 빠르므로 거주성이 향상된다.

14 에어와셔 단열가습 시 포화효율은 어떻게 표시하는가? (단, 입구공기의 건구온도 t_1, 출구공기의 건구온도 t_2, 입구공기의 습구온도 t_{w1}, 출구공기의 습구온도 t_{w2}이다.)

① $\eta = \dfrac{t_1-t_2}{t_2-t_{w2}}$ ② $\eta = \dfrac{t_1-t_2}{t_1-t_{w1}}$

③ $\eta = \dfrac{t_2-t_1}{t_{w2}-t_1}$ ④ $\eta = \dfrac{t_1-t_{w1}}{t_2-t_1}$

해설 $\eta = \dfrac{입구공기의\ 건구온도 - 출구공기의\ 건구온도}{입구공기의\ 건구온도 - 입구공기의\ 습구온도}$
$= \dfrac{t_1-t_2}{t_1-t_{w1}}$

정답 10. ③ 11. ③ 12. ③ 13. ③ 14. ②

15 습공기의 성질에 관한 설명 중 틀린 것은?

① 상대습도는 동일 온도의 포화혼합습도에 대한 해당 절대습도의 비로 표현한다.
② 건구온도가 증가할수록 공기 중 포화절대습도는 증가한다.
③ 건구온도와 습구온도가 같을 경우 상대습도는 100%이다.
④ 동일한 절대습도에서 건구온도가 증가할수록 엔탈피는 증가한다.

해설 습공기
㉠ 상대습도 = $\dfrac{증기밀도}{포화증기밀도}$ (습공기 중의 동일한 온도)
㉡ 절대습도 = $\dfrac{수증기질량}{건공기질량}$
㉢ 비교습도 = $\dfrac{절대습도}{포화절대습도} = \dfrac{x}{x_s}$
㉣ 건구온도가 증가할수록 공기 중 포화절대습도(포화수증기량)는 증가한다.
㉤ 건구온도와 습구온도가 같을 경우 상대습도는 100%이다.
㉥ 동일한 절대습도에서 건구온도가 증가할수록 엔탈피는 증가한다.
㉦ 동일한 상대습도에서 건구온도가 증가할수록 절대습도 또한 증가한다.
㉧ 동일한 건구온도에서 절대습도가 증가할수록 상대습도 또한 증가한다.
㉨ 단열가습하면 절대습도는 일정하고, 상대습도는 감소한다.
㉩ 포화공기란 습공기 중의 절대습도, 건구온도 등이 변화하면서 수증기가 포화상태에 이른 공기를 말한다.
㉪ 무입공기란 포화수증기 이상의 수분을 함유하여 공기 중에 미세한 물방울을 함유하는 공기를 말한다.

16 270RT의 증기압축식 냉동기에서 냉수 입출구의 온도차가 5℃일 때 순환되는 냉수량(L/s)은 얼마인가? (단, 냉수밀도는 1,000kg/m³, 냉수비열 4.2 kJ/kg·℃, 1RT는 3.86kW이다.)

① 21.4   ② 46.5
③ 49.6   ④ 91.2

해설 $Q_w = \dfrac{q_e}{\rho C \Delta t} = \dfrac{270 \times 3.86}{1 \times 4.2 \times 5} ≒ 49.6 L/s$

17 펌프의 종류에서 용적형이며 회전을 이용한 것이 아닌 것은?

① 기어펌프   ② 나사펌프
③ 베인펌프   ④ 마찰펌프

해설 펌프의 종류
㉠ 터보형
 • 원심력식 : 원심펌프, 볼류트펌프, 터빈펌프(디퓨저펌프), 축류펌프, 사류펌프, 마찰펌프
㉡ 용적형
 • 왕복동식 : 피스톤펌프, 플런저펌프, 다이어프램펌프
 • 회전식 : 기어펌프, 나사펌프, 루츠펌프, 베인펌프, 캠펌프
㉢ 특수형 : 기포펌프, 제트펌프, 수격펌프, 와류펌프, 진공펌프, 점성펌프, 전자펌프

18 펌프의 고장 중 진동의 원인이 아닌 것은?

① 회전차 파손   ② 베어링 손상
③ 포밍현상   ④ 축심 불일치

해설 진동의 원인
㉠ 회전차의 일부가 막힘
㉡ 회전차 파손
㉢ 토출량 과소(저유량운전)
㉣ 축심 불일치
㉤ 베어링 손상
㉥ 캐비테이션
㉦ 배관하중작용

19 에어필터의 분류에서 충돌접착식의 종류에 해당되지 않는 것은?

① 집진극판형   ② 여과재형
③ 자동회전형   ④ 패널형

해설 에어필터의 분류
㉠ 여과식 : 패널형, 자동롤형
㉡ 정전식 : 집진극판형, 정전유전형, 여과재 교환형
㉢ 충돌접착식 : 자동회전형, 패널형, 여과재형

20 대기질지수에서 '매우 위험함'의 지시색은?

① 녹색   ② 검정색
③ 고동색   ④ 오렌지색

정답 15. ① 16. ③ 17. ④ 18. ③ 19. ① 20. ③

해설 　대기질지수

범위	대기질상태	지시색
0~50	좋음	녹색
51~100	보통	노란색
101~150	노약자에게 해로움	오렌지색
151~200	해로움	빨간색
201~300	매우 해로움	보라색
301 이상	매우 위험함	고동색

제2과목 　냉동냉장설비

★ 21 스크루압축기의 운전 중 로터에 오일을 분사시켜주는 목적으로 가장 거리가 먼 것은?

① 높은 압축비를 허용하면서 토출온도 유지
② 압축효율 증대로 전력소비 증가
③ 로터의 마모를 줄여 장기간 성능 유지
④ 높은 압축비에서도 체적효율 유지

해설 　압축효율의 증대로 전력소비는 감소한다.

참고 　오일분사의 목적
- 높은 압축비를 허용하면서 토출온도 유지
- 압축효율 증대로 전력소비 감소
- 로터의 마모를 줄여 장기간 성능 유지
- 높은 압축비에서도 체적효율 유지
- 냉각효과에 의한 압축일 감소
- 열팽창을 억제하여 안정적 성능과 고속운전 가능

22 팽창밸브 개도가 냉동부하에 비하여 너무 작을 때 일어나는 현상으로 가장 거리가 먼 것은?

① 토출가스온도 상승
② 압축기 소비동력 감소
③ 냉매순환량 감소
④ 응축기 실린더 과열

해설 　팽창밸브를 과도하게 닫았을 때(개도가 과소할 때)
㉠ 냉매순환량이 감소하여 압축기 흡입가스가 과열되고 토출 시 온도도 상승된다(체적효율 감소).
㉡ 압축비가 증가한다(압축기 과열, 냉동능력 감소).
㉢ 압력 강하로 증발압력과 증발온도가 저하된다.
㉣ 윤활유가 열화 및 탄화된다.

★ 23 냉동장치 증발기에 대한 핫가스 제상방법의 특징으로 잘못된 것은?

① 전기 제상법에 비하여 제상속도가 빠르다.
② 핫가스 제상 후 즉시 정상운전이 가능하다.
③ 압축기 토출가스를 전자밸브를 통해 증발기로 주입하여 제상한다.
④ 증발기가 내부에서 가열되기 때문에 냉장식품으로 전달되는 과잉열량이 전기 제강법보다 적다.

해설 　핫가스 제상 후 핫가스라인을 닫고 팽창밸브 개방 후 사용 가능하다.

참고 　제상방법
- 핫가스 제상
- 전열 제상
- 살수 제상 : 수온은 10~20℃
- 공기 제상

24 냉동장치의 증발압력이 너무 낮은 원인으로 적당하지 않은 것은?

① 수액기 및 응축기에 냉매가 충만해 있다.
② 팽창밸브가 너무 조여 있다.
③ 증발기의 풍량이 부족하다.
④ 여과기가 막혀 있다.

해설 　증발압력이 낮은 원인
㉠ 팽창밸브가 너무 조여 있다.
㉡ 증발기의 풍량이 부족하다.
㉢ 여과기가 막혀 있다.
㉣ 증발기에 제상이 생길 경우이다.
㉤ 증발압력조절밸브의 조정이 불량하다.
㉥ 냉매가 과다하다.

25 증발압력조정밸브(EPR)에 대한 설명 중 틀린 것은?

① 냉수브라인 냉각 시 동결 방지용으로 설치한다.
② 증발기 내의 압력을 일정 압력 이하가 되지 않게 한다.
③ 증발기 출구 밸브 입구측의 압력에 의해 작동한다.
④ 한 대의 압축기로 증발온도가 다른 2대 이상의 증발기 사용 시 저온측 증발기에 설치한다.

정답 　21. ② 　22. ② 　23. ② 　24. ① 　25. ④

해설 한 대의 압축기로 증발온도가 다른 2개 이상의 증발기 사용 시 저온증발기에는 제어밸브를 설치한다.

참고 증발압력조정밸브(EPR)는 고온측 증발기 출구에 설치하여 저온측 증발기의 낮은 압력에 의해 고온측 압력이 끌려 내려가는 것을 방지한다.

26 냉동사이클 중 $P-h$ 선도(압력-엔탈피선도)로 구할 수 없는 것은?

① 냉동능력   ② 성적계수
③ 냉매순환량   ④ 마찰계수

해설 $P-h$ 선도로 냉동능력, 성적계수, 냉매순환량, 압축비, 엔탈피, 엔트로피, 건조도 등을 구할 수 있다.

참고 $P-h$ 선도는 등압선, 등엔탈피선, 포화액선, 건포화증기선, 등온선, 등엔트로피선, 등비체적선, 등건조도선, 과냉각액구역, 습포화증기구역, 과열증기구역으로 구성되고 있다.

27 냉동장치에서 일반적으로 가스퍼저(gas purger)를 설치할 경우 설치위치로 적당한 곳은?

① 수액기와 팽창밸브의 액관
② 응축기와 수액기의 액관
③ 응축기와 수액기의 균압관
④ 응축기 직전의 토출관

해설 불응축가스는 운전 중에 장치의 고압부에 모이게 되므로 응축기와 수액기의 균압관 상부에 가스퍼저(불응축가스 분리기)를 설치한다.

★
28 전열면의 열관류율은 379W/m²·K, 전열면적은 0.4m², 전열면 양측 온도는 각각 -5℃, 25℃일 때 전열면을 통한 열통과량은 얼마인가?

① 3,032W   ② 4,548W
③ 5,458W   ④ 6,338W

해설 $q_t = KA\Delta t = 379 \times 0.4 \times [25-(-5)] = 4,548W$

★
29 "자연계에 어떤 변화도 남기지 않고 일정한 온도의 열을 계속해서 일로 변환시킬 수 있는 기관은 존재하지 않는다"를 의미하는 열역학법칙은?

① 열역학 제0법칙   ② 열역학 제1법칙
③ 열역학 제2법칙   ④ 열역학 제3법칙

해설 **열역학법칙**
㉠ 열역학 제0법칙 : 열평형의 법칙, 온도계의 원리
㉡ 열역학 제1법칙 : 에너지보존법칙, 제1종 영구기관의 존재를 부정하는 법칙, 일이 열로 열이 일로 변환 가능하다는 법칙
㉢ 열역학 제2법칙 : 비가역의 법칙, 엔트로피 증가의 법칙, 방향성의 법칙, 제2종 영구기관에 위배(제2종 영구기관을 부정하는 법칙)
㉣ 열역학 제3법칙 : 절대온도의 법칙(절대 0도에서 엔트로피값을 제공)

참고 • 제1종 영구기관
  - 한 번만 작동시키면 더 이상의 에너지를 공급시키지 않고도 영원히 작동하는 가상기관
  - 무에서 일을 발생하거나 질량 혹은 에너지를 창조하는 기관
• 제2종 영구기관
  - 단 하나의 열원으로부터 흡수한 열을 모두 일로 바꿀 수 있는 열효율 100%의 가상기관
  - 열원으로부터 받은 열을 모두 다른 에너지로 변환하는 기관
  - 자연계에 어떠한 변화도 남기지 않고 일정 온도의 열을 계속해서 일로 변환시키는 기관
• 제3종 영구기관 : 마찰이 없어서 영구히 운전하되 아무런 일도 하지 않는 기관

30 고온가스에 의한 제상 시 고온가스의 흐름을 제어하는 것으로 적당한 것은?

① 모세관
② 자동팽창밸브
③ 전자밸브
④ 사방밸브(4-way밸브)

해설 **전자밸브(solenoid valve)**
㉠ 고온가스의 흐름을 제어하는 것
㉡ 사용목적 : 온도조절, 액면조정, 리퀴드백 방지
㉢ 용도 : 액압축 방지, 냉매 및 브라인흐름제어, 용량 및 액면제어 등

31 5kg의 산소가 체적 2m³로부터 4m³로 변화하였다. 이 변화가 일정 압력하에서 이루어졌다면 엔트로피의 변화는 얼마인가? (단, 산소는 완전가스로 보고, C_p =0.928kJ/kg·K로 한다.)

① 1.38kJ/K   ② 2.80kJ/K
③ 3.22kJ/K   ④ 4.85kJ/K

정답 26. ④ 27. ③ 28. ② 29. ③ 30. ③ 31. ③

해설
$$\Delta S = mC_p \ln\frac{v_2}{v_1} = 5 \times 0.928 \times \ln\frac{4}{2} ≒ 3.22 \text{kJ/K}$$

32 다음 중 압축기의 냉동능력(kW)을 산출하는 식은? (단, V : 피스톤압출량(m³/min), v : 압축기 흡입 냉매증기의 비체적(m³/kg), q : 냉매의 냉동효과 (kJ/kg), η : 체적효율)

① $R = \dfrac{60vq\eta}{3,320V}$

② $R = \dfrac{Vqv}{60\eta}$

③ $R = \dfrac{Vq\eta}{60v}$

④ $R = \dfrac{Vq\eta}{v}$

해설
$$R = Q_e = mq = \left(\dfrac{\dfrac{V}{60}\eta}{v}\right)q = \dfrac{V\eta q}{60v}$$

★
33 10ton의 쇠고기(지방이 없는 부분)를 10시간 동안 35℃에서 2℃까지 냉각할 때 필요한 냉동능력은 약 얼마인가? (단, 쇠고기 동결점은 −2℃, 동결 전 비열은 3.25kJ/kg·K, 동결 후 비열은 1.76kJ/kg·K, 동결잠열은 232kJ/kg·K이다.)

① 16kW ② 30kW
③ 35kW ④ 42kW

해설
$$Q = mC\Delta t = \dfrac{10 \times 1,000 \times 3.25 \times (35-2)}{10 \times 3,600} ≒ 30\text{kW}$$

34 냉동장치의 운전에 관한 유의사항으로 틀린 것은?
① 운전휴지기간에는 냉매를 회수하고, 저압측의 압력은 대기압보다 낮은 상태로 유지한다.
② 운전 정지 중에는 오일리턴밸브를 차단시킨다.
③ 장시간 정지 시에는 누설 여부를 점검 후 기동시킨다.
④ 압축기를 기동시키기 전에 냉각수펌프를 기동시킨다.

해설 냉동장치 운전 시 유의사항
㉠ 운전휴지기간에는 펌프다운으로 냉매를 회수하고, 저압측의 압력은 대기압보다 약간 높게 유지한다.
㉡ 운전 정지 중에는 오일리턴밸브를 차단시킨다.
㉢ 장시간 정지 후 시동 시에는 누설 여부를 점검 후 기동시킨다.
㉣ 압축기를 기동시키기 전에 냉각수펌프를 기동시킨다.
㉤ 압축기에 액백(liquid back)현상이 일어나면 토출가스온도가 내려가고 구동전동기의 전류계 지시값이 변동한다.

★
35 다음은 증발기의 구조와 작용에 대해 설명한 것이다. 이 중 옳지 않은 것은?
① 만액식 증발기는 리퀴드백을 방지하기 위해 액분리기를 설치한다.
② 액순환식 증발기는 액펌프에 의해 액을 순환시키므로 타 증발기에 비해 전열이 양호하다.
③ 공기의 흐름과 냉매의 흐름은 직교류보다 평행류일 때 전열작용이 좋다.
④ 건식 증발기가 만액식 증발기에 비해 충전냉매량이 적다.

해설 ㉠ 증발기의 전열작용은 대향류 > 직교류 > 평행류 순이다.
㉡ 건식 증발기는 주로 온도식 팽창밸브와 모세관을 팽창밸브로 사용한다.

36 증기압축식 이론냉동사이클에서 엔트로피가 감소하고 있는 과정은 다음 중 어느 과정인가?
① 팽창과정
② 응축과정
③ 압축과정
④ 증발과정

해설 냉동과정에 따른 변화

구분	압력	온도	엔탈피	엔트로피	비체적
압축과정	상승	상승	증가	일정	감소
응축과정	일정	저하	감소	감소	감소
팽창과정	감소	저하	일정	증가	감소
증발과정	일정	일정	증가	증가	증가

정답 32. ③ 33. ② 34. ① 35. ③ 36. ②

37 증발식 응축기에 관한 설명으로 옳은 것은?
① 증발식 응축기는 많은 냉각수를 필요로 한다.
② 송풍기, 순환펌프가 설치되지 않아 구조가 간편하다.
③ 대기온도는 동일하지만 습도가 높을 때는 응축압력이 높아진다.
④ 냉각수보급량은 물의 증발량과는 큰 관계가 없다.

해설 증발식 응축기
㉠ 물의 증발잠열을 이용하여 냉각하므로 냉각수가 적게 든다.
㉡ 송풍기 및 순환펌프의 동력이 필요하다.
㉢ 외형과 설치면적이 크며 대형이다.
㉣ 대기의 습구온도에 영향을 많이 받으며 다른 응축기에 비하여 3~4% 냉각수량만 순환시키면 된다.
㉤ 수냉식 응축기와 공냉식 응축기의 작용을 혼합한 형태이다.
㉥ 구조가 복잡하고 설비비가 고가이며 사용되는 응축기 중 압력과 온도가 높으면 압력 강하가 크다.
㉦ 겨울철에는 공냉식으로 사용할 수 있으며 연간운전에 특히 우수하다.
㉧ 대기온도는 동일하지만 습도가 높을 때는 응축압력이 높아진다.
㉨ 냉각수보급량은 물의 증발량과 비산수량 등과 관계가 있다.
㉩ 구성요소 : 송풍기, 물분무펌프, 분재장치, 일리미네이터, 수공급장치

38 전열면적 20m², 냉각수량 300L/min, 열통과율 1,140W/m²·K인 수냉식 응축기를 사용하며, 냉각수 입구온도가 32℃, 출구온도가 37℃일 때 응축온도는 얼마인가? (단, 냉각수의 비열은 4.2kJ/kg·K 이다.)

① 34.28℃ ② 36.35℃
③ 37.92℃ ④ 39.11℃

해설
$$t_c = \frac{mC(t_o - t_i)}{\lambda A} + \Delta t_m = \frac{mC(t_o - t_i)}{\lambda A} + \frac{t_i + t_o}{2}$$
$$= \frac{\frac{300}{60} \times 4.2 \times (37-32) \times 1,000}{1,140 \times 20} + \frac{32+37}{2}$$
$$≒ 39.11℃$$

39 냉동장치 운전 중 주의해야 할 사항으로 옳지 않은 것은?
① 액을 흡입하지 않도록 주의한다.
② 압력계 및 전류계를 점검한다.
③ 이상음 및 진동 유무를 점검한다.
④ 오일의 오염 및 냉각수상태를 점검한다.

해설 오일의 오염 및 냉각수상태를 점검하는 것은 냉동기의 운전 전 준비사항이다.

40 다음 중 냉동장치 응축기의 응축온도가 너무 높은 원인이 아닌 것은?
① 수로커버의 칸막이 누설
② 냉각면적의 부족
③ 냉각수량(공기량)의 부족 및 외기온도 하강 시
④ 냉매의 과충전이나 응축부하 과대 시

해설 응축온도가 너무 높은 원인
㉠ 공기의 혼입(불응축가스 존재 시)
㉡ 냉각관의 오염
㉢ 수로커버의 칸막이 누설
㉣ 냉각수량(공기량)의 부족 및 외기온도 상승 시
㉤ 냉각면적의 부족
㉥ 냉매의 과충전이나 응축부하 과대 시

제3과목 공조냉동 설치·운영

41 기계설비법령에 따라 기계설비성능점검업 등록 시 기술인력의 조건은?
① 특급 책임기계설비유지관리자 1명, 고급 책임기계설비유지관리자 1명, 중급 책임기계설비유지관리자 1명
② 특급 책임기계설비유지관리자 1명, 고급 책임기계설비유지관리자 1명, 중급 책임기계설비유지관리자 2명
③ 특급 책임기계설비유지관리자 1명, 고급 책임기계설비유지관리자 2명, 중급 책임기계설비유지관리자 3명
④ 특급 책임기계설비유지관리자 1명, 고급 책임기계설비유지관리자 1명, 중급 책임기계설비유지관리자 1명, 초급 책임기계설비유지관리자 3명

정답 37. ③ 38. ④ 39. ④ 40. ③ 41. ②

해설 기계설비성능점검업의 등록요건 중 기술인력(기계설비법 시행령 [별표 7])
  ㉠ 기술인력이란 상시 근무하는 사람을 말하며, 「국가기술자격법」, 「건설기술 진흥법」 등 자격 관련 법령에 따라 자격이 정지된 사람은 제외한다.
  ㉡ 다음 각 목의 기술인력을 모두 갖출 것
    • 다음의 어느 하나에 해당하는 분야의 특급 책임기계설비유지관리자 1명
      - 국가기술자격법에 따른 건축설비분야
      - 국가기술자격법에 따른 공조냉동기계분야 또는 건설기술진흥법 시행령 [별표 1]에 따른 공조냉동 및 설비 전문분야
      - 국가기술자격법에 따른 에너지관리분야
    • 고급 이상인 책임기계설비유지관리자 1명
    • 중급 이상인 책임기계설비유지관리자 2명

42 배수관의 설치기준에 대한 내용으로 틀린 것은?

① 배수관의 최소 관경은 20mm 이상으로 한다.
② 지중에 매설하는 배수관의 관경은 50mm 이상이 좋다.
③ 배수관은 배수가 흐르는 방향으로 관경을 축소해서는 안 된다.
④ 기구배수관의 관경은 이것에 접속하는 위생기구의 트랩구경 이상으로 한다.

해설 배수관의 설치기준
  ㉠ 배수관의 최소 관지름은 32mm 이상으로 한다.
  ㉡ 지중, 지하층 바닥에 매설하는 배수관은 50mm 이상으로 한다.
  ㉢ 배수관은 하류방향으로 갈수록 관의 지름을 크게 설계한다.
  ㉣ 기구배수관의 관경은 이것에 접속하는 위생기구의 트랩구경 이상으로 하되 최소 30mm로 한다.
  ㉤ 배수수직관의 관경은 이것과 접속하는 배수수평지관의 최대 관경 이상으로 한다.
  ㉥ 배수수평지관의 관경은 이것과 접속하는 기구배수관의 최대 관경 이상으로 한다.

43 냉동용기에 표시된 각인기호 및 단위로써 틀린 것은?

① 냉동능력 : RT
② 원동기 소요전력 : KW
③ 최고사용압력 : DP
④ 내압시험압력 : AP

해설 냉동기에 대한 표시(고압가스안전관리법 시행규칙 [별표 24])
냉동기의 제조자 또는 수입자는 금속박판에 다음 사항을 각인하여 이를 냉동기의 보기 쉬운 곳에 떨어지지 아니하도록 부착할 것. 다만, 독성 가스 또는 가연성 가스가 아닌 냉매가스를 사용하는 것으로서 냉동능력이 20톤 미만인 경우에는 다음 사항이 인쇄된 표지를 부착할 수 있다.
  ㉠ 냉동기 제조자의 명칭 또는 약호
  ㉡ 냉매가스의 종류
  ㉢ 냉동능력(단위 : RT). 다만, 압력용기의 경우에는 내용적(단위 : L)을 표시하여야 한다.
  ㉣ 원동기 소요전력 및 전류(단위 : kW, A). 다만, 압축기의 경우에 한한다.
  ㉤ 제조번호
  ㉥ 검사에 합격한 연월(年月)
  ㉦ 내압시험압력(기호 : TP, 단위 : MPa)
  ㉧ 최고사용압력(기호 : DP, 단위 : MPa)

★ 44 기계설비법령에 따라 선임된 기계설비유지관리자의 유지관리교육 중 신규교육의 교육시간은?

① 선임된 날부터 1개월 이내
② 선임된 날부터 2개월 이내
③ 선임된 날부터 3개월 이내
④ 선임된 날부터 6개월 이내

해설 유지관리교육의 교육과정 및 교육과목 등(기계설비법 시행령 [별표 6])

구분	신규교육	보수교육
대상자	법 제19조 제1항에 따라 선임된 기계설비유지관리자	법 제19조 제1항에 따라 신규교육을 이수하고 업무를 수행하고 있는 기계설비유지관리자
시기	선임된 날부터 6개월 이내	최근에 이수한 유지관리교육의 이수일부터 3년이 지난 날을 기준으로 3개월 이내

★ 45 기계설비법령에 따라 기계설비유지관리자는 근무처·경력·학력 및 자격 등의 관리에 필요한 사항을 신고하려는 경우 기계설비유지관리자 경력신고서에 첨부해야 하는 서류가 아닌 것은?

① 근무처 및 경력을 증명하는 서류
② 기계설비 관련 자격증 사본
③ 졸업증명서
④ 최근 3개월 이내에 촬영한 증명사진

정답 42. ① 43. ④ 44. ④ 45. ④

해설 기계설비유지관리자 경력신고서 첨부서류
- ㉠ 경력확인서 원본 : 소속회사별로 작성된 경력확인서 원본을 제출해야 한다(대한기계설비건설협회 등에서 제공하는 양식 사용).
  - 참고 : 소속회사는 4대 보험 가입회사여야 하며, 경력확인서 스캔본은 인정되지 않는다.
- ㉡ 근무사실증명서류(택 1) : 다음 중 한 가지 서류를 제출하여 근무사실을 증명해야 한다.
  - 건강보험자격득실확인서(국민건강보험공단 발행)
  - 국민연금가입자 가입증명(국민연금공단 발행)
  - 일용근로소득지급명세서(세무사 발행 또는 국세청 홈택스 출력)
  - 고용보험일용근로내역서(근로복지공단 발행)
  - 관계법령에 따라 정부로부터 지정받은 경력관리기관이 발행한 경력증명서(예 : 건설기술인 경력증명서)
  - 주의 : 재직증명서는 인정되지 않는다.
- ㉢ 경력을 확인하는 소속회사별 서류 사본(담당업무 관련)
  - 설계/감리 : 건축사사무소 개설신고확인증, 건설기술용역등록증(설계·사업관리·설계용역분야), 기술사사무소 개설등록증(설비 전문분야), 엔지니어링사업자신고증(설비 전문분야) 사본 등
  - 시공 : 종합건설업, 기계설비공사업등록증(수첩) 사본
  - 유지관리 : 사업자등록증 사본
  - 성능점검 : 에너지진단전문기관 지정서 사본, TAB 수행자격확인증 사본 등
- ㉣ 기계설비 관련 자격증 사본(해당자만) : 이름, 사진, 자격증(등록)번호, 종목(전문분야), 합격(취득)일 확인이 가능해야 한다.
- ㉤ 기계설비 관련학과 졸업증명서(해당자만) : 최근 90일 이내 발급된 서류여야 한다.
- ㉥ 증명사진(2.5cm×3.0cm) 1매 : 최근 6개월 이내 촬영분(온라인신고 시 업로드하는 경우 제출이 제외될 수 있다)

46 급탕배관이 벽이나 바닥을 관통할 때 슬리브(sleeve)를 설치하는 이유로 가장 적절한 것은?
① 배관의 진동을 건물구조물에 전달되지 않도록 하기 위하여
② 배관의 중량을 건물구조물에 지지하기 위하여
③ 관의 신축이 자유롭고 배관의 교체나 수리를 편리하게 하기 위하여
④ 배관의 마찰저항을 감소시켜 온수의 순환을 균일하게 하기 위하여

해설 슬리브를 설치하는 이유는 관의 신축이 자유롭고 배관의 교체나 수리를 편리하게 하기 위함이다.

47 지름 20mm 이하의 동관을 이음할 때나 기계의 점검, 보수 등으로 관을 떼어내기 쉽게 하기 위한 동관의 이음방법은?
① 슬리브이음 ② 플레어이음
③ 사이징이음 ④ 플라스턴이음

해설 동관의 이음
- ㉠ 납땜이음 : 경납(은납, 황동납)을 활용한 이음
- ㉡ 압축(플레어)이음 : 삽입식 접속으로 하고, 분리할 필요가 있는 부분에는 호칭지름 20mm 이하
- ㉢ 플랜지이음 : 호칭지름 40mm 이상

48 다음 보온재의 사용온도범위로 옳지 않은 것은?
① 규산칼슘 : 650℃ 이하
② 우레아폼 : 100℃ 이하
③ 탄화코르크 : 200℃ 이상
④ 탄산마그네슘 : 250℃ 이하

해설 탄화코르크
- ㉠ 액체 및 기체를 쉽게 침투시키지 않아 보냉·보온재로 우수하다.
- ㉡ 냉수·냉매배관, 냉각기, 펌프 등의 보냉용에 주로 사용한다.
- ㉢ 300℃로 가열하여 만든 것으로, 굽힘성이 없어 곡면 시공에 사용하면 균열이 생긴다.
- ㉣ 안전사용온도 : 130℃ 이하(열전도율 0.047~0.057 W/m·℃)

49 전류계의 측정범위를 넓히기 위하여 이용되는 기기는 어떤 부하이며, 이것은 전류계와 어떻게 접속하는가?
① 분류기 – 직렬접속
② 분류기 – 병렬접속
③ 배율기 – 직렬접속
④ 배율기 – 병렬접속

해설 전류의 측정범위를 넓히기 위해 전류계에 병렬로 달아주는 저항을 분류기 저항이라 한다.

참고 전압의 측정범위를 넓히기 위해 전압계에 직렬로 달아주는 저항을 배율기 저항이라 한다.

정답 46. ③ 47. ② 48. ③ 49. ②

50 다음 중 열역학적 트랩에 해당하는 것은?

① 디스크형 트랩
② 벨로즈식 트랩
③ 버킷트랩
④ 바이메탈식 트랩

해설 증기트랩의 종류
㉠ 증기와 응축수의 온도차 이용(온도조절식 트랩) : 바이메탈식, 벨로즈식
㉡ 증기와 응축수의 비중차 이용(기계식 트랩) : 플로트식, 버킷식
㉢ 증기의 열역학적 성질 이용(충격식, 열역학적 트랩) : 디스크식, 오리피스식

51 1,000kWh는 몇 kJ인가?

① 3,600kJ
② 36,000kJ
③ 360,000kJ
④ 3,600,000kJ

해설 1,000kWh=1,000×3,600=3,600,000kJ

52 동관공작용 공구 중 직관에서 분기관을 성형할 경우 사용하는 공구는?

① 리머(Reamer)
② 티뽑기(Extractors)
③ 튜브벤더(Tube Bender)
④ 사이징툴(Sizing Tool)

해설 동관공작용 공구
㉠ 익스팬더 : 확관용
㉡ 사이징툴 : 관의 끝부분을 원형으로 정형
㉢ 플레어링툴세트 : 관의 끝을 나팔형으로 성형
㉣ 티뽑기세트 : 직관에서 분기관 성형
㉤ 커터 : 관 절단
㉥ 튜브벤더 : 관을 45도, 90도 등으로 구부리는 것
㉦ 리머 : 절단 후 생긴 거스러미 제거

53 급수용 펌프의 양정을 결정할 때 그 효과를 무시할 수 있는 것은?

① 실양정
② 관로의 흡입손실수두
③ 관로의 토출손실수두
④ 압력수두차

해설 펌프의 양정 결정
㉠ 흡입양정(Suction Head/Suction Lift)
• 펌프가 설치된 위치와 유체면의 높이차에 따라 결정
• 양(+)의 흡입양정 : 유체가 펌프보다 높을 때
• 음(−)의 흡입양정(흡입리프트) : 유체가 펌프보다 낮을 때
㉡ 토출양정(Discharge Head)
• 펌프에서 토출되는 지점까지의 높이차
• 토출배관의 말단지점이 기준
㉢ 마찰손실(Friction Loss)
• 유체가 배관, 밸브, 엘보 등을 지날 때 생기는 마찰저항
• 배관의 길이, 굴곡, 재질, 지름, 밸브개수 등에 따라 결정
㉣ 속도수두(Velocity Head) : 유체의 속도에 따른 운동에너지
㉤ 기타 손실(Minor Losses) : 배관연결부, 밸브, 필터, 스트레이너 등에서 생기는 부분손실
㉥ 펌프양정의 총합공식 : Total Head=토출수두−흡입수두+마찰손실+속도수두

54 제어기기에서 서보전동기는 어디에 속하는가?

① 검출기기
② 조작기기
③ 변환기기
④ 증폭기기

해설 서보전동기는 조작기기에 속한다.
참고 서보전동기
• 정·역운전이 가능하다.
• 크게 DC(직류)모터와 AC(교류)모터로 나눈다.
• 급가속 및 급감속이 용이하다.
• 속응성이 대단히 높다.

55 10kVA의 단상 변압기 3대가 있다. 이를 3상 배전선에 V결선했을 때의 출력은 몇 kVA인가?

① 11.73
② 17.32
③ 20
④ 30

해설 $P=10\times 3=30\text{kVA}$

56 절연저항을 측정하는 데 사용되는 것은?

① 후크 온 미터
② 회로시험기
③ 메거
④ 휘트스톤브리지

정답 50. ① 51. ④ 52. ② 53. ④ 54. ② 55. ④ 56. ③

해설 ㉠ 메거(megger) : 1MΩ 이상의 고저항을 측정하고 절연 저항 측정
㉡ 후크미터(클램프미터) : 전압을 인가하여 전동기가 동작하고 있는 동안에 교류전류 측정
㉢ 회로시험기(멀티미터) : 저항, 교류전류, 교류전압, 직류전류, 직류전압 측정
㉣ 휘트스톤브리지 : 저항 및 전기용량 측정
㉤ 캘빈브리지 : 저저항 측정
㉥ 저항계 : 일반 저항 측정

★
57 다음 중 밸브를 완전히 열었을 때 유체의 저항손실이 가장 큰 밸브는?
① 슬루스밸브 ② 글로브밸브
③ 버터플라이밸브 ④ 볼밸브

해설 ㉠ 슬루스밸브 : 유체의 흐름을 단속하는 대표적인 일반 밸브로 게이트밸브(사절밸브)라 함
㉡ 글로브밸브(유량조절용) : 밸브를 완전히 열었을 때 유체의 저항손실이 가장 큰 밸브
㉢ 버터플라이밸브 : 흐름방향에 직각으로 설치된 축을 중심으로 원판형의 밸브체가 회전함으로써 개폐를 하는 밸브로 나비형 밸브라고도 함
㉣ 볼밸브(콕) : 90도 회전으로 개폐 가능
㉤ 앵글밸브 : 유체방향을 90도 직각으로 유량조절
㉥ 니들밸브 : 디스크의 형상을 원뿔모양으로 소유량 고압조절용 밸브

58 시퀀스회로에서 접점이 조작하기 전에는 열려 있고 조작하면 닫히는 접점은?
① a접점 ② b접점
③ c접점 ④ 공통접점

해설 접점의 종류
㉠ a접점(NO) : 조작하고 있는 중에만 닫혀 있고, 조작 전에는 열려 있는 접점
㉡ b접점(NC) : 조작하는 동안에는 열려 있고, 조작 전에는 닫혀 있는 접점
㉢ c접점 : 절환접점으로 a접점과 b접점을 공유한 접점

59 다음 그림과 같은 회로에서 각 저항에 걸리는 전압 V_1과 V_2는 각각 몇 V인가?

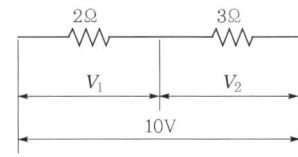

① $V_1 = 10V$, $V_2 = 10V$
② $V_1 = 6V$, $V_2 = 4V$
③ $V_1 = 4V$, $V_2 = 6V$
④ $V_1 = 5V$, $V_2 = 5V$

해설 직렬회로 시 전류는 일정하다.
$R = R_1 + R_2 = 2 + 3 = 5\Omega$
$I = \dfrac{V}{R} = \dfrac{10}{5} = 2A$
$\therefore V_1 = IR_1 = 2 \times 2 = 4V$
$V_2 = IR_2 = 2 \times 3 = 6V$

60 정전용량 C[F]의 콘덴서를 Δ결선해서 3상 전압 V[V]를 가했을 때의 충전용량은 몇 VA인가? (단, 전원의 주파수는 f[Hz]이다.)
① $2\pi fCV^2$ ② $6\pi fCV^2$
③ $6\pi f^2 CV$ ④ $18\pi fCV^2$

해설 $I = \dfrac{V}{X_c} = \omega CV = 2\pi fCV$ [A]
$\therefore P = 3VI = 3V \times 2\pi fCV = 6\pi fCV^2$ [VA]

2025년 제2회 공조냉동기계산업기사

제1과목 공기조화설비

01 공조방식 중 송풍온도를 일정하게 유지하고 부하변동에 따라서 송풍량을 변화시킴으로써 실온을 제어하는 방식은?
① 멀티존유닛방식 ② 이중덕트방식
③ 가변풍량방식 ④ 패키지유닛방식

해설 가변풍량방식(VAV)은 부하변동에 따라 송풍량이 변화 가능하며 부분부하 시 송풍기 동력을 절감할 수 있고 공기조화방식 중 에너지 절약에 가장 효과적이다.

★ 02 다음 그림의 난방 설계도에서 컨벡터의 표시 중 F가 가진 의미는?

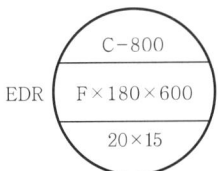

① 케이싱깊이 ② 높이
③ 형식 ④ 방열면적

해설 방열기(convector)의 도시기호
㉠ EDR : 방열면적
㉡ C-800 : 주형 방열기(Column Radiator)-높이
㉢ F×180×600 : 핀튜브 컨벡터(Fin-tube Convector)의 형식(규격)×폭 또는 깊이×길이
㉣ 20×15 : 방열기로 유입배관의 구경×유출배관의 구경

03 온수난방장치와 관계없는 것은?
① 팽창탱크 ② 보일러
③ 버킷트랩 ④ 공기빼기밸브

해설 버킷트랩은 증기난방장치로 응축수를 배출한다.
참고 온수난방장치 : 팽창탱크, 보일러, 공기빼기밸브, 순환펌프

★ 04 콘크리트두께 10cm, 내면 회벽두께 2cm의 벽체를 통하여 실내로 침입하는 열량(W)은? (단, 외기온도 30℃, 실내온도 26℃, 콘크리트의 열전도율 1.4W/m·℃, 회벽의 열전도율 0.62W/m·℃, 벽 외면의 열전달률 20W/m²·℃, 벽 내면의 열전달률 7W/m²·℃, 외벽의 면적 20m²이다.)

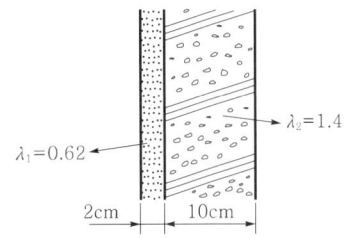

① 178.1W ② 269.8W
③ 326.9W ④ 378.2W

해설
㉠ $R = \dfrac{1}{K}$

$\therefore K = \dfrac{1}{R} = \dfrac{1}{\dfrac{1}{\alpha_o} + \sum \dfrac{l}{\lambda} + \dfrac{1}{\alpha_i}}$

$= \dfrac{1}{\dfrac{1}{20} + \dfrac{0.1}{1.4} + \dfrac{0.02}{0.62} + \dfrac{1}{7}}$

$= 3.372\text{W/m}\cdot℃$

㉡ $q = KA\Delta t_m = 3.372 \times 20 \times (30-26) ≒ 269.8\text{W}$

05 보일러 동체 내부의 중앙 하부에 파형 노통이 길이 방향으로 장착되며, 이 노통의 하부 좌우에 연관들을 갖춘 보일러는?
① 노통보일러 ② 노통연관보일러
③ 연관보일러 ④ 수관보일러

해설 보일러의 종류
㉠ 원통식 : 노통보일러(코르니시 : 노통 1개, 랭커셔 : 노통 2개), 연관보일러(연관), 노통연관보일러(노통과 연관)
㉡ 수관식 : 자연순환식 보일러, 강제순환식 보일러, 관류보일러(관으로만 구성)

정답 01. ③ 02. ③ 03. ③ 04. ② 05. ②

06 에어필터의 효율 측정법이 아닌 것은?
① 중량법 ② NBS법
③ DOP법 ④ NTU법

해설 에어필터의 효율 측정법
㉠ 중량법 : 비교적 큰 입자를 대상으로 측정하는 방법으로 필터에서 제거되는 먼지의 중량으로 효율을 결정한다.
㉡ 비색법(변색도법, NBS법) : 비교적 작은 입자를 대상으로 하며, 필터의 상류와 하류에서 포집한 공기를 각각 여과지에 통과시켜 그 오염도를 광전관으로 측정한다.
㉢ 계수법(DOP법) : 고성능의 필터를 측정하는 방법으로 일정한 크기(0.3μm)의 시험입자를 사용하여 먼지의 수를 계측한다.

07 에어필터의 분류가 아닌 것은?
① 여과식 ② 정전식
③ 충돌접착식 ④ 흡수식

해설 에어필터의 분류
㉠ 여과식 : 패널형, 자동롤형
㉡ 정전식 : 집진극판형, 정전유전형, 여과재교환형
㉢ 충돌접착식 : 자동회전형, 패널형, 여과재형

08 냉방현열부하와 실내냉방잠열부하로 실내에서의 현열비를 구하면?

〈혼합냉각 프로세스조건〉
• 실내 : t_1(건구온도) 26℃, ϕ_1(상대습도) 50%
• 외기 : t_2(건구온도) 32℃, ϕ_2(상대습도) 65%
• 외기량(m_2)과 환기량(m_1)을 1 : 4로 혼합
• 실내냉방부하 : 현열 5,800W, 잠열 580W
• 취출온도 : 16℃
• 공기의 비체적 : 0.83m³/kg
• 공기의 정압비열 : 1.01kJ/kg·℃
• 공기의 비중량 : 1.2kg/m³

① 0.71 ② 0.81
③ 0.91 ④ 0.61

해설 $SHF = \dfrac{현열부하}{현열부하+잠열부하} = \dfrac{5,800}{5,800+580} ≒ 0.91$

09 다음의 송풍기에 대한 설명 중 ( ) 안에 알맞은 내용은?

동일 송풍기에서 정압은 회전수비의 ( )에 비례하고, 소요동력은 회전수비의 ( )에 비례한다.

① 1승, 3승
② 2승, 3승
③ 3승, 2승
④ 3승, 1승

해설 회전수에 따른 송풍기의 상사법칙
㉠ 풍량 : $\dfrac{Q_2}{Q_1} = \dfrac{N_2}{N_1}$
㉡ 정압 : $\dfrac{P_2}{P_1} = \left(\dfrac{N_2}{N_1}\right)^2$
㉢ 소요동력 : $\dfrac{L_2}{L_1} = \left(\dfrac{N_2}{N_1}\right)^3$

10 어떤 실내의 취득열량을 구했더니 감열이 40kW, 잠열이 10kW였다. 실내를 건구온도 25℃, 상대습도 50%로 유지하기 위해 취출온도를 10℃로 송풍하고자 한다. 이때 현열비(SHF)는?
① 0.6
② 0.7
③ 0.8
④ 0.9

해설 $SHF = \dfrac{현열}{전열량} = \dfrac{감열(현열)}{감열+잠열} = \dfrac{40}{40+10} = 0.8$

★
11 냉각탑(cooling tower)에 대한 설명 중 잘못된 것은?
① 냉각탑은 냉동장치가 흡수한 열을 대기 중으로 방출하는 설비이다.
② 쿨링 어프로치(cooling approach)는 일반적으로 5℃ 정도로 한다.
③ 냉각수 입출구온도는 37℃, 32℃ 정도를 한다.
④ 냉각수순환수량은 23L/min·RT 정도로 한다.

정답 06. ④ 07. ④ 08. ③ 09. ② 10. ③ 11. ④

해설 **냉각탑 표준설계기준(Cooling Tower Design Standards)**
⊙ 응축기에서 냉각수가 얻은 열을 공기 중에 방출하는 장치
⊙ 쿨링 어프로치=냉각수 출구온도-냉각탑 입구공기의 습구온도(5℃ 정도)
⊙ 쿨링 레인지=냉각수 입구온도-냉각수 출구온도
⊙ 진입수 37℃, 출구수 32℃, 습구온도 27℃
⊙ 냉각수순환수량 : 13L/min · RT 정도
⊙ 보급수량 : 순환수량의 2~3% 정도

12 31℃의 외기와 25℃의 환기를 1 : 2의 비율로 혼합하고 바이패스팩터가 0.16인 코일로 냉각제습할 때의 코일 출구온도는? (단, 코일의 표면온도는 14℃ 이다.)

① 약 14℃ ② 약 16℃
③ 약 27℃ ④ 약 29℃

해설 $t_m = \dfrac{m_1 t_1 + m_2 t_2}{m_1 + m_2} = \dfrac{1 \times 31 + 2 \times 25}{1+2} = 27℃$

∴ $t_o = BF \times t_m + (1-BF)t$
$= 0.16 \times 27 + (1-0.16) \times 14 ≒ 16℃$

별해 $t_o = t + BF(t_m - t) = 14 + 0.16 \times (27-14) ≒ 16℃$

13 바이패스팩터에 관한 설명으로 옳지 않은 것은?

① 바이패스팩터는 공기조화기를 공기가 통과할 때 공기의 일부가 변화를 받지 않고 원상태로 지나쳐갈 때 이 공기량과 전체 통과공기량에 대한 비율을 나타낸 것이다.
② 공기조화기를 통과하는 풍속이 감소하면 바이패스팩터는 감소한다.
③ 공기조화기의 코일열수 및 코일표면적이 작을 때 바이패스팩터는 증가한다.
④ 공기조화기의 이용 가능한 전열표면적이 감소하면 바이패스팩터는 감소한다.

해설 **바이패스팩터가 작아지는 경우**
⊙ 송풍량이 적을 때
⊙ 전열면적(전열표면적)이 클 때
⊙ 코일열수가 많을(증가할) 때
⊙ 코일간격이 작을 때
⊙ 장치노점온도가 높을 때

14 공기조화방식에서 변풍량방식에 사용되는 유닛(VAV unit) 중 풍량제어방식에 따라 구분할 때 공조기에서 오는 1차 공기의 분출에 의해 실내공기 2차 공기를 취출하는 방식은?

① 바이패스형 ② 유인형
③ 슬롯형   ④ 교축형

해설 **유인유닛방식**
⊙ 유인형 유닛은 교축형을 응용한 것으로 공조기에서 저온의 1차 공기를 공급하여 유닛에서 2차 공기를 유인하여 서로 혼합하여 실내에 토출한다.
⊙ 유인유닛으로 분출되는 1차 공기의 기류에 의해 실내공기를 유인하여 유닛의 코일을 통과시키는 방식으로 송풍량이 적어 외기냉방효과가 적다.
⊙ 각 유닛마다 제어가 가능하므로 개별실제어가 가능하다.
⊙ 감열부하에 대해 2차 유인공기를 가열, 냉각해서 대응한다.
⊙ 덕트 내의 소음을 줄이기 위해 플리넘체임버(plenum chamber)를 사용한다.
⊙ 잠열부하에 따른 조절이 불가능하다.
⊙ 온습도조절이 엄격한 곳에 부적합하다.
⊙ 동력배선이 필요 없다.

15 기화식(증발식) 가습장치의 종류로 옳은 것은?

① 원심식, 초음파식, 분무식
② 전열식, 전극식, 적외선식
③ 과열증기식, 분무식, 원심식
④ 회전식, 모세관식, 적하식

해설 **가습장치의 종류**
⊙ 수분무식 : 물을 공기 중에 직접 분부하는 방식으로 원심식, 초음파식, 분무식(고압 스프레이식)
⊙ 증기식(증기 발생식) : 전열식, 전극식, 적외선식(청정, 정밀제어용)
⊙ 증기공급식 : 과열증기식, 독립형 증기 발생기 연동방식
⊙ 기화식(증발식) : 회전식, 모세관식, 적하식(고습도용)
⊙ 에어와셔식 : 냉방 전용식, 가습 전용식, 전처리 세정식, 냉난방 겸용식, 혼합식(필터 없이도 세정 가능, 냉방 시 전기사용량 감소(증발냉각), 습도조절 용이, 유지관리 필요(슬러지, 물 교체), 겨울철 과도한 가습 주의, 세균 번식의 가능성이 있어 위생관리 필요)

정답 12. ② 13. ④ 14. ② 15. ④

16 펌프의 고장원인이 아닌 것은?

① 프라이밍(priming)이 안 됨 : 패킹부로 공기 흡입, 토출밸브에서 공기흡입, 진공펌프 불량
② 기동 불능 : 보호회로 동작, 원동기 고장
③ 공기가 나오지 않음 : 토출밸브 열림, 정회전
④ 유량 부족 : 공기흡입, 물수위 부족, 회전차에 이물질 걸림, 라이너링 마모

해설 펌프의 고장원인
㉠ 프라이밍(priming)이 안 됨 : 패킹부로 공기흡입, 토출밸브에서 공기흡입, 진공펌프 불량
㉡ 기동 불능 : 보호회로 동작, 원동기 고장
㉢ 물이 나오지 않음 : 프라이밍 불충분, 토출밸브가 닫힘, 스트레이너 흡입관이 막힘, 회전자에 이물질 걸림, 역회전
㉣ 유량 부족 : 공기흡입, 물수위 부족, 회전차에 이물질 걸림, 라이너링 마모
㉤ 물이 조금 나오다 멈춤 : 프라이밍 불출분, 공기혼입
㉥ 과부하 : 회전수가 너무 빠름, 사양점을 벗어나 운전, 회전차 외경이 과대, 회전체와 케이싱의 마찰, 이물질 혼입
㉦ 베어링 과열 : 패킹을 과대하게 체결, 급유 부족, 윤활유의 둔화, 축심이 틀어짐, 베어링 손상
㉧ 패킹부 과열 : 패킹을 과도하게 체결, 축봉수압력 과다, 축봉수량 부족
㉨ 펌프의 진동 : 회전차 일부 막힘, 회전차 파손, 토출량 과소(저유량운전), 축심 불일치, 베어링 손상, 공기흡입, 캐비테이션, 배관하중작용
㉩ 이상소음 발생 : 공기흡입, 캐비테이션, 회전체와 케이싱의 마찰

17 SMACNA공법에 의한 덕트의 세로방향 조임은 다음 중 어느 것인가?

① 드라이브슬립(drive slip)
② 스탠딩'S'슬립(standing 'S' slip)
③ 스탠딩심(standing seam)
④ 더블심(double seam)

해설 SMACNA(Sheet Metal and Air Conditioning Contractor's National Association)공법
㉠ 세로방향 이음 : 버튼펀치스냅로크, 피치버그로크, 아크에로크, 더블심
㉡ 가로방향 이음 : 드라이브슬립, 스탠딩'S'슬립, 스탠딩심 등

18 냉수코일 설계 시 유의사항으로 옳은 것은?

① 대수평균온도차(LMTD)를 크게 하면 코일의 열수가 많아진다.
② 냉수의 속도는 2m/s 이상으로 하는 것이 바람직하다.
③ 코일을 통과하는 풍속은 2~3m/s가 경제적이다.
④ 물의 온도 상승은 일반적으로 15℃ 전후로 한다.

해설 냉수코일 설계 시 유의사항
㉠ 대수평균온도차(LMTD)가 클수록 열전달이 좋아져 코일의 열수가 적어진다.
㉡ 풍속 2~3m/s가 경제적이고 평균 2.5m/s로 한다.
㉢ 입출구온도차는 5℃ 전후로 한다.
㉣ 냉수속도 0.5~1.5m/s 정도이며 일반적으로 1m/s 전후로 한다.
㉤ 공기류와 수류의 방향은 역류가 되도록 한다.
㉥ 코일의 설치는 관이 수평으로 놓이게 한다.
㉦ 코일의 열수는 일반 공기냉각용에는 4~8열이 많이 사용된다.

19 불포화상태인 공기의 건구온도(t_1), 습구온도(t_2), 노점온도(t_3)의 관계를 맞게 표시한 것은?

① $t_1 > t_2 > t_3$
② $t_3 > t_2 > t_1$
③ $t_1 \geq t_2 \geq t_3$
④ $t_3 \geq t_2 \geq t_1$

해설 ㉠ 불포화상태 : 건구온도 > 습구온도 > 노점온도
㉡ 100% 포화상태 : 건구온도=습구온도=노점온도

20 덕트의 분기점에서 풍량을 조절하기 위하여 설치하는 댐퍼는 어느 것인가?

① 방화댐퍼
② 스플릿댐퍼
③ 볼륨댐퍼
④ 터닝댐퍼

해설 스플릿댐퍼(split damper)
㉠ 덕트의 분기부에 설치해서 풍량을 분배하는 데 사용한다.
㉡ 길이는 30mm 이상으로, 길이가 짧으면 기류에 흐트러짐이 생기기 쉽다
㉢ 댐퍼날개의 강도가 적으면 진동 및 소음이 발생한다.

정답 16. ③ 17. ④ 18. ③ 19. ① 20. ②

제2과목 냉동냉장설비

21 냉매의 구비조건으로 틀린 것은?

① 임계온도는 높고, 응고점은 낮아야 한다.
② 증발잠열과 기체의 비열은 작아야 한다.
③ 장치를 침식하지 않으며 절연내력이 커야 한다.
④ 점도와 표면장력이 작아야 한다.

해설 냉매의 구비조건
㉠ 냉매가스의 비체적(용적)이 적을 것
㉡ 대기압 이상의 압력에서 증발하고 비교적 저압에서 액화할 것
㉢ 임계온도가 높고 응고온도가 낮을 것
㉣ 증발잠열이 크고 비열비가 작을 것
㉤ 점성(점도)과 표면장력이 낮을 것
㉥ 부식성이 없고 안정성이 있을 것
㉦ 전기저항이 크고 절연파괴를 일으키지 않을 것
㉧ 불활성일 것
㉨ 액체의 비열이 적을 것
㉩ 열전달률(열전도도)이 양호할 것(높을 것)

22 30℃ 공기가 체적 1m³의 용기 내에 압력 600kPa인 상태로 들어 있을 때 용기 내의 공기질량(kg)은? (단, 기체상수는 287J/kg·K이다.)

① 5.9
② 6.9
③ 7.9
④ 4.9

해설
$$m = \frac{PV}{RT} = \frac{\frac{10.332 \times 600}{101.325} \times 1}{0.287 \times 102 \times (273+30)} \fallingdotseq 6.9\text{kg}$$

23 압축기의 체적효율에 대한 설명으로 옳은 것은?

① 이론적 피스톤압출량을 압축기 흡입 직전의 상태로 환산한 흡입가스량으로 나눈 값이다.
② 체적효율은 압축비가 증가하면 감소한다.
③ 동일 냉매 이용 시 체적효율은 항상 동일하다.
④ 피스톤 격간이 클수록 체적효율은 증가한다.

해설 압축기의 체적효율이 커지는 경우
㉠ 압축비가 작을수록
㉡ 틈새가 작을수록
㉢ 톱 클리어런스가 작을수록
㉣ 비열비가 적을수록
㉤ 흡입변시트에 누설이 작을수록
㉥ 흡입증기의 밀도가 작을수록

24 냉각수 살균제 중 산화성 살균제의 특징이 아닌 것은?

① 염소(Cl) 또는 브롬(Br)을 주로 사용한다.
② 대형 냉각탑에서는 염소가스 또는 CaOCl용액을 주로 사용하며, 소형 냉각탑에서는 사용이 간편한 클로르칼키($CaCl_2O_2$)를 주로 사용한다.
③ 이끼 제거효과가 뛰어나며 냉각수시스템에서 문제가 되는 슬라임, 박테리아의 제거를 위하여 과량 사용된다.
④ 소량으로 사용될 경우 합성수지재료의 부식이 촉진된다.

해설 냉각수 살균제의 종류
㉠ 산화성 살균제
• 염소(Cl) 또는 브롬(Br)을 주로 사용한다.
• 대형 냉각탑에서는 염소가스 또는 CaOCl용액을 주로 사용하며, 소형 냉각탑에서는 사용이 간편한 클로르칼키($CaCl_2O_2$)를 주로 사용한다.
• 이끼 제거효과가 뛰어나며, 냉각수시스템에서 문제가 되는 슬라임, 박테리아의 제거를 위하여 과량 사용된다.
• 과량으로 사용될 경우 금속재료의 부식이 촉진된다.
㉡ 비산화성 살균제
• 이소치아졸론, 글루타알데히드, 4급 암모늄을 사용한다.
• 슬라임, 박테리아의 제거효과가 좋고 금속부식성이 없다.
• 장기간 사용 시 미생물의 내성이 증가하여 효과가 급격히 저하되는 특성이 있다.
• 산화성 살균제보다 고가이다.
㉢ 안정화된 브롬계통의 살균제
• 산화성 살균제 및 비산화성 살균제의 단점이 개선된다.
• 기존 제품보다 약 3배의 지속성을 가진 제품이 국내에서 개발되어 특허를 획득하였다.
• 금속에 대한 부식이 없으며 슬라임, 이끼 제거효과가 뛰어나다.
• 장기간 사용하여도 미생물의 내성이 발생하지 않는다.

정답 21. ② 22. ② 23. ② 24. ④

25 만액식 증발기의 특징으로 가장 거리가 먼 것은?

① 전열작용이 건식보다 나쁘다.
② 증발기 내에 액을 가득 채우기 위해 액면제어장치가 필요하다.
③ 액과 증기를 분리시키기 위해 액분리기를 설치한다.
④ 증발기 내에 오일이 고일 염려가 있으므로 프레온의 경우 유회수장치가 필요하다.

[해설] 만액식 증발기는 전열작용이 양호하다.

[참고] 만액식의 특징
- 냉매액이 많아 전열이 우수하고 액체의 냉각에 사용한다.
- 액을 가득 채우기 위해 액면제어장치가 필요하다.
- 리퀴드백(액백)을 방지하기 위해 액분리기를 설치한다.
- 프레온냉매에서는 기름이 냉매에 용해하는 것이 많기 때문에 증발온도가 상승하여 냉동능력이 감소된다.

26 2단 압축사이클에서 증발압력이 235kPa이고 응축압력은 절대압력으로 1,225kPa일 때 최적의 중간압력(kPa)은? (단, 대기압은 101kPa이다.)

① 514.56　　② 536.06
③ 641.56　　④ 668.36

[해설] P_e = 증발압력 + 대기압 = 235 + 101 = 336kPa
∴ $P_m = \sqrt{P_c P_e} = \sqrt{336 \times 1,225} ≒ 641.56$ kPa

27 냉동장치에서 펌프다운의 목적이 아닌 것은?

① 냉동장치의 저압측을 수리할 때
② 기동 시 액해머 방지 및 경부하 기동을 위하여
③ 프레온냉동장치에서 오일포밍(oil foaming)을 방지하기 위하여
④ 저장고 내 급격한 온도 저하를 위하여

[해설] 펌프다운(pump down)의 목적
㉠ 저압측의 냉매를 고압측으로 이송하는 것으로 냉동장치 저압측을 점검·보수 및 정지를 위한 것
㉡ 기동 시 액해머 방지 및 경부하 기동을 위하여
㉢ 오일포밍을 방지하기 위하여
㉣ 장시간 정지 시 저압측으로부터 냉매 누설을 방지하기 위하여

28 25℃ 원수 1ton을 1일 동안에 -9℃의 얼음으로 만드는데 필요한 냉동능력은 몇 RT인가? (단, 외부열손실은 20%, 물의 비열은 4.2kJ/kg·K, 얼음의 비열은 2.1kJ/kg·K, 동결잠열은 334kJ/kg, 1RT=3.86kW이다.)

① 1.65냉동톤(RT)　　② 2.65냉동톤(RT)
③ 1.88냉동톤(RT)　　④ 2.88냉동톤(RT)

[해설] $RT = m(C_w \Delta t_w + \gamma + C_i \Delta t_i)(1 + 외부열손실)$
$= \dfrac{\dfrac{1,000}{24} \times [4.2 \times (25-0) + 334 + 2.1 \times (0-(-9))] \times (1+0.2)}{3,600 \times 3.86}$
$≒ 1.65$RT

29 냉동장치의 부속기기에 관한 설명으로 옳은 것은?

① 드라이어필터는 프레온냉동장치의 흡입배관에 설치해 흡입증기 중의 수분과 찌꺼기를 제거한다.
② 수액기의 크기는 장치 내의 냉매순환량만으로 결정한다.
③ 운전 중 수액기의 액면계에 기포가 발생하는 경우는 다량의 불응축가스가 들어 있기 때문이다.
④ 프레온냉매의 수분용해도는 작으므로 액배관 중에 건조기를 부착하면 수분 제거에 효과가 있다.

[해설] ① 드라이어필터는 프레온냉동장치의 출구배관(팽창밸브 입구)에 설치한다.
② 수액기의 액저장량은 냉동장치의 운전상태변화에 따라 증발기 내의 냉매량이 변화해도 항상 액이 수액기 내에 잔류하여 장치의 운전을 원활하게 할 수 있는 용량이다.
③ 운전 중 수액기의 액면계에 기포가 발생하는 경우는 응축기 내의 응축된 냉매액의 온도가 수액기가 설치된 기계실온도보다 높다.

30 브라인의 구비조건으로 틀린 것은?

① 열용량이 크고 전열이 좋을 것
② 점성이 클 것
③ 빙점이 낮을 것
④ 부식성이 없을 것

[정답] 25. ①　26. ③　27. ④　28. ①　29. ④　30. ②

해설 **브라인의 구비조건**
㉠ 열용량(비열)이 크고 전열이 좋을 것
㉡ 점성이 적당할 것
㉢ 빙점(동결온도)이 낮을 것
㉣ 금속에 대한 부식성이 적을 것
㉤ 열전도율(열전달율)이 클 것
㉥ 상변화가 잘 일어나지 않을 것
㉦ 불연성이며 독성이 없을 것
㉧ 응고점이 낮을 것

31 다음과 같은 성질을 갖는 냉매는 어느 것인가?

- 증기의 밀도가 크기 때문에 증발기 관의 길이는 짧아야 한다.
- 물을 함유하면 Al 및 Mg합금을 침식하고 전기저항이 크다.
- 천연고무는 침식되지만, 합성고무는 침식되지 않는다.
- 응고점(약 −158℃)이 극히 낮다.

① NH_3 ② R-12
③ R-21 ④ H_2O

해설 **R-12**
㉠ 비등점은 −29.8℃이다.
㉡ 응고점은 −158℃로 낮다.
㉢ 임계점은 112℃로 충분히 높아 사용할 수 있는 온도범위가 넓다.
㉣ 공냉식 또는 수냉식으로 쉽게 액화된다.
㉤ 증기의 밀도가 크기 때문에 증발기관의 길이는 짧아야 한다.
㉥ 물을 함유하면 Al 및 Mg합금을 침식하고 전기저항이 크다.
㉦ 천연고무는 침식되지만, 합성고무는 침식되지 않는다.

32 내부에너지에 대한 설명 중 잘못된 것은?

① 계(系)의 총에너지에서 기계적 에너지를 뺀 나머지를 내부에너지라 한다.
② 내부에너지변화가 없다면 가열량은 일로 변환된다.
③ 온도의 변화가 없으면 내부에너지의 변화도 없다.
④ 내부에너지는 물체가 갖고 있는 열에너지이다.

해설 온도변화가 없어도 내부에너지의 변화가 있을 수 있다. 예를 들면 100℃의 물이 100℃의 증기로 변화하는 과정은 온도의 변화는 없지만 내부에너지는 잠열에 의해 증가한다.

★
33 이상기체의 압력이 0.5MPa, 온도가 150℃, 비체적이 0.4m³/kg일 때 가스상수(J/kg·K)는 얼마인가?

① 11.3 ② 47.28
③ 113 ④ 472.8

해설 $Pv = mRT$
$$\therefore R = \frac{Pv}{mT} = \frac{500,000 \text{N/m}^2 \times 0.4}{273+150} \fallingdotseq 472.8 \text{J/kg·K}$$
이때 v가 비체적이므로 m은 생략 가능하다.

34 다음 중 냉동·냉장부하 계산에서 1회 입고량으로 틀린 것은?

① 공칭수용능력 4,000톤 이상 : 수용능력의 2%로 계산
② 공칭수용능력 2,000톤 이상 4,000톤 이하 : 수용능력의 2.5%로 계산
③ 공칭수용능력 1,000톤 이상 2,000톤 이하 : 수용능력의 3%로 계산
④ 공칭수용능력 1,000톤 이하 : 수용능력의 3.5%로 계산

해설 **1회 입고량**
㉠ 공칭수용능력 4,000톤 이상 : 수용능력의 2%로 계산
㉡ 공칭수용능력 2,000톤 이상 4,000톤 이하 : 수용능력의 2.5%로 계산
㉢ 공칭수용능력 1,000톤 이상 2,000톤 이하 : 수용능력의 3%로 계산
㉣ 공칭수용능력 1,000톤 이하 : 수용능력의 4%로 계산

35 어느 재료의 열통과율이 0.35W/m²·K, 외기와 벽면과의 열전달율이 20W/m²·K, 내부공기와 벽면과의 열전달률이 5.4W/m²·K이고, 재료의 두께가 187mm일 때 이 재료의 열전도도는?

① 0.032W/m·K
② 0.056W/m·K
③ 0.067W/m·K
④ 0.072W/m·K

정답 31. ② 32. ③ 33. ④ 34. ④ 35. ④

해설
$$K = \cfrac{1}{\cfrac{1}{\alpha_i} + \cfrac{l}{\lambda} + \cfrac{1}{\alpha_o}} \ [\text{W/m}^2 \cdot \text{K}]$$

$$\therefore \lambda = \cfrac{l}{\cfrac{1}{K} - \left(\cfrac{1}{\alpha_i} + \cfrac{1}{\alpha_o}\right)} = \cfrac{0.187}{\cfrac{1}{0.35} - \left(\cfrac{1}{5.4} + \cfrac{1}{20}\right)}$$

$$≒ 0.072 \text{W/m} \cdot \text{K}$$

36 냉동용 스크루압축기에 대한 설명으로 틀린 것은?

① 왕복동식에 비해 체적효율과 단열효율이 높다.
② 스크루압축기의 로터와 축은 일체식으로 되어 있고, 구동은 수로터에 의해 이루어진다.
③ 스크루압축기의 로터구성은 다양하나 일반적으로 사용되고 있는 것은 수로터 4개, 암로터 4개인 것이다.
④ 흡입, 압축, 토출과정인 3행정으로 이루어진다.

해설 냉동용 스크루압축기의 치형은 '수로터의 잇수+암로터의 잇수'의 조합이 4+5, 4+6, 5+6, 5+7 Profile 등이 있다.

★
37 냉동장치 내의 불응축가스가 혼입되었을 때 냉동장치의 운전에 미치는 영향으로 가장거리가 먼 것은?

① 열교환작용을 방해하므로 응축압력이 낮게 된다.
② 냉동능력이 감소한다.
③ 소비전력이 증가한다.
④ 실린더가 과열되고 윤활유가 열화 및 탄화된다.

해설 공기(불응축가스)가 혼입되면 미치는 영향
㉠ 고압측 압력(응축압력) 상승
㉡ 압축비 증대
㉢ 체적효율 감소
㉣ 냉매순환량 감소
㉤ 냉동능력 감소
㉥ 소비동력 증가
㉦ 실린더 과열
㉧ 응축기의 전열면적 감소로 전열불량
㉨ 토출가스온도 상승
㉩ 응축기의 응축온도 상승

38 냉동효과가 1,088kJ/kg인 냉동사이클에서 1냉동톤당 압축기 흡입증기의 체적(m³/h)은? (단, 압축기 입구의 비체적은 0.5087m³/kg이고, 1냉동톤은 3.9kW이다.)

① 15.5
② 6.5
③ 0.258
④ 0.002

해설 $V = \cfrac{3.9RT \times 3,600v}{Q} = \cfrac{3.9 \times 1 \times 3,600 \times 0.5087}{1,088}$

$≒ 6.5 \text{m}^3/\text{h}$

★
39 냉동장치의 저압차단스위치(LPS)에 관한 설명으로 맞는 것은?

① 유압이 저하했을 때 압축기를 정지시킨다.
② 토출압력이 저하했을 때 압축기를 정지시킨다.
③ 장치 내 압력이 일정 압력 이상이 되면 압력을 저하시켜 장치를 보호한다.
④ 흡입압력이 저하했을 때 압축기를 정지시킨다.

해설 저압차단스위치(Low Pressure Control Switch)
㉠ 압축기 흡입관에 설치하여 흡입압력이 일정 이하가 되면 전기적 접점이 떨어져 압축기를 정지시킨다.
㉡ 압축비 증대로 인한 악영향을 방지한다.

40 다음 중 암모니아냉동장치에서 워터재킷을 설치하는 이유로 옳은 것은?

① 다른 냉매에 비해 압축비가 크기 때문
② 다른 냉매에 비해 비열비가 크기 때문
③ 체적효율을 낮추기 위해
④ 냉동능력을 낮추기 위해

해설 암모니아냉매는 프레온보디 비열비기 키 압축 후 토출가스온도가 높고 실린더가 과열되므로 워터재킷을 설치해 냉각시킨다.

정답 36. ③ 37. ① 38. ② 39. ④ 40. ②

제3과목 공조냉동 설치·운영

41 기계설비법령에 따라 기계설비의 유지관리 및 점검을 위하여 필요한 유지관리기준으로 적합하지 않은 것은?

① 기계설비유지관리 및 점검에 대한 계획 수립
② 기계설비유지관리 및 점검의 종류, 항목, 방법 및 주기
③ 기계설비유지관리 및 점검참여자의 선발 및 근무형태
④ 기계설비유지관리 및 점검의 기록 및 문서 보존방법

해설 기계설비법 시행규칙 제7조(기계설비유지관리기준의 내용 및 방법 등)
① 법 제16조 제1항에 따른 기계설비의 유지관리 및 점검을 위하여 필요한 유지관리기준(이하 "유지관리기준"이라 한다)에는 다음 각 호의 사항이 반영되어야 한다.
1. 기계설비유지관리 및 점검에 대한 계획 수립
2. 기계설비유지관리 및 점검참여자의 자격, 역할 및 업무내용
3. 기계설비유지관리 및 점검의 종류, 항목, 방법 및 주기
4. 기계설비유지관리 및 점검의 기록 및 문서보존방법
5. 그 밖에 유지관리기준의 관리, 운영, 조사, 연구 및 개선업무에 관한 사항

42 기계설비법령에 따라 기계설비성능점검업의 변경등록사항이 아닌 것은?

① 상호
② 보유설비
③ 영업소 소재지
④ 기술인력

해설 기계설비법 시행령 제18조(기계설비성능점검업의 변경등록사항)
법 제21조 제2항에서 "대통령령으로 정하는 사항"이란 다음 각 호의 어느 하나에 해당하는 사항을 말한다.
1. 상호
2. 대표자
3. 영업소 소재지
4. 기술인력

43 체크밸브에 대한 설명으로 옳은 것은?

① 스윙형, 리프트형, 풋형 등이 있다.
② 리프트형은 배관의 수직부에 한하여 사용한다.
③ 스윙형은 수평배관에만 사용한다.
④ 유량조절용으로 적합하다.

해설 ② 리프트형은 배관의 수평부에 한하여 사용한다.
③ 스윙형은 수평배관과 수직배관에 사용한다.
④ 유량조절용으로 적합한 것은 글로브밸브이다.

44 배수관의 설치기준에 대한 내용으로 틀린 것은?

① 배수관의 최소 관경은 20mm 이상으로 한다.
② 지중에 매설하는 배수관의 관경은 50mm 이상이 좋다.
③ 배수관은 배수가 흐르는 방향으로 관경을 축소해서는 안 된다.
④ 기구배수관의 관경은 이것에 접속하는 위생기구의 트랩구경 이상으로 한다.

해설 배수관의 설치기준
㉠ 배수관의 최소 관지름은 32mm 이상으로 한다.
㉡ 지중, 지하층 바닥에 매설하는 배수관은 50mm 이상으로 한다.
㉢ 배수관은 하류방향으로 갈수록 관의 지름을 크게 설계한다.
㉣ 기구배수관의 관경은 이것에 접속하는 위생기구의 트랩구경 이상으로 하되 최소 30mm로 한다.
㉤ 배수수직관의 관경은 이것과 접속하는 배수수평지관의 최대 관경 이상으로 한다.
㉥ 배수수평지관의 관경은 이것과 접속하는 기구배수관의 최대 관경 이상으로 한다.

45 냉동·공조설비별 관련 법규에서 관련 법명이 잘못된 것은?

① 냉동기 : 고압가스안전관리법
② 보일러 : 에너지이용합리화법, 도시가스사업법
③ 유류탱크 : 소방법
④ 열사용기자재압력용기 : 산업안전보건관리법

해설 냉동·공조설비별 관련 법규명
㉠ 냉동기 : 고압가스안전관리법
㉡ 보일러 : 에너지이용합리화법, 도시가스사업법
㉢ 유류탱크 : 소방법
㉣ 열사용기자재압력용기 : 에너지이용합리화법
㉤ 냉수배관 밀폐형 탱크 : 산업안전보건법

정답 41. ③ 42. ② 43. ① 44. ① 45. ④

46 배수트랩 중 관트랩의 종류가 아닌 것은?

① P트랩 ② V트랩
③ S트랩 ④ U트랩

해설 관트랩에는 S트랩, P트랩, U트랩 등이 있다.

47 고압가스안전관리법령에 따라 고압가스제조신고요청 중 냉동제조신고대상범위는 다음과 같다. ( ) 안의 내용으로 옳은 것은?

> 냉동능력이 3톤 이상 ( ) 미만(가연성 가스 또는 독성 가스 외의 고압가스를 냉매로 사용하는 것으로서 산업용 및 냉동·냉장용인 경우에는 20톤 이상 50톤 미만, 건축물의 냉·난방용인 경우에는 20톤 이상 100톤 미만)인 설비를 사용하여 냉동을 하는 과정에서 압축 또는 액화의 방법으로 고압가스가 생성되게 하는 것. 다만, 다음 각 목의 어느 하나에 해당하는 자가 그 허가받은 내용에 따라 냉동제조를 하는 것은 제외한다.

① 5톤 ② 10톤
③ 15톤 ④ 20톤

해설 고압가스안전관리법 시행령 제4조(고압가스제조의 신고대상)

법 제4조 제2항에 따른 고압가스제조의 신고대상은 다음과 같다.
1. 고압가스 충전 : 용기 또는 차량에 고정된 탱크에 고압가스를 충전할 수 있는 설비로 고압가스(가연성 가스 및 독성 가스는 제외한다)를 충전하는 것으로서 1일 처리능력이 10m³ 미만이거나 저장능력이 3톤 미만인 것
2. 냉동제조 : 냉동능력이 3톤 이상 20톤 미만(가연성 가스 또는 독성 가스 외의 고압가스를 냉매로 사용하는 것으로서 산업용 및 냉동·냉장용인 경우에는 20톤 이상 50톤 미만, 건축물의 냉·난방용인 경우에는 20톤 이상 100톤 미만)인 설비를 사용하여 냉동을 하는 과정에서 압축 또는 액화의 방법으로 고압가스가 생성되게 하는 것. 다만, 다음 각 목의 어느 하나에 해당하는 자가 그 허가받은 내용에 따라 냉동제조를 하는 것은 제외한다.
   가. 제3조 제1항 또는 제2항에 따른 고압가스 특정제조, 고압가스 일반제조 또는 고압가스저장소 설치의 허가를 받은 자
   나. 도시가스사업법에 따른 도시가스사업의 허가를 받은 자

48 다음 중 급수관경을 결정하는 방법에 대한 설명으로 잘못된 것은?

① 급수관의 관경을 결정할 때 위생기구의 종류나 사용유량, 수압이나 속도 등을 고려해야 한다.
② 급수배관 지관의 관경 결정 시 급수관 균등분포와 기구의 동시사용률을 이용하여 결정한다.
③ 급수배관 본관의 관경 결정 시 급수부하단위를 이용하여 유량선도에서 구한다.
④ 유량선도에서 관경을 구할 때 허용마찰손실(kPa/m)은 크게 할수록 관경은 작아진다.

해설 급수관경 결정방법
㉠ 유량선도를 이용할 때 허용마찰손실이 작을수록 관경이 작아진다.
㉡ 실제로는 유량, 압력, 유속, 재료 등 다양한 요소를 종합적으로 고려하여 결정해야 한다.

49 정현파 교류에서 최댓값은 실효값의 몇 배인가?

① $\sqrt{2}$ ② $\sqrt{3}$
③ 2 ④ 3

해설
㉠ 삼각파 : $V_m = \sqrt{3}\,V$
㉡ 정현파 : $V_m = \sqrt{2}\,V$
㉢ 반형반파 : $V_m = \sqrt{2}\,V$
㉣ 구형파 : $V_m = V$

★ 50 프로세스제어(process control)에 속하지 않는 것은?

① 온도 ② 압력
③ 유량 ④ 자세

해설 제어량의 성질에 의한 분류
㉠ 프로세스제어 : 온도, 유량, 압력, 액위, 농도, 밀도를 제어량으로 가짐(온도, 압력제어장치 등)
㉡ 서보기구 : 물체의 위치, 방위, 자세 등을 제어량으로 가짐. 목표값이 임의의 변화에 추종하도록 구성된 제어계(비행기 및 선박의 방향제어계, 미사일발사대의 자동위치제어계, 추적용 레이더, 자동평형기록계 등)
㉢ 자동조정 : 전압, 전류, 주파수, 회전속도, 힘 등 전기적, 기계적 양의 제어량(전전압장치, 발전기의 조속기 제어 등)

정답 46. ② 47. ④ 48. ④ 49. ① 50. ④

51 절연저항 측정에 관한 설명으로 틀린 것은?

① 절연체에 직류 고전압을 가하면 누설전류가 흐르는 것을 이용한 것이다.
② 선로의 사용전압에 관계없이 절연저항 측정 시 선로에 일정한 전압을 인가한다.
③ 절연저항의 측정단위는 MΩ이다.
④ 옥내선로의 절연저항 측정 시에는 모든 부하 쪽의 선로를 개방해야 한다.

해설 절연저항 측정방법
㉠ 사용전압에 따라서 절연저항치가 다르다.
㉡ 절연저항계(megger)를 사용하여 측정한다.
  • 고전압(통상 500V, 1,000V 또는 그 이상)을 인가하여 절연저항을 측정한다.
  • 일반적인 멀티미터로는 측정 불가능하다.
㉢ 측정절차
  • 전원을 차단하고 기기를 안전하게 분리한다.
  • 측정대상의 도체와 접지 사이 또는 상호 도체 사이를 연결한다.
  • 절연저항계를 이용해 고전압을 인가하고 저항값을 읽는다.
  • 기준치 이상인지 확인한다.
㉣ 최대 사용전압이 7,000V 이하인 경우 최대 사용전압의 1.5배 전압으로 10분간 내력시험을 한다.

52 자동제어의 분류에서 제어량의 종류에 의한 분류가 아닌 것은?

① 서보기구
② 추치제어
③ 프로세스제어
④ 자동조정

해설 추치제어는 목적에 의한 분류로 추종제어, 프로그램제어, 비율제어가 있다.
참고 제어량의 종류에 의한 분류 : 서보기구, 프로세스제어, 자동조정

53 목표값이 미리 정해진 변화를 할 때의 제어로서 열처리 노의 온도제어, 무인운전열차 등이 속하는 제어는?

① 추종제어   ② 프로그램제어
③ 비율제어   ④ 정치제어

해설 제어목적에 의한 분류
㉠ 정치제어 : 제어량을 어떤 일정한 목표값으로 유지하는 것을 목적으로 하는 제어법
㉡ 추치제어
  • 추종제어 : 목표치가 임의의 시간에 변화하는 제어로서 대공포 포신제어(미사일 유도), 자동아날로그 선반 등이 속함
  • 비율제어 : 목표치가 다른 어떤 양에 비례하는 제어로서 보일러의 자동연소제어, 암모니아의 합성프로세스제어 등이 속함
  • 프로그램제어 : 목표치가 시간과 함께 미리 정해진 변화를 하는 제어로서 열처리 노의 온도제어, 열차의 무인운전, 엘리베이터, 무인자판기 등이 속함

★
54 산업안전보건법상의 안전보건관리책임자의 임무가 아닌 것은?

① 근로자의 건강진단 등 건강관리에 대한 사항
② 산업재해의 원인조사 및 재발방지대책 수립에 대한 사항
③ 산업재해에 대한 통계의 기록 및 유지에 대한 사항
④ 산업재해예방안전사항

해설 안전보건관리책임자의 임무
㉠ 산업재해예방계획 수립
㉡ 안전보건관리규정 작성 및 변경
㉢ 근로자의 안전, 보건교육에 대한 사항
㉣ 작업환경 측정 등 작업환경의 점검 및 개선에 대한 사항
㉤ 근로자의 건강진단 등 건강관리에 대한 사항
㉥ 산업재해의 원인조사 및 재발방지대책 수립에 대한 사항
㉦ 산업재해에 대한 통계의 기록 및 유지에 대한 사항
㉧ 안전보건에 관련된 안전장치 및 보호구 구입 시의 적격품 여부 확인에 대한 사항
㉨ 기타 근로자의 유해, 위험예방조치에 대한 사항 중 고용노동부령으로 정하는 사항

★
55 전기히터의 온도를 1,000℃로 일정하게 유지하기 위하여 열전온도계의 지시값을 보면서 전압조정기로 전기로에 대한 인가전압을 조절하는 장치가 있다. 이 경우 열전온도계는 다음 중 어느 것에 해당하는가?

① 조작부   ② 검출부
③ 제어량   ④ 조작량

정답 51. ② 52. ② 53. ② 54. ④ 55. ②

해설 ㉠ 검출부 : 열전온도계
㉡ 제어량 : 온도
㉢ 제어대상 : 전기로
㉣ 목표값 : 1,000℃

참고 **피드백제어계의 용어**
- 제어대상 : 제어의 대상으로 제어하려고 하는 기계의 전체 또는 그 일부분
- 제어장치 : 제어를 하기 위해 제어대상에 부착되는 장치로, 조절부, 설정부, 검출부 등이 해당
- 제어요소 : 동작신호를 조작량으로 변화하는 요소로 조절부와 조작부로 구성
- 제어량 : 제어대상에 속하는 양, 제어대상을 제어하는 것을 목적으로 하는 물리적인 양
- 목표값 : 제어량이 어떤 값을 목표로 정하도록 외부에서 주어지는 값
- 기준입력 : 제어계를 동작시키는 기준으로 직접 제어계에 가해지는 신호
- 기준입력요소 : 되먹임요소와 비교하여 사용, 즉 목표값에 비례하는 신호 발생
- 외란 : 제어량의 변화를 일으키는 신호로 변환하는 장치
- 검출부 : 제어대상으로부터 제어에 필요한 신호를 인출하는 부분
- 조절 : 설정부, 조절부 및 비교부를 합친 것
- 조절부 : 제어계가 작용을 하는데 필요한 신호를 만들어 조작부에 보내는 부분
- 비교부 : 목표값과 제어량의 신호를 비교하여 제어동작에 필요한 신호를 만들어내는 부분
- 조작량 : 제어요소가 제어대상에 주는 양(제어대상에 가한 신호)
- 편차검출기 : 궤환요소가 변환기로 구성되고 입력에도 변환기가 필요할 때에 제어계의 일부

56 조작기기의 종류가 아닌 것은?
① 전기식 ② 기계식
③ 유압식 ④ 전자식

해설 **조작기기의 종류**
㉠ 전기식 : 전자밸브, 2상 서보전동기, 직류 서보전동기, 펄스전동기
㉡ 기계식(공기식) : 클러치, 다이어프램밸브, 밸브 포지셔너
㉢ 유압식 : 조작기(조작실린더, 조작피스톤 등)

★ 57 직류전동기의 속도제어방법이 아닌 것은?
① 전압제어 ② 계자제어
③ 저항제어 ④ 슬립제어

해설 **직류전동기의 속도제어방법**
㉠ 계자제어법
㉡ 직렬저항법
㉢ 전압제어법 : 운전효율이 양호하고 워드레너드방식, 정지레너드방식이 있음

참고 **유도전동기의 속도제어법**
- 극수변환법
- 2차 여자제어법
- 전원 1차 전압제어법
- 1차 주파수제어법
- 2차 저항제어법(슬립제어법)

58 시퀀스제어에 관한 설명 중 틀린 것은?
① 조합논리회로로 사용된다.
② 미리 정해진 순서에 의해 제어된다.
③ 입력과 출력을 비교하는 장치가 필수적이다.
④ 일정한 논리에 의해 제어된다.

해설 **시퀀스제어**
㉠ 미리 정해진 순서에 의해 제어된다.
㉡ 제어결과에 따라 조작이 자동적으로 이행된다.
㉢ 조합논리회로로 사용된다.
㉣ 시간지연요소가 사용된다.
㉤ 유접점과 무접점 계전기가 있다.

참고 **피드백제어**
- 폐회로제어로 사용된다.
- 계통에 연결된 모든 스위치가 동시에 작동할 수도 있다.
- 입력과 출력을 비교하는 장치가 필수적이다.

59 송풍기의 토출측과 흡입측에 설치하여 송풍기의 진동이 덕트나 장치에 전달되는 것을 방지하기 위한 접속법은?
① 크로스커넥션(cross connection)
② 캔버스커넥션(canvas connection)
③ 서브스테이션(sub station)
④ 하트포드(hartford)접속법

해설 송풍기와 덕트의 접속에는 길이 150~300mm 정도의 캔버스이음쇠(canvas connection)를 삽입한다. 이것은 송풍기의 진동이 덕트나 장치에 전달되는 것을 방지하기 위해 송풍기의 토출측과 흡입측에 설치하는 것이다.

정답 56. ④ 57. ④ 58. ③ 59. ②

60 배관길이 200m, 관경 100mm의 배관 내 20℃의 물을 100℃로 상승시킬 경우 배관의 신축량(mm)은? (단, 강관의 선팽창계수는 11.5×10^{-6} m/m·℃이다.)

① 138　　② 13.8
③ 184　　④ 18.4

해설　$\lambda = 1{,}000L\alpha(t_2 - t_1)$
　　　　$= 1{,}000 \times 200 \times 11.5 \times 10^{-6} \times (100-20)$
　　　　$= 184\text{mm}$

여기서, L : 배관길이(m)
　　　　α : 관의 선팽창계수(mm/mm·℃)
　　　　t_1 : 초기온도(℃)
　　　　t_2 : 최종온도(℃)

정답　60. ③

2025년 제3회 공조냉동기계산업기사

제1과목 공기조화설비

01 쾌적한 사무실 공기를 유지하기 위한 이산화탄소의 허용기준(ppm)은 얼마인가?

① 10ppm ② 50ppm
③ 100ppm ④ 1,000ppm

해설 유해가스 허용기준(사무실 기준)

항목	허용기준	비고
이산화탄소 (CO_2)	1,000ppm 이하	환기상태지표, 고농도 시 졸림, 두통
포름알데히드 (HCHO)	$100\mu g/m^3$ 이하	새 가구, 건축자재에서 발생 (발암의심물질)
총휘발성 유기화합물 (TVOCs)	$400\mu g/m^3$ 이하	접착제, 페인트, 프린터 등에서 발생
일산화탄소 (CO)	10ppm 이하	불완전연소, 저산소 유도 가능
이산화질소 (NO_2)	0.05ppm 이하	연소기기, 눈과 호흡기 자극
라돈 (Rn)	$148Bq/m^3$ 이하	자연 방사성 기체, 장기 노출 시 폐암 위험
미세먼지 (PM10)	$100\mu g/m^3$ 이하	실내 먼지, 외부 유입
초미세먼지 (PM2.5)	$35\mu g/m^3$ 이하	더욱 작은 입자, 건강위해도 높음
오존 (O_3)	0.06ppm 이하	복사기, 정전기방지장치 등에서 발생 가능

02 건구온도 30℃, 상대습도 60%인 습공기에 있어서 건공기의 분압은 약 얼마인가? (단, 대기압은 760mmHg, 포화수증기압은 27.65mmHg이다.)

① 27.65mmHg ② 376mmHg
③ 743.41mmHg ④ 700.97mmHg

해설 $P_a = P - P_w = P - \phi P_s$
$= 760 - 0.6 \times 27.65 ≒ 743.41 \text{mmHg}$

03 배관계통에서 유량은 다르더라도 단위길이당 마찰손실이 일정하도록 관경을 정하는 방법은?

① 균등법
② 정압재취득법
③ 등마찰손실법
④ 등속법

해설
㉠ 등마찰손실법(등압법) : 유량은 다르더라도 단위길이당 마찰손실이 일정하도록 설계
㉡ 정압재취득법
 • 동압의 감소만큼 정압이 상승하므로 각 구간에 취출구 직전의 정압이 일정함
 • 분기부가 많고 주덕트의 길이가 길 때 적합
 • 공기분배계통의 에어밸런싱을 유지하는 데 가장 적합
㉢ 등속법
 • 발생되는 분진을 작업장 밖으로 배출시키기 위한 설계법
 • 10~35m/s 이상 공장 환기용
㉣ 전압법 : 마찰저항이 일정하도록 하고 단위길이당 마찰저항을 곱하여 전덕트의 압력손실을 구하는 방식

04 냉각탑(cooling tower)에 대한 설명 중 잘못된 것은?

① 어프로치(approach)는 5℃ 정도로 한다.
② 냉각탑은 응축기에서 냉각수가 얻은 열을 공기 중에 방출하는 장치이다.
③ 쿨링 레인지란 냉각탑에서의 냉각수 입출구 수온차이다.
④ 보급수량은 순환수량의 15% 정도이다.

해설 냉각탑
㉠ 응축기에서 냉각수가 얻은 열을 공기 중에 방출하는 장치
㉡ 보급수량 : 순환수량의 2~3% 정도
㉢ 쿨링 어프로치=냉각수 출구온도-냉각탑 입구공기의 습구온도(5℃ 정도)
㉣ 쿨링 레인지=냉각수 입구온도-냉각수 출구온도

정답 01. ④ 02. ③ 03. ③ 04. ④

05 직교류형 및 대향류형 냉각탑에 관한 설명으로 틀린 것은?

① 직교류형은 물과 공기흐름이 직각으로 교차한다.
② 직교류형은 냉각탑의 충진재 표면적이 크다.
③ 대향류형 냉각탑의 효율이 직교류형보다 나쁘다.
④ 대향류형은 물과 공기흐름이 서로 반대이다.

해설 대향류형 냉각탑의 효율이 직교류형보다 좋다.
참고 • 향류형(평행류) 냉각탑 : 물은 상부의 살포장치에 의해 살포하고, 공기는 아래로부터 팬에 의해 도입(같은 방향으로 흐름)
• 대향류형 냉각탑 : 소형, 경량, 설치면적이 적고 효율이 좋음(서로 반대방향으로 흐름)
• 직교류형 냉각탑 : 물은 위에서 살수, 차가운 공기는 측면(수평)에서 도입(직각방향으로 흐름)

06 ★ 공기조화장치의 열운반장치가 아닌 것은?

① 펌프
② 송풍기
③ 덕트
④ 보일러

해설 공기조화설비의 구성
㉠ 열원설비 : 냉동기, 보일러, 히트펌프, 흡수식 냉온수기
㉡ 열교환설비 : 공기조화기(공기여과기, 공기냉각기(제습기), 공기가열기, 공기세정기(가습기)), 열교환기, 냉각탑
㉢ 열매운송설비(환기장치) : 송풍기, 펌프, 덕트, 배관 등
㉣ 실내유닛(공조기설비) : 취출구, 흡입구, 팬코일유닛, 유인유닛, 패키지형 유닛, 방열기, 멀티유닛형 에어컨
㉤ 자동제어(중앙관제설비) : 온도제어장치, 습도제어장치, 자동제어기기, 중앙제어, 원격제어

07 공기조화의 분류에서 산업용 공기조화의 적용범위에 해당하지 않는 것은?

① 실험실의 실내조건을 위한 공조
② 양조장에서 술의 숙성온도를 위한 공조
③ 반도체공장에서 제품의 품질 향상을 위한 공조
④ 호텔에서 근무하는 근로자의 근무환경 개선을 위한 공조

해설 공기조화의 분류
㉠ 쾌감(보건)용 공기조화 : 실내의 사람을 대상으로 쾌감, 보건, 위생을 목적으로 공기 공급
• 가정용 : 주택, 아파트 등을 대상으로 하는 것
• 상업용 : 빌딩, 학교, 호텔, 병원, 극장, 교통기관 등을 대상으로 업무용으로 하는 것
㉡ 산업용 공기조화 : 정밀기계공업, 측정실, 실험실, 섬유, 제과, 제약, 광학, 반도체산업, 전산실, 술의 숙성 등 여러 산업현장에 매우 중요하게 적용

08 건구온도 10℃, 상대습도 60%인 습공기를 30℃로 가열하였다. 이때의 습공기 상대습도는? (단, 10℃의 포화수증기압은 9.2mmHg이고, 30℃의 포화수증기압은 23.75mmHg이다.)

① 17%
② 20%
③ 23%
④ 27%

해설
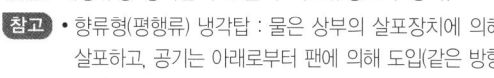
$= \dfrac{0.6 \times 9.2}{23.75} = 0.232 ≒ 23\%$

09 구조체의 결로 방지에 관한 설명으로 옳지 않은 것은?

① 표면결로를 방지하기 위해서는 다습한 외기를 도입하지 않는다.
② 내부결로를 방지하기 위해서는 실내측보다 실외측에 방습막을 부착하는 것이 바람직하다.
③ 유리창의 경우는 공기층이 밀폐된 2중유리를 사용한다.
④ 공기와의 접촉면온도를 노점온도 이상으로 유지한다.

해설 내부결로를 방지하기 위해서는 실내측에 방습막을 부착한다.

10 ★ 다음 가습기방식의 분류 중 기화식이 아닌 것은?

① 모세관식 가습기
② 회전식 가습기
③ 적하식 가습기
④ 원심식 가습기

정답 05. ③ 06. ④ 07. ④ 08. ③ 09. ② 10. ④

해설 **가습장치의 종류**
㉠ 수분무식 : 물을 공기 중에 직접 분부하는 방식으로 원심식, 초음파식, 분무식(고압 스프레이식)
㉡ 증기식(증기 발생식) : 전열식, 전극식, 적외선식(청정, 정밀제어용)
㉢ 증기공급식 : 과열증기식, 독립형 증기 발생기 연동 방식
㉣ 기화식(증발식) : 회전식, 모세관식, 적하식(고습도용)
㉤ 에어와셔식 : 냉방 전용식, 가습 전용식, 전처리 세정식, 냉난방 겸용식, 혼합식(필터 없이도 세정 가능, 냉방 시 전기사용량 감소(증발냉각), 습도조절 용이, 유지관리 필요(슬러지, 물 교체), 겨울철 과도한 가습 주의, 세균 번식의 가능성이 있어 위생관리 필요)

★
11 냉방 시 침입외기가 200m³/h일 때 침입외기에 의한 손실부하는 약 얼마인가? (단, 외기는 32℃ DB, 0.018kg/kg DA, 실내는 27℃ DB, 0.013kg/kg DA이며, 침입외기의 밀도는 1.2kg/m³, 건공기의 정압비열은 1.01kJ/h, 물의 증발잠열은 2,501kJ/kg이다.)

① 3,001kJ/h ② 1,215kJ/h
③ 4,213kJ/h ④ 5,655kJ/h

해설 ㉠ 건공기 : 현열 적용
$Q_s = mC\Delta t = 200 \times 1.2 \times 1.01 \times (32-27)$
$\quad = 1,212 \text{kJ/h}$
㉡ 습공기 : 잠열 적용
$Q_L = m\gamma\Delta x$
$\quad = 200 \times 1.2 \times 2,501 \times (0.018 - 0.013)$
$\quad = 3001.2 \text{kJ/h}$
㉢ 전체 손실부하
$Q = Q_s + Q_L = 1,212 + 3001.2 ≒ 4,213 \text{kJ/h}$

참고 공기량=침입외기량×침입외기의 밀도

12 대기질지수에서 해로움의 지수는?
① 51~100 ② 101~150
③ 151~200 ④ 201~300

해설 **대기질지수**

범위	대기질상태	지시색
0~50	좋음	녹색
51~100	보통	노란색
101~150	노약자에게 해로움	오렌지색
151~200	해로움	빨간색
201~300	매우 해로움	보라색
301 이상	매우 위험함	고동색

13 다음 중 원통보일러의 종류가 아닌 것은?
① 입형보일러 ② 노통보일러
③ 연관보일러 ④ 폐열보일러

해설 **보일러의 종류**
㉠ 주철제보일러 : 섹셔널
㉡ 원통보일러 : 입형, 노통(코르니시, 랭커셔), 연관, 노통연관
㉢ 수관보일러 : 자연순환식, 강제순환식
㉣ 관류보일러 : 단관, 다관, 대형
㉤ 특수보일러 : 폐열, 특수연료, 특수열매체, 간접가열

14 다음 중 습공기선도에 표시되지 않는 것은?
① 비체적 ② 비열
③ 노점온도 ④ 엔탈피

해설 습공기선도에 건구온도, 절대온도, 습구온도, 노점온도, 엔탈피, 상대습도, 절대습도, 수증기분압, 비체적, 현열비, 열수분비 등이 나타나 있다.

15 펌프가 운전 중에 한숨을 쉬는 것과 같은 상태가 되어 송출압력과 송출유량 사이에 주기적인 변동이 일어나는 현상은?
① 공동현상(cavitation)
② 포밍현상(foaming)
③ 서징현상(surging)
④ 캐리오버(carry over)

해설 **서징현상**
㉠ 펌프가 운전 중에 한숨을 쉬는 것과 같은 상태가 되어 펌프의 입구와 출구의 진공계, 압력계의 지침이 흔들리고 동시에 송출유량이 변화하는 현상
㉡ 송출압력과 송출유량 사이에 주기적인 변동이 일어나는 현상

★
16 펌프의 종류와 용도에 따라 펌프 사양을 선정할 때 사용자가 규정하는 사양에 따라 선정하는 것이 잘못된 것은?
① 이송액의 성질(이름, 함량, 농도, 비중, 점도, 온도, 슬러리)에 따라 선정한다.
② 유량에 따라 선정한다.
③ 흡입측의 마찰손실에 따라 선정한다.
④ 압력차(=토출측의 압력−흡입측의 압력)에 따라 선정한다.

정답 11. ③ 12. ③ 13. ④ 14. ② 15. ③ 16. ③

해설 **펌프 사양 선정 시 사용자가 규정하는 사양에 따라 선정하는 것**
  ㉠ 이송액의 성질(이름, 함량, 농도, 비중, 점도, 온도, 슬러리)에 따라 선정한다.
  ㉡ 유량에 따라 선정한다.
  ㉢ 흡입측의 압력에 따라 선정한다.
  ㉣ 토출측의 압력에 따라 선정한다.
  ㉤ 압력차(=토출측의 압력－흡입측의 압력)에 따라 선정한다.
  ㉥ 양정에 따라 선정한다.
  ㉦ NPSHa(유효흡입수두)에 따라 선정한다.

17 열교환기를 구조에 따라 분류하였을 때 판형 열교환기의 종류에 해당하지 않는 것은?
  ① 플레이트식 열교환기
  ② 케틀형 열교환기
  ③ 플레이트핀식 열교환기
  ④ 스파이럴형 열교환기

해설 **판형 열교환기의 종류** : 플레이트식, 플레이트핀식, 스파이럴형 등

18 자동권취형 에어필터의 점검사항이 아닌 것은?
  ① 장치의 작동상황
  ② 여과재의 오염상황
  ③ 여과재의 재질 여부
  ④ 필터 챔버 내부의 오염상황

해설 **자동권취형 에어필터의 점검사항**
  ㉠ 장치의 작동상황
  ㉡ 여과재의 오염상황
  ㉢ 여과재의 변형에 의한 공기 누출 여부
  ㉣ 필터 챔버 내부의 오염상황
  ㉤ 압력손실
  ㉥ 타이머 또는 차압감지관의 작동상황

★
19 염화리튬, 트리에틸렌글리콜 등의 액체를 사용하여 감습하는 장치는?
  ① 냉매감습장치
  ② 압축감습장치
  ③ 흡수식 감습장치
  ④ 세정식 감습장치

해설 **감습장치**
  ㉠ 냉각식 : 습공기를 노점온도 이하로 냉각하여 제습하는 방법 또는 공기세정기를 사용하는 방법이다.
  ㉡ 압축식 : 습공기가 함유하는 수분의 양은 온도만의 변화에 의해 결정되는데, 대기압 760mmHg인 상태에서 압축하면 온도가 변한다.
  ㉢ 흡수식(액체제습장치) : 염화리튬수용액과 트리에틸렌글리콜액 등은 대기에 노출시켜두면 공기 중의 수분을 흡수해서 서서히 희박하게 되는 성질을 이용한다.
  ㉣ 흡착식(고체제습장치) : 화학적 감습장치로서 실리카겔, 아드소울, 활성알루미나 등과 같은 반도체 또는 고체흡수제를 사용하는 방법으로 냉동장치와 병용하여 극저습도를 요구하는 곳에 사용된다.

★
20 이상저수위의 원인 및 조치방법이 아닌 것은?
  ① 급수펌프의 이상 : 급수펌프의 성능 저하, 보일러를 100% 부하상태로 운전될 때, 급수량을 체크했을 때 보일러가 증기량 이상으로 급수되어야 한다. 증기량보다 급수량이 적을 경우 펌프를 교체한다.
  ② 체크밸브 역류 : 보일러압력이 상승한 상태에서 급수정지밸브를 닫고 급수펌프의 에어밸브를 열었을 때 증기나 온수가 나오는지 확인한다. 이 경우 체크밸브를 교체한다.
  ③ 급수스트레이너 막힘 : 급수펌프의 연성계 바늘이 대기압 이하로 떨어진다. 급수스트레이너를 분해 후 청소한다.
  ④ 급수내관이 높을 때 : 급수내관을 낮게 한 후 가동한다.

해설 **이상저수위의 원인 및 조치방법**
  ㉠ 급수펌프의 이상 : 급수펌프의 성능 저하, 보일러를 100% 부하상태로 운전될 때, 급수량을 체크했을 때 보일러가 증기량 이상으로 급수되어야 한다. 증기량보다 급수량이 적을 경우 펌프를 교체한다.
  ㉡ 체크밸브 역류 : 보일러압력이 상승한 상태에서 급수정지밸브를 닫고 급수펌프의 에어밸브를 열었을 때 증기나 온수가 나오는지 확인한다. 이 경우 체크밸브를 교체한다.
  ㉢ 급수스트레이너 막힘 : 급수펌프의 연성계 바늘이 대기압 이하로 떨어진다. 이 경우 급수스트레이너를 분해 후 청소한다.
  ㉣ 수위검출기 이상 : 맥도널식의 경우 분해, 청소하고, 전극식의 경우 분해 후 감지봉을 샌드페이퍼를 사용하여 닦아준다.

정답 17. ② 18. ③ 19. ③ 20. ④

ⓜ 프라이밍현상 발생 : 전기전도가 높을 경우에 발생하므로 보일러수를 완전 배수한 후 재급수 후 가동한다. 급수탱크를 청소해준다.
ⓑ 급수내관이 막혔을 때 : 급수내관을 분해, 청소 후 가동한다.
ⓢ 자동제어장치의 이상 : 수위조절기 또는 마이컴 등을 점검하고 교체한다.
ⓞ 펌프 내에 에어가 자주 생김 : 급수펌프와 급수탱크 사이의 관이음 등에서 공기가 유입되는 경우이므로 점검 후 재조립한다.
ⓩ 급수탱크의 온도가 높을 때 : 일반적인 급수펌프의 경우 적정 온도는 80℃이므로 급수온도를 낮춰준다.
ⓧ 급수탱크의 급수량 부족 : 환수를 사용할 때 급수탱크의 용량은 보일러용량의 1.5배 이상으로 한다. 환수를 사용하지 않을 때는 보유수량보다 크게 해야 한다.
ⓚ 캐비테이션 발생 : 급수펌프는 급수탱크의 물이 원활히 공급될 수 있도록 낮은 위치에 설치해야 한다.

제2과목 냉동냉장설비

21 감온팽창밸브에 대한 설명 중 옳은 것은?
① 팽창밸브의 감온부는 냉각되는 물체의 온도를 감지한다.
② 강관에 감온통을 사용할 때는 부식 및 열전도율의 불량을 막기 위해 알루미늄칠을 한다.
③ 암모니아냉동장치에 있으면 냉매에서 수분이 분리되어 팽창밸브를 폐쇄시킨다.
④ R-12를 사용하는 냉동장치에 R-22용의 팽창밸브를 사용할 수 있다.

해설 감온팽창밸브(온도조절식 팽창밸브)
㉠ 팽창밸브의 감온부는 증발기 출구의 온도를 감지한다.
㉡ 강관에 감온통을 사용할 때는 부식 및 열전도율의 불량을 막기 위해 알루미늄칠을 한다.
㉢ 프레온냉동장치에 설치하여 증발기 출구냉매의 과열도를 검지하여 냉매유량을 제어한다.
㉣ R-12를 사용하는 냉동장치에 R-22용의 팽창밸브를 사용할 수 없다.
㉤ 내부균압형과 외부균압형이 있다.

★ 22 압축기의 용량제어방법 중 왕복동압축기와 관계가 없는 것은?
① 바이패스법   ② 회전수가감법
③ 흡입베인조절법   ④ 클리어런스증감법

해설 흡입베인조절법은 터보냉동기의 용량제어법이다.
참고 용량제어법
• 왕복동압축기
  - 바이패스법(토출측과 흡입측을 연결하는 방법)
  - 클리어런스증감법(클리어런스 포켓에 연결하는 방법)
  - 회전수가감법
  - 부하경감법(unload장치)
• 터보압축기
  - 베인댐퍼에 의한 제어
  - 회전속도에 의한 제어
  - 흡입베인에 의한 제어
  - 이중관 속 제어
  - 바이패스제어
  - 디퓨저제어
  - 응축수의 냉각수량 조절
• 스크루식 압축기
  - 바이패스법
  - 비체적을 키우는 방법
  - 회전수조절법
  - 슬라이드밸브에 의한 방법
• 냉각탑
  - 수량변화방법
  - 공기유량변화방법
  - 분할운전방법

23 증발식 응축기에 관한 설명으로 옳은 것은?
① 증발식 응축기의 냉각수를 보충할 필요가 없다.
② 증발식 응축기는 물의 현열을 이용하여 냉각하는 방법이다.
③ 내부에 냉매가 통하는 나관이 있고, 그 위에 노즐을 이용하여 물을 살포하는 형식이다.
④ 압력 강하가 작으므로 고압측 배관에 적당하다.

해설 증발식 응축기
㉠ 물의 증발잠열을 이용하여 냉각하므로 냉각수가 적게 들지만 보충할 필요는 있다.
㉡ 내부에 냉매가 통하는 나관이 있고, 그 위에 노즐을 이용하여 물을 살포하는 형식이다.
㉢ 구조가 복잡하고 설비비가 고가이며 사용되는 응축기 중 압력과 온도가 높으면 압력 강하가 크다.
㉣ 외형과 설치면적이 크며 대형이다.
㉤ 대기의 습구온도에 영향을 많이 받는다.
㉥ 수냉식 응축기와 공냉식 응축기의 작용을 혼합한 형태이다.
㉦ 겨울철에는 공냉식으로 사용할 수 있으며 연간운전에 특히 우수하다.
㉧ 대기온도는 동일하지만 습도가 높을 때는 응축압력이 높아진다.

정답 21. ② 22. ③ 23. ③

24 -20℃의 암모니아포화액의 엔탈피가 314kJ/kg이며 동일 온도에서 건조포화증기의 엔탈피가 1,687kJ/kg이다. 이 냉매액이 팽창밸브를 통과하여 증발기에 유입될 때의 냉매의 엔탈피가 670kJ/kg이었다면 중량비로 약 몇 %가 액체상태인가?

① 16 ② 26
③ 74 ④ 84

해설
$$y = \frac{건포화증기엔탈피 - 냉매엔탈피}{건포화증기엔탈피 - 포화액엔탈피} \times 100\%$$
$$= \frac{1,687 - 670}{1,687 - 314} \times 100\% ≒ 74\%$$

25 냉동장치의 액분리기에 대한 설명 중 맞는 것으로만 짝지은 것은?

㉠ 증발기와 압축기 흡입측 배관 사이에 설치한다.
㉡ 기동 시 증발기 내의 액이 교란되는 것을 방지한다.
㉢ 냉동부하의 변동이 심한 장치에는 사용하지 않는다.
㉣ 냉매액이 증발기로 유입되는 것을 방지하기 위해 사용한다.

① ㉠, ㉡ ② ㉢, ㉣
③ ㉠, ㉢ ④ ㉡, ㉢

해설 어큐뮬레이터(액분리기)
㉠ 증발기와 압축기 사이에 설치
㉡ 압축기 흡입가스 중에 섞여 있는 냉매액 분리
㉢ 액압축 방지
㉣ 압축기 보호
㉤ 기동 시 증발기 내 액교란 방지

26 다음 중 감온통의 냉매 충전방법이 아닌 것은?

① 액충전 ② 벨로즈 충전
③ 가스 충전 ④ 크로스 충전

해설 ㉠ 감온통 냉매 충전방법 : 액충전, 가스 충전, 크로스 충전
㉡ 온도식 자동팽창밸브의 종류 : 다이어프램식, 벨로즈식

27 암모니아냉동기의 증발온도 -20℃, 응축온도 35℃일 때 이론성적계수(ⓐ)와 실제 성적계수(ⓑ)는 약 얼마인가? (단, 팽창밸브 직전의 액온도는 32℃, 흡입가스는 건포화증기이고, 체적효율은 0.65, 압축효율은 0.8, 기계효율은 0.9로 한다.)

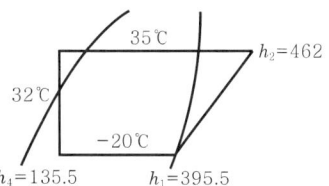

① ⓐ 0.5, ⓑ 3.8 ② ⓐ 3.5, ⓑ 2.5
③ ⓐ 3.9, ⓑ 2.8 ④ ⓐ 4.3, ⓑ 2.8

해설 ㉠ 이론성적계수
$$\varepsilon_1 = \frac{h_1 - h_4}{h_2 - h_1} = \frac{395.5 - 135.5}{462 - 395.5} ≒ 3.9$$
㉡ 실제 성적계수
$$\varepsilon_2 = \varepsilon_1 \eta_c \eta_m = 3.9 \times 0.8 \times 0.9 ≒ 2.8$$

28 2단 압축 냉동장치에서 계기압력의 지시계가 고압 1.47MPa, 저압 100mmHg·V을 가리킬 때 저단압축기와 고단압축기의 압축비는? (단, 저·고단의 압축비는 동일하고, 대기압은 101kPa이다.)

① 3.6 ② 3.8
③ 4.0 ④ 4.2

해설 압축비 = $\sqrt{총압축비}$
$$= \sqrt{\frac{고압의 절대압}{저압의 절대압}}$$
$$= \sqrt{\frac{1,470 + 101}{101 - \frac{101.325}{760} \times 100}}$$
$$≒ 4.2$$

29 압축식 냉동사이클에서 엔트로피가 감소하고 있는 과정은?

① 증발과정 ② 압축과정
③ 응축과정 ④ 팽창과정

해설 ① 증발과정 : 엔트로피 증가
② 압축과정 : 엔트로피 일정
④ 팽창과정 : 냉매 혹은 조건에 따라 엔트로피변화

정답 24. ③ 25. ① 26. ② 27. ③ 28. ④ 29. ③

30 스크루압축기의 특징에 관한 설명으로 틀린 것은?

① 경부하운전 시 비교적 동력 소모가 적다.
② 크랭크샤프트, 피스톤링, 커넥팅로드 등의 마모 부분이 없어 고장이 적다.
③ 소형으로써 비교적 큰 냉동능력을 발휘할 수 있다.
④ 왕복동식에서 필요한 흡입밸브와 토출밸브를 사용하지 않는다.

해설 스크루압축기
㉠ 경부하운전 시 비교적 동력 소모가 크다.
㉡ 크랭크샤프트, 피스톤링, 커넥팅로드 등의 마모 부분이 없어 고장이 적다.
㉢ 소형으로서 비교적 큰 냉동능력을 발휘할 수 있다.
㉣ 흡입밸브와 토출밸브가 없어 밸브의 마모, 손실이 없다.
㉤ 부품의 수가 적고 수명이 길다.
㉥ 압축이 연속적이고 회전운동을 하므로 진동이 적고 견고한 기초가 필요하지 않다.
㉦ 무단계 용량제어가 가능하며 자동운전에 적합하다.

★
31 흡수식 냉동기에 관한 설명 중 옳은 것은?

① 초저온용으로 사용된다.
② 비교적 소요량보다는 대용량에 적합하다.
③ 열교환기를 설치하여도 효율은 변함없다.
④ 물-LiBr에서는 물이 흡수제가 된다.

해설 흡수식 냉동기
㉠ 비교적 소용량보다 대용량에 적합하다.
㉡ 압축기가 없어 운전 시 소음과 진동이 적다.
㉢ 전력수용량과 수전설비가 적다.
㉣ 자동제어가 쉽다.
㉤ 정격성능 도달속도가 느리다.
㉥ 용량제어의 범위가 넓어 폭넓은 제어가 가능하다.
㉦ 다양한 열원에서 사용 가능하다(LNG, LPG, 증기, 고온수, 폐열, 배기가스).
㉧ 연료비가 저렴해 운전비가 적게 든다.
㉨ 냉매-흡수제는 $H_2O-LiBr$, $H_2O-LiCl$, NH_3-H_2O 이다.
㉩ 부분부하에 대한 대응성이 좋다.

32 액 흡입으로 인해 발생하는 압축기 소손을 방지하기 위한 부속장치는?

① 저압차단스위치   ② 고압차단스위치
③ 어큐뮬레이터   ④ 유압보호스위치

해설 어큐뮬레이터(액분리기)
㉠ 증발기와 압축기 사이에 설치
㉡ 압축기 흡입가스 중에 섞여 있는 냉매액 분리
㉢ 액압축 방지
㉣ 압축기 보호
㉤ 기동 시 증발기 내 액교란 방지

33 10kW의 모터를 1시간 동안 작동시켜 어떤 물체를 정지시켰다. 이때 사용된 에너지는 모두 마찰열로 되어 20℃의 주위에 전달되었다면 엔트로피의 증가는 약 얼마인가?

① 122.9kJ/kg·K   ② 164.9kJ/kg·K
③ 206.8kJ/kg·K   ④ 248.6kJ/kg·K

해설 $S=\dfrac{Q}{T}=\dfrac{10\times 3{,}600}{273+20}≒122.9\text{kJ/kg}\cdot\text{K}$

34 다음 중 냉매의 구비조건으로 틀린 것은?

① 전기저항이 클 것
② 불활성이고 부식성이 없을 것
③ 응축압력이 가급적 낮을 것
④ 증기의 비체적이 클 것

해설 냉매의 구비조건
㉠ 냉매가스의 비체적(용적)이 적을 것
㉡ 대기압 이상의 압력에서 증발하고 비교적 저압에서 액화할 것
㉢ 임계온도가 높고 응고온도가 낮을 것
㉣ 증발잠열이 크고 비열비가 작을 것
㉤ 점성(점도)과 표면장력이 낮을 것
㉥ 부식성이 없고 안정성이 있을 것
㉦ 전기저항이 크고 절연파괴를 일으키지 않을 것
㉧ 불활성일 것
㉨ 액체의 비열이 적을 것
㉩ 열전달률(열전도도)이 양호할 것(높을 것)

★
35 어떤 냉동장치의 냉동부하는 16kW, 냉매증기의 압축에 필요한 동력은 3kW, 응축기 입구에서 냉각수 온도는 30℃, 냉각수량은 69L/min일 때 응축기 출구에서 냉각수온도는?

① 34℃   ② 38℃
③ 42℃   ④ 46℃

해설 $t_o=t_i+\dfrac{Q_c}{WC}=30+\dfrac{16+3}{\dfrac{69}{60}\times 4.2}≒34℃$

정답 30. ① 31. ② 32. ③ 33. ① 34. ④ 35. ①

36 다음 중 보일러 인터록제어(보일러 정지)가 아닌 것은?

① 고수위 인터록 : 보일러의 수위가 최고수위 이상으로 올라가면 정지
② 과열 방지 인터록 : 본체의 온도가 설정온도 이상이 되면 정지
③ 배기가스온도 상한 인터록(5t/h 미만) : 배기가스온도가 주위 온도보다 30K 이상 높을 때 정지
④ 화염검출불량 인터록 : 연소실의 화염을 검출하지 못할 때 정지

해설 보일러 인터록제어(보일러 정지)
㉠ 저수위 인터록 : 보일러의 수위가 최저수위 이하로 내려가면 정지
㉡ 과열 방지 인터록 : 본체의 온도가 설정온도 이상이 되면 정지
㉢ 배기가스온도 상한 인터록(5t/h 미만) : 배기가스온도가 주위 온도보다 30K 이상 높을 때 정지
㉣ 화염검출불량 인터록 : 연소실의 화염을 검출하지 못할 때 정지
㉤ 가스압력 인터록 : 보일러에 공급되는 가스압력이 설정값 이하이거나 설정값 이상일 때 정지
㉥ 이상화염 인터록 : 연소진행상태가 아닌 상태에서 화염을 검출했을 때 정지
㉦ 수위봉 이상 인터록(전극식일 때) : 정상적인 수위감지가 되지 않을 때 정지
㉧ 통신 관련 인터록(전자식일 때) : Micom과 모니터의 통신상태가 불량할 때 정지
㉨ 공기압 이상 인터록 : 연소용 공기의 압력이 설정값 이하일 때 정지
㉩ 자동제어장치 인터록 : 열동형 과부하계전기 등 제어장치가 설정값 이상일 때 정지

37 다음 중 냉동냉장부하계산에서 공칭냉동톤를 나타내는 계산은?

① 공칭냉동톤은 유효용적 2.5m²당 1톤으로 계산
② 공칭냉동톤은 유효용적 2.5m²당 2톤으로 계산
③ 공칭냉동톤은 유효용적 2.5m²당 3톤으로 계산
④ 공칭냉동톤은 유효용적 2.5m²당 4톤으로 계산

해설 공칭냉동톤은 유효용적 2.5m²당 1톤으로 계산한다.
공칭냉동톤=냉동고의 용적(m³)×0.9×0.4

38 유량 100L/min의 물을 15℃에서 10℃로 냉각하는 수냉각기가 있다. 이 냉동장치의 냉동효과가 125kJ/kg일 때 필요냉매순환량은 몇 kg/h인가? (단, 물의 비열은 4.18kJ/kg·K이다.)

① 16.7   ② 1,000
③ 450   ④ 960

해설 $Q_1 = Q_2$
$m_w C \Delta t = m_r q_e$
$\therefore m_r = \dfrac{m_w C \Delta t}{q_e}$
$= \dfrac{100 \times 60 \times 4.18 \times (15-10)}{125} ≒ 1,000\,kg/h$

39 냉동기 속 두 냉매가 다음 표의 조건으로 작동될 때 A냉매를 이용한 압축기의 냉동능력을 Q_A, B냉매를 이용한 압축기의 냉동능력을 Q_B라 할 때 Q_A/Q_B의 비는? (단, 두 압축기의 피스톤압출량은 동일하며 체적효율도 75%로 동일하다.)

냉매	A	B
냉동효과(kJ/kg)	1,130	171
비체적(m³/kg)	0.509	0.077

① 1.5   ② 1.0
③ 0.8   ④ 0.5

해설 $Q_e = m q_e \eta_v = \dfrac{V}{v} q_e \eta_v$

$Q_A = \dfrac{V}{0.509} \times 1,130 \times 0.75 ≒ 1,665\,V\,[kJ/kg]$

$Q_B = \dfrac{V}{0.077} \times 171 \times 0.75 ≒ 1,665\,V\,[kJ/kg]$

$\therefore \dfrac{Q_A}{Q_B} = \dfrac{1,665\,V}{1,665\,V} = 1$

40 흡수식 냉동기에 사용하는 흡수제의 요구조건으로 가장 거리가 먼 것은?

① 용액의 증발압력이 높을 것
② 농도의 변화에 의한 증기압의 변화가 작을 것
③ 재생에 많은 열을 필요로 하지 않을 것
④ 점도가 낮을 것

정답 36. ① 37. ① 38. ② 39. ② 40. ①

해설 흡수제의 구비조건
  ㉠ 용액의 농도변화에 의한 증기압의 변화가 작을 것
  ㉡ 동일 압력에서 증발 시 증발온도가 냉매의 증발온도와 차이가 있을 것
  ㉢ 재생에 많은 열량을 필요로 하지 않을 것
  ㉣ 점도가 높지 않을 것
  ㉤ 냉매의 용해도가 높을 것
  ㉥ 발생기와 흡수기의 용해도의 차가 클 것
  ㉦ 열전도율이 높을 것
  ㉧ 금속과 화학반응을 일으키지 않으며 안정적일 것
  ㉨ 독성이 없고 비가연성일 것
  ㉩ 값이 싸고 구입이 용이할 것
  ㉪ 부식성이 없을 것

제3과목 공조냉동 설치 · 운영

41 ★ 기계설비법령에 따라 성능점검업 준수대상 건축물 중 잘못된 것은?

① 연면적 1만m² 이상 건축물
② 300세대 이상 공동주택(개별난방방식)
③ 300세대 이상 중앙집중식 난방방식의 공동주택
④ 지하역사 및 연면적 2천m² 이상인 지하도상가

해설 성능점검업 준수대상 건축물(기계설비법 시행령 제14조)
  ㉠ 연면적 1만m² 이상 건축물(단, 창고시설은 제외)
  ㉡ 500세대 이상의 공동주택(개별난방방식)
  ㉢ 300세대 이상의 중앙집중식(지역난방방식 포함) 공동주택
  ㉣ 제1종 시설물, 제2종 시설물 및 제3종 시설물
  ㉤ 학교시설
  ㉥ 지하역사(출입통로 · 대합실 · 승강장 및 환승통로와 이에 딸린 시설 포함)
  ㉦ 지하도상가(지상건물에 딸린 지하층의 시설 포함)
  ㉧ 국가나 지방단체가 소유하거나 관리하는 건축물 등

42 ★ 산업안전보건법령상 보일러 방호장치로 거리가 가장 먼 것은?

① 고 · 저수위조절장치
② 아우트리거
③ 압력방출장치
④ 압력제한스위치

해설 산업안전보건법령상 보일러 방호장치
  ㉠ 압력방출장치 : 보일러의 압력이 최고사용압력을 초과하지 않도록 압력을 방출하는 장치
  ㉡ 압력제한스위치 : 보일러의 압력이 설정된 압력 이상으로 상승하지 않도록 버너연소를 차단하는 장치
  ㉢ 고 · 저수위조절장치 : 보일러의 수위가 설정된 범위를 벗어나지 않도록 조절하는 장치
  ㉣ 화염검출기 : 보일러연소실 내의 화염상태를 감지하여 비정상적인 경우 연소를 차단하는 장치
  ㉤ 온도제한스위치 : 보일러의 온도가 설정온도를 초과하지 않도록 제어하는 장치
  ㉥ 과열방지장치 : 보일러의 과열을 방지하기 위해 열교환기가 과열될 경우 기름 공급을 중단하여 기기 작동을 자동으로 정지시키는 장치

43 방열기의 환수구에 설치하여 증기와 드레인을 분리하여 환수시키고 공기도 배출시키는 트랩은?

① 열동식 트랩
② 플로트트랩
③ 상향식 버킷트랩
④ 충격식 트랩

해설 열동식 트랩은 방열기의 환수구에 설치하여 증기와 드레인을 분리하여 환수시키고 공기도 배출시키는 트랩이다.

44 다음 중 냉온수헤더에 설치하는 부속품이 아닌 것은?

① 압력계
② 드레인관
③ 트랩장치
④ 급수관

해설 냉온수헤더는 압력계, 드레인관, 급수관 등으로 구성된다.
참고 증기방열기 출구에 응측수 제거를 위하여 트랩을 설치한다.

45 증기난방의 응축수환수방법이 아닌 것은?

① 중력환수식
② 기계환수식
③ 상향환수식
④ 진공환수식

해설 증기난방의 응축수환수법에 따른 분류
  ㉠ 중력환수식 : 응축수를 중력작용으로 환수
  ㉡ 기계환수식 : 펌프로 보일러에 강제환수
  ㉢ 진공환수식 : 진공펌프로 환수관 내 응축수와 공기를 환수. 증기의 순환이 가장 빠른 방법

정답 41. ② 42. ② 43. ① 44. ③ 45. ③

46 다음 중 고압가스안전관리법령에 따라 500만원 이하의 벌금기준에 해당되는 경우는?

㉠ 고압가스를 제조하려는 자가 신고를 하지 아니하고 고압가스를 제조한 경우
㉡ 특정 고압가스사용신고자가 특정 고압가스의 사용 전에 안전관리자를 선임하지 않은 경우
㉢ 고압가스의 수입을 업(業)으로 하려는 자가 등록을 하지 아니하고 고압가스수입업을 한 경우
㉣ 고압가스를 운반하려는 자가 등록을 하지 아니하고 고압가스를 운반한 경우

① ㉠
② ㉠, ㉡
③ ㉠, ㉡, ㉢
④ ㉠, ㉡, ㉢, ㉣

해설 벌칙
㉠ 500만원 이하의 벌금
 • 신고를 하지 아니하고 고압가스를 제조한 자
 • 안전관리자를 선임하지 않은 경우
㉡ 300만원 이하의 벌금
 • 용기·냉동기 및 특정 설비의 제조등록 등을 위반한 자
 • 사업개시 등의 신고나 수입신고에 따른 신고를 하지 아니한 자
 • 시설·용기의 안전유지나 운반 등을 위반한 자
 • 정기검사 및 수시검사에 따른 정기검사나 수시검사를 받지 아니한 자
 • 정밀안전검진의 실시에 따른 정밀안전검진을 받지 아니한 자
 • 용기 등의 품질보장 등에 따른 회수 등의 명령을 위반한 자
 • 사용신고 등에 따른 신고를 하지 아니하거나 거짓으로 신고한 자
㉢ 5년 이하의 징역 또는 5천만원 이하의 벌금 : 고압가스 시설을 손괴한 자 및 용기·특정 설비를 개조한 자
㉣ 2년 이하의 금고 또는 2천만원 이하의 벌금 : 업무상 과실 또는 중대한 과실로 인하여 고압가스시설을 손괴한 자
㉤ 10년 이하의 금고 또는 1억원 이하의 벌금 : 죄를 범하여 가스를 누출시키거나 폭발하게 함으로써 사람을 상해한 자
㉥ 10년 이하의 금고 또는 1억 5천만원 이하의 벌금 : 죄를 범하여 가스를 누출시키거나 폭발하게 함으로써 사람을 사망케 한 자

★
47 냉매배관의 시공법에 관한 설명으로 틀린 것은?

① 압축기와 응축기가 동일 높이 또는 압축기가 아래에 있는 경우 배출관은 하향구배로 한다.
② 증발기가 응축기보다 아래에 있을 때 냉매액이 증발기에 흘러내리는 것을 방지하기 위해 역루프를 만들어 배관한다.
③ 증발기와 압축기가 같은 높이일 때는 흡입관을 수직으로 세운 다음 압축기를 향해 선상향구배로 배관한다.
④ 액관배관 시 증발기 입구에 전자밸브가 있을 때는 루프이음을 할 필요는 없다.

해설 증발기와 압축기가 같은 높이일 때는 흡입관을 수직으로 세운 다음 압축기를 향해 선하향구배로 배관한다.

48 천연고무보다 더 우수한 성질을 가지고 있으며 내유성, 내후성, 내산성, 내마모성이 뛰어난 고무류 패킹재는 무엇인가?

① 테프론
② 석면
③ 네오프렌
④ 합성수지

해설 네오프렌
㉠ 내열범위가 -46~120℃인 합성고무이다.
㉡ 내유성, 내후성, 내마모성, 내산화성이 뛰어나며 기계적 성질이 우수하다.
㉢ 물, 공기, 기름, 냉매 등의 배관에 사용한다.

49 다음 그림과 같은 계전기 접점회로의 논리식은?

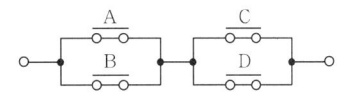

① $(\overline{A}+B)(C+\overline{D})$
② $(\overline{A}+\overline{B})(C+D)$
③ $(A+B)(C+D)$
④ $(A+B)(\overline{C}+\overline{D})$

해설 논리식=$(A+B)(C+D)$(병렬회로)

50 자동제어에서 미리 정해 놓은 순서에 따라 제어의 각 단계가 순차적으로 진행되는 제어방식은?

① 서보제어
② 되먹임제어
③ 시퀀스제어
④ 프로세스제어

정답 46. ② 47. ③ 48. ③ 49. ③ 50. ③

해설 시퀀스제어
ㄱ. 미리 정해진 순서에 의해 제어된다.
ㄴ. 제어결과에 따라 조작이 자동적으로 이행된다.
ㄷ. 조합논리회로로 사용된다.
ㄹ. 시간지연요소가 사용된다.
ㅁ. 유접점과 무접점 계전기가 있다.

51 다음 중 소음챔버의 높이가 적정하지 않은 것은?
① 100% 소음챔버로서의 효과는 폭의 2.5배 이상 크기 충족
② 80% 소음챔버로서의 효과는 폭의 1.5배 이상 크기 충족
③ 소음챔버의 적정 설치가 불가할 시 덕트에 소음기의 추가 설치 검토
④ 소음챔버의 적정 설치가 불가할 시 밸브의 설치 검토

해설 소음챔버의 적정 높이
ㄱ. 100% 소음챔버로서의 효과는 폭의 2.5배 이상 크기 충족
ㄴ. 80% 소음챔버로서의 효과는 폭의 1.5배 이상 크기 충족
ㄷ. 소음챔버의 적정 설치가 불가할 시 덕트에 소음기의 추가 설치 검토
ㄹ. 소음챔버의 적정 설치가 불가할 시 소음엘보의 설치 검토
ㅁ. 소음챔버의 적정 설치가 불가할 시 덕트 내부에 글라스울 라이닝 처리

★
52 냉동을 위한 고압가스제조시설을 나타내거나 표시하는 사항이 아닌 것은?
① 냉동을 위한 고압가스제조시설이라는 것을 나타낼 것
② 출입금지를 나타낼 것
③ 화기엄금을 나타낼 것
④ 냉동장소로 안내표시할 것

해설 냉동을 위한 고압가스제조시설의 표시사항
ㄱ. 냉동을 위한 고압가스제조시설이라는 것을 나타낼 것
ㄴ. 출입금지를 나타낼 것
ㄷ. 화기엄금을 나타낼 것
ㄹ. 피난장소로 유도표시할 것
ㅁ. 주의표시를 나타낼 것

53 서미스터에 대한 설명으로 옳은 것은?
① 열을 감지하는 감열저항체소자이다.
② 온도 상승에 따라 전자유도현상이 크게 발생되는 소자이다.
③ 구성은 규소, 아연, 납 등을 혼합한 것이다.
④ 화학적으로는 수소화물에 해당한다.

해설 서미스터는 열을 감지하는 감열저항체소자이다.

54 다음 중 파형률을 바르게 나타낸 것은?
① $\dfrac{실효값}{평균값}$ ② $\dfrac{최대값}{평균값}$
③ $\dfrac{최대값}{실효값}$ ④ $\dfrac{실효값}{최대값}$

해설 파형률
ㄱ. 실효값과 평균값과의 비
ㄴ. 파형률 $= \dfrac{실효값}{평균값} = \dfrac{V_m}{\sqrt{2}} \div \dfrac{2}{\pi} V_m = \dfrac{\pi}{2\sqrt{2}}$

참고
• 순시값 : 순간 순간 변하는 교류의 임의시간에 있어서의 값
• 최대값 : 순시값 중에서 가장 큰 값
• 실효값 : 교류와 크기를 교류와 동일한 일을 하는 직류의 크기로 바꿔 나타낸 값
• 평균값 : 교류순시값의 1주기 동안의 평균을 취하여 교류와 크기를 나타낸 값
• 파고율 : 교류의 최대값과 실효값과의 비
파고율 $= \dfrac{최대값}{실효값} = \dfrac{V_m}{V} = V_m \div \dfrac{V_m}{\sqrt{2}} = \sqrt{2}$

55 논리함수 $X = B(A+B)$를 간단히 하면?
① $X = A$ ② $X = B$
③ $X = AB$ ④ $X = A+B$

해설 $X = B(A+B) = AB + BB = B(A+1) = B \cdot 1 = B$

56 60Hz에서 회전하고 있는 4극 유도전동기의 출력이 10kW일 때 전동기의 토크는 약 몇 N·m인가?
① 48 ② 53
③ 63 ④ 84

해설
$N = \dfrac{120}{P} f = \dfrac{120}{4} \times 60 = 1,800 \text{rpm}$
$\therefore \tau = \dfrac{60P}{2\pi N} = \dfrac{60 \times 10,000}{2\pi \times 1,800} \fallingdotseq 53 \text{N} \cdot \text{m}$

정답 51. ④ 52. ④ 53. ① 54. ① 55. ② 56. ②

57 다음은 분류기이다. 배율은 어떻게 표현되는가? (단, R_s : 분류기 저항, R_a : 전류계의 내부저항)

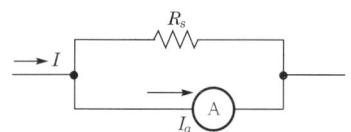

① $\dfrac{R_s}{R_a}$ ② $1+\dfrac{R_s}{R_a}$
③ $1+\dfrac{R_a}{R_s}$ ④ $\dfrac{R_a}{R_s}$

해설 분류기의 배율
$I = I_a \left(1 + \dfrac{R_a}{R_s}\right)$

★
58 배수관의 설치기준에 대한 내용으로 틀린 것은?

① 배수관의 최소 관경은 20mm 이상으로 한다.
② 지중에 매설하는 배수관의 관경은 50mm 이상이 좋다.
③ 배수관은 배수가 흐르는 방향으로 관경을 축소해서는 안 된다.
④ 기구배수관의 관경은 이것에 접속하는 위생기구의 트랩지름 이상으로 한다.

해설 배수관의 설치기준
㉠ 배수관의 최소 관지름은 32mm 이상으로 한다.
㉡ 지중, 지하층 바닥에 매설하는 배수관은 50mm 이상으로 한다.
㉢ 배수관은 하류방향으로 갈수록 관의 지름을 크게 설계한다.
㉣ 기구배수관의 관경은 이것에 접속하는 위생기구의 트랩구경 이상으로 하되 최소 30mm로 한다.
㉤ 배수수직관의 관경은 이것과 접속하는 배수수평지관의 최대 관경 이상으로 한다.
㉥ 배수수평지관의 관경은 이것과 접속하는 기구배수관의 최대 관경 이상으로 한다.

★
59 시퀀스제어에 관한 설명 중 틀린 것은?

① 조합논리회로도 사용된다.
② 시간지연요소도 사용된다.
③ 유접점제어계가 사용된다.
④ 제어결과에 따라 자동적으로 작동된다.

해설 시퀀스제어
㉠ 미리 정해진 순서에 의해 제어된다.
㉡ 제어결과에 따라 조작이 자동적으로 이행된다.
㉢ 조합논리회로로 사용된다.
㉣ 시간지연요소가 사용된다.
㉤ 유접점과 무접점 계전기가 있다.

참고 피드백제어
• 폐회로제어로 사용된다.
• 계통에 연결된 모든 스위치가 동시에 작동할 수도 있다.
• 입력과 출력을 비교하는 장치가 필수적이다.

60 200V의 전압에서 2A의 전류가 흐르는 전열기를 2시간 동안 사용했을 때의 소비전력량은 몇 kWh인가?

① 0.4 ② 0.6
③ 0.8 ④ 1.0

해설 $P = VI = 200 \times 2 = 400\text{W}$
∴ $W = Pt = 400 \times 2 = 800\text{Wh} = 0.8\text{kWh}$

부록

Industrial Engineer Air-Conditioning and Refrigerating Machinery

CBT 대비 실전 모의고사

Industrial Engineer
Air-Conditioning and Refrigerating Machinery

제1회 모의고사

제1과목 공기조화설비

01 다음은 공기조화에서 사용되는 용어에 대한 단위, 정의를 나타낸 것으로 틀린 것은?

절대습도	단위	kg/kg′(DA)
	정의	건조한 공기 1kg 속에 포함되어 있는 습한 공기 중의 수증기량
수증기분압	단위	P_v
	정의	습공기 중의 수증기분압
상대습도	단위	%
	정의	절대습도(x)와 동일 온도에서의 포화공기의 절대습도(x_s)와의 비
노점온도	단위	℃
	정의	습한 공기를 냉각시켜 포화상태로 될 때의 온도

① 절대습도　　② 수증기분압
③ 상대습도　　④ 노점온도

02 다익형 송풍기의 경우 송풍기크기(No)에 대한 내용으로 맞는 것은?

① 임펠러의 지름(mm)을 60mm으로 나눈 숫자이다.
② 임펠러의 지름(mm)을 100mm으로 나눈 숫자이다.
③ 임펠러의 지름(mm)을 120mm으로 나눈 숫자이다.
④ 임펠러의 지름(mm)을 150mm으로 나눈 숫자이다.

03 보일러의 출력표시에서 난방부하와 급탕부하를 합한 용량으로 표시되는 것은?

① 과부하출력　　② 정격출력
③ 정미출력　　　④ 상용출력

04 공조시스템에 대한 설명으로 틀린 것은?

① 실내송풍량은 실내현열부하와 취출온도차로 구할 수 있다.
② 여름철 재열시스템에서 냉각코일부하에는 재열부하가 포함된다.
③ 공기조화기에서 처리하는 열부하에는 실내현열부하, 송풍기부하, 배관취득부하, 환기용 도입 외기부하가 포함된다.
④ 전열교환기를 사용하면 냉각코일용량을 감소시키고 냉방에너지를 절약할 수 있다.

05 증기난방에 관한 설명으로 옳지 않은 것은?

① 증기잠열에 의해 공기를 가열하는 난방방식이다.
② 저압식은 증기의 사용압력이 보통 0.1~0.3MPa이고, 고압식은 증기의 사용압력이 보통 0.5~1.9MPa이다.
③ 증기난방은 열용량이 작아서 간헐난방에 적합하다.
④ 증기잠열을 이용하므로 열의 운반능력이 크다.

06 외기온도는 13℃(포화수증기압 1.71kPa)이며 절대습도는 0.008kg/kg일 때의 상대습도(RH)는? (단, 대기압은 101.3kPa이다.)

① 37%　　② 46%
③ 75%　　④ 82%

07 건구온도 5℃, 습구온도 3℃의 공기를 덕트 중에 재열기로 건구온도가 20℃로 되기까지 가열하고 싶다. 재열기를 통하는 공기량이 1,000㎥/min인 경우 재열기에 필요한 열량은 약 얼마인가? (단, 공기의 비체적은 0.849㎥/kg이다.)

① 254,417kJ/min　　② 62,760kJ/min
③ 34,307kJ/min　　④ 17,845kJ/min

08 공기조화의 분류에서 산업용 공기조화의 적용범위에 해당되지 않는 것은?
① 반도체공장에서 제품의 품질 향상을 위한 공조
② 실험실의 실험조건을 위한 공조
③ 양조장에서 술의 숙성온도를 위한 공조
④ 호텔에서 근무하는 근로자의 근무환경 개선을 위한 공조

09 건강에 해로운 대기질지수(AQI)는?
① 0~50
② 51~100
③ 101~150
④ 151~200

10 다음 그림은 냉각코일의 선도변화를 나타내었다. ①은 입구공기, ②는 출구공기, ⑤는 포화공기일 때 노점온도(A)와 바이스패스팩터(B)구간으로 맞는 것은?

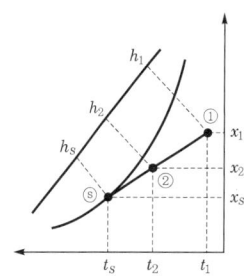

① A : t_s, B : $\dfrac{h_2 - h_s}{h_1 - h_s}$

② A : t_s, B : $\dfrac{t_1 - t_2}{t_1 - t_s}$

③ A : t_2, B : $\dfrac{t_1 - t_2}{t_2 - t_s}$

④ A : t_2, B : $\dfrac{h_2 - h_s}{h_1 - h_2}$

11 수관식 보일러에 대한 설명으로 틀린 것은?
① 보일러의 전열면적이 넓어 증발량이 많다.
② 고압에 적당하다.
③ 비교적 자유롭게 전열면적을 넓힐 수 있다.
④ 구조가 간단하여 내부청소가 용이하다.

12 덕트 설계 시 주의사항으로 틀린 것은?
① 덕트 내 풍속을 취득풍속 이하로 선정하여 소음, 송풍기 동력 등에 문제가 발생하지 않도록 한다.
② 덕트의 단면은 정방형이 좋으나, 그것이 어려울 경우 장방형인 종횡비로 하여 공기의 이동이 원활하게 한다.
③ 덕트의 확대부는 15° 이하로 하고, 축소부는 40° 이상으로 한다.
④ 곡관부는 가능한 한 크게 구부리며, 내측 곡률반경이 덕트폭보다 작을 경우는 가이드베인을 설치한다.

13 보일러의 용량을 결정하는 정격출력을 나타내는 것으로 적당한 것은?
① 정격출력=난방부하+급탕부하
② 정격출력=난방부하+급탕부하+배관손실부하
③ 정격출력=난방부하+급탕부하+예열부하
④ 정격출력=난방부하+급탕부하+배관손실부하+예열부하

14 냉방프로세스조건에서 실내온도가 26℃, 취출온도가 18℃, 현열에 의한 가열량이 6.8kW일 때 취출공기량(m³/s)은?
① 0.701
② 0.674
③ 0.474
④ 0.372

15 건구온도 20℃, 상대습도 60%인 습공기에서 건공기의 분압(kPa)은? (단, 대기압은 101.3kPa, 20℃ 포화수증기압은 3.9kPa이다.)
① 96.42
② 97.40
③ 98.34
④ 98.96

16 다음 중 개방식 팽창탱크에 반드시 필요한 요소가 아닌 것은?
① 압력계
② 오버플로관
③ 안전관
④ 팽창관

17 펌프의 종류와 용도에 따라 펌프 사양을 선정할 때 사용자가 규정하는 사양에 따라 선정하는 것이 잘못된 것은?

① 흡입측의 압력에 따라 선정한다.
② 토출측의 압력에 따라 선정한다.
③ 양정에 따라 선정한다.
④ 점도에 따라 선정한다.

18 펌프의 고장원인이 아닌 것은?

① 물이 조금 나오다 멈춤 : 프라이밍 불출분, 공기혼입
② 과부하 : 회전수가 너무 빠름, 사양점을 벗어나 운전, 회전차 외경이 과대, 회전체와 케이싱의 마찰, 이물질 혼입
③ 베어링 과열 : 패킹을 과대하게 체결, 급유부족, 윤활유의 둔화, 축심이 틀어짐, 베어링 손상
④ 양정 과다 : 물수위 과다, 회전차 과속

19 다음은 에어필터에 대한 설명이다. 옳지 않은 것은?

① 에어필터는 오염이 증가할수록 저항이 증가한다.
② 에어필터는 일반적으로 프리필터 → 미디움필터 → 헤파필터 순으로 설치한다.
③ 고성능(HEPA) 필터의 효율 측정은 중량법을 적용한다.
④ 에어필터의 점검 및 교체주기를 확인하기 위해 차압계를 설치한다.

20 실내냉방부하가 현열 1.1kW, 잠열 0.28kW인 실의 송풍량은? (단, 취출온도차 10℃, 공기비중량 1.2kg/m³, 비열 1.01kJ/kg · K이다.)

① 327CMH
② 427CMH
③ 3,270CMH
④ 4,270CMH

제2과목   냉동냉장설비

21 일반 물(H_2O) 1kg을 0℃ 얼음으로 만들 때 동결잠열(kJ/kg)은 얼마인가?

① 79.68kJ/kg   ② 333.7kJ/kg
③ 2,501kJ/kg   ④ 2,257kJ/kg

22 프레온냉동장치에 수분이 혼입됐을 때 일어나는 현상이라고 볼 수 있는 것은?

① 수분과 반응하는 양이 매우 적어 뚜렷한 영향을 나타내지 않는다.
② 수분이 혼입되면 황산이 생성된다.
③ 고온부의 냉동장치에 동부착(도금)현상이 나타난다.
④ 유탁액(emulsion)현상을 일으킨다.

23 액체냉매를 가열하면 증기가 되고 더 가열하면 과열증기가 된다. 단위열량을 공급할 때 온도 상승이 가장 큰 것은?

① 과냉액체   ② 습증기
③ 과열증기   ④ 포화증기

24 냉동능력이 17.5kW이고 압축소요동력이 4kW인 냉동기에서 응축기의 냉각수 입구온도가 32℃, 냉각수량이 62L/min이면 응축기 출구의 냉각수온도는? (단, 냉각수의 비열은 4.2kJ/kg · K이다.)

① 37℃   ② 38℃
③ 42℃   ④ 46℃

25 수냉식 응축기를 사용하는 냉동장치에서 응축압력이 표준압력보다 높게 되는 원인이라고 할 수 없는 것은?

① 공기 또는 불응축가스의 혼입
② 응축수 입구온도의 저하
③ 냉각수량의 부족
④ 응축기의 냉각관에 스케일 부착

26. 깊이 5m인 밀폐탱크에 물이 5m 차 있다. 수면에는 0.3MPa의 증기압이 작용하고 있을 때 탱크 밑면에 작용하는 압력은 얼마인가?
   ① 35MPa
   ② 3.5MPa
   ③ 0.35MPa
   ④ 0.035MPa

27. 흡수식 냉동기에 관한 설명으로 옳은 것은?
   ① 초저온용으로 사용된다.
   ② 비교적 소용량보다 대용량에 적합하다.
   ③ 열교환기를 설치하여도 효율은 변함없다.
   ④ 물-LiBr식인 경우 물이 흡수제가 된다.

28. 제빙장치에서 깨끗한 얼음을 만들기 위해 빙판 내로 공기를 송입하여 물을 교반시킨다. 이때 어떤 종류의 송풍기가 많이 사용되는가?
   ① 프로펠러식 송풍기
   ② 임펠러식 송풍기
   ③ 로터리식 송풍기
   ④ 스크루식 송풍기

29. 32℃와 -12℃의 두 열원 사이에서 작동하는 히트펌프가 달성할 수 있는 최고 성적계수는 얼마인가?
   ① 6.93   ② 8.1
   ③ 10.2   ④ 16.5

30. 다음 냉동장치의 액봉사고 설명 중 옳지 않은 것은?
   ① 액봉의 발생 방지에는 배관밸브의 개폐상태, 압력도피장치의 유무, 액관에 열침입이 없는지 확인한다.
   ② 액봉에 의해 현저하게 압력 상승의 우려가 있는 부분은 안전밸브 또는 입력릴리프장치를 설치한다.
   ③ 압력릴리프장치에 용전을 이용하면 좋다.
   ④ 액봉에 의한 사고가 발생하기 쉬운 개소로는 저압수액기의 냉매액배관이 있다.

31. 냉동장치 내의 불응축가스가 혼입되었을 때 냉동장치의 운전에 미치는 영향으로 가장 거리가 먼 것은?
   ① 열교환작용을 방해하므로 응축압력이 낮아진다.
   ② 냉동능력이 감소한다.
   ③ 소비전력이 증가한다.
   ④ 실린더가 과열되고 윤활유가 열화 및 탄화된다.

32. 몰리에르선도에서 냉매의 상태값을 결정하기 위한 2개의 물리량으로 적합한 것은?
   ① 압력과 온도
   ② 압력과 엔탈피
   ③ 비체적과 레이놀즈수
   ④ 마찰계수와 유속

33. R-502를 사용하는 냉동장치의 몰리에르선도가 다음과 같다. 이 장치의 실제 냉매순환량은 167kg/h이고 전동기 출력이 3.5kW일 때 실제 성적계수는?

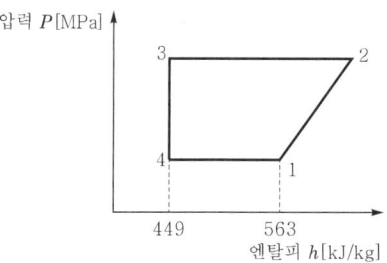

   ① 1.3   ② 1.4
   ③ 1.5   ④ 1.6

34. Brine의 중화제 혼합비율로 가장 적당한 것은?
   ① 염화칼슘 100L당 중크롬산소다 100g, 가성소다 23g
   ② 염화칼슘 100L당 중크롬산소다 100g, 가성소다 43g
   ③ 염화칼슘 100L당 중크롬산소다 160g, 가성소다 23g
   ④ 염화칼슘 100L당 중크롬산소다 160g, 가성소다 43g

35 냉장고를 보냉하고자 한다. 냉장고의 온도는 -5℃, 냉장고 외부의 온도가 30℃일 때 냉장고벽 1m²당 41.86kJ/h의 열손실을 유지하려면 열통과율을 약 얼마로 하여야 하는가?
① $1.423 kJ/m^2 \cdot h \cdot ℃$
② $1.674 kJ/m^2 \cdot h \cdot ℃$
③ $1.196 kJ/m^2 \cdot h \cdot ℃$
④ $2.093 kJ/m^2 \cdot h \cdot ℃$

36 냉동장치를 자동운전하기 위하여 사용되는 자동제어방법 중 먼저 정해진 제어동작의 순서에 따라 진행되는 제어 방법은?
① 시퀀스제어
② 피드백제어
③ 2위치제어
④ 미분제어

37 냉동용 스크루압축기에 대한 설명으로 틀린 것은?
① 왕복동식에 비해 체적효율과 단열효율이 높다.
② 스크루압축기의 로터와 축은 일체식으로 되어 있고, 구동은 수로터에 의해 이루어진다.
③ 스크루압축기의 로터구성은 다양하나 일반적으로 사용되고 있는 것은 수로터 4개, 암로터 4개인 것이다.
④ 흡입, 압축, 토출과정인 3행정으로 이루어진다.

38 냉매 충전용 매니폴드를 구성하는 주요 밸브와 가장 거리가 먼 것은?
① 흡입밸브
② 자동용량제어밸브
③ 펌프연결밸브
④ 바이패스밸브

39 압축기 직경이 100mm, 행정이 850mm, 회전수 2,000rpm, 기통수 4일 때 피스톤배출량(m³/h)은?
① 3204.4
② 3316.2
③ 3458.8
④ 3567.1

40 다음은 스크루식 냉동기에 대한 설명이다. 잘못된 것은?
① 고압축에서도 우수한 성능을 발휘하며 정밀 가공된 로터를 적용하여 소음이 없고 진동이 적다.
② 흡입 및 토출밸브가 없으며 압축기 내부의 고압과 저압의 압력차를 이용하여 급유하므로 펌프가 필요 없다.
③ 압축기에 내장된 독특한 구조의 유분리기를 사용하므로 압축기의 크기가 커지고 냉동사이클이 다소 복잡한 구조로 되어 있다.
④ 축봉장치가 없어 샤프트실의 보수가 불필요하므로 가스 누설의 우려가 없다.

제3과목 공조냉동 설치·운영

41 기계설비법령에서 규정하고 있는 기계설비의 범위에 해당되지 않는 것은?
① 우수배수설비
② 플랜트설비
③ 가스설비
④ 오수정화·물재이용설비

42 다음 중 주철관의 접합방법이 아닌 것은?
① 플랜지접합
② 메커니컬접합
③ 소켓접합
④ 플레어접합

43 가스미터 부착상의 유의점으로 잘못된 것은?
① 온도, 습도가 급변하는 장소는 피한다.
② 부식성의 약품이나 가스미터기에 닿지 않도록 한다.
③ 인접 전기설비와는 충분한 거리를 유지한다.
④ 가능하면 미관상 건물의 주요 구조부를 관통한다.

44. 프레온냉동장치의 배관에 있어서 증발기와 압축기가 동일 레벨에 설치되는 경우 흡입주관의 입상높이는 증발기 높이보다 몇 mm 이상 높게 하여야 하는가?
① 10 ② 40
③ 70 ④ 150

45. 배관의 도중에 설치하여 유체 속에 흡입된 토사나 이물질 등을 제거하기 위해 설치하는 배관부품은?
① 트랩 ② 유니언
③ 스트레이너 ④ 플랜지

46. 다음 그림은 인덕턴스회로에서 전압 V와 전류 i의 관계를 설명하고 있다. 그 특징에 대한 설명으로 옳은 것은?

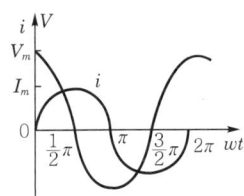

① 전압과 전류는 동일 주파수의 정현파이다.
② 전류가 전압보다 위상이 90° 앞선다.
③ 실효치의 비가 $\frac{1}{\omega L}$ 이다.
④ 콘덴서회로와 같이 다른 주파수의 정현파이다.

47. 팬코일유닛의 배관방식 중 냉수 및 온수관이 각각 있어서 혼합손실이 없는 배관방식은?
① 1관식 ② 2관식
③ 3관식 ④ 4관식

48. 난방, 급탕, 급수배관의 높은 곳에 설치되어 공기를 제거하여 유체의 흐름을 원활하게 하는 것은?
① 안전밸브
② 에어벤트밸브
③ 팽창밸브
④ 스톱밸브

49. 배수트랩이 하는 역할로 가장 적합한 것은?
① 배수관에서 발생하는 유해가스가 건물 내로 유입되는 것을 방지한다.
② 배수관 내의 찌꺼기를 제거하여 물의 흐름을 원활하게 한다.
③ 배수관 내로 공기를 유입하여 배수관 내를 청정하는 역할을 한다.
④ 배수관 내의 공기와 물을 분리하여 공기를 밖으로 빼내는 역할을 한다.

50. 파형률이 가장 큰 것은?
① 구형파 ② 삼각파
③ 정현파 ④ 포물선파

51. 교류에서 실효값과 최댓값의 관계는?
① 실효값 = $\frac{최댓값}{\sqrt{2}}$ ② 실효값 = $\frac{최댓값}{\sqrt{3}}$
③ 실효값 = $\frac{최댓값}{2}$ ④ 실효값 = $\frac{최댓값}{3}$

52. 냉동을 위한 고압가스제조시설을 나타내거나 표시하는 사항이 아닌 것은?

㉠ 냉동을 위한 고압가스제조시설이라는 것을 나타낼 것
㉡ 출입방향을 나타낼 것
㉢ 화기 사용을 나타낼 것
㉣ 피난장소로 유도표시할 것
㉤ 주의표시를 나타낼 것

① ㉠, ㉣ ② ㉡, ㉢
③ ㉢, ㉤ ④ ㉠, ㉤

53. 일정 토크부하에 알맞은 유도전동기의 주파수제어에 의한 속도제어방법을 사용할 때 공급전압과 주파수의 관계는?
① 공급전압과 주파수는 비례되어야 한다.
② 공급전압과 주파수는 반비례되어야 한다.
③ 공급전압은 항상 일정하고, 주파수는 감소하여야 한다.
④ 공급전압의 제곱에 비례하는 주파수를 공급하여야 한다.

54 다음은 분류기이다. 배율은 어떻게 표현되는가?
   (단, R_s : 분류기 저항, R_a : 전류계의 내부저항)

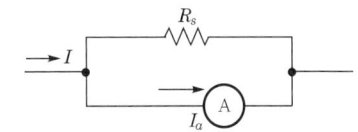

① $\dfrac{R_s}{R_a}$　　② $1+\dfrac{R_s}{R_a}$
③ $1+\dfrac{R_a}{R_s}$　　④ $\dfrac{R_a}{R_s}$

55 자동제어의 기본요소로서 전기식 조작기기에 속하는 것은?
① 다이어프램　　② 벨로즈
③ 펄스전동기　　④ 파일럿밸브

56 논리식 $X = \overline{A}B + \overline{AB}$를 간단히 하면?
① $\overline{A}$　　② A
③ 1　　④ B

57 유도전동기의 원선도 작성에 필요한 기본량이 아닌 것은?
① 무부하시험　　② 저항 측정
③ 회전수 측정　　④ 구속시험

58 주철관의 소켓이음 시 코킹작업을 하는 주목적으로 가장 적합한 것은?
① 누수 방지　　② 경도 증가
③ 인장강도 증가　　④ 내진성 증가

59 피드백제어계의 특징으로 옳은 것은?
① 정확성이 떨어진다.
② 감대폭이 감소된다.
③ 계의 특성변화에 대한 입력 대 출력비의 감도가 감소한다.
④ 발진이 전혀 없고 항상 안정한 상태로 되어 가는 경향이 있다.

60 다음 중 시퀀스제어시스템의 입력장치에 해당되는 것은?
① 검출스위치　　② 솔레노이드밸브
③ 표시램프　　④ 전자개폐기

제1회 정답 및 해설

01	02	03	04	05	06	07	08	09	10	11	12	13	14	15
③	④	③	③	②	③	④	④	④	①	①	③	④	①	④
16	17	18	19	20	21	22	23	24	25	26	27	28	29	30
①	④	④	③	①	②	③	③	①	②	②	②	③	①	③
31	32	33	34	35	36	37	38	39	40	41	42	43	44	45
①	②	③	④	③	①	③	②	①	③	③	④	④	④	③
46	47	48	49	50	51	52	53	54	55	56	57	58	59	60
①	④	②	①	②	①	②	①	③	③	①	③	①	③	①

01 공기조화용어
- ㉠ 절대습도
  - 건조한 공기 $1m^3$ 중에 포함된 수증기의 양을 g으로 표시
  - kg/kg'로 단위표시
- ㉡ 수증기분압
  - 습공기 중의 수증기분압
  - $P_v[mmHg, atm, kgf/cm^2$ 등]로 표시
- ㉢ 상대습도
  - 현재 대기 중에 포함되어 있는 수증기의 양과 그 온도에서의 포화수증기의 양과의 비
  - %로 단위표시
  - 상대습도 = $\dfrac{증기밀도}{포화증기밀도}$
- ㉣ 노점온도
  - 불포화상태의 공기가 냉각될 때 포화되어 응결이 시작되는 온도
  - ℃로 단위표시
- ㉤ 건조공기분압 : P_a로 표시

02 송풍기크기
- ㉠ 다익형 : No = $\dfrac{임펠러지름}{150}$
- ㉡ 축류형 : No = $\dfrac{임펠러지름}{100}$

03 보일러 출력표시
- ㉠ 정미출력 = 난방부하 + 급탕부하(적은 출력)
- ㉡ 상용출력 = 난방부하 + 급탕부하 + 배관부하 = 정미출력 + 배관부하, 통상 사용하는 부하에 배관손실(배관부하)를 고려한 것
- ㉢ 정격출력 = 난방부하 + 급탕부하 + 배관부하 + 예열부하 = 정미출력 + 배관부하 + 예열부하 = 상용출력 + 예열부하, 연속 운전 시 출력으로 상용출력의 1.25배 정도로 함
- ㉣ 과부하출력 : 운전 초기에 과부하가 발생하는 경우 정격출력보다 10~20% 증가

04 공조조화기에서 처리하는 열부하의 종류는 현열부하, 잠열부하, 환기부하, 외기부하, 재열부하, 송풍기 및 덕트부하가 있다.

05 증기난방
- ㉠ 저압식은 증기의 사용압력이 0.1MPa 미만인 경우이며 주로 10~35kPa인 증기를 사용한다(고압식 : 0.1MPa 이상).
- ㉡ 환수관의 배관법 : 건식 환수관식(환수주관을 보일러수면보다 높게 배관), 습식 환수관식(환수주관을 보일러수면보다 낮게 배관)
- ㉢ 열매온도가 높아 방열면적이 작아진다.
- ㉣ 예열시간이 짧고 동파 우려가 크다.
- ㉤ 부하변동에 따른 방열량의 제어가 곤란하다.
- ㉥ 운전을 정지시키면 관에 공기가 유입되므로 관의 부식이 빠르게 진행된다.

06 $\phi = \dfrac{xP}{P_s(0.622+x)} = \dfrac{0.008 \times 101.3}{1.71 \times (0.622+0.008)}$
$\fallingdotseq 0.752 = 75\%$

07 $Q = \dfrac{m}{v} C_p \Delta t = \dfrac{1,000}{0.849} \times 1.01 \times (20-5)$
$\fallingdotseq 17,845 kJ/min$

08 공기조화의 분류
㉠ 쾌감(보건)용 공기조화 : 실내의 사람을 대상으로 쾌감, 보건, 위생을 목적으로 공기 공급
  • 가정용 : 주택, 아파트 등을 대상으로 하는 것
  • 상업용 : 빌딩, 학교, 호텔, 병원, 극장, 교통기관 등을 대상으로 업무용으로 하는 것
㉡ 산업용 공기조화 : 정밀기계공업, 측정실, 실험실, 섬유, 제과, 제약, 광학, 반도체산업, 전산실, 술의 숙성 등 여러 산업현장에 매우 중요하게 적용

09 대기질지수(AQI)

등급	지수 범위	색상	공기상태	건강영향
좋음	0~50	초록	공기가 매우 깨끗함	누구에게나 안전
보통	51~100	노랑	대체로 양호한 상태	민감군에게 경미한 영향 가능성
민감군영향 (민감군에게 나쁨)	101~150	주황	일부 민감한 사람에게 영향	호흡기질환자, 어린이, 노약자 주의
나쁨	151~200	빨강	건강에 해로움	민감군뿐 아니라 일반인도 영향 가능
매우 나쁨	201~300	보라	매우 건강에 해로운 수준	모든 사람이 영향을 받을 수 있음
위험	301 이상	갈색/자주	위기수준, 실외활동 자제	심각한 건강위험, 경보수준

[참고] AQI에 포함되는 주요 오염물질

항목	기준물질	단위
PM10 (미세먼지)	입자상 물질 (지름≤10μm)	$\mu g/m^3$
PM2.5 (초미세먼지)	입자상 물질 (지름≤2.5μm)	$\mu g/m^3$
O_3 (오존)	지표면 오존	ppm
CO (일산화탄소)	연소가스	ppm
NO_2 (이산화질소)	배기가스	ppm
SO_2 (아황산가스)	황성분 배출물	ppm

10
㉠ 노점온도 : t_s
㉡ 콘택트팩터 : $CF = \dfrac{h_1 - h_2}{h_1 - h_s}$
㉢ 바이패스팩터 : $BF = \dfrac{h_2 - h_s}{h_1 - h_s}$

11 수관식 보일러
㉠ 장점
  • 구조상 고압 및 대용량에 적합하다.
  • 보유수량이 적기 때문에 무게가 가볍고 파열 시 재해가 적다.
  • 전열면적이 작기 때문에 증발량이 많고 증기 발생에 소요시간이 매우 짧다.
  • 보일러수의 순환이 좋고 효율이 가장 높다.
  • 전열면적을 임의로 설계할 수 있다.
㉡ 단점
  • 스케일로 인하여 수관이 과열되기 쉬우므로 수관리를 철저히 하여야 한다.
  • 전열면적에 비해 보유수량이 적기 때문에 부하변동에 대해서 압력변화가 크다.
  • 수위변동이 매우 심하여 수위조절이 다소 곤란하다.
  • 구조가 복잡하여 청소, 보수 등이 곤란하다.
  • 취급이 어려워 기술에 숙련을 요한다.
  • 제작과정이 복잡해 가격이 비싸다

12 덕트 설계 시 주의사항
㉠ 덕트의 풍속은 15m/s 이하, 정압 50mmAq 이하의 저속덕트를 이용하여 소음을 줄인다.
㉡ 아스펙트비(종횡비)는 최대 10 : 1 이하로 하고 가능한 한 6 : 1 이하(4 : 1도 가능)로 하며, 또한 일반적으로 3 : 2이고 한 변의 최소 길이는 15cm 정도로 제한한다.
㉢ 압력손실이 적은 덕트를 이용하며, 확대각도는 20° 이하(최대 30°), 축소각도는 45° 이하로 한다.
㉣ 곡률반지름이 작은 경우 또는 직각엘보를 사용하는 경우 내부에 가이드베인을 설치한다.
㉤ 덕트 내 풍속을 허용풍속 이하로 선정하여 소음, 송풍기 동력 등에 문제가 발생하지 않도록 한다.
㉥ 덕트의 단면은 정방형이 좋으나, 그것이 어려울 경우 적정 종횡비로 한다.
㉦ 취출구 또는 흡입구와 송풍기까지 가능한 짧게 설계한다.
㉧ 저항을 적게 하여 동력을 감소한다.
㉨ 고속덕트(15m/s 초과)는 필요에 따라 사용하고 가능한 저속으로 사용한다.

13 보일러 출력표시
   ㉠ 정미출력=난방부하+급탕부하(적은 출력)
   ㉡ 상용출력=난방부하+급탕부하+배관부하=정미출력+배관부하, 통상 사용하는 부하에 배관손실(배관부하)를 고려한 것
   ㉢ 정격출력=난방부하+급탕부하+배관부하+예열부하=정미출력+배관부하+예열부하=상용출력+예열부하, 연속 운전 시 출력으로 상용출력의 1.25배 정도로 함
   ㉣ 과부하출력 : 운전 초기에 과부하가 발생하는 경우 정격출력보다 10~20% 증가

14 $m = \dfrac{q_s}{\gamma C_p(t_1-t_2)} = \dfrac{6.8}{1.2 \times 1.01 \times (26-18)}$
   ≒ 0.701m³/s

15 $P_a = P - P_w = P - \phi P_s = 101.3 - 0.6 \times 3.9 ≒ 98.96\text{kPa}$

16 개방식 팽창탱크
   ㉠ 팽창관, 안전관, 일수관(overflow pipe), 배기관 등을 부설하고, 팽창관에 밸브는 절대 설치하지 않는다.
   ㉡ 탱크용량은 전체 팽창량의 2~2.5배가 적당하다.
   ㉢ 저온수난방에 흔히 사용된다.
   ㉣ 배관계통상 최고수위보다 1m 이상 높게 설치한다.
   ㉤ 탱크의 상부에 통기관을 설치한다.
   [참고] 밀폐식 팽창탱크는 수위계, 안전밸브, 압력계, 압축공기공급관으로 구성되어 있다

17 펌프 사양 선정 시 사용자가 규정하는 사양에 따라 선정하는 것
   ㉠ 이송액의 성질(이름, 함량, 농도, 비중, 점도, 온도, 슬러리)에 따라 선정한다.
   ㉡ 유량에 따라 선정한다.
   ㉢ 흡입측의 압력에 따라 선정한다.
   ㉣ 토출측의 압력에 따라 선정한다.
   ㉤ 압력차(=토출측의 압력-흡입측의 압력)에 따라 선정한다.
   ㉥ 양정에 따라 선정한다.
   ㉦ NPSHa(유효흡입수두)에 따라 선정한다.

18 펌프의 고장원인
   ㉠ 프라이밍(priming)이 안 됨 : 패킹부로 공기흡입, 토출밸브에서 공기흡입, 진공펌프 불량
   ㉡ 기동 불능 : 보호회로 동작, 원동기 고장
   ㉢ 물이 나오지 않음 : 프라이밍 불충분, 토출밸브가 닫힘, 스트레이너 흡입관이 막힘, 회전자에 이물질 걸림, 역회전
   ㉣ 유량 부족 : 공기흡입, 물수위 부족, 회전차에 이물질 걸림, 라이너링 마모
   ㉤ 물이 조금 나오다 멈춤 : 프라이밍 불충분, 공기혼입
   ㉥ 과부하 : 회전수가 너무 빠름, 사양점을 벗어나 운전, 회전차 외경이 과대, 회전체와 케이싱의 마찰, 이물질 혼입
   ㉦ 베어링 과열 : 패킹을 과대하게 체결, 급유 부족, 윤활유의 둔화, 축심이 틀어짐, 베어링 손상
   ㉧ 패킹부 과열 : 패킹을 과도하게 체결, 축봉수 압력 과다, 축봉수량 부족
   ㉨ 펌프의 진동 : 회전차 일부 막힘, 회전차 파손, 토출량 과소(저유량운전), 축심 불일치, 베어링 손상, 공기흡입, 캐비테이션, 배관하중작용
   ㉩ 이상소음 발생 : 공기흡입, 캐비테이션, 회전체와 케이싱의 마찰

19 고성능(HEPA) 필터의 효율 측정은 계수법(DOP법)을 적용한다.
   [참고] 에어필터
   ㉠ 공조기 내의 에어필터는 송풍기의 흡입측이면서 코일의 흡입측에 설치한다.
   ㉡ 유닛형을 여러 개 조합하여 설치할 경우는 지그재그가 되도록 한다.
   ㉢ 필터에 공기흐름방향이 있는 경우는 역방향으로 설치되지 않도록 한다.
   ㉣ 고성능(HEPA) 필터나 전기식 필터는 송풍기의 출구측에 설치한다.
   ㉤ 필터는 스페이스가 크므로 공조기 내부에 설치한다.
   ㉥ 필터는 전풍량을 취급하도록 한다.
   ㉦ 롤러형의 필터로 사용할 때는 필터 전면에 해체와 반출이 용이하도록 공간을 두어야 한다.
   ㉧ 병원용 필터는 HEPA필터를 사용한다.
   ㉨ 병원용 필터를 설치할 때는 프리필터를 고성능 필터 앞에 설치한다.
   ㉩ 일반적으로 프리필터 → 미디움필터 → 헤파필터 순으로 설치한다.
   ㉪ 에어필터의 점검 및 교체주기를 확인하기 위해 차압계를 설치한다.

20 $q_s = C\gamma Q \Delta t$

∴ $Q = \dfrac{q_s}{C\gamma \Delta t} = \dfrac{1.1 \times 3{,}600}{1.01 \times 1.2 \times 10} ≒ 327\text{m}^3/\text{h}(\text{CMH})$

[참고] 단위
- ㉠ $\text{m}^3/\text{s} \rightarrow \text{CMS}$, $\text{m}^3/\text{min} \rightarrow \text{CMM}$, $\text{m}^3/\text{h} \rightarrow \text{CMH}$
- ㉡ $\text{ft}^3/\text{s} \rightarrow \text{CFS}$, $\text{ft}^3/\text{min} \rightarrow \text{CFM}$, $\text{ft}^3/\text{h} \rightarrow \text{CFH}$

21 물의 잠열 = $79.68 \times 4.187 ≒ 333.7\text{kJ/kg}$

[참고] 1냉동톤 : 0℃의 물 1ton을 1일 동안에 0℃ 얼음으로 만들 때의 제거열량
1RT = 13,900kJ/h

22 프레온냉동장치에 수분이 혼입됐을 때
- ㉠ 팽창밸브의 빙결현상 유발
- ㉡ 동부착현상 발생
- ㉢ 배관 부식 촉진

23 과열증기는 포화증기를 더욱 가열하여 온도만을 상승시킨 증기이므로 단위열량을 공급할 때 온도 상승이 가장 크다.

24 ㉠ $Q_c = Q_e + AW_L = 17.5 + 4 = 21.5\text{kW}$
㉡ $Q_c = mC(t_o - t_i)$

∴ $t_o = t_i + \dfrac{Q_c}{mC} = 32 + \dfrac{21.5}{\dfrac{62}{60} \times 4.2} ≒ 37\text{℃}$

25 응축압력이 표준압력보다 높게 되는(상승) 원인
- ㉠ 불응축가스 혼입이나 응축기 압력 상승
- ㉡ 응축수온이 낮으면 응축온도와 압력 저하
- ㉢ 응축기 냉각수량 부족
- ㉣ 응축기 냉각관의 오염(스케일)

26 $P_t = P_s + \rho gh = 0.3 + \dfrac{1{,}000 \times 9.8 \times 5}{10^6} ≒ 0.35\text{MPa}$

27 흡수식 냉동기
- ㉠ 비교적 소용량보다 대용량에 적합하다.
- ㉡ 압축기가 없어 운전 시 소음과 진동이 적다.
- ㉢ 전력수용량과 수전설비가 적다.
- ㉣ 자동제어가 쉽다.
- ㉤ 정격성능 도달속도가 느리다.
- ㉥ 용량제어의 범위가 넓어 폭넓은 제어가 가능하다.
- ㉦ 다양한 열원에서 사용 가능하다(LNG, LPG, 증기, 고온수, 폐열, 배기가스).
- ㉧ 연료비가 저렴해 운전비가 적게 든다.
- ㉨ 냉매 - 흡수제는 H_2O - LiBr, H_2O - LiCl, NH_3 - H_2O이다.
- ㉩ 부분부하에 대한 대응성이 좋다.

28 ㉠ 제빙장치의 공기교반장치에 로터리식 송풍기를 사용한다.
㉡ 투명한 얼음을 만들기 위해 송풍압력은 20kPa 정도(19.6~34.3kPa)가 좋다.

29 $COP_H = \dfrac{T_H}{T_H - T_L} = \dfrac{273 + 32}{(273+32) - (273-12)} ≒ 6.93$

[참고] 냉동기의 성능계수
$$COP = \dfrac{\text{저온}}{\text{고온} - \text{저온}} = \dfrac{T_L}{T_H - T_L}$$

30 액봉(liquid slugging)현상
- ㉠ 냉동기의 압축기 흡입부에 냉매가 기체가 아닌 액체상태로 유입되어 발생하는 고장이다.
- ㉡ 액봉 방지를 위한 안전장치로 파열판, 압력릴리프밸브(직동식(스프링식)), 압력도피장치 등이 사용된다.
- ㉢ 액봉이 잘 일어나지 않는 재질, 즉 외경 26mm 미만의 동관을 사용하면 좋다.

[참고] 용전(熔轉, brazing 또는 soldering)
- ㉠ 두 금속부재를 열을 가하여 녹인 금속(필러메탈)으로 접합하는 작업을 말한다.
- ㉡ 일반적으로 냉동·공조장치, 배관작업, 금속공예, 전자기기 조립 등에서 널리 사용된다.

31 공기(불응축가스)가 혼입되면 미치는 영향
- ㉠ 고압측 압력 상승(응축압력)
- ㉡ 압축비 증대
- ㉢ 체적효율 감소
- ㉣ 냉매순환량 감소
- ㉤ 냉동능력 감소
- ㉥ 소비동력 증가
- ㉦ 실린더 과열
- ㉧ 응축기의 전열면적 감소로 전열불량
- ㉨ 토출가스온도 상승
- ㉩ 응축기의 응축온도 상승

32 몰리에르선도($P-h$ 선도)는 압력과 엔탈피의 선도이다.

33 ㉠ $m = \dfrac{Q_e(\text{냉동능력})[\text{kJ/h}]}{q_e(\text{냉동효과})[\text{kJ/kg}]}[\text{kg/h}]$

$167 = \dfrac{Q_e}{563-449}$

∴ $Q_e = 19,038 \text{kJ/h}$

㉡ $COP = \dfrac{Q_e}{AW} = \dfrac{19,038}{3.5 \times 3,600} ≒ 1.5$

34 브라인의 중화제는 염화칼슘 1L에 중크롬산소다 1.6g, 가성소다는 중크롬산소다의 27%를 혼합한다.

∴ 가성소다 = 160×0.27 ≒ 34g

35 $Q_e = KA(t_o - t_i)[\text{kJ/h}]$

∴ $K = \dfrac{Q_e}{A(t_o - t_i)}$

$= \dfrac{41.86}{1 \times [30-(-5)]}$

$≒ 1.196 \text{kJ/m}^2 \cdot \text{h} \cdot \text{℃}$

36 시퀀스제어
㉠ 미리 정해진 순서에 의해 제어된다.
㉡ 제어결과에 따라 조작이 자동적으로 이행된다.
㉢ 조합논리회로로 사용된다.
㉣ 시간지연요소가 사용된다.
㉤ 유접점과 무접점 계전기가 있다.

37 냉동용 스크루압축기의 치형은 '수로터의 잇수+암로터의 잇수'의 조합이 4+5, 4+6, 5+6, 5+7 Profile 등이 있다.

38 매니폴드

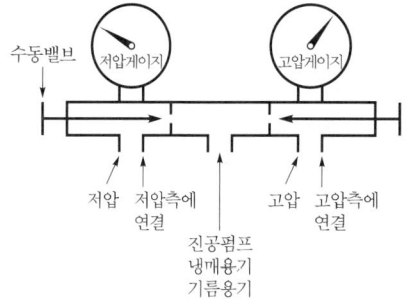

39 $V = 60ASNZ$

$= 60 \times \dfrac{\pi \times 0.1^2}{4} \times 0.85 \times 2,000 \times 4$

$≒ 3204.4 \text{m}^3/\text{h}$

40 스크루식 냉동기의 압축기에 내장된 독특한 구조의 유분리기를 사용하므로 압축기의 크기가 작아지고 냉동사이클이 간소화되었다.

41 기계설비의 범위(기계설비법 시행령 [별표 1])
㉠ 열원설비 : 건축물 등에서 에너지를 이용하여 열매체를 가열, 냉각하기 위하여 설치된 기계·기구·배관 및 그 밖에 성능을 유지하기 위한 설비
㉡ 냉난방설비 : 건축물 등에서 일정한 실내온도 유지를 위하여 설치된 기계·기구·배관 및 그 밖에 성능을 유지하기 위한 설비
㉢ 공기조화·공기청정·환기설비 : 건축물 등에서 온도, 습도, 청정도, 기류 등을 조절하기 위하여 설치된 기계·기구·배관 및 그 밖에 성능을 유지하기 위한 설비
㉣ 위생기구·급수·급탕·오배수·통기설비 : 건축물 등에서 위생과 냉·온수 공급, 오배수, 오배수관 통기 등을 위하여 설치된 기계·기구·배관 및 그 밖에 성능을 유지하기 위한 설비
㉤ 오수정화·물재이용설비 : 건축물 등에서 오수를 정화하여 배출하거나 정화된 물을 재이용하기 위하여 설치된 기계·기구·배관 및 그 밖에 성능을 유지하기 위한 설비
㉥ 우수배수설비 : 건축물 등에서 빗물을 외부로 배출하기 위하여 설치된 기계·기구·배관 및 그 밖에 성능을 유지하기 위한 설비
㉦ 보온설비 : 건축물 등에 설치된 기계·기구·배관 및 그 밖에 성능을 유지하기 위한 설비의 보온, 보냉, 결로 및 동결 방지 등을 위해 설치된 설비
㉧ 덕트(duct)설비 : 건축물 등에 설치된 기계·기구·배관 및 그 밖에 성능을 유지하기 위한 설비의 풍량 등을 조절하고 급·배기 및 환기 등을 위하여 설치된 설비
㉨ 자동제어설비 : 건축물 등에 설치된 기계·기구·배관 및 그 밖에 성능을 유지하기 위한 설비의 감시, 제어·관리 및 통제 등을 위하여 설치된 설비
㉩ 방음·방진·내진설비 : 건축물 등에 설치된 기계·기구·배관 및 그 밖에 성능을 유지하기 위한 설비의 소음, 진동, 전도 및 탈락 등을 방지하기 위하여 설치된 설비
㉪ 플랜트설비 : 건축물 등에서 생산물의 제조·생산·이송 및 저장이나 오염물질의 제거 및 저장 등을 위하여 설치된 기계·기구·배관 및 그 밖에 성능을 유지하기 위한 설비

ⓒ 특수설비
- 건축물 등에서 냉동·냉장, 항온·항습(온도와 습도를 일정하게 유지시키는 것), 특수청정(세균 또는 먼지 등을 제거하는 것), 생활폐기물 집하 및 이송, 전자파 차단 등을 위하여 설치된 기계·기구·배관 및 그 밖에 성능을 유지하기 위한 설비
- 청정실(실내공간의 오염물질 등을 없애거나 줄이기 위하여 공기정화시설 등의 설비가 설치된 방), 자동창고(물건이 나가고 들어오는 모든 일을 컴퓨터가 자동적으로 제어하고 관리하는 창고), 집진기(먼지를 모으는 기기), 무대기계장치, 기송관(압축공기를 써서 물건을 운반하는 기계) 등의 설비와 그 설비를 위하여 설치된 기계·기구·배관 및 그 밖에 성능을 유지하기 위한 설비

42 플레어접합은 동관의 이음법이다.
[참고] 주철관의 이음방법
  ㉠ 소켓접합 : 납과 야안(코킹작업, 누수방지)
  ㉡ 플랜지접합 : 고무링과 플랜지 사용
  ㉢ 기계식(메커니컬) 접합 : 소켓접합과 플랜지접합의 장점을 채택한 것(고무개스킷)
  ㉣ 타이톤접합 : 소켓형에 고무링 사용
  ㉤ 빅토릭접합 : 고무링과 주철칼라 이용

43 가스배관은 가능하면 노출하여 배관한다.

44 프레온냉동장치의 증발기와 압축기가 같은 높이에 있을 때 흡입관은 증발기보다 150mm 이상 입상시켜 역루프배관으로 설치한다.

45 스트레이너
  ㉠ 밸브 앞에 유체흐름의 방향에 따라 장착하여 여과시켜 토사나 이물질 등을 제거하기 위해 설치하는 장치
  ㉡ 여과기의 종류 : 형상에 따라 Y형, U형, V형 등
  ㉢ 여과기의 설치목적 : 관내 유체의 이물질을 제거하여 수량계, 펌프 등을 보호
  ㉣ U형 여과기 : 구조상 유체가 내부에서 직각으로 흐르게 됨으로써 Y형 스트레이너에 비해 유체에 대한 저항이 크나 보수가 점검 등에 매우 편리한 점이 있으므로 기름배관에 많이 사용함
  ㉤ V형 여과기 : 유체가 스트레이너 속을 직선적으로 흐르므로 Y형이나 U형에 비해 유속에 대한 저항이 적음

46 인덕턴스회로
  ㉠ 전압과 전류는 동일 주파수(π)의 정현파이다.
  ㉡ 동일 주파수의 전압과 전류에서 위상은 전압이 $\frac{\pi}{2}(90°)$ 앞선다(코일회로).
  ㉢ 실효치의 비가 $\omega L = 2\pi f L$이다.

47 팬코일유닛방식의 배관방법
  ㉠ 1관식 : 1개의 관으로 공급관과 환수관을 겸용으로 사용한다.
  ㉡ 2관식
    - 공급관과 환수관을 각각 사용한다.
    - 냉난방 동시 운전이 불가능하다.
  ㉢ 3관식
    - 2개의 공급관과 1개의 공통 환수관을 접속하여 냉수 또는 온수를 공급하는 방식이다.
    - 배관공사는 2관식보다 복잡하나 완전 개별제어를 할 수 있어 부하변동에 대한 응답이 신속하다.
    - 환수관이 1개이므로 냉온수의 혼합에 따른 열손실이 발생한다.
  ㉣ 4관식
    - 2개의 공급관과 2개의 환수관으로 냉난방 동시 운전이 가능하다.
    - 냉수관 및 온수관이 각각 있어서 혼합손실이 없다.
    - 배관개수가 많아 공사비 등이 증가한다.

48 에어벤트밸브(공기빼기밸브)
  ㉠ 난방, 급탕, 급수배관의 높은 곳(공기체류장소)에 설치되어 공기를 제거하여 유체의 흐름을 원활하게 한다.
  ㉡ 자동 공기빼기밸브는 배관에 정압(+)이 걸리는 부분에 설치한다.
  ㉢ 부득이 굴곡배관을 할 경우 그 장소에 고일 공기를 배제하여 온수의 흐름을 원활하게 한다.
  ㉣ 공기가 들어가는 것을 피할 수 없는 부분에 공기빼기밸브를 설치하도록 한다.
  ㉤ 조거형(ㄷ자형) 배관이 되어 공기가 괼 염려가 있을 때 부설한다.

49 배수트랩은 배수관개나 배수, 오수탱크로부터의 유해물질, 냄새가 나는 가스가 옥내로 침입되는 것을 방지함과, 하수관으로 방류하던 유해한 액체나 물질을 저지 또는 포집하는 데 설치목적이 있다.

50 ① 구형파 : 1

② 삼각파 : $\dfrac{2}{\sqrt{3}} = 1.155$

③ 정현파 : $\dfrac{\pi}{2\sqrt{2}} = 1.11$

④ 포물선파 : $\dfrac{\pi}{2\sqrt{2}} = 1.11$

51 실효값(V)
  ㉠ 교류의 크기를 직류의 크기로 바꿔놓은 값
  ㉡ $V = \dfrac{V_m(\text{최댓값})}{\sqrt{2}}$

52 냉동을 위한 고압가스제조시설의 표시사항
  ㉠ 냉동을 위한 고압가스제조시설이라는 것을 나타낼 것
  ㉡ 출입금지를 나타낼 것
  ㉢ 화기엄금을 나타낼 것
  ㉣ 피난장소로 유도표시할 것
  ㉤ 주의표시를 나타낼 것

53 유도전동기의 주파수제어법에서 '$\dfrac{V}{f} = $일정'의 관계가 유지되어야 하므로 전압($V$)과 주파수($f$)는 서로 비례관계이다.

54 분류기의 배율
  $I = I_a \left(1 + \dfrac{R_a}{R_s}\right)$

55 조작기기의 종류
  ㉠ 전기식 : 전자밸브, 2상 서보전동기, 직류서보전동기, 펄스전동기
  ㉡ 기계식(공기식) : 클러치, 다이어프램밸브, 밸브포지셔너
  ㉢ 유압식 : 조작기(조작실린더, 조작피스톤 등)

56 $X = \overline{A}B + \overline{A}\,\overline{B} = \overline{A}(B + \overline{B}) = \overline{A} \cdot 1 = \overline{A}$
  [참고] 불대수 기본법칙
  $0 + X = X,\ 0 \cdot X = 0,\ X + 1 = 1,\ 1 \cdot X = X,$
  $X + X = X,\ X \cdot X = X,\ X + \overline{X} = 1,$
  $X \cdot \overline{X} = 0,\ \overline{XY} = \overline{X} + \overline{Y},\ \overline{X + Y} = \overline{X}\,\overline{Y}$

57 원선도의 3가지 시험 : 저항 측정, 무부하시험, 구속시험

58 주철관의 소켓이음 시 누수 방지를 위해 코킹작업을 한다.
  [참고] 주철관의 이음방법
  　㉠ 소켓접합 : 납과 야안(코킹작업, 누수 방지)
  　㉡ 플랜지접합 : 고무링과 플랜지 사용
  　㉢ 기계식(메커니컬) 접합 : 소켓접합과 플랜지접합의 장점을 채택한 것(고무개스킷)
  　㉣ 타이톤접합 : 소켓형에 고무링 사용
  　㉤ 빅토릭접합 : 고무링과 주철칼라 이용

59 피드백제어
  ㉠ 정확성, 감대폭 증가
  ㉡ 계의 특성변화에 대한 입력 대 출력비의 감도 감소
  ㉢ 발진을 일으키고 불안정한 상태로 되어가는 경향성
  ㉣ 비선형과 외형에 대한 효과 감소
  ㉤ 구조가 복잡하고 시설비 증가
  ㉥ 품질 향상
  ㉦ 연료, 원료 및 동력 절감
  ㉧ 생산속도를 상승시켜 생산량 증대
  ㉨ 설비의 수명을 연장시킬 수 있고 생산원가 절감
  ㉩ 고도의 지식과 능숙한 기술 필요

60 시퀀스제어시스템의 구성요소
  ㉠ 입력장치 : 수동스위치, 검출스위치, 센서 등
  ㉡ 출력장치 : 전자개폐기, 전자밸브, 솔레노이드밸브, 표시램프, 경보기구 등
  ㉢ 보조장치 : 보조릴레이, 논리소자, 타이머소자, 입출력소자, PLC장치 등

제1과목 공기조화설비

01 증기난방방식에서 응축수환수방법에 따른 분류가 아닌 것은?

① 기계환수식
② 습식환수식
③ 진공환수식
④ 중력환수식

02 코일의 통과풍량이 3,000m³/min이고 통과풍속이 2.5m/s일 때 냉수코일의 유효정면면적(m²)은 얼마인가?

① 20
② 3.3
③ 0.33
④ 0.28

03 공기설비의 열회수장치인 전열교환기는 주로 무엇을 경감시키기 위한 장치인가?

① 실내부하
② 외기부하
③ 조명부하
④ 송풍기부하

04 온도 30℃, 절대습도 0.0271kg/kg인 습공기의 엔탈피는? (단, 공기의 비열 1.01kJ/kg·K, 수증기의 증발잠열 2,501kJ/kg, 수증기의 비열 1.85kJ/kg·K이다.)

① 11.98kJ/kg
② 23.73kJ/kg
③ 47.88kJ/kg
④ 99.58kJ/kg

05 공기량(풍량) 400kg/h, 절대습도 $x_1=0.007$kg/kg′인 공기를 $x_2=0.013$kg/kg′까지 가습하는 경우 가습에 필요한 공급수량은 얼마인가?

① 2.0kg/h
② 2.4kg/h
③ 3.0kg/h
④ 3.5kg/h

06 유인유닛(IDU)방식에 대한 설명 중 틀린 것은?

① 각 유닛마다 제어가 가능하므로 개별실제어가 가능하다.
② 송풍량이 많아 외기냉방효과가 크다.
③ 냉각, 가열을 동시에 하는 경우 혼합손실이 발생한다.
④ 유인유닛에는 동력배선이 필요 없다.

07 복사냉난방방식에 관한 설명으로 틀린 것은?

① 실내수배관이 필요하며 결로의 우려가 있다.
② 실내에 방열기를 설치하지 않으므로 바닥이나 벽면을 유용하게 이용할 수 있다.
③ 조명이나 일사가 많은 방에 효과적이며 천장이 낮은 경우에만 적용된다.
④ 건물의 구조체가 파이프를 설치하여 여름에는 냉수, 겨울에는 온수로 냉난방을 하는 방식이다.

08 냉방 시의 공기조화과정을 나타낸 것이다. 다음 그림과 같은 조건일 경우 냉각코일의 바이패스팩터는? (단, ① 실내공기의 상태점, ② 외기의 상태점, ③ 혼합공기의 상태점, ④ 취출공기의 상태점, ⑤ 코일의 장치노점온도이다.)

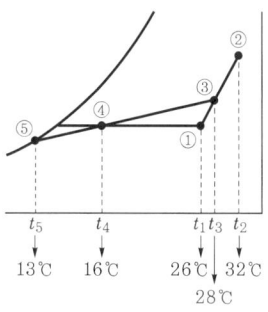

① 0.15
② 0.20
③ 0.25
④ 0.30

09 겨울철 침입외기(틈새바람)에 의한 잠열부하(q_L [kJ/h])는? (단, Q는 극간풍량(m³/h)이며, t_o, t_r은 각각 실외, 실내온도(℃), x_o, x_r은 각각 실외, 실내 절대습도(kg/kg′)이다.)
① $q_L = 1.2 Q(t_o - t_r)$
② $q_L = 539 Q(t_o - t_r)$
③ $q_L = 2,501 Q(x_o - x_r)$
④ $q_L = 3001.2 Q(x_o - x_r)$

10 공기 중의 수증기분압을 포화압력으로 하는 온도를 무엇이라 하는가?
① 건구온도
② 습구온도
③ 노점온도
④ 글로브(globe)온도

11 공기조화설비는 공기조화기, 열원장치 등 4대 주요 장치로 구성되어 있다. 4대 주요 장치의 하나인 열원장치에 해당되는 것이 아닌 것은?
① 공기냉각기
② 냉동기
③ 보일러
④ 히트펌프

12 실내에 존재하는 습공기의 전열량에 대한 현열량의 비율을 나타낸 것은?
① 현열비(SHF)
② 잠열비
③ 바이패스팩터(BF)
④ 열수분비(U)

13 축열시스템의 특징에 관한 설명으로 옳은 것은?
① 피크컷(peak cut)에 의해 열원장치의 용량이 증가한다.
② 부분부하운전에 쉽게 대응하기가 곤란하다.
③ 도시의 전력수급상태 개선에 공헌한다.
④ 야간운전에 따른 관리인건비가 절약된다.

14 결로현상에 관한 설명으로 틀린 것은?
① 공기의 노점온도보다 벽체표면온도가 낮을 때 수증기가 응축되어 결로가 발생한다.
② 결로 방지를 위하여 다습한 외기를 도입하도록 한다.
③ 결로 방지를 위하여 벽체에 방습막을 사용한다.
④ 노점온도 이하에서 결로가 발생하면 공기 중의 수증기분압은 상승한다.

15 공기 중의 냄새나 아황산가스 등 유해가스의 제거에 가장 적당한 필터는?
① 활성탄필터
② HEPA필터
③ 전기집진기
④ 롤필터

16 패널복사난방에 관한 설명 중 옳은 것은?
① 천장고가 낮고 외기침입이 없을 때 난방효과를 얻을 수 있다.
② 실내온도분포가 균등하고 쾌감도가 높다.
③ 증발잠열(기화열)을 이용하므로 열의 운반능력이 크다.
④ 대류난방에 비해 방열면적이 적다

17 복사냉방에 있어서 바닥패널의 온도로 가장 알맞은 것은?
① 95℃ 정도
② 80℃ 정도
③ 55℃ 정도
④ 30℃ 정도

18 대기질지수에서 '해로움'의 지수값은?
① 0~50
② 51~100
③ 101~150
④ 151~200

19 캐리오버현상의 예방법이 아닌 것은?
① 증기의 갑작스런 대량 소비를 억제하여 캐리오버현상을 예방할 수 있다
② 수면 위로 거품이 발생되는 포밍현상이 발생할 경우 보일러수의 분출작업을 실시하여 보일러수의 농축을 방지한다.
③ 주기적인 수질관리를 통해 보일러수의 전기전도도를 관찰하여 기준치 이하로 관리한다.
④ 유체의 속도변화에 의한 압력변화로 액체가 빠른 속도로 운동할 때 액체의 압력이 증기압 이하로 낮게 한다.

20 펌프의 유지관리에서 매일점검이 아닌 것은?
① 베어링온도
② 그랜드패킹의 교환
③ 패킹에서의 누수량
④ 압력계의 압력

제2과목 냉동냉장설비

21 응축기 냉매의 응축온도가 30℃, 냉각수의 입구수온이 25℃, 출구수온이 28℃일 때 대수평균온도차(LMTD)는?
① 2.27℃
② 3.27℃
③ 4.27℃
④ 5.27℃

22 액분리기(accumulator)로 분리된 냉매의 처리방법이 아닌 것은?
① 가열시켜 액을 증발 후 응축기로 순환시키는 방법
② 증발기로 재순환시키는 방법
③ 가열시켜 액을 증발 후 압축기로 순환시키는 방법
④ 고압측 수액기로 회수하는 방법

23 역카르노사이클로 작동되는 냉동기에서 성능계수(COP)가 가장 큰 응축온도(t_c) 및 증발온도(t_e)는?
① t_c=20℃, t_e=-10℃
② t_c=30℃, t_e=0℃
③ t_c=30℃, t_e=-10℃
④ t_c=20℃, t_e=-20℃

24 압축기의 흡입밸브 및 송출밸브에서 가스 누출이 있을 경우 일어나는 현상은?
① 압축일 감소
② 체적효율 감소
③ 가스압력 상승
④ 성적계수 증가

25 카르노사이클의 기관에서 20℃와 300℃ 사이에서 작동하는 열기관의 효율은?
① 약 42%
② 약 49%
③ 약 52%
④ 약 58%

26 팽창밸브가 냉동용량에 비해 너무 작을 때 일어나는 현상은?
① 증발기 내의 압력 상승
② 리퀴드백
③ 소요전류 증대
④ 압축기 흡입가스의 과열

27 0℃와 100℃ 사이의 물을 열원으로 역카르노사이클로 작동되는 냉동기(ε_C)와 히트펌프(ε_H)의 성적계수는 각각 얼마인가?
① ε_C=1.00 ε_H=2.00
② ε_C=3.54 ε_H=4.54
③ ε_C=2.12 ε_H=3.12
④ ε_C=2.73 ε_H=3.73

28 어떤 변화가 가역인지, 비가역인지 알려면 열역학 몇 법칙을 적용하면 되는가?
① 제0법칙
② 제1법칙
③ 제2법칙
④ 제3법칙

29 내부에너지에 대한 설명 중 잘못된 것은?

① 계(系)의 총에너지에서 기계적 에너지를 뺀 나머지를 내부에너지라 한다.
② 내부에너지 변화가 없다면 가열량은 일로 변환된다.
③ 온도의 변화가 없으면 내부에너지의 변화도 없다.
④ 내부에너지는 물체가 갖고 있는 열에너지이다.

30 실제 기체가 이상기체의 상태식을 근사적으로 만족하는 경우는?

① 압력이 높고 온도가 낮을수록
② 압력이 높고 온도가 높을수록
③ 압력이 낮고 온도가 높을수록
④ 압력이 낮고 온도가 낮을수록

31 액분리기(accumulator)의 설명이 잘못된 것은?

① 압축기에 액이 흡입되지 않게 한다.
② 응축기와 압축기 사이에 설치한다.
③ 압축기의 파손을 방지한다.
④ 장치 기동 시 증발기 내에서의 냉매의 교란을 방지한다.

32 냉동장치의 운전 중에 저압이 낮아질 때 일어나는 현상이 아닌 것은?

① 흡입가스 과열 및 압축비 증가
② 증발온도 저하 및 냉동능력 증대
③ 흡입가스의 비체적 증가
④ 성적계수 저하 및 냉매순환량 감소

33 유량 100L/min의 물을 15℃에서 10℃로 냉각하는 수냉각기가 있다. 이 냉동장치의 냉동효과가 125kJ/kg일 경우에 냉매순환량은 얼마인가? (단, 물의 비열은 4.18kJ/kg·K이다.)

① 16.7kg/h   ② 1,000kg/h
③ 450kg/h   ④ 960kg/h

34 증발압력조정밸브(EPR)에 대한 설명 중 틀린 것은?

① 냉수브라인 냉각 시 동결 방지용으로 설치한다.
② 증발기 내의 압력을 일정하게 유지하여 증발기 출구온도가 변하지 않게 한다.
③ 증발기 출구밸브 입구측의 압력에 의해 작동한다.
④ 한 대의 압축기로 증발온도가 다른 2개 이의 증발기 사용 시 저온증발기에 설치한다.

35 플래시가스(flash gas)는 무엇을 말하는가?

① 냉매조절 오리피스를 통과할 때 즉시 증발하여 기화하는 냉매이다.
② 압축기로부터 응축기에 새로 들어오는 냉매이다.
③ 증발기에서 증발하여 기화하는 새로운 냉매이다.
④ 압축기에서 응축기에 들어오자마자 응축하는 냉매이다.

36 냉동장치에서 액봉이 쉽게 발생되는 부분으로 가장 거리가 먼 것은?

① 액펌프방식의 펌프 출구와 증발기 사이의 배관
② 2단 압축 냉동장치의 중간냉각기에서 과냉각된 액관
③ 압축기에서 응축기로의 배관
④ 수액기에서 증발기로의 배관

37 다음 중 냉동·냉장부하 계산에서 1회 입고량으로 틀린 것은?

① 공칭수용능력 4,000톤 이상 : 수용능력의 2%로 계산
② 공칭수용능력 2,000톤 이상 4,000톤 이하 : 수용능력의 2.5%로 계산
③ 공칭수용능력 1,000톤 이상 2,000톤 이하 : 수용능력의 3%로 계산
④ 공칭수용능력 1,000톤 이하 : 수용능력의 3.5%로 계산

38 축열방식에서 축열재가 갖춰야 할 조건으로 가장 거리가 먼 것은?

① 열의 저장은 쉬워야 하나 열의 방출은 어려워야 한다.
② 취급하기 쉽고 가격이 저렴해야 한다.
③ 화학적으로 안정해야 한다.
④ 단위체적당 축열량이 많아야 한다.

39 다음 중 냉각수 살균제의 종류가 아닌 것은?

① 산화성 살균제
② 비산화성 살균제
③ 안정화된 브롬계통의 살균제
④ 환원성 살균제

40 고온가스 제상(hot gas defrost)방식에 대한 설명으로 틀린 것은?

① 압축기의 고온·고압가스를 이용한다.
② 소형 냉동장치에 사용하면 언제라도 정상운전을 할 수 있다.
③ 비교적 설비하기가 용이하다.
④ 제상 소요시간이 비교적 짧다.

제3과목 공조냉동 설치·운영

41 정압기의 부속설비에서 가스수요량이 급격히 증가하여 압력이 필요한 경우 쓰이는 장치는?

① 정압기　　② 가스미터
③ 부스터　　④ 가스필터

42 기계설비법령에 따라 선임된 기계설비유지관리자의 유지관리교육 중 신규교육의 교육시간은?

① 선임된 날부터 1개월 이내
② 선임된 날부터 2개월 이내
③ 선임된 날부터 3개월 이내
④ 선임된 날부터 6개월 이내

43 기계설비법령에 따라 기계설비유지관리자 선임기준이 아닌 것은?

① 연면적 1만m² 이상 연면적 1만 5천m² 미만은 초급 책임기계설비유지관리자 1명이 필요하다.
② 연면적 1만 5천m² 이상 연면적 3만m² 미만은 보조기계설비유지관리자 1명이 필요하다.
③ 연면적 3만m² 이상 연면적 6만m² 미만은 고급 책임기계설비유지관리자 1명이 필요하다.
④ 연면적 6만m² 이상은 특급 책임기계설비유지관리자 1명이 필요하다.

44 관경 50A인 강관을 수평주관으로 시공할 때 지지간격으로 가장 적절한 것은?

① 1.8m 이내　　② 2.0m 이내
③ 3.0m 이내　　④ 4.0m 이내

45 다음 그림과 같은 계전기 접점회로의 논리식은?

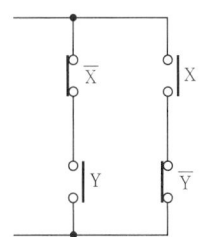

① XY
② $\overline{X}Y + X\overline{Y}$
③ $(\overline{X} + \overline{Y})(X + Y)$
④ $(\overline{X} + Y)(X + \overline{Y})$

46 보온재에 관한 설명으로 틀린 것은?

① 무기질 보온재료는 암면, 유리면 등이 사용된다.
② 탄산마그네슘은 250℃ 이하의 파이프 보온용으로 사용된다.
③ 광명단은 밀착력이 강한 유기질 보온재다.
④ 우모펠트는 곡면 시공에 매우 편리하다.

47 증기난방에 비해 온수난방의 특징으로 틀린 것은?
① 예열시간이 길지만 가열 후에 냉각시간도 길다.
② 공기 중의 미진이 늘어 생기는 나쁜 냄새가 적어 실내의 쾌적도가 높다.
③ 보일러의 취급이 비교적 쉽고 비교적 안전하여 주택 등에 적합하다.
④ 난방부하변동에 따른 온도조절이 어렵다.

48 공조, 냉난방, 급배수설비 설계도면의 약어가 맞게 연결된 것은?
① AHU : 공기조화기, 공조기
② FCU : 팬코일유닛
③ R/T : 냉동톤
④ VAV : 정풍량

49 고가탱크 급수방식의 특징에 관한 설명으로 틀린 것은?
① 항상 일정한 수압으로 급수할 수 있다.
② 수압의 과대에 따른 밸브류 등 배관 부속품의 파손이 적다.
③ 취급이 비교적 간단하고 고장이 적다.
④ 탱크는 기밀 제작이므로 값이 싸진다.

50 잔류편차가 존재하는 제어계는?
① 적분제어계
② 비례제어계
③ 비례적분제어계
④ 비례적분미분제어계

51 $i(t) = 141.4\sin\omega t$[A]의 실효값은 얼마인가?
① 81.6A
② 100A
③ 173.2A
④ 200A

52 다음 그림과 같은 계전기 접점회로의 논리식은?

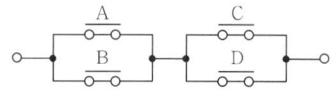

① $(\overline{A}+B)(C+\overline{D})$
② $(\overline{A}+\overline{B})(C+D)$
③ $(A+B)(C+D)$
④ $(A+B)(\overline{C}+\overline{D})$

53 전기로의 온도를 1,000℃로 일정하게 유지시키기 위하여 열전온도계의 지시값을 보면서 전압조정기로 전기로에 대한 인가전압을 조절하는 장치가 있다. 이 경우 열전온도계는 다음 중 어느 것에 해당되는가?
① 조작부
② 검출부
③ 제어량
④ 조작량

54 방열기 배관의 신축이음으로 적당한 것은?
① 스위블이음
② 미끄럼 신축이음
③ 루프형 이음
④ 벨로즈식 신축이음

55 최대 눈금 10mA, 내부저항 6Ω의 전류계로 40mA의 전류를 측정하려면 분류기의 저항은 몇 Ω인가?
① 2
② 20
③ 40
④ 400

56 물체의 위치, 방위, 자세 등의 기계적 변위를 제어량으로 해서 목표값이 임의의 변화에 추종하도록 구성된 제어계는?
① 공정제어
② 정치제어
③ 프로그램제어
④ 추종제어

57 열팽창에 의한 관의 신축으로 배관의 이동을 구속 또는 제한하는 장치는?
① 턴버클
② 브레이스
③ 리스트레인트
④ 행거

58 LP가스의 주성분으로 옳은 것은?

① 프로판(C_3H_8)과 부틸렌(C_4H_8)
② 프로판(C_3H_8)과 부탄(C_4H_{10})
③ 프로필렌(C_3H_6)과 부틸렌(C_4H_8)
④ 프로필렌(C_3H_6)과 부탄(C_4H_{10})

59 정상편차를 없애고 응답속도를 빠르게 한 동작은?

① 비례동작
② 비례적분동작
③ 비례미분동작
④ 비례적분미분동작

60 평형 3상 Y결선의 상전압 V_p와 선간전압 V_L의 관계는?

① $V_L = 3 V_p$
② $V_L = \sqrt{3} V_p$
③ $V_L = \dfrac{1}{3} V_p$
④ $V_L = \dfrac{1}{\sqrt{3}} V_p$

제2회 정답 및 해설

01	02	03	04	05	06	07	08	09	10	11	12	13	14	15
②	①	②	④	②	②	③	②	④	③	①	①	③	④	①
16	17	18	19	20	21	22	23	24	25	26	27	28	29	30
②	④	④	④	②	②	①	②	④	②	④	④	①	③	③
31	32	33	34	35	36	37	38	39	40	41	42	43	44	45
②	②	②	④	①	③	④	①	④	②	③	④	②	③	②
46	47	48	49	50	51	52	53	54	55	56	57	58	59	60
③	④	④	④	②	②	③	②	①	①	④	③	②	④	②

01 증기난방의 응축수환수법에 따른 분류
 ㉠ 중력환수식 : 응축수를 중력작용으로 환수
 ㉡ 기계환수식 : 펌프로 보일러에 강제환수
 ㉢ 진공환수식 : 진공펌프로 환수관 내 응축수와 공기를 환수. 증기의 순환이 가장 빠른 방법

02 $A = \dfrac{풍량}{풍속 \times 60} = \dfrac{3,000}{2.5 \times 60} = 20\text{m}^2$

03 전열교환기는 외기와 배기 간의 열교환장치로, 현열과 동시에 잠열도 교환한다. 종류에 회전식과 고정식이 있다.

04 $h = C_p t + x(\gamma + C_w t)$
 $= 1.01 \times 30 + 0.0271 \times (2,501 + 1.85 \times 30)$
 $≒ 99.58\text{kJ/kg}$

05 $L = m(x_2 - x_1) = 400 \times (0.013 - 0.007) = 2.4\text{kg/h}$

06 유인유닛방식
 ㉠ 유인형 유닛은 교축형을 응용한 것으로 공조기에서 저온의 1차 공기를 공급하여 유닛에서 2차 공기를 유인하여 서로 혼합하여 실내에 토출한다.
 ㉡ 유인유닛으로 분출되는 1차 공기의 기류에 의해 실내공기를 유인하여 유닛의 코일을 통과시키는 방식으로 송풍량이 적어 외기냉방효과가 적다.
 ㉢ 각 유닛마다 제어가 가능하므로 개별실제어가 가능하다.
 ㉣ 감열부하에 대해 2차 유인공기를 가열, 냉각해서 대응한다.
 ㉤ 덕트 내의 소음을 줄이기 위해 플리넘체임버(plenum chamber)를 사용한다.
 ㉥ 잠열부하에 따른 조절이 불가능하다.
 ㉦ 온습도조절이 엄격한 곳에 부적합하다.
 ㉧ 동력배선이 필요 없다.

07 복사냉난방방식
 ㉠ 실내수배관이 필요하며 결로의 우려가 있다.
 ㉡ 실내에 방열기를 설치하지 않으므로 바닥이나 벽면을 유용하게 이용할 수 있다.
 ㉢ 조명이나 일사가 많은 방에 효과적이다.
 ㉣ 건물의 구조체가 파이프를 설치하여 여름에는 냉수, 겨울에는 온수로 냉난방을 하는 방식이다.
 ㉤ 외기온도의 변화에 따라 실내의 온습도조절이 어렵다.
 ㉥ 방열기가 불필요하므로 가구배치가 용이하다.
 ㉦ 실내의 온도분포가 균등하다.
 ㉧ 복사열에 의한 난방이므로 쾌감도가 크다.

08 $BF = \dfrac{t_4 - t_5}{t_3 - t_5} = \dfrac{16 - 13}{28 - 13} = 0.2$

09 $q_L = 2,501 m(x_o - x_r) = 1.2 \times 2,501 Q(x_o - x_r)$
 $= 3001.2 Q(x_o - x_r)$

10 노점온도(이슬점온도)
 ㉠ 불포화상태의 공기를 냉각하여 포화상태(상대습도 100%)가 되었을 때, 즉 수증기가 응축하기 시작할 때의 온도를 말한다.
 ㉡ 절대습도, 수증기분압, 노점온도의 선은 평행하다.
 ㉢ 습공기를 노점온도까지 냉각시킬 때 수증기분압과 절대습도는 변하지 않는다.

11 ㉠ 공기조화설비 : 공기조화기, 열원장치, 열운반장치, 자동제어장치
   ㉡ 공기조화기 : 에어필터, 세정기, 공기냉각기, 공기가열기, 송풍기 등
   ㉢ 열원장치 : 냉동기, 보일러, 히트펌프, 흡수식 냉동장치

12 현열비
   ㉠ 습공기의 전열량에 대한 현열량의 비
   ㉡ $SHF = \dfrac{현열량}{총열량} = \dfrac{q_s}{q_t} = \dfrac{q_s}{q_s + q_L}$

13 축열시스템은 심야전력을 이용하므로 전력수급상태 개선에 효과적이다.
   [참고] 축열시스템의 종류
   ㉠ 수축열방식 : 열용량이 큰 물을 축열재료로 이용하는 방식
   ㉡ 빙축열방식 : 냉열을 얼음에 저장하여 작은 체적에 효율적으로 냉열을 저장하는 방식
   ㉢ 잠열축열방식 : 물질의 융해 및 응고 시 상변화에 따른 잠열을 이용하는 방식
   ㉣ 토양축열방식 : 대지의 지중온도를 이용하는 방식

14 노점온도 이하에서 결로가 발생하면 공기 중의 수증기분압은 감소한다.

15 활성탄필터(carbon filter)
   ㉠ 각종 냄새 제거
   ㉡ 방사능 및 대기 중의 아황산가스나 유해성분 제거
   ㉢ 탈취를 목적으로 하는 소재의 제품 중 가장 경제적인 필터
   ㉣ 원하는 형상으로의 제작이 가능하고 유지보수가 간단함
   ㉤ 가장 보편적으로 널리 사용되는 제품으로 구입이 쉬움

16 패널복사난방
   ㉠ 실내의 천장, 바닥, 벽 등에 가열코일(패널)을 매립하여 코일 내에 온수를 공급하여 복사열에 의해 난방하는 방식이다.
   ㉡ 실내온도분포가 균등하고 쾌감도가 높다.
   ㉢ 대류난방에 비해 방열면적이 크다.

17 복사난방
   ㉠ 바닥패널
   • 거실 및 사무실 : 24~29℃
   • 욕실 및 현관 : 26~32℃
   ㉡ 벽패널 : 30~40℃
   ㉢ 천장패널 : 35~45℃

18 대기질지수

범위	대기질상태	지시색
0~50	좋음	녹색
51~100	보통	노란색
101~150	노약자에게 해로움	오렌지색
151~200	해로움	빨간색
201~300	매우 해로움	보라색
301 이상	매우 위험함	고동색

19 캐리오버(carry over)현상 예방법
   ㉠ 증기의 갑작스런 대량 소비를 억제한다.
   ㉡ 수면 위로 거품이 발생되는 포밍현상이 발생할 경우 보일러수의 분출작업을 실시하여 보일러수의 농축을 방지한다.
   ㉢ 주기적인 수질관리를 통해 보일러수의 전기전도도를 관찰하여 기준치 이하로 관리한다.

20 펌프점검주기
   ㉠ 매일 : 외관점검, 진동, 이상음의 유무, 베어링온도, 윤활유압력, 그랜드패킹부의 발열, 그랜드패킹에서의 누수량, 압력계의 압력
   ㉡ 1~4년마다 : 베어링의 그리스 및 윤활유의 교환, 그랜드패킹의 교환, 분해점검정비

21 $LMTD = \dfrac{\Delta t_1 - \Delta t_2}{\ln \dfrac{\Delta t_1}{\Delta t_2}}$
   $= \dfrac{(30-25)-(30-28)}{\ln \dfrac{30-25}{30-28}}$
   $\fallingdotseq 3.27℃$

22 액분리기에서 분리된 냉매의 처리방법
   ㉠ 가열시켜 액을 증발시키고 압축기로 회수한다.
   ㉡ 만액식 증발기의 경우에는 증발기에 재순환시켜 사용한다.
   ㉢ 소형장치에서 열교환기를 이용하여 압축기로 회수한다.
   ㉣ 액회수장치를 이용하여 고압수액기로 회수한다.

23 $COP = \dfrac{Q_2}{Q_1 - Q_2} = \dfrac{q_e}{q_c - q_e} = \dfrac{증발온도}{응축온도 - 증발온도}$

① $COP = \dfrac{273 + (-10)}{(273 + 20) - (273 + (-10))} ≒ 8.77$

② $COP = \dfrac{273 + 0}{(273 + 30) - (273 + 0)} ≒ 9.1$

③ $COP = \dfrac{273 + (-10)}{(273 + 30) - (273 + (-10))} ≒ 6.58$

④ $COP = \dfrac{273 + (-20)}{(273 + 20) - (273 + (-20))} ≒ 6.33$

24 압축기 밸브의 가스 누출 시
㉠ 체적효율 감소
㉡ 압축일 증대
㉢ 가스압력 감소
㉣ 성적계수 감소
㉤ 가스온도 상승

25 $\eta = \dfrac{T_1 - T_2}{T_1} = \dfrac{(273 + 300) - (273 + 20)}{273 + 300} ≒ 0.488 ≒ 49\%$

26 팽창밸브가 냉동용량에 비해 작을 때
㉠ 압축기 흡입가스의 과열
㉡ 증발기 내의 압력 저하
㉢ 압축비 증가
㉣ 체적효율 감소
㉤ 리퀴드백이 일어나지 않음
㉥ 냉매순환량 감소

27 성적계수
㉠ 냉동기 : $\varepsilon_C = \dfrac{0 + 273}{(100 + 273) - (0 + 273)} = 2.73$
㉡ 히트펌프 : $\varepsilon_H = \varepsilon_C + 1 = 2.73 + 1 = 3.73$

28 열역학 제2법칙
㉠ 비가역성의 법칙. 엔트로피 증가의 법칙, 방향성의 법칙
㉡ 열과 기계적인 일 사이의 방향적 관계를 명시한 것으로 제2종 영구기관 제작 불가능의 법칙이라고도 한다.
㉢ 열은 스스로 저온의 물체에서 고온의 물체로 이동하지 않는다.
㉣ 일은 열로 전환이 가능하나, 열을 일로 전환하는 것은 쉽지 않다.

29 온도변화가 없어도 내부에너지의 변화가 있을 수 있다. 예를 들면 100℃의 물이 100℃의 증기로 변화하는 과정은 온도의 변화는 없지만, 내부에너지는 잠열에 의해 증가한다.

30 압력이 낮고 분자량이 적을수록, 온도가 높고 비체적이 클수록 실제 기체가 이상기체상태방정식을 근사적으로 만족시킨다(아보가드로의 법칙).

31 액분리기(accumulator)
㉠ 흡입배관, 즉 증발기와 압축기 사이에 설치한다.
㉡ 증발기보다 150mm 이상 높은 위치에 설치한다.
㉢ 흡입가스 중에 냉매액이 혼입되었을 때, 이것을 분리하여 액은 증발기로 보내고 증기만을 압축기에 흡입시켜 액압축을 방지하고 압축기를 보호한다.
㉣ 부하변동에 의한 증발기의 액면변동을 흡수하고 자동적으로 액순환을 조절한다.
㉤ 기동 시 증발기 내의 급격한 교란을 흡수하여 리퀴드백을 방지한다.

32 저압이 낮아질 때의 현상
㉠ 압축비 증가
㉡ 흡입가스 과열
㉢ 증발온도 저하
㉣ 냉동능력 감소
㉤ 흡입가스의 비체적 증가
㉥ 성적계수 저하
㉦ 냉매순환량 감소

33 $Q_1 = Q_2$
$m_w C \Delta t = m_r q_e$
$\therefore m_r = \dfrac{m_w C \Delta t}{q_e}$
$= \dfrac{100 \times 60 \times 4.18 \times (15 - 10)}{125}$
$≒ 1,000 \text{kg/h}$

34 한 대의 압축기로 증발온도가 다른 2개 이상의 증발기 사용 시 저온증발기에는 제어밸브를 설치한다.
[참고] 증발압력조정밸브(EPR)는 고온측 증발기 출구에 설치하여 저온측 증발기의 낮은 압력에 의해 고온측 압력이 끌려 내려가는 것을 방지한다.

35 플래시가스(flash gas)는 수액기와 팽창밸브 사이에서 주로 많이 발생하며, 수액기에 직사광선 또는 압력 강하가 큰 경우 증발기에 유입되기 이전에 냉매액 일부가 기체로 바뀐 가스이다.

36 액봉이 쉽게 발생되는 부분
   ㉠ 액펌프방식의 펌프 출구과 증발기 사이의 배관
   ㉡ 2단 압축 냉동장치의 중간냉각기에서 과냉각된 액관
   ㉢ 수액기에서 증발기로의 배관
   [참고] 액봉 방지를 위한 안전장치 : 파열판, 압력릴리프밸브, 압력도피장치

37 1회 입고량
   ㉠ 공칭수용능력 4,000톤 이상 : 수용능력의 2%로 계산
   ㉡ 공칭수용능력 2,000톤 이상 4,000톤 이하 : 수용능력의 2.5%로 계산
   ㉢ 공칭수용능력 1,000톤 이상 2,000톤 이하 : 수용능력의 3%로 계산
   ㉣ 공칭수용능력 1,000톤 이하 : 수용능력의 4%로 계산

38 축열재의 구비조건
   ㉠ 열의 방출이 쉬울 것
   ㉡ 가격이 저렴할 것
   ㉢ 장기간 화학적으로 안정할 것
   ㉣ 융해열이 클 것
   ㉤ 과냉각이 작고 상분리를 일으키지 않을 것
   ㉥ 단위체적당 축열량이 많을 것

39 냉각수 살균제의 종류
   ㉠ 산화성 살균제
   • 염소(Cl) 또는 브롬(Br)을 주로 사용한다.
   • 대형 냉각탑에서는 염소가스 또는 $CaOCl$용액을 주로 사용하며, 소형 냉각탑에서는 사용이 간편한 클로르칼키($CaCl_2O_2$)를 주로 사용한다.
   • 이끼 제거효과가 뛰어나며, 냉각수시스템에서 문제가 되는 슬라임, 박테리아의 제거를 위하여 과량 사용된다.
   • 과량으로 사용될 경우 금속재료의 부식이 촉진된다.
   ㉡ 비산화성 살균제
   • 이소치아졸론, 글루타알데하이드, 4급 암모늄을 사용한다.
   • 슬라임, 박테리아의 제거효과가 좋고 금속부식성이 없다.
   • 장기간 사용 시 미생물의 내성이 증가하여 효과가 급격히 저하되는 특성이 있다.
   • 산화성 살균제보다 고가이다.
   ㉢ 안정화된 브롬계통의 살균제
   • 산화성 살균제 및 비산화성 살균제의 단점이 개선된다.
   • 기존 제품보다 약 3배의 지속성을 가진 제품이 국내에서 개발되어 특허를 획득하였다.
   • 금속에 대한 부식성이 없으며 슬라임, 이끼 제거효과가 뛰어나다.
   • 장기간 사용하여도 미생물의 내성이 발생하지 않는다.

40 고온가스 제상은 소형 냉동장치에 사용하려면 안전장치가 필요하다.

41 부스터는 정압기의 부속설비에서 가스수요량이 급격히 증가하여 압력이 필요한 경우에 쓰인다.

42 유지관리교육의 교육과정 및 교육과목 등(기계설비법 시행령 [별표 6])

구분	신규교육	보수교육
대상자	법 제19조 제1항에 따라 선임된 기계설비유지관리자	법 제19조 제1항에 따라 신규교육을 이수하고 업무를 수행하고 있는 기계설비유지관리자
시기	선임된 날부터 6개월 이내	최근에 이수한 유지관리교육의 이수일부터 3년이 지난 날을 기준으로 3개월 이내

43 기계설비유지관리자의 선임기준

선임대상 건축물 등(창고시설 제외)	선임자격 및 인원
• 연면적 60,000m² 이상 건축물 • 3,000세대 이상 공동주택	• 특급 책임관리자 1명 • 보조관리자 1명
• 연면적 30,000~60,000m² 건축물 • 2,000세대 이상 3,000세대 미만 공동주택	• 고급 책임관리자 1명 • 보조관리자 1명
• 연면적 15,000~30,000m² 건축물 • 1,000세대 이상 2,000세대 미만 공동주택 • 공공건축물 등 국토부장관 고시 건축물 등	• 중급 책임관리자 1명
• 연면적 10,000~15,000m² 건축물 • 500세대 이상 1,000세대 미만 공동주택 • 300세대 이상 500세대 미만으로서 중앙집중식 난방방식(지역난방방식 포함)의 공동주택	• 초급 책임관리자 1명
• 위 사항에 해당하지 않는 국토부고시 시설물, 학교시설, 지하역사, 지하도상가, 공공건축물	• 책임 또는 보조관리자 1명

44 지지간격

관지름	지지간격
20A 이하	1.8m
25~40A	2.0m
50~80A	3.0m
90~150A	4.0m
200~300A	5.0m

45 논리식= $\overline{X}Y+X\overline{Y}$ (병렬회로)

46 광명단은 보온재가 아니라 부식 방지를 위한 밑칠용 페인트이다.

47 온수난방은 난방부하에 따라 방열기에 공급되는 온수온도와 유량조절이 용이하다.
[참고] 온수난방
  ㉠ 온수의 체적팽창을 고려하여 팽창탱크를 설치한다.
  ㉡ 보일러가 정지하여도 실내온도의 급격한 강하가 적다.
  ㉢ 난방부하에 따라 방열기에 공급되는 온수온도와 유량조절이 용이하다.
  ㉣ 밀폐식일 경우 외기와 폐쇄되므로 개방식보다 부식이 적어 수명이 길다.
  ㉤ 저온수난방에서 공급수의 온도는 100℃ 이하이다.
  ㉥ 고온수난방의 경우 밀폐식 팽창탱크를 사용한다.
  ㉦ 증기난방에 비하여 연료소비량이 적다.
  ㉧ 예열부하가 거의 없으므로 기동시간(예열시간)이 짧다.

48 공조, 냉난방, 급배수설비 설계도면의 약어
  ㉠ AHU : air handling unit(공기조화기, 공조기)
  ㉡ FCU : fan coil unit(팬코일유닛)
  ㉢ R/T : ton of refrigeration(냉동톤)
  ㉣ VAV : variable air volume(가변풍량)
  ㉤ CAV : constant air volume(정풍량)
  ㉥ FP : fan powered unit(팬동력유닛)
  ㉦ IU : induction unit(유인유닛)
  ㉧ HV UNIT : heating and ventilating unit(환기조화기)
  ㉨ C/T : cooling tower(냉각탑)
  ㉩ PAC, A/C : package type air conditioning unit(패키지타입 에어컨)
  ㉪ HE : heat exchanger(열교환기)

49 고가탱크(옥상탱크) 급수방식의 탱크는 기밀 제작이 아니고 개방식이다.

50 조절부의 동작에 의한 분류
  ㉠ P(비례)제어 : 잔류편차(offset) 발생
  ㉡ I(적분)제어 : 잔류편차 제거
  ㉢ D(미분)제어 : 오차예측제어로 오차 확대를 방지하고 오버슛을 감소시켜 응답속도를 빠르게 함
  ㉣ PD(비례미분)제어 : 응답속도 개선, 과도특성 개선, 진상보상회로에 해당
  ㉤ PI(비례적분)제어 : 잔류편차와 사이클링 제거, 정상특성 개선, 간헐현상이 있으며 진동 발생 우려가 있음
  ㉥ PID(비례적분미분)제어 : 속응도 향상, 잔류편차 제거, 정상 및 과도특성 개선, 오버슛을 감소시켜 제어성능이 우수하고 제어이득 조정이 비교적 쉽기 때문에 많이 사용됨
  ㉦ 온오프제어(=2위치제어) : 불연속제어(간헐제어)

51 $I=\dfrac{I_m}{\sqrt{2}}=\dfrac{141.4}{\sqrt{2}}≒100A$

52 논리식= $(A+B)(C+D)$ (병렬회로)

53 ㉠ 검출부 : 열전온도계
  ㉡ 제어량 : 온도
  ㉢ 제어대상 : 전기로
  ㉣ 목표값 : 1,000℃
[참고] 피드백제어계의 용어
  ㉠ 제어대상 : 제어의 대상으로 제어하려고 하는 기계의 전체 또는 그 일부분
  ㉡ 제어장치 : 제어를 하기 위해 제어대상에 부착되는 장치로, 조절부, 설정부, 검출부 등이 해당
  ㉢ 제어요소 : 동작신호를 조작량으로 변화하는 요소로 조절부와 조작부로 구성
  ㉣ 제어량 : 제어대상에 속하는 양, 제어대상을 제어하는 것을 목적으로 하는 물리적인 양
  ㉤ 목표값 : 제어량이 어떤 값을 목표로 정하도록 외부에서 주어지는 값
  ㉥ 기준입력 : 제어계를 동작시키는 기준으로 직접 제어계에 가해지는 신호
  ㉦ 기준입력요소 : 되먹임요소와 비교하여 사용, 즉 목표값에 비례하는 신호 발생
  ㉧ 외란 : 제어량의 변화를 일으키는 신호로 변환하는 장치

ⓩ 검출부 : 제어대상으로부터 제어에 필요한 신호를 인출하는 부분
ⓦ 조절 : 설정부, 조절부 및 비교부를 합친 것
ⓚ 조절부 : 제어계가 작용을 하는데 필요한 신호를 만들어 조작부에 보내는 부분
ⓣ 비교부 : 목표값과 제어량의 신호를 비교하여 제어동작에 필요한 신호를 만들어내는 부분
ⓟ 조작량 : 제어요소가 제어대상에 주는 양(제어대상에 가한 신호)
ⓗ 편차검출기 : 궤환요소가 변환기로 구성되고 입력에도 변환기가 필요할 때에 제어계의 일부

54 신축이음쇠
ⓐ 배관의 곡선부의 파손을 줄이기 위한 장치(수축, 팽창을 흡수하는 장치)
ⓑ 종류
- 벨로즈형 : 파형이라고도 하며 누수영향이 없음
- 루프형 : 만곡형이라고도 하며 고압 고온용, 옥외배관에 사용
- 슬리브형 : 슬라이스형이라고도 하며 저압 증기용, 보수가 용이한 곳에 사용(벽, 바닥용의 관통배관)
- 스위블형 : 방열기 주변 배관에 2개 이상의 엘보 사용, 온수난방, 저압용

55 최대 전류

= 전류계 전류 × $\dfrac{분류기\ 저항}{내부저항 + 분류기\ 저항}$

∴ 분류기 저항 = $\dfrac{내부저항 \times 최대\ 전류}{전류계\ 전류 - 최대\ 전류}$

$= \dfrac{6 \times 10}{40 - 10} = 2\Omega$

56 추치제어(서보제어)에는 추종제어, 비율제어, 프로그램제어가 속한다.
ⓐ 추종제어 : 목표값이 임의의 시간에 변화하는 제어로서 대공포 포신제어(미사일 유도), 자동 아날로그선반 등이 포함
ⓑ 비율제어 : 목표값이 다른 어떤 양에 비례하는 제어로서 보일러의 자동연소제어, 암모니아의 합성프로세스제어 등이 포함
ⓒ 프로그램제어 : 목표값이 시간과 함께 미리 정해진 변화를 하는 제어로서 열처리 노의 온도제어, 열차의 무인운전, 엘리베이터, 무인자판기 등이 포함

57 리스트레인트는 열팽창에 의한 배관의 이동을 구속 또는 제한하는 장치로, 종류는 앵커, 스톱, 가이드가 있다.

[참고] ⓐ 턴버클 : 구배를 조정하기 위해서는 양편에 서로 반대방향의 수나사가 달려있어 회전을 시켜 그 수나사에 이어진 줄을 당겨 사용
ⓑ 브레이스 : 압축이나 횡방향으로 발생하는 배관의 진동을 억제하는 데 사용(방진기, 완충기)
ⓒ 행거 : 배관의 하중을 위에서 걸어당겨 지지하는 데 사용(리지드, 스프링, 콘스탄트)
ⓓ 서포트 : 아래에서 위로 떠받쳐 지지하는 기구(스프링, 롤러, 파이프슈, 리지드)

58 LP가스(액화석유가스)
ⓐ 프로판(C_3H_8) : 보통 겨울철에 많이 사용되며, $-42\,℃$에서 액화된다. 주로 가정용, 난방, 캠핑용 가스로 사용된다.
ⓑ 부탄(C_4H_{10}) : 주로 여름철에 사용되며, $-0.5\,℃$에서 액화된다. 주로 가정용, 자동차연료 및 일부 산업용으로 사용된다.

59 비례적분미분동작(PID동작)은 비례적분동작에 미분동작을 추가한 것으로, 미분동작에 의한 응답의 오버슛을 감소시키고 정정시간을 적게 하는 효과가 있으며 적분동작에 의해 잔류편차를 없애는 작용도 있으므로 연속 선형제어로서는 가장 좋은 제어동작이다.

60 선간전압(V_L) = $\sqrt{3}$ × 상전압(V_p)

저자 소개

최승일

- 한밭대학교 기계공학과 학사(기계공학 전공)
- 한밭대학교 기계공학과 석사(열유체 전공, 열전달관련 석사학위 취득)
- 경상대학교 대학원 정밀기계공학과 박사(열유체공학 전공, 냉동시스템 부하에 관한 박사학위 취득)
- 현) 한국폴리텍대학 전북캠퍼스 산업설비자동화과 명예교수
  군장대학교 객원교수
  대한설비공학회 호남지회 감사
  엠테크이엔지 기술이사 / 케이티이엔지 기술이사 / BM한국용접기 기술이사
- 전) 농민교육원 교관 역임
  한국산업인력공단 산업설비과 교사 역임
  한국폴리텍대학 신기술교육원 교수 역임

7개년 과년도 공조냉동기계산업기사 필기

2021. 2. 8. 초 판 1쇄 발행
2026. 1. 7. 개정증보 5판 1쇄 발행

지은이 | 최승일
펴낸이 | 이종춘
펴낸곳 | BM ㈜도서출판 성안당

주소 | 04032 서울시 마포구 양화로 127 첨단빌딩 3층(출판기획 R&D 센터)
    | 10881 경기도 파주시 문발로 112 파주 출판 문화도시(제작 및 물류)
전화 | 02) 3142-0036
    | 031) 950-6300
팩스 | 031) 955-0510
등록 | 1973. 2. 1. 제406-2005-000046호
출판사 홈페이지 | www.cyber.co.kr
ISBN | 978-89-315-1232-8 (13550)
정가 | 25,000원

이 책을 만든 사람들

기획 | 최옥현
진행 | 이희영
교정·교열 | 문 황
전산편집 | 전채영
표지 디자인 | 박원석
홍보 | 김계향, 임진성, 김주승, 최정민, 이해슴
국제부 | 이선민, 조혜란
마케팅 | 구본철, 차정욱, 오영일, 나진호, 강호묵
마케팅 지원 | 장상범
제작 | 김유석

이 책의 어느 부분도 저작권자나 BM ㈜도서출판 성안당 발행인의 승인 문서 없이 일부 또는 전부를 사진 복사나 디스크 복사 및 기타 정보 재생 시스템을 비롯하여 현재 알려지거나 향후 발명될 어떤 전기적, 기계적 또는 다른 수단을 통해 복사하거나 재생하거나 이용할 수 없음.

※ 잘못된 책은 바꾸어 드립니다.